# Photoshop レタッチレシピ集

楠田諭史 著

技術評論社

**本書の執筆環境**

本書は、Mac（macOS Monterey 12.3）環境で
Adobe Photoshop 2022（Photoshop 23.2.2）
を使用した場合を例に画面図を掲載しています。
また、動作確認についても本環境で行っています。

**注意**

## ご購入・ご利用の前に必ずお読み下さい

本書に記載された内容は、情報の提供のみを目的としています。したがって、本書を用いた運用は、お客様ご自身の責任と判断によって行ってください。これらの情報の運用の結果について、筆者および技術評論社は一切の責任を負いません。

本書記載の情報は、2022年5月現在のものを掲載しており、ご利用時には変更されている場合もあります。また、ソフトウェアに関する記述は、特に断りのない限り、2022年5月現在での最新バージョンをもとにしています。ソフトウェアはバージョンアップされる場合があり、本書での説明とは機能内容や画面図などが異なってしまうこともありえます。

以上の注意事項をご承諾いただいた上で、本書をご利用願います。これらの注意事項をお読みいただかずに、お問い合わせいただいても、技術評論社および著者は対処しかねます。あらかじめ、ご承知おきください。

# はじめに

Photoshopは、写真や画像加工を楽しむライトユーザーからプロのクリエイターまで幅広く使われています。カメラマンやデザイナーにとっては必須のツールです。写真以外にもイラストレーターや動画クリエイターなど幅広いクリエイティブの現場で使用されています。シンプルな補正はもちろんのこと、グラフィックの印象を大きく変えるような画像加工や、オリジナルのアート作品を制作することもできます。

さまざまな機能が搭載されており、明るさやカラーを調整する「色調補正」だけでも20以上の項目が用意されています。その一方で、多くの機能が搭載されているため、目的のグラフィックを完成させるには、どの機能を使ったら良いのかわからなくなったり、機能の違いを把握できなくなったりといった面もあります。

本書は、そのときどきに必要な目的に合わせて事典のようにページをめくってもらうことで、Photoshopの各ツールや必要となるレタッチの解説にアクセスできるようになっています。押さえておきたい基本操作や利用頻度の高いツール、そして各種マスクやペンツールなどのつまずきやすいツールはできるだけ詳細に解説しています。イメージを形にすることは簡単ではありませんが、作り込まれたグラフィックも基本的な操作を組み合わせて制作されています。まずはその基本とツールの仕組みをしっかりと理解することが大切です。

各項目には素材データを用意していますので、実際に手を動かしてBefore／Afterを確認しながら学習することができます。基本の仕組みをある程度把握できるようになったら、新しいツールを試したり、複数のツールを組み合わせたりといった使い方にも挑戦していただきたいです。普段使わないようなツールや、何気なく試した組み合わせによって表現の幅が広がることもあります。

Photoshopで困った時に手に取ってもらえる身近な存在として、本書がみなさんの制作活動や学習の支えになれば幸いです。

2022年5月　楠田諭史

# 本書の読み方

## ❶ 項目名

Photoshopを使用して実現したい操作やテクニックを示しています。

## ❷ 使用機能

目的を実現するために、おもに使用するPhotoshopの機能です。

## ❸ 概要

項目内で解説するPhotoshopの機能や、レタッチ操作の概要を記しています。

## ❹ 作例

解説している操作やテクニックの作例です。Before/After形式で掲載している場合もあります。

## ❺ 解説

目的を実現するための具体的な操作手順や機能を解説しています。手順通りに進めていくことで、Photoshopのテクニックを理解していくことができます。

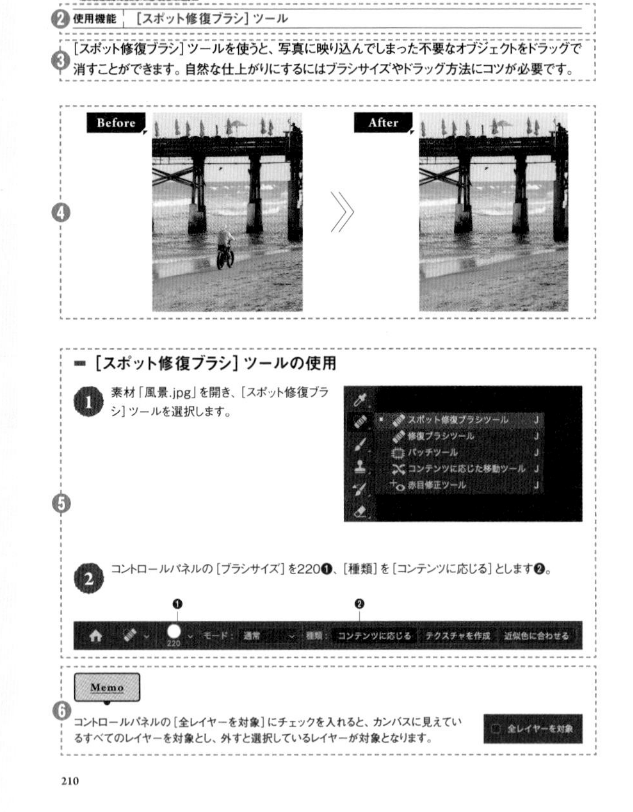

## ❻ Memo

操作や機能について、補足の情報をまとめています。

## ❼ Point

操作にあたってのポイントやコツをまとめています。

## キーボード操作について

本書のキーボード操作に関する記述は、Mac環境での動作を前提としています。Windows環境で使用する場合は、command（⌘）キーの代わりにCtrlキー、option（⌥）キーの代わりにAltキーを使用してください。また、Macにおけるcontrol+クリックの操作は、Windowsの右クリックで代用できます。

# サンプルファイルについて

## ご使用にあたっての注意

本書掲載の多くのテクニックには、サンプルファイルを用意しております。提供するファイルは、学習を目的とした使用のみを許諾しています。商用・非商用を問わず、ご自身の制作物に利用することはできません。また、ファイルから一部の素材を抜き出して使用することもできません。
サンプルファイルは、通常の使用においては何の問題も発生しないことを確認しておりますが、万が一障害が発生し、その結果いかなる損害が発生したとしても、弊社および著者は何ら責任を負うものではありませんし、一切の保証をいたしかねます。必ずご自身の責任においてご利用ください。
サンプルファイルは、著作権上の保護を受けています。収録されているファイルの一部あるいは全部について、いかなる方法においても無断で複写、複製、再配布することは禁じられています。

## ダウンロード方法

サンプルファイルは、以下の技術評論社Webサイトからダウンロードできます。

**URL**
**https://gihyo.jp/book/2022/978-4-297-12888-3**

ダウンロードには、以下のIDとパスワードの入力が必要です。

| ID | PHOTOSHOP |
| --- | --- |
| パスワード | M6APRYWMQG |

サイトにアクセスの上、IDとパスワードを入力し、[ダウンロード] ボタンをクリックしてください。

ID
パスワード
ダウンロード

IDとパスワードの入力にあたっては、お間違えのないようご注意ください。うまくダウンロードできないときは、すべて半角文字で入力しているか、英字の大文字・小文字の区別ができているかについて、よくお確かめください。
ダウンロードしていただくファイルは、ZIP形式の圧縮ファイルです。展開してお使いください。ダウンロードにミスがあると正しく展開できませんので、ご注意ください。

# CONTENTS

## Chapter 3 レイヤー操作のテクニック 075



## Chapter 4 オブジェクト編集のテクニック 123

## Chapter 5 レタッチ・描画のテクニック 155



## Chapter 6 色補正のテクニック 215

## Chapter 12 実践的なな合成のテクニック 511



## Chapter 13 RAW現像のテクニック 555



## Chapter 14 Webサイト作成のテクニック 567

## Chapter 15 プリント・書き出しのテクニック 593



## Chapter 16 クラウド活用のテクニック 607



## Chapter 17 環境設定のテクニック 619

# 基礎知識と基本操作

Chapter

1

# 001 新規ドキュメントを作成したい

使用機能 新規ドキュメント

Photoshopでの制作作業の開始は、新規ドキュメントの作成からです。サイズやカラーなど、目的のドキュメントに応じたさまざまな初期設定をここで行います。そのまま使用できて便利なテンプレートも多数用意されています。

## 新規ドキュメントの作成

[ファイル] メニュー→ [新規] をクリックします。

**Shortcut** 新規ドキュメントの作成：command＋Nキー

［新規ドキュメント］ウィンドウが開きます。［最近使用したもの］［保存済み］［写真］［印刷］［アートとイラスト］［Web］［モバイル］［フィルムとビデオ］からカテゴリを選択し❶、［空のドキュメントプリセット］から目的の制作物に適したものを選択します❷。各種設定を行い（次ページ参照）❸、設定ができたら［作成］ボタンをクリックすると❹、指定した内容で新規ドキュメントが作成されます。

## [新規ドキュメント]ウィンドウで行える設定の詳細

[新規ドキュメント]ウィンドウで行える設定の内容は、以下になります。

Ⓐ**ファイル名** …… 指定しない場合[名称未設定1]となります。

Ⓑ**[幅][高さ][解像度]** …… プリセットを選択すると、自動的に設定されます。プリセット以外のサイズでドキュメントを作成したい場合は、数値を入力してください。

Ⓒ**[幅][高さ]の単位** …… [ピクセル][インチ][センチ][ミリメートル][ポイント][パイカ]から選択することができます。

Ⓓ**[方向]** …… 変更すると縦横のサイズが自動的に入れ替わります。

Ⓔ**[アートボード]** …… チェックを入れるとファイル内で複数のPSDデータを扱うことができます。

Ⓕ**[解像度]の単位** …… デフォルトで選択される[ピクセル/インチ]を指定します。この他に[ピクセル/センチ]も選択することができます。

Ⓖ**[カラーモード]** …… [ビットマップ][グレースケール][RGBカラー][CMYKカラー][Labカラー]から選択します。写真のレタッチでは基本的に[RGB]カラーで作成することが多いかと思います。bit数は8、16、32から選択することができます。

Ⓗ**[カンバスカラー]** …… 作成時の背景となるカラーです。デフォルトで白が選ばれているので、変更したい場合は好みのカラーを指定します。カラーピッカーから選択することもできます。

[カンバスカラー]

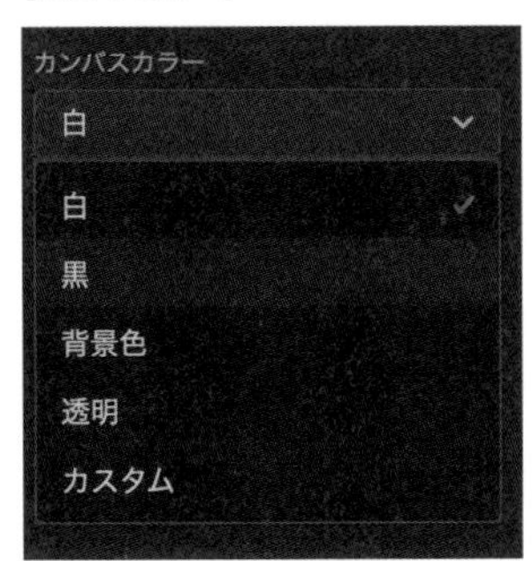


[幅][高さ]の単位

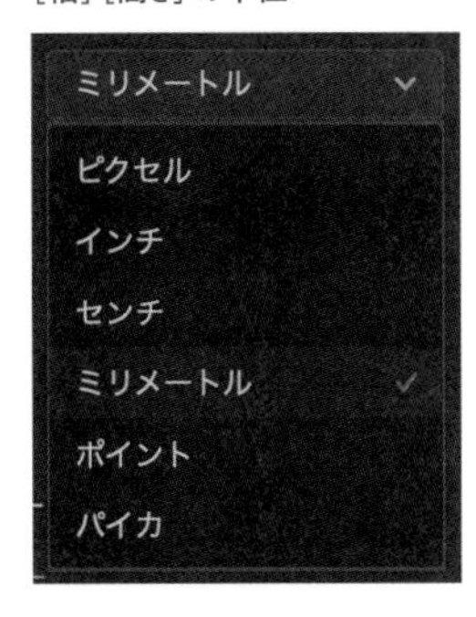


[カラーモード]

# 002 さまざまな画像データを開きたい

使用機能　開く

Photoshopではさまざまな形式のデータファイルを開くことができます。新規ドキュメントとして開くのか、新規レイヤーとして開くのかを選択することもできます。

## 画像データを開く

1 ［ファイル］メニュー→［開く］をクリックします。

2 開きたい画像データのある任意のフォルダを選択し、目的の画像データをクリックして選択したら❶、［開く］をクリックします❷。

3 画像が開きました。

Memo

目的の画像データをダブルクリックしても開くことができます。

## 取り込むデータの選択

1 Photoshopでは、PSD、JPEG、PDF、IllustratorのAIファイルなど、さまざまな形式の画像データを取り込むことができます。ウィンドウ右下の[すべての読み込み可能なドキュメント]をクリックすると❶、開くことのできる画像形式が表示されます。[JPEG]をクリックして選択します❷。

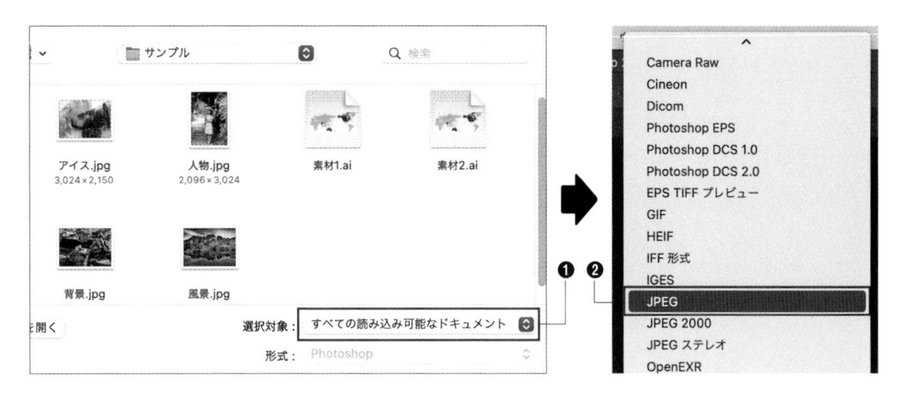


2 JPEGファイルのみ選択できる表示に切り替わりました。このように、選択することで任意のファイル形式を絞り込むことが可能です。

## ドラッグ&ドロップで開く

Photoshopのワークスペースを開いている状態であれば、画面上にドラッグ&ドロップすることでも画像データを開くことができます。

### 新規ドキュメントとして開く

上図のⒶの位置（オレンジ色の部分）にドラッグ&ドロップすると、新規ドキュメントとして画像データを開くことができます。

新規ドキュメントとして開いた

## 新規レイヤーとして開く

左ページ上図のⒷの位置（青色の部分）にドラッグ&ドロップすると、バウンディングボックスが表示された状態になります。位置やサイズ変更して［enter］で確定し、新規レイヤーとして開くことができます。

新規レイヤーとして開いた

# 003 パネルを活用したい

使用機能　パネル

ウィンドウ内に表示されている各パネルを選択することで、それぞれのパネルが表示されます。パネルのサイズやレイアウトは自由に変更することができます。

## 表示・非表示の切り替え

[ウィンドウ] メニューをクリックすると、すでに表示されているパネルにはチェックが入った状態となっています。このチェックを入れたり外したりすることで、パネルの表示・非表示の切り替えを行うことができます。

初期設定では [カラー] [プロパティ] [レイヤー] にチェックが入っている

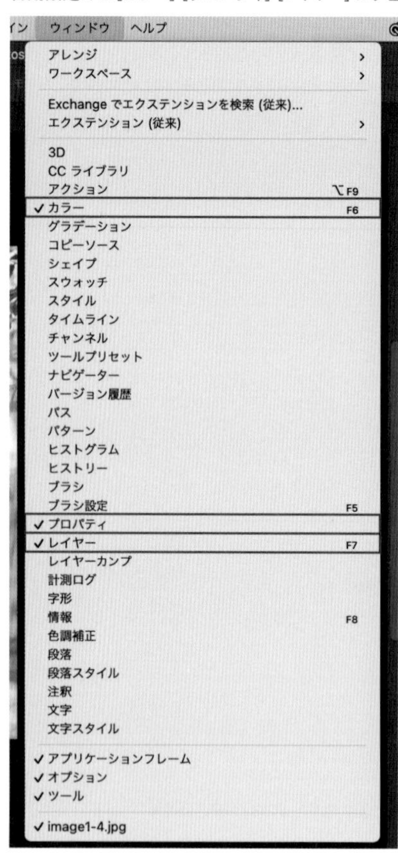


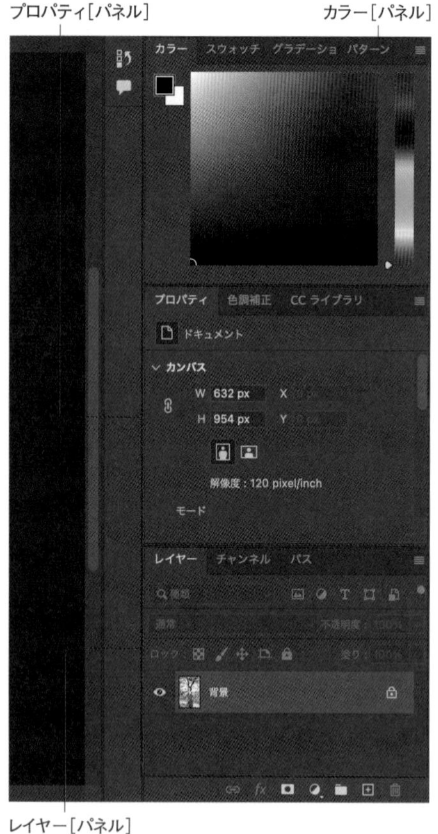

［スウォッチ］［ブラシ］にチェックを入れた例

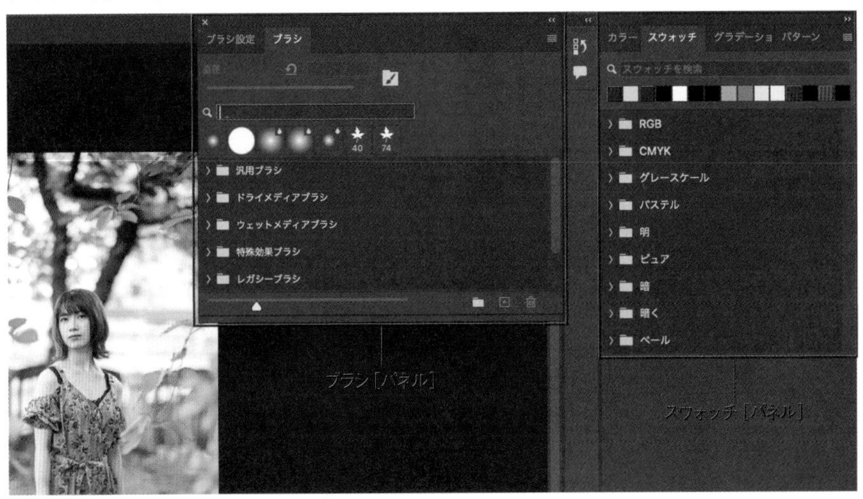


## パネルサイズやレイアウトの変更

各パネルは自由にサイズ変更やレイアウト可能です。各パネルの右上に表示されている>>をクリックするとアイコン化して表示することもできます。カンバスを大きくとりたい場合などに利用できます。<<をクリックすると元の表示に戻ります。

通常の表示

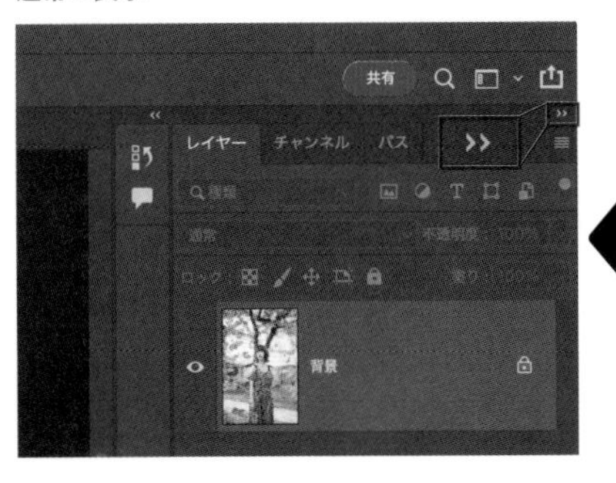


アイコン化された表示

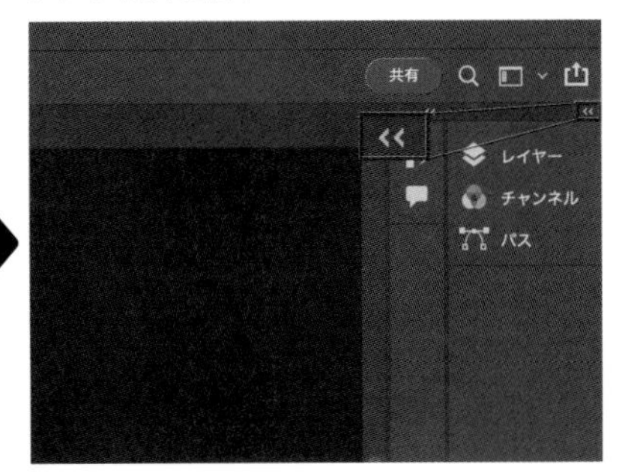


**Memo**

パネル以外にも、ワークスペース自体をカスタマイズすることもできます▶▶185。

# 004 ガイドを使って画像を正確に配置したい

使用機能　ガイド

ガイドを使用すると、画像を正確に配置することができます。カンバス上に線が引かれたようになりますが、実際には線は引かれておらず、印刷時にも影響はありません。

## 新規ガイドの作成

1 [表示]メニュー→[新規ガイド]をクリックします❶。[新規ガイド]ダイアログが表示されます。[水平方向]にチェックを入れ❷、[位置]を50%とし❸、[OK]ボタンをクリックします❹。

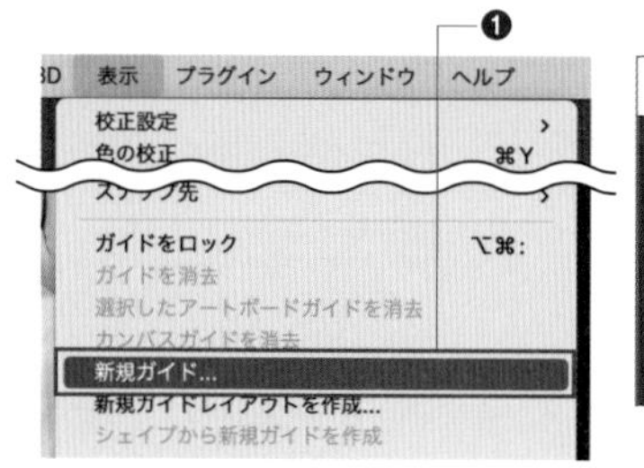


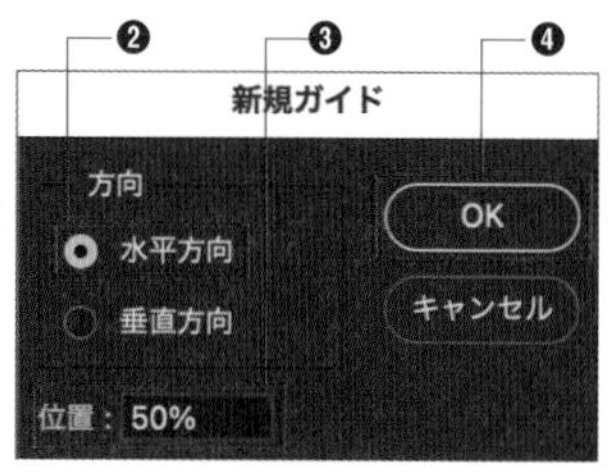

[位置]の単位はcontrol+クリックで[pixel][inch][cm][mm][point][pica][%]を切り替えることができます。ここでの単位は[%]としています。

2 カンバスの水平方向50%の位置にガイドが作成されます。

3 同様に、[新規ガイド] ダイアログを表示し、[垂直方向] にチェックを入れ❶、[位置] を50%とし❷、[OK] ボタンをクリックします❸。

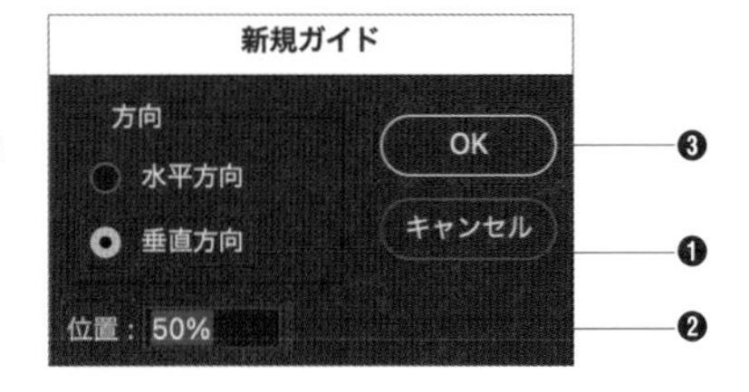


4 垂直方向50%の位置にガイドが作成されます。

## 定規を使ったガイドの作成

1 [表示] メニュー→ [定規] をクリックします。

2 ウィンドウの上と左に定規が表示されます。

**Memo**

定規に表示されているメモリは、定規上で[control]キー＋クリックすることで、表示される単位を[pixel][inch][cm][mm][point][pica][%]に切り替えることができます。

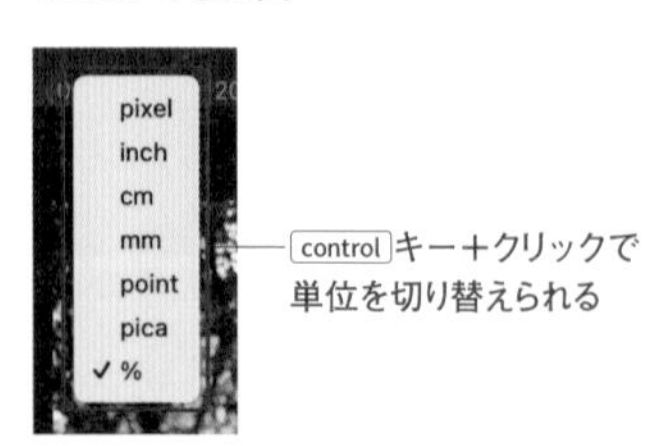


3 カーソルが⊕の状態になったら、定規上からカンバス方向にドラッグすることで、ガイドを作成できます。ドラッグ中は、カーソル位置に指定した単位の数値が表示されます。

4 カンバスの水平方向25%の位置にガイドが作成できました。

## ガイドレイアウトの作成

**1** ［表示］メニュー→［新規ガイドレイアウトを作成］をクリックします。

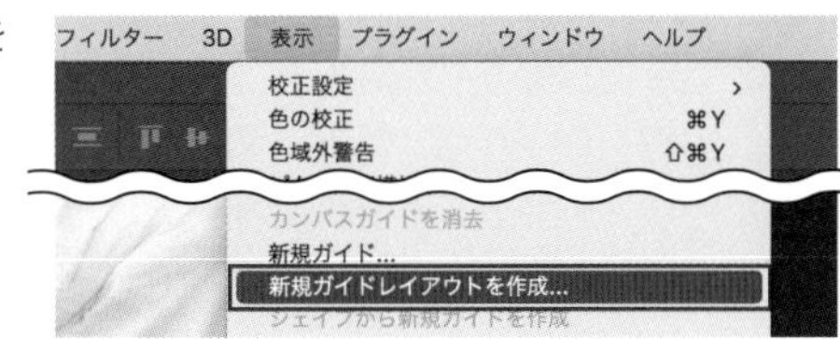


**2** ［新規ガイドレイアウトを作成］ダイアログが表示されます。［列］［行］にチェックを入れることで、画面を縦・横方向に分割できます。［数］に分割したい数字を入力することで、指定した数で画面が分割されます。［幅］［間隔］は分割されるガイドの幅や間隔を指定します。また、［マージン］にチェックを入れて、任意の数値を入力することで、上下左右から指定した距離でガイドを作成できます。印刷物を作成する際に一般的な塗り足し3mmなどの指定が簡単に行えます。

- **［列］［行］ともに［数］を3とした場合**

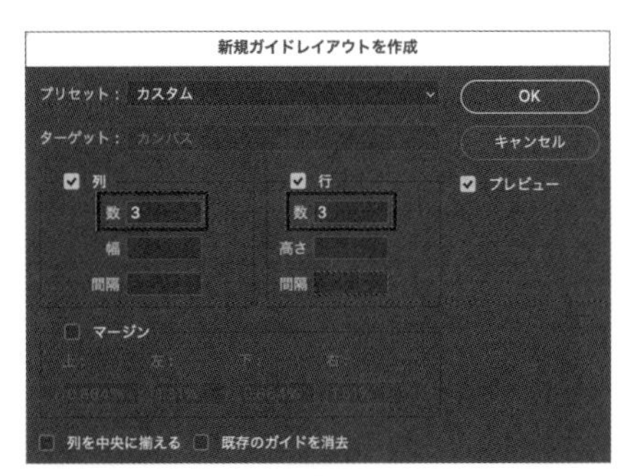

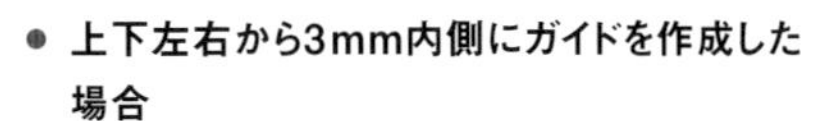

- **上下左右から3mm内側にガイドを作成した場合**

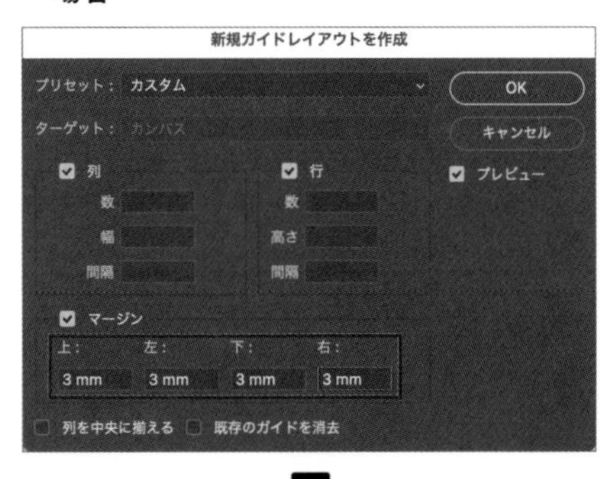

## ガイドの表示・非表示

**1** ［表示］メニュー→［表示・非表示］→［ガイド］をクリックします。

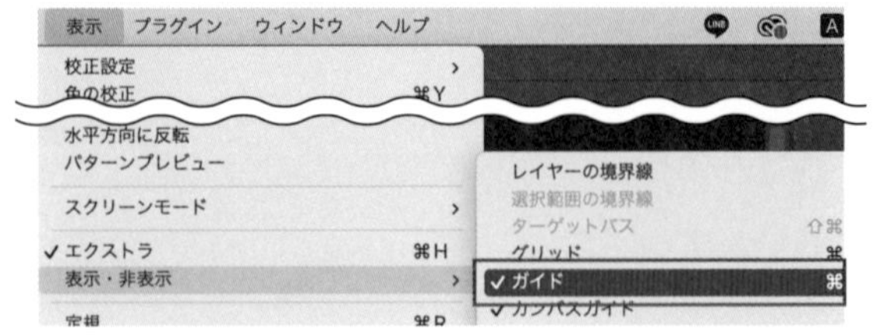


**2** ガイドが非表示になりました。再び表示したい場合は、同様に［表示］メニュー→［表示・非表示］→［ガイド］をクリックします。

**3** 非表示ではなくガイドそのものを消去したい場合は、［表示］メニュー→［ガイドを消去］をクリックします。

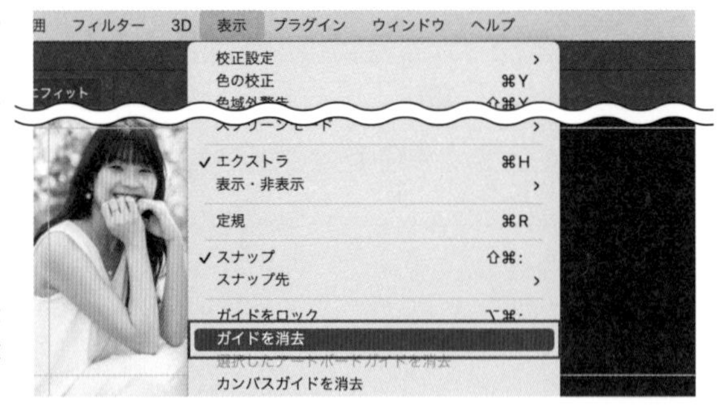

ガイドをロックしたい場合は、［表示］メニュー→［ガイドをロック］をクリックします。

**POINT**

画像やテキストを整列させたいときなどは、ガイドに沿って配置させると便利です ▸▸006。1:1や7:3のように画面を分割したいときに、レイアウトの目安として使用するといった活用方法もあります。

# 005 グリッドを使って画像を正確に配置したい

使用機能　グリッド

グリッドは画像や要素を正確に配置するための「ます目」のようなものです。カンバス上に線が引かれたようになりますが、実際には線は引かれておらず、印刷時にも影響はありません。

## グリッドの表示

1 [表示] メニュー→ [表示・非表示] → [グリッド] をクリックします。

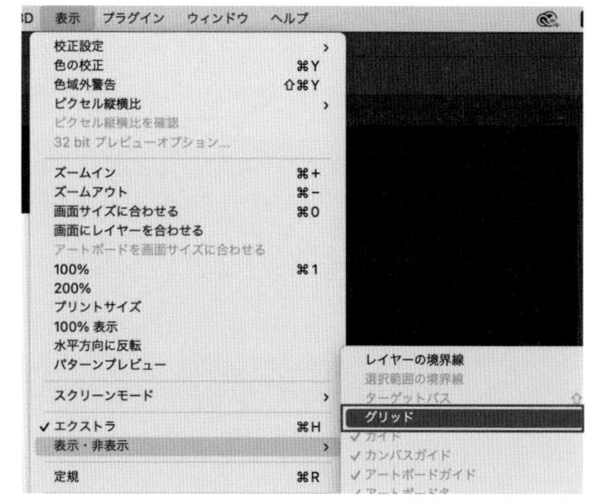


2 グリッドが表示されます。

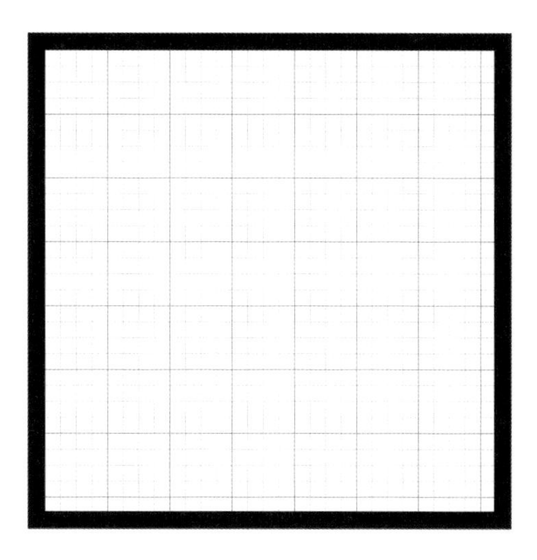

## グリッドのサイズや分割数の設定

**1** [Photoshop] メニュー → [環境設定] → [ガイド・グリッド・スライス] をクリックします。

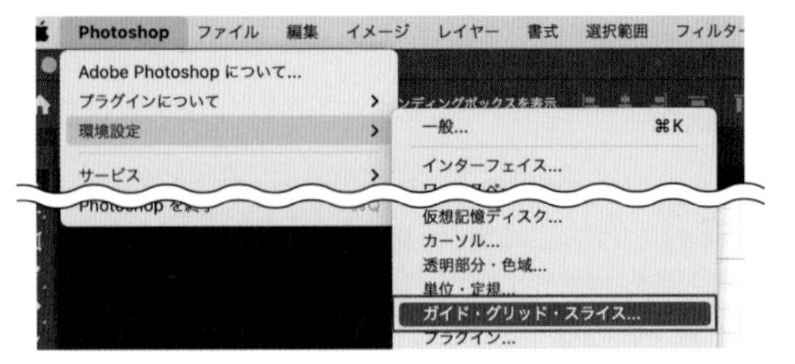


**2** [環境設定] ダイアログが表示されます。このダイアログでグリッドを好みの設定にします。

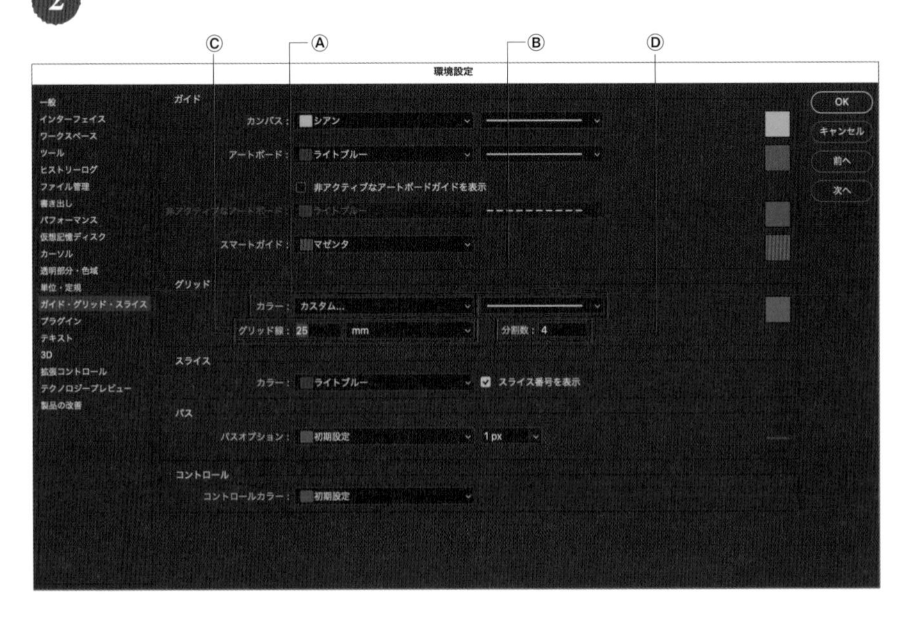


Ⓐ**カラー** …… グリッド線のカラーを設定します。

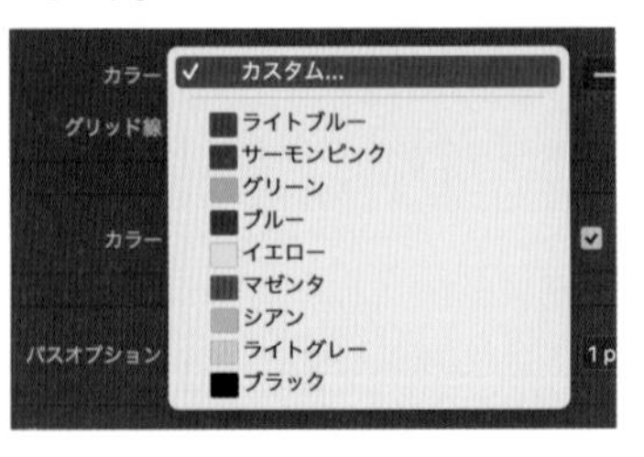


Ⓑ**ラインの種類** …… グリッド線のラインの種類をプリセットの3種類から設定します。

**Ⓒグリッド線** …… グリッドのサイズを設定します。単位は[pixel] [inch] [cm] [mm] [point] [pica] [%] から指定できます。

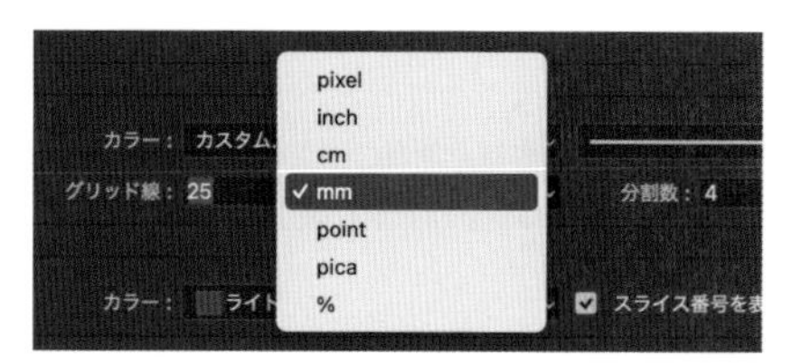


**Ⓓ分割数** …… グリッドの分割数を指定します。

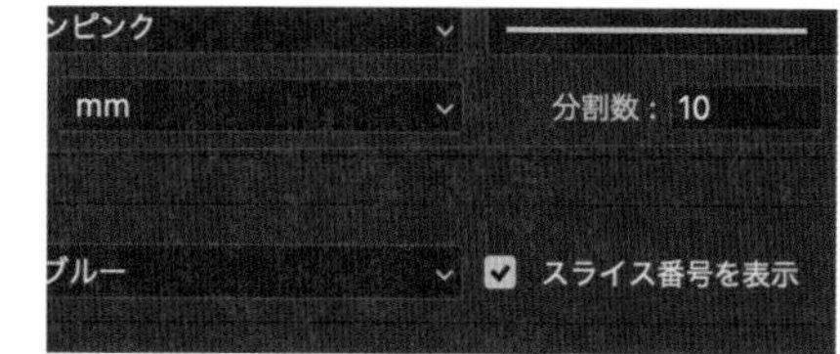


3 [カラー]を[サーモンピンク]❶、[グリッド線]を50mm❷、[分割数]を10と設定して❸、[OK]ボタンをクリックします❹。

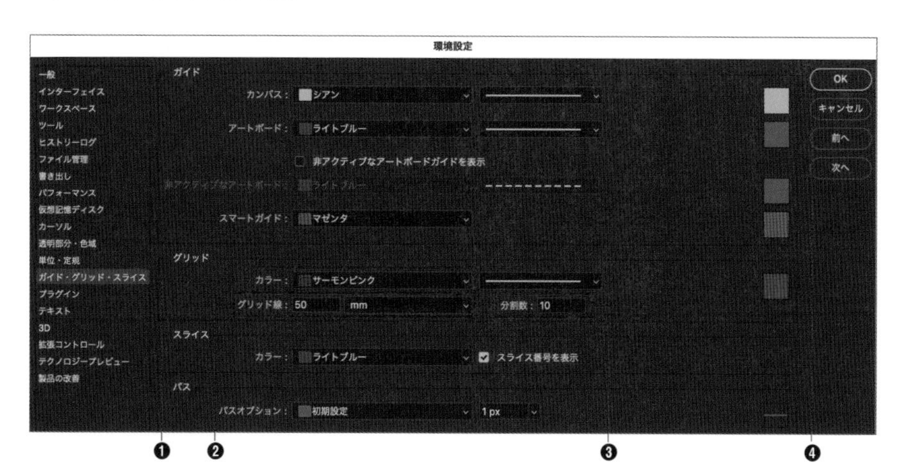


4 図のようなグリッドが作成できます。

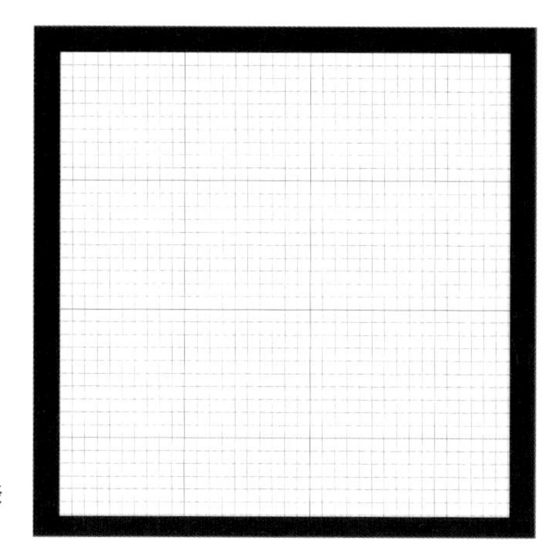

**Memo**

グリッドを非表示にするには、[表示] メニュー→ [表示・非表示] → [グリッド] をクリックします。

# 006 画像を整列させたい

使用機能　スナップ

スナップ機能を有効にすると、指定したスナップ先の近くに画像などを近づけた際、自動的に吸着するようになります。複数の画像などを手動でガイドやグリッドに沿って整列させたい場合などに有効です。

## 画像の整列

1. [表示]メニュー→[スナップ]をクリックします。

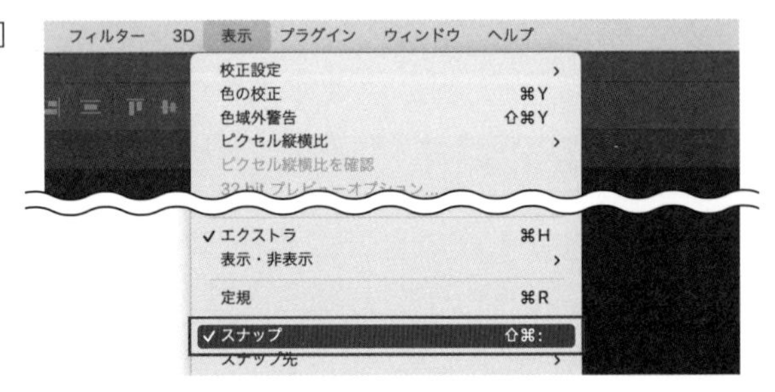


2. スナップ先は、[表示]メニュー→[スナップ先]→[ガイド][グリッド][レイヤー][スライス][ドキュメントの端][すべて][なし]から選択します。

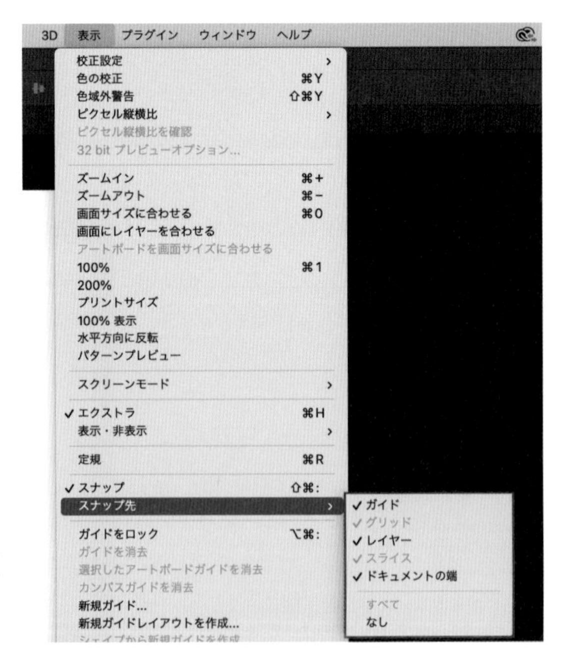


**Memo**

初期設定では[ガイド][レイヤー][ドキュメントの端]にチェックが入った状態になっています。1つだけを選択したい場合は、スナップ先を[なし]として一度すべてのスナップを解除し、それから改めて選択するようにします。

3 [スナップ先] に [ガイド] を指定している場合、レイヤー [人物] を [移動] ツールを使って左上方向にドラッグすると、レイヤーがガイドに近づいた時点で、自動的に吸着します。複数の画像を手動でガイドやグリッドに沿って整列させたい場合などに有効です。

[スナップ先] に [ガイド] を指定している場合、レイヤーがガイドに近づいた時点で、自動的に吸着する

**Memo**

[移動] ツールの使用時に control キーを押したままにすると、スナップ機能を一時的に無効にすることができます。

# 画像の正確な位置を確認して配置したい

使用機能 | 定規

mmなどの単位で正確に画像を配置したい場合は、[定規]を活用するのが便利です。

## [定規]の使用

1 [表示]メニュー→[定規]をクリックします。

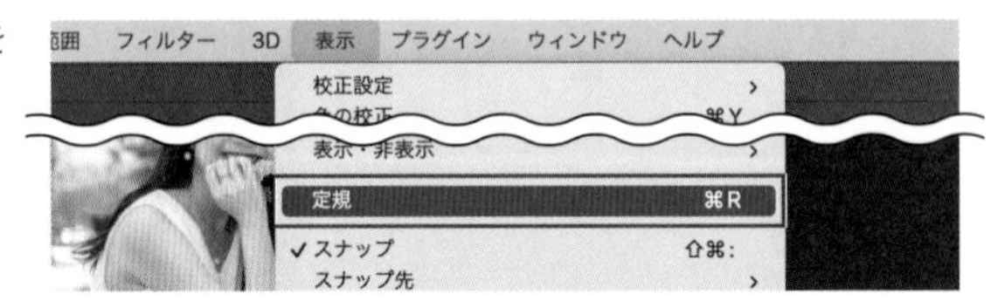


2 ウィンドウの上・左に定規が表示されます。

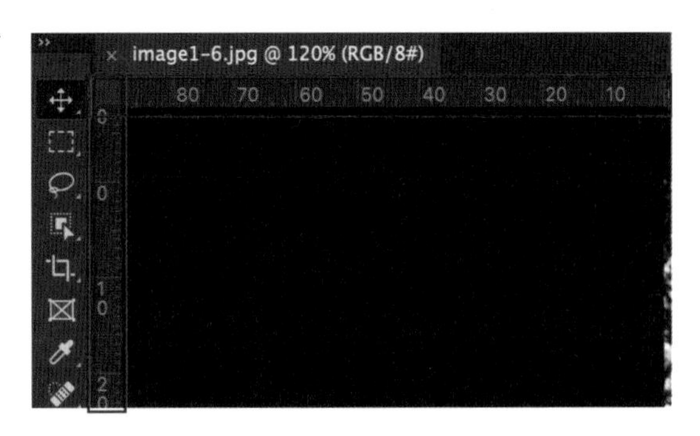


3 定規に表示されているメモリは、定規上でcontrolキー＋クリックすると、表示される単位を[pixel][inch][cm][mm][point][pica][%]から切り替えることができます。

controlキー＋クリックで表示される単位を選択

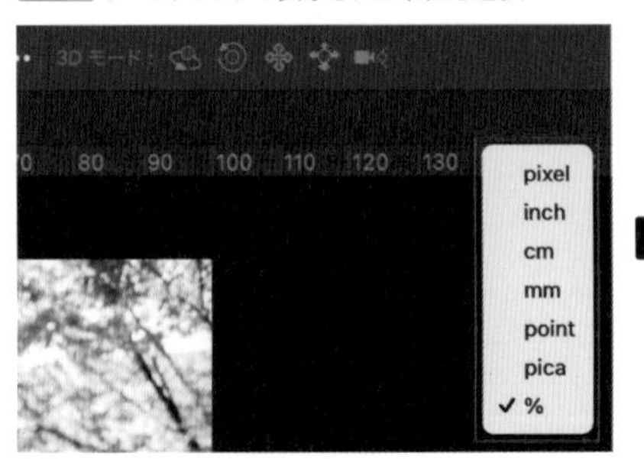


メモリの単位を[%]から[mm]に切り替えた場合

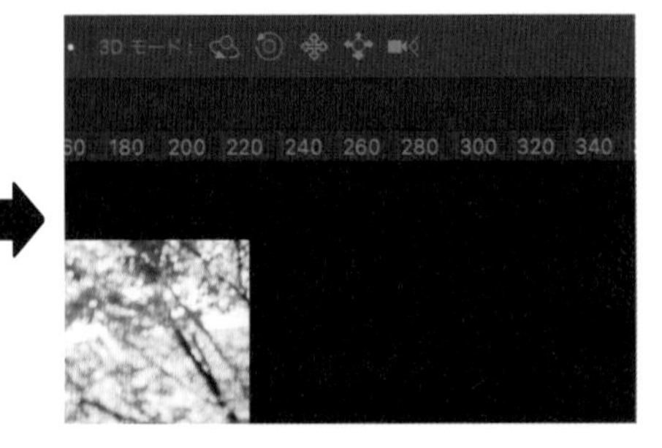

# 008 操作を取り消したりやり直したりしたい

使用機能　取り消し、やり直し、[ヒストリー] パネル

一度行った操作を無かったことにしたい場合は、操作の取り消しややり直しを行いましょう。[ヒストリー] パネルを使用すると、一つひとつの細かな操作に正確に戻ることができます。

## 取り消し・やり直し

[編集] メニューをクリックして表示されるメニューより、操作の取り消しや、やり直しを行うことができます。また、次のショートカットキーを使うことでも取り消し・やり直しが可能です。

**Shortcut** 1段階前に戻る（取り消し）：command＋Zキー

**Shortcut** 1段階先に進む（やり直し）：shift＋command＋Zキー

### ヒストリー数の指定

取り消し・やり直しできる最大回数のことをヒストリー数と言います。[Photoshop] メニュー→ [環境設定]→[パフォーマンス]をクリックして表示される[環境設定]ダイアログから指定することができます。[ヒストリー数] で取り消し・やり直しできる回数を指定することができます。

**POINT**

初期設定ではヒストリー数は50となっています。最大数を大きくすることでマシンへの負荷も大きくなるので注意しましょう。また、設定で変更できるヒストリー数の最大値は1000となっており、通常はそれ以上さかのぼってやり直すことはできません。ただし、後半で解説するスナップショットを作成すると、ヒストリー数の上限を超えてさかのぼることができます。

## [ヒストリー] パネルの操作

[ヒストリー] パネルには、一つひとつの操作履歴が残っています。操作するたびに、一番下に最新の履歴が追加されます。パネル内で戻したい、または進めたい履歴を選択すると、その時点に戻る、または進みます。

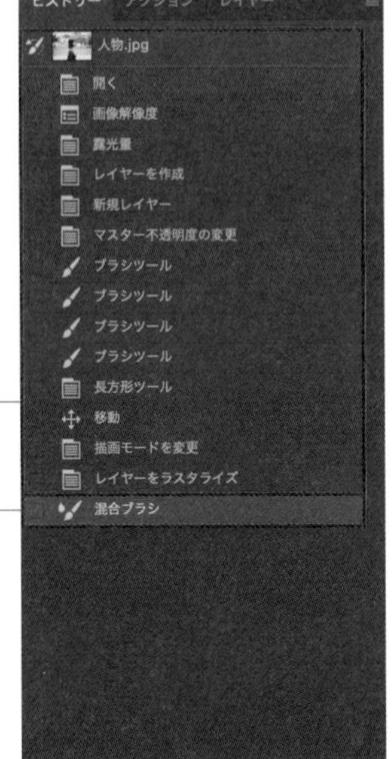


**Memo**

[ヒストリー] パネルが表示されていない場合は、[ウィンドウ] メニュー→ [ヒストリー] をクリックしてチェックを入れます。

元画像

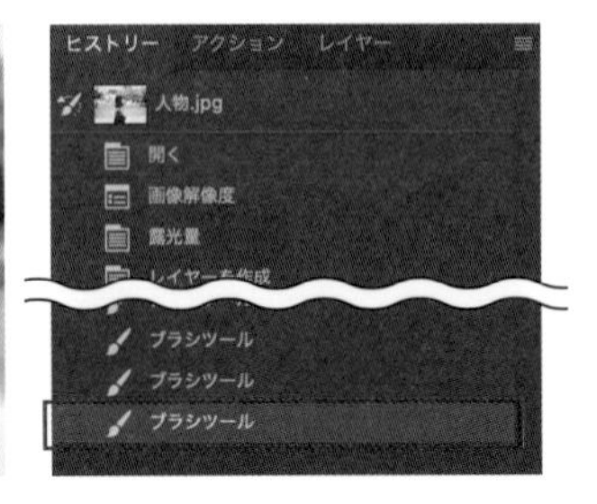

1つ上の履歴を選択すると、操作が1つ戻る

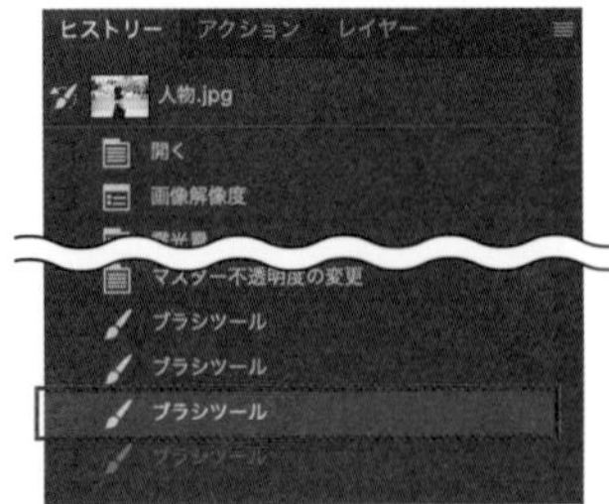

## ヒストリー数の追加

1. スナップショットを作成すると、ヒストリー数の上限（初期設定では50）を超えてさかのぼることができます。パネル下側の［新規スナップショットを作成］ボタンをクリックします。

2. スナップショットが作成されます。作成したスナップショットを選択すると、ヒストリー数の上限関係なく、スナップショットを作成した時点にさかのぼることができます。スナップショットは複数作成することが可能です。

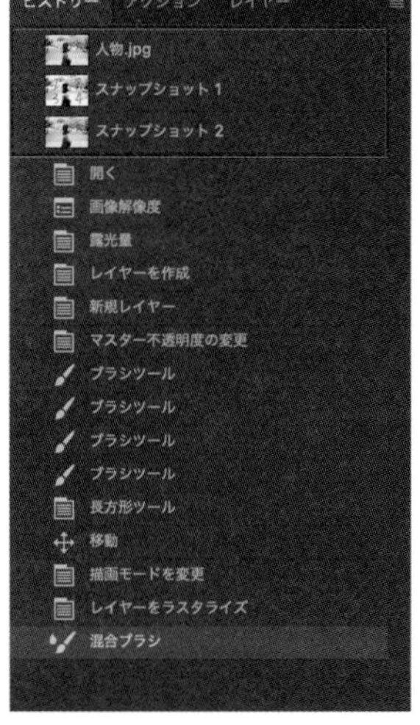


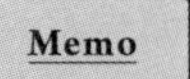


［ヒストリー］パネル下側の［現在のヒストリー画像から新規ファイルを作成］ボタンをクリックすると、選択した状態を新規ファイルとして、新しいタブで開くことができます。

# 009 画像解像度について知りたい

使用機能 | -

Photoshopで制作する際に、気を付けなければならないのが画像解像度です。画像解像度の基本について、知っておきましょう。

## 画像解像度とは

解像度の単位は「dpi」で表現されます。これは「dots per inch（ドット・パー・インチ）」の略で、1インチ（2.54センチ）の中にいくつのドットが含まれるかを表します。1インチ（2.54センチ）、10dpiのデータは縦横にそれぞれ10のドットで構成されます。

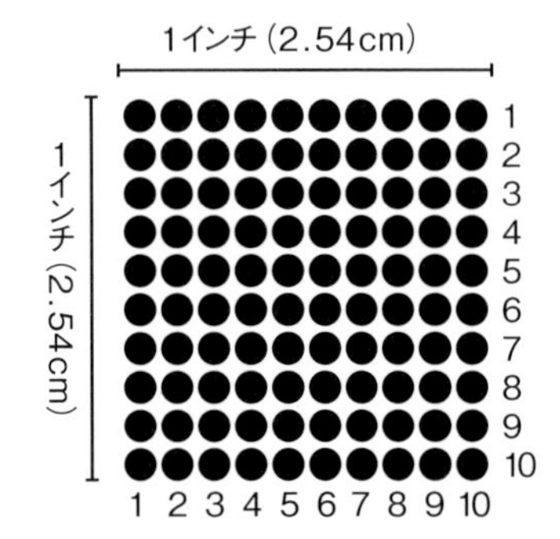


下図は、1インチ四方のサイズで作成した10dpi、100dpi、300dpiの画像データを、拡大して同じサイズで並べたイメージ画像です。このように、高解像度になるほど密度の高い画像となることがわかります。

10dpi

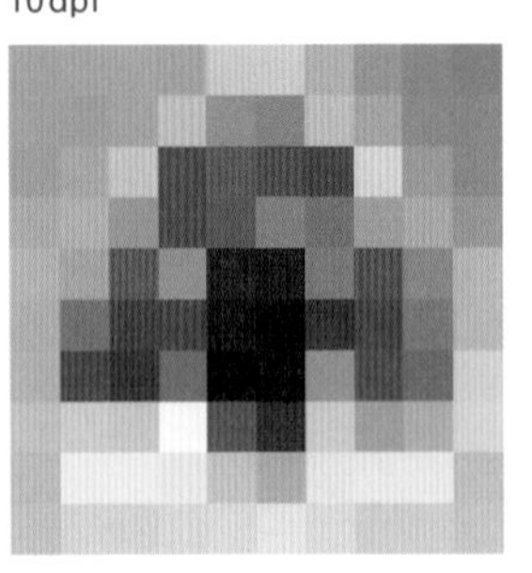

100dpi

300dpi

それでは、より高解像度の500dpiや1000dpiで画像を扱えば、より高画質に見えるのでしょうか？視力にもよりますが、人の目は300～350dpi以上の解像度では違いを視認することが難しいと言われています。そのため、一般的な印刷物は300～400dpiで扱われています。印刷物を作成する場合は、カンバスの幅、高さの指定と合わせて解像度を300～400dpiで作成するとよいでしょう。
例外として、巨大な屋外看板などは離れて見ることが前提ですので、100dpiくらいの低解像で扱われることもあります。

# 010 RGBとCMYKの違いについて知りたい

使用機能 | モード

Photoshopには複数のカラーモードが用意されています。ここではよく使用するRGBとCMYKについて、その違いも含めて解説します。

## RGBとCMYK

### ● RGB

パソコンやテレビなど、モニター表示で使用されている形式です。写真のレタッチ作業では主にこのRGB形式を使用します。RGBは光の三原色「赤（R）、緑（G）、青（B）」の3色を組み合わせて色を表現します。数値が増すごとに白に近づいていく「加法混色」で表現されます。CMYKに比べて色を表現できる範囲が広く、鮮やかな表現ができます。

### ● CMYK

印刷で使用されている形式です。印刷物の制作作業では主にこのCMYK形式を使用します。CMYKは色の三原色「シアン（C）、マゼンタ（M）、イエロー（Y）」の3色に「ブラック（K）」を足して表現します。色が混ざるごとに黒に近づいていく「減法混色」で表現されます。RGBに比べて色を表現できる範囲が狭くなっています。

## カラーモードの変換

編集中の画像のカラーモードは、［イメージ］メニュー→［モード］から変換することができます。

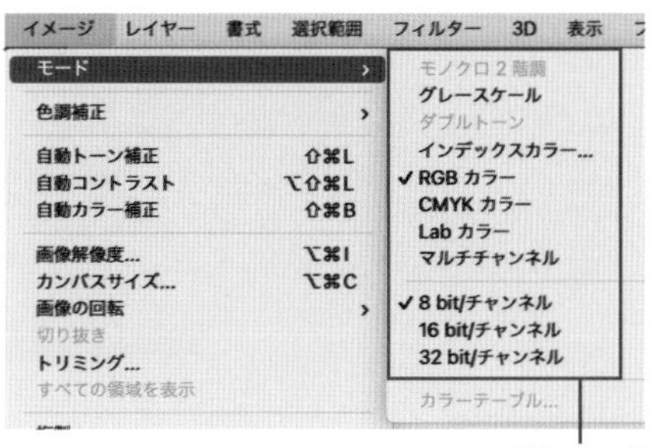


カラーモード

### ● RGBからCMYKへ変換する際の注意点

画像のカラーをRGBからCMYKへ変換すると、くすんだような色になってしまうため、注意が必要です。また、RGBからCMYK変換した画像を再度RGBに変更しても、CMYKへ変換時にカットされた色域が元に戻ることはありません。

### ● CMYKモードで作業する際の注意点

CMYKモードで作業を行う際に気を付けたい点として、「フィルター」や「色調補正」内の一部の機能が使えなくなるという点があります（「フィルターギャラリー」「Camera Rawフィルター」「自然な彩度」「HDRトーン」など）。Photoshopのフル機能を使いたい場合は、RGBモードで作業し、最終的にCMYKに変換することをおすすめします。

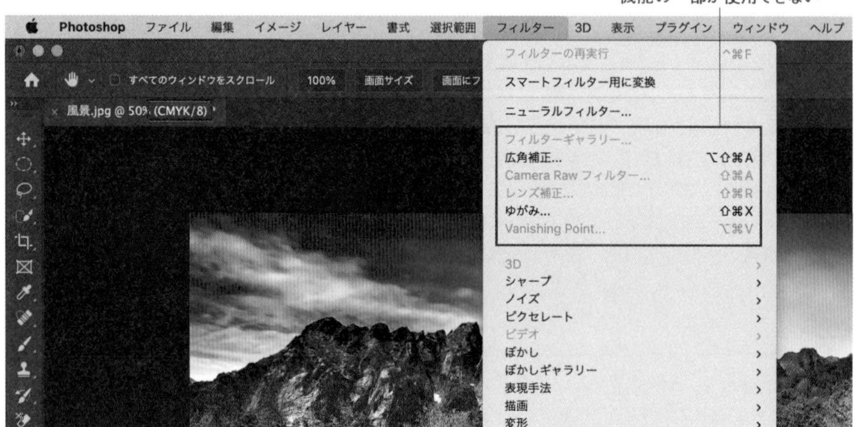


### ● 完成時の色の誤差をなくす方法

[表示]メニュー→[校正設定]→[作業用CMYK]をクリックしてチェックをし❶、さらに[表示]メニュー→[色の校正]をクリックしてチェックを入れると❷、RGBモードで作業中でも疑似的にCMYKに変換した画像を確認できます。こまめに確認することで、完成時の色の誤差をなくすことができます。

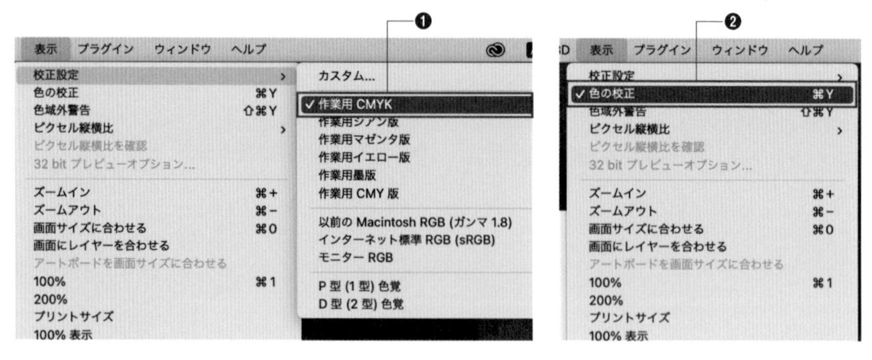


**Shortcut** [表示]メニュー→[色の校正]にチェックを入れる：command＋Yキー

# ラスター画像とベクター画像の違いについて知りたい



| 使用機能 | - |
|---|---|

画像はPhotoshopなどで扱われるラスター画像と、Illustratorなどで扱われるベクター画像の2種類に大別されます。両者の違いやファイル形式について知っておきましょう。

## ラスター画像（ラスターデータ、ビットマップ画像など）

デジタルカメラで撮影した画像など、格子状に並んだ点（ドット）の集合体で構成されたデータ形式です。Photoshopでは主にこのデータ形式を扱います。拡大表示すると格子状のドットが確認できます。ドットの集合体で構成されているので、大きく引き伸ばすと、本来存在しないドットを補完するように処理され、画像の品質が落ちぼやけたような状態となります。写真のような複雑な情報を持った画像に適しています。一般的なファイル形式は、「JPEG」「PNG」「GIF」「TIFF」「BMP」などです。

ラスター画像

拡大すると画像の品質が落ちる

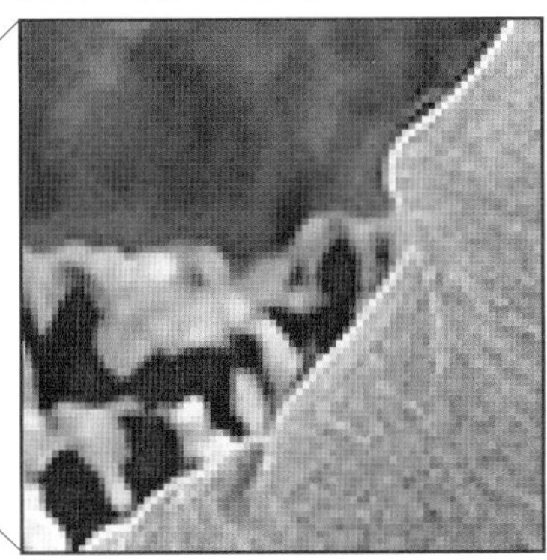

### ● JPEG

識別できないような情報をカットすることで、データを大幅に圧縮する事（非可逆圧縮）ができるため、さまざまな媒体で利用しやすいデータ形式です。高い圧縮率で保存すると低画質になり、一度圧縮すると元に戻すことはできません。1670万色を扱え、背景の透過はできません。

### ● PNG

Webでよく用いられる形式です。圧縮・解凍によって画像は劣化しません（可逆圧縮）が、非可逆圧縮に比べて大きなデータサイズとなり、大きな画像には不向きです。1670万色を扱え、背景の透過ができます。

● **GIF**

256色で構成された、可逆圧縮の画像です。色数の少ないイラストやロゴ、図形などに向いています。背景の透過ができ、アニメーションの作成ができます。

● **TIFF**

タグという識別子を使うことで、画像の詳細な情報が記録されたデータです。高解像度で印刷したい場合などに使われます。圧縮・非圧縮を選択できますが、詳細な画像情報を持っているためデータサイズは大きくなります。Webでは扱うことができない形式なので、そのような用途で利用する際は他の画像形式に変換する必要があります。

● **BMP**

Windows標準のフォーマット形式です。無圧縮データなので編集による画像劣化がありませんが、データサイズは大きくなります。最近ではPhotoshopでこの形式のデータを扱うことは少なくなっています。

## ベクター画像（ベクターデータ・ベクトル形式など）

主にIllustratorなどで扱われる画像データです。ラスター画像との大きな違いは、点、線、色などを数値化し描画されるため、どれだけ拡大縮小しても再描画され画像の劣化がないことです。ロゴやイラスト、デザインの作成に向いていますが、ラスター画像に比べて、写真や繊細なグラデーションなどの複雑な表現には不向きです。一般的なファイル形式は「EPS」「PDF」「SVG」などです。

# 012 カンバスサイズを変更したい

使用機能 | カンバスサイズ、背景からレイヤーへ

画像の表示サイズを変えるには、カンバスサイズの変更を行います。カンバスサイズの変更後にも加工を行いたい場合は、最初にレイヤーの変換を行っておく必要があります。

## カンバスサイズの変更

1 ここではA4サイズ（210mm×297mm）解像度300dpiのドキュメントのカンバスサイズを、15cmの正方形に変更してみましょう。

元画像

2 ［イメージ］メニュー→［カンバスサイズ］をクリックします。［カンバスサイズ］ダイアログが表示されます。

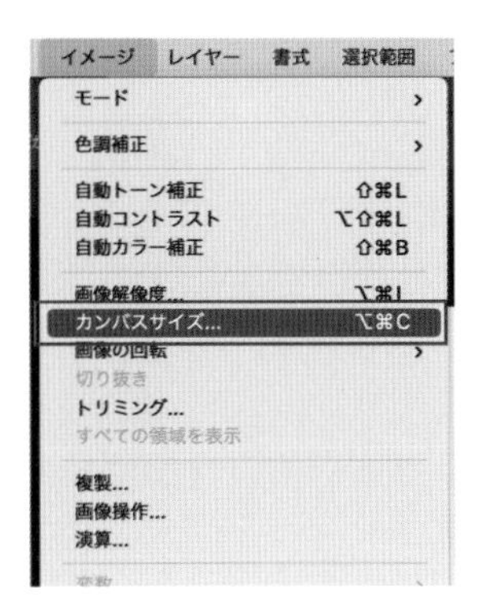


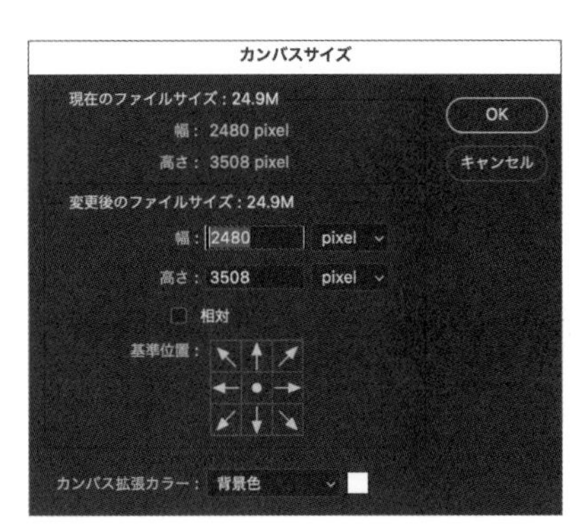

**3** [%] [pixel] [inch] [cm] [mm] [point] [pica] [コラム] から単位を選択します。例では [cm] を選択しています。自動的にA4サイズの [幅] 21cm、[高さ] 29.7cmと入力されます。

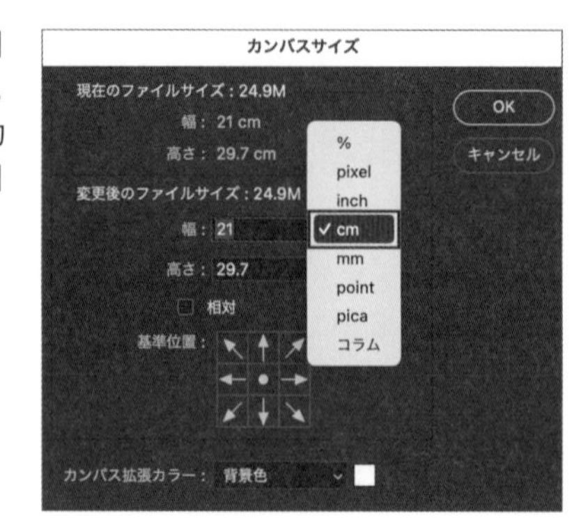


**Memo** 初期設定の単位は [pixel] です。

**4** 単位を設定したら、好みの数値を入力します。ここでは15cmの正方形にサイズ変更したいので、[幅] と [高さ] にそれぞれ15を入力し❶、[OK] ボタンをクリックします❷。

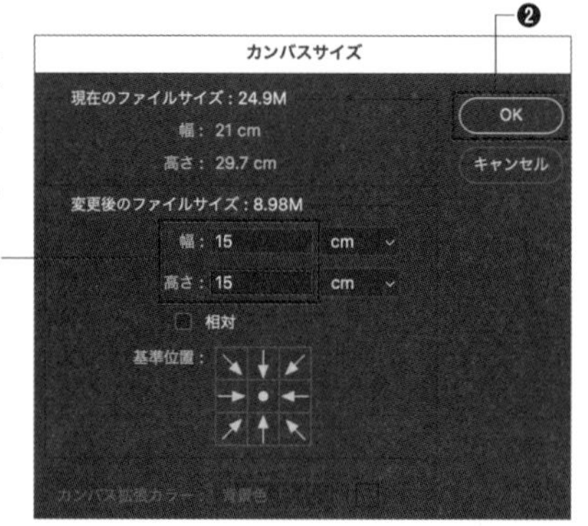


**5** カンバスサイズを変更できました。

## レイヤーの変換

カンバスサイズ変更の後にも加工を行いたい場合は、サイズ変更を行う前に、背景レイヤーを通常レイヤーに変換しておきましょう。画像を開くと、その画像のレイヤーは［背景］レイヤーとして開かれます。しかし、［背景］レイヤーは移動をはじめとする加工ができないため、加工をしたい場合は、通常のレイヤーに変換する必要があります。レイヤー名の右側にある🔒をクリックするか、レイヤーを選択して［レイヤー］メニュー→［新規］→［背景からレイヤーへ］をクリックし❶、表示される［新規レイヤー］ダイアログに好みのレイヤー名を付けて❷［OK］ボタンをクリック❸することで、背景レイヤーが通常レイヤーに変換されます。

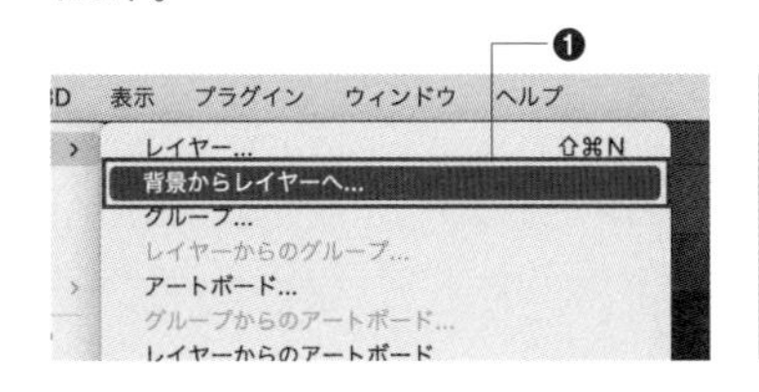

通常レイヤーの状態でカンバスサイズを変更すると、カンバス外の画像がトリミングされることがないので、カンバスサイズの変更後に移動やサイズ変更などを制限なく行うことができます。

［背景］レイヤーのままカンバスサイズを変更

通常レイヤーに変換してカンバスサイズを変更

Column

## フルスクリーンモード・メニュー付きフルスクリーンモード

Photoshopでは、ツールバーの［スクリーンモードを切り替え］を使って、3つのスクリーンモードを切り替えることができます。一般的に［標準スクリーンモード］Ⓐで操作しますが、［メニュー付きフルスクリーンモード］Ⓑや、［フルスクリーンモード］Ⓒに切り替えることができます。スクリーンモードはFキーを押すたびに、［標準スクリーンモード］→［メニュー付きフルスクリーンモード］→［フルスクリーンモード］の順に切り替えることができます。
誤って画面を切り替えてしまった場合は、ツールバーの［スクリーンモードを切り替え］や、Fキーを使用して元に戻しましょう。なお、［標準スクリーンモード］から［メニュー付きフルスクリーンモード］の切り替えはtabキー、［フルスクリーンモード］から［標準スクリーンモード］に戻るには、escキーでも行うことができます。

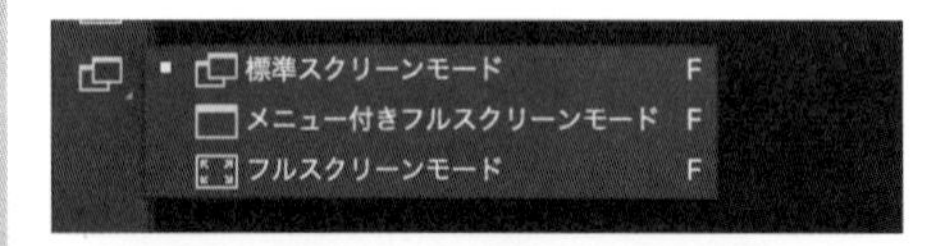

Ⓐ標準スクリーンモード

Ⓑメニュー付きフルスクリーンモード

Ⓒフルスクリーンモード

# 選択操作の
# テクニック

Chapter

2

# 013 四角形や円形の選択範囲を作成したい

**使用機能**　[長方形選択]ツール、[楕円形選択]ツール、[一行選択]ツール、[一列選択]ツール

Photohsopでは、四角形、円形やフリーハンドでの選択範囲作成の他、自動的に被写体を認識し選択範囲を作成する機能など、さまざまな選択範囲作成ツールが用意されています。各選択ツールを覚えておくことで、より速く効率的な作業ができるようになります。

## 基本操作

ツールバーに表示されている[長方形選択]ツールを長押しすると、[長方形選択]ツール、[楕円形選択]ツール、[一行選択]ツール、[一列選択]ツールを選択できます。[長方形選択]ツールは四角形の選択範囲を、[楕円形選択]ツールは円形の選択範囲を作成できます。[一行選択]ツールは1行(横)に[一列選択]ツールは一列(縦)に、それぞれ1 pxの罫線を描くことができます。

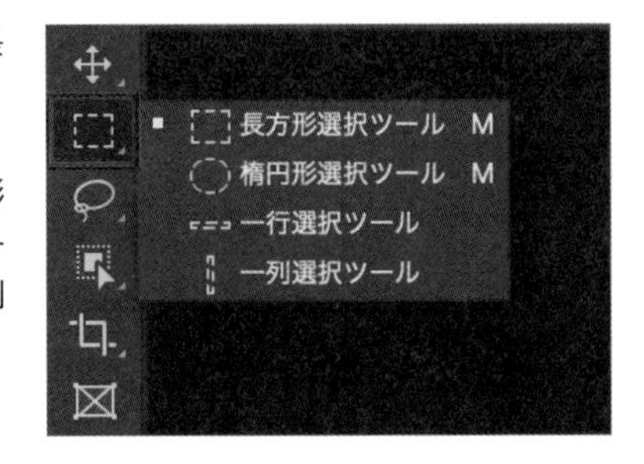


## コントロールパネルの詳細

[選択]ツールを選択すると、コントロールパネルが切り替わります。コントロールパネルの各機能は以下の通りです。Ⓐ～Ⓗについて、[長方形選択]ツールを使用した例で解説します。

### Ⓐ新規選択

カンバス上でドラッグすることで選択範囲を作成できます。新たな選択範囲を作成すると、直前に選択した選択範囲は解除されます。

### Ⓑ選択範囲に追加

ドラッグすることで選択範囲が追加されていきます。画像はⒶの選択範囲に左のオブジェを追加選択し、さらに右のオブジェを追加選択したものです。

### Ⓒ現在の選択範囲から一部削除

ドラッグすることで選択範囲が削除されます。画像はⒷの状態から中央のオブジェのみ選択し、選択範囲を削除した状態したものです。

### Ⓓ現在の選択範囲と共通範囲

直前に選択している選択範囲と、追加選択した共通の範囲のみが選択された状態となります。画像のように選択範囲が作成された状態から中央のオブジェのみ選択すると、共通範囲の中央のオブジェのみ選択された状態になります。

### Ⓔぼかし

ぼかし： 0 px

初期設定では［ぼかし］0pxです。選択範囲の境界にぼかし効果を加えたい場合に使用します。

元画像

［ぼかし］0pxで選択範囲を作成し切り抜いた場合

［ぼかし］30pxの選択範囲で切り抜いた場合

### Ⓕアンチエイリアス

アンチエイリアス

［楕円形選択］ツールの使用時、チェックすることで選択範囲のジャギー（境界がギザギザした状態）を目立たなく処理します。基本的にチェックを入れた状態にします。

### Ⓖスタイル

スタイル： 標準 幅： 高さ：

選択範囲の形状を指定できます。以下の種類が用意されています。

［標準］……ドラッグで選択範囲を自由に選択できます。

［縦横比を固定］……［幅］、［高さ］を指定し、指定した比率で選択範囲が作成されます。［幅］1、［高さ］1でドラッグすると、カンバス上のどこで選択範囲を作成しても、強制的に1：1の固定比率で選択範囲が作成されます。［長方形選択］ツールの場合は正方形、［楕円形選択］ツールの場合は正円となります。

［固定］……指定した［幅］、［高さ］の選択範囲が作成されます。

縦横比を1:1の固定比率にした選択範囲を作成した場合

［幅］、［高さ］の単位は、入力枠上で右クリックすると［pixel］、［inch］、［cm］、［mm］、［point］、［pica］、［%］から選択できます。［幅］、［高さ］それぞれに任意の単位を選択できます。［幅］1000px、［高さ］500pxで固定した選択範囲を複数作成すると、カンバス上のどこで選択範囲を作成しても、指定したサイズの選択範囲が作成されます。

［幅］1000px、［高さ］500pxで固定した選択範囲を複数作成した場合

### Ⓗ選択とマスク

選択とマスク...

選択範囲の境界を調整します。特に、髪の毛などの細かく複雑な選択範囲を作成する際に役立ちます。

# 014 細かな部分の選択範囲を作成したい

使用機能 [なげなわ] ツール、[多角形選択] ツール、[マグネット選択] ツール

フリーハンドで大まかな選択範囲を作成したいときや、逆に複雑で細かい選択範囲を作成したい場合に使用するツールを紹介します。

## 基本操作

ツールバーに表示されている [なげなわ] ツールを長押しすると、[なげなわ] ツール、[多角形選択] ツール、[マグネット選択] ツールを選択できます。

● [なげなわ] ツール

ドラッグし、フリーハンドで選択範囲を作成することができます。選択途中でマウスを離すと始点と終点(左クリックを離した地点)が自動的に接続され選択範囲が作成されます。大まかな選択範囲を作成したい場合や、複雑で細かな選択範囲の作成に適しています。

● [多角形選択] ツール

直線で選択範囲を作成することができます。選択範囲は、終点で enter キーを押すか、状態でクリックすることで始点と接続されます。ビルなどの直線的な画像の選択に適しています。

Memo

[なげなわ] ツール、[多角形選択] ツールのコントロールパネルは、▶▶013 で紹介しているコントロールパネルと共通です。

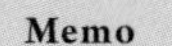

● **[マグネット選択] ツール**

指定したエッジにスナップ ▸▸006 させて境界線を作成します。選択対象の境界をドラッグしていくことで、指定した頻度で自動的に境界を認識し、ポインタが作成されます。選択対象と背景のコントラストが強く、複雑なエッジを持つ画像の選択に適しています。

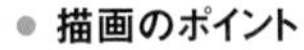

● **描画のポイント**

始点から境界に沿ってポインタを作成し、選択対象を1周したら、始点のポインタにカーソルを重ねます。図のようにカーソルの右下に丸いマークが現れるので、この状態でクリックすることで選択範囲が作成されます。

描画中のポインタを削除したい場合は、delete キーを押すことで直前のポインタが削除されます。複数回押すことで始点のポインタ位置まで戻ることができます。

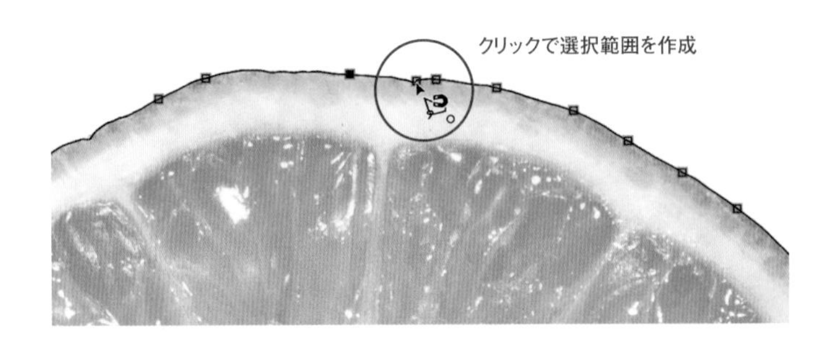


## [マグネット選択] ツールのコントロールパネルの詳細

各ツールを選択すると、コントロールパネルが切り替わります。コントロールパネルの各機能は以下の通りです。なお、Ⓐ～Ⓓ以外は ▸▸013 のコントロールパネルと共通です。ここでは最も機能の多い [マグネット選択] ツールのコントロールパネルを解説します。

Ⓐ**幅** 幅：10 px …… ポインタから指定した距離のエッジを認識します。
Ⓑ**コントラスト** コントラスト：50% …… 数値が高いほどコントラストの強いエッジを認識します。
Ⓒ**頻度** 頻度：30 …… 数値が高いほどポインタが多くなり詳細な選択範囲を作成できます。
Ⓓ**筆圧でペン幅を変更** …… ペンタブレット使用時に、筆圧を強くするとエッジ幅が狭くなります。

# 015 オブジェクトの形に応じた選択範囲を作成したい



使用機能　[オブジェクト選択] ツール

[オブジェクト選択] ツールを使用すれば、オブジェクトの形に応じた選択範囲を簡単に作成できます。

## 基本操作

ツールバーに表示されている [オブジェクト選択] ツールを長押しすると、[オブジェクト選択] ツール、[クイック選択] ツール、[自動選択] ツールを選択できます。ここでは [オブジェクト選択] ツールの詳細について解説します。

## [オブジェクト選択] ツールのコントロールパネルの詳細

[オブジェクト選択] ツールを選択すると、コントロールパネルが切り替わります。コントロールパネルの各機能は以下の通りです。なお、Ⓐ～Ⓕ以外は ▸▸013 のコントロールパネルと共通です。

Ⓐ　Ⓑ　Ⓒ　Ⓓ　Ⓔ　Ⓕ

**Ⓐオブジェクトファインダー**

…… 画像にカーソルを合わせただけでオブジェクトが自動的にハイライトされます。クリックして選択します。初期設定で有効な状態になっています。

選択範囲を追加したい場合は shift キーを押しながら、追加したい範囲をクリックします。また、削除したい場合は option キーを押しながらクリックします。

**Memo**　オブジェクトファインダーはPhotoshop 2022の新機能です。

[すべてのオブジェクトを表示] をクリックすると、オブジェクトファインダーが認識したすべてのオブジェクトがハイライトで表示されます。

[その他のオプションを設定] をクリックすると、各種設定が行えます。

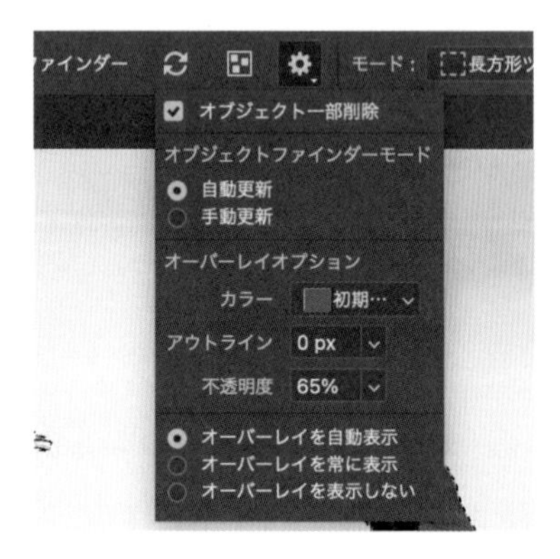


Ⓑ**モード** …… 選択方法として、[長方形] または [なげなわ] を選択します。
Ⓒ**全レイヤーを対象** …… 選択しているレイヤーだけでなく、全レイヤーから選択範囲を作成します。
Ⓓ**ハードエッジ** …… 選択境界のハードエッジを有効にします。被写体によっては荒い印象になる場合もあるので、オンオフを使い分けます。
Ⓔ**選択結果に関するフィードバックを提供** ……クリックするとこの機能に関するフィードバックをAdobe社に送ることができます。
Ⓕ**被写体を選択** …… 選択しているレイヤーから自動的に被写体を選択します。

**Memo**

ⒷⒸⒻの機能はⒶのオブジェクトファインダーが有効な状態では正確な選択範囲を作成できない場合があるので、使用する際はⒶの機能をオフにするなど、適宜調整するとよいでしょう。

# 016 ブラシで描くように選択範囲を作成したい

**使用機能**　[クイック選択] ツール

[クイック選択] ツールでは、ブラシで被写体をドラッグすることで選択範囲の追加や削除が行えます。

## 基本操作

ツールバーに表示されている [オブジェクト選択] ツールを長押しすると、[オブジェクト選択] ツール、[クイック選択] ツール、[自動選択] ツールを選択できます。ここでは [クイック選択] ツールの詳細について解説します。

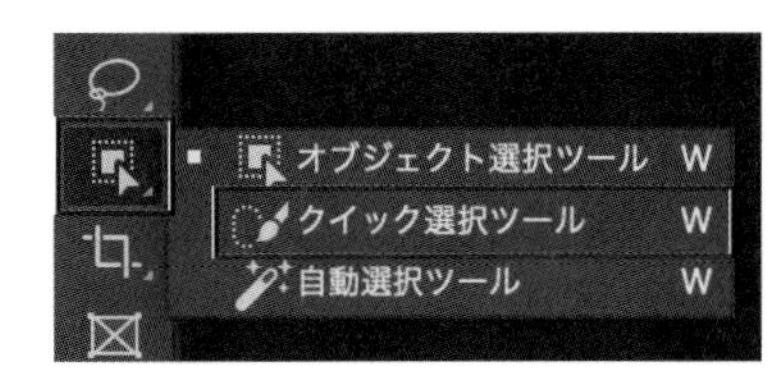


## [クイック選択] ツールのコントロールパネルの詳細

[クイック選択] ツールを選択すると、コントロールパネルが切り替わります。コントロールパネルの各機能は以下の通りです。なお、Ⓐ～Ⓔ以外は ▸▸013 のコントロールパネルと共通です。

Ⓐ**新規選択** …… ピクセルを指定して選択範囲が作成できます。選択したい被写体をドラッグすることで自動的に選択範囲が作成されます。

Ⓑ**選択範囲に追加** …… ドラッグすることで選択範囲が追加されていきます。［クイック選択］ツールでは一度選択を始めると自動的にコントロールパネルが［選択範囲に追加］に切り替わります。

Ⓒ**現在の選択範囲から一部削除** …… ドラッグすることで選択範囲が削除されます。

Ⓓ**ブラシオプション** …… ブラシのサイズなどを設定します。
Ⓔ**角度** …… ブラシの角度を設定します。

ブラシオプションで設定できる内容

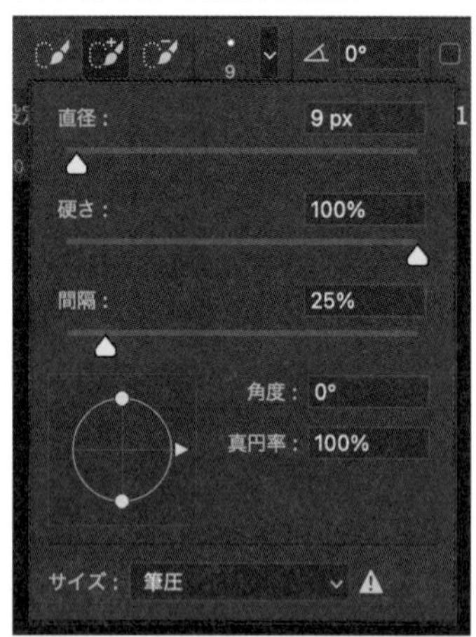


**POINT**

［クイック選択］ツールでの選択範囲作成は、［選択範囲の追加］と［現在の選択範囲から一部削除］を何度も切り替えながら作業することになりますが、その都度コントロールパネルで切り替えていると大変です。［選択範囲に追加］を選択した状態で option キーを押すと、押している間だけ［現在の選択範囲から一部削除］に切り替わるので、細かくモードを切り替えながらの作業に便利です。

# 017 同じ色の部分の選択範囲を簡単に作成したい

**使用機能** [自動選択] ツール

同じ色の部分の選択範囲を簡単に作りたい場合は [自動選択] ツールを使用します。元の色に対して似た色の範囲を指定することもできます。

## 基本操作

ツールバーに表示されている [オブジェクト選択] ツールを長押しすると、[オブジェクト選択]ツール、[クイック選択]ツール、[自動選択] ツールを選択できます。ここでは [自動選択] ツールの詳細について解説します。

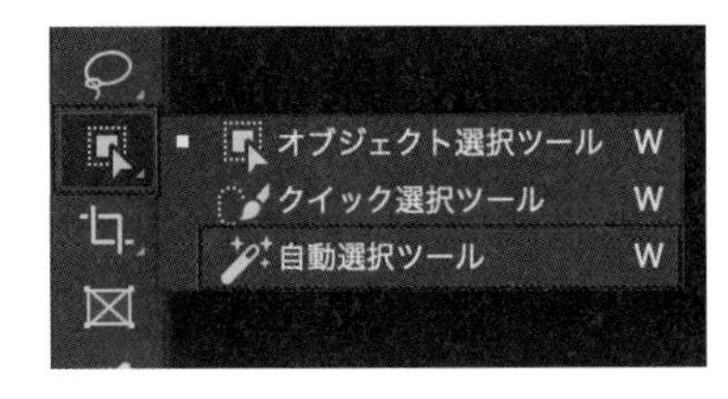


## [自動選択] ツールのコントロールパネルの詳細

[自動選択] ツールを選択すると、コントロールパネルが切り替わります。コントロールパネルの各機能は以下の通りです。なお、Ⓐ～Ⓒ以外は ▸▸013 のコントロールパネルと共通です。

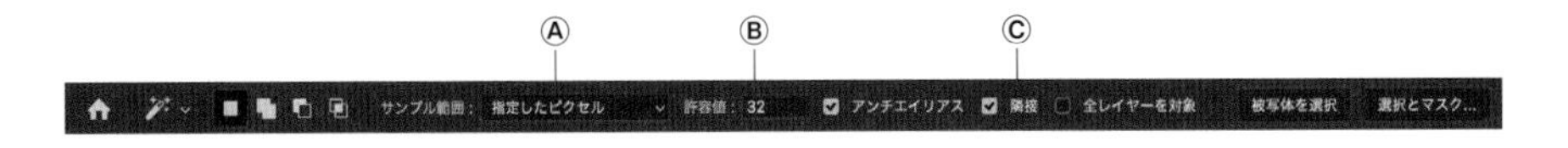


### Ⓐサンプル範囲 サンプル範囲： 指定したピクセル

[指定したピクセル] ……ピクセルを指定して選択範囲が作成できます。選択したピクセルの色を基準に選択範囲が作成されます。

[ピクセル四方の平均] ……選択したピクセル周辺の平均から選択範囲を作成します。

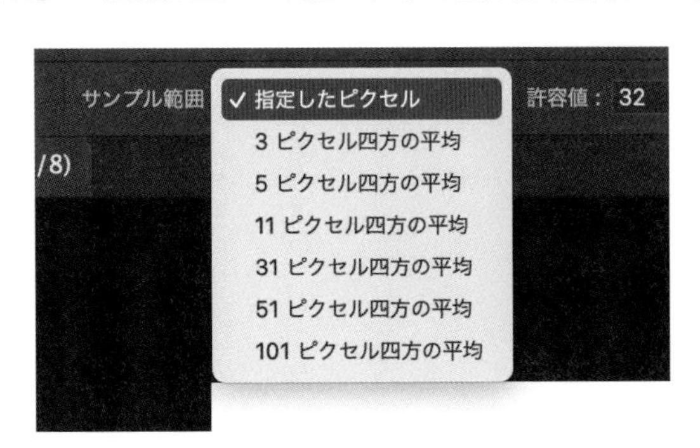

Ⓑ**許容値** 許容値：32 …… [1～255] の数値を指定します。数値が低いほど選択したピクセルに近い色が選択されます。画像を [隣接] をチェックした状態で中央の青色を選択すると、[許容値:20] では空の一部分だけが選択され、[許容値:100] では、ほぼすべての青色が選択されます。

Ⓒ**隣接** 隣接 …… チェックを入れると、選択したピクセルに隣接した部分のみが選択されます。[隣接] のチェックを入れた場合果物を選択すると果物のみが、[隣接] のチェックを外した場合は、画面全体の同系色が選択されます。

元画像

[許容値:20]

[許容値:100]

[隣接] のチェックを入れた場合

[隣接] のチェックを外した場合

# 018 マスクを使って選択したい

使用機能 選択とマスク

マスクとは、画像を編集することなく、指定した部分だけを隠したり、表示させたりする機能のことです ▸▸037。ここでは、[選択とマスク] を使った選択範囲を作成する方法と、その整え方について解説します。

## 選択とマスクを使った選択範囲の作成

1 [選択とマスク] 機能を使って、人物の選択範囲を作成していきます。素材「人物.jpg」を開きます。[選択範囲] メニュー→ [選択とマスク] をクリックします。

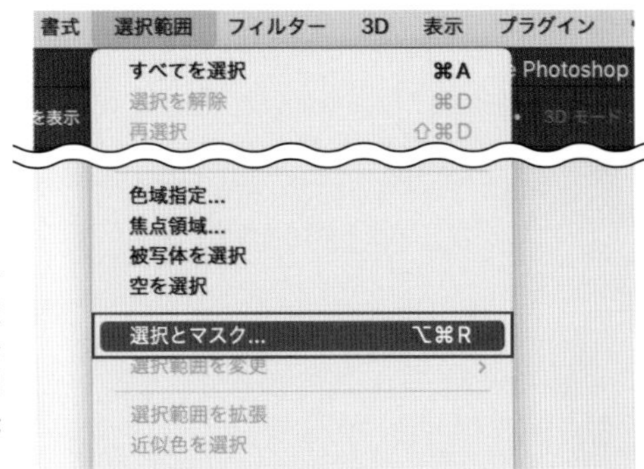


**Memo** [選択とマスク] ワークスペースを活用することで、対象部分の選択が素早くでき、より正確なマスクを作成できます。マスク機能の利用方法は、3章の「マスクを利用したい ▸▸037」でも解説しています。

2 ワークスペース全体が [選択とマスク] 専用のワークスペースに切り替わります。開いた画像は半透明の状態で表示されます。

**Memo** 画像が半透明に表示されていない場合は、画面右側［属性］パネルの［表示モード］→［表示］を［オニオンスキン］とし、［透明部分］を50％としてください。

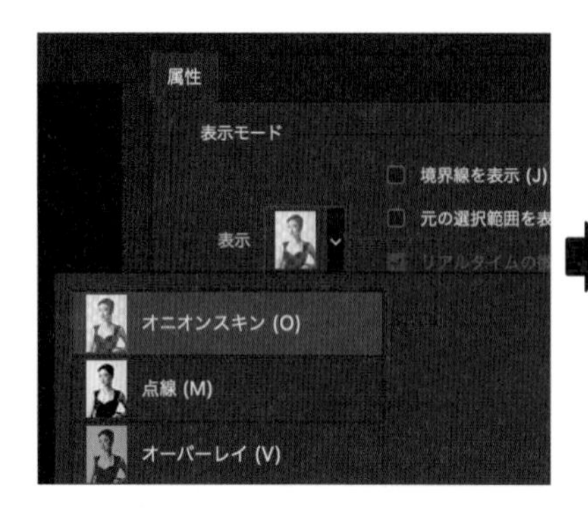


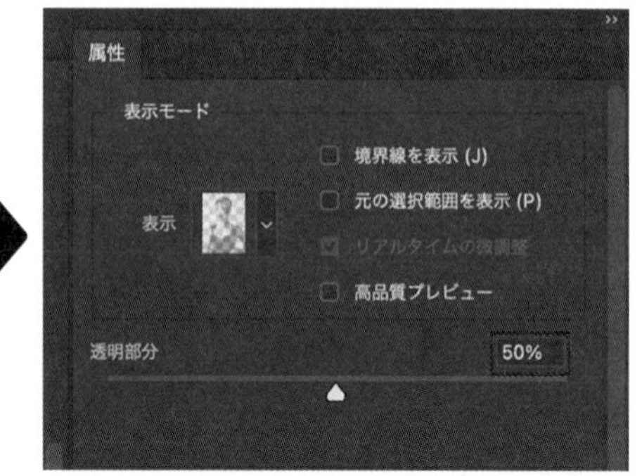


3 画面左側のツールから［クイック選択］ツールを選択し❶、コントロールパネルで［+（選択範囲に追加）］❷、ブラシの［サイズ］を40と設定します❸。

4 人物をドラッグすると、ドラッグした部分の半透明が解除され、はっきりと表示されていきます。

**Memo** 人物からはみ出して選択してしまった場合は、コントロールパネルで［-（現在の選択範囲から一部削除）］を選択し、はみ出した部分を削除します。

5 髪の毛の周囲などにうまく選択しきれていない箇所が残っているので、さらに髪の毛の選択範囲を整えていきます。[境界線調整ブラシ]ツールを選択します。

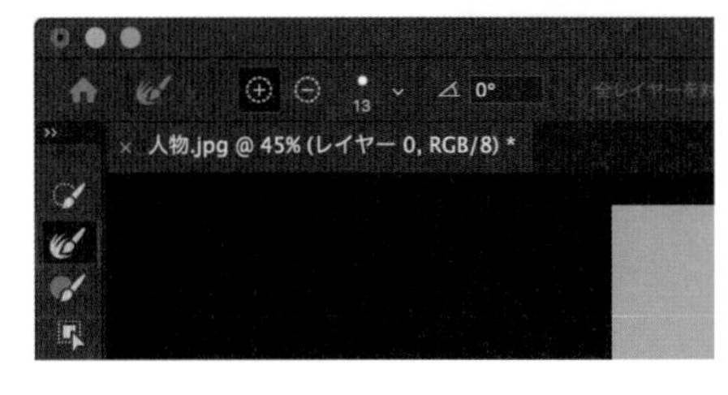


6 [表示モード]→[表示]を[オーバーレイ]とします。[オーバーレイ]を選択することで背景に色がつくので、細かな作業がやりやすくなります。

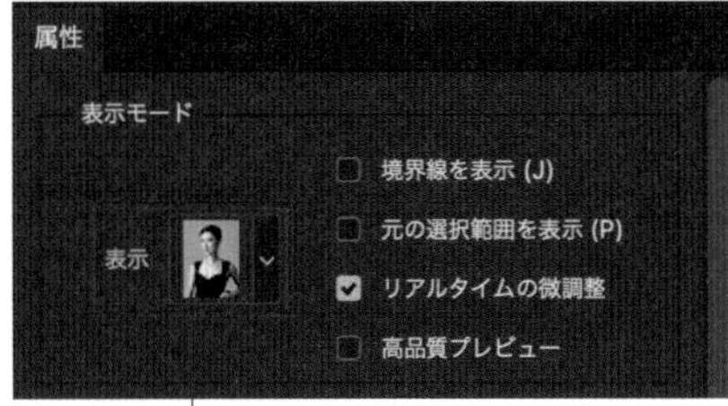


表示[オーバーレイ]

Memo 使用画像によって[表示]は見やすいモードに切り替えて使います。

7 人物の髪の毛周辺の輪郭をドラッグすることで、髪の毛の隙間に残っていた余分に選択している部分や、首元の髪の毛の境界が自動的に調整されます。

8 [OK]ボタンをクリックすると、選択範囲が作成されます。

## その他の調整機能

### ● エッジの検出

選択範囲から指定したピクセル数の境界を検出します。[スマート半径]にチェックを入れると指定したピクセル範囲内で自動的に調整を行います。

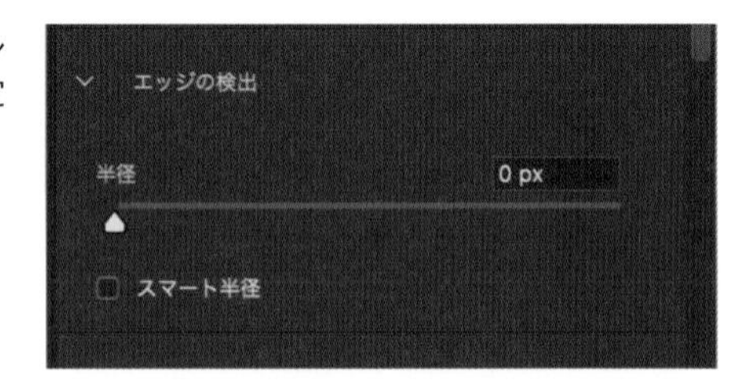


### ● グローバル調整

[滑らかに]……境界を滑らかにします。
[ぼかし]……境界をぼかします。
[コントラスト]……境界のコントラストが高くなり、シャープな印象になります。
[エッジをシフト]……境界を内側、外側に調整します。選択範囲を少し広げたり、狭めたりといった微調整で使います。

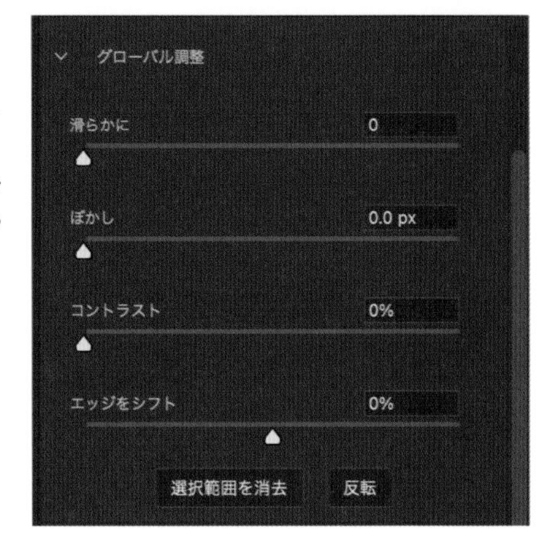


### ● 出力設定

首元の髪の毛の境界などには、白いモヤのような汚れ(フリンジ)が残ってしまうことがあります。フリンジを軽減し、境界をきれいに整えた上で、[新規レイヤー]として出力することができます。

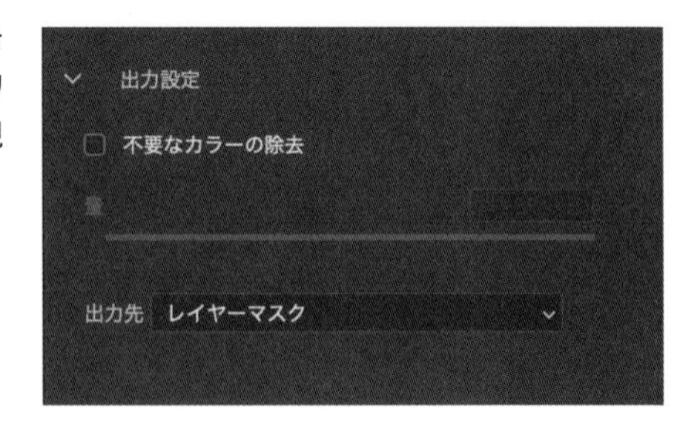

［出力設定］→［不要なカラーの除去］にチェックを入れ❶、画像のフリンジを確認しながら［適用量］を指定します❷。例では［適用量］は50％としました。

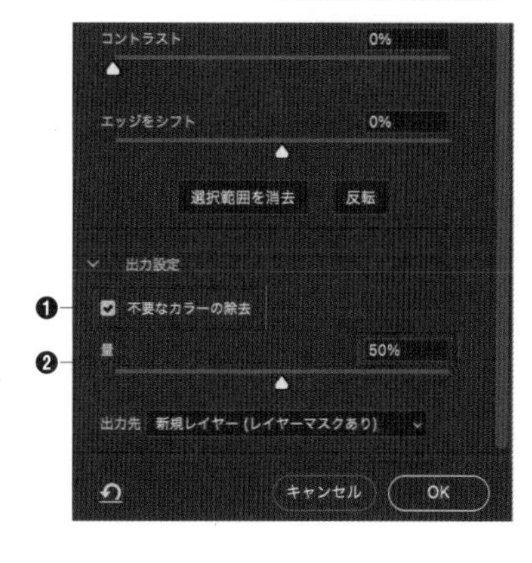


白くなっていた髪の毛部分が自動的に調整され、自然な印象になります。

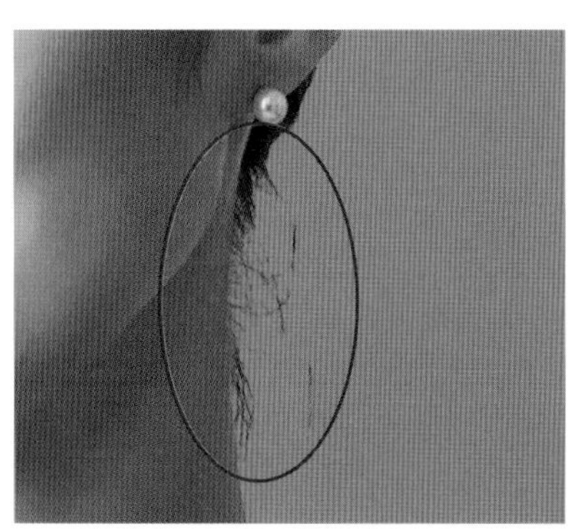

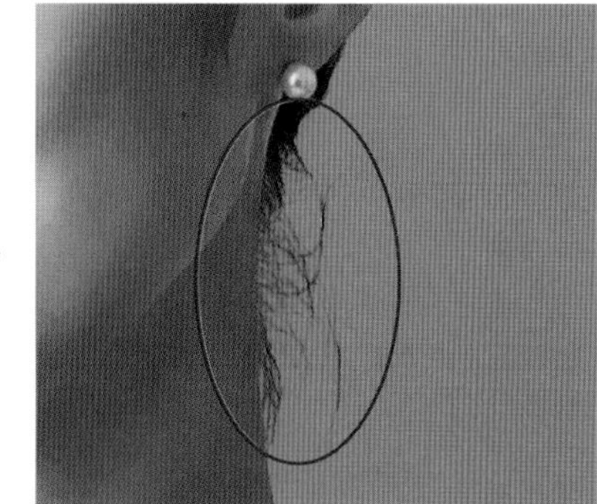

［出力先］を選択します。［不要なカラーの除去］を使用した後は［選択範囲］として出力することができないので、別ドキュメントで開きたいなどの目的がなければ、後で調整しやすい［新規レイヤー（マスクあり）］を選択しましょう。［OK］ボタンをクリックすると、新規レイヤーにマスクが追加された状態で出力されます。

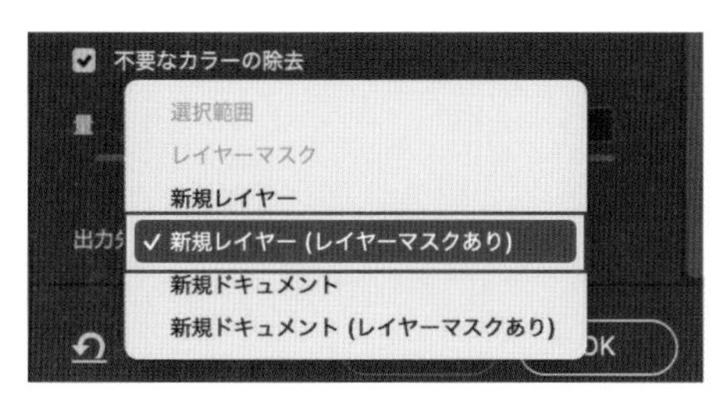


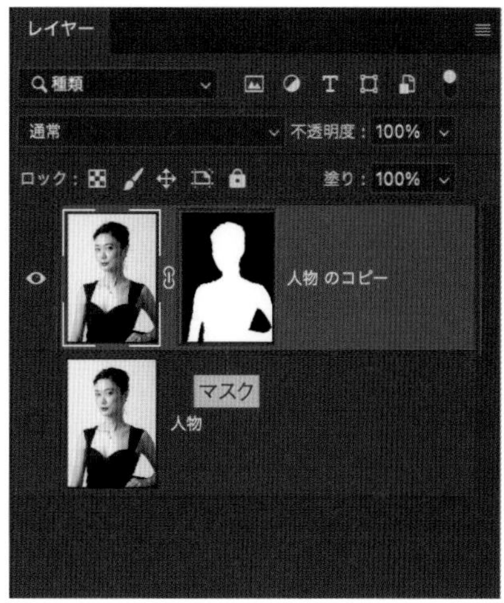

# 019 選択範囲を移動・変形させたい

使用機能 選択範囲を変形

選択範囲は作成した後に移動や変形を行うことができます。回転や反転なども行えます。

## 選択範囲の移動

選択範囲を作成後、いずれかの選択ツールが選択された状態で、カンバス上でドラッグすることで選択範囲を移動することができます。

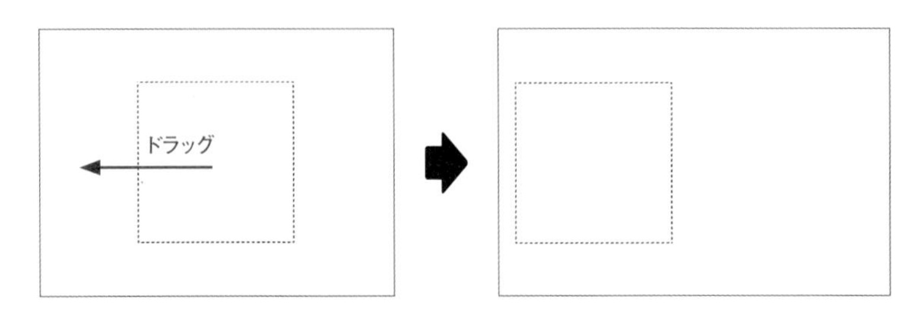


## 選択範囲の変形

選択範囲を作成後、[選択範囲] メニュー→[選択範囲を変形] をクリックします。

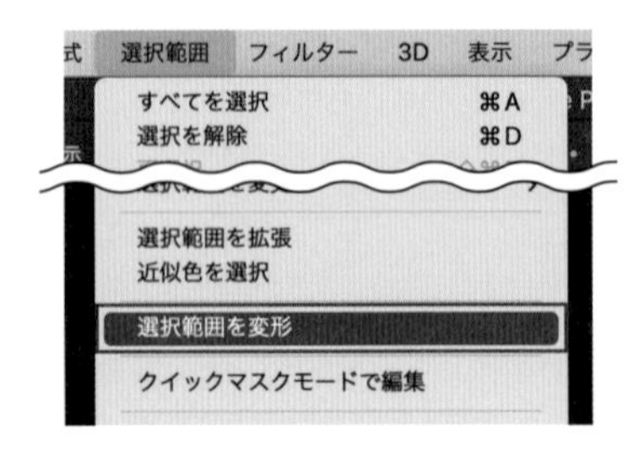


選択範囲にバウンディングボックスが表示されます。四隅と各辺の中央にあるハンドルをドラッグすることで、選択範囲の拡大・縮小や回転などの変形を行えます。

● 選択範囲の回転・拡大

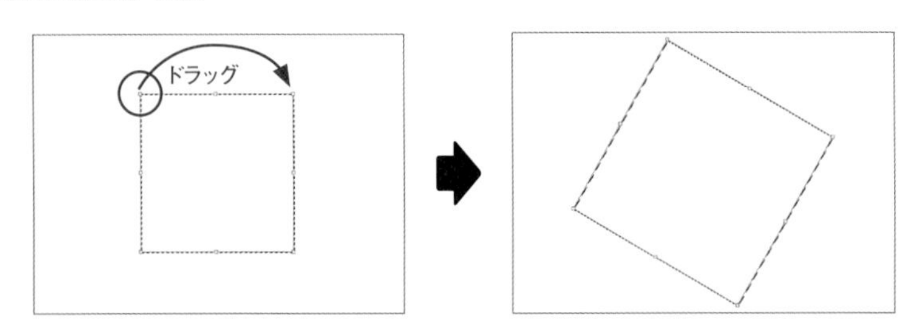

[選択範囲]メニュー→[選択範囲を変形]をクリックします。

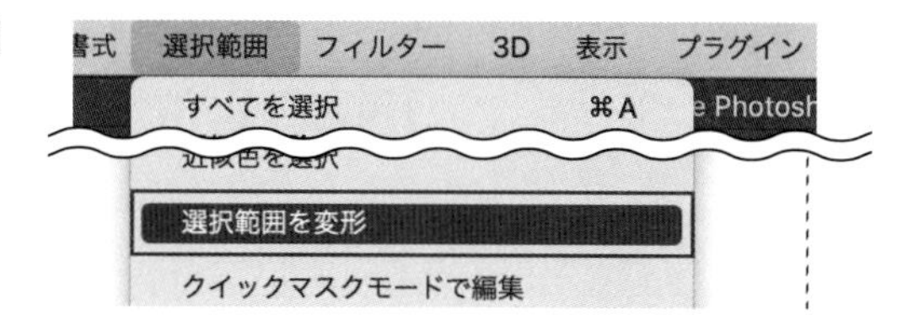


選択範囲が青くなった状態でcontrolキー＋クリックすると、メニューが表示されます。

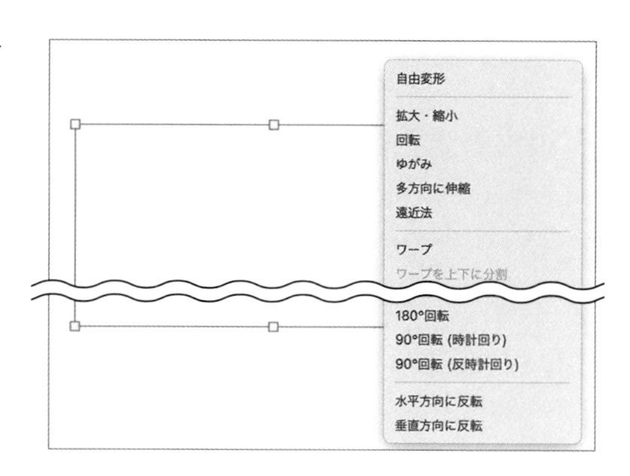


- **ゆがみ**……8つのポインタが表示され、四隅のポインタを上下左右に、各中央のポインタを上下または左右に動かすと変形します。斜め方向には動かすことはできません。

- **多方向に伸縮**……オブジェクトをあらゆる方向に伸縮させます。

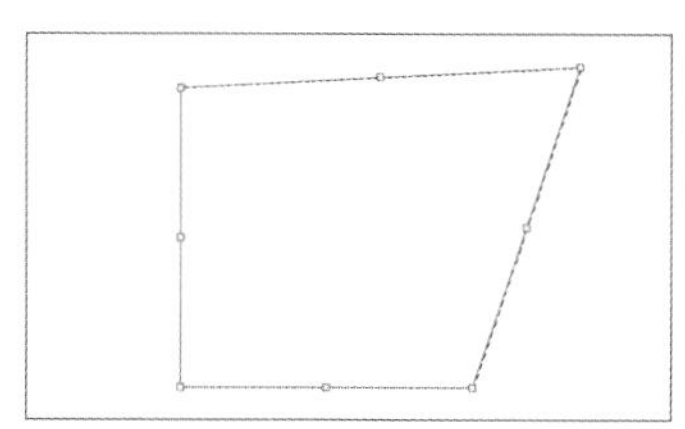
多方向に伸縮

- **自由な形に**……ポインタを自由にドラッグし変形することができます。四隅のポインタは動きに制限がないため、[ゆがみ]に比べてより直感的に操作可能です。

- **遠近法**……四隅のポインタをドラッグすると対面のポインタも同時に動き、遠近感が加わったような変形ができます。

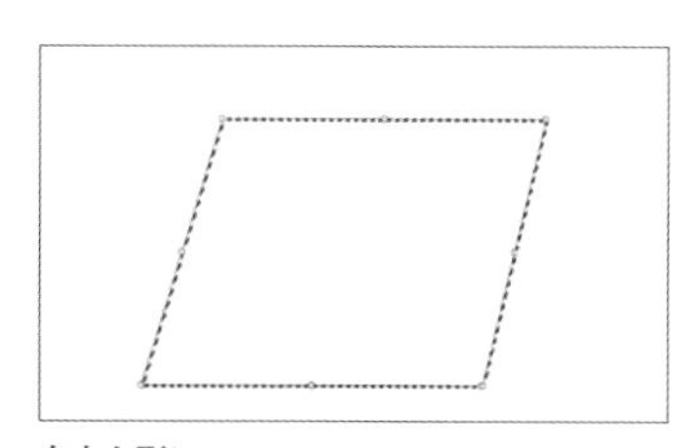
自由な形に

- **180°回転、90°回転(時計回り)(反時計回り)**……選択すると選択範囲がそれぞれ180°回転、90°回転(時計回り)、90°回転(反時計回り)します。

- **水平方向に反転、垂直方向に反転**……選択範囲が水平方向・垂直方向に反転します。

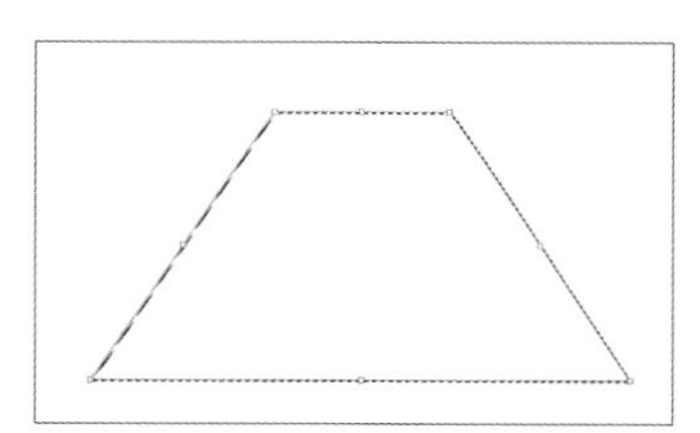
遠近法

# 020 選択範囲にさまざまな調整を加えたい

**使用機能** 選択範囲を変更

選択範囲をふちどりしたり、角を丸くしたり、境界線をぼかすといった調整を行うことができます。調整の程度はピクセル数で指定できます。

## 選択範囲を変更

右図の海の画像に対して、選択範囲を作成し、変更を行います。

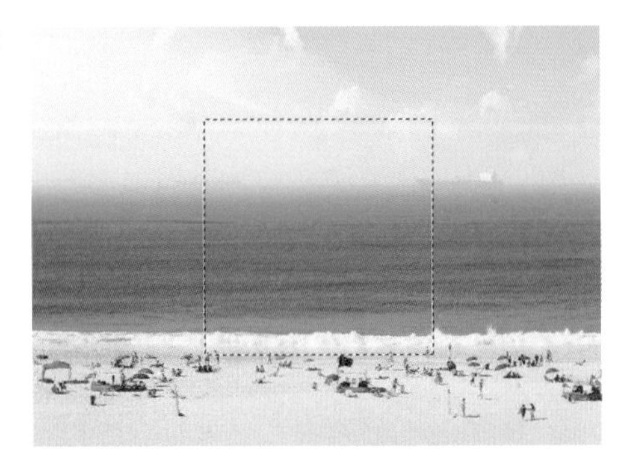

選択範囲を作成した状態で、[選択範囲] メニュー→ [選択範囲を変更] → [境界線] をクリックします。

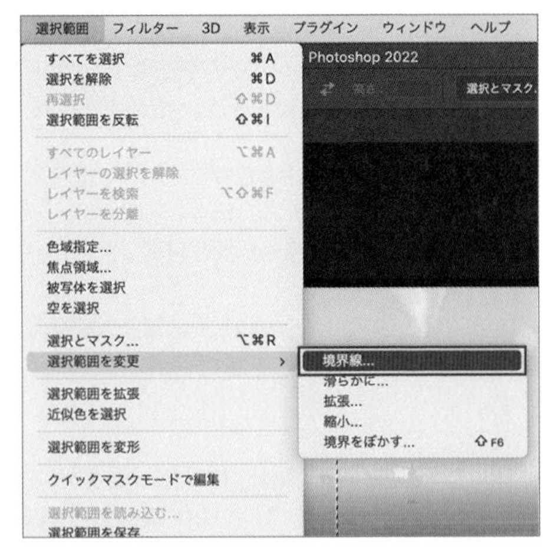


[選択範囲をふちどる] ダイアログが表示されるので、[幅] を30とし❶、[OK] ボタンをクリックします❷。

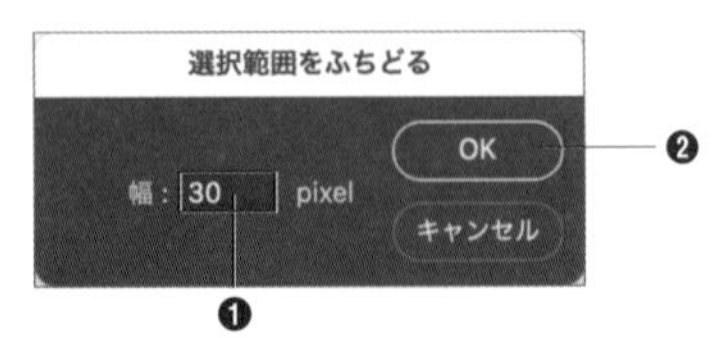

選択範囲の境界から、指定した幅（内側に15ピクセル、外側に15ピクセル）の選択範囲が作成されます。

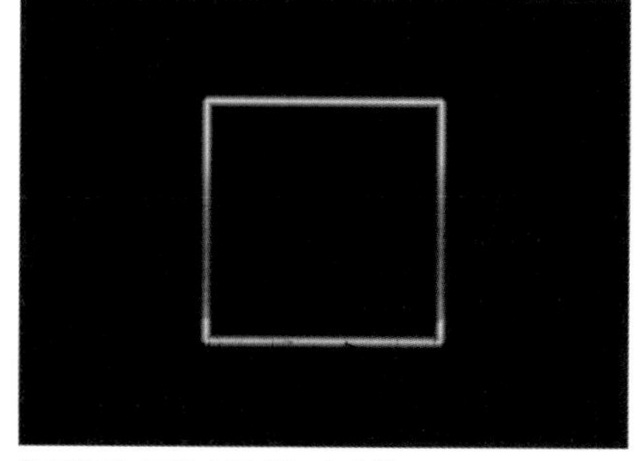

選択範囲で画像を切り抜いた状態

● **選択範囲を滑らかにする**

選択範囲を作成した状態で、［選択範囲］メニュー→［選択範囲を変更］→［滑らかに］をクリックします。

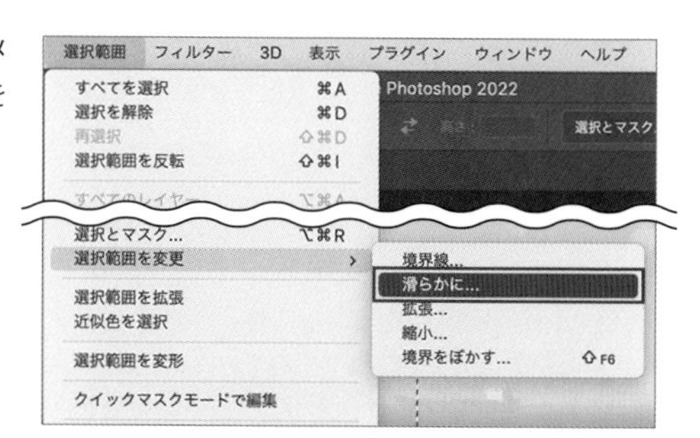


［選択範囲を滑らかに］ダイアログが表示されるので［半径］を30とし❶、［OK］ボタンをクリックします❷。

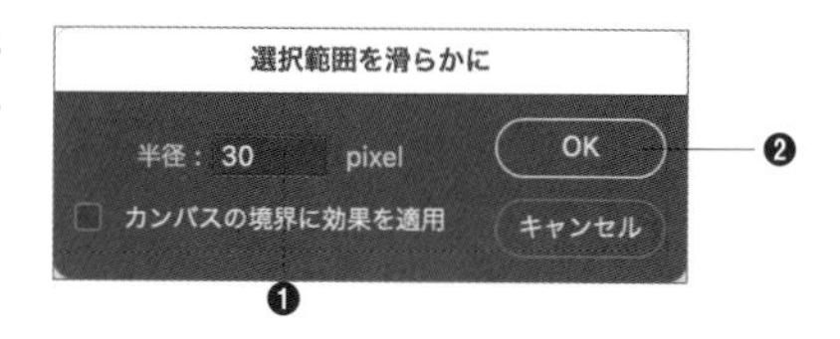


指定したピクセルぶん（例では30ピクセル）角が丸く滑らかになります。

選択範囲で画像を切り抜いた状態

## ● 選択範囲を拡張する

選択範囲を作成した状態で、[選択範囲] メニュー→[選択範囲を変更]→[拡張] をクリックします。

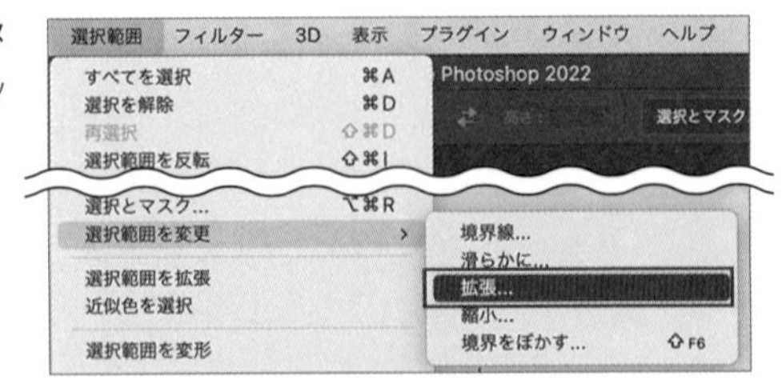


[選択範囲を拡張]ダイアログが表示されるので、[拡張量] を30とし❶、[OK] ボタンをクリックします❷。

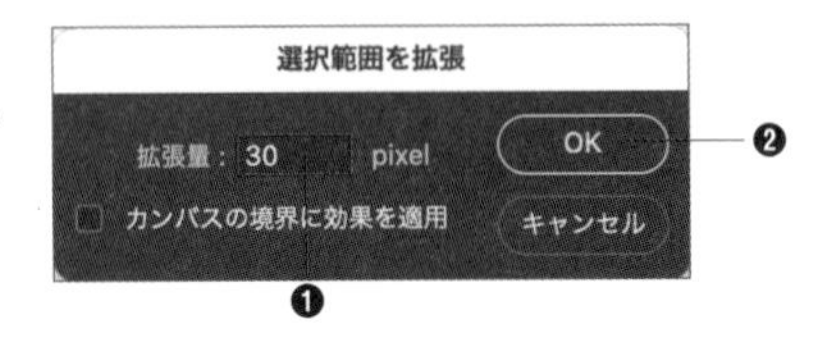


指定したピクセルぶん（例では30ピクセル）選択範囲が拡張されます。

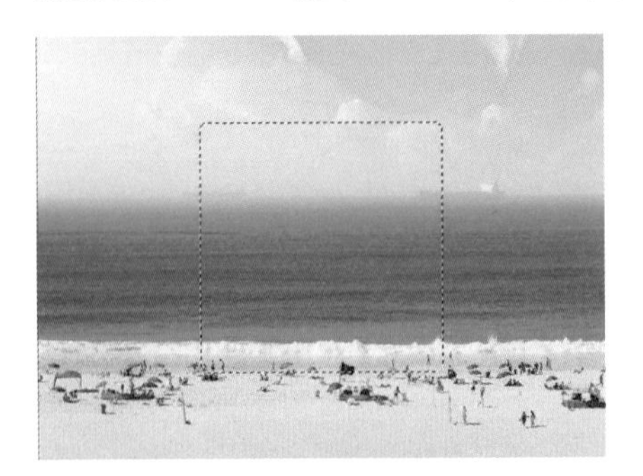

選択範囲で画像を切り抜いた状態

## ● 選択範囲を縮小する

選択範囲を作成した状態で、[選択範囲] メニュー→[選択範囲を変更]→[縮小] をクリックします。

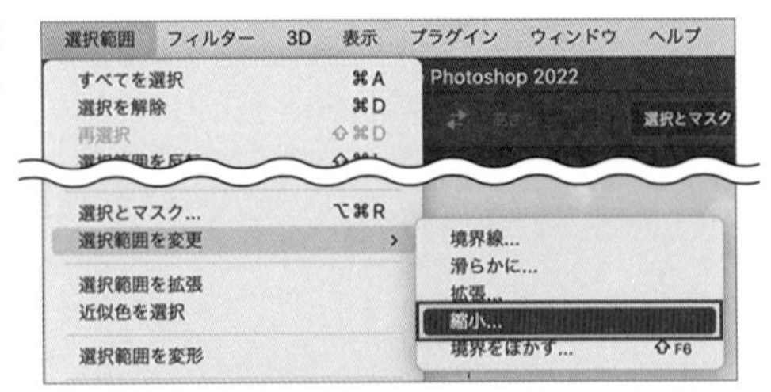


[選択範囲を縮小]ダイアログが表示されるので、[縮小量] を30とし❶、[OK] ボタンをクリックします❷。

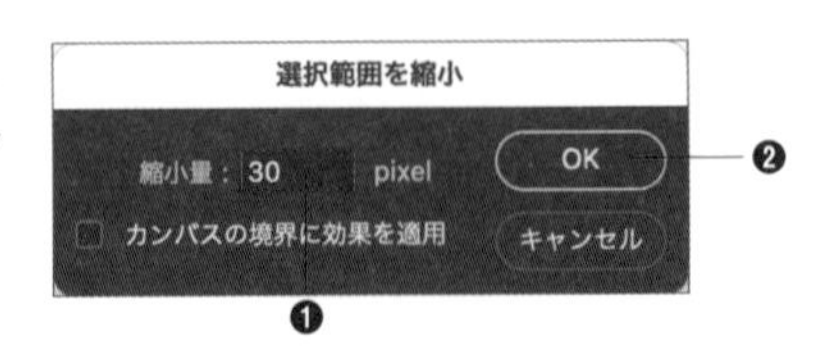

指定したピクセルぶん（例では30ピクセル）選択範囲が縮小されます。

選択範囲で画像を切り抜いた状態



● **境界をぼかす**

選択範囲を作成した状態で、［選択範囲］メニュー→［選択範囲を変更］→［境界をぼかす］をクリックします。

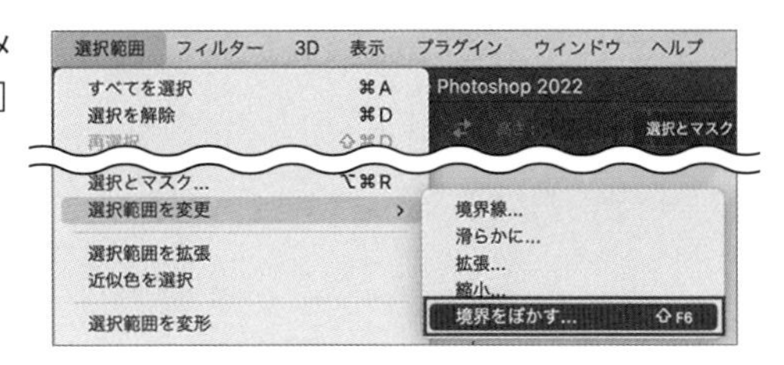


［境界をぼかす］ダイアログが表示されるので、［ぼかしの半径］を30とし❶、［OK］ボタンをクリックします❷。

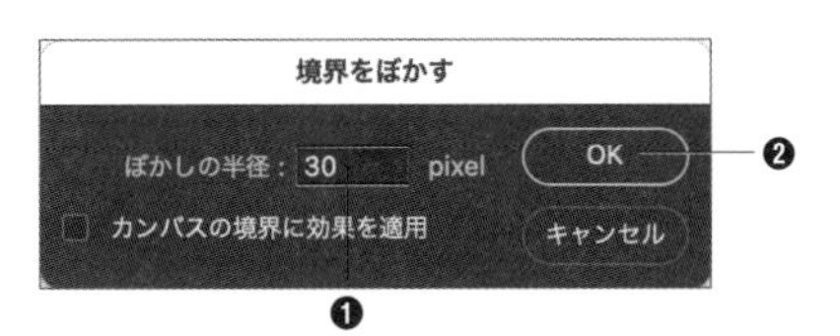


選択範囲ではわかりにくいですが、境界がぼけた状態となります。

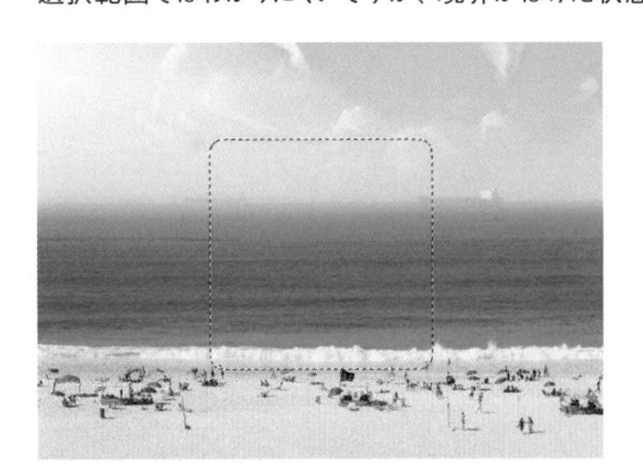

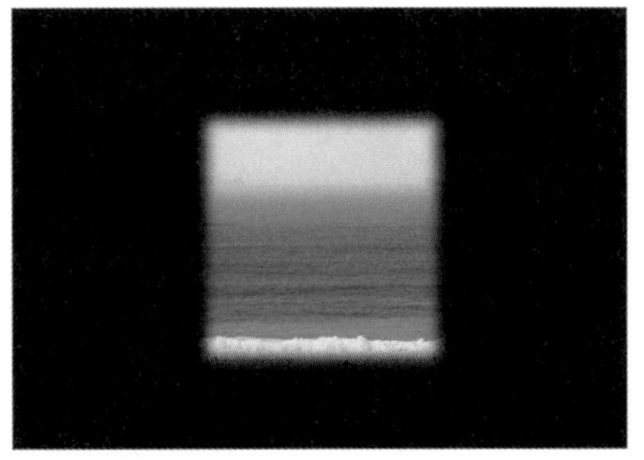

選択範囲で画像を切り抜いた状態

**Memo** ［境界線］以外で表示される［カンバスの境界に効果を適用］のチェックボックスは、外すとカンバスの端に効果が適用されなくなるので、特に目的が無いのであればチェックを入れた状態のままにしましょう。

# 021 選択範囲を画像として保存したい

使用機能 [スライス] ツール、[スライス選択] ツール

[スライス] ツールを使うと、1枚の画像から複数の選択範囲を作成し、選択範囲内を個別に画像として保存することができます。主にWebで使用する画像の作成などに使用します。

## [スライス] ツール、[スライス選択] ツールの使用

1 [スライス] ツールをクリックします。

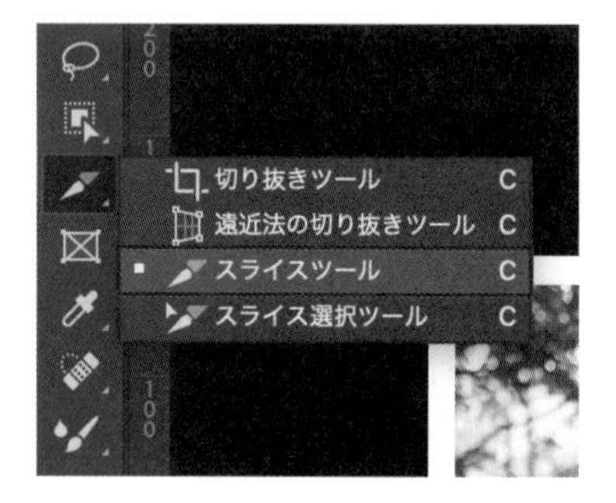


2 カンバス上で個別に保存したい範囲をドラッグし作成します。人物の顔まわりに3か所の範囲を作成しました。

3 [スライス選択] ツールを選択し、選択範囲をクリックすることで作成した範囲を調整できます。[スライス選択] ツールを選択した状態で❶、選択範囲上でダブルクリックすると❷、各選択範囲に名前などの情報を追加することができます❸。例では、それぞれに [左の写真] [中央の写真] [右の写真] と名前を付けています。

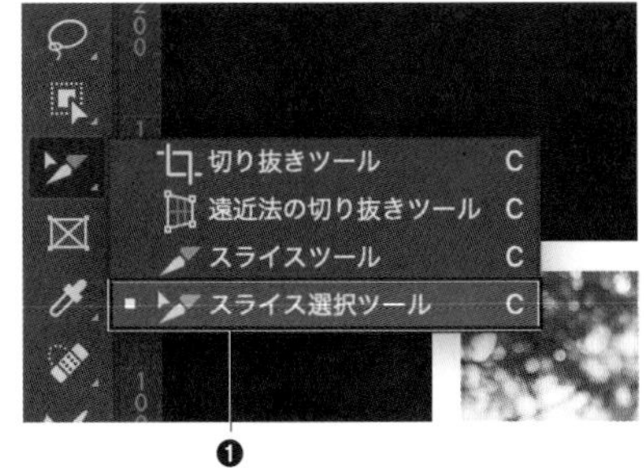


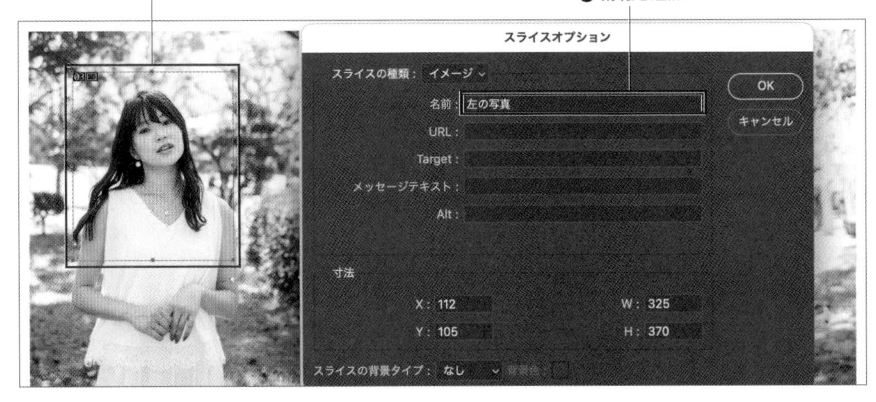


4 [スライス選択] ツールが選択されている状態で、コントロールパネルの [自動スライスを表示] をクリックして、スライスされた範囲を確認します。

分割...
自動スライスを表示

**Memo**

[スライス] ツールで3か所の範囲を指定しましたが、実際にはその3か所を基準に自動的に残りの範囲がスライスされています。[自動スライスを表示] にすることで自動的にスライスされた範囲を確認できます。

5 ［ファイル］メニュー→［書き出し］→［Web用に保存（従来）］をクリックします。

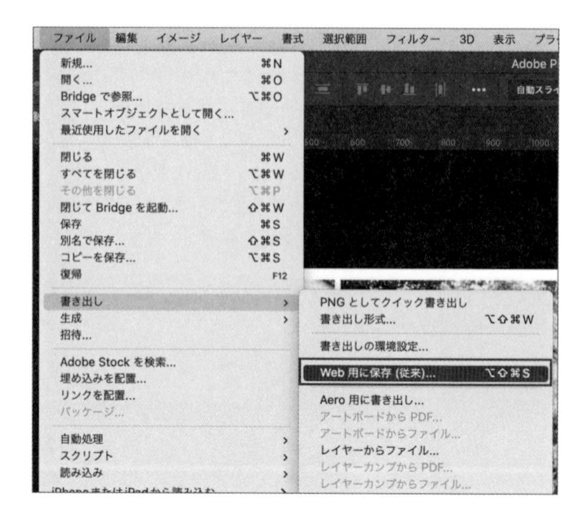


**Shortcut** Web用に保存：option＋shift＋command＋Sキー

6 ［Web用に保存］ウィンドウに切り替わります。そのまま［保存］ボタンをクリックします。

7 [別名で保存] ウィンドウが表示されるので、保存場所を指定し❶、ファイル名を付けたら❷、ウィンドウ一番下の[スライス] から [すべてのユーザー定義スライス] を選択します❸。[保存] ボタンをクリックします❹。

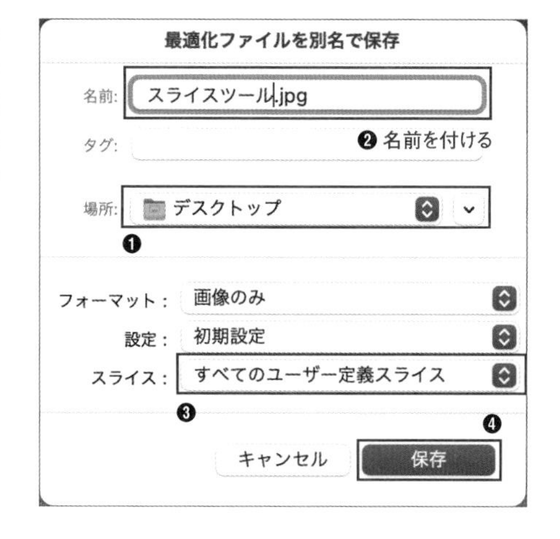


8 指定したフォルダ内に自動的に [images] というフォルダが作成され、フォルダ内に先程指定した [すべてのユーザー定義スライス] (作成した3か所のスライス範囲) が保存されます。

**Memo** 保存の際に [すべてのスライス] を指定した場合は、指定した3か所以外にも、自動的に作成されたすべてのスライスが書き出されます。

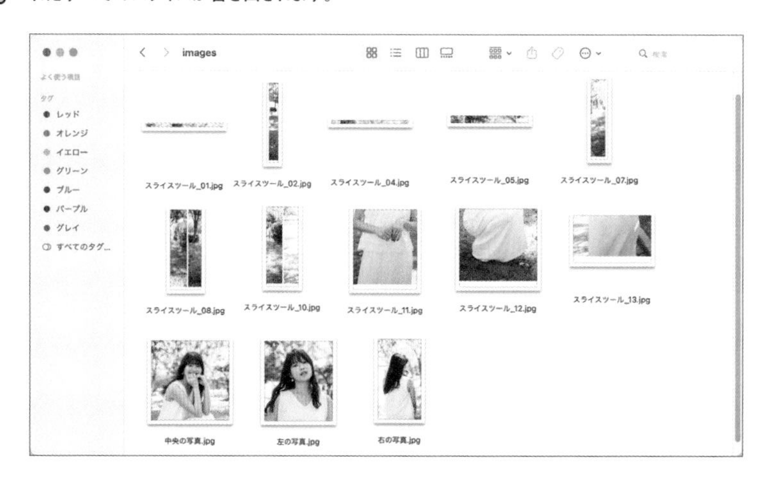

# レイヤー操作のテクニック

Chapter

3

# 022 レイヤーの基本を知りたい

**使用機能** ー

レイヤーとは、積み重ねることのできる透明なフィルムやシートのようなものです。画像にはレイヤーが必ず1つ含まれます。レイヤーの処理には［レイヤー］パネルを使用します。

## レイヤーとは

レイヤーは、積み重ねることのできる透明なフィルムやシートのように考えることができます。レイヤー内の何も描かれていない部分（画像・イラスト・テキストコンテンツがない部分）は透明で、下のレイヤーが透けて見えます。レイヤー自体の不透明度を変えて、コンテンツ部分を透明、半透明にすることもできます。

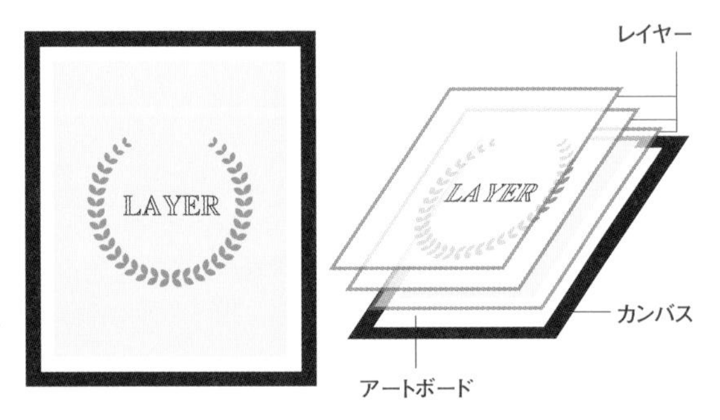


## レイヤーの確認

素材「レイヤー.psd」を開くと、画面の右側に［レイヤー］パネルが表示されています。ここで各レイヤーの確認ができます。本章ではこの「レイヤー.psd」を使用して、レイヤー操作を解説していきます。

［レイヤー］パネル

**Memo** ［レイヤー］パネルが表示されていない場合は、［ウィンドウ］メニュー→［レイヤー］をクリックし、パネルを表示させます。

## レイヤーの重なり方と順位

作例は4つのレイヤーを使って作成されています。レイヤーは上から順に手前に表示され、立体的に表現すると最前面から［テキスト］［イラスト］［図形］［背景］の順に重なっていることがわかります。
レイヤーを選択し、上下にドラッグすると、レイヤーの順位を変えることができます。レイヤー［背景］をレイヤー［イラスト］より上位に移動させると、カンバス上では一見レイヤー［イラスト］［図形］の2つのレイヤーが消えてしまったように見えますが、実際には下位に存在しています。

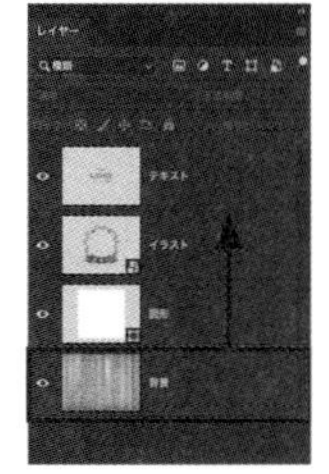

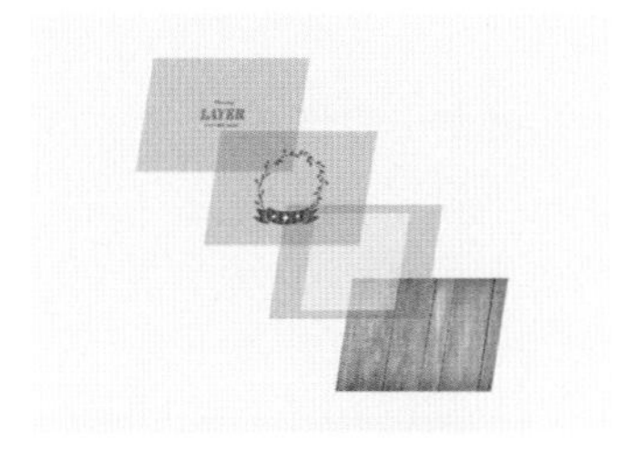

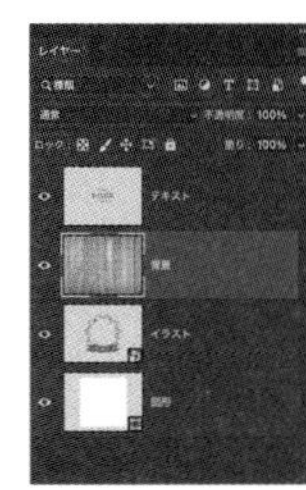

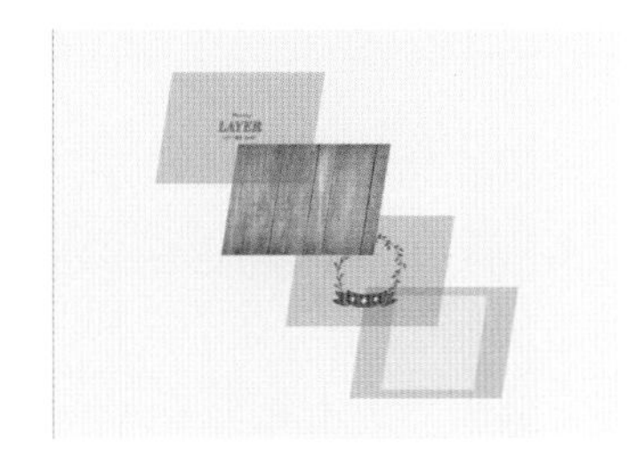

## レイヤーの表示・非表示

レイヤーの左側にある目のマークをクリックすることで、レイヤーを削除することなく［表示］［非表示］の切り替えができます。

［テキスト］レイヤーを非表示にした状態

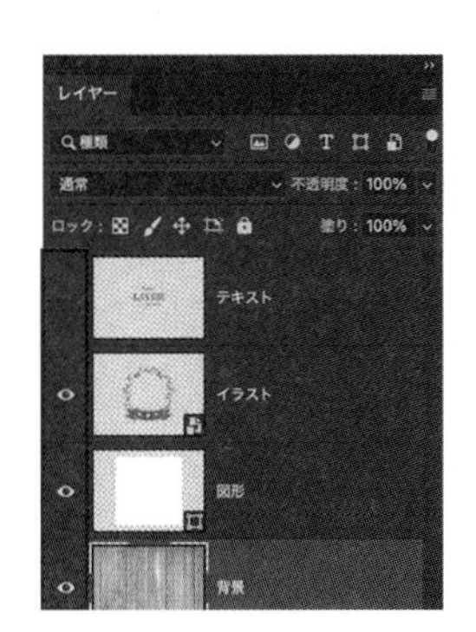

# 023 レイヤーを作成・削除したい

使用機能 ［レイヤー］パネル

レイヤーの作成や削除には、［レイヤー］パネルを使用します。新規レイヤーは選択しているレイヤーの常に上位に作成されます。

## レイヤーの作成

空のレイヤーを作成するには、［レイヤー］パネルの［新規レイヤーを作成］ボタンをクリックします❶。新規レイヤーは選択しているレイヤーの上位に作成されます❷。レイヤーを何も選択していない場合は最上位に作成されます。

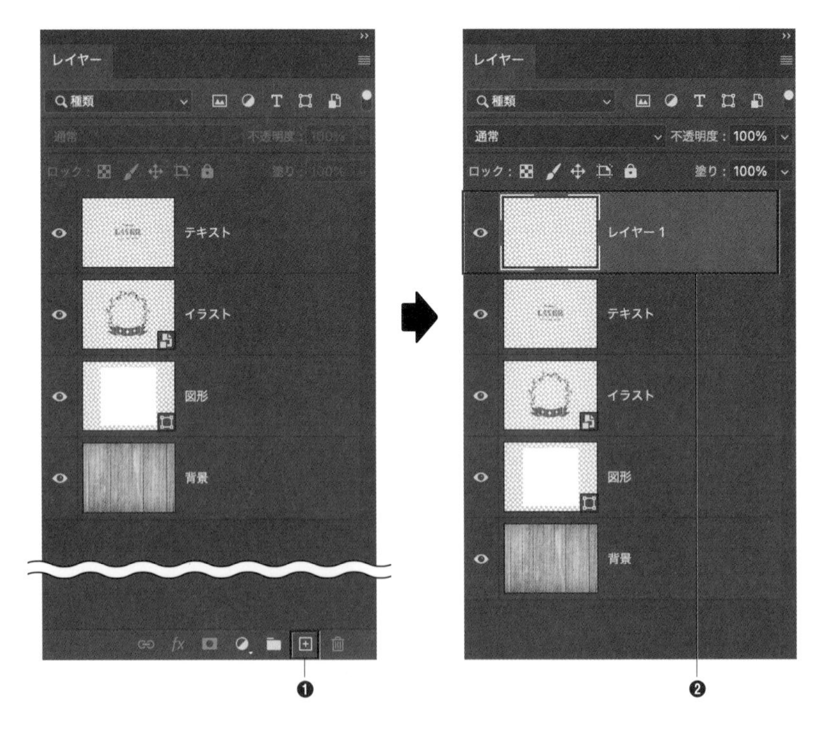


Memo ［レイヤー］メニュー→［新規］→［レイヤー］を選択しても作成できますが、［レイヤー］パネルから作成するほうが素早く作成できるのでおすすめです。

Memo 新規レイヤーは、自動的に「レイヤー1」「レイヤー2」…という名前で作成されます。そのままではわかりにくいので、「テキスト」「イラスト」など内容に応じた名前を付けると作業上便利です。▸▸027

## レイヤーの削除

下記のいずれかの方法で削除します。

Ⓐ削除したいレイヤーを選択した状態で delete キーを押す
Ⓑ削除したいレイヤーを選択した状態で［レイヤー］パネルの［削除］ボタンをクリックする
Ⓒ削除したいレイヤーを選択した状態で［レイヤー］メニュー→［削除］→［レイヤー］をクリックする

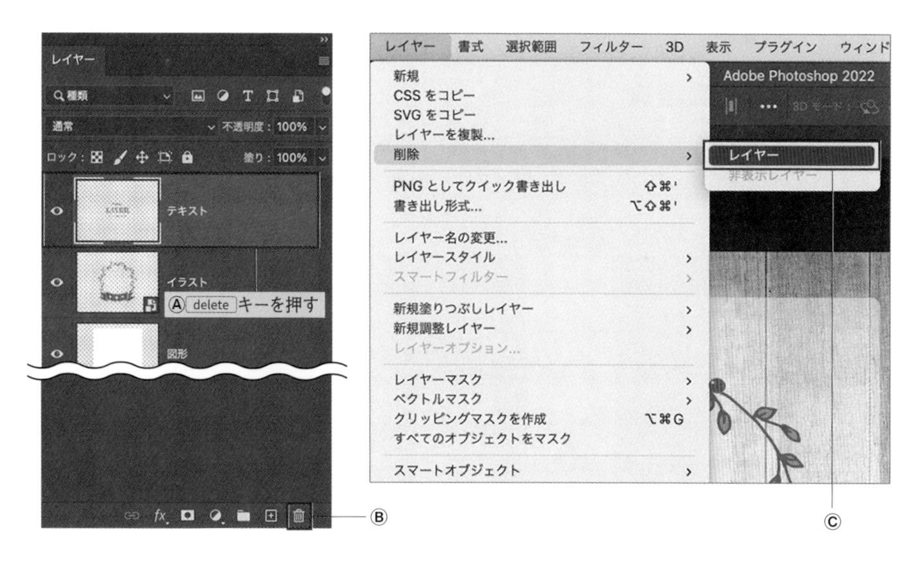


［テキスト］レイヤーを削除すると画像のようになります。

［テキスト］レイヤーを削除したのでテキストが表示されていない

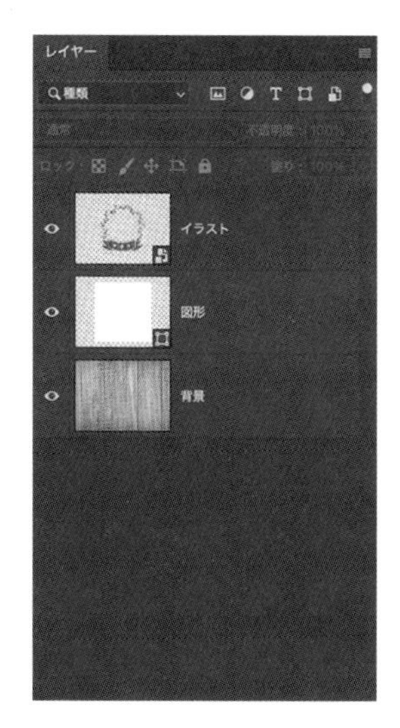

# 024 複数のレイヤーを一度に選択したい

使用機能 ［レイヤー］パネル

shift キーを押しながらクリックすることで、レイヤーを複数選択できます。離れた位置のレイヤーを複数選択する場合は、command キーを使用します。

## レイヤーの複数選択

レイヤーは、クリックすることで選択された状態となります。指定した範囲を一括で選択するには、まず始点となる1つのレイヤーをクリックして選択し❶、選択したい終点となるレイヤーを shift キーを押しながらクリックします❷。

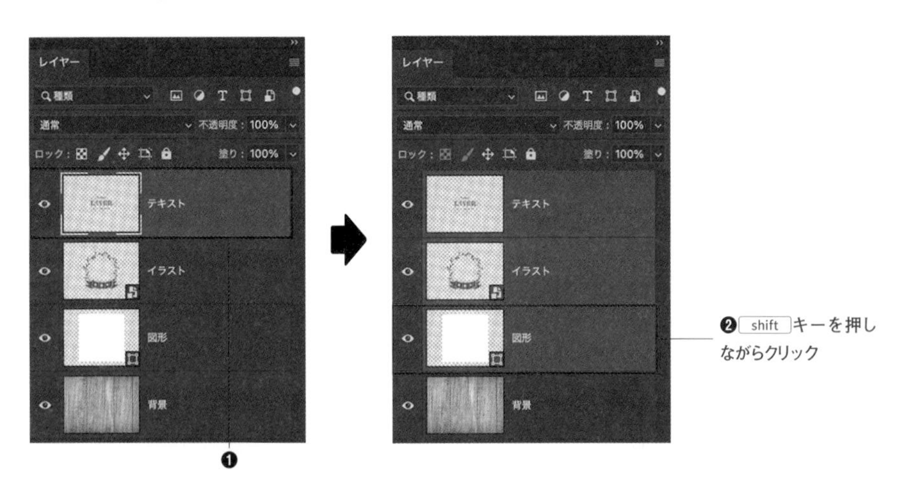


### ● 離れた位置で複数選択する場合

離れた位置で複数のレイヤーを選択する場合は、command キーを押しながらクリックします。

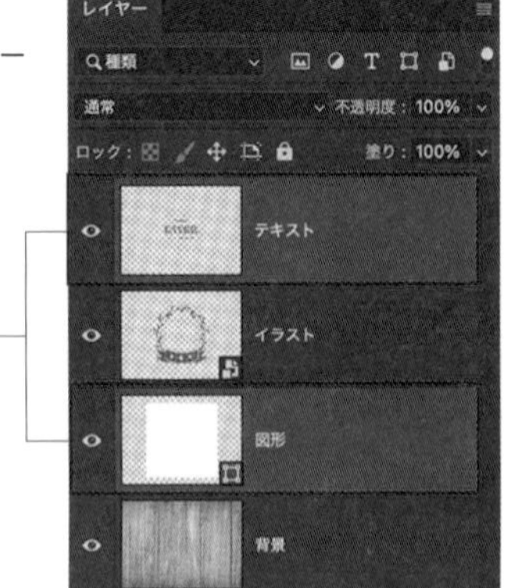

# 025 レイヤーを複製したい

使用機能 ［レイヤー］パネル

レイヤーは複製（コピー）することができます。また、画像全体を複製したい場合は、その画像に使用されているレイヤーすべてを複製する必要があります。［レイヤー］パネルの内容をきちんと確認してから作業しましょう。

## レイヤーの複製

下記のいずれかの方法で複製します。

Ⓐ option キーを押した状態で、カンバス上で複製したいレイヤーを選択し、ドラッグする
Ⓑ［レイヤー］パネル上で複製したいレイヤーを選択した状態で［レイヤー］メニュー→［レイヤーを複製］をクリックする
Ⓒ複製したいレイヤーを選択した状態で、［レイヤー］パネル上の［新規レイヤーを作成］ボタンにドラッグする

Ⓐ option キー+ドラッグ

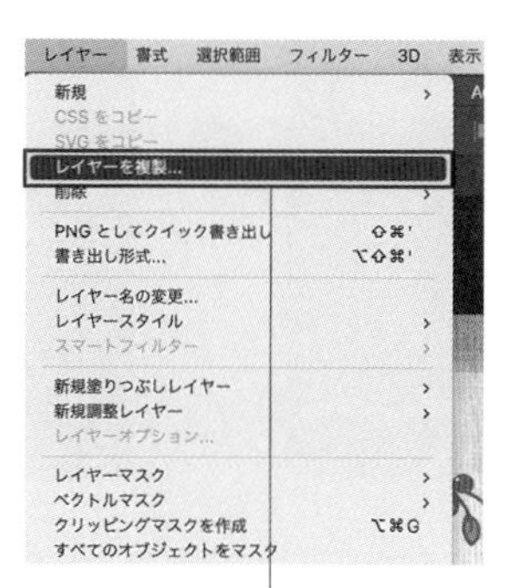

Ⓑクリック

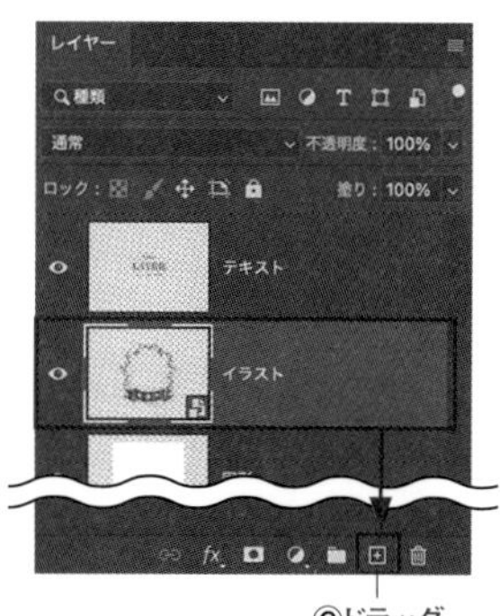

Ⓒドラッグ

● **複数の画像を同時に複製する場合**
複数のレイヤーを同時に選択することで、複数の画像を同時に複製することもできます。 shift キーを押した状態でレイヤー［テキスト］［イラスト］を選択し、カンバス上で option キーを押しながらドラッグすると、複数の画像が同時に複製されます。

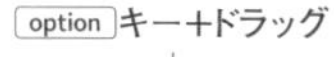
option キー+ドラッグ

# 026 複数のレイヤーをグループ化したい

使用機能 ［レイヤー］パネル

レイヤーをグループ化することで、［レイヤー］パネルを整理できます。見た目がすっきりするほか、複数のレイヤーを一括で移動させられるようにもなります。また、グループ自体に［マスク］や［レイヤースタイル］などの効果を適用することも可能です。

## レイヤーのグループ化

レイヤー［テキスト］［イラスト］［図形］を選択し❶、［レイヤー］パネルの［新規グループを作成］ボタンを押すと❷、グループ化されます❸。自動的に［グループ1］という名称になるので、把握しやすいグループ名に変更しましょう。

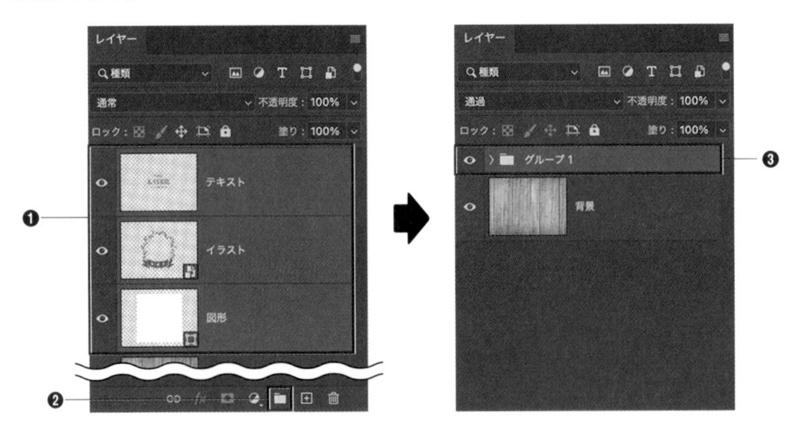


## グループの内容を表示

グループ名をクリックすると、グループの内容が表示されます。

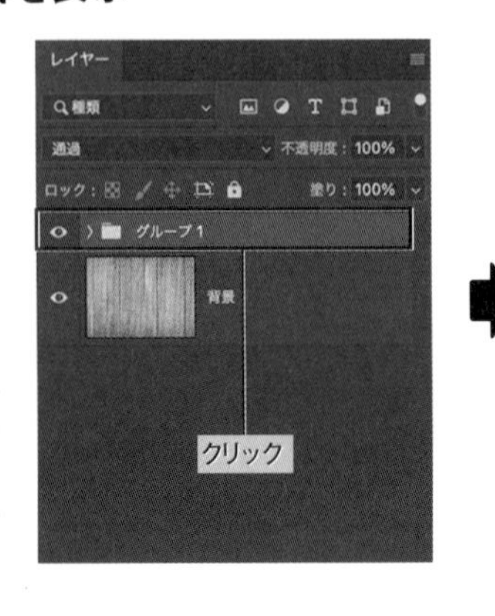

グループを解除したい場合はグループを選択した状態で［レイヤー］メニュー→［レイヤーのグループ解除］をクリックします。

# 027 レイヤーやグループの名前を変えたい

使用機能 ［レイヤー］パネル

**新規レイヤーは自動的に［レイヤー1］、新規グループは自動的に［グループ1］という名称になります。作業がしやすいように、名称を変更しておくのがおすすめです。**

## 名前の変更

下記のいずれかの方法で変更します。

Ⓐ変更したいレイヤー名またはグループ名の上でダブルクリックする
Ⓑ変更したいレイヤーまたはグループを選択した状態で［レイヤー］メニュー→［レイヤー名の変更］（もしくは［グループ名の変更］）をクリックする

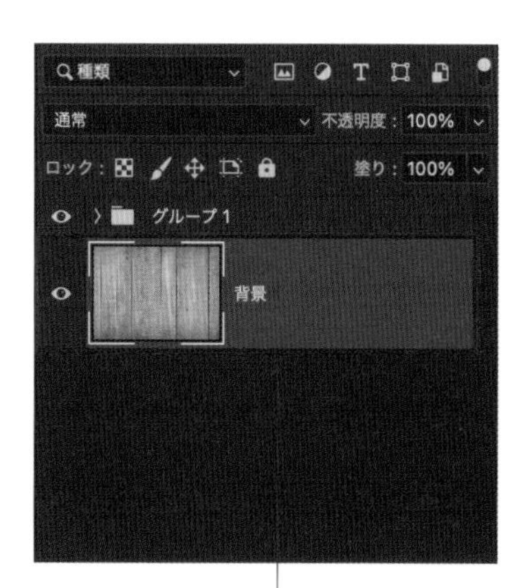


Ⓐダブルクリック

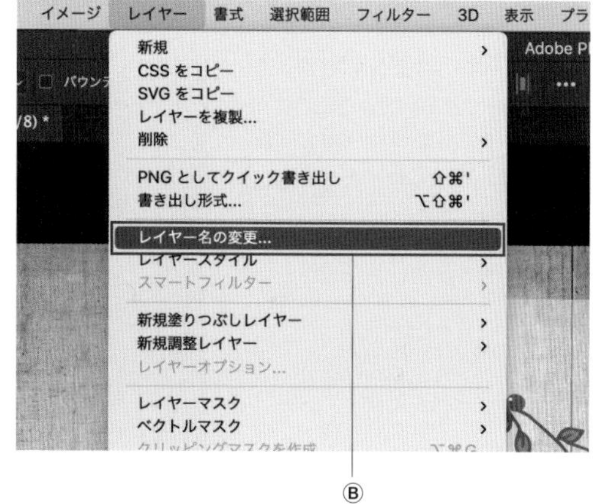


Ⓑ

いずれも名前が入力できる状態になるので、新しい名前を入力して enter キーを押します。

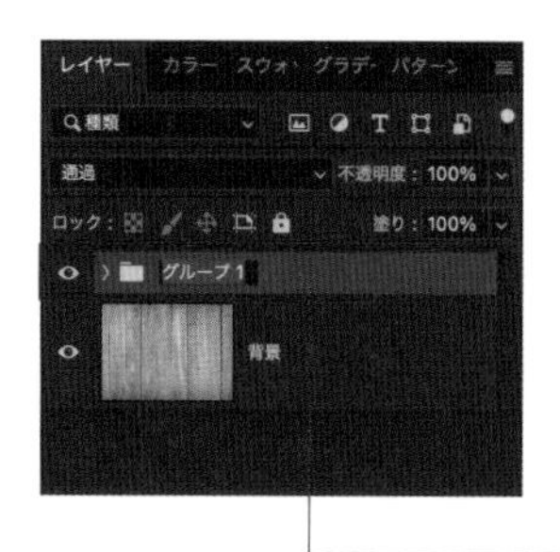


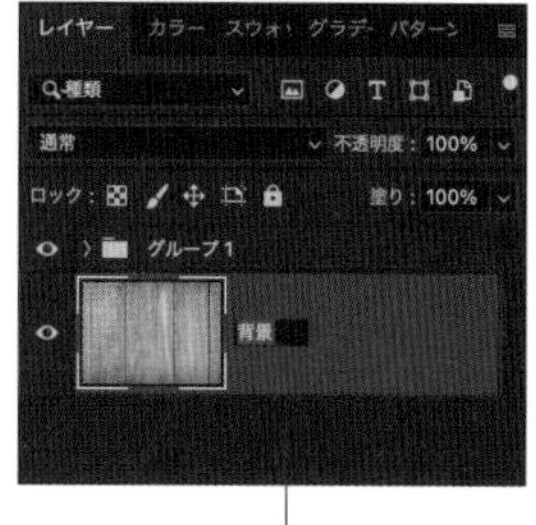


名前が入力できる状態になる

# 028 サムネール表示サイズを変えたい

使用機能　[レイヤー] パネル

[レイヤー] パネル内のサムネールの表示サイズを変更することができます。ドキュメント全体をサムネール上に表示することもできます。細かな作業時には表示を工夫すると便利でしょう。

## [レイヤー] パネル内でのサムネール表示の変更

[レイヤー] パネルの右上にある をクリックして表示される [パネルオプション] で、サムネールのサイズや表示方法を変更できます。

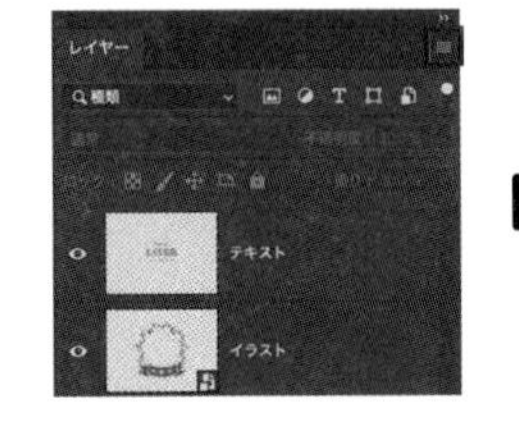


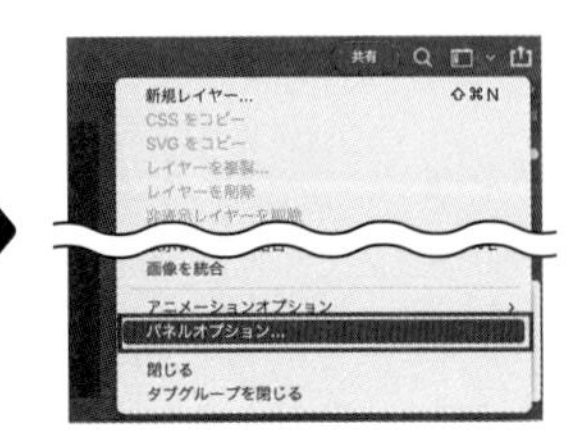


[レイヤーパネルオプション] ダイアログが表示されるので、ここでサムネールサイズの変更や、表示されるサムネールの内容を変更することができます。

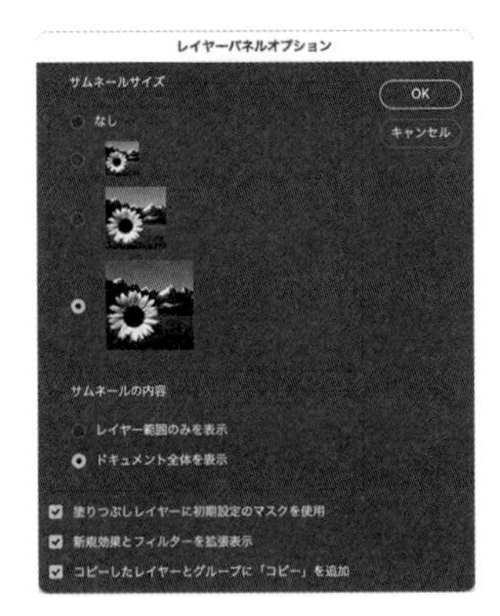


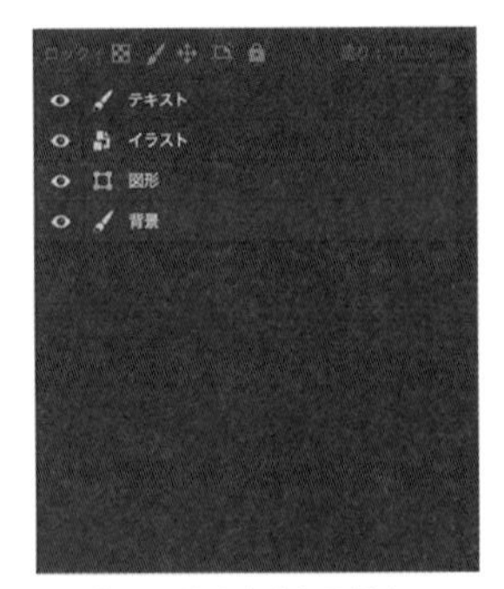


サムネールサイズ：なしの場合

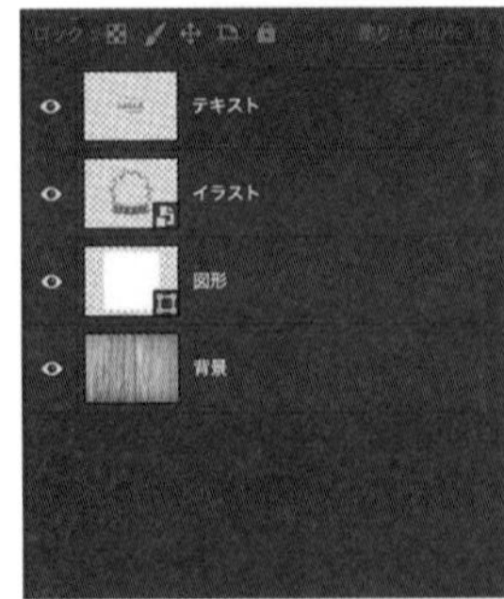


サムネールサイズ：中、ドキュメント全体を表示した場合

サムネールサイズ：大、レイヤー範囲のみを表示した場合

# 029 レイヤーの不透明度を変更したい

使用機能 [レイヤー] パネル

レイヤーは「不透明度」を100％（完全に不透明）から0％（完全に透明）まで変えることができます。特に画像加工をする際に、不透明度を変更することによってさまざまな効果を生むことができます。

## 不透明度の変更

レイヤーを選択し、[レイヤーパネル] 上部の [不透明度] の数値を変更します。ここでは [不透明度] を50%としています。下位レイヤーが存在しない場合、背景は白とグレーの市松模様（透明を表現している）で表示されます。

透明部分が市松模様で表現される

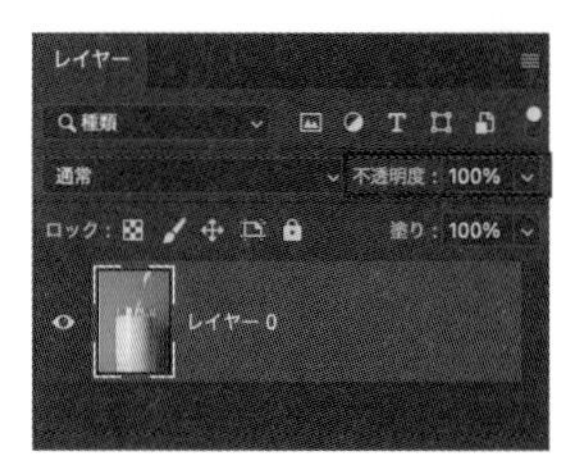


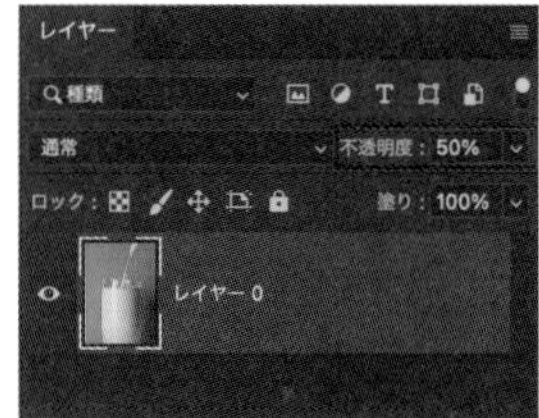


## 塗りの変更

[不透明度] の下の [塗り] の数値を変えることでも、透明度を変更できます。[塗り]は[不透明度]と違って、[レイヤースタイル] ▸▸050 に影響しないのが特徴です。

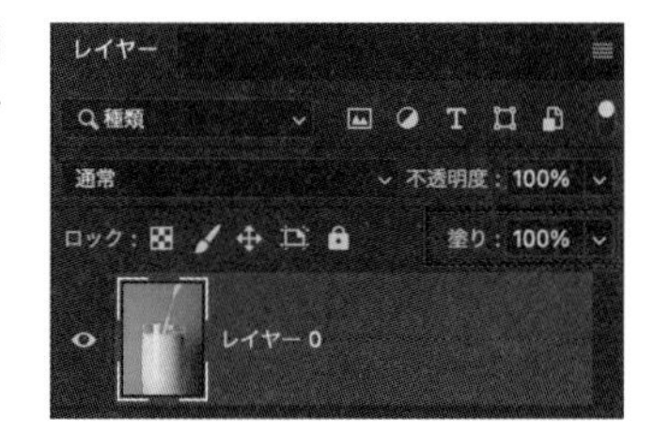

レイヤースタイルを適用したレイヤー[水滴]の[塗り]を0%にすると、レイヤースタイルだけが残った状態となります。一方で、レイヤー[水滴]の[不透明度]を0%にすると、レイヤースタイルも一緒に透明になります。

[塗り]を[0%]にするとレイヤースタイルだけが残った状態になる

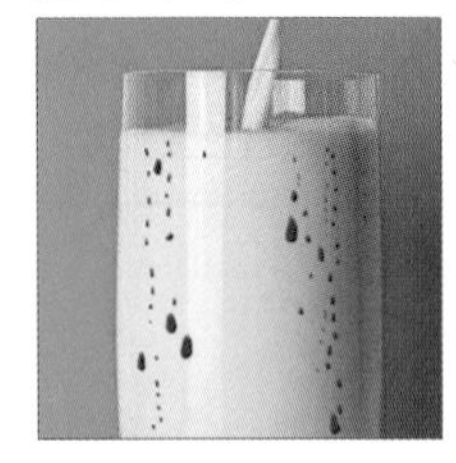
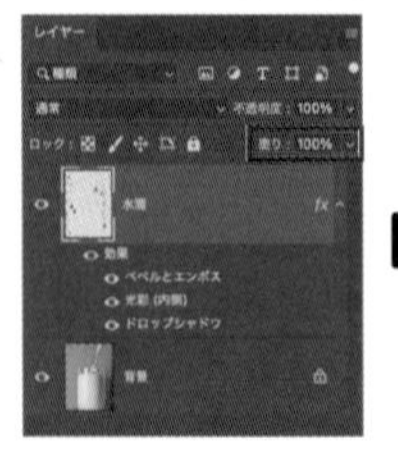

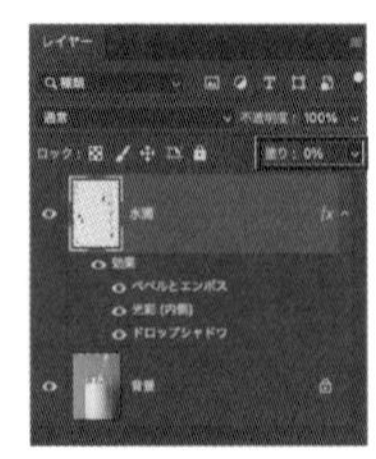

[不透明度]を[0%]にするとレイヤースタイルも透明になる

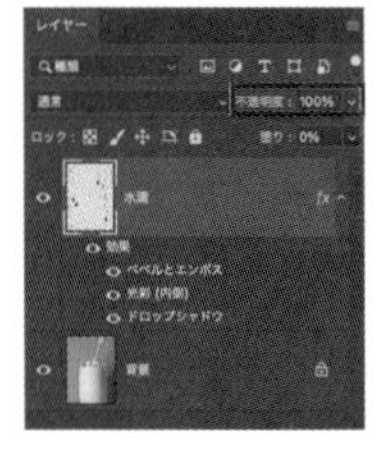

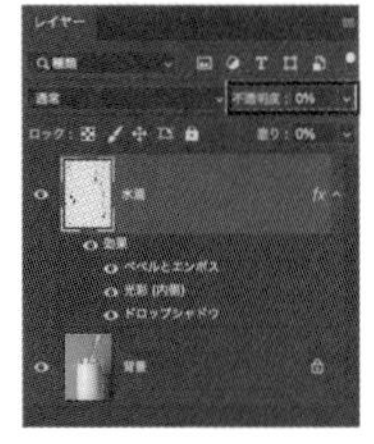

レイヤースタイルを使用しない場合は[不透明度]を使って透明度を調整すれば問題ありませんが、[ドロップシャドウ]などのレイヤースタイルを使用していて、その効果だけを残したい場合には[塗り]を調整するとよいでしょう。下の画像は左が[塗り]100%、右が[塗り]50%のものです。ドロップシャドウの効果はそのままで透明度だけが調整されていることがわかります。

[塗り]100%

[塗り]50%

**Memo**

JPEGなどの画像をPhotoshopで開くと、[背景]レイヤーとして開かれます。[背景]レイヤーは不透明度を変更することができないので、変更したい場合はレイヤーの部分ロック🔒をクリックしてレイヤー化する必要があります。

ここをクリックしてロックを解除する

# 030 複数のレイヤーを個別に保存したい

**使用機能**　レイヤーからファイルに書き出し、画像アセット

複数のレイヤーを個別に保存する方法は2つあります。カンバスサイズでレイヤーを個別に書き出す方法と、画像アセットを使ってレイヤーのサイズで個別に保存する方法です。目的に応じて使い分けましょう。

## レイヤーの保存

カンバスサイズでレイヤーを保存する場合、余白を含むカンバスのサイズで、それぞれのレイヤーが書き出されます。

一方、レイヤーのサイズで個別にレイヤーを保存する場合、配置した複数の素材をレイヤーのサイズで書き出すことができるので、あらためてトリミングする必要がなく、そのままWebサイトなどの素材として使うことができます。PhotoshopでWebサイトのレイアウトを作成する際などに便利です▸▸176。

## レイヤーを個別に書き出し、カンバスのサイズで保存する

1 素材「サンプル.psd」を開きます。人物の画像を4レイヤーと、背景レイヤーを用意しています。

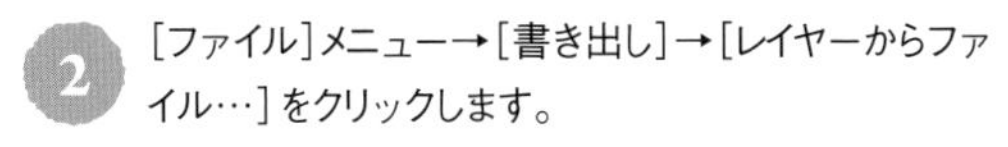

2 ［ファイル］メニュー→［書き出し］→［レイヤーからファイル…］をクリックします。

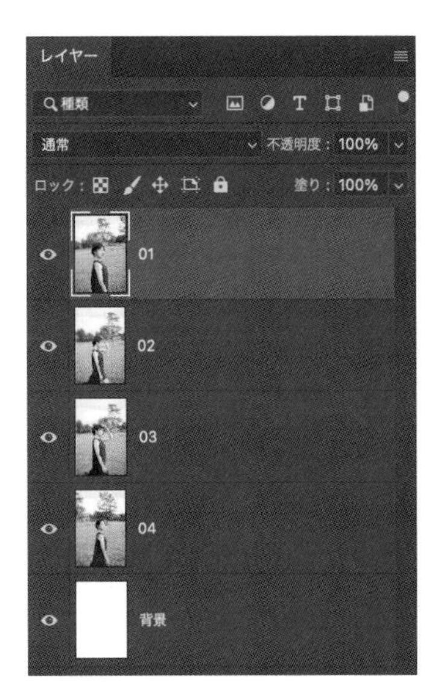


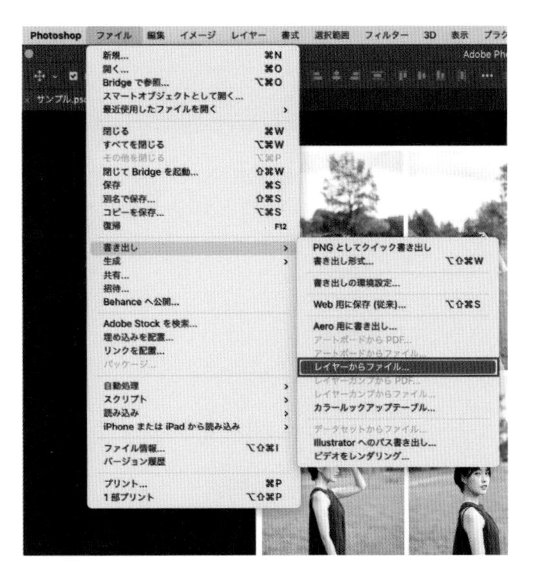

3 ［レイヤーをファイルに書き出し］ダイアログが表示されます。設定が終わったら［実行］ボタンをクリックします。

- **保存先**……任意のフォルダを選択します。
- **ファイルの先頭文字列**……任意の名前を付けます。
- **［表示されているレイヤーのみ］**……チェックを入れると、現在表示されているレイヤーがすべて書き出されます。
- **［ファイル形式］**……タブから選択します。
- **［JPEGオプション］**……指定したファイル形式それぞれに対応した画質設定や保存設定が表示されるので、目的に合わせて設定します。
- **［ICCプロファイルを含める］**……チェックを入れると、使用しているICCプロファイル（色管理データ）を含めます。

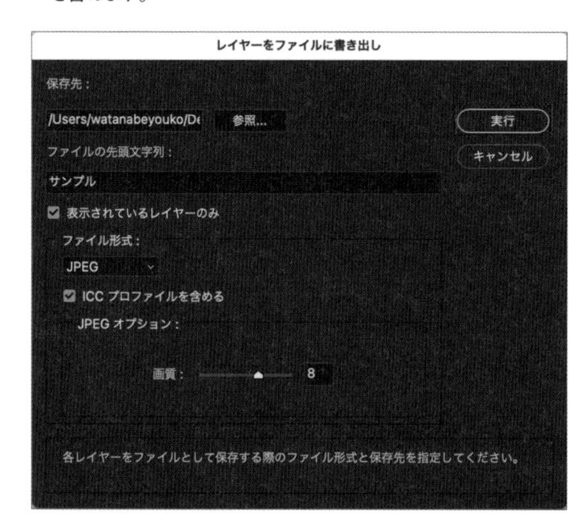


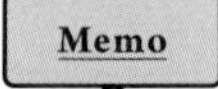


選べるファイル形式は、BMP、JPEG、PDF、PSD、Targa、TIFF、PNG-8、PNG-24です。

4 正常に終了すると画像のように表示されます。［OK］ボタンをクリックします。

5 保存先で指定したフォルダを確認すると、カンバスサイズの画像が指定した形式（作例ではJPEG）で書き出されています。

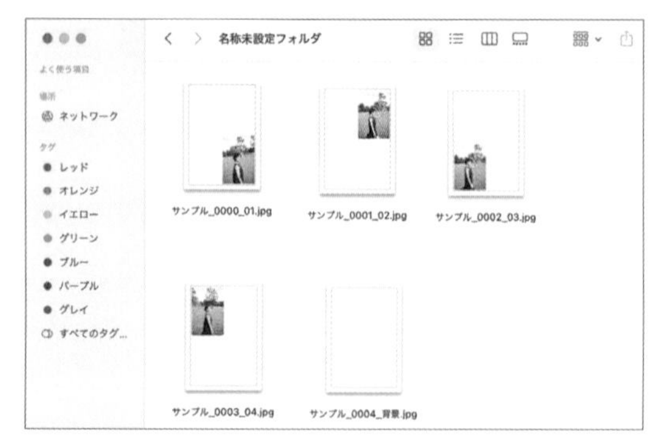

## 画像アセットを使って、レイヤーのサイズで個別に保存する

1 素材「サンプル.psd」を開きます。各レイヤー名前の後ろに拡張子(.jpeg)を追加します。

2 [ファイル]メニュー→[生成]→[画像アセット]をクリックします。

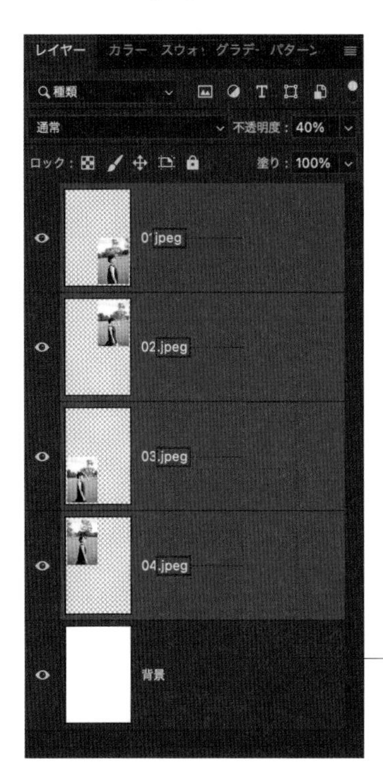


拡張子(.jpeg)を追加する

**Memo**

作例ではレイヤー名を「〜.jpeg」としていますが、「.png」「.gif」「.svg」と書き換えることで、指定したファイル形式での書き出しも可能です。

3 自動的に「サンプル.psd」と同じ階層にフォルダが作成されます。フォルダを開くと拡張子(.jpeg)を付けたレイヤーだけが、レイヤーサイズで書き出されていることが確認できます。

同じ階層にフォルダが作成される

**Memo** それぞれのレイヤーを修正すると、保存した画像にもリアルタイムで効果が反映され上書きされます。書き出されたファイルの扱いには注意しましょう。

# 031 レイヤーを個別に選択したい

使用機能 [移動] ツール

レイヤーを移動したり、色補正などの加工を行うためには、まずはレイヤーを選択する必要があります。Photoshopでは、2種類のレイヤー選択方法が用意されています。

## レイヤーの選択方法

レイヤーの選択方法には、カンバス上で選択する方法と、[レイヤー] パネルから選択する方法の2つがあります。カンバス上で選択する方法は、直感的な操作を行えるという利点があります。[レイヤー] パネルから選択する方法は、たくさんのレイヤーが重なったデータや、不透明度を多用したレイヤー構造の場合に有効な方法です。

## [移動] ツールの基本操作

カンバス上でレイヤー内のコンテンツを移動するには、ツールバーに表示されている[移動] ツールⒶを使用します。[移動] ツールを選択すると、カンバス上でカーソルはⒷのように表示されます。

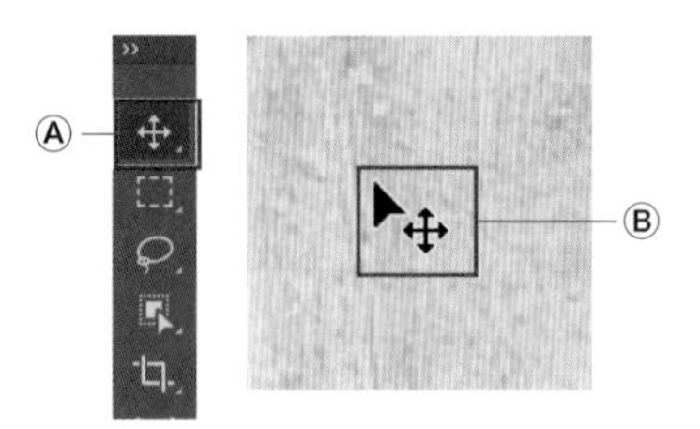


## カンバス上で直接選択

1 素材「レイヤー.psd」を開きます。[移動] ツールを選択し❶、オプションバーの[自動選択]をチェックした状態にし❷、カンバス上を直接クリックします❸。レイヤーは [テキスト] [イラスト] [図形] [背景] の順に重なっていますが、クリックしたポイントにおいて最前面にあるレイヤー [イラスト] が選択されます。

2 この状態で上方向にドラッグすると、レイヤー[イラスト] だけが移動します。

## [レイヤー] パネルから選択

1 コントロールパネルの[自動選択] のチェックを外します。この状態では、カンバス上でクリックしても、[レイヤー] パネルで選択したレイヤー以外は移動しなくなります。

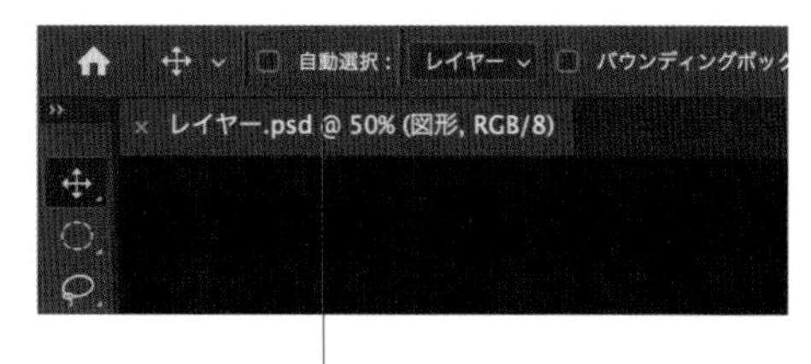


クリックしてチェックを外す

2 [レイヤー] パネル上で、レイヤー[図形] を選択します。この状態で[移動] ツールを選択しカンバス上でドラッグすると、カンバス上のどこをドラッグしてもレイヤー[図形]を選択することができます。カンバス上でイラスト上をドラッグしても、[レイヤー] パネルで選択されているレイヤー[図形] が移動します。

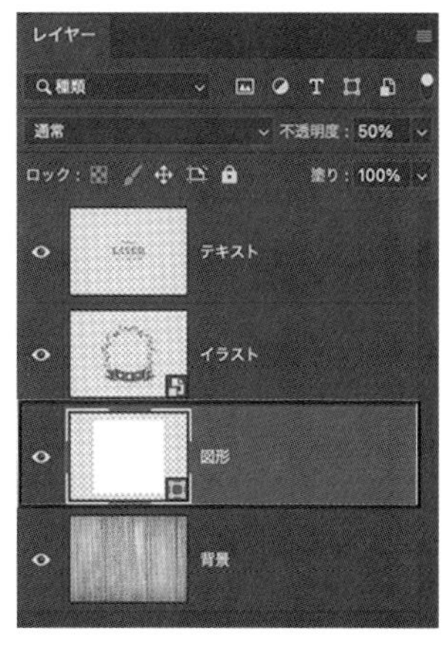

# 032 レイヤー同士をリンクさせたい

**使用機能** レイヤーをリンク

複数のレイヤーを同時に移動させたいというような場合には、レイヤー同士をリンクさせます。3つ以上のレイヤーや、離れた階層のレイヤーでもリンクさせることができます。

## レイヤーのリンク

1 [レイヤー]パネル上でレイヤー[テキスト][イラスト][図形]を選択します。

**Memo**

レイヤーを複数選択する場合は、shift キーを押しながらクリックします。離れた位置のレイヤーを複数選択する場合は、command キーを押しながらクリックします。

2 [レイヤー]メニュー→[レイヤーをリンク]をクリックします。

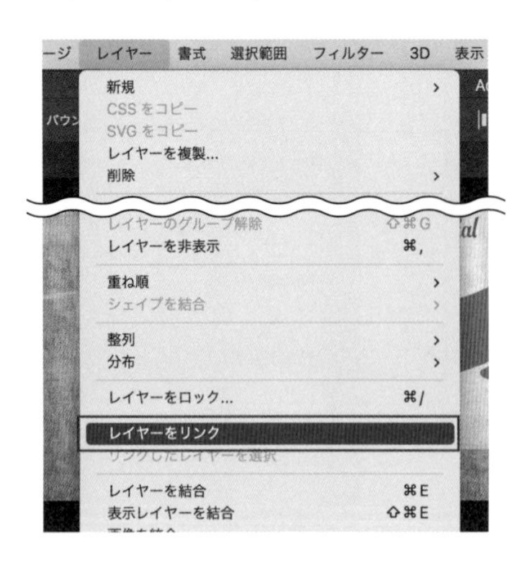


3 レイヤー名の右側に🔗が現れます。このマークの付いているレイヤー同士がリンクしているという状態を示しています。

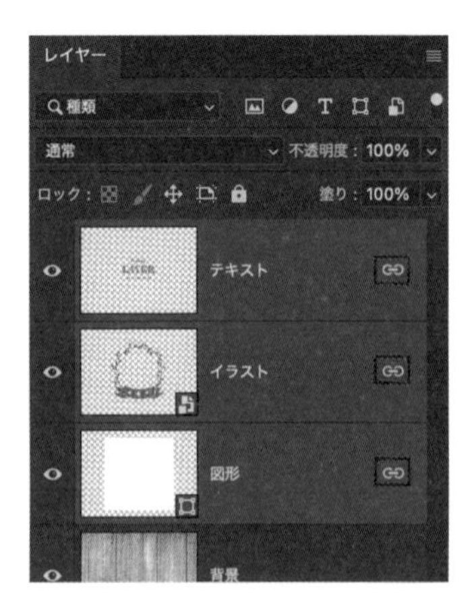

4 この状態では、リンクされたどのレイヤーを移動させても、同時にすべてのレイヤーが移動します。たとえば［自動選択］にチェックを入れた状態で❶、レイヤー［テキスト］を左側に移動させてみると❷、図のようにリンクされたレイヤー［テキスト］［イラスト］［図形］が一緒に移動します❸。

## リンクの解除

リンクを解除するには、リンクされたレイヤーを選択し、［レイヤー］メニュー→［レイヤーのリンク解除］を選択します。

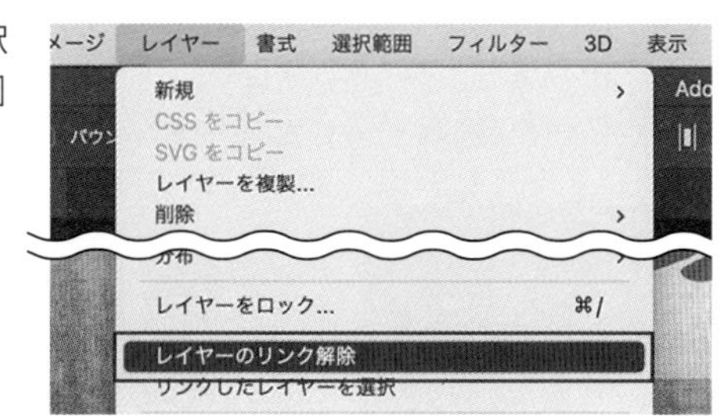


### 一時的なリンクの解除

一時的にリンクを解除したい場合は、🔗を shift キーを押しながらクリックすることで解除できます。一時的に解除されたリンクは🔗の上に［×］マークが付きます。もう一度 shift キーを押しながらクリックすることで再度リンクします。

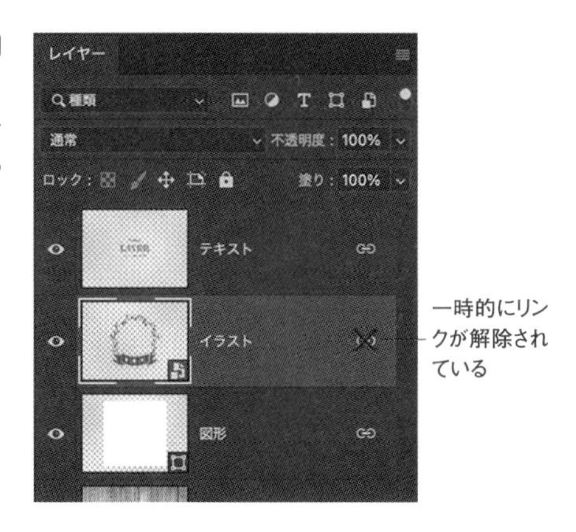

# 033 レイヤーを結合したい

**使用機能** レイヤーを結合、表示レイヤーを結合、画像を統合

**レイヤーの数が多くなった場合はレイヤーを結合してまとめると、構造の把握が行いやすくなります。一度結合すると元に戻すことはできないので、注意しましょう。**

## レイヤー結合のメリット

レイヤー数が多くなりすぎた場合や、以降調整することのないレイヤーが複数ある場合は、レイヤーを結合することでレイヤー構造を把握しやすくなります。結合すると、レイヤーは1つのレイヤーにまとめられます。一度結合すると分解して元に戻すことはできませんので、実際には大量のレイヤーを扱う時など、レイヤー構造の把握が難しくなった場合にのみ活用するようにしましょう。
また、レイヤーを統合すると、すべてのレイヤーが調整できない［背景］レイヤーになります。レイヤー構造がなくなり、データ容量が軽くなるため、印刷会社に入稿する完成データを作成する場合などに使用します。こちらも一度統合すると分解することはできないため、完成したデザインに対してのみ行うようにします。

## レイヤーの結合

**1** 結合したいレイヤーを複数選択し、1つのレイヤーとします。レイヤー［テキスト］［イラスト］［図形］を選択し❶、［レイヤー］メニュー→［レイヤーを結合］を選択します❷。

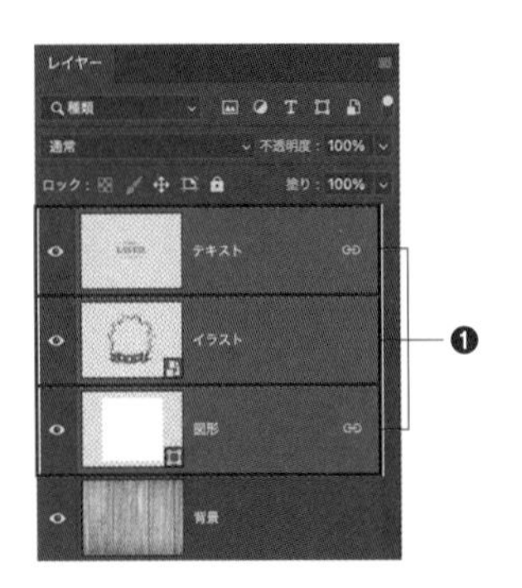


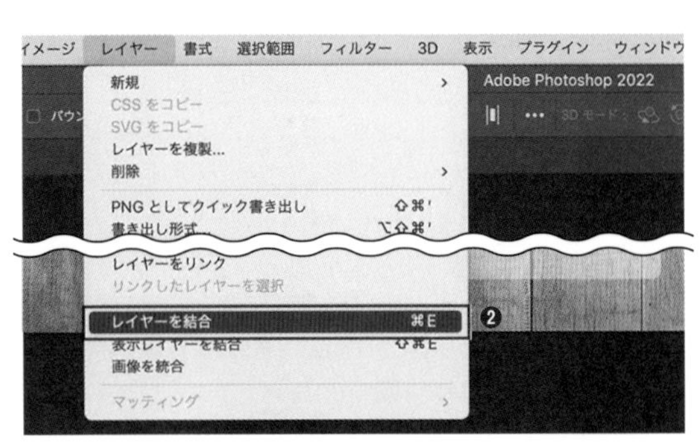


**2** 選択したレイヤーが1つのレイヤーとして結合され、最上位のレイヤーとなります。選択したレイヤーのうち最上位のレイヤー名に自動的になるので、わかりやすいレイヤー名に変えましょう。

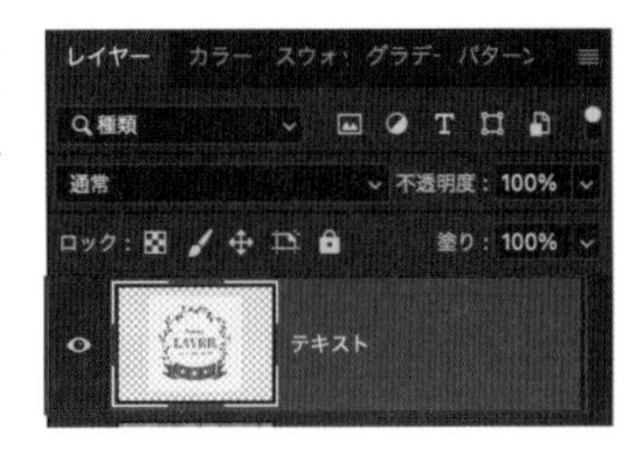

## 表示レイヤーを結合

**1** 表示しているレイヤー(👁が表示されている状態)を、すべて1つのレイヤーとして結合します。いずれかのレイヤーを選択し[レイヤー]メニュー→[表示レイヤーを結合]を選択します。

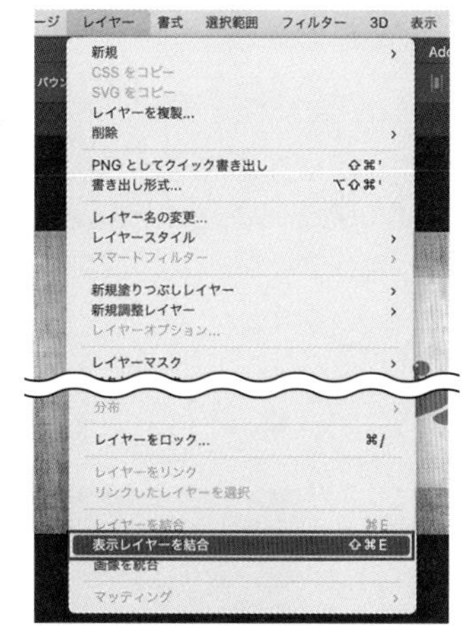


**2** 選択したレイヤーの名称で、表示しているレイヤーすべてが結合され、1つのレイヤーとなります。

[イラスト]レイヤーに結合された

## 画像を統合

**1** すべてのレイヤーを統合して[背景]レイヤーとします。テキストレイヤー以外のいずれかのレイヤーを選択し、[レイヤー]メニュー→[画像を統合]を選択します。

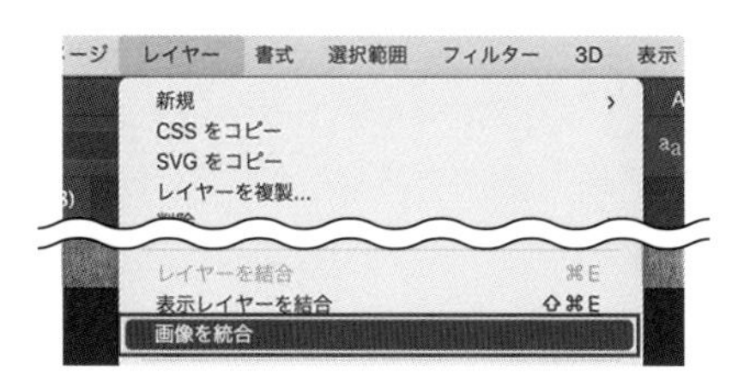


**2** すべてのレイヤーが統合され、レイヤー[背景]となります。[背景]レイヤーは、不透明度や描画モード、フィルターなどの効果を適用できないという、通常のレイヤーとは違う特徴があります。

**Memo** [背景]レイヤーを通常のレイヤーに変換したい場合は、右側の🔒をクリックします。

# 034 レイヤーをロックしたい

使用機能 [レイヤー] パネルのロックオプション

レイヤーの編集を行えないようにするには、レイヤーをロックします。特定の操作に対してロックしたり、すべての操作を完全にロックすることができます。

## レイヤーのロック

ロックしたいレイヤーを選択して❶、[レイヤー] パネルのロックオプションから選択します❷。

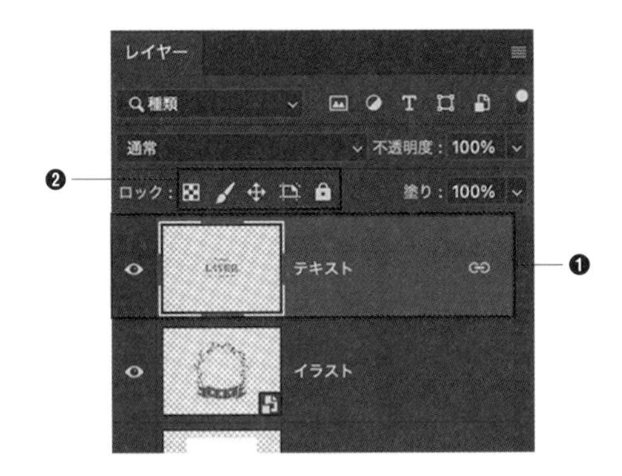


## [レイヤー] パネルのロックオプション

必要に応じて [レイヤー] パネルのロックオプションを選択します。

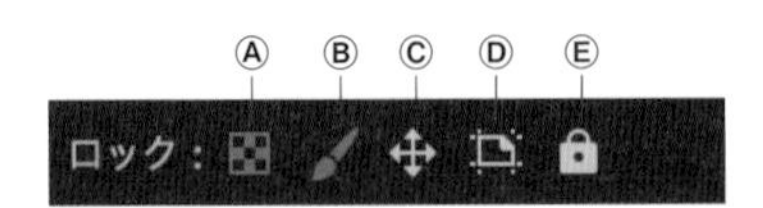


Ⓐ**透明ピクセルをロック** …… レイヤーの透明部分が編集できない状態となります。
Ⓑ**画像ピクセルをロック** …… 移動や変形以外のペイント、色補正、フィルターなどがロックされます。
Ⓒ**アートボードやフレームの内外へ自動ネストしない** …… アートボード間の移動がロックされます。
Ⓓ**位置をロック** …… 移動のみロックされます。
Ⓔ**すべてをロック** …… すべての操作がロックされます。

**Memo**

ⒶⒷのロックはビットマップレイヤーで有効になるため、テキストやベクターデータ、スマートオブジェクトでは選択できません。

すべてをロックされたレイヤーは［白い鍵マーク］、部分的にロックされたレイヤーは［白い枠の鍵マーク］となります。

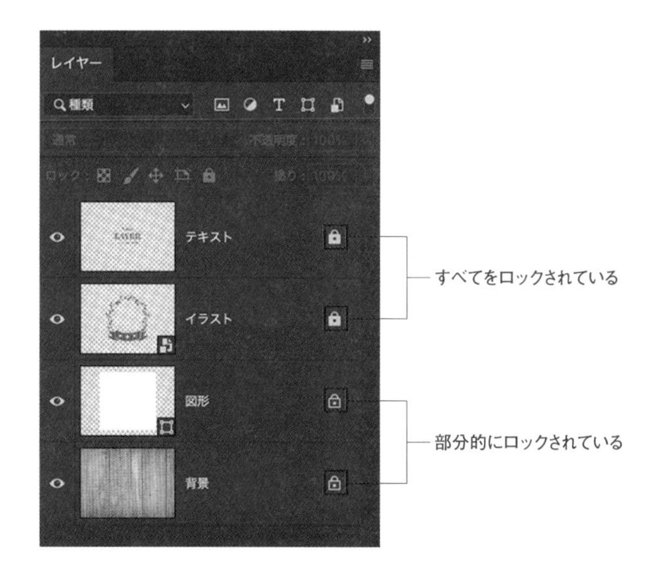


ロックされたレイヤーは色調補正やフィルターなどが選択できない状態となります。

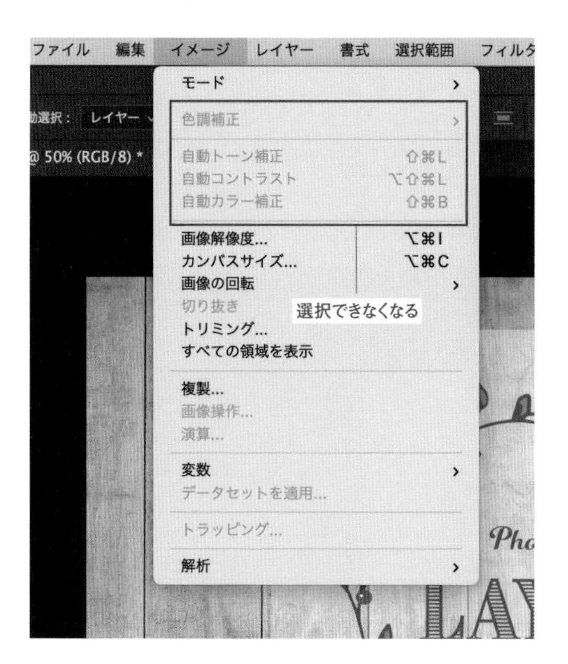


移動も警告が表示され、制限されます。

# 035 ファイル間でレイヤー移動したい

使用機能 [移動]ツール

編集中のデータに、違うファイルのデータを利用したい場合は、ファイル間でのレイヤー移動が便利です。元データはそのままで、移動先データのレイヤーにコピーされる形になります。別ファイルにレイヤーを複製して移動することもできます。

## ドラッグで移動

**1** 「素材.psd」と「猫.psd」を開きます。ウィンドウ内に2つのpsdデータが開かれていることを確認してください。

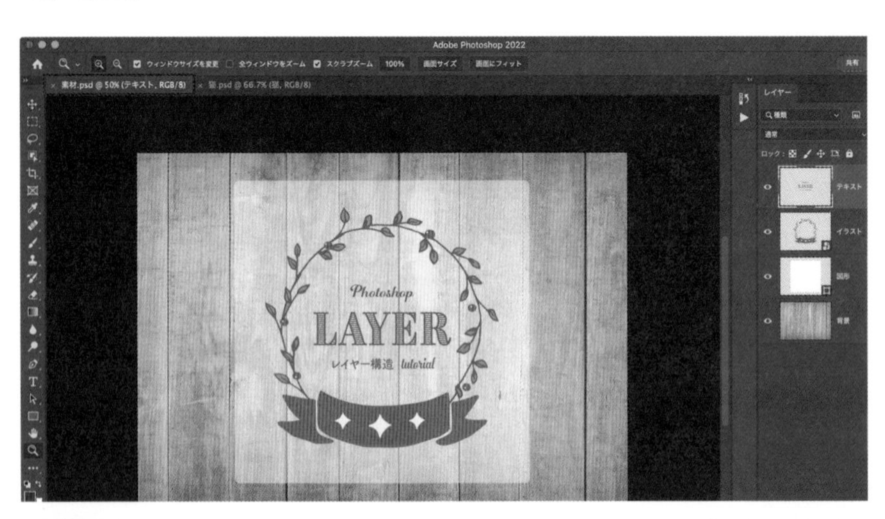

2 「猫.psd」を選択し❶、レイヤー[猫]を選択します❷。

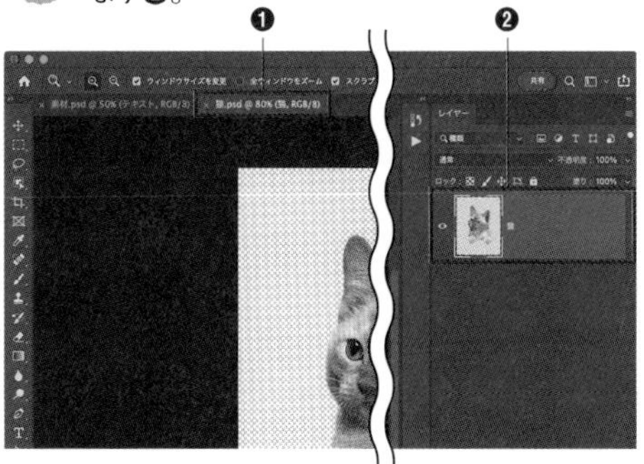

3 [移動]ツールを選択し❶、カンバス上の猫を「素材.psd」のタブへドラッグします❷。

**Memo** タブが[レイヤー.psd]に切り替わるまで少し時間がかかるので注意してください。

4 タブが切り替わったらカンバス内でドラッグを終了します。レイヤー[猫]が「素材.psd」に移動しました。

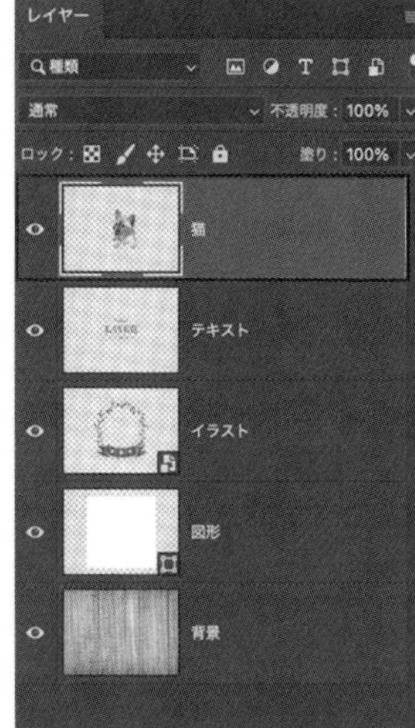


**Memo** レイヤー[猫]が「素材.psd」にコピーされた形になります。「猫.psd」にレイヤー[猫]は残ります。

5 ［移動］ツールを使用してレイヤー［猫］を好みの位置に配置して終了です。ここではレイヤー［テキスト］を非表示にして、その位置に猫の画像を配置する形にしました。

## レイヤーを別ファイルに複製して移動

1 素材「背景.jpg」「パン.psd」を開きます。

2 ファイル「パン.psd」のレイヤー[パン]を選択し❶、[レイヤー]メニュー→[レイヤーを複製]を選択します❷。

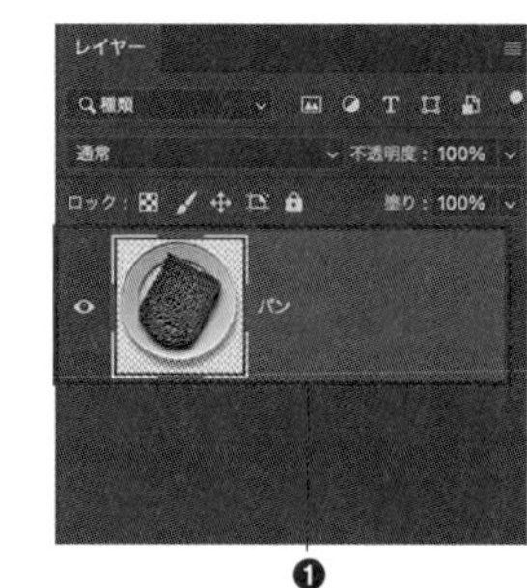


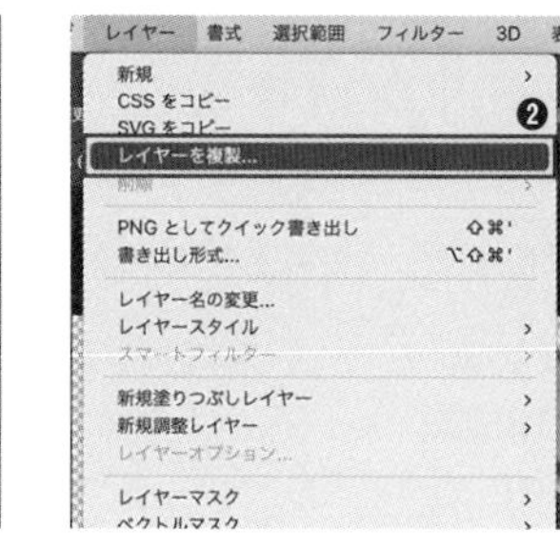


3 [レイヤーを複製]ダイアログが表示されます。[新規名称]を任意で入力し❶、[保存先]→[ドキュメント]のタブから、移動させたいファイル「背景.jpg」を選択し❷、[OK]ボタンをクリックします❸。

4 ファイル「背景.jpg」のタブに切り替えると、先程複製したレイヤー[パン]が追加されていることが確認できます。カンバス左上に複製されるので、[移動]ツールを使って位置を整えましょう。

# 036 異なるレイヤー上のオブジェクトをきれいに並べたい

**使用機能** ［整列と分布］ボタン

異なるレイヤー上にあるオブジェクトは、［整列と分布］ボタンを使用するときれいに並べることができます。

## オブジェクトの整列

**1** 素材「オブジェクトの整列.psd」を開きます。［ブルー］［パープル］［オレンジ］［イエロー］の4つのオブジェクトと、背景レイヤーで構成されています。

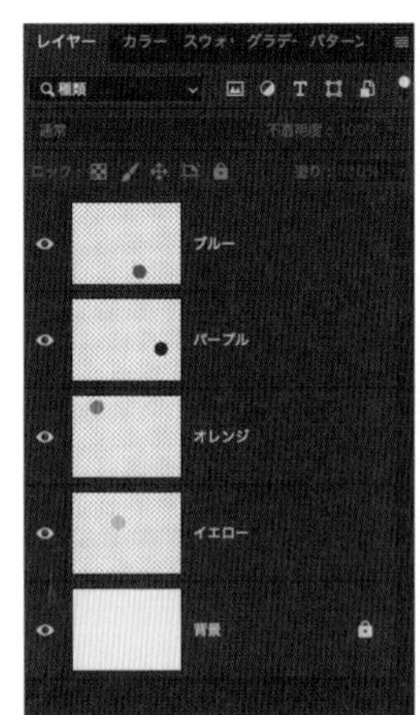


**2** ［移動］ツールを選択すると❶、コントロールパネル❷が表示されます。

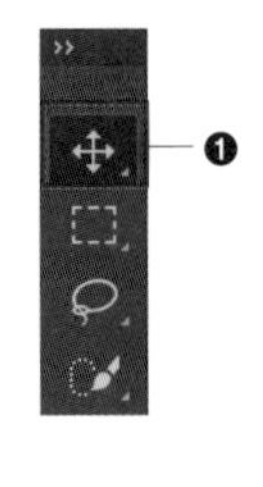

3 ［整列と分布］ボタン…を押すと、オプションが表示されます。

［整列］→［選択］を選択している状態では、選択しているレイヤーに対して整列が適用されます。［カンバス］を選択している状態では、カンバスに対して選択しているレイヤーの整列が適用されます。

4つのレイヤー［ブルー］［パープル］［オレンジ］［イエロー］をすべて選択した状態で、コントロールパネルの各ボタンを使ってオブジェクトを整列させてみましょう。

### ● ［整列と分布］オプション内［整列］を［選択］とした場合

オブジェクトはボタンによって以下のように整列できます。

| 左端揃え | 水平方向中央揃え | 右端揃え | 垂直方向に分布 |
|---|---|---|---|
| 選択しているレイヤーの左端を、最も左にあるレイヤーの左端で揃えます❶。選択範囲が作成されている状態❷では、選択範囲の左端にレイヤーの左端が整列されます❸。 | 選択しているレイヤーを水平方向の中央で揃えます❶。選択範囲が作成されている状態❷では、選択範囲の水平方向の中央で整列されます❸。 | 選択しているレイヤーの右端を、最も右にあるレイヤーの右端で揃えます❶。選択範囲が作成されている状態❷では、選択範囲の右端にレイヤーの右端が整列されます❸。 | 選択しているレイヤーの縦の間隔が、等間隔になるように分布します。❶のように縦の間隔がバラバラになっているオブジェクトが、等間隔に分布されます❷。 |
| ❶ ❷ ❸ | ❶ ❷ ❸ | ❶ ❷ ❸ | ❶ ❷ |

| 上端揃え | 垂直方向中央揃え | 下端揃え | 水平方向に分布 |
|---|---|---|---|
| 選択しているレイヤーの上端を、最も上にあるレイヤーの上端で揃えます❶。選択範囲が作成されている状態❷では、選択範囲の上端にレイヤーの上端が整列されます❸。 | 選択しているレイヤーを水平方向の中央で揃えます❶。選択範囲が作成されている状態❷では、選択範囲の垂直方向の中央で整列されます❸。 | 選択しているレイヤーの下端を、最も下にあるレイヤーの下端で揃えます❶。選択範囲が作成されている状態❷では、選択範囲の下端にレイヤーの下端が整列されます❸。 | 選択しているレイヤーの横の間隔が、等間隔になるように分布します。❶のように横の間隔がバラバラになっているオブジェクトが、等間隔に分布されます❷。 |
| ❶ ❷ ❸ | ❶ ❷ ❸ | ❶ ❷ ❸ | ❶ ❷ |

● [整列と分布] オプション内 [整列] を [カンバス] とした場合

[整列と分布] オプション内 [整列] を [カンバス] とした場合、すべてのオブジェクトはカンバスの端に対して整列します。[垂直方向に分布] [水平方向に分布] には影響しません。

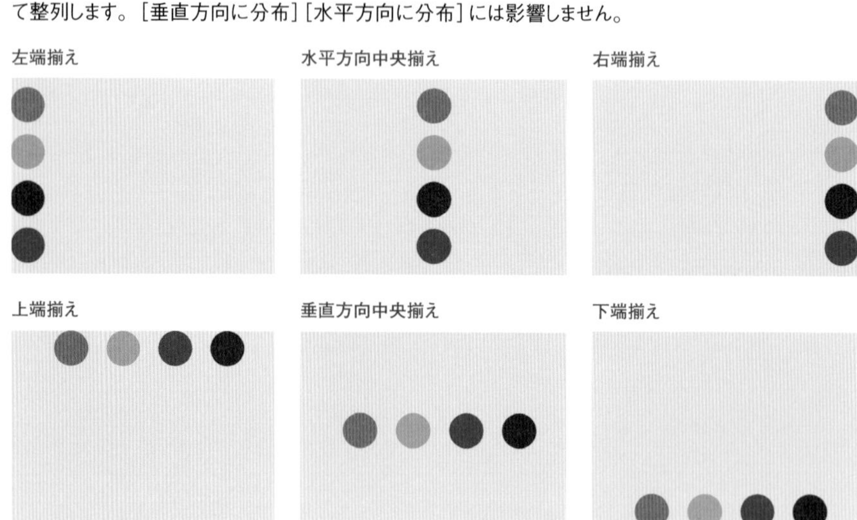

## オブジェクトの分布

素材「オブジェクトの分布.psd」を開きます。3つのレイヤー［グリーン］［オレンジ］［ブルー］をすべて選択した状態でオブジェクトを分布させてみましょう。

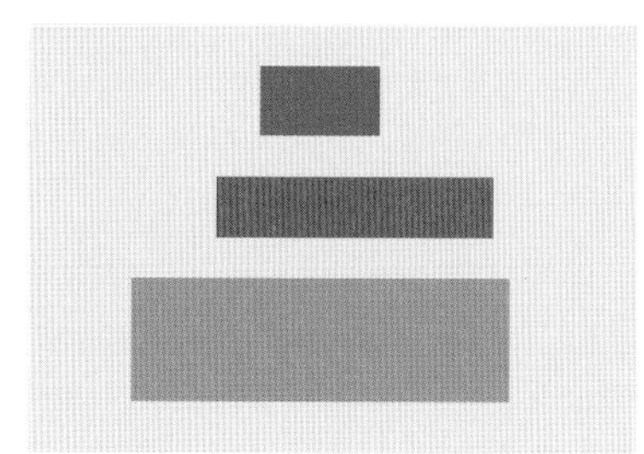

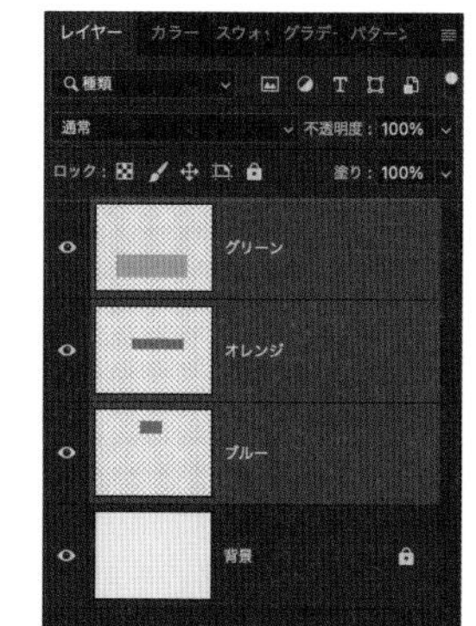


［整列と分布］ボタンを押して、［整列と分布］オプション内［分布］を表示します。少しわかりにくいので、分布の基準となるポイントにガイド（水色のライン）を引いています。

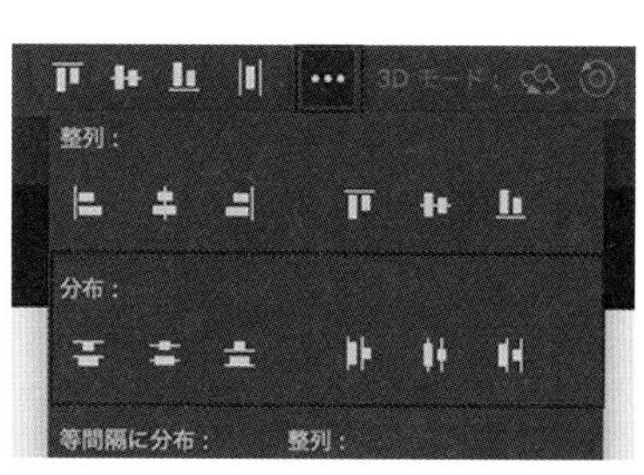


| 上端を分布 | 垂直方向中央を分布 | 下端を分布 |
| --- | --- | --- |
| オブジェクトの上端を基準に分布します。 | オブジェクトの中央を基準に、垂直方向に分布します。 | オブジェクトの下端を基準に分布します。 |
| 左端を分布 | 水平方向中央を分布 | 右端を分布 |
| オブジェクトの左端を基準に分布します。 | オブジェクトの中央を基準に、水平方向に分布します。 | オブジェクトの右端を基準に分布します。 |

# 037 マスクを利用したい

使用機能　レイヤーマスク、クリッピングマスク、ベクトルマスク

マスクを使うと画像を直接編集することなく、指定した部分だけを隠したり、表示させたりすることができます。マスクの基本とその使い方を理解しましょう。

## マスクとは

「マスク」という単語には「隠す」という意味がある通り、画像加工の分野では「その部分だけを特定の処理から保護する」という意味を持ちます。マスクには、レイヤーマスク、クリッピングマスク、ベクトルマスクの3種類があります。用途に合わせて使い分けましょう。

ベース画像

マスクを作成

マスクのみ移動

レイヤーのみ移動

マスクのみに［フィルター］メニュー→［ぼかし］→［ぼかし（ガウス）］を適用

レイヤーのみに［フィルター］→［ぼかし］メニュー→［ぼかし（ガウス）］を適用

## レイヤーマスク

レイヤーマスクとは、1つのレイヤーに対して選択範囲やブラシツールを使って作成されたマスクです。レイヤーマスクはグレースケールの色で構成されており、マスクの黒色と重なった部分のベース画像は、覆い隠されて非表示になります。レイヤーマスクの白い部分は重なっていてもそのまま表示されます。

### ● 選択範囲でマスクを作成

［楕円形選択］ツールを使って選択範囲を作成します❶。レイヤーパネルでレイヤー［背景］を選択し❷、レイヤーパネル下部にある［マスクを追加］ボタンをクリックします❸。

レイヤーマスクを作成すると、下図のようにレイヤーの右側にレイヤーマスクサムネールが表示されます。カンバス上で選択範囲内のみ画像が表示された状態となり、レイヤーパネルでは、レイヤーサムネールの右側に白黒のレイヤーマスクが追加されます。

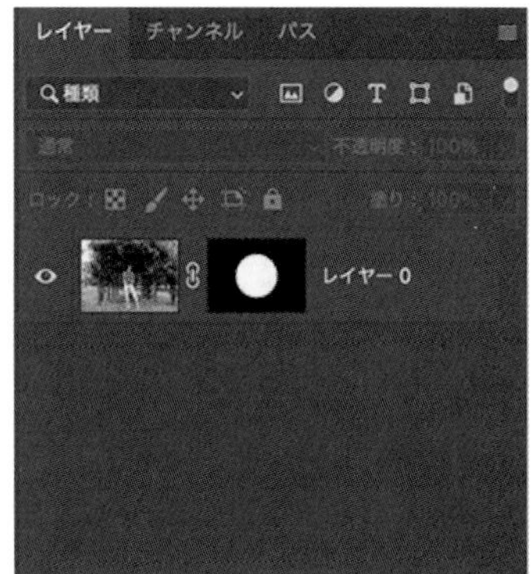


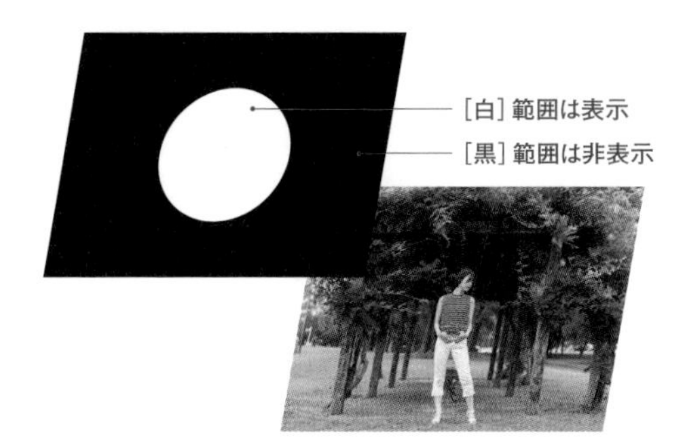

● [ブラシ] ツールを使ってマスクを作成

レイヤーパネルでレイヤー[背景]を選択し❶、レイヤーパネル下部にある[マスクを追加]を選択します❷。レイヤーマスクサムネールが作成されます❸。

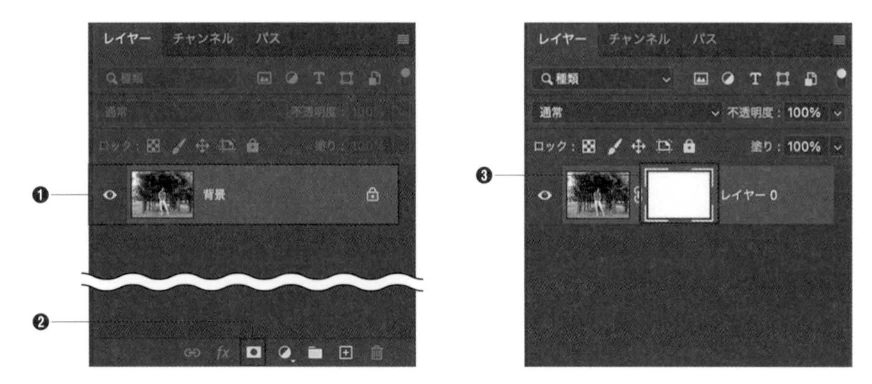


Memo

マスクは[白]が表示、[黒]が非表示になるので、マスクサムネールがすべて白色のこの状態では、カンバス上にすべて表示されています。

[ブラシ]ツールを選択し、[描画色]は黒(#000000)で画像を描画します❶。黒でマスクを描画することで、描画部分が非表示になります。ブラシの描画はレイヤーマスクサムネールにも反映されていることがわかります❷。

[描画色] を白 (#ffffff) に切り替えて❶、人物周辺を描画します❷。白でマスクを描画することで、描画部分が表示されます。

Memo

描画色にグレーを使うことで半透明にすることもできます。[描画色] を薄いグレー(#cccccc) でマスクを描画すると、半透明のマスクを作成できます。

● レイヤーマスクを適用したレイヤーの移動

[移動] ツールを使ってレイヤーを移動させると、レイヤーとレイヤーマスクは同時に移動します。

レイヤーとマスクの間にあるをクリックして外すと、それぞれ個別に移動することができます。

クリックして外す

レイヤー　チャンネル　パス
種類
通常　不透明度：100%
ロック：　塗り：100%
レイヤー 0

● **レイヤーマスクの削除**

マスクを削除するには、［レイヤー］パネル上のマスクを control キーを押しながらクリックして表示される［レイヤーマスクを削除］をクリックします。

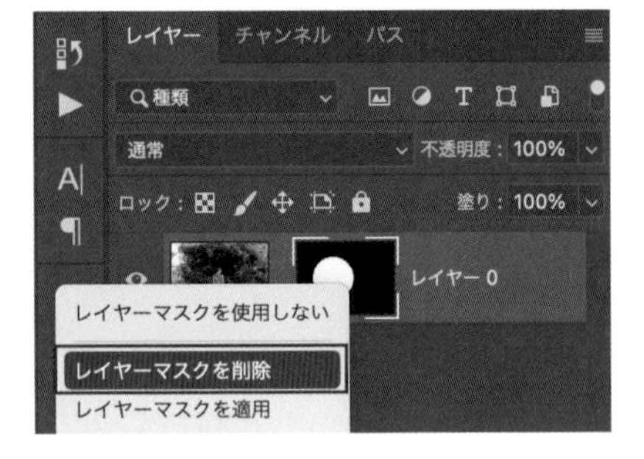


## クリッピングマスク

上にあるレイヤーを下のレイヤーの形でマスクし、切り抜いたように見せることができます。下に配置するレイヤーの種類は［ビットマップイメージ］［シェイプ］［テキスト］が使用できます。

下位レイヤー

レイヤー[背景]の鍵マークをクリックして、[レイヤー0]に変換します。

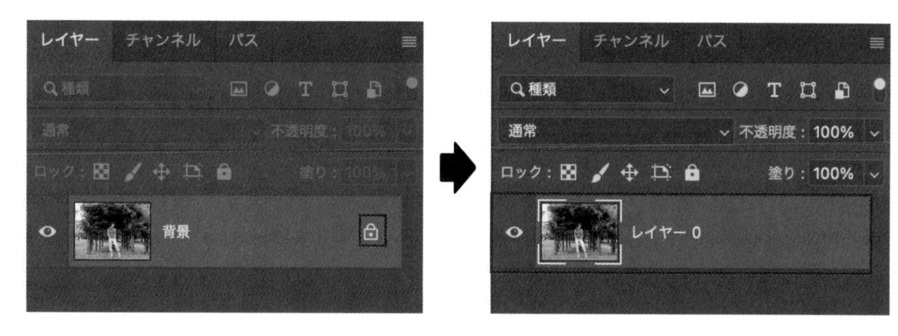


[レイヤー0]を非表示にし❶、下位に[多角形]ツールなどを使って好みのシェイプを描画します❷。

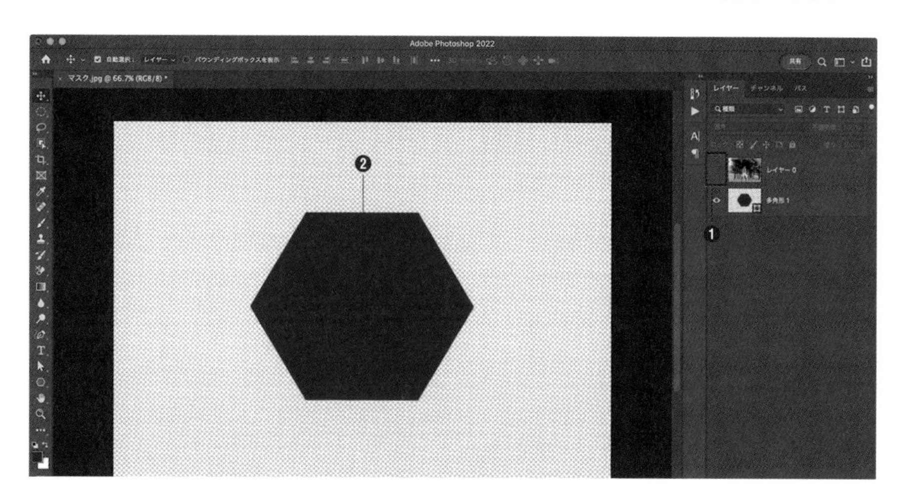


[レイヤー0]を表示させて❶、[レイヤー]メニュー→[クリッピングマスクを作成]をクリックします❷。

下のレイヤーの形でマスクすることができました。クリッピングマスクを適用すると、サムネールの左側に下向きの矢印が表示されます。

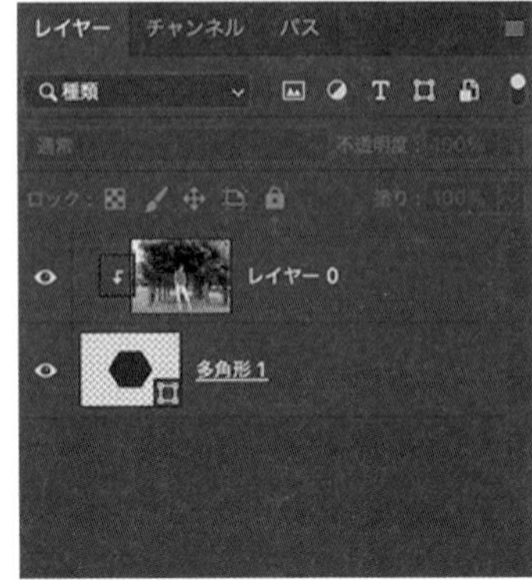


Memo　クリッピングマスクも、それぞれのレイヤーを個別に移動させることができます。

## ベクトルマスク

レイヤーマスクは選択範囲やブラシを使うのに対して、ベクトルマスクはパスを使ってマスクを作成します。[ペン] ツールを選択し❶、オプションバーは [パス] を選択します❷。好みの形状でパスを作成します❸。

そのまま control キーを押しながらクリックして、表示される［ベクトルマスクを作成］をクリックします。

ベクトルマスクが作成されました。

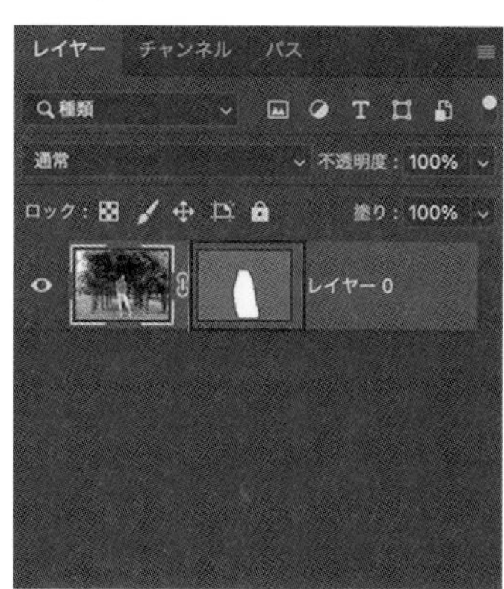


**Memo**

ベクトルマスクサムネールを選択し、［パスコンポーネント選択］ツールや［パス選択］ツール ▸▸098 を使うと、マスクの形状を変えることができます。

# 038 スマートオブジェクトに変換したい

使用機能 スマートオブジェクト

画像をスマートオブジェクト化すると、元データの品質を保ったまま、レイヤー加工を行うことができます。

## スマートオブジェクトとは

通常の画像は一度なにかの加工を適用すると、[ヒストリー] パネルで適用前に戻らない限り再修正することはできません。しかし、スマートオブジェクトに変換した画像には、[変形] [色調補正] [フィルター] などの加工が [スマートフィルター] ▸▸039 として適用され、元の画像を劣化させることなく補正を適用できるようになります。

## 画像をスマートオブジェクトに変換

1 素材「調整レイヤー・スマートオブジェクト.psd」を開きます。

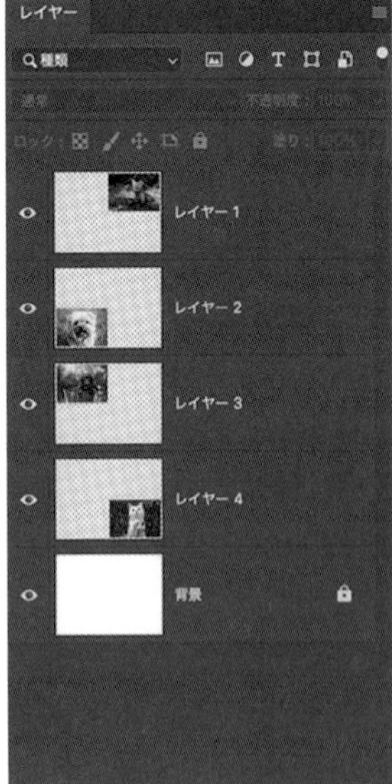

2 スマートオブジェクトに変換したいレイヤーを選択し、[レイヤー] メニュー→ [スマートオブジェクト] → [スマートオブジェクトに変換] をクリックします。

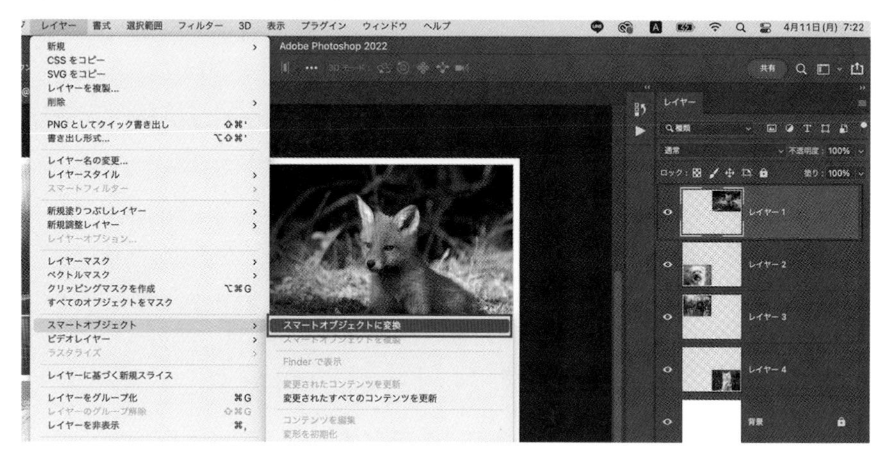


3 選択したレイヤーがスマートオブジェクトに変換されます。スマートオブジェクト化されたイメージは、レイヤーサムネールの右下にスマートオブジェクトのマークが付きます。

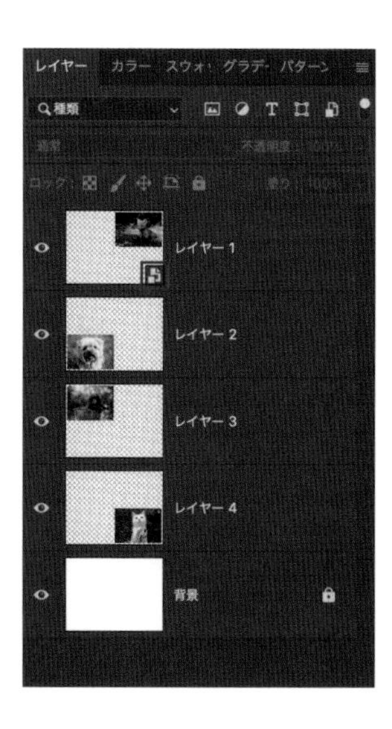

# 039 スマートフィルターを使って手軽にレイヤーを加工したい

使用機能 スマートフィルター

スマートオブジェクト化したレイヤーに、スマートフィルターを適用してさまざまな加工を行ってみましょう。

## スマートフィルターとは

スマートオブジェクト化したレイヤーに適用した加工は、「スマートフィルター」という扱いになります。スマートフィルターは、調整レイヤー ▸▸072 と同じように後から何度でも修正可能です。また、レイヤーマスクを調整し部分的に効果を反映させることも可能です。

## スマートフィルターで［レベル補正］を適用する

1. スマートオブジェクトに変換した［レイヤー1］を選択し、［イメージ］メニュー→［色調補正］→［レベル補正］をクリックします。

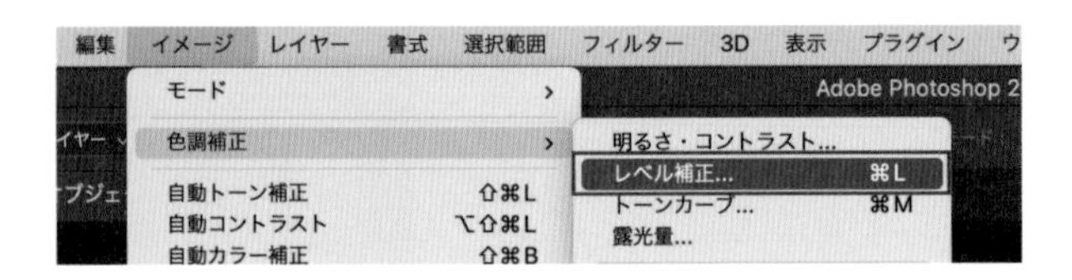


2. ［レベル補正］ダイアログが表示されるので、以下のように設定して、［OK］ボタンをクリックします。

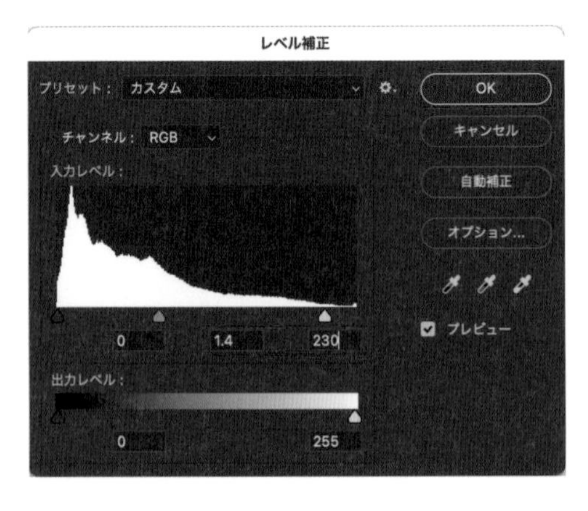


［入力レベル］
中間調入力レベル：1.4
ハイライト入力レベル：230

3 スマートフィルターとして［レベル補正］が適用されます。［レイヤー］パネル内、スマートフィルター下の［レベル補正］をダブルクリックすることで、再度［レベル補正］のパネルが表示され、何度でも劣化なく再修正することができます。

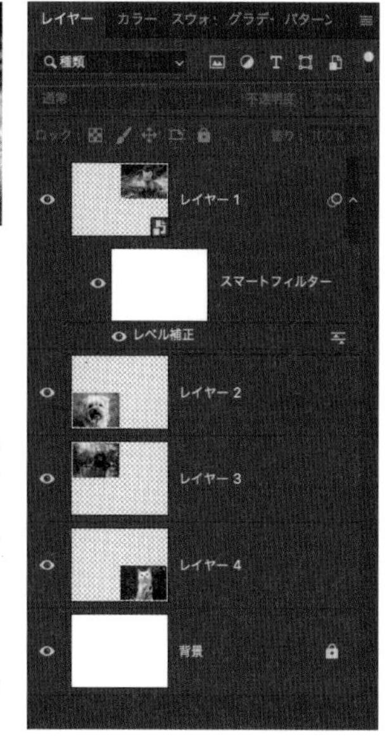


**Memo** スマートフィルターを適用すると、適用した効果のパネルのほかに、「スマートフィルター」という名前のレイヤーが作成されます。これはフィルターマスクという機能で、レイヤーマスクと同じように編集することでスマートフィルターの一部をマスクして適用することができます。

**Memo** スマートフィルターは通常の［色調補正］や［フィルター］と同じように加工することで、自動的にスマートフィルターとして扱われます。

## スマートフィルターで［油彩］を適用する

1 再び［レイヤー1］を選択し、［フィルター］メニュー→［表現手法］→［油彩］をクリックします。

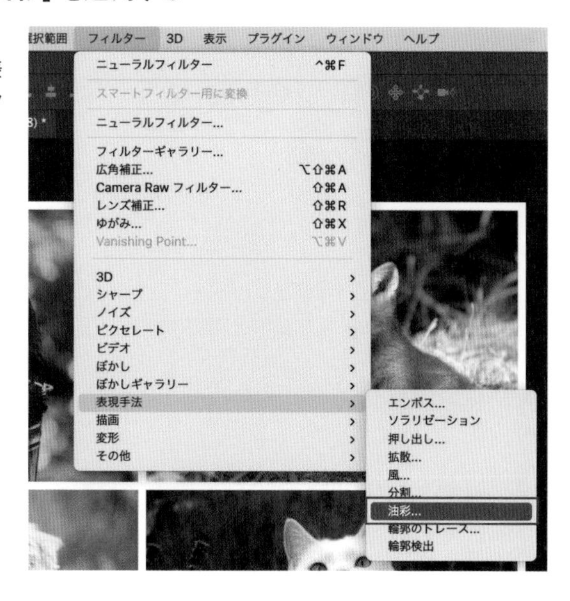

2 ［油彩］ダイアログが表示されるので、以下のように設定して、［OK］ボタンをクリックします。

［ブラシ］
・形態：6.0
・拡大・縮小：1.0
・密度の詳細：2.0

［光源］
・角度：-60°
・光彩：3.0

3 フィルターが適用され、［スマートフィルター］→［油彩］が追加されました。

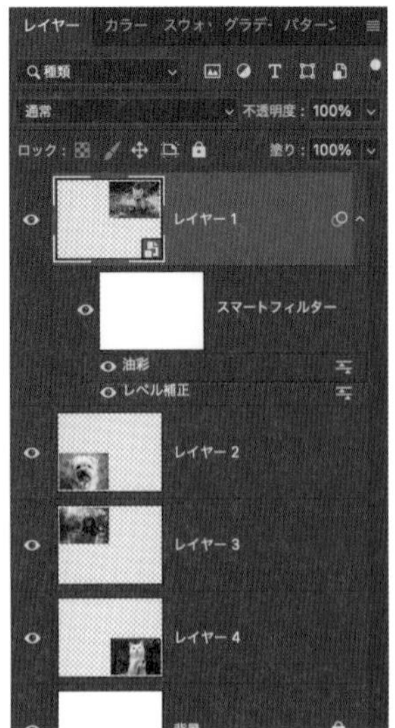


**Memo**

追加された2つのスマートフィルターは、👁（表示・非表示）を切り替えることで、特定の効果のみ無効にすることができます。👁（表示・非表示）を再びクリックして［表示］にすると、再度効果を適用できます。

## 効果の移動・コピー

1 スマートフィルターは、他のスマートオブジェクトに効果を移動したり、コピーすることができます。コピー先のレイヤーを選択し、[レイヤー] メニュー→ [スマートオブジェクト] → [スマートオブジェクトに変換] を選択します。

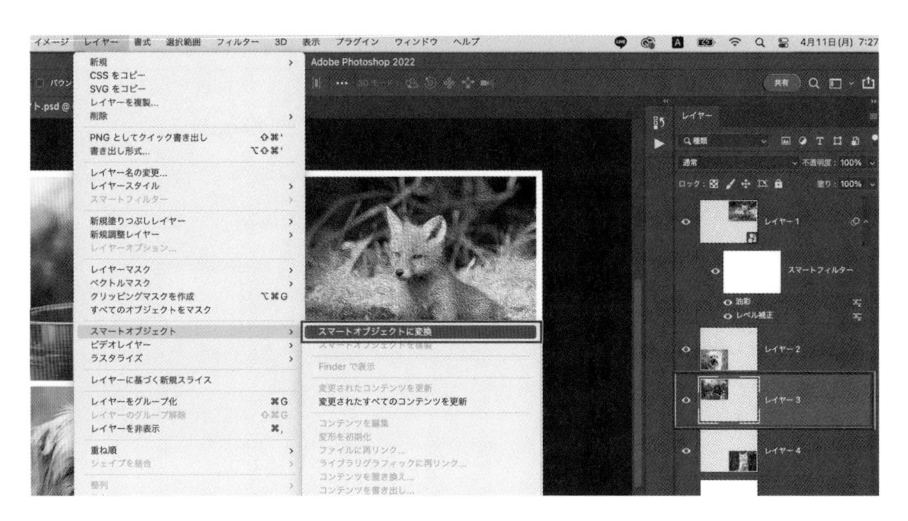

2 [レイヤー1] の [スマートフィルター] にカーソルを合わせ、[レイヤー3] にドラッグします。

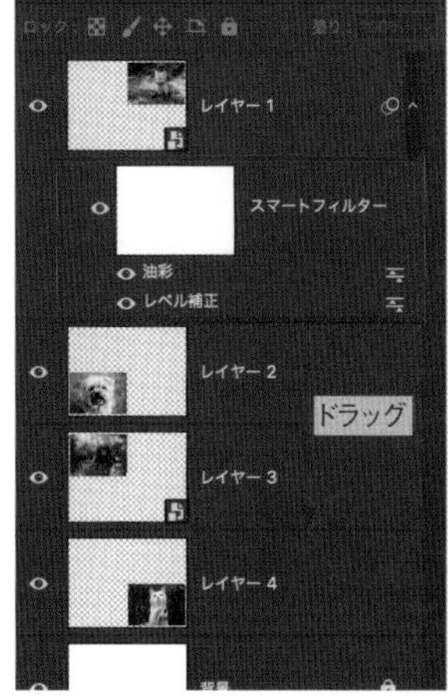


Memo ここでは[レイヤー3]をスマートオブジェクト化し、コピー先としています。

**3** [レイヤー1] の [スマートフィルター] が [レイヤー3] に移動しました。

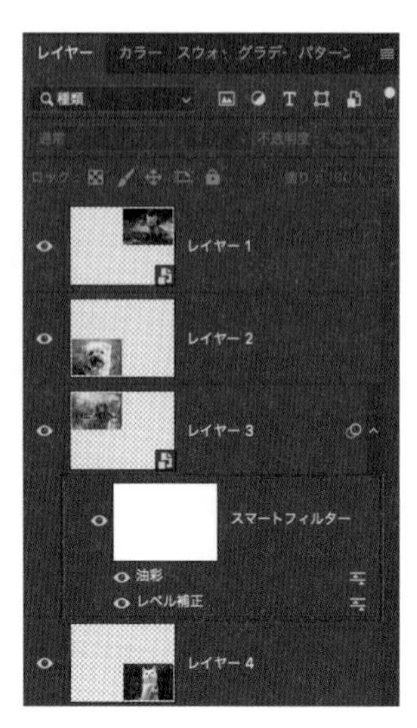

● **効果のコピー**

効果をコピーする場合は、先程適用した [レイヤー3] の [スマートフィルター] にカーソルを合わせ、option キーを押しながら [レイヤー1] にドラッグすることでコピーできます。

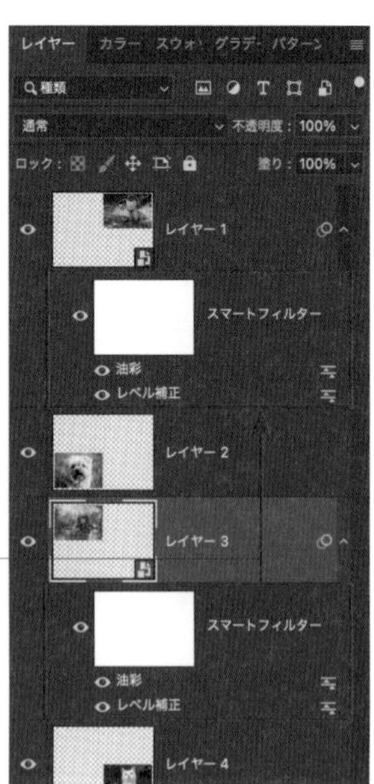


option キーを押しながらドラッグ

## スマートオブジェクトを通常の画像形式に戻す

**1** スマートオブジェクトを通常の画像形式に戻すには、効果を適用したレイヤーを選択し、[レイヤー]メニュー→[ラスタライズ]→[スマートオブジェクト]をクリックします。

**Memo** スマートオブジェクトを通常のビットマップ画像（ラスター画像）▶▶011に変換することをラスタライズと言います。

**2** このとき適用しているスマートフィルターがあれば、反映した状態でラスタライズされます。図は[レイヤー1]をスマートフィルター付きでラスタライズした場合です。スマートフィルターの効果はそのままで、[レイヤー]パネルからフィルターが消えていることがわかります。

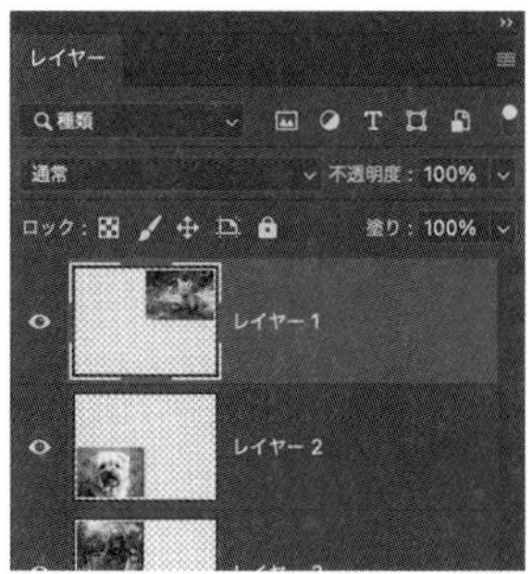


**Memo** スマートオブジェクト化した画像は、元画像を劣化させることなく編集を行うことができますが、デメリットとしてデータ容量が大きくなり、マシンへの負荷が上がるという点があります。動作が重くなってしまう場合はラスタライズしてスマートオブジェクトの数を制限してみましょう。

● **スマートフィルターのみの削除**

スマートフィルターのみ削除する場合は、[スマートフィルター]にカーソルを合わせ[レイヤー]メニュー→[スマートフィルター]→[スマートフィルターを消去]を選択します。

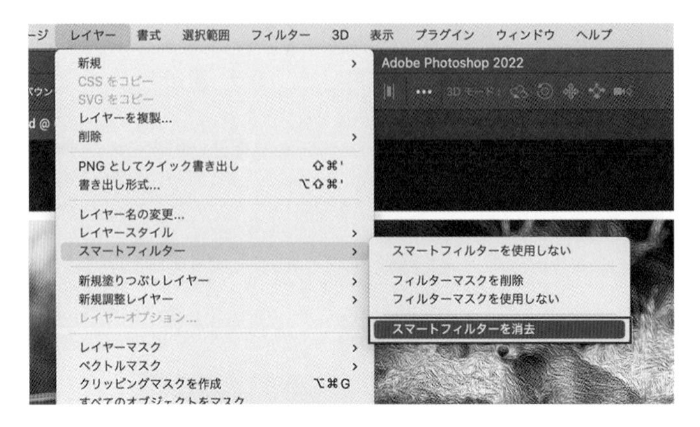


この場合、フィルターは消えますが、画像形式はスマートオブジェクト形式のままで残ります。

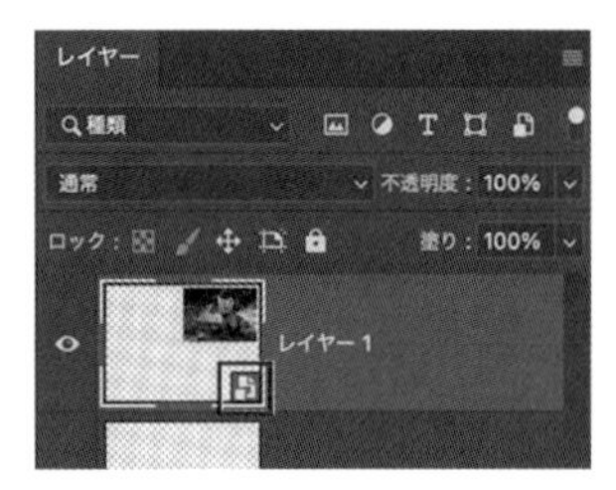


**Memo**

[スマートフィルターを使用しない]を選択すると、画像形式とフィルターはそのままですがフィルター効果は反映されませんⒶ。[フィルターマスクを削除]を選択すると、フィルターマスクが削除されますⒷ。[フィルターマスクを使用しない]を選択すると、フィルターマスクを使用することができなくなりますⒸ。

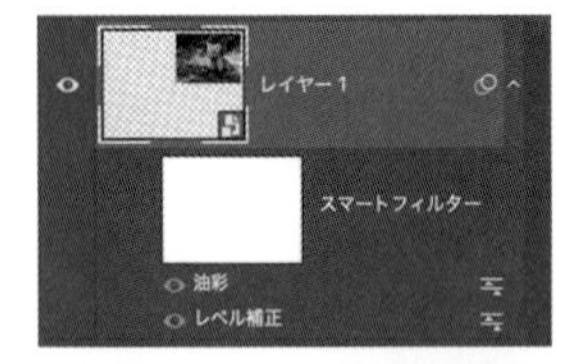


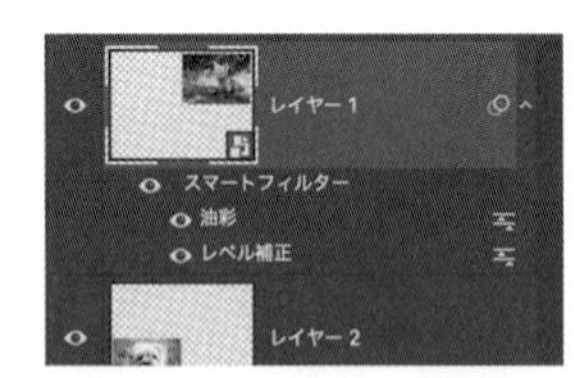


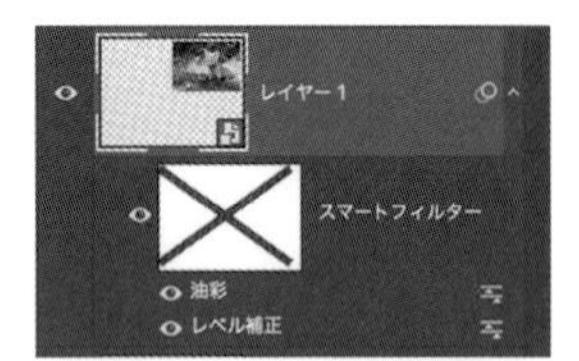

Ⓐスマートフィルターを使用しない

Ⓑフィルターマスクを削除

Ⓒフィルターマスクを使用しない

# オブジェクト編集のテクニック

Chapter

4

# 040 テキストを自由に変形したい

使用機能 ワープ

［ワープ］機能 ▸▸061 を使うと、テキストを面白い形に変形させ、インパクトのあるデザインを作ることができます。いくつかのプリセットが用意されていますが、変形の方向や曲がり具合の数値は自分で調整できます。

## ［ワープ］の使用

**1** 素材「テキストのワープ.psd」を開きます。レイヤー［PHOTOSHOP WARP TEXT］を選択した状態で、［編集］メニュー→［変形］→［ワープ］をクリックします。

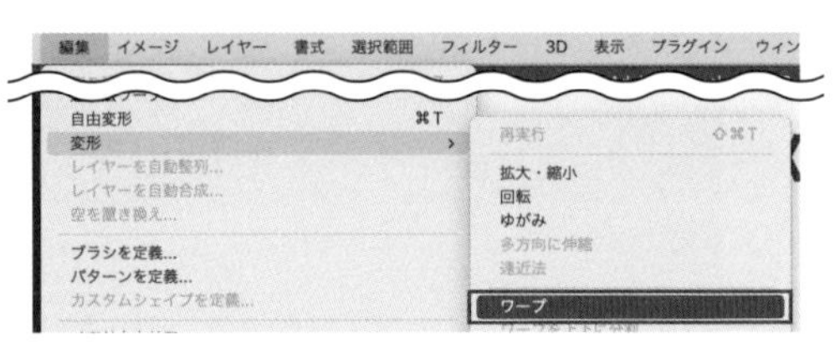


**2** コントロールパネルが切り替わります。

**3** ［ワープ］から［円弧］を選び❶、カンバス上のテキストの上部中央にコントロールポイントがあることを確認します❷。

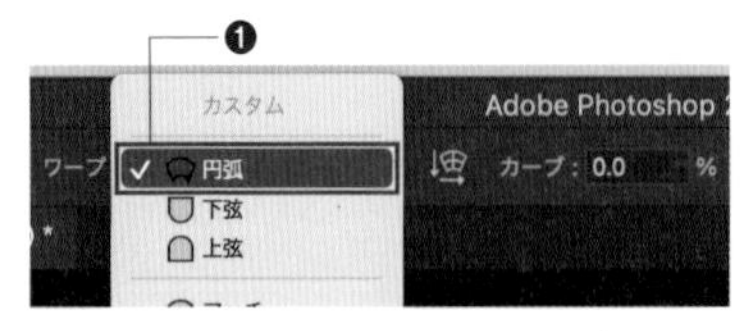

**4** コントロールポイントを上方向にドラッグするかⒶ、オプションバーの［カーブ］に数値を入力しますⒷ。

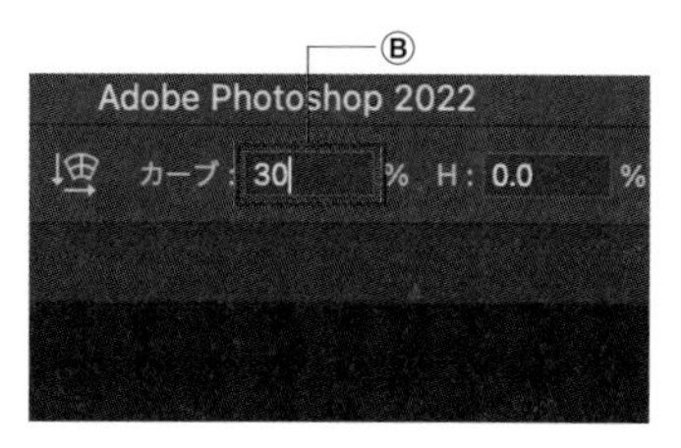


**5** 方向を変えてワープを適用するには、［ワープの方向を変更］ボタンを選択すると、コントロールポイントが左中央に設定されます。同じようにコントロールポイントをドラッグするか、［カーブ］に数値を入力します。

**Memo** ［ワープ］には、［円弧］の他に［旗］［魚形］［絞り込み］などいくつかのプリセットが用意されています。

旗　魚形　絞り込み

**Memo** 操作内容は［編集］→［自由変形］と同じですが ▶▶060 自身でグリッドを設定し部分的にワープをかけることはできません。コントロールパネルの［ワープ］のプリセットと［ワープの方向を変更］［カーブ］［水平方向のゆがみ］［垂直方向のゆがみ］を使用します。

# 041 パスに沿って文字を入力したい

使用機能 [横書き文字]ツール、[パス選択]ツール

自由な形でテキストを配置したい場合は、パスからシェイプを作成し、それに沿って文字を入力することもできます。写真と組み合わせると表現の幅が広がります。

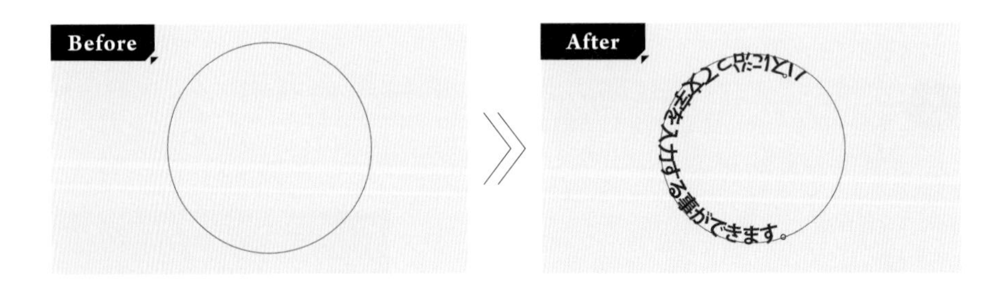


## シェイプに沿った文字の入力

1 素材「パスに沿った文字入力.psd」を開きます。背景と円形のシェイプを用意しています。

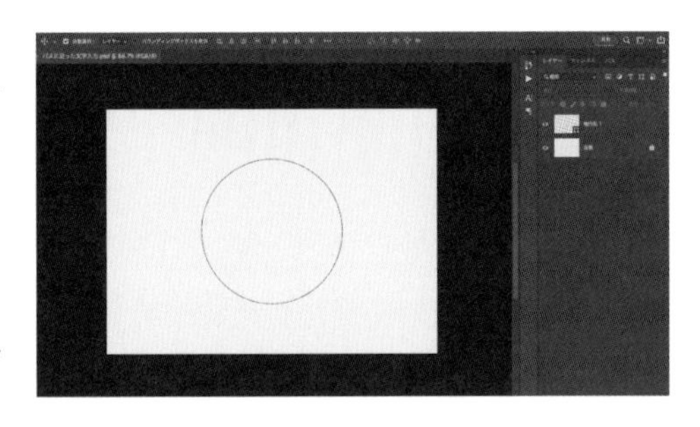

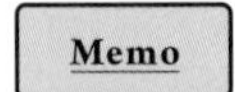

パスやシェイプの作成方法は7章で詳しく解説しています。 ▸▸095 ▸▸096 ▸▸097

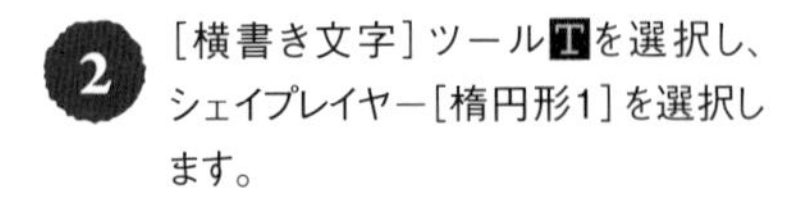

2 [横書き文字]ツール T を選択し、シェイプレイヤー[楕円形1]を選択します。

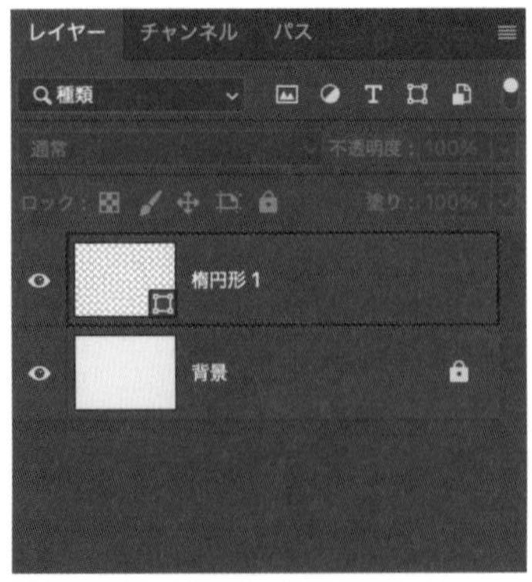

3 カンバス上でシェイプ上にカーソルを合わせ、カーソルに波のマークが現れたら、クリックすると文字を入力することができます。

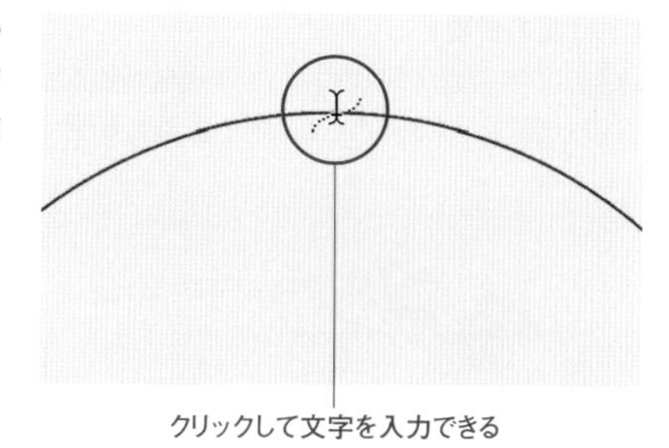

クリックして文字を入力できる

4 好きな文字を入力します。文字はシェイプに沿って入力されます。

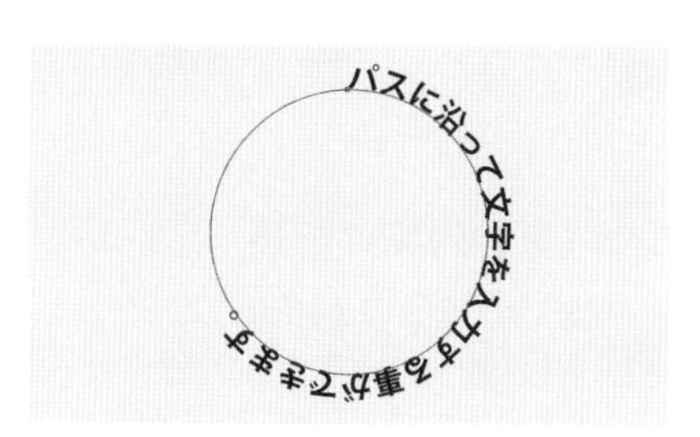


## 文字の開始・終了地点の変更

文字の開始・終了地点を変更するには、ツールバーから[パスコンポーネント選択]ツールまたは[パス選択]ツールを選択します。

### ● 開始位置の変更

入力したテキストレイヤーを選択し、文字の開始地点にカーソルを合わせると、右向きの矢印の付いたカーソルに変わります。シェイプに沿ってドラッグすることで、開始位置を変更できます。

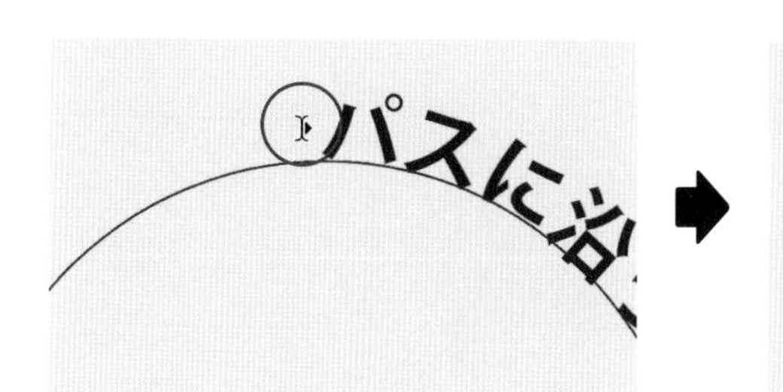


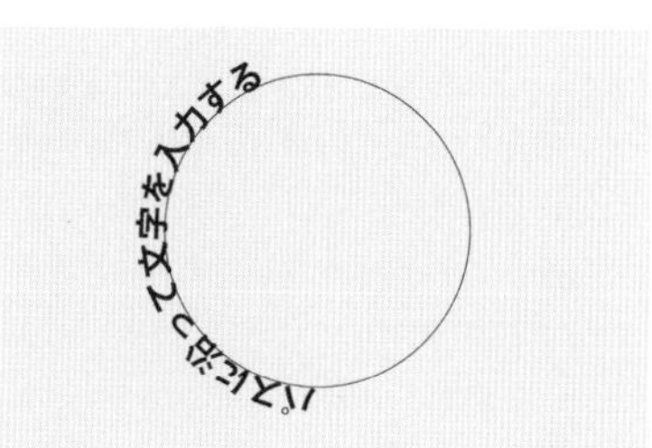

● **終了位置の変更**

同じように文字の終了地点にカーソルを合わせると、左向きの矢印の付いたカーソルに変わります。シェイプに沿ってドラッグすることで、終了位置を変更できます。

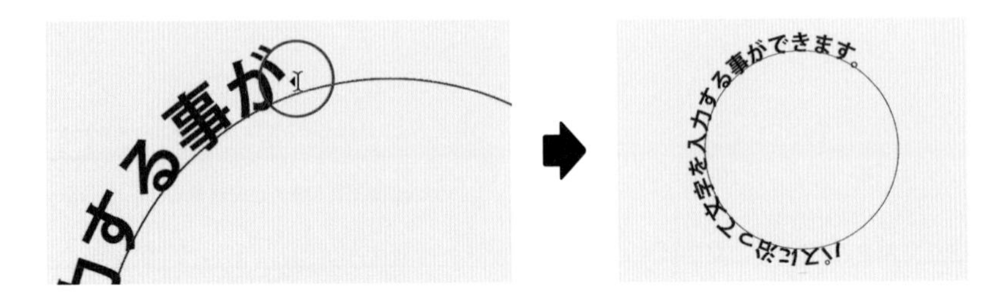


## ━ シェイプの内側に配置

**1** 開始・終了地点の変更と同じように、[パス選択] ツールで文字の開始始点にカーソルを合わせ、カーソルに矢印が付いた状態にします。

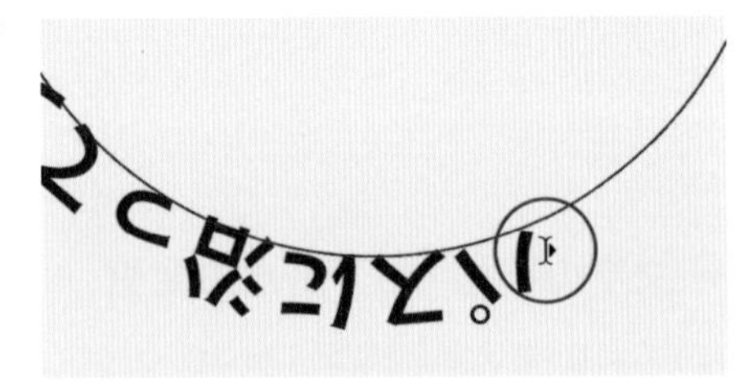

**2** シェイプの内側にドラッグすると、文字が内側に配置されます。

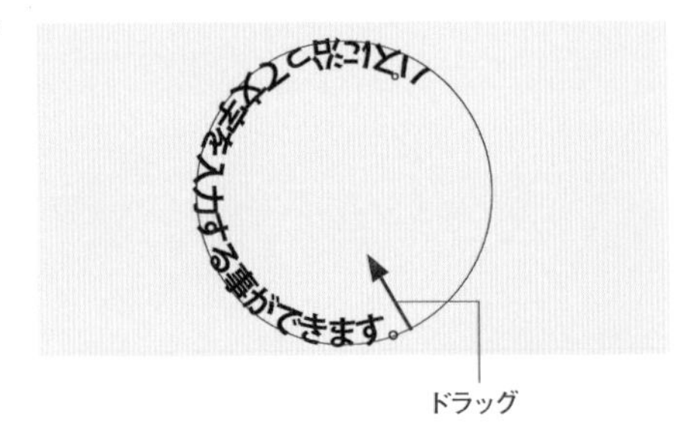


**Memo**

[文字] パネルの [トラッキング] で文字間隔を調整すると、円形のシェイプを1周したような表現にもできます。

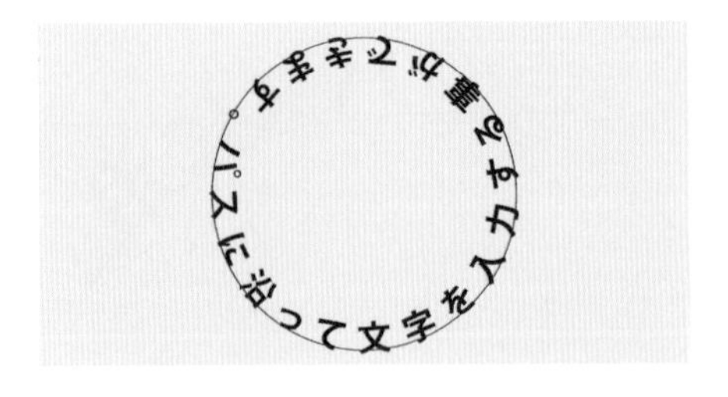

## 写真と組み合わせて文字を配置

1 シェイプやパスのオブジェクトであれば、文字をそれに沿わせて入力することができます。ここでは、写真と組み合わせた例を紹介します。素材「猫.jpg」を開き、[ペン]ツールを使って、パスを作成します。

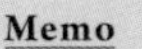

[ペン]ツールについては7章で詳しく解説しています。▸▸096 ▸▸097

2 [横書き文字]ツールを使って、パスに沿った文字を入力することができます。

3 さらに[ペン]ツールで吹き出しのシェイプを追加し、[編集]メニューの[自由変形]を使って形を整えると、このような表現もできます。

# 042 文字を背景になじませたい

**使用機能** [レイヤースタイル] ダイアログ、ブレンド条件

ブレンド条件を利用すると、上下のレイヤーの色のバランスを調整することができます。これにより、背景の質感をいかした文字合成が行えます。

## [ブレンド条件] の使用

**1** テキストを入力します。素材「背景.jpg」を開き、[横書き文字] ツールで [I FEEL GOOD] と入力します。ここでは下記の設定で2行で入力しています。

- **フォント** …… Goodlife Serif Bold
- **フォントサイズ** …… 164pt
- **行送り** …… 141pt
- **フォントカラー** …… #ffe155

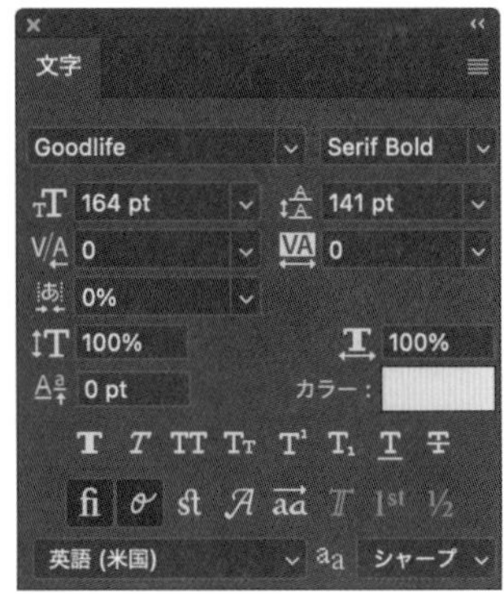

ここで使用しているフォントはAdobe Fontsです ▶▶181。

**2** 位置を整えてレイヤースタイルを適用します。レイヤー[I FEEL GOOD]を選択し、[編集]メニュー→[自由変形]をクリックし❶、[-15°]程度回転させ❷、[変形を確定]ボタンをクリックします❸。

**3** レイヤー[I FEEL GOOD]を選択し、[レイヤー]メニュー→[レイヤースタイル]→[レイヤー効果]を選択して、[レイヤースタイル]ダイアログを開きます。[ブレンド条件]の調整ポイントを分割して数値を設定し、[OK]ボタンをクリックします。

- **下になっているレイヤー** …… 30/110/147/230

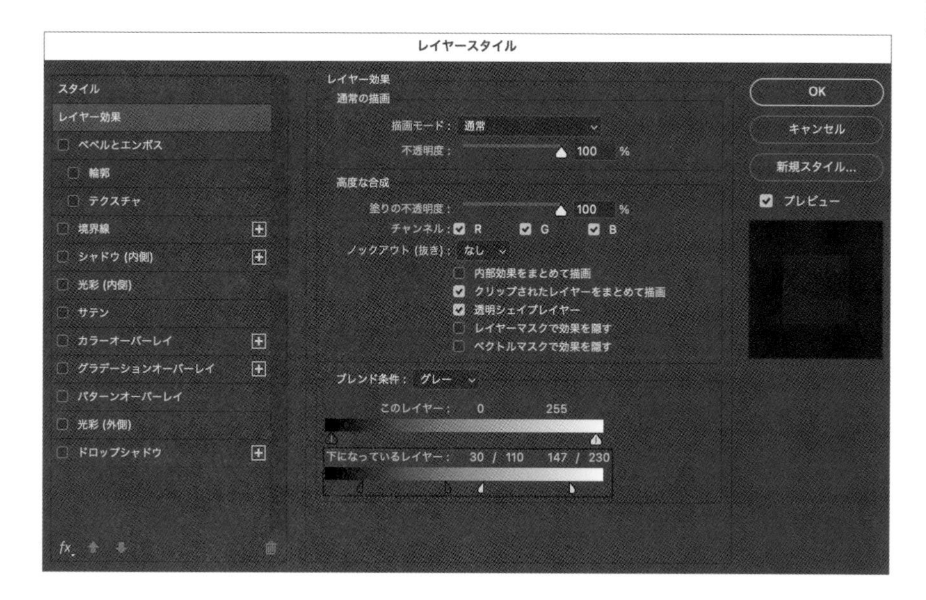


**Memo** 調整ポイントの少し横で option キーを押しながらドラッグすると、調整ポイントが分割されます。

**4** レイヤー［I FEEL GOOD］にブレンド条件が適用され、背景の質感を反映した効果を与えることができました。

## POINT

ブレンド条件で表示されているグラデーションのバーは階調やレベル補正設定のもの ▸▸068 と同じですが、ここでは調整ポイントよりも外側がマスクされる仕組みになっています。また、調整ポイントを分割した場合、その間はグラデーションでマスクされる仕組みです。下図の設定では、［0（最小値）～30］はマスクされ、［30～110］はゆるいグラデーションでマスク。［110～147］は影響なく［147～230］はゆるいグラデーションでマスク、［230～255（最大値）］はマスクされることになります。

ブレンド条件：　グレー

このレイヤー：　0　255

下になっているレイヤー：　30 / 112　147 / 230

# 043 文字を光らせたい

使用機能　[レイヤースタイル] ダイアログ、光彩 (外側)

光彩 (外側) を利用すると、テキストの外側を明るくすることができ、光っているような効果を与えることができます。光の色の種類も選択できます。

## [光彩 (外側)] の使用

**1** テキストを入力します。素材「背景.jpg」を開き、[横書き文字] ツールで [LIGHT TEXT] と入力します。ここでは下記の設定で入力しています。

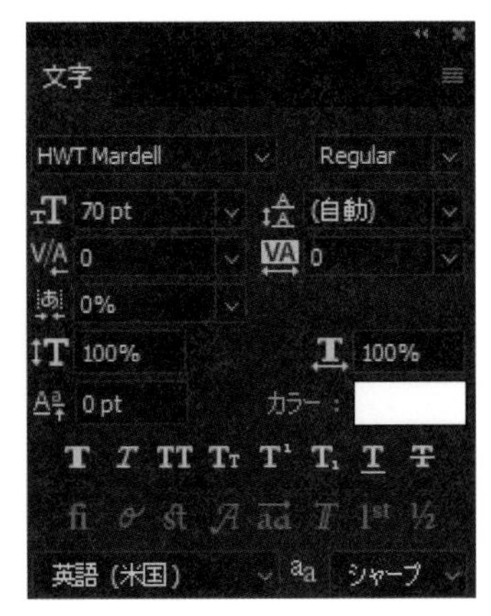


- **フォント** …… HWT Mardell　※Adobe Fonts ▸▸181
- **フォントサイズ** …… 70pt
- **フォントカラー** …… #ffffff

Chap 4 オブジェクト編集のテクニック

**2** レイヤースタイルを使って光彩（外側）を作成します。レイヤー[LIGHT TEXT]を選択し、[レイヤー] メニュー→[レイヤースタイル]→[光彩（外側）]をクリックして、[レイヤースタイル] ダイアログを開きます。

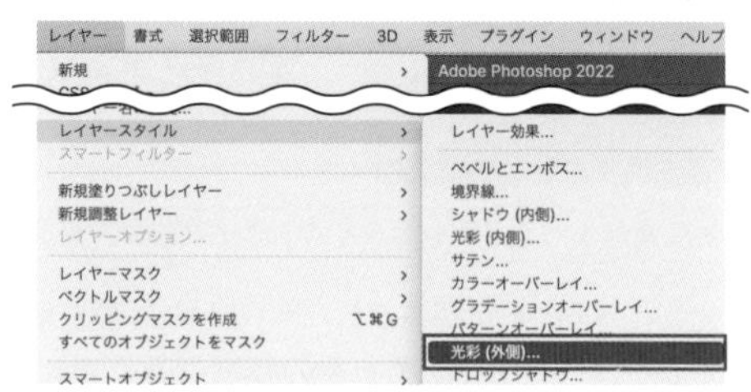

**3** 項目を画像のように設定し、[OK] ボタンをクリックします。

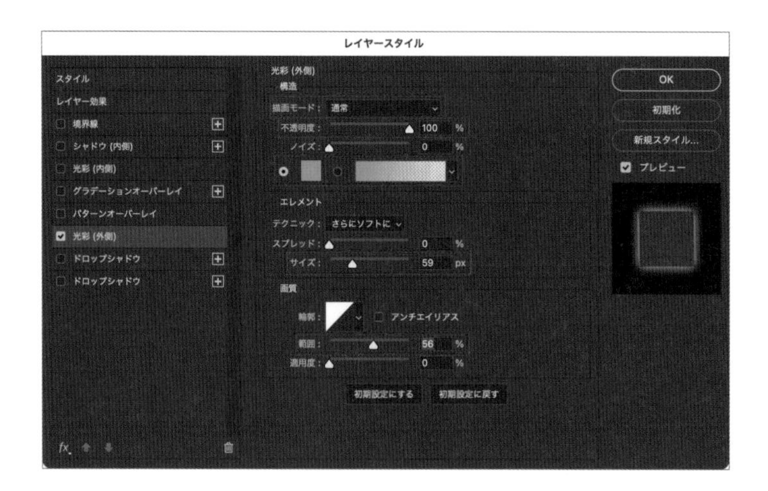

[構　造] ● **描画モード** …… 通常　● **不透明度** …… 100%　● **カラー** …… #fda803
[エレメント] ● **サイズ** …… 59%
[画　質] ● **範囲** …… 56%

**4** テキストの外側に黄色い光が追加されました。[レイヤー] パネルを見ると、レイヤー[LIGHT TEXT]に光彩（外側）の効果が追加されたことがわかります。

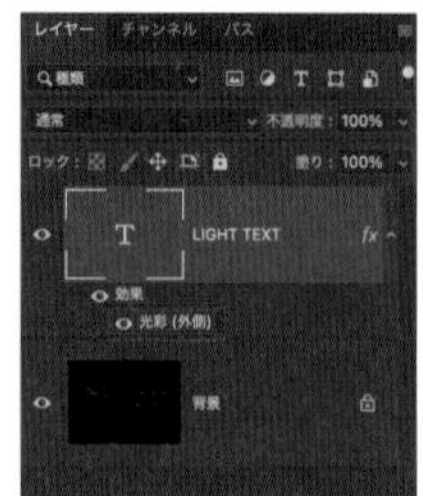

**POINT**

光の演出効果をわかりやすくするために、背景には暗めの画像を用意しましょう。明るい画像や光と同じような色を背景にしてしまうと、思うような効果を得ることができません。

# 044 文字に影を付けたい

使用機能 ［レイヤースタイル］ダイアログ、ドロップシャドウ

ドロップシャドウを使用して影を作成します。影が落ちる方向や影までの距離などの細かな設定も行うことができます。

## ［ドロップシャドウ］の使用

**1** テキストを入力します。素材［背景.jpg］を開き、［横書き文字］ツールで［DROP SHADOW］と入力します。ここでは下記の設定で2行で入力しています。

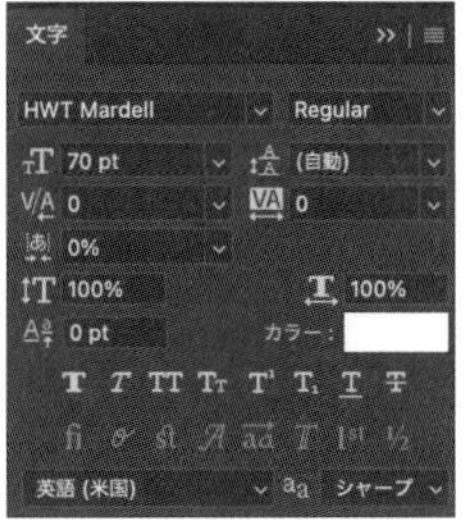


［文字］パネル

- **フォント**
  …… Azo Sans Uber
  ※Adobe Fonts ▸▸181
- **フォントサイズ** …… 64pt
- **行送り** …… 95pt
- **フォントカラー** …… #ffffff

［段落］パネル

- **中央揃え**

**2** レイヤースタイルを使ってドロップシャドウを作成します。レイヤー［DROP SHADOW］を選択し、［レイヤー］メニュー→［レイヤースタイル］→［ドロップシャドウ］を選択して、［レイヤースタイル］ダイアログを開きます。

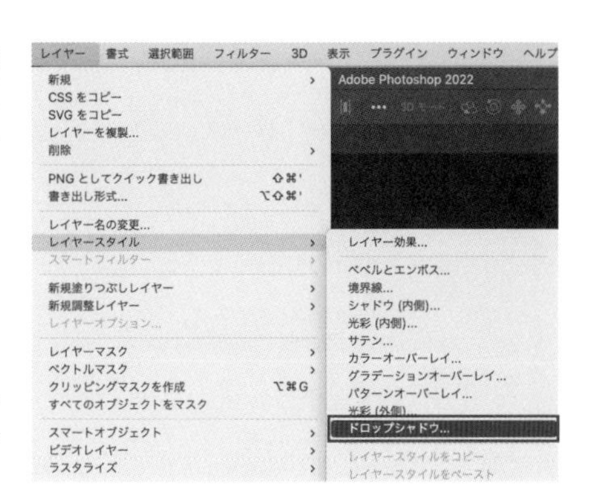

［レイヤースタイル］ダイアログは、レイヤーパネル上でレイヤー名より右側でダブルクリックすると、ショートカットで開くことができます。

**3** 各項目を画像のように設定し、[OK] ボタンをクリックします。

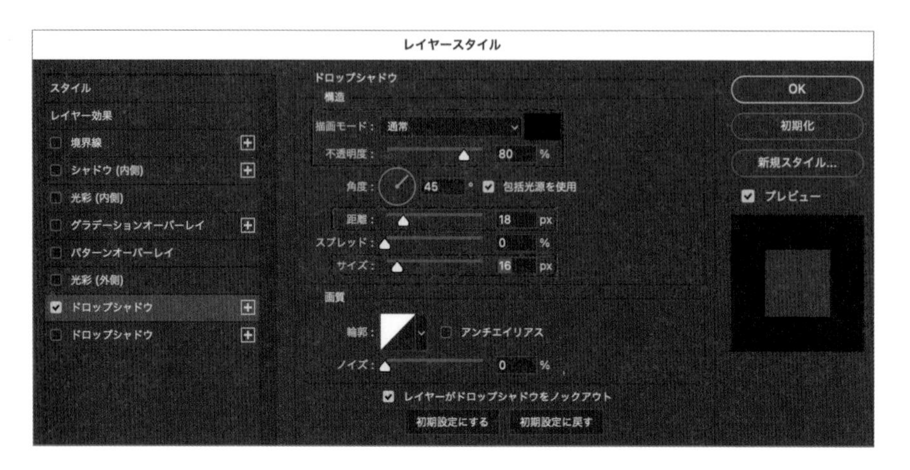


[構造]

- **描画モード** …… 通常
- **不透明度** …… 80%
- **距離** …… 18px
- **サイズ** …… 16px
- **描画モードのカラー** …… #000000

テキストに影が付きました。

**POINT**

ドロップシャドウを設定する際は、「影が落ちる方向」や「影までの距離」「影のボケ具合」を細かく調整することで、さまざまな影を作成できます。たとえば図のように距離の数値を大きくすることで、浮いたような表現を演出することができます。

# 045 文字の内側に光を加えたい

使用機能　[レイヤースタイル] ダイアログ、光彩 (内側)

光彩 (内側) を利用すると、テキストの内側を明るく見せ、中から発光しているような効果を与えることができます。光の色の種類も選択できます。

## [光彩 (内側)] の使用

**1** テキストを入力します。素材「背景.jpg」を開き、[横書き文字] ツールで [INNER GLOW] と入力します。ここでは下記の設定で2行で入力しています。

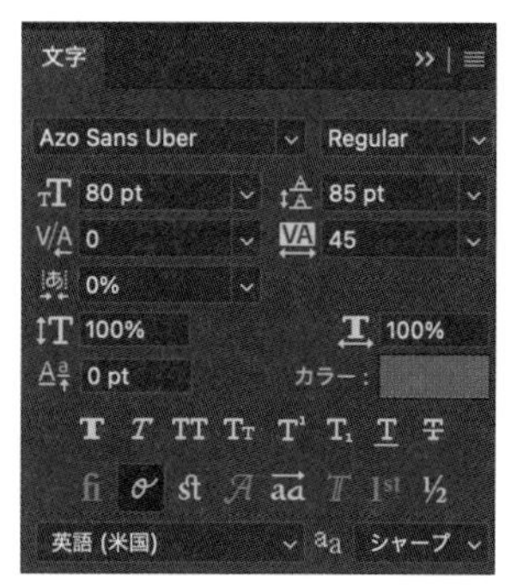

[文字] パネル
- **フォント** …… Azo Sans Uber
  ※Adobe Fonts ▸▸181
- **フォントサイズ** …… 80pt
- **行送り** …… 85pt
- **トラッキング** …… 45
- **フォントカラー** …… #418699

[段落] パネル
- 中央揃え

**2** レイヤースタイルを適用します。レイヤー [INNER GLOW] を選択し、[レイヤー] メニュー→[レイヤースタイル]→[光彩(内側)] をクリックして、[レイヤースタイル] ダイアログを開きます。

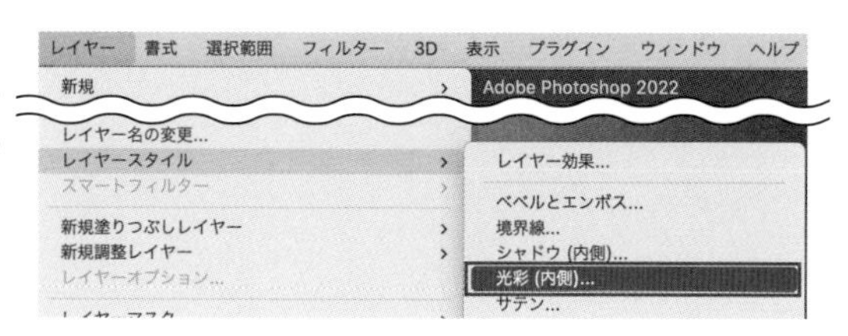

3 各項目を画像のように設定し、[OK] ボタンをクリックします。

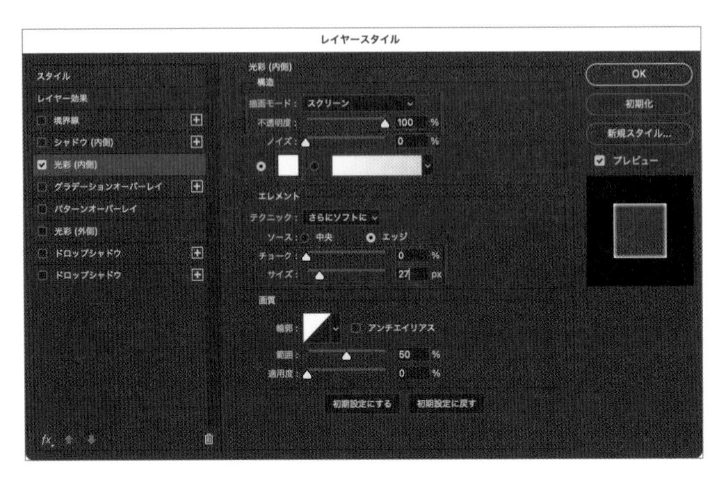


[構造]
- **描画モード** …… スクリーン
- **不透明度** …… 100%
- **カラー** …… #ffffff

[エレメント]
- **チョーク** …… 0%
- **サイズ** …… 27px

4 テキストの内側に光が追加されました。

5 レイヤーの描画モードを[焼き込みカラー]として、背景になじませます。

**Memo** レイヤー[INNER GLOW]の描画モードを[焼き込みカラー]とすると、背景になじませることができます ▸▸063

**POINT**

[光彩(外側)]と組み合わせることで、輪郭がぼんやりと光る表現もできます。光の表現で印象的な見出しを作りたいときにおすすめです。

# 046 文字の内側に影を付けたい

**使用機能**　[レイヤースタイル] ダイアログ、シャドウ (内側)

テキストの内側に影を付けて、紙を切り抜いたような表現にします。

Before

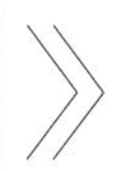

After

## [シャドウ (内側)] の使用

**1** テキストを入力します。素材「背景.psd」を開き、[横書き文字] ツールで [INNER SHADOW] と入力します。ここでは下記の設定で2行で入力しています。

[文字] パネル

- **フォント** …… Azo Sans Uber
  ※Adobe Fonts ▸▸181
- **フォントサイズ** …… 70pt
- **行送り** …… 68
- **トラッキング** …… 45
- **フォントカラー** …… #8f8f8f

[段落] パネル

- **中央揃え**

**2** レイヤースタイルを適用します。レイヤー [INNER SHADOW] を選択し、[レイヤー] メニュー→[レイヤースタイル]→[シャドウ(内側)] を選択して、[レイヤースタイル] ダイアログを開きます。

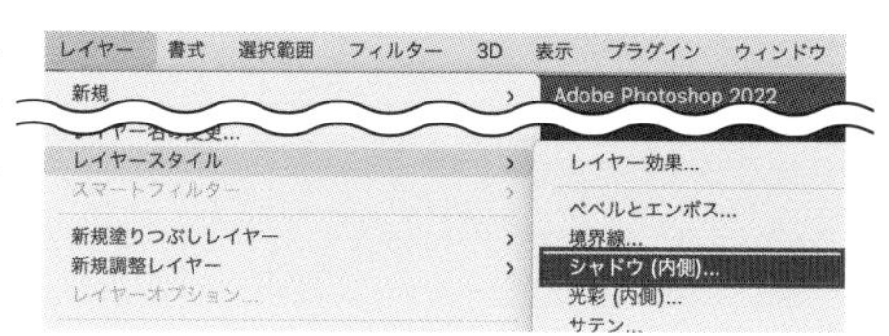

各項目を画像のように設定し、[OK] ボタンをクリックします。

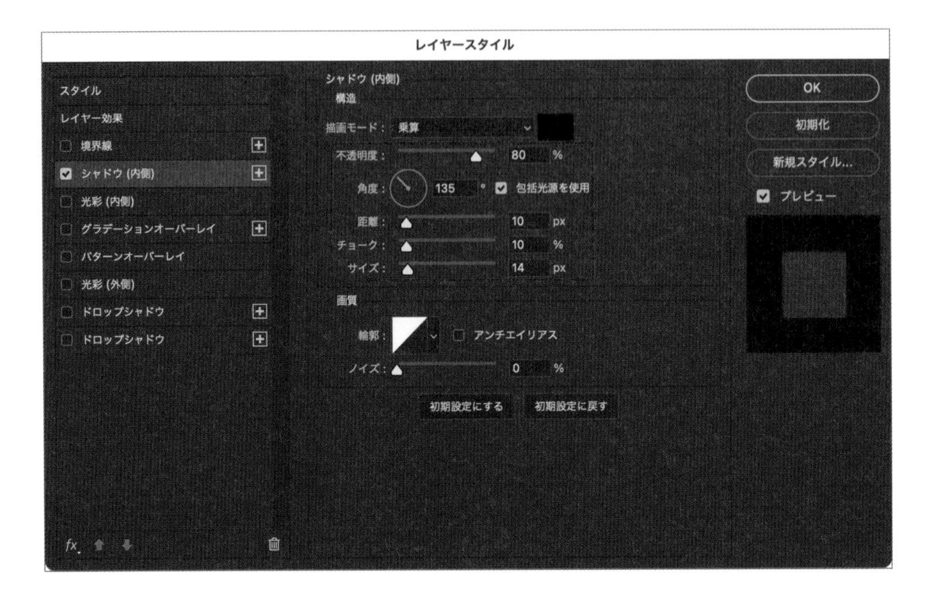


[構造]

- **不透明度** …… 80%
- **角度** …… 135°
- **距離** …… 10px
- **チョーク** …… 10%
- **サイズ** …… 14px

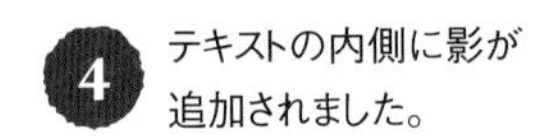

テキストの内側に影が追加されました。

**POINT**

シャドウ (内側) で影を付ける際は、ベース画像にどの方向から光があたっているかを確認し、光と逆方向に影が落ちるように意識すると、自然な影が作成できます。

# 047 袋文字・境界線を作成したい

使用機能　[レイヤースタイル] ダイアログ、境界線

テキストやオブジェクトに境界線を追加します。テキストに境界線で輪郭を付けることにより、インパクトのある袋文字を作ることができます。

## 境界線の追加

**1** [ベース素材] を開きます。素材 [ベース素材.psd] を開きます。図のようなレイヤー構造の素材を用意しました。

**2** レイヤー[BANG]にレイヤースタイルを使用して、境界線を追加します。レイヤー[BANG]を選択し、[レイヤー]メニュー→[レイヤースタイル]→[境界線]を選択して、[レイヤースタイル]ダイアログを開きます。

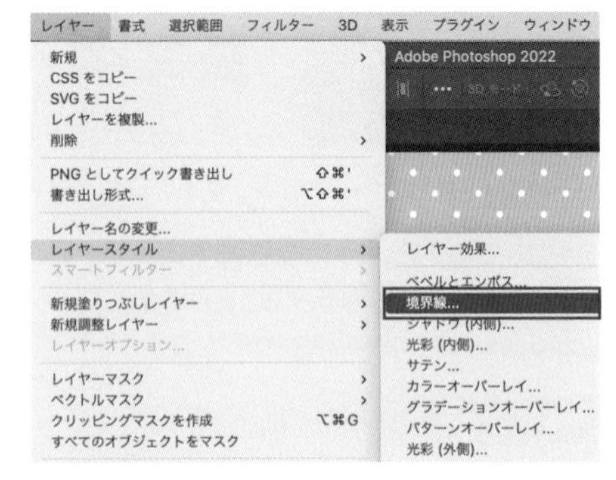


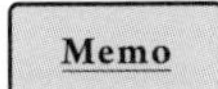

[レイヤースタイル] ダイアログは、[レイヤー] パネル上でレイヤー名より右側でダブルクリックすると、ショートカットで開くことができます。

**3** 各項目を画像のように設定し、[OK] ボタンをクリックします。

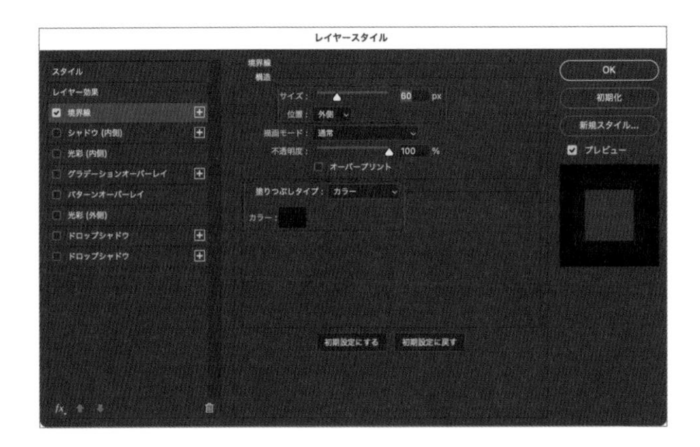


[構造]

- **サイズ** …… 60px
- **位置** …… 外側

[塗りつぶしタイプ]

- **塗りつぶしタイプ** …… カラー
- **カラー** …… #542e08

レイヤー[BANG]の内側に境界線が追加されました。

**5** 続いて、レイヤー[ふきだし]にレイヤースタイルを使用して、境界線を追加します。レイヤー[ふきだし]を選択し、先ほどと同じように設定します。

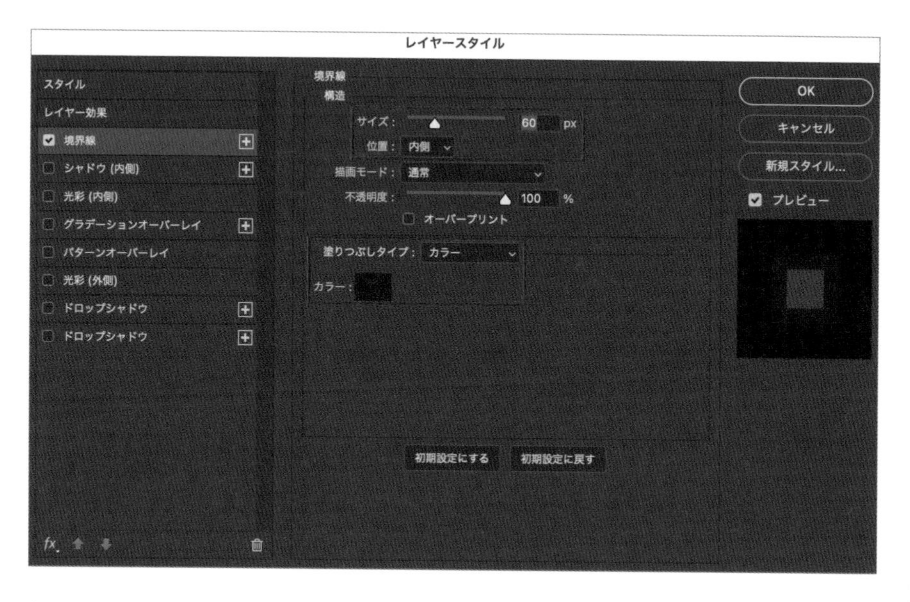


[構造]

- **サイズ** …… 60px
- **位置** …… 内側

[塗りつぶしタイプ]

- **塗りつぶしタイプ** …… カラー
- **カラー** …… #542e08

**Memo** レイヤー[BANG]は外側、レイヤー[ふきだし]には内側を設定します。その他の設定項目の内容は同じです。

**6** レイヤー[ふきだし]の内側にも境界線が追加されました。

**POINT**

ここではレイヤースタイル[境界線]の位置を[外側][内側]で使い分けています。使用するテキストやオブジェクトに合わせて使い分けましょう。

# 048 文字を立体的にしたい

使用機能　[レイヤースタイル] ダイアログ、ベベルとエンボス、ドロップシャドウ

テキストにエンボス加工を加え立体的にします。立体感がより出るように、ドロップシャドウの機能も活用します。

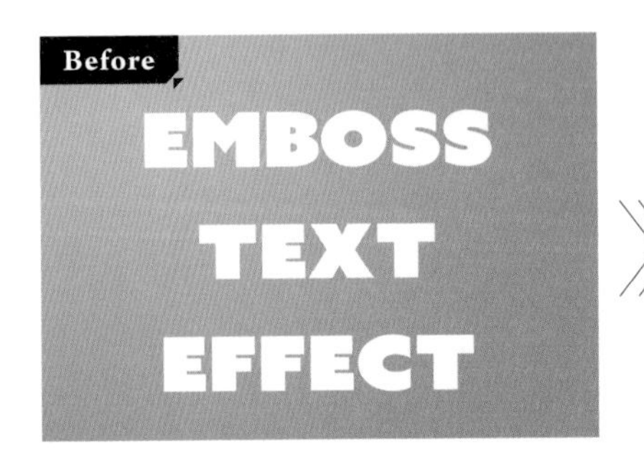


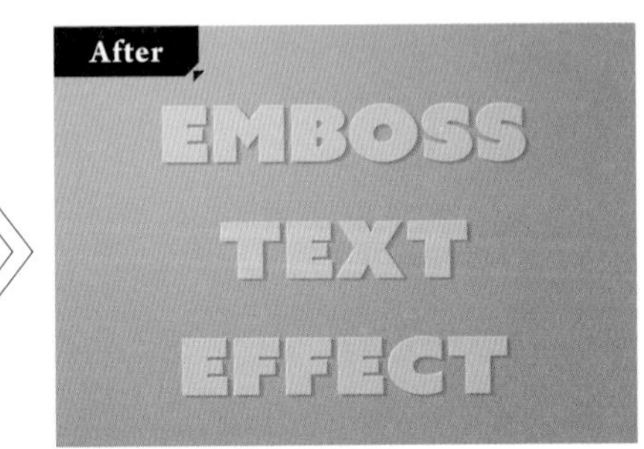


## [ベベルとエンボス] の使用

**1** テキストを入力します。素材「背景.jpg」を開き、[横書き文字] ツールで [EMBOSS TEXT EFFECT] と入力します。ここでは下記の設定で3行で入力しています。

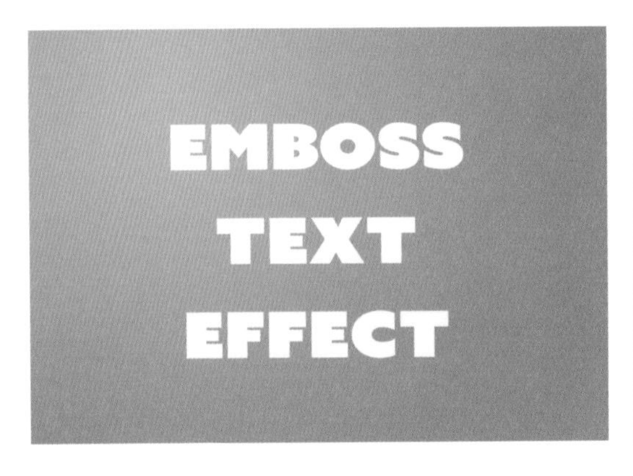


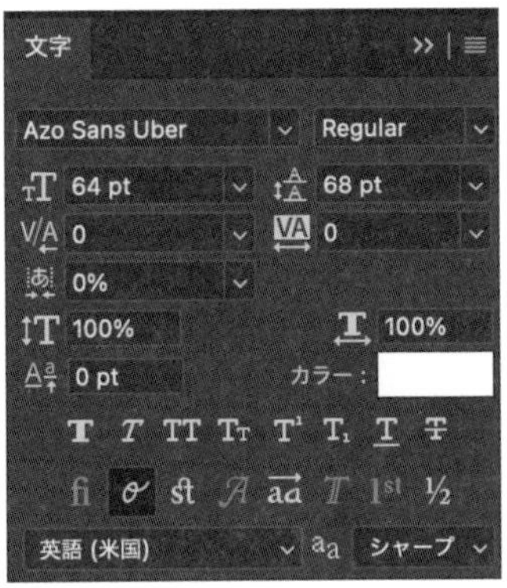


[文字] パネル
- **フォント** …… Azo Sans Uber
  ※Adobe Fonts ▸▸181
- **フォントサイズ** …… 64pt
- **行送り** …… 95pt
- **フォントカラー** …… #ffffff

[段落] パネル
- **中央揃え**

**2** レイヤースタイルを使ってエンボス加工を表現します。レイヤー[EMBOSS TEXT EFFECT]を選択し❶、[塗り]を[0%]にします❷。カンバス上ではテキストが見えなくなります❸。

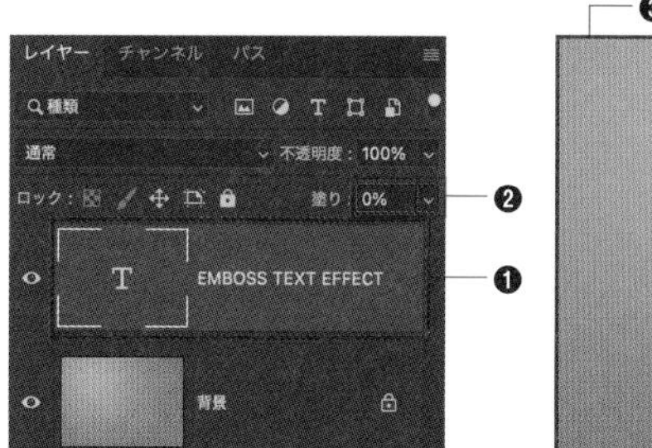

**3** レイヤー[EMBOSS TEXT EFFECT]を選択したまま、[レイヤー]メニュー→[レイヤースタイル]→[ベベルとエンボス]をクリックして、[レイヤースタイル]ダイアログを開きます。

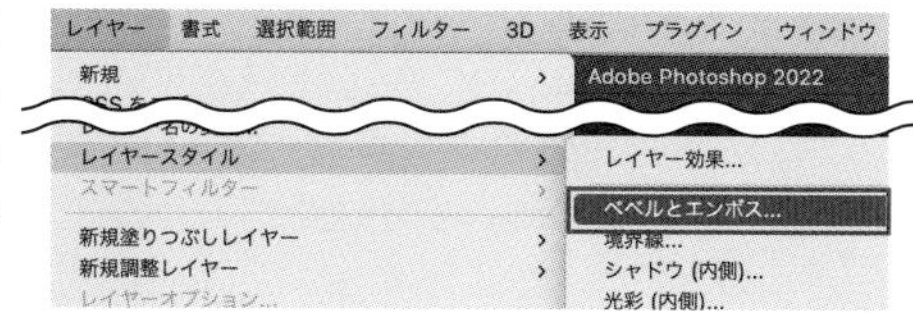


**4** 各項目を画像のように設定し、[OK]ボタンをクリックします。

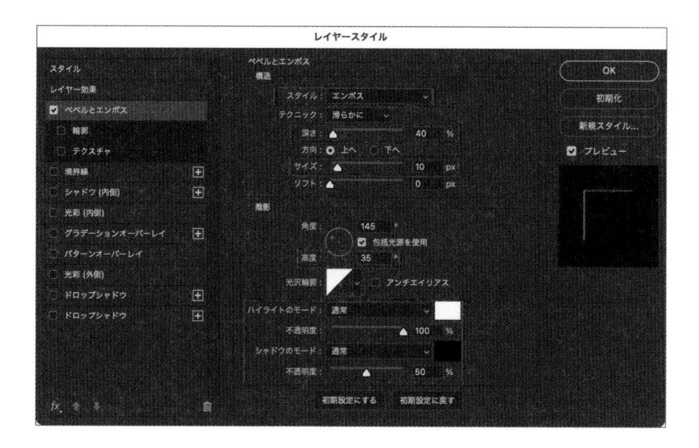


[構造]

- **スタイル** …… エンボス
- **深さ** …… 40%
- **サイズ** …… 10px

[陰影]

- **高度** …… 35°
- **ハイライトのモード** …… 通常
- **不透明度** …… 100%
- **シャドウのモード** …… 通常
- **不透明度** …… 50%

**5** エンボス加工の表現ができました。

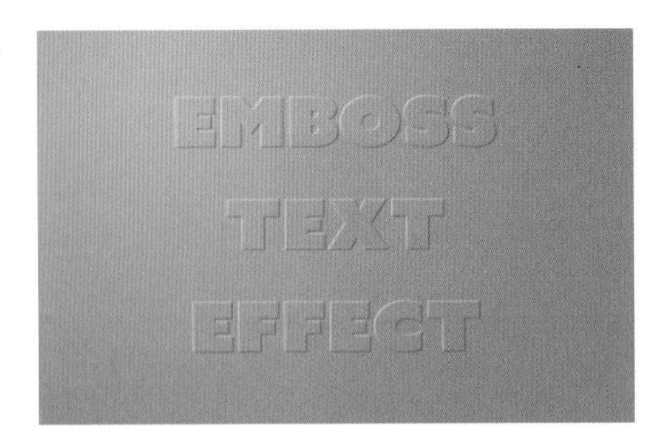


**6** 続いて、ドロップシャドウで影を付けることにより、立体的な表現を加えます。レイヤー[EMBOSS TEXT EFFECT]を選択し❶、[塗り]を[35%]にします❷。

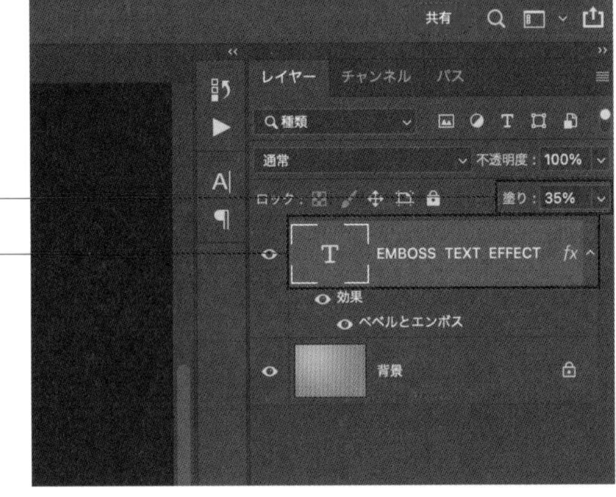


**7** レイヤー[EMBOSS TEXT EFFECT]を選択したまま、[レイヤー]メニュー→[レイヤースタイル]→[ドロップシャドウ]をクリックします。

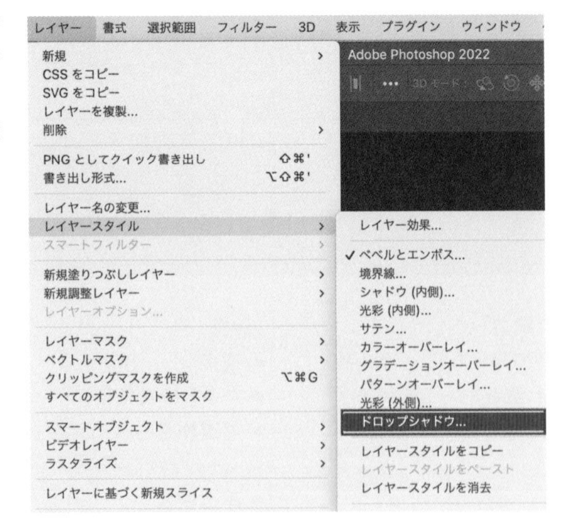

8 各項目を画像のように設定し、[OK] ボタンをクリックします。

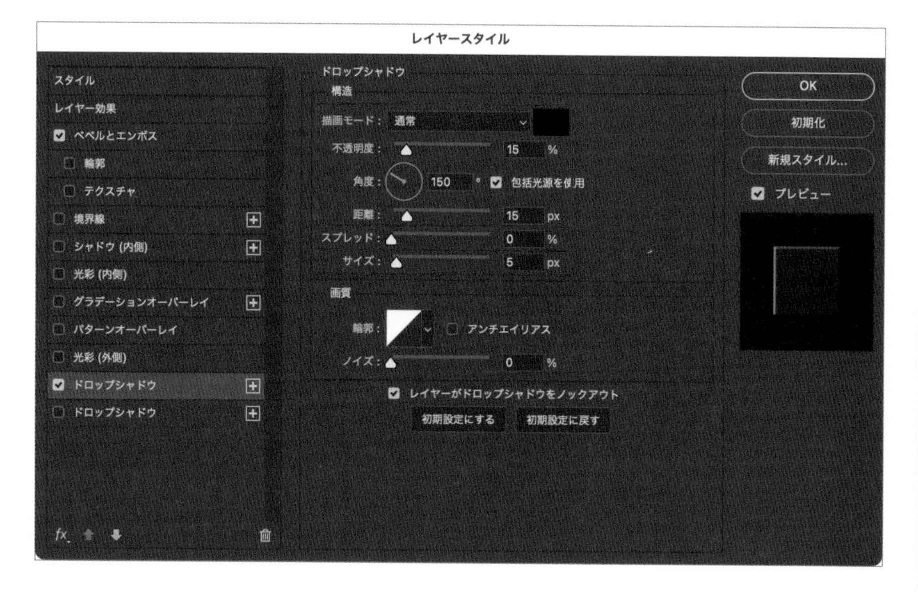


[構造]

- **描画モード** …… 通常
- **不透明度** …… 15%
- **角度** …… 150°
- **距離** …… 15px
- **サイズ** …… 5px

9 テキストに立体的な表現を加えることができました。

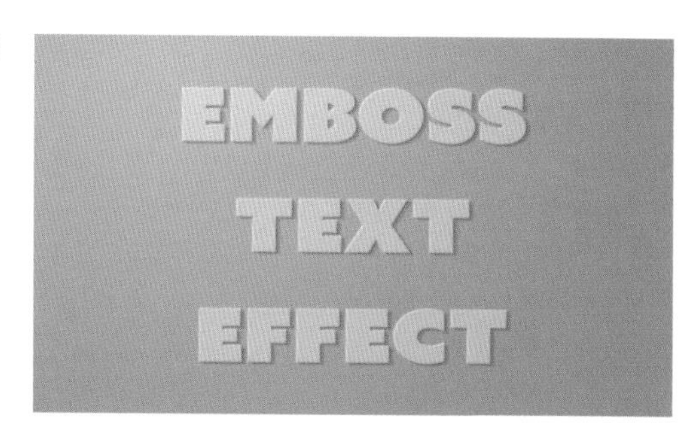

# 049 文字にイメージ通りの質感を加えたい

使用機能　埋め込みを配置、クリッピングマスクを作成

文字にイメージ通りの質感を加えたい場合は、画像を別に用意して、テキストに埋め込む形で実現します。ここではレンガの画像を文字に埋め込み、レンガの質感を表現しています。

Before

TEXTURE

After

TEXTURE

## クリッピングマスクの使用

**1** テキストを入力します。［ファイル］メニュー→［新規］をクリックし、「幅：2000px × 高さ：1000px、解像度300」で新規ドキュメントを作成します ▸▸001。［横書き文字］ツールを選択し、［TEXTURE］と入力します。ここでは下記の設定で入力しています。

TEXTURE

文字
Azo Sans Uber　Regular
70 pt　(自動)
0　45
0%
100%　100%
0 pt　カラー：
英語 (米国)　シャープ

- **フォント** …… Azo Sans Uber※Adobe Fonts ▸▸181
- **フォントサイズ** …… 70pt
- **トラッキング** …… 45
- **フォントカラー** …… #000000

**2** レイヤーマスクを使ってレンガの画像を埋め込むことで、テキストにレンガの質感を加えます。［ファイル］メニュー→［埋め込みを配置］をクリックします。素材「レンガ.jpg」の保存先を選択し、［配置］ボタンをクリックして画像を読み込みます。

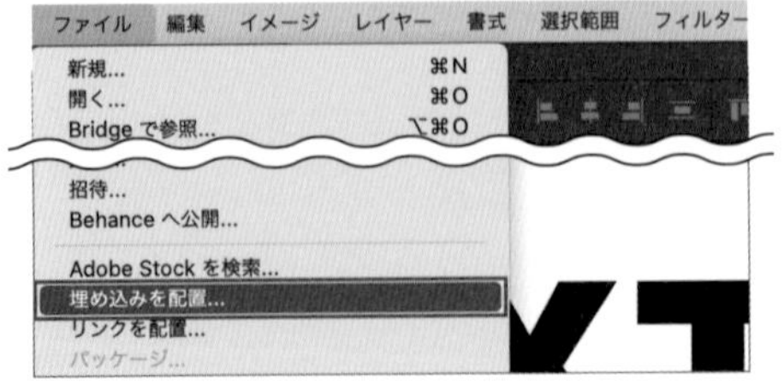

3 レンガの画像が配置され、上位にレイヤー[レンガ]が追加されました。

最上位に追加された

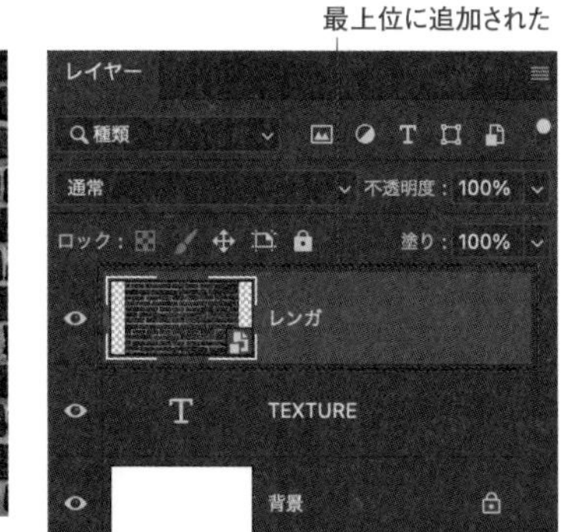


4 レイヤー[レンガ]を選択し❶、[レイヤー]メニュー→[クリッピングマスクを作成]をクリックします❷。

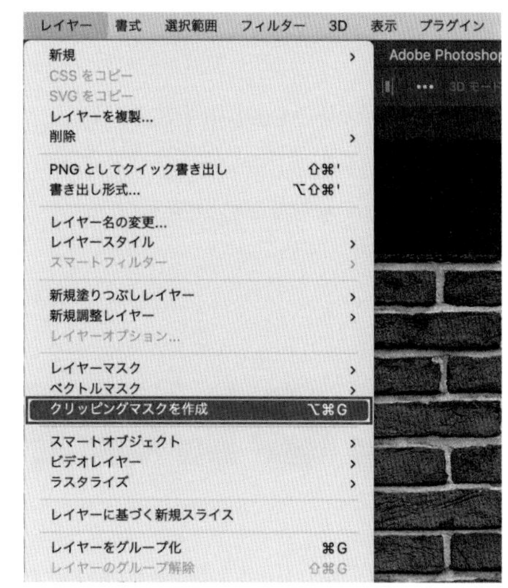


**Memo**

レイヤー[レンガ]を control キーを押しながらクリックして表示されるメニューからも、[クリッピングマスクを作成]を選択できます。

5 レイヤー[TEXTURE]の表示部分にのみレンガの画像が表示されるようになります。これでレンガの質感の加わったテキストが完成しました。

**Memo**

クリッピングマスクを使うと、上にあるレイヤーを下のレイヤーの形でマスクし、切り抜いたように見せることができます▸▸037。

# 050 レイヤースタイルを使って色を変えたい

**使用機能**　[レイヤースタイル] ダイアログ、カラーオーバーレイ

フォントの設定でカラー変更を行う方法ではフォントカラー以外は選択できませんが、レイヤースタイルを使用することで、元のフォントカラー自体にさまざまな効果を適用させることができます。

**Before**

COLOR

**After**

COLOR

## [カラーオーバーレイ] の使用

**1** テキストを入力します。[ファイル] メニュー→[新規] をクリックし、「幅:2000px × 高さ:1000px 解像度300」で新規ドキュメントを作成します ▸▸001。[横書き文字] ツールを選択し、[COLOR] と入力します。ここでは下記の設定で入力しています。

- **フォント** …… Azo Sans Uber※Adobe Fonts ▸▸181
- **フォントサイズ** …… 50pt
- **トラッキング** …… 45
- **フォントカラー** …… #000000

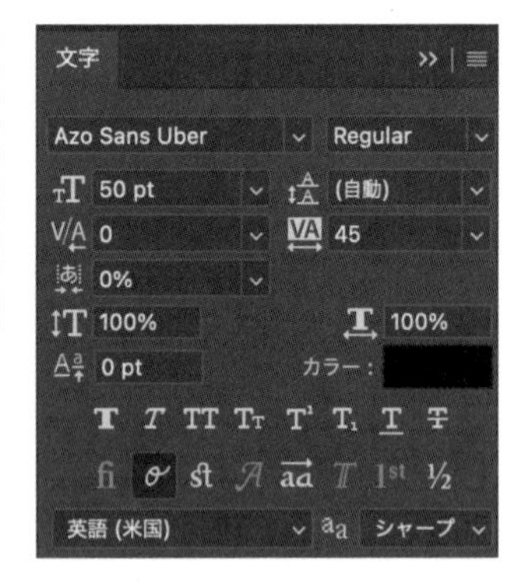


**2** レイヤー[COLOR] を選択し、[レイヤー] メニュー→[レイヤースタイル] →[カラーオーバーレイ] をクリックして、[レイヤースタイル] ダイアログを開きます。

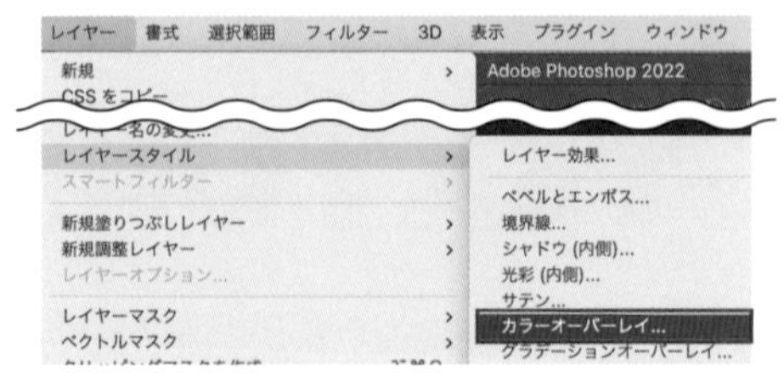

3 各項目を画像のように設定し、[OK] ボタンをクリックします。

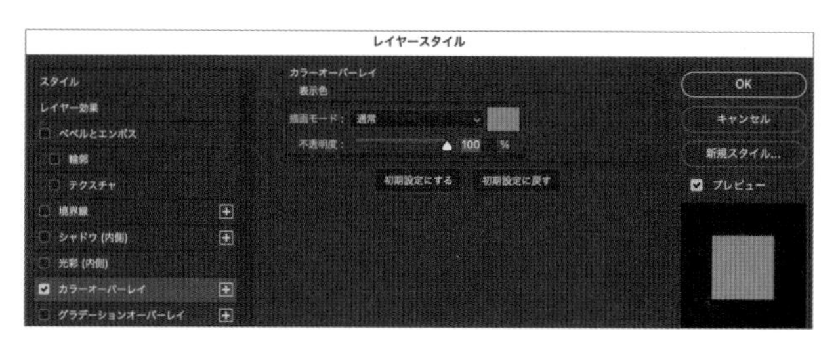


[表示色]

- **描画モード** …… 通常
- **カラー** …… #fe8f8f
- **不透明度** …… 100%

4 レイヤースタイルを使って、テキストの色を変えることができました。

5 ここまでの効果だと、単にフォントのカラーを変える方法と同じ効果になりますが、[描画モード] や [不透明度] を変えることで、元のフォントカラーに対して効果を適用することができます。作例では [不透明度] を [75%] として完成としました。

**POINT**

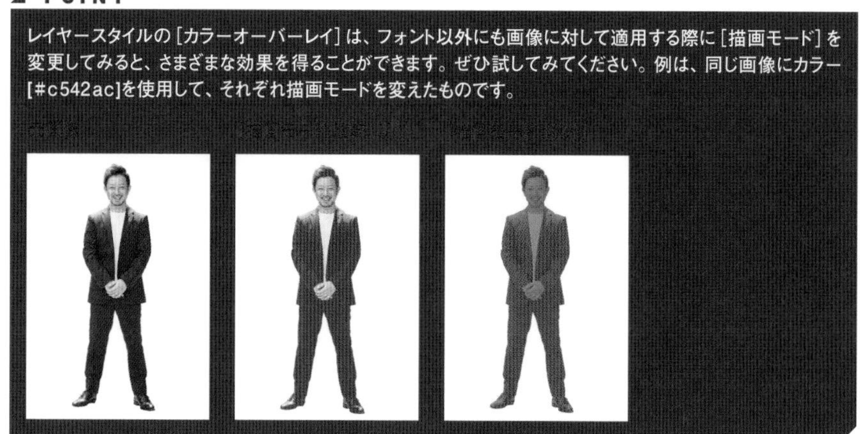

レイヤースタイルの [カラーオーバーレイ] は、フォント以外にも画像に対して適用する際に [描画モード] を変更してみると、さまざまな効果を得ることができます。ぜひ試してみてください。例は、同じ画像にカラー [#c542ac]を使用して、それぞれ描画モードを変えたものです。

# 051 レイヤースタイルを使ってグラデーションにしたい

**使用機能**　[レイヤースタイル] ダイアログ、グラデーションオーバーレイ

レイヤースタイルのグラデーションオーバーレイを使うと、テキストにグラデーション効果を与えることができます。特に目立たせたい部分などに使用すると、印象を大きく変えることができます。

**Before**

GRADATION

**After**

GRADATION

## レイヤースタイル [グラデーションオーバーレイ] の使用

**1** テキストを入力します。[ファイル] メニュー→ [新規] をクリックし、「幅:2000px × 高さ:1000px 解像度300」で新規ドキュメントを作成します ▸▸001。[横書き文字] ツールを選択し、[GRADATION] と入力します。ここでは下記の設定で入力しています。

GRADATION

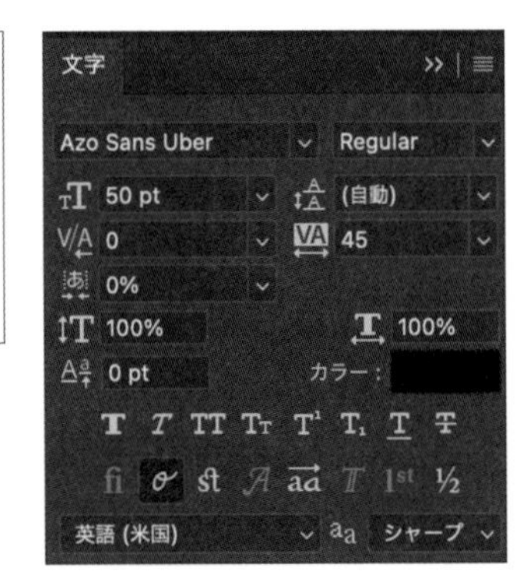


- **フォント** …… Azo Sans Uber※Adobe Fonts ▸▸181
- **フォントサイズ** …… 50pt
- **トラッキング** …… 45
- **フォントカラー** …… #000000

**2** レイヤースタイルを適用します。[レイヤー] メニュー→ [レイヤースタイル] → [グラデーションオーバーレイ] をクリックして、[レイヤースタイル] ダイアログを開きます。

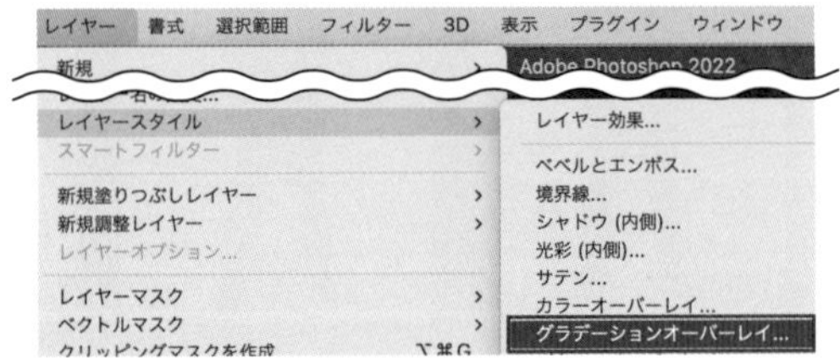

各項目を画像のように設定し、[OK] ボタンをクリックします。

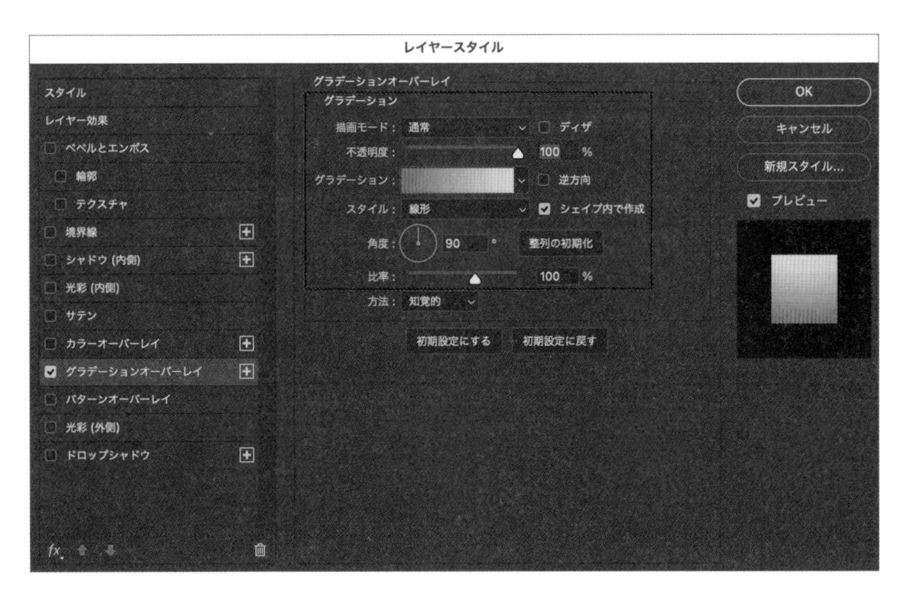


[グラデーション]

- **描画モード** …… 通常
- **不透明度** …… 100%
- **グラデーション** …… [ef8019] から [ffea00]
- **スタイル** …… 線形
- **角度** …… 90°
- **比率** …… 100%

グラデーションの作り方については5章で詳しく解説しています。054

テキストにグラデーションの効果が付きました。

# レタッチ・描画のテクニック

Chapter

5

# 052 [ブラシ]ツールの基本を知りたい

**使用機能** [ブラシ]ツール

[ブラシ]ツールを選択し、カンバス上でドラッグすることで描画することができます。Photoshopにはプリセットでさまざまな種類のブラシが用意されています。各ブラシは、大きさや濃淡だけでなく、ぼかしや散布、重ね描き効果などの効果まで詳細に設定することができます。

## [ブラシ]ツールの表示

ツールバーに表示されている[ブラシ]ツールを長押しすると❶、[ブラシ]ツール[鉛筆]ツール[色の置き換え]ツール[混合ブラシ]ツールが表示されます❷。

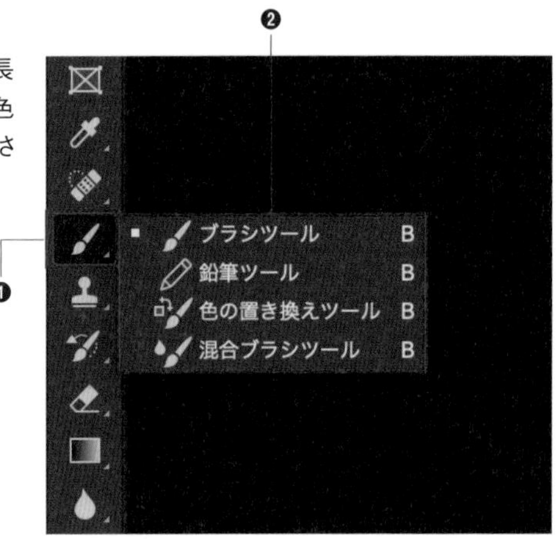


## [ブラシ]ツールのコントロールパネル

[ブラシ]ツールを選択すると、コントロールパネルが切り替わります。コントロールパネルの各機能は以下の通りです。

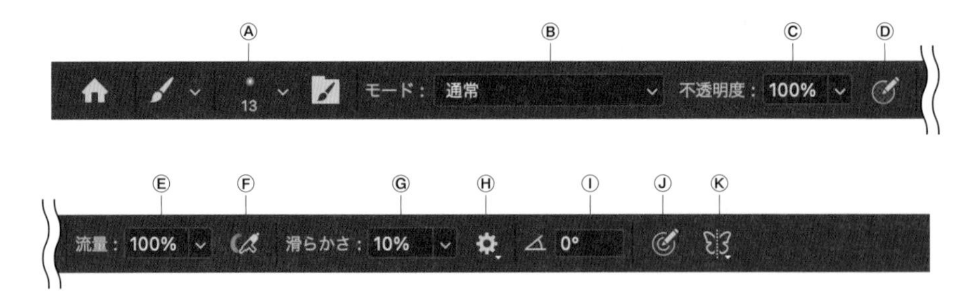

Ⓐ**ブラシプリセットピッカー** …… クリックするとメニューが表示されます。さらに右上の歯車マークをクリックすると表示されるメニューから、表示についてのオプションを設定することができます。図は[ブラシ名][ブラシストローク][ブラシ先端]にチェックを入れ、各情報が見えるようにした状態です。

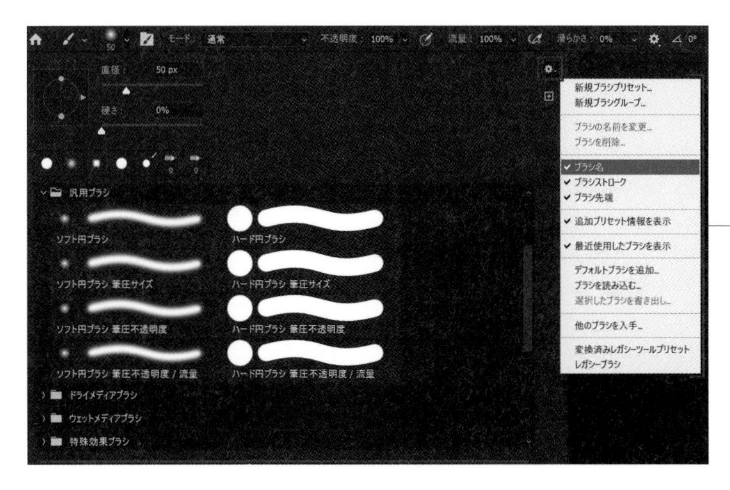


クリックするとオプションを表示できる

下側にあるスライダを左右に調整すると、表示するブラシ一覧のサイズを調整できます。右下をドラッグすると、メニュー自体のサイズを調整することができます。

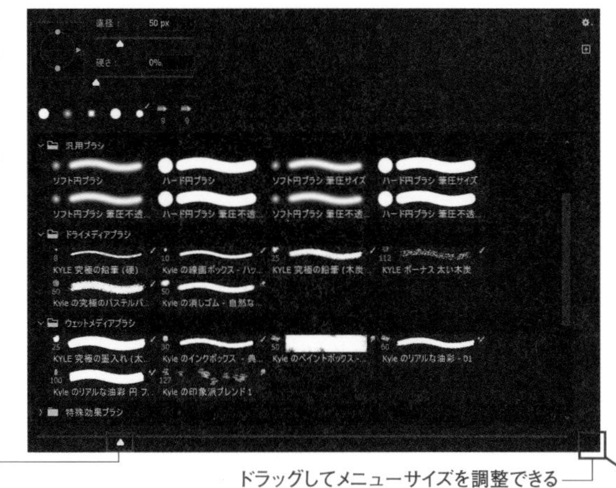


ドラッグしてブラシ一覧のサイズを調整できる

ドラッグしてメニューサイズを調整できる

Ⓑ**モード** …… 描画モード ▸▸063 を設定して描くことができます。

Ⓒ**不透明度** …… 指定した不透明度で描画が反映されます。

Ⓓ**不透明度に常に筆圧を使用**

オンにすると、ペンタブ使用時に筆圧に合わせて不透明度が変わります。

Ⓔ**流量** …… 不透明度と同様に数値を下げると色が薄くなりますが、流量の場合はインクの量が少ないような状態となり、薄くかすれたような描画になります。
Ⓕ**エアブラシスタイルの効果** …… 描画時クリックし続けると、エアブラシをかけたように色が広がります。

Ⓖ**滑らかさ** …… [ブラシ]ツールで描写する際には、この[滑らかさ]を調整することで手振れ補正効果を得ることができます。左が[滑らかさ]0%右が[滑らかさ]40%で渦を描いた画像です。手振れが少ない滑らかな画像となっていることが確認できると思います。このように[滑らかさ]の数値を大きくするほどスムーズな描写ができますが、そのぶん反応が遅くなります。

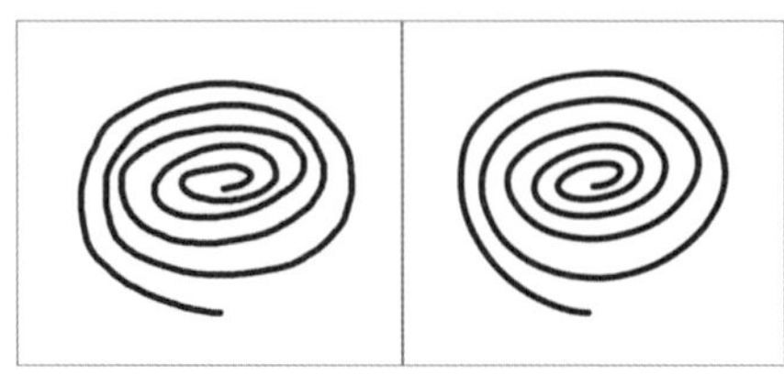

滑らかさ:0%　滑らかさ:40%

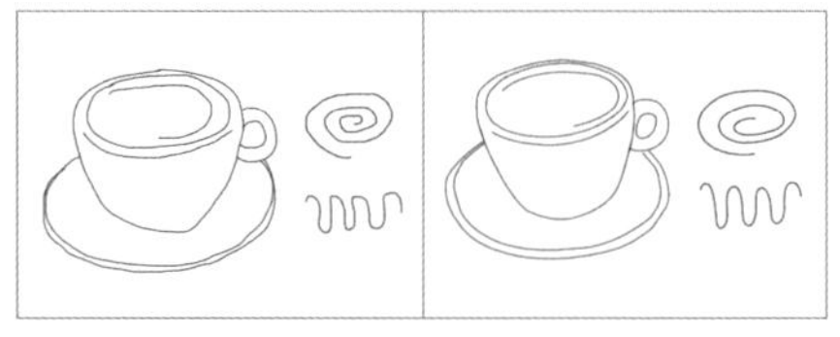

滑らかさ:0%　滑らかさ:40%

Ⓗ**スムージングのオプション** …… [滑らかさ]の隣にある⚙を選択すると、[滑らかさ](スムージング)ブラシの挙動を調節することができます。[ロープガイドラインモード][ストロークのキャッチアップ][ストローク終了時にキャッチアップ][ズーム用に調節]のオプションが選択できます。

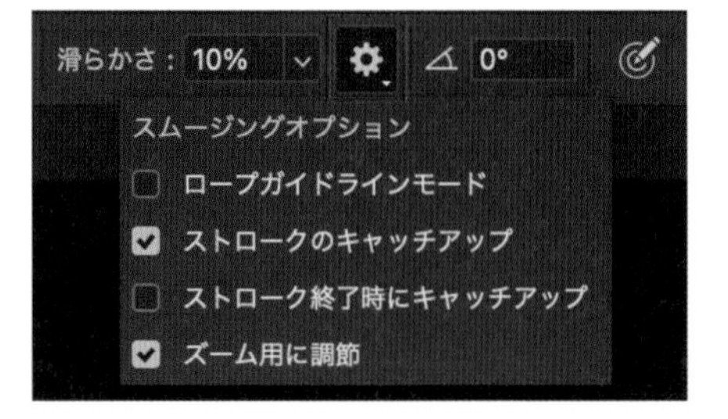


● **ロープガイドラインモード**

描画位置の先端に円が表示されます。円の内側でカーソルを動かしても描写されませんが、円の外側までカーソルをひっぱると描画されます。

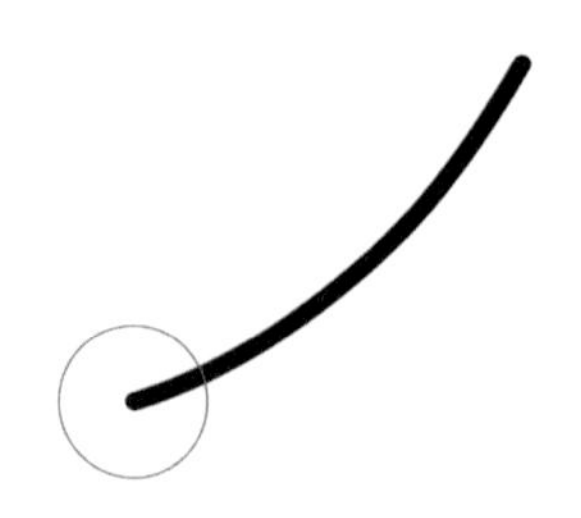

● **ストロークのキャッチアップ**

カーソルを止めたときクリックした状態のままにしておけば、カーソル位置まで自動的に描写されるようになります。

● **ストローク終了時にキャッチアップ**

カーソルを止めたときにクリックを外すと、カーソル位置まで自動的に描写されます。

● **ズーム用に調節**

ズームイン・ズームアウトによって、スムージングを調整します。

Ⓘ**ブラシの角度** …… ブラシの角度を設定します。たとえば、ブラシの種類を［チョーク（60pixel）］［直径］200pxとし、初期設定の［角度］0°で描くと画像上、［角度］90°とすると画像下のようになり、角度が変わっていることがわかります。ブラシの角度はウィンドウ左上の［ブラシの角度と真円率を設定］から手動で調整することもできます。

角度：0°

角度：90°

ブラシの角度と真円率を設定

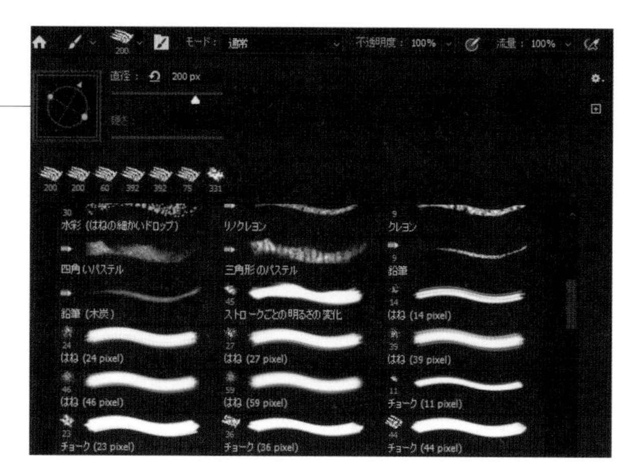


Ⓙ**サイズに常に筆圧を使用** …… オンにすると、ペンタブ使用時に筆圧に合わせてブラシのサイズ（線の太さ）が変更されます。

Ⓚ**ペイントの対称オプションを設定** …… 設定すると、対称線に対して対称な図形パターンを描画することができます。さまざまな対称のタイプが用意されており、図は左から「垂直」「二軸」「マンダラ（セグメント数：5）」で描いています。

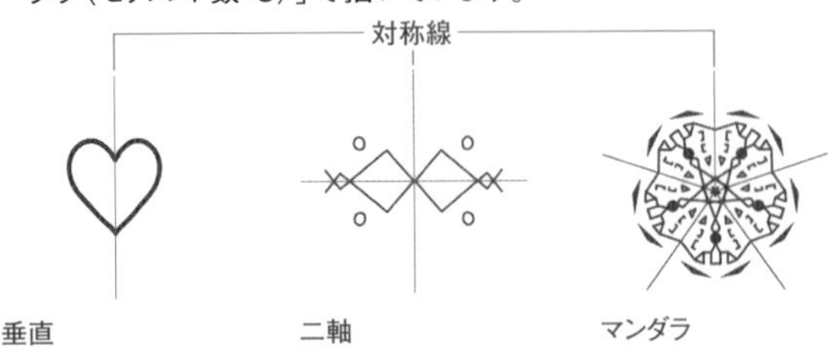


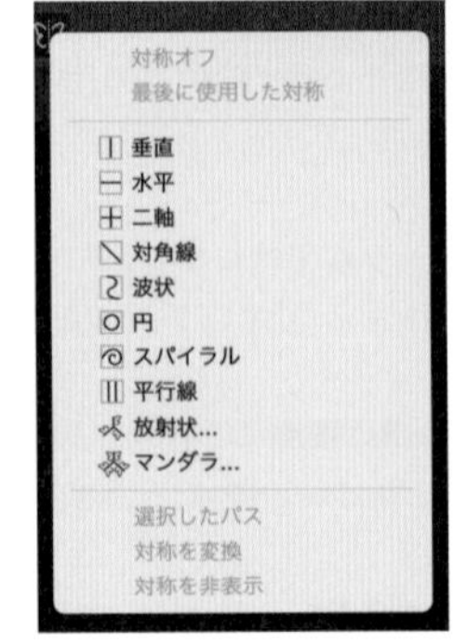


## 過去バージョンのブラシの表示

Photoshop CC 2017以前のブラシは「レガシーブラシ」としてまとめられています。これらのブラシを使用したい場合は、[ウィンドウ] メニュー→ [ブラシ] を選択し、[ブラシ] パネルを表示します。[ブラシ] パネルの右上のメニューボタン をクリックしメニューから [レガシーブラシ] を選択します❶。確認画面が出るので、[OK] ボタンをクリックすると❷、プリセットのリストに表示されるようになります。

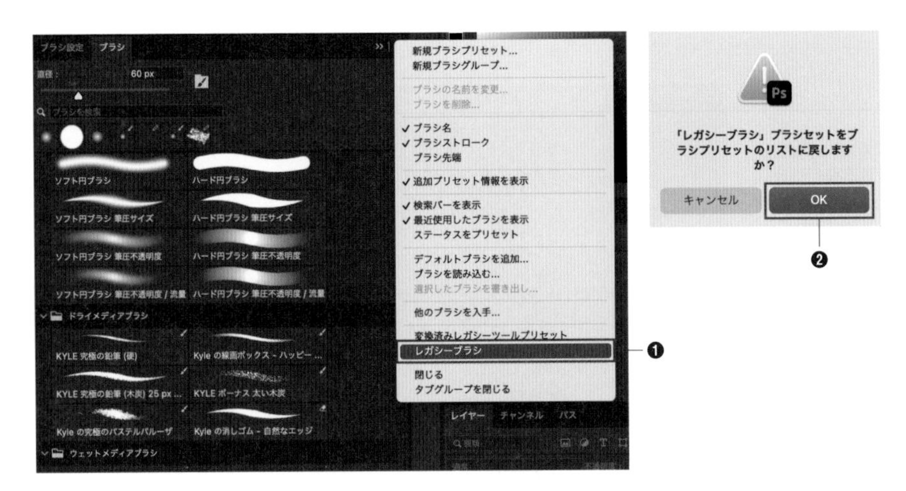


## [鉛筆] ツール

[ブラシ] ツールと同じように、[不透明度] [滑らかさ] [角度] などを設定できます。輪郭のシャープな描画となります。

# 053 [混合ブラシ]ツールの基本を知りたい

**使用機能**　[混合ブラシ]ツール

[混合ブラシ]ツールは、絵筆のタッチや質感をリアルにシミュレートしたブラシです。



## [混合ブラシ]ツールとは

[混合ブラシ]ツールは、絵筆のタッチや質感をリアルにシミュレートしたブラシです。カラーでのペインティングだけでなく、写真が持っているカラーや質感を利用した加工も有効です。実際の絵筆のように、ブラシにカラーを補充したり、洗ったりといったユニークな操作方法が特徴で、使い方次第でさまざまな表現が可能です。

紙で絵の具を混ぜているかのような色の混じりをマウスで表現できる

## [混合ブラシ]ツールのコントロールパネル

ツールバーに表示されている[ブラシ]ツールを長押しして❶、[混合ブラシ]ツールを選択すると❷、コントロールパネルが切り替わります。コントロールパネルの各機能は以下の通りです。

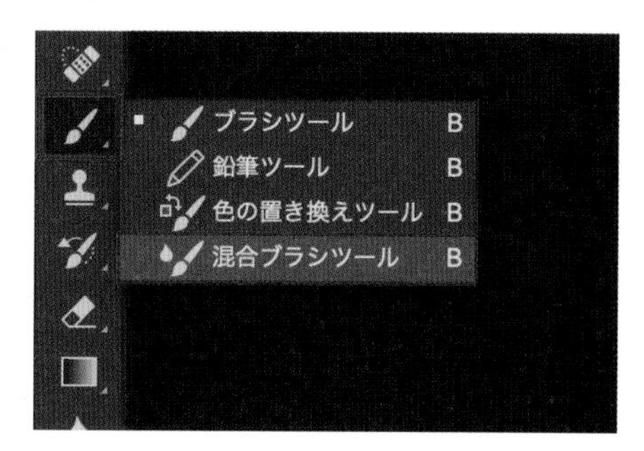

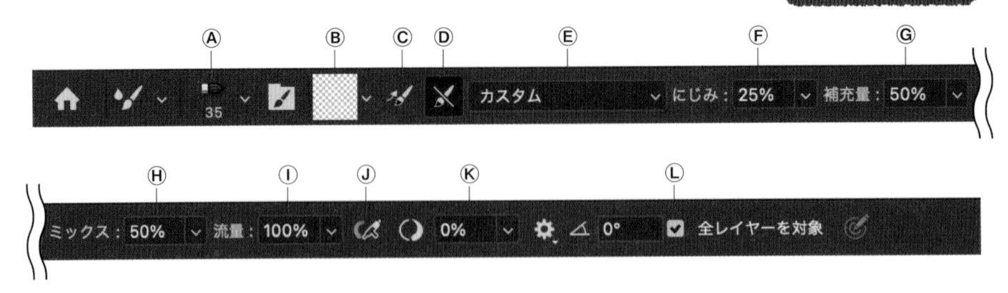


**Ⓐブラシプリセットピッカー**

…… ブラシやサイズを選択できます。

**Ⓑ現在のブラシにカラーを補充**

…… [ブラシにカラーを補充] でブラシに描画色のカラーが補充され、[ブラシを洗う] でブラシのカラーが抜けて透明になります。混合ブラシで描画すると、描画色とカンバスの色が混ざり合ったような表現になります。[プリセット] Ⓔに [ウェット] を選んだ状態で、[ブラシを洗う] [カラーを補充] を選択した後にブラシを使用すると、それぞれ下図のように描画されます。

図のようにブラシをストロークすると……

描画色#ffffffで [カラーを補充] を設定した場合

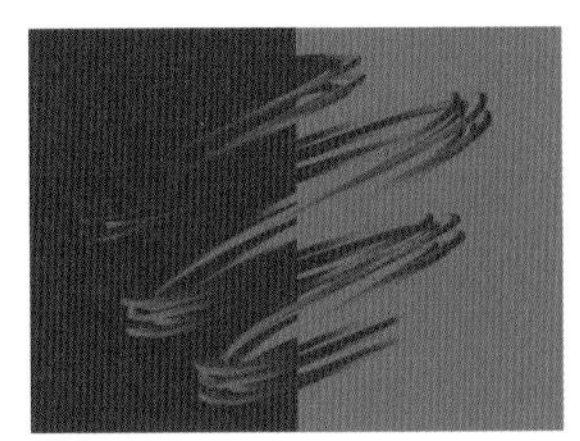
[ブラシを洗う] を設定した場合

**Ⓒ各ストローク後にカラーを補充**

…… クリックすると一筆ごとに描画色のカラーを補充します。

**Ⓓ各ストローク後にブラシを洗う**

…… クリックすると一筆ごとに描画色が透明な状態になります。

**Ⓔプリセット** …… ドライ・ウェットといった、ブラシのニュアンス設定を選ぶことができます。

**Ⓕにじみ** …… 数値を上げると、カンバスとペイントのカラーが混ざり合う量が多くなります。

**Ⓖ補充量** …… 補充されるカラーの量を指定します。

**Ⓗミックス** …… カンバスとブラシのカラーの比率を調整します。

**Ⓘ流量** …… インクの濃さを調整できます。

**Ⓙエアブラシスタイル効果を使用** …… ここをクリックすると、マウスポインタを押している間、色が徐々に濃くなっていきます。

**Ⓚスロークのスムージングを設定** …… ブラシツールの [滑らかさ] と同じように、数値が高いほどスムーズな線が描けますが、反応が遅くなります▸▸052。

**Ⓛ全レイヤーを対象** …… すべてのレイヤーカラーからカラーを拾い、動作します。

**Memo**

ここでは筆の雰囲気のある[平筆(ポイント)中硬毛]ブラシを使用しています。[平筆(ポイント)中硬毛]ブラシなどの絵筆ブラシは初期設定では表示されないレガシーブラシです。プリセットに追加してから使用します▸▸052。

# 054 [グラデーション]ツールの基本を知りたい

**使用機能** [グラデーション]ツール

[グラデーション]ツールを使うと、複雑なグラデーションを簡単に作ることができます。

## [グラデーション]ツールの表示

ツールバーに表示されている[グラデーション]ツールを長押しすると❶、[塗りつぶし]ツールと[グラデーション]ツールと[3Dマテリアルドロップツール]が表示されます❷。

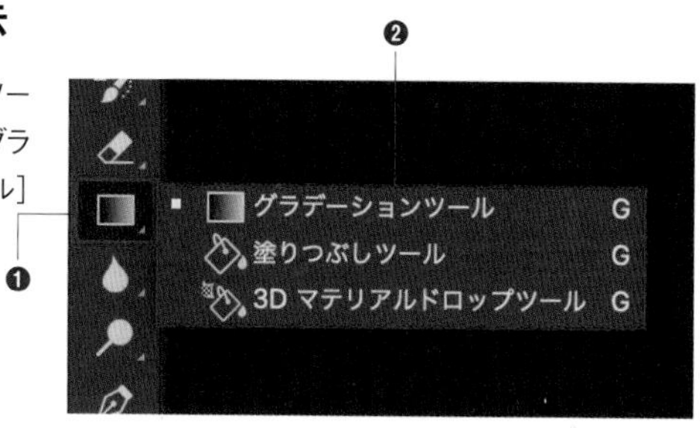


## [グラデーション]ツールのオプションバー

[グラデーション]ツールを選択すると、コントロールパネルが切り替わります。コントロールパネルの各機能は以下の通りです。

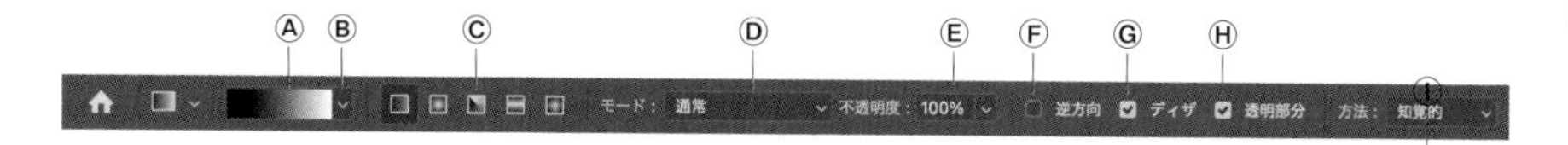


Ⓐ**グラデーションを編集** …… クリックで、選択しているグラデーションの編集画面[グラデーションエディター]ダイアログが表示されます。

Ⓑ**グラデーションピッカーを開く** ……登録しているグラデーションを選ぶことができます。

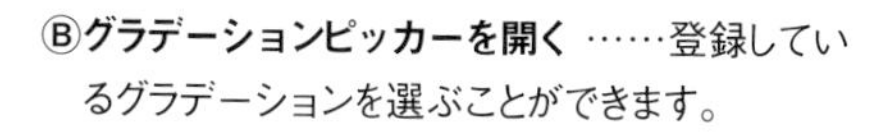

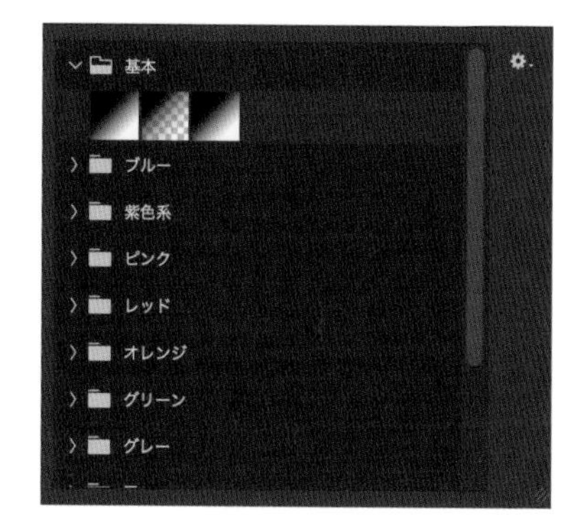

Ⓒ**[線形] [円形] [円錐形] [反射形] [菱形] グラデーションを選択** …… グラデーションの種類を選ぶことができます。

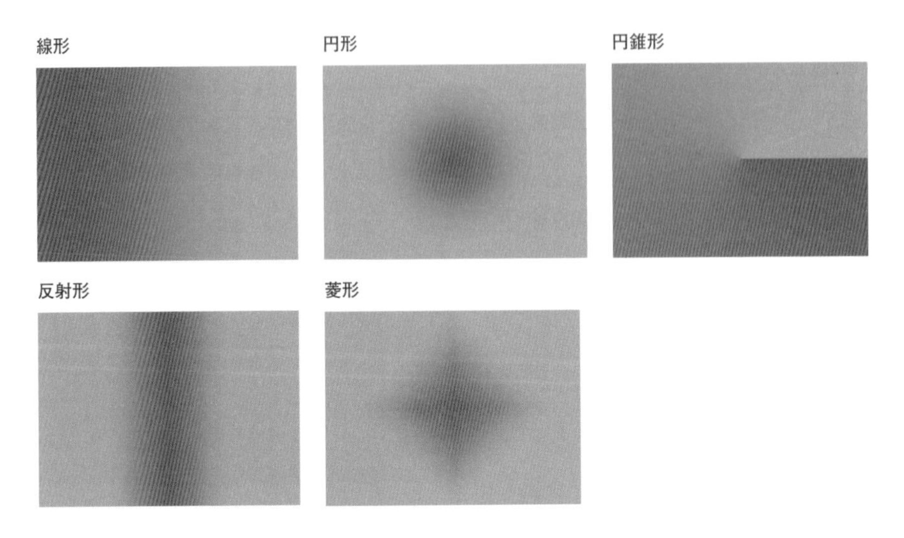


Ⓓ**モード** …… 描画モード ▸▸063 を設定します。
Ⓔ**不透明度** …… 指定した不透明度でグラデーションが反映されます。
Ⓕ**逆方向** …… チェックを入れると、カラーの順序を逆にします。
Ⓖ**ディザ** …… チェックを入れると、ムラの少ない滑らかなブレンドになります。
Ⓗ**透明部分** …… チェックを入れると、透明部分を使用します。
Ⓘ**グラデーションの補間方法** …… 補間方法を [知覚的] [リニア] [クラシック] から選択することができます。[知覚的] では自然な外観のグラデーションに仕上げることができます。Photoshop 2022の初期設定です。[リニア] ではアプリケーション等で使用されているリニアカラーを使用したグラデーションを自然な外観に仕上げます。[クラシック] は従来のPhotoshopのバージョンで使用されていた補間方法です。

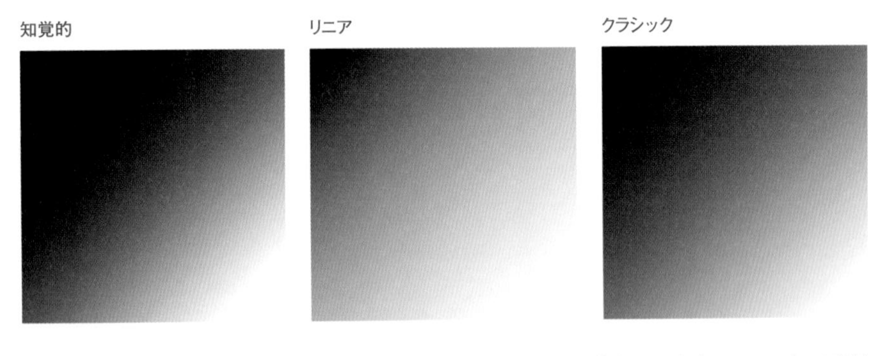


**Memo** グラデーションの「始まりの色」はツールバーの描画色、「終わりの色」はツールバーの背景色になります。

## グラデーションの適用

**1** [グラデーション] ツールを選択し❶、カンバス上をドラッグします❷。

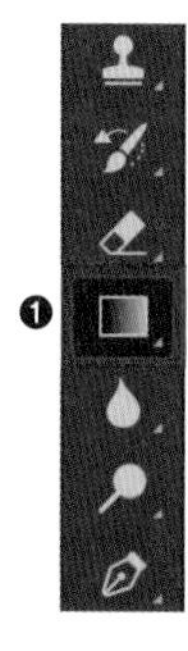


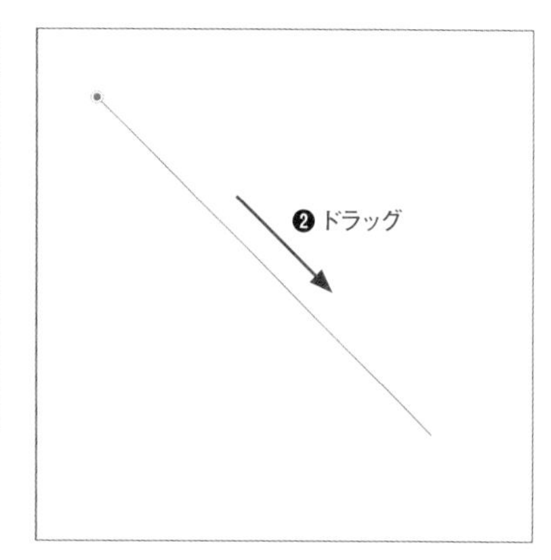


**2** カンバス全体にグラデーションが適用されます。ここでは [描画色] と [背景色] が初期設定の黒 (#000000) と白 (#ffffff) であるため、黒色〜白色のグラデーションになっています。

**Memo**

部分的にグラデーションを適用したい場合は、[選択] ツールを使用して、適用させたい場所を選択してから、[グラデーション] ツールを使用します。

**Memo**

[レイヤー] メニュー→ [新規塗りつぶしレイヤー] → [グラデーション] をクリックして表示される [新規レイヤー] パネルを使用して、レイヤー全体にグラデーションをかける方法もあります ▶▶051。

GRADATION

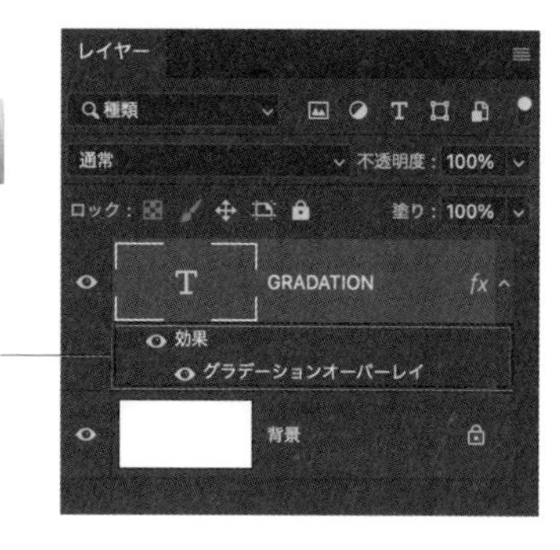


レイヤー全体にグラデーション効果をかけている

# 055 グラデーションを編集したい

使用機能 ［グラデーション］ツール、グラデーションエディター

グラデーションピッカーを使ってプリセットのグラデーションを選ぶ以外に、［グラデーションエディター］からプリセットを編集することによって、オリジナルのグラデーションを作成できます。

## カラー分岐点・不透明度の分岐点の追加

1 ここでは、プリセットの［描画色から背景色へ］を使った編集例を紹介します。［グラデーション］ツールの下図で囲った位置をクリックし、［グラデーションエディター］ダイアログを開きます。プリセットの項目から、［基本］→［描画色から背景色へ］を選択します。

モード： 通常　不透明度： 100%　逆方向　ディザ　透明部分　方法： 知覚的

クリック

2 グラデーションのバー下側でクリックすると、カラー分岐点が追加されます。図では、［カラー］白色（#ffffff）を［位置］50%に追加しています。

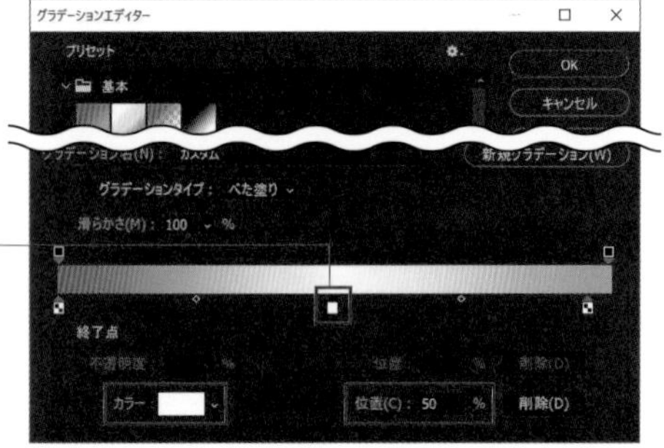


Memo

ここでは［描画色］をピンク（#ff66cc）、［背景色］をオレンジ（#ff9900）に設定しています。

3 グラデーションのバーの上側でクリックすると、不透明度の分岐点が追加されます。［不透明度］0%、［位置］50%に追加すると、図のようになります。これでピンク～透明～オレンジのグラデーションができました。

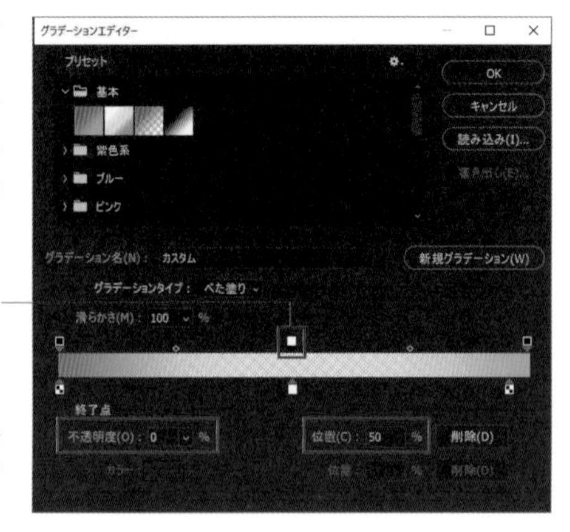


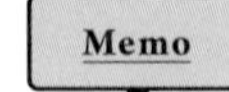

［カラー］に描画色または背景色に設定しているもの以外を使用したい場合は、ダブルクリックでカラーピッカーを表示して設定します。

空のレイヤーに対して、カンバス上で左から右にドラッグしグラデーションを作成すると、図のようなグラデーションとなります。

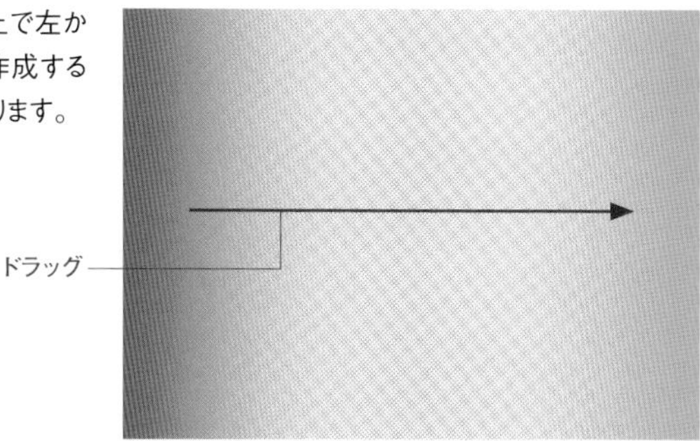


● **カラー分岐点の設定**

Ⓐ**カラー分岐点** …… クリックすることで［終了点］に表示される［カラー］［位置］を編集できます。位置はドラッグで変更できます。

Ⓑ**カラー中間点** …… グラデーション間の中間点を指定できます。［位置］は左から右へ0～100%で指定します。位置はドラッグで変更できます。

Ⓒ**選択した分岐点のカラーを変更** …… 選択している［カラー分岐点］のカラーを指定します。

Ⓓ**位置** …… ［カラー分岐点］の位置を左から右へ0～100%で指定します。位置はドラッグで変更できます。

● **不透明度の分岐点の設定**

Ⓐ**不透明度の分岐点** …… クリックすることで［終了点］に表示される［不透明度］［位置］を編集できます。位置はドラッグで変更できます。

Ⓑ**不透明度の中間点** …… グラデーション間の中間点を指定できます。［位置］は左から右へ0～100%で指定します。位置はドラッグで変更できます。

Ⓒ**選択した分岐点の不透明度を変更** …… 選択している［不透明度の分岐点］の不透明度を指定します。

Ⓓ**位置** …… ［カラー分岐点］の位置を左から右へ0～100%で指定します。位置はドラッグで変更できます。

# 056 オブジェクトの色を置き換えたい

**使用機能** [色の置き換え] ツール

[色の置き換え]ツールを使うと、ドラッグすることでオブジェクトの色を置き換えることができます。ブラシサイズやドラッグの始点位置を変えながら調整することで、きれいな仕上がりになります。

Before

## [色の置き換え] ツールの使用

**1** 素材「ハートオブジェ.jpg」を開きます。ツールバーに表示されている[ブラシ]ツールを長押しして❶、[色の置き換え] ツールを選択します❷。

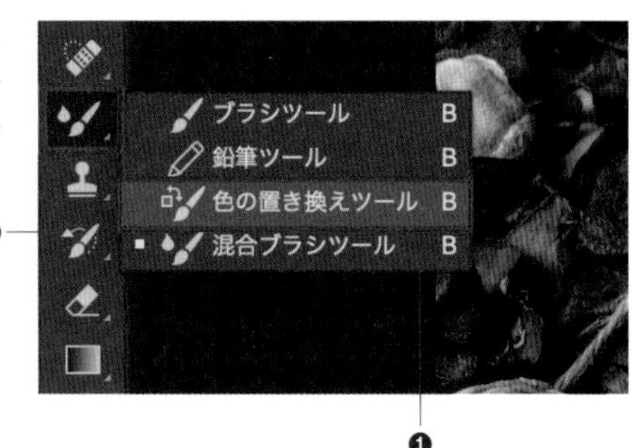


**2** コントロールパネルが切り替わります。[直径]を50px、[モード]を[カラー]、[サンプル]を[一度]、[制限] を [隣接]、[許容値] を30%と設定します。

モード： カラー 制限： 隣接 許容値： 30% アンチエイリアス

**Memo**

[サンプル]を[一度]に指定すると、始点のカラーに近い色のみが置き換えられるようになります。[許容値] はその始点のカラーにどれだけ近い色を置き換えるかを指定できます。少ないほど置き換えられる範囲が少なくなります。

**3** 置き換え後の色を設定します。ツールバーの［描画色］をクリックして❶［カラーピッカー］ダイアログを表示します。ここではハートのオブジェの色をピンク色に置き換えたいので、カラーコード「#ff6e86」を設定して❷［OK］ボタンをクリックします❸。

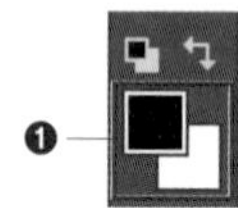


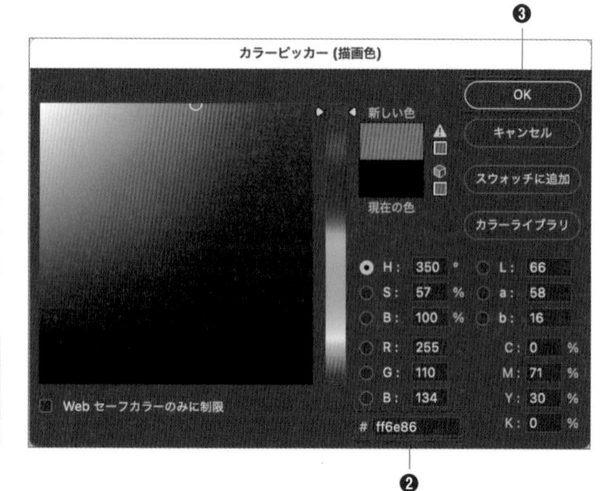


**4** ハートのオブジェの明るい部分を始点にします。左から2番目のハートのオブジェの明るい部分を始点として、ドラッグします。

**5** ドラッグした部分の色が置き換わりました。始点と同じ明るい部分の色のみが置き換えられ、それ以外の花や、ハートオブジェの影部分は色が変わらないことを確認してください。
今度は、ブラシサイズを20〜30pxくらいに調節しながらハートオブジェの影部分を始点として、ドラッグします。

6 影部分の色も置き換わりました。

7 このように始点を変えながら何度かドラッグすることで、きれいに色を置き換えることができます。

**POINT**

始点と近い色はすべて置き換わってしまうため、大きなブラシサイズで作業すると、意図しない部分が置き換わってしまうことがあります。できるだけ色を置き換えたい範囲に合わせたサイズで調整しながら作業します。

# 057 オリジナルのブラシを作りたい

使用機能　グレースケール、ブラシを定義

オリジナルのブラシを作ることができます。普通の画像をブラシに設定することもできるので、ユニークな表現を簡単に行えます。

## [ブラシを定義] の使用

**1** ここではツバメの画像をブラシに設定し、たくさんのツバメが飛んでいる様子をブラシで簡単に表現できるようにします。素材「ツバメ.psd」を開きます。縦横500pxのカンバスに、切り抜き済のレイヤー[ツバメ]を配置しています。

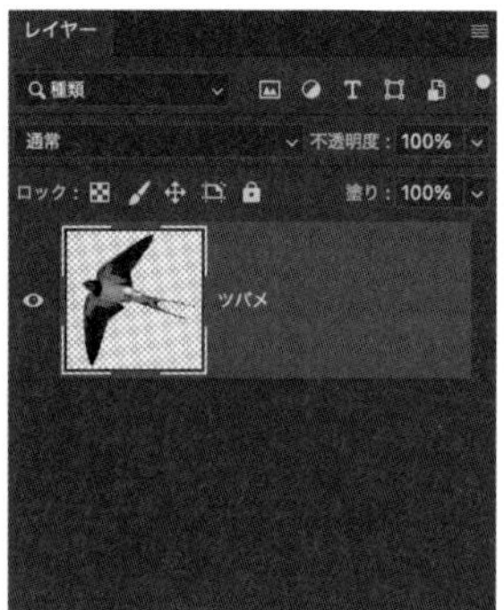


**2** ブラシを定義する場合、カラー情報は反映されないので、素材はグレースケール化しておきます。[イメージ] メニュー→ [モード] → [グレースケール] をクリックすると❶、「カラー情報を廃棄しますか?」とメッセージが表示されるので、[破棄] ボタンをクリックします❷。

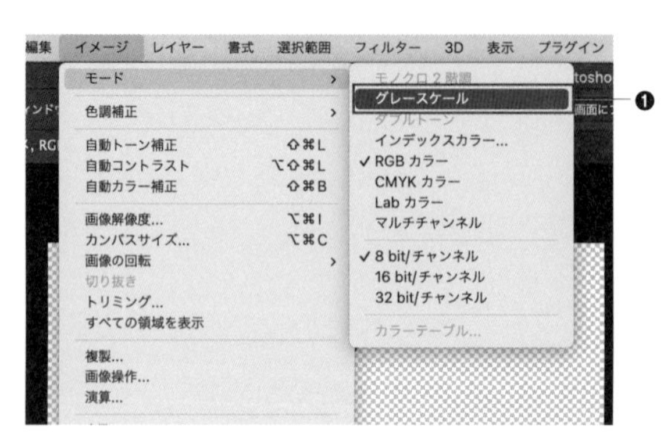


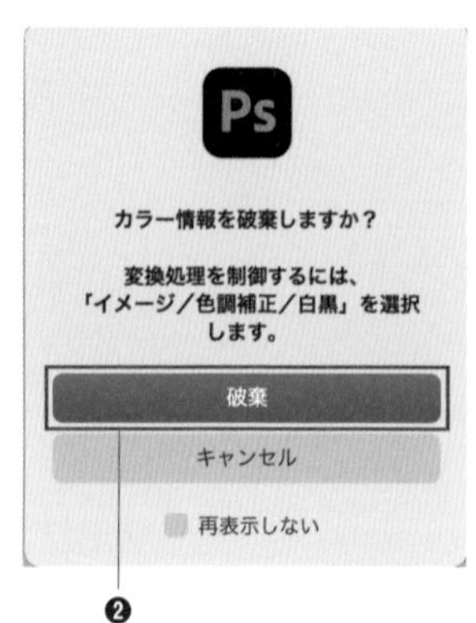

3 素材からカラー情報がなくなり、グレースケール化されます❶。［編集］メニュー→［ブラシを定義］をクリックします❷。

4 ブラシ名を設定するパネルが表示されるので、［ツバメブラシ］などわかりやすい名前を入力し❶、［OK］ボタンをクリックします❷。

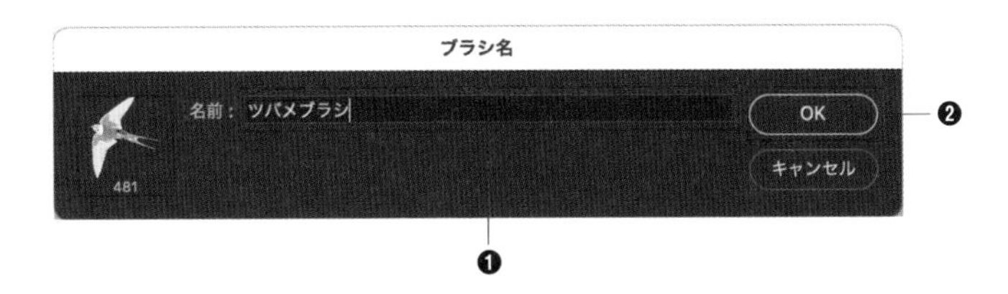

5 [ブラシ] パネル内に、作成した [ツバメブラシ] が追加されていることが確認できます。

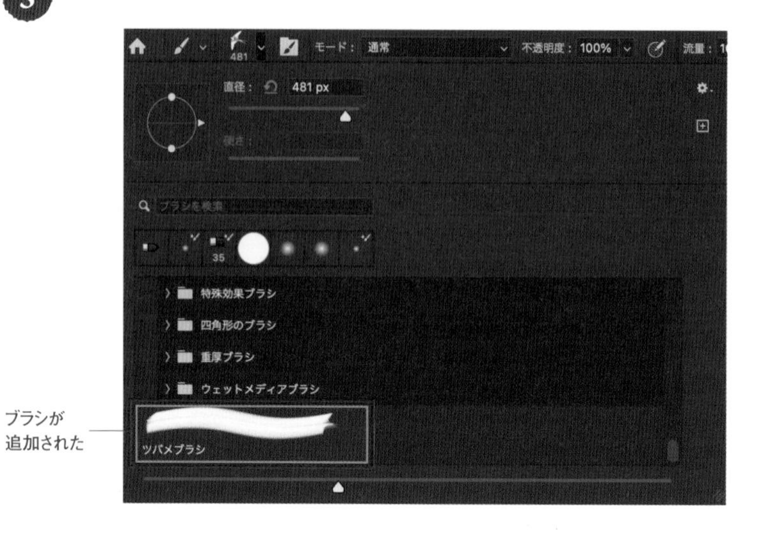


**Memo**

[ブラシ] パネルが表示されていない場合は、[ウィンドウ] メニュー→ [ブラシ] をクリックして表示します。

6 [ブラシツール] を選択しカンバス上でクリックすると、スタンプのような感覚で作成した [ツバメブラシ] を使用することができます。通常のブラシと同様に、[描画色] でカラーを指定したり、サイズを変更したりして使用できます。

# 058 各種［消しゴム］ツールの違いを知りたい

**使用機能**　［消しゴム］ツール、［背景消しゴム］ツール、［マジック消しゴム］ツール

［消しゴム］ツールには、ドラッグした部分を消去できる［消しゴム］ツール、消したい部分と色の近い部分のみ消去できる［背景消しゴム］ツール、一気に消去できる［マジック消しゴム］ツールの3種類があります。それぞれの違いを知りましょう。



## 各種［消しゴム］ツールの表示

ツールバーに表示されている［消しゴム］ツールを長押しして、［消しゴム］ツール、［背景消しゴム］ツール、［マジック消しゴム］ツールを選択することができます。

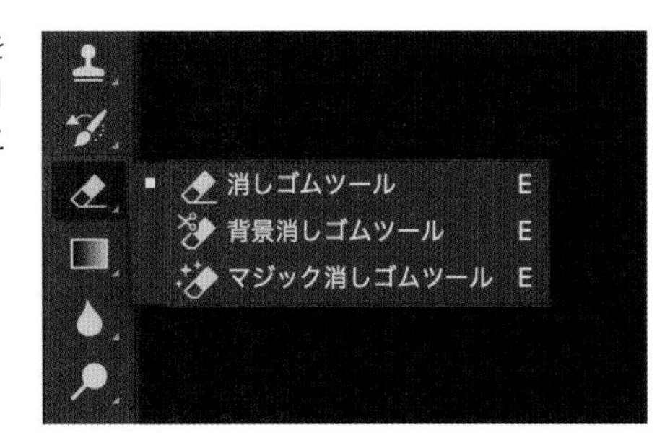


## ［消しゴム］ツール

カンバス上でドラッグすることで画像を消去し、透明にすることができます。透明ピクセルがロックされたレイヤーの場合は、消去した部分は選択している［背景色］となります。コントロールパネルでは、［ブラシ］ツール ▸▸052 と同じように、ブラシの種類やサイズ、不透明度など細かな選択が可能です。

コントロールパネルの内容は［ブラシ］ツールとほぼ同じ

## [背景消しゴム] ツール

[消しゴム] ツールはドラッグした部分の画像すべてを消去できるのに対し、[背景消しゴム] ツールはブラシの中心 (ホットスポット) に近いカラーの部分のみを消去することができます。コントロールパネルの各機能は以下の通りです。

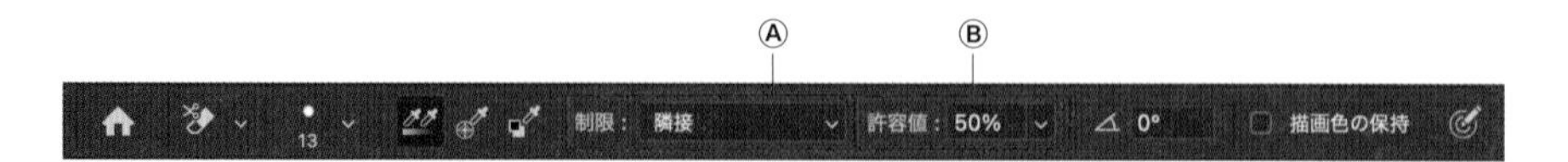


**Ⓐ制限** …… [隣接] [隣接されていない] [輪郭検出] の3種類から選択できます。

● **隣接**

ブラシサイズ内でホットスポットと隣接している近似色の範囲のみ消去されます。

● **隣接されていない**

ブラシサイズ内であればホットスポットと隣接されていない範囲も消去されます。

● **輪郭検出**

輪郭のシャープさを保持しつつ、ブラシサイズ内でホットスポットと隣接している範囲のみ消去されます。

**Ⓑ許容値** …… 数値が低いほどホットスポットに近い色のみが消去されるようになります。[制限] [隣接されていない] を選択した状態だと、[許容値] 30では綺麗に背景だけが消去できますが、[許容値] 100ではチューリップ内の近い色味まで消去されてしまいます。

[許容値] 30

チューリップの色味まで消去されてしまう

[許容値] 100

## ［マジック消しゴム］ツール

［マジック消しゴム］ツールでレイヤー上をクリックすると、ブラシの中心に近似したピクセルを一気に消去し、透明にすることができます。コントロールパネルの各機能は以下の通りです。

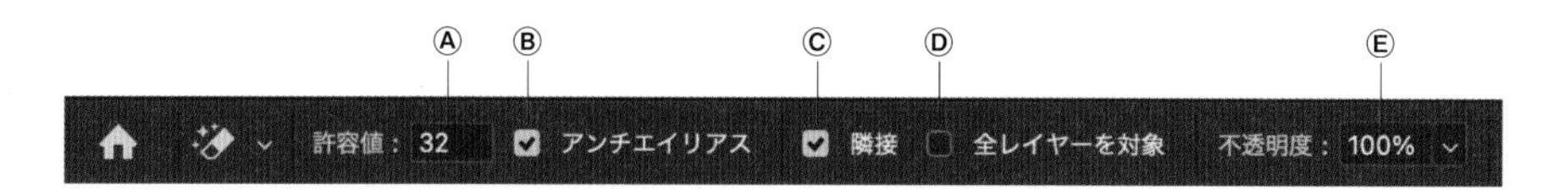


Ⓐ**許容値** …… 数値が低いほどホットスポットに近い色のみが消去されるようになります。許容値を入力し、消去したいポイントを選択するだけで、自動的に近似ピクセルが消去されます。

元画像

［マジック消しゴム］ツールを選択して背景の白をクリックするだけで、背景が削除された状態

Ⓑ**アンチエイリアス** …… チェックを入れると、消去した際のジャギー（境界がギザギザした状態）が目立たないように処理されます。基本的にチェックを入れた状態にします。
Ⓒ**隣接** …… チェックを入れると、隣接した部分のみが選択されます。
Ⓓ**全レイヤーを対象** …… すべてのレイヤーを対象に動作します。

Ⓔ**不透明度** …… 消去したい範囲を半透明にしたい場合は、数値を入力します。

［不透明度］40%

# 059 描画に使うカラーの基本を知りたい

**使用機能** 描画色、背景色、カラーピッカー、カラーパネル、スウォッチ

レタッチや描画で重要になるのがカラーです。Photoshopにはカラーに関するさまざまな機能が用意されています。それぞれの特徴を知り、より効果的に使いこなせるようになりましょう。

## 描画色と背景色

描画色と背景色はツールバーで確認できます。

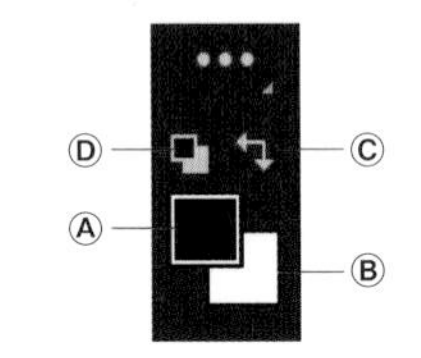


**Ⓐ描画色を設定**
**Ⓑ背景色を設定**
**Ⓒ描画色と背景色を入れ替え**
**Ⓓ描画色と背景色を初期設定に戻す**
選択すると[描画色]#000000[背景色]#ffffffの白黒になります。

描画色は[ブラシツール]を使ったペイントや[塗りつぶしツール]を使った塗りつぶし、境界線の描写などに使用します。

描画色

背景色は削除した部分のカラーとなります。透明ピクセルを持たない[背景レイヤー]は、消しゴムで消すことで背景色となります。レタッチや合成での使用頻度は少なく、[描画色から背景色]へのグラデーションの作成や、[描画色]と[背景色]を使ったフィルターでの加工などで使用します。

背景色

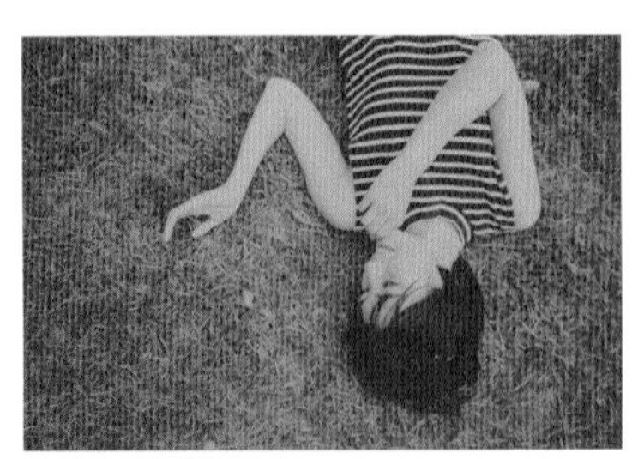
[背景色]を使ったフィルターでの加工

## カラーピッカー

[描画色] [背景色] (Ⓐ、Ⓑ) をクリックすると、それぞれの色の [カラーピッカー] ダイアログが表示されます。[カラーピッカー] ダイアログではカラーフィールドやカラーバーを使って色を選択したり、数値で色指定したりできます。カラーフィールドは上下が明度となっており、上方向は明度が高くなります。左右は彩度となっており、右方向は彩度が高くなります。カラーバーのスライダをドラッグすることで色相を選択できます。

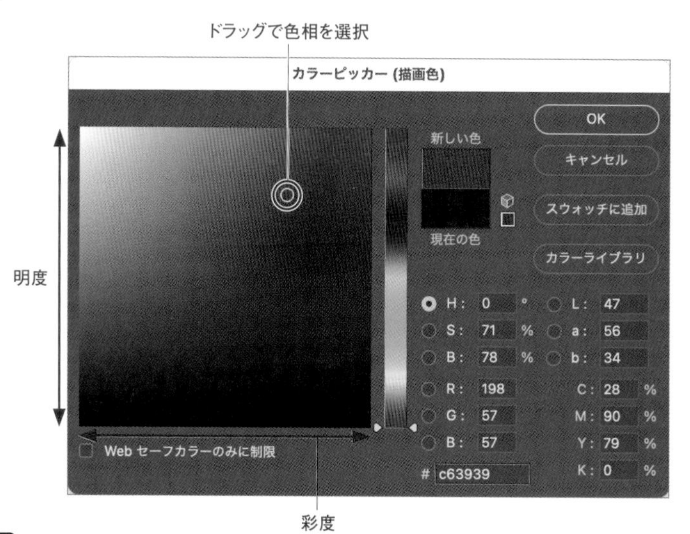


Memo

CMYKカラーでは印刷できないような、明度・彩度の高いカラーを選択すると、印刷の色域外を示す警告が出ます。これはCMYK印刷では正確に色再現できない状態であることを示しています。警告マークの下に表示されるカラーをクリックすることで❶、自動的にCMYKで印刷できる近似色に置き換わります❷。

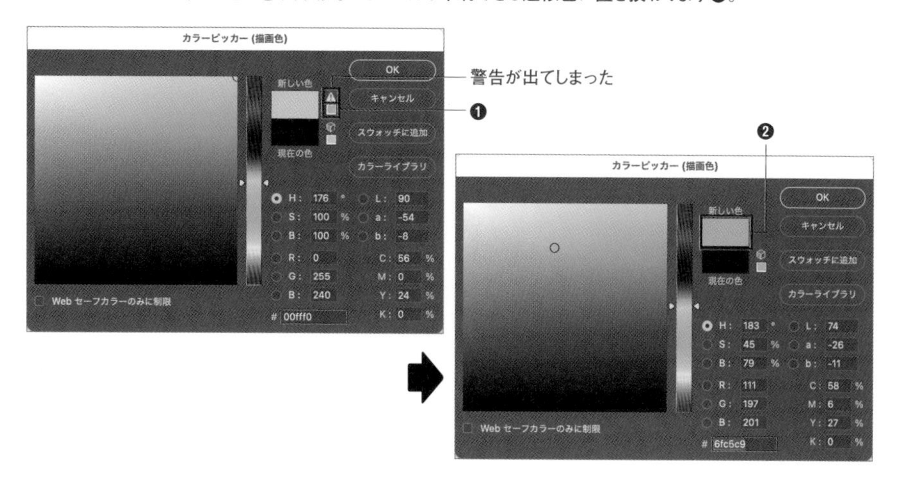

● **画像からカラーを読み取る**

［カラーピッカー］ダイアログが表示された状態で、カンバス上の画像にカーソルを重ねると、自動的に［スポット］ツールが機能します。画像の人物の肌を選択すると❶、カラーを読み取ることができます❷。

## カラーパネル

［ウィンドウ］メニュー→［カラー］をクリックすると、［カラー］パネルが表示されます。［カラーピッカー］と同じように、こちらも［描画色］［背景色］の指定ができます。デフォルトでは［色相キューブ］モードが選択されています。をクリックすると、モードの選択ができます。さまざまなモードが存在するので、用途や扱いやすさで選びましょう。

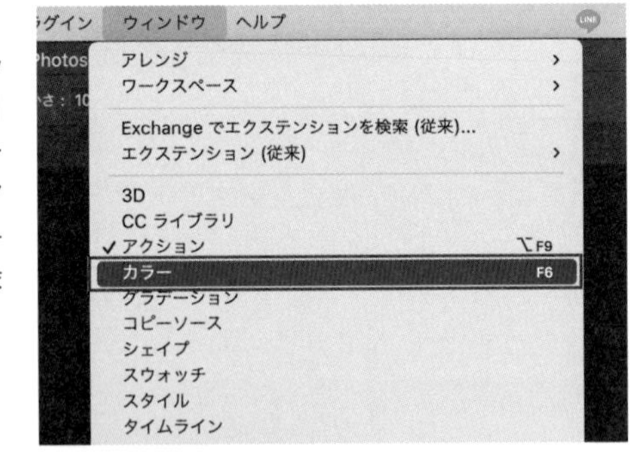


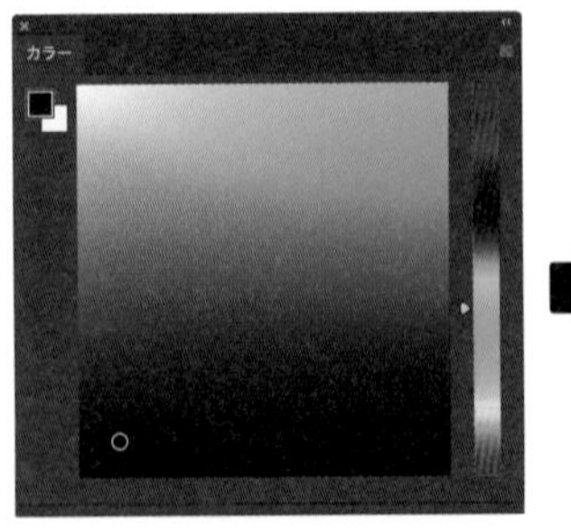


［カラー］パネルの［色相キューブ］モード

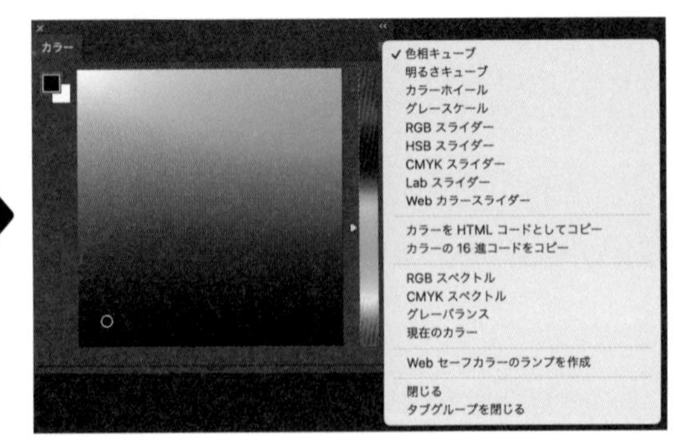

● **カラーホイール**

デフォルトの［色相キューブ］以外におすすめのモードが、［カラーホイール］モードです。色相が円形になっていることで、近似色（類似色）や補色（選択色の対角線上に位置する色）が簡単に選べるようになっています。

円形が［色相］、中心の三角形内は明度・彩度を選択できます。H（色相）S（彩度）B（明度）を指定しての色選択ができます。パネル右下の+（プラスマーク）を選択すると、作成したカラーを［スウォッチ］に登録することができます。

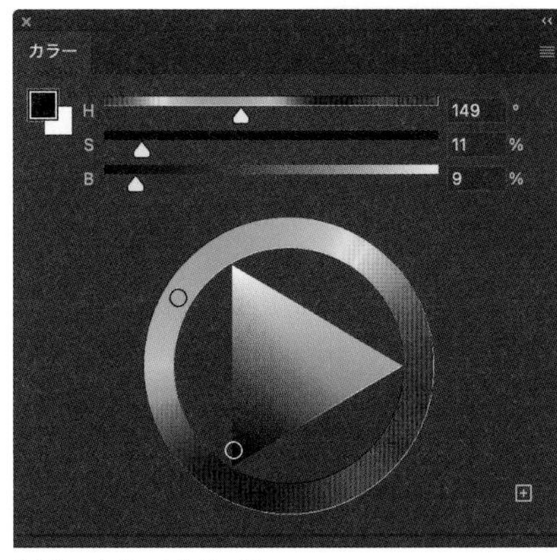


［カラーホイール］モード

## スウォッチ

［ウィンドウ］メニュー→［スウォッチ］をクリックすると、［スウォッチ］パネルが表示されます。さまざまな色のプリセットがグループ分けされた状態で用意されています。

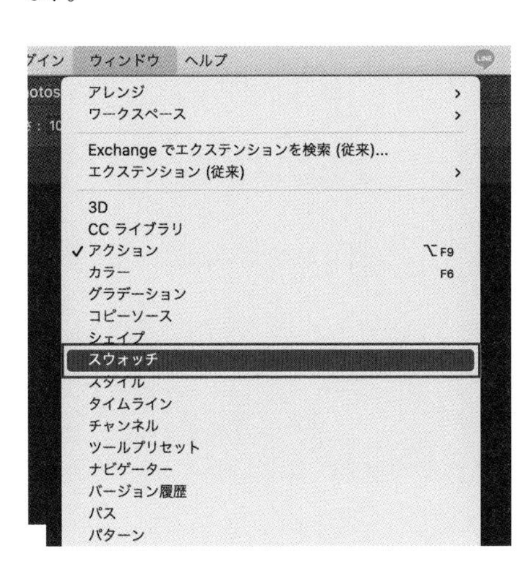


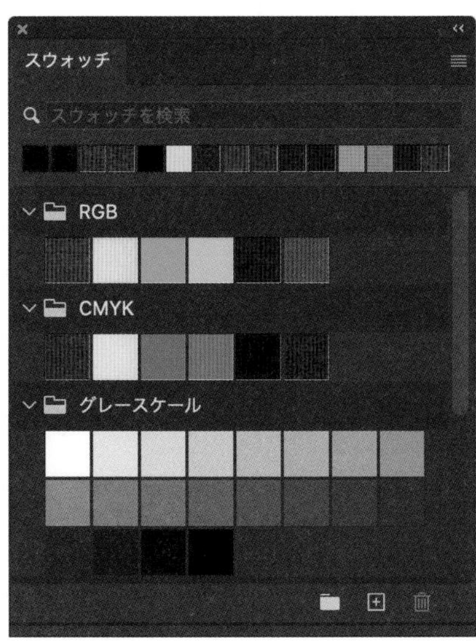


［スウォッチ］パネル

● **以前のバージョンの読み込み**

以前のバージョンのスウォッチを読み込みたい場合は、パネル右上のメニューをクリックして❶、[従来のスウォッチ]を選択すると❷、追加されます❸。

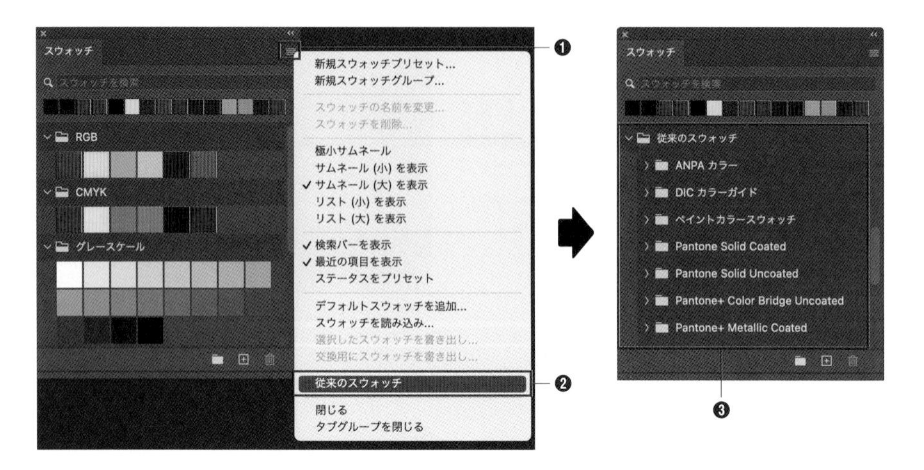


● **気に入ったカラーの登録**

プリセットだけでなく、気に入ったカラーはスウォッチに登録しておくことができます。[カラーピッカー]の場合はウィンドウ内の[スウォッチに追加]をボタンをクリックすると❶、[スウォッチ名]ダイアログが表示されるので❷、名前を付けて[OK]ボタンをクリックして追加します❸。

# 画像をいろいろな形に変形したい

**使用機能** 自由変形

画像をいろいろな形に変形させたい場合は、[自由変形] 機能を使用します。細かな変形ができるように多くの機能が用意されています。



## [自由変形] の基本

**1** 素材「変形.psd」を開きます。あらかじめカンバス中央にレイヤー[猫]を配置しています。レイヤー[猫]を選択し、[編集]メニュー→[自由変形]をクリックすると、[自由変形]が有効になりコントロールパネルが表示されます。コントロールパネルの各機能は以下の通りです。

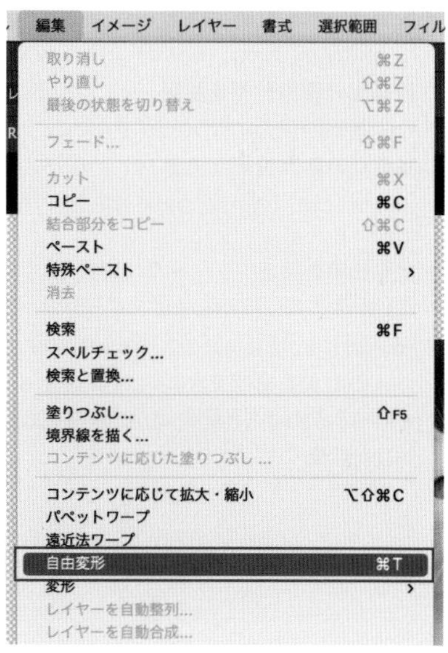


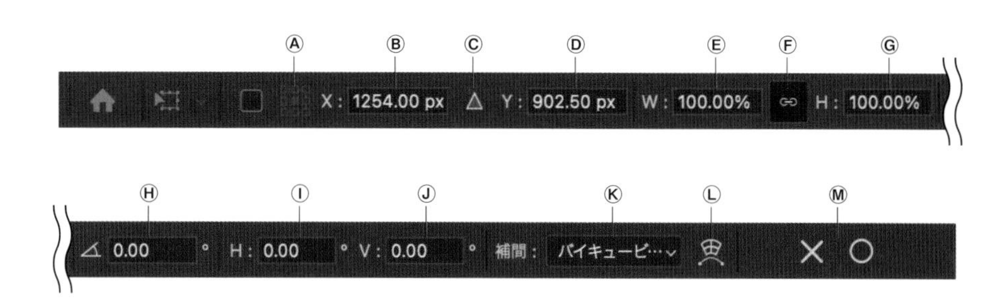


**Shortcut** [自由変形] コントロールパネルを表示する：command＋Tキー

**Ⓐ基準点の表示・非表示を切り替え** …… チェックを入れることで変形の基準点を切り替えることができます。カンバス上で基準点をドラッグするか、コントロールパネルで基準点を指定することができます。目的がなければチェックを外した状態で使用してかまいません。

基準点（赤）を他の位置（青）に切り替えることができる

**Ⓑ基準点の水平位置を設定** …… カンバス上の基準点の水平位置を設定します。右クリックで[pixel][inch][cm][mm][point][pica]の単位を切り替えることができます。

**Ⓒ基準点の相対位置を使用** …… オンにすると[基準点の水平位置][基準点の垂直位置]の現在の位置を[0]として扱うことができます。

**Ⓓ基準点の垂直位置を設定** …… カンバス上の基準点の垂直位置を設定します。右クリックで[pixel][inch][cm][mm][point][pica]の単位を切り替えることができます。

**Ⓔ水平比率を設定** …… 水平（横方向）を指定したサイズに変形します。右クリックで[pixel][inch][cm][mm][point][pica][%]の単位を指定できます。[W]（水平）130%と入力すると図のように横に130%伸びた画像になります。

水平130%

**Ⓕ縦横比を固定** …… オンにすると[水平比率][垂直比率]の縦横比が固定されます。どちらか一方の数値を変えると、もう一方も自動的に比率を保ったサイズに変更されます。

**Ⓔ垂直比率を設定** …… 垂直（縦方向）を指定したサイズに変形します。右クリックで[pixel][inch][cm][mm][point][pica][%]を指定できます。[H]（垂直）130%と入力すると図のように縦に130%伸びた画像になります。

垂直130%

Ⓗ**回転を設定** …… 指定した角度で画像が回転します。+で時計回り、-で反時計回りに回転します。15を指定すると図のように回転します。

+15°回転

Ⓘ**水平方向のゆがみを設定** …… 水平方向にゆがみを加えます。+-で指定できます。10を入力した場合は図のようになります。

水平方向に+10°ゆがみ

Ⓙ**垂直方向のゆがみを設定** …… 垂直方向にゆがみを加えます。+-で指定できます。10を入力した場合は図のようになります。

垂直方向に+10°ゆがみ

Ⓚ**補間** …… 拡大した際の画像の補完方法を選択できます。特に理由がなければ精度の高い［バイキュービック法（自動）］を選択します。500%拡大した画像を比較すると、バイキュービック法と比較してニアレストネイバー法は一見シャープですが全体的にドットが目立つ荒い画像となりました。

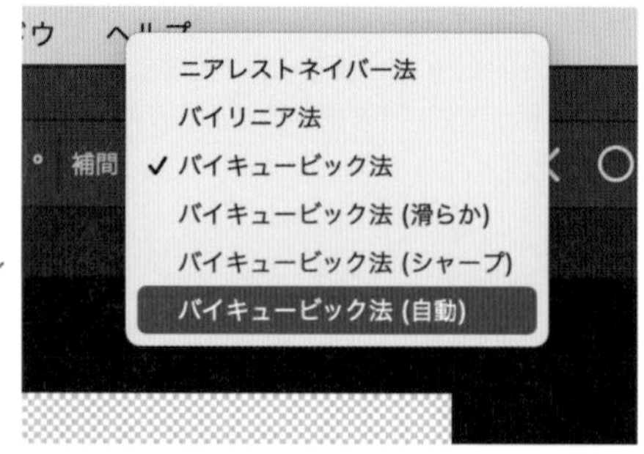


バイキュービック法

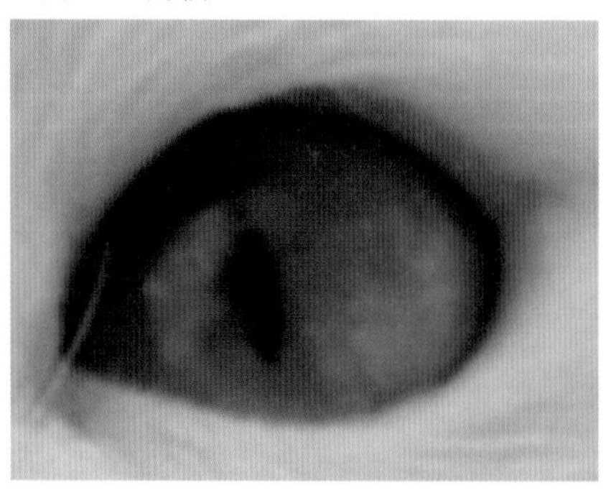

ニアレストネイバー法

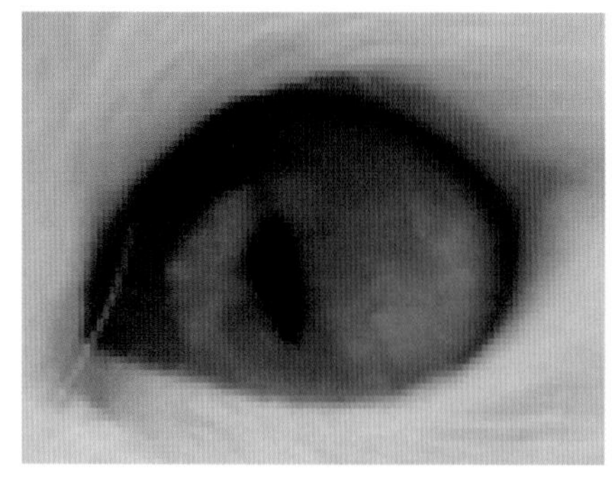

Ⓛ**ワープモードの切り替え** …… モードを［ワープ］モード ▸▸061 に切り替えます。
▸▸061

Ⓜ**変形をキャンセル・確定** …… ×で変形をキャンセルし、○で確定します。キーボードの esc キーでキャンセル、 enter キーで確定することもできます。

## カンバス上での［自由変形］

［自由変形］モードに入ると、画像周辺に8つのポインタ（コーナーハンドル）が現れます。ポインタの近くにカーソルを合わせると、図のようにカーソルが切り替わります。ポインタをドラッグすることで縦横に自由に拡大・縮小ができます。

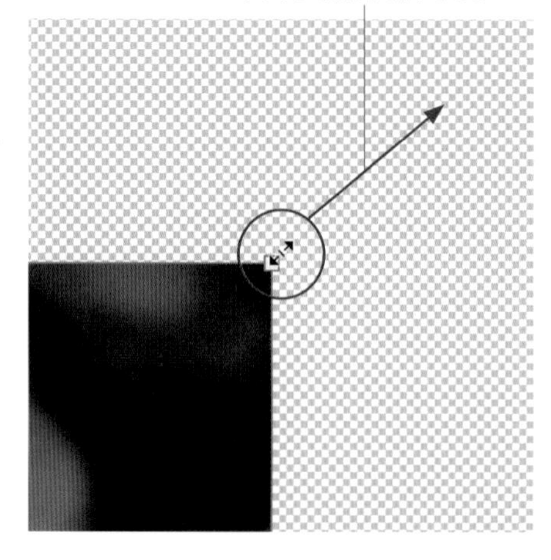

コントロールパネルの［縦横比を固定］のチェックを外した状態では、比率を無視した自由な変形となり、チェックを入れた状態では、縦横比が固定された状態で変形となります。shift キーを押している間は、一時的に［縦横比の固定］のチェックが入れ替わります。

チェックを外した状態

チェックを入れた状態

回転するには、各ポインタから少し離れた位置にカーソルを合わせ、図のようにカーソルが変わったら回転したい方向にドラッグします。

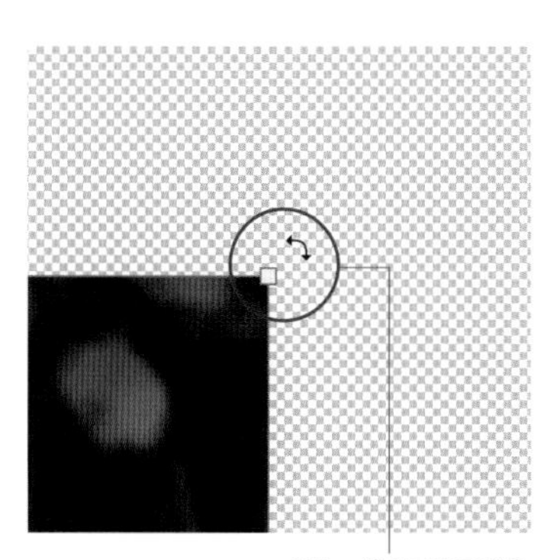

## [変形] のメニュー

[編集] メニュー→ [変形] を選択すると、メニューが表示されます。ここからその他の変形モードに切り替え可能です。

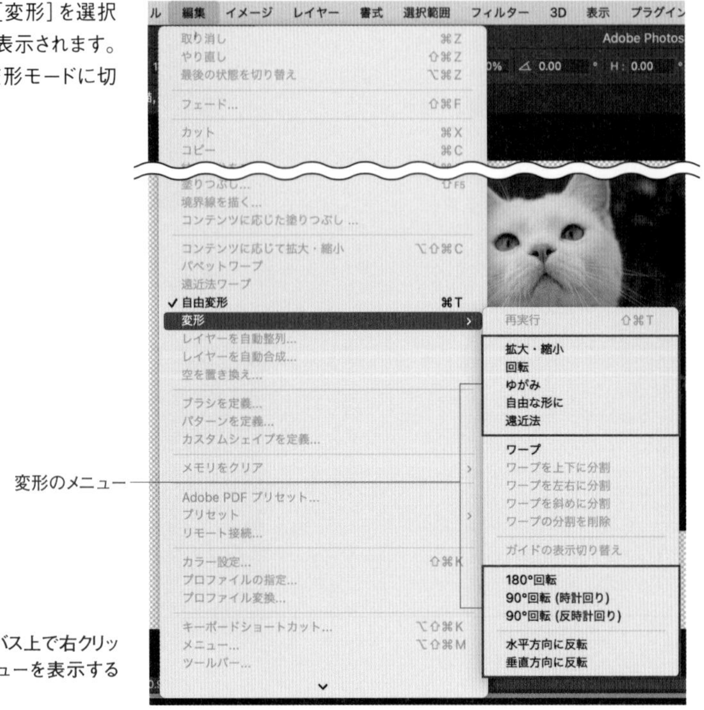


**Memo**

[自由変形] 中にカンバス上で右クリックしても [変形] メニューを表示することができます。

● **拡大・縮小**

画像をドラッグで拡大縮小します。

● **回転**

画像をドラッグで回転します。

● **ゆがみ**

8つのポインタが表示され、四隅のポインタは上下左右に、各中央のポインタは上下または左右に動かして変形します。斜め方向には動かすことはできません。

● **自由な形に**

ポインタを自由にドラッグし変形することができます。四隅のポインタは動きに制限がないため、[ゆがみ]に比べてより直感的に操作可能です。

● **遠近法**

四隅のポインタをドラッグすると対面のポインタも同時に動き、遠近感が加わったような変形ができます。

● **180°回転、90°回転(時計回り)、90°回転(反時計回り)、水平方向に反転、垂直方向に反転**

表示の通りに画像が変形します。

180°回転

90°回転(時計回り)

90°回転(反時計回り)

水平方向に反転

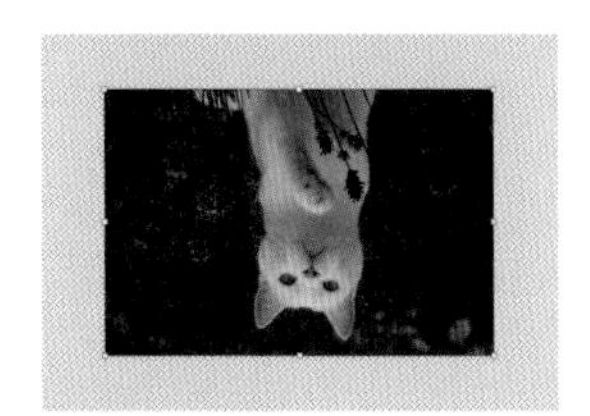

垂直方向に反転

# 061 画像を自由な形に変形したい

使用機能　ワープ

[自由変形] 機能 ▸▸060 は数値入力による変形がメインでしたが、[ワープ] 機能を使用すれば、コントロールポイントやハンドルを操作し、直感的な操作で、ゆがみや湾曲、膨張といったより自由な形状への変形が可能です。

## [ワープ] の基本

素材「ワープ.psd」を開きます。3つのレイヤー、[風景] [灯台] [クロック] を用意しています。

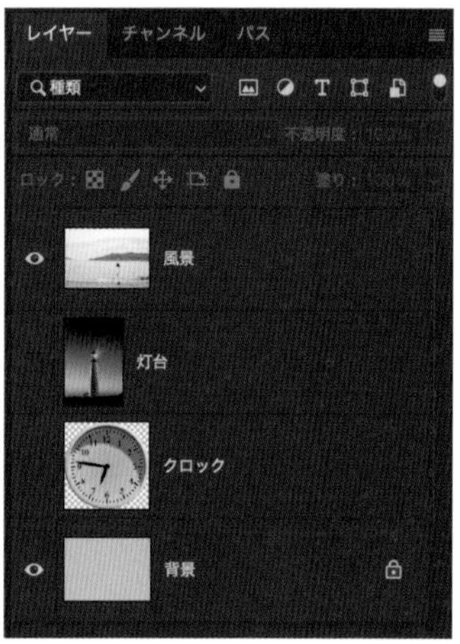


いずれかのレイヤーを選択し、[編集] メニュー→ [変形] → [ワープ] をクリックすると、コントロールパネルが表示されます。コントロールパネルの各機能は以下の通りです。

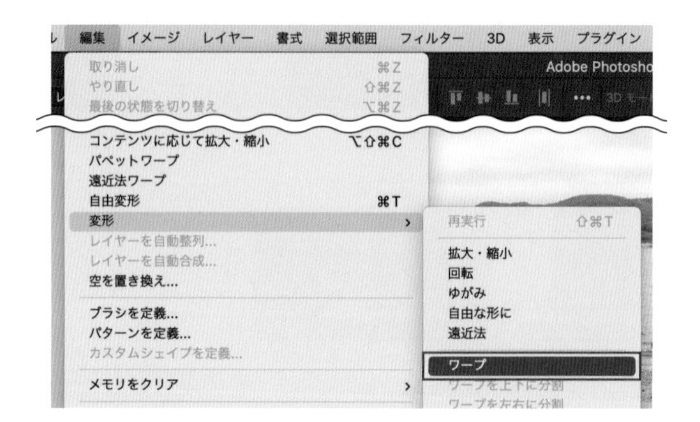

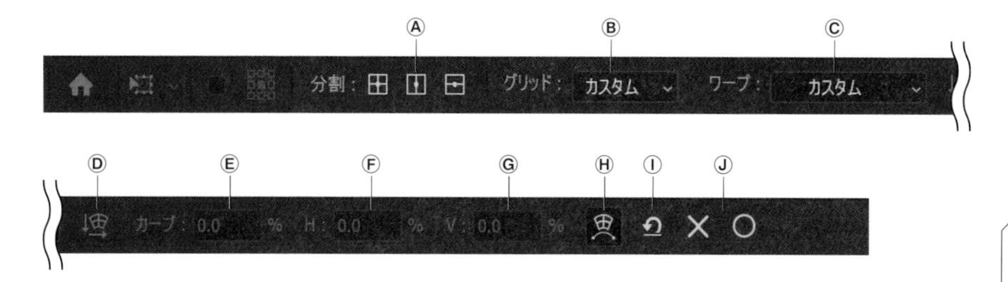


Ⓐ**分割** …… ワープを斜め、垂直、水平方向に分割します。

Ⓑ**グリッド** …… ［デフォルト］［3×3］［4×4］［5×5］［カスタム］からグリッド数 ▸▸005 を選択します。

Ⓒ**ワープ** …… 複数のプリセットが用意されています。

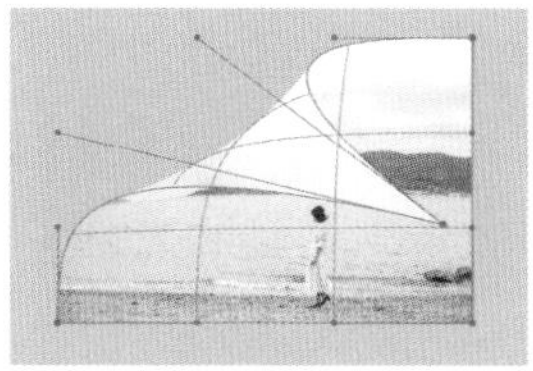

斜め

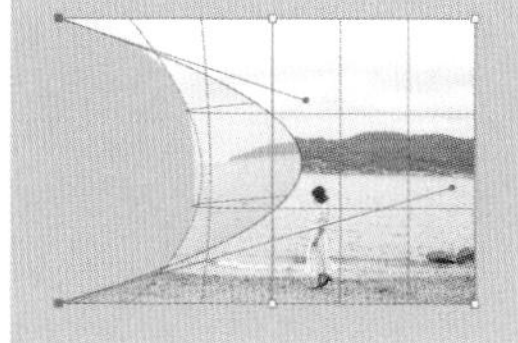

垂直方向

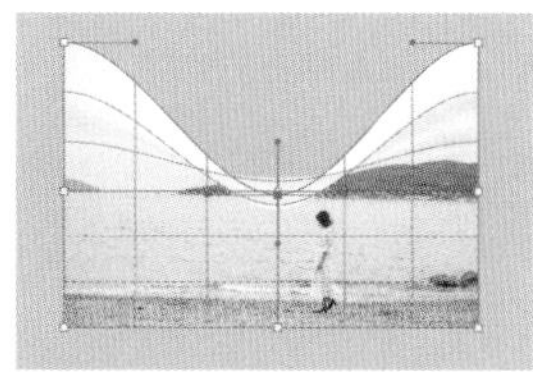

水平方向

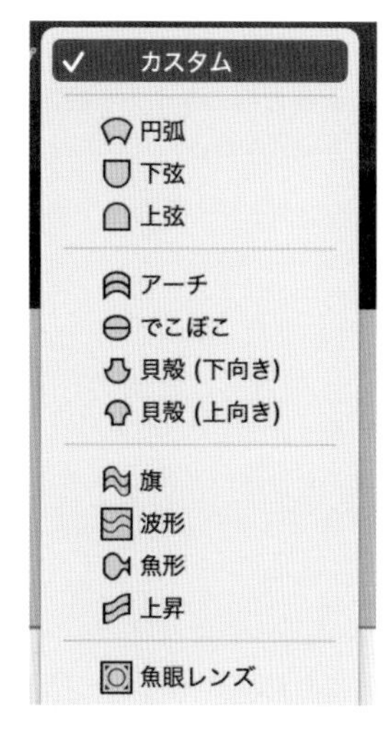


Ⓓ**ワープの方向を変更** …… プリセットのワープ形状の方向を変更します。

Ⓔ**カーブ** …… コントロールポイントのカーブの具合を入力します。カンバス上でコントロールポイントをドラッグすると、連動して数値が変わります。

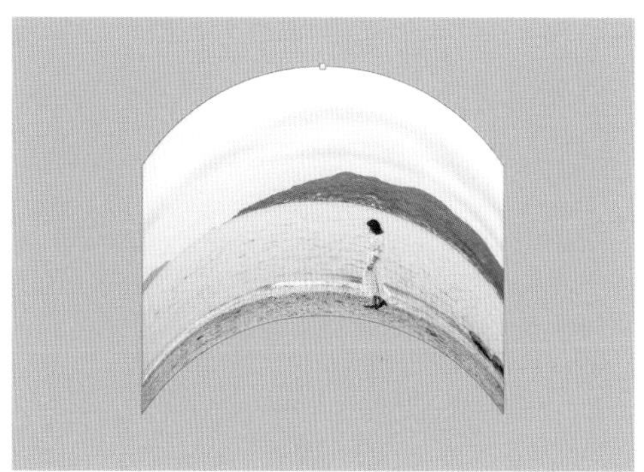

レイヤー［風景］を、［ワープ］を［アーチ］、［カーブ］を65％とした場合

Ⓕ**水平方向のゆがみを設定** …… 水平方向にゆがみを加えます。

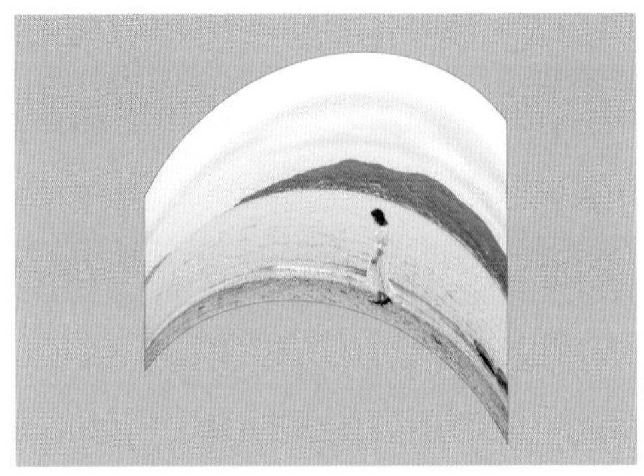

Ⓔの状態でHの値を［30%］とした場合

Ⓖ**垂直方向のゆがみを設定** …… 垂直方向にゆがみを加えます。

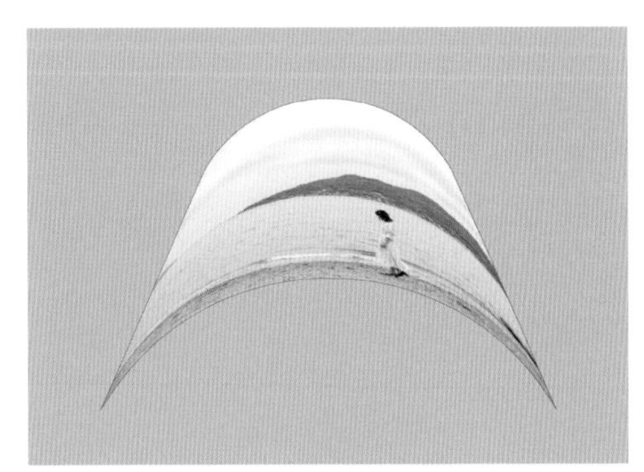

Ⓔの状態でVの値を［30%］とした場合

Ⓗ**自由変形モードとワープモードの切り替え** …… モードを［自由変形］モード ▸▸060 に切り替えます。

Ⓘ**ワープを初期化** …… 変形前の状態に戻します。

Ⓙ**変形をキャンセル・確定** …… ×で変更をキャンセルし、○で確定します。

## 実用的な変形方法

[ワープ] を活用すれば、アイデア次第でさまざまな変形が可能です。たとえば、Ⓐの [分割] を使うと、画像を部分的に変形することができます。

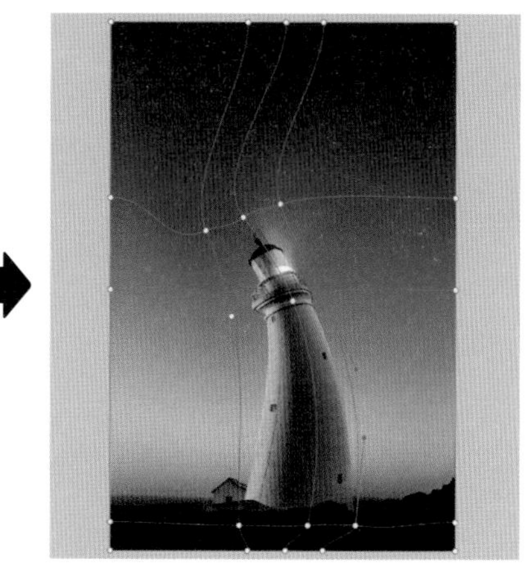

レイヤー[灯台] に分割を作成し、部分的に変形

また、Ⓑのグリッドを使うと、[デフォルト] の場合は四隅にコントロールポイントとハンドルをが表示されます。これらを操作することで複雑な変形が直感的にできます。

レイヤー[風景] をめくれたように表現

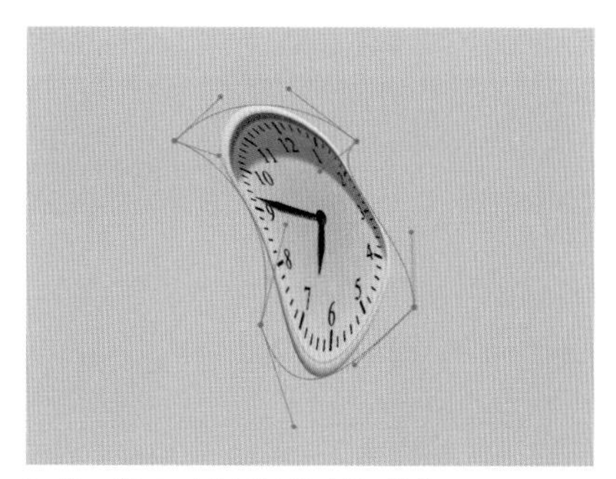

レイヤー[クロック] を溶けたように表現

ワープはテキストレイヤーを変形する場合にも便利です。右図は、[ワープ] 内の [円弧] プリセットと [水平・垂直方向のゆがみ] を適用した作例です。

[ワープ] を [円弧]、[カーブ] を60%、[H] を60%を適用

# 062 パターンを作成したい

使用機能　[楕円形選択] ツール、[スクロール]

繰り返しパターンを作成するには、[フィルター] メニューの [スクロール] 機能が便利です。ここではドットのパターンを作成してみます。

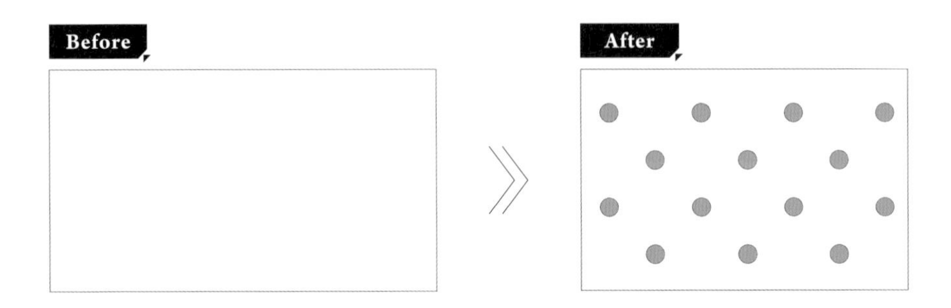


## パターンの作成

1. [ファイル] メニュー→ [新規] をクリックし、[幅] 500px [高さ] 500pxで作成します❶。描画色に好みのカラーを設定しておきます。このカラーが作成するドットのカラーとなります。ここでは水色のカラーコード「#6cbddf」を指定しました❷。

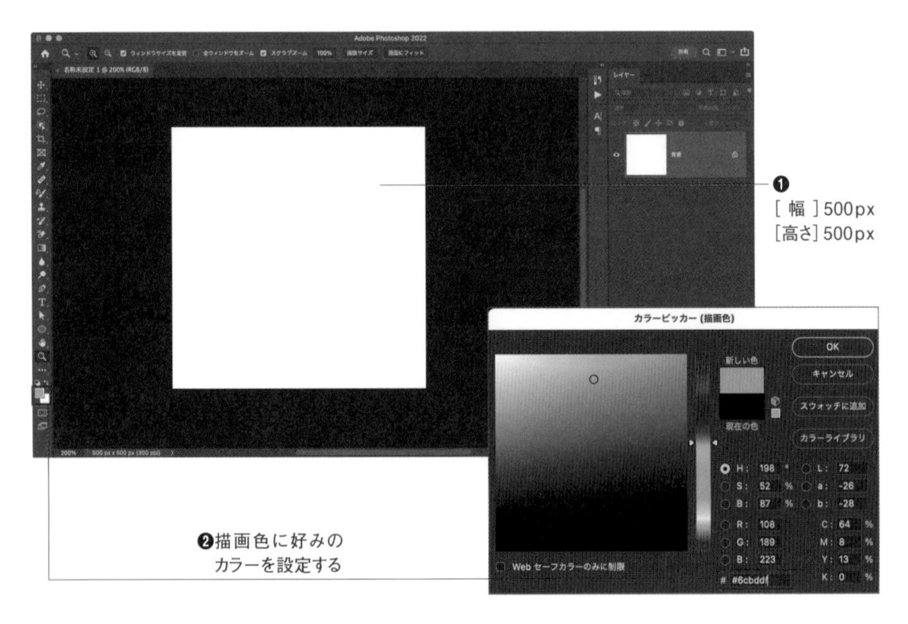

**2** 円を作成します。ツールバーから［楕円形選択］ツールを選択します❶。カンバス上でクリックすると［楕円を作成］ダイアログが表示されるので、［幅］に100px、［高さ］に100pxと入力し❷、［OK］ボタンをクリックします❸。円が作成されます❹。

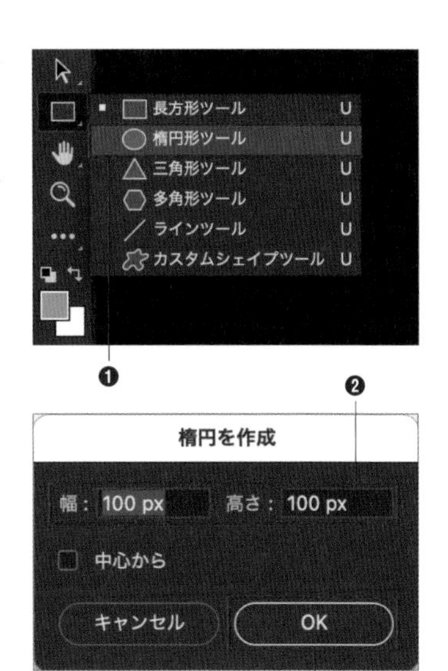


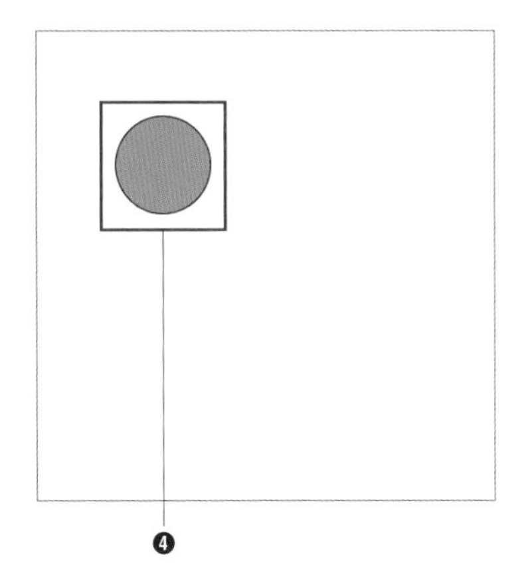


**3** 作成した円をカンバス中心に配置します。［移動］ツールを選択し❶、［選択範囲］メニュー→［すべてを選択］をクリックしてカンバス全体を選択したら❷、コントロールパネルの［水平方向中央揃え］と［垂直方向中央揃え］を選択し❸、円をカンバスの中心に移動させます❹。

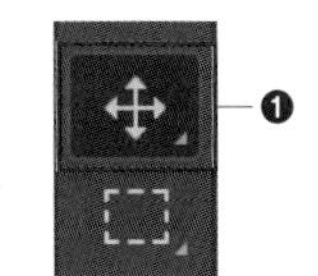


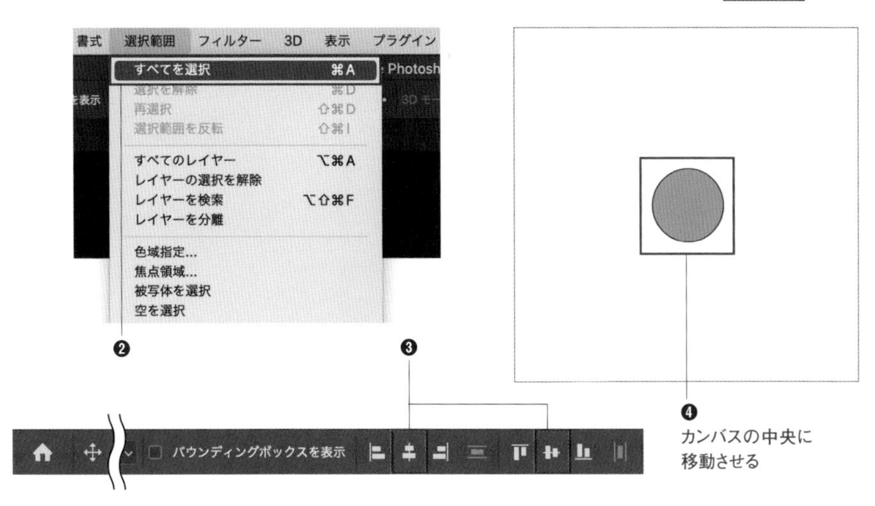


**Shortcut** すべてを選択：control＋Aキー

4 円を複製します。レイヤー［楕円形 1］を選択し、［レイヤー］メニュー→［レイヤーを複製］をクリックして❶、レイヤーのコピーを作成します❷。

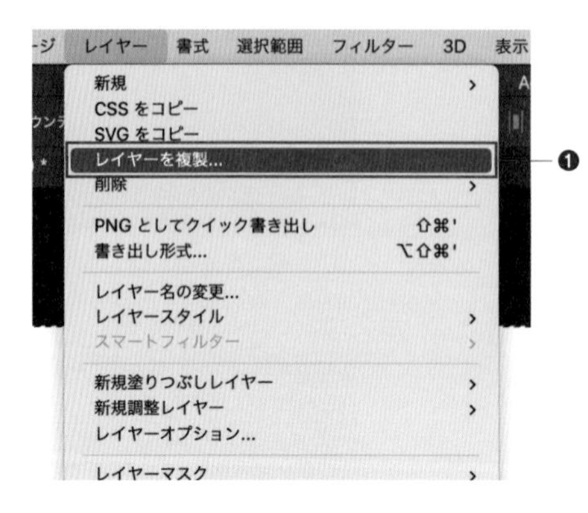


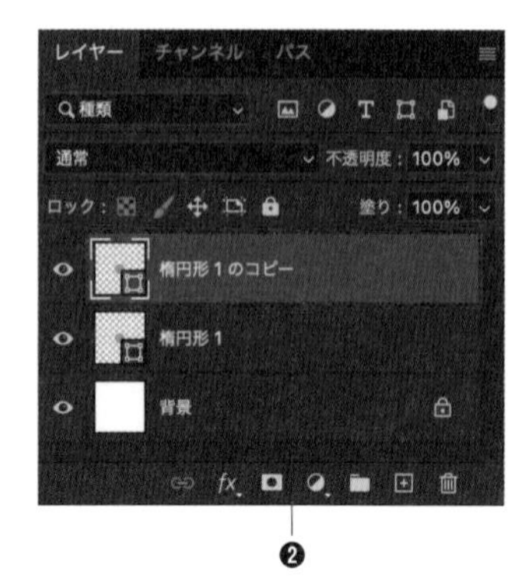


5 パターン用に［スクロール］を適用します。レイヤー［楕円形 1］を選択し、［フィルター］メニュー→［その他］→［スクロール］をクリックします❶。［ラスタライズするか、スマートオブジェクトに変換する必要があります。］とウィンドウが出るので、［スマートオブジェクトに変換］ボタンをクリックします❷。

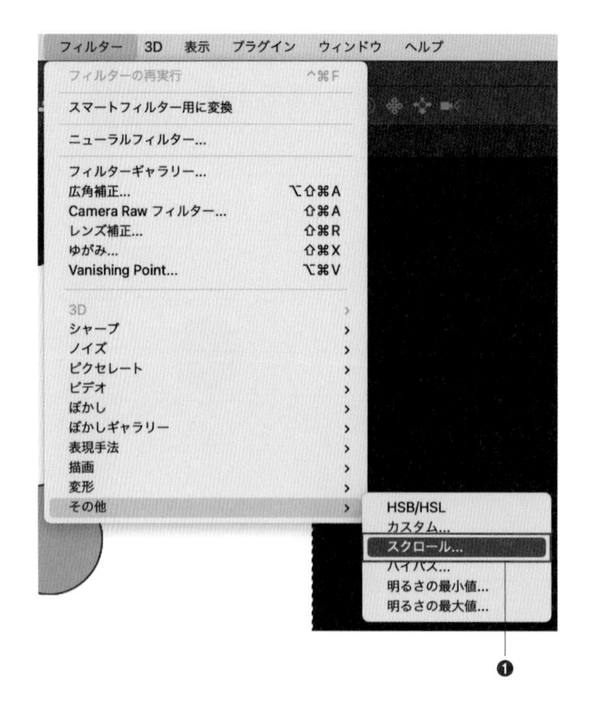


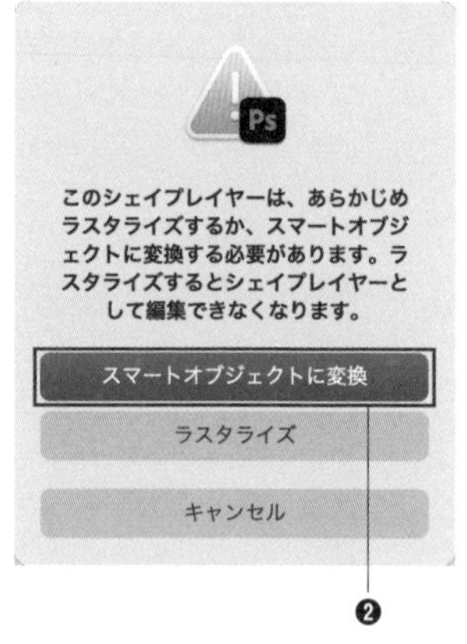

画像をスマートオブジェクトに変換すると、元データの品質を保ったまま、レイヤー加工を行うことができます ▶▶038。

6 表示される[スクロール]ダイアログで[水平方向]+250pixel右へ、[垂直方向]+250pixel下へとし❶、[未定義領域]は[ラウンドアップ(巻き戻す)]と設定します❷。この設定により中心にあった100pxの円は、500pxのカンバスに対して、下と右に250pxずつ移動することになります。かつカンバスからはみ出た部分は巻き戻される(下・右にはみ出た部分は、上・左から表示される)ため、スクロールした画像ができあがります❸。

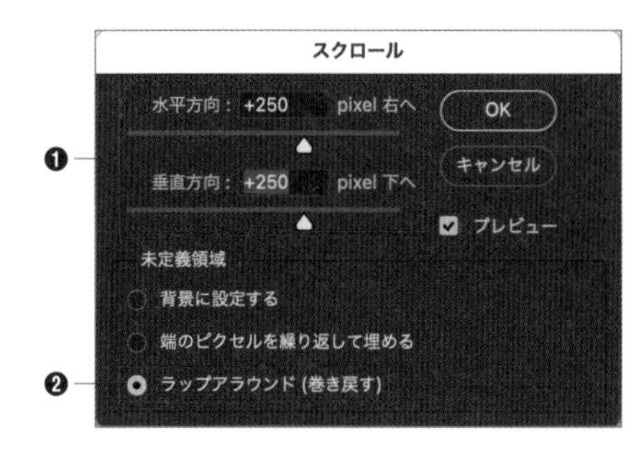


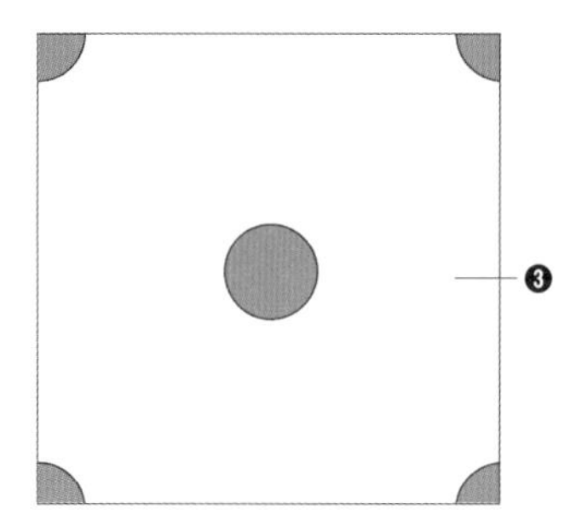


7 パターンを定義して完成です。レイヤー[背景]を非表示にし❶、[編集]メニュー→[パターンを定義]をクリックします。[パターン名]ダイアログが表示されるので、好みの名前で登録します。

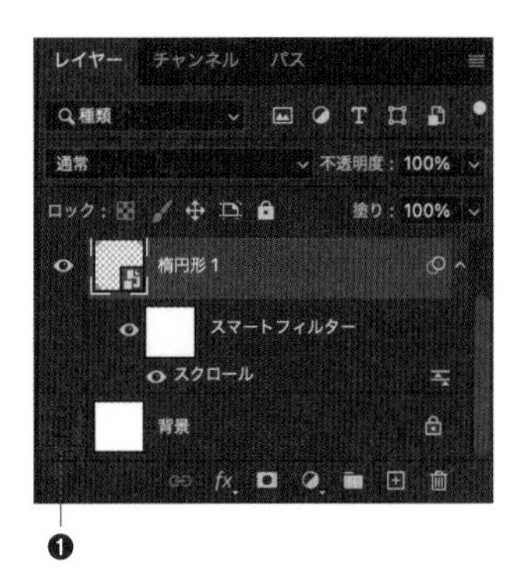


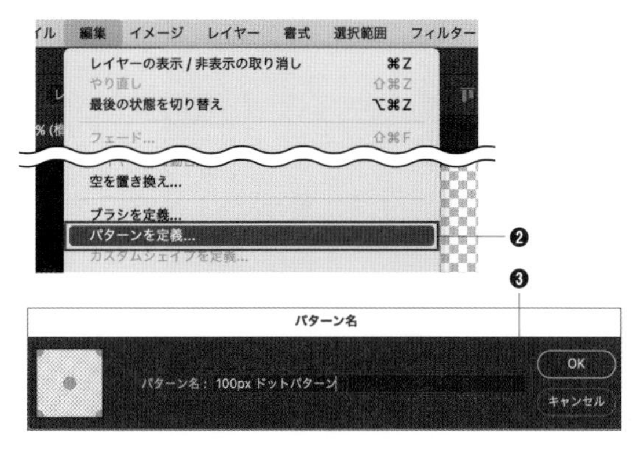


Memo 作成したパターンは[塗り]の[パターン]に登録されます。

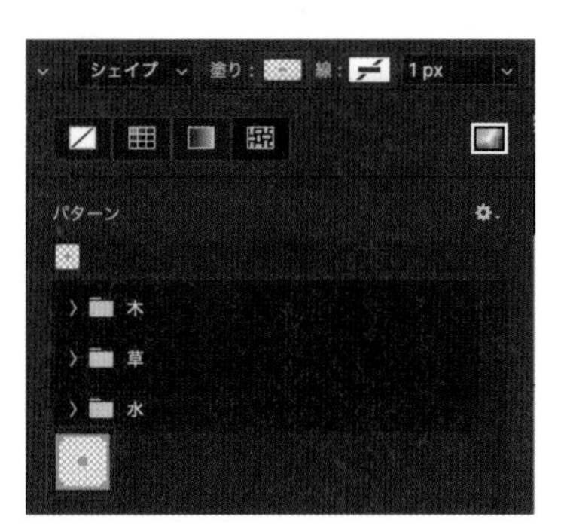

# 063 ブレンドモード（描画モード）について知りたい

使用機能　［レイヤー］パネル、ブレンドモード

レイヤーの合成モードを変えることで、合成画像の色合いや雰囲気をがらりと変えることができます。レイヤーの合成モードは、［レイヤー］パネルのブレンドモード（描画モード）で設定します。

## ブレンドモードの種類

ブレンドモード（描画モード）は［レイヤー］パネルの設定項目です。下位のレイヤー（ベースカラー）に対して、上位レイヤー（ブレンドカラー）の項目を切り替えるだけでさまざまな合成を行うことができます。上位レイヤーと下位レイヤーの画像を使用して、各ブレンドモードを紹介します。

ブレンドモード

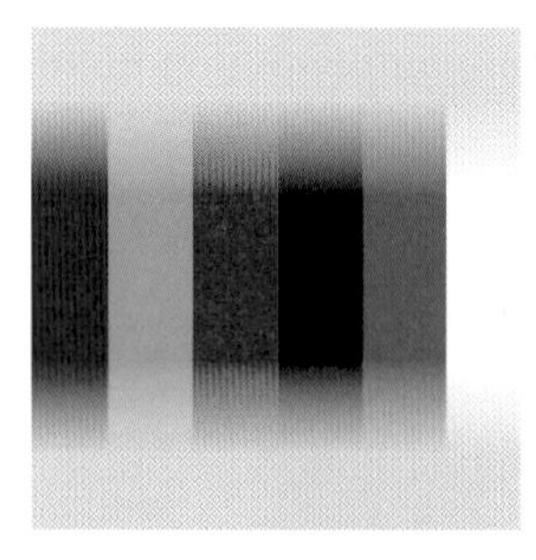

上位レイヤー

下位レイヤー

● **通常**

通常のモード。2つの画像を重ねた状態です。

● **ディザ合成**

不透明度が低いほど密度が低く、ザラザラとしたノイズが入ったような画像になります。

● **比較（暗）**

ブレンドカラーとベースカラーの画像を比較し、ブレンドカラーよりも明るい色が暗い色に変わります。ブレンドカラーより暗い色に変化はありません。

● **乗算**

ブレンドカラーとベースカラーの重なる部分が乗算され、暗い画像となります。白は影響せず、黒は黒のままとなります。色を混ぜ合わせる感覚です。

● **焼き込みカラー**

ベースカラーを暗くし、ベースカラーとブレンドカラーのコントラストを高くして、ブレンドカラーが反映された画像が描画されます。白と合成しても何も変わりません。

● **焼き込み（リニア）**

暗く明るさを落としたベースカラーに、ブレンドカラーが反映されます。［焼き込みカラー］と同様に、白をブレンドカラーにした場合、変化はありません。

● **カラー比較（暗）**

ブレンドカラーとベースカラーの画像を比較し、より暗い色が表示されます。

● **比較（明）**

ブレンドカラーとベースカラーの画像を比較し、ブレンドカラーよりも暗い色が明るい色に変わります。ブレンドカラーより明るい色に変化はありません。

● **スクリーン**

ブレンドカラーとベースカラーを反転した色が乗算され、明るい画像となります。黒は影響せず、白は白のままとなります。

● **覆い焼きカラー**

ベースカラーを明るくし、ベースカラーとブレンドカラーのコントラストを低くして、ブレンドカラーが反映された画像が描画されます。黒と合成しても何も変わりません。

● **覆い焼き（リニア）- 加算**

明るくしたベースカラーに、ブレンドカラーが反映されます。［覆い焼カラー］と同様に、黒をブレンドカラーにした場合、変化はありません。

● **カラー比較（明）**

ブレンドカラーとベースカラーの画像を比較し、より明るい色が表示されます。

● **オーバーレイ**

ベースカラーの明暗を保ったまま、ブレンドカラーを重ねます。ベースカラーによって、ブレンドカラーを［乗算］するか［スクリーン］にするかが決まります。

● ソフトライト

ブレンドカラーによって、明暗が決まります。ブレンドカラーが50%のグレーより明るい場合は［覆い焼き］のように明るく、50%のグレーより暗い場合は［焼き込み］のように暗くなります。

● ハードライト

ブレンドカラーによって、［乗算］か［スクリーン］かが決まります。ブレンドカラーが50%のグレーより明るい場合は［スクリーン］のように明るく、50%のグレーより暗い場合は［乗算］のように暗くなります。

● ビビッドライト

ブレンドカラーによって、コントラストが変化し、［焼き込み］か［覆い焼き］かが決まります。ブレンドカラーが50%のグレーより明るい場合は、コントラストの低い明るい画像になり、50%のグレーより暗い場合はコントラストの高い暗い画像になります。

● リニアライト

ブレンドカラーによって、明るさが変化し、［焼き込み］か［覆い焼き］かが決まります。ブレンドカラーが50%のグレーより明るい場合は、より明るい画像になり、50%のグレーより暗い場合は、より暗い画像になります。

● **ピンライト**

ブレンドカラーによって、色が置き換えられます。ブレンドカラーが50％のグレーより明るい場合は、ベースカラーの暗い部分が置き換えられ、明るい部分は変更されません。50％のグレーより暗い場合は、ベースカラーの明るい部分が置き換えられ、暗い部分はそのままです。

● **ハードミックス**

画像が加法原色、白や黒に変わります。CMYK画像の場合は減法原色、白や黒に変わります。

● **差の絶対値**

ブレンドカラーとベースカラーの画像を比較し、明度の高い色から明度の低い色を取り除きます。白と合成すると色が反転したようになりますが、黒と合成しても変化はありません。

● **除外**

[差の絶対値]と同じように明度の高い色から明度の低い色を取り除きますが、コントラストが低くなります。

● **減算**

ベースカラーからブレンドカラーを減算します。

● **除算**

ベースカラーからブレンドカラーを除算します。

● **色相**

ベースカラーの輝度と彩度、ブレンドカラーの色相を使った画像が描画されます。

● **彩度**

ベースカラーの輝度・色相、ブレンドカラーの彩度を使った画像が描画されます。

● **カラー**

ベースカラーの輝度、ブレンドカラーの色相・彩度を使った画像が描画されます。

● **輝度**

ベースカラーの色相・彩度、ブレンドカラーの輝度を使った画像が描画されます。

# 素材感のある写真を使って質感を加えたい

**使用機能** 埋め込みを配置

質感のある素材写真を用意して、[埋め込みを配置] を使って重ねると、その写真の質感を別の画像に手軽に加えることができます。ここでは車の写真に和紙の写真を重ねることでざらついた質感を加え、レトロな雰囲気を出しています。

Before

After

## [埋め込みを配置] の使用

**1** 2枚の写真を重ねます。素材「車.jpg」を開きます❶。[ファイル]メニュー→[埋め込みを配置] をクリックし❷、素材「紙.jpg」を選択します。

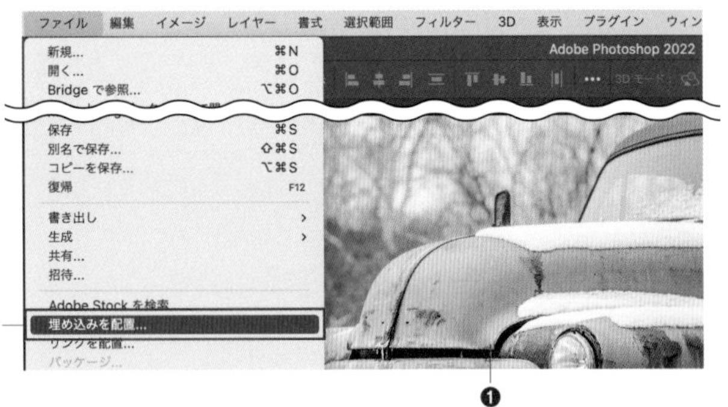


**2** レイヤー[背景] の上位にレイヤー[紙]が配置されます。車の上に和紙が全面的に配置された形になります。

**3** 描画モードを変更し紙の質感を加えます。レイヤー［紙］を選択し❶、レイヤーパネル上で［描画モード］を［乗算］とします❷。

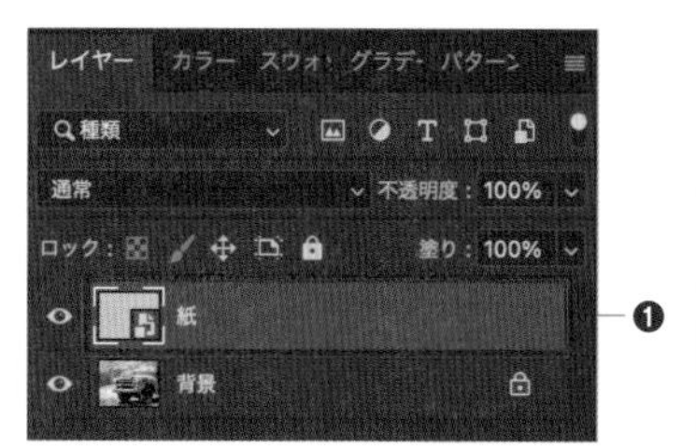


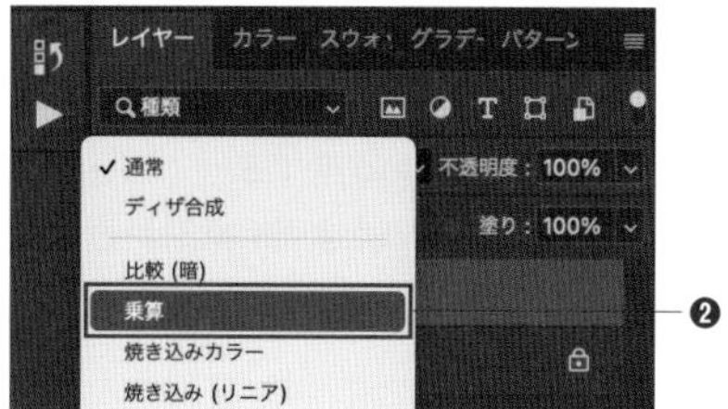


**4** 質感が加わりました。

## POINT

上位に重ねるテクスチャ画像を［レベル補正］などで補正することで、質感の具合を調整することができます。たとえば紙のレイヤーに対して［レベル補正］のコントラストを高く補正すると、質感が強調されます。［イメージ］メニュー→［色調補正］→［レベル補正］をクリックし、表示される［レベル補正］ダイアログで調整します。

# 画像の空を置き換えたい

使用機能 [空を置き換え] ツール

[空を置き換え]ツールを使用すると、プリセットに用意されている空の画像レイヤーが追加され、画像の天気が置き換わったような加工が行えます。

Before

After

## [空を置き換え] の使用

**1** 素材「風景.jpg」を開きます。[編集] メニュー→[空を置き換え] をクリックします。

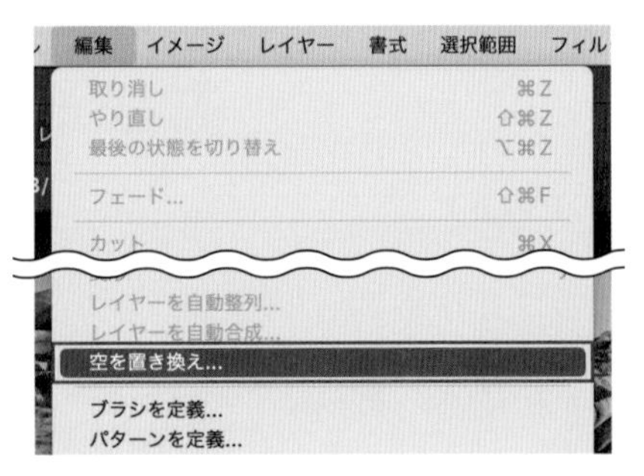


**2** [空を置き換え] ダイアログが開きます。自動的に空を認識し、プリセットの空と入れ替わります。[OK] ボタンをクリックします。

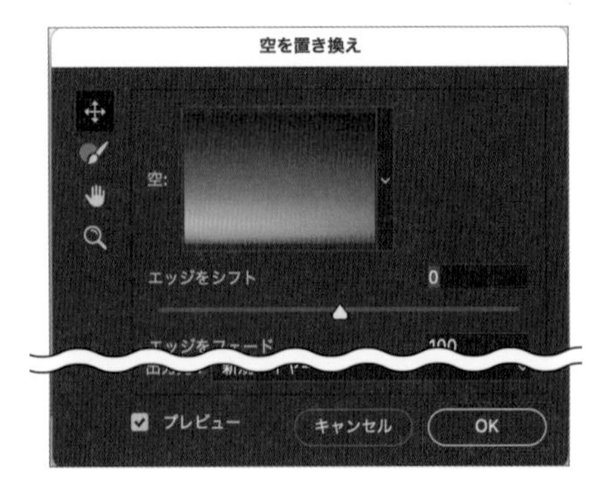

**3** 画像中の空が置き換わりました。[レイヤー]パネルは効果がレイヤー分けされた状態で反映されます。

## [空を置き換え]ダイアログ

Ⓐ**エッジをシフト** Ⓑ**エッジをフェード** …… 空の境界を調整することができます。

Ⓒ**空の調整** …… 空の明度・色温度の調整、空の拡大率、反転の指定ができます。

Ⓓ**前景の調整** …… 空以外の風景の照明の具合やカラーを調整できます。

**POINT**

空と風景がレイヤー分けされた状態で効果が反映されるので、さらに各レイヤーを色補正するなどして、よりリアルなレタッチが可能です。

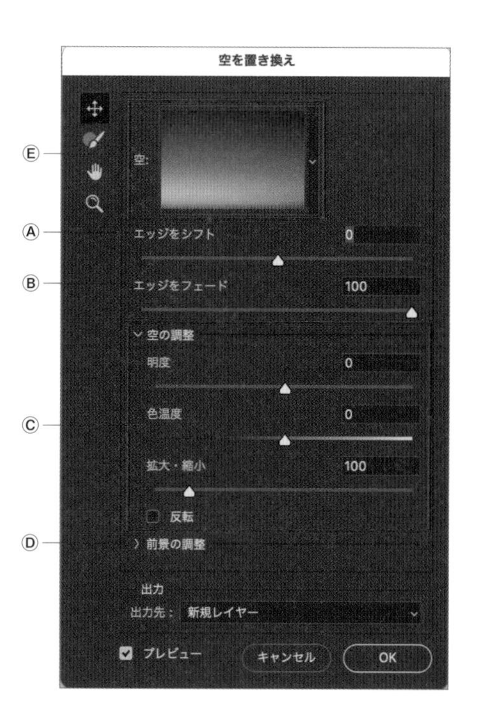


Ⓔ**空** …… プリセットが多数用意されています。ここから空の画像を選択するだけで差し替え可能です。

# 066 不要なオブジェクトを消したい

使用機能　[スポット修復ブラシ] ツール

[スポット修復ブラシ] ツールを使うと、写真に映り込んでしまった不要なオブジェクトをドラッグで消すことができます。自然な仕上がりにするにはブラシサイズやドラッグ方法にコツが必要です。

## [スポット修復ブラシ] ツールの使用

**1** 素材「風景.jpg」を開き、[スポット修復ブラシ] ツールを選択します。

**2** コントロールパネルの [ブラシサイズ] を220❶、[種類] を [コンテンツに応じる] とします❷。

**Memo**

コントロールパネルの [全レイヤーを対象] にチェックを入れると、カンバスに見えているすべてのレイヤーを対象とし、外すと選択しているレイヤーが対象となります。

全レイヤーを対象

3 中央の人物を塗りつぶすように、おおまかにワンストローク（一筆）でドラッグして選択します。

4 背景に応じて選択した範囲が塗りつぶされます。

**Memo**

ムラが気になる場合は、何度かやり直すか、ムラが気になる部分をブラシの大きさを調整しながら再度[スポット修復ブラシ]ツールを使って描いて整えます。

**POINT**

できる限りワンストローク（一筆）で選択することで、ムラが少ない仕上がりになります。また、ブラシサイズは小さいサイズにしてしまうと、選択に時間がかかってしまうため、選択したいオブジェクトに合わせて少し大きめのサイズを選ぶようにします。

# 067 オブジェクトをコピーしたい

使用機能　[コピースタンプ]ツール

オブジェクトを手軽にコピーしたい場合は、[コピースタンプ]ツールが便利です。コピー先をドラッグするだけでスタンプを押したようにきれいに配置することができます。

Before

After

## [コピースタンプ]ツールの使用

1 素材「鳥.jpg」を開き、[コピースタンプ]ツールを選択します。

2 option キーを押すとカーソルが⊕に変わるので、右側の鳥の羽の先をクリックします。ここで選択した部分がコピー元の始点となります。

3 オブジェクトを貼り付けたい部分でカーソルを動かすと、先程選択した部分がブラシの先端に表示されます。

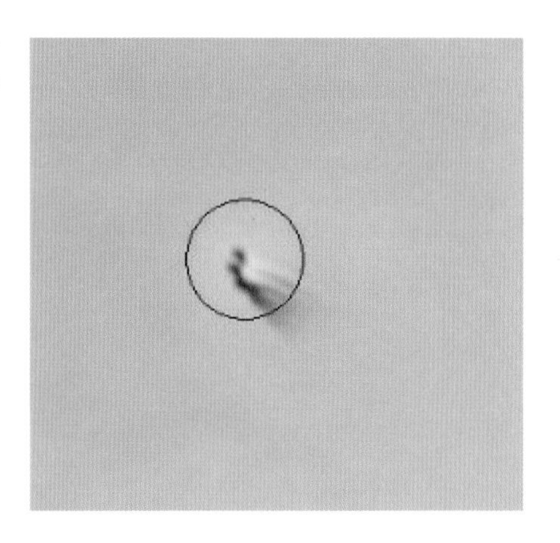

4 さらにブラシで描く要領でドラッグすると、右側の鳥が左側にコピーされます。

コピーされた

## POINT

このときコントロールパネルの［調整あり］にチェックを入れておきます。チェックを入れている状態では、何度左クリックを解除しても、コピーの開始点が固定されます。逆にチェックを外した状態では、左クリックを解除するたびにコピー元の始点から描かれてしまいます。
また、［サンプル］で［現在のレイヤー］を選んでおくことで、現在のレイヤーの画像だけに反映されます。複数のレイヤーを一括でコピーしたい場合は、［現在のレイヤー以下］か、［すべてのレイヤー］を選択します。

## 素早くブラシのサイズや硬さを変更する

ブラシのサイズはオプションから変更する方法以外にも、]キーを押すと大きく、[キーを押すと小さくすることができます。そのほかにも、カンバス上で、option+controlキーを押しながらクリックした状態で右にドラッグすると大きく、左にドラッグすると小さくすることができ、上にドラッグするとブラシの硬さをやわらかく、下にドラッグすると硬くすることができます。

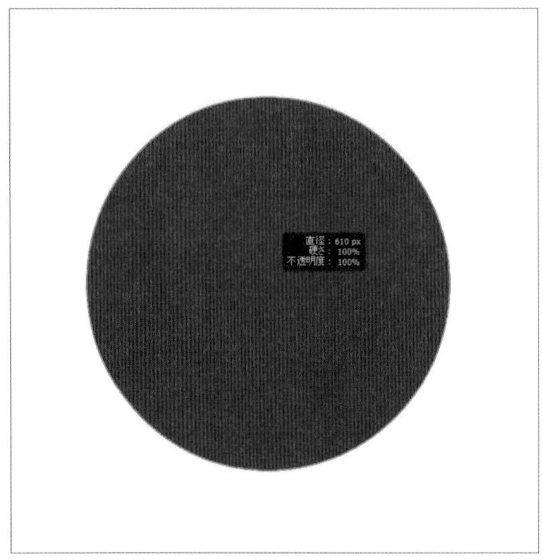


option+controlキーを押しながらクリックした状態で上にドラッグすると……

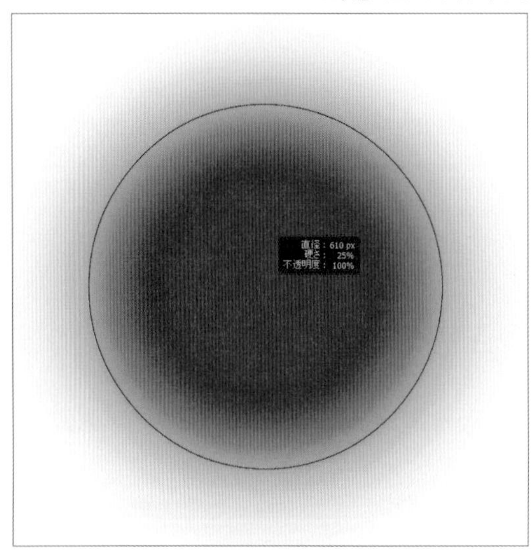

# 色補正のテクニック

Chapter

6

# 068 色調補正の基本を知りたい

**使用機能** レベル補正、トーンカーブ、ヒストグラム

色調補正の基本は、レベル補正とトーンカーブです。さらにヒストグラムを知ることで、より扱いやすくなります。

## レベル補正

レベル補正を使用すると、画像の明るさやコントラストを調節することができます。

**1** 素材「風景.jpg」を開きます。素材「風景.jpg」を開き、[イメージ] → [色調補正] → [レベル補正] をクリックします。

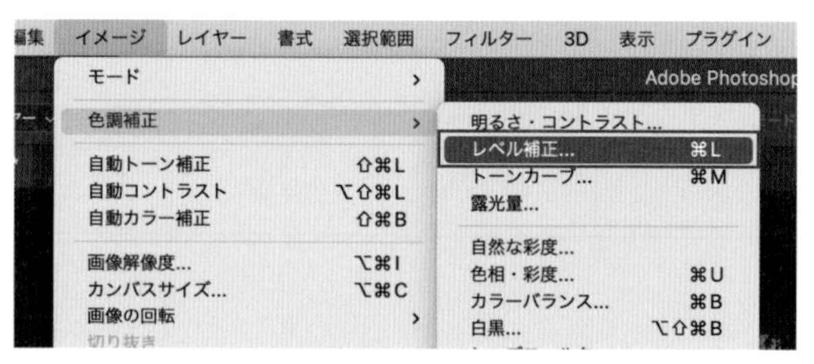


**2** [レベル補正] ダイアログが表示されます。[入力レベル] の3つのスライダは左から [シャドウ] [中間調] [ハイライト] を調整できます。ここでは [中間調] のスライダを左方向 [1.35] の数値まで動かし明るくします。

Ⓐ**中間調** …… スライダを動かすことで [シャドウ] [ハイライト] にあまり影響を与えず、中間調（グレーの階調）を調整することができます。左方向は明るく、右方向は暗く補正されます。

Ⓑ**シャドウ** …… スライダを右側に動かすことで暗い部分が強調されます。

Ⓒ**ハイライト** …… スライダを左方向に動かすことで、明るい部分が強調されます。

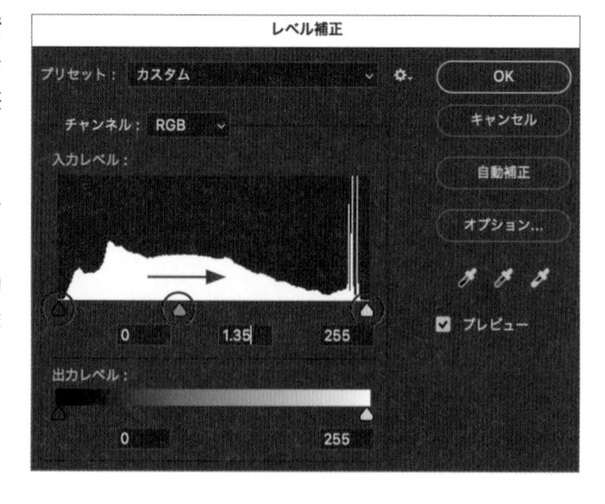

3 明るくコントラストの高い画像に補正できました。

POINT

Photoshopでは最も暗い部分（シャドウ側）を0、最も明るい部分（ハイライト側）を255として、左から右に0～255までの合計256段階の明るさを表します。［レベル補正］ダイアログの［出力レベル］のスライダを動かすと、この範囲を狭めることができます。

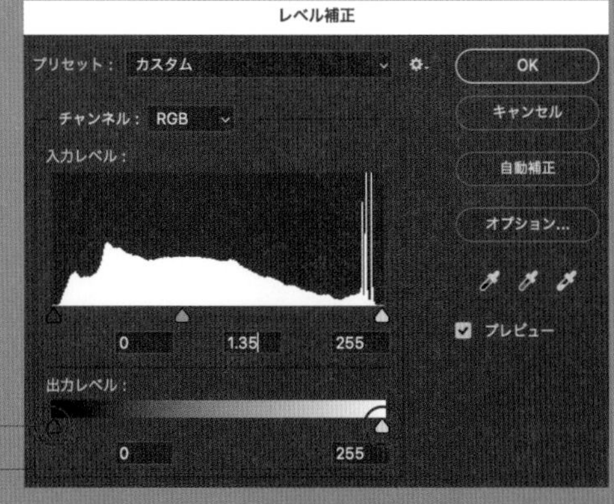


例では、［出力レベル］のシャドウ側のスライダを50、ハイライト側のスライダを210とします。この状態は、0～255の明るさのうち50～210の階調だけの画像になり、シャドウ側の0～50ハイライト側の210～255の階調が存在しない状態となり、結果的に暗い階調・明るい階調の存在しない淡い画像に補正されます。

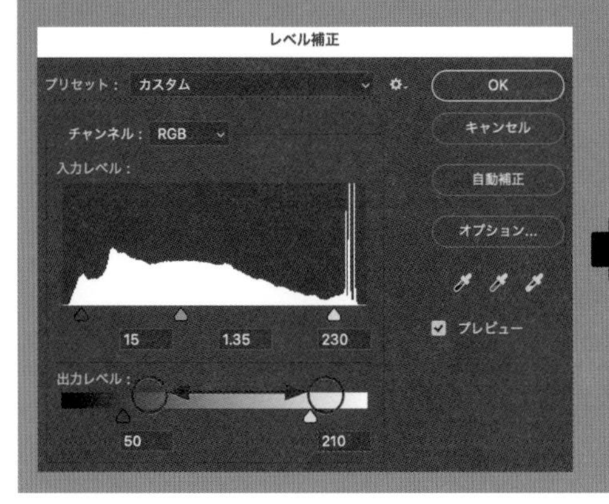

## トーンカーブ

[トーンカーブ] を使用すると、[レベル補正] よりもさらに細かく明るさを調節できます。

**1** 素材「風景.jpg」を開き、[イメージ] メニュー→[色調補正]→[トーンカーブ]をクリックします。

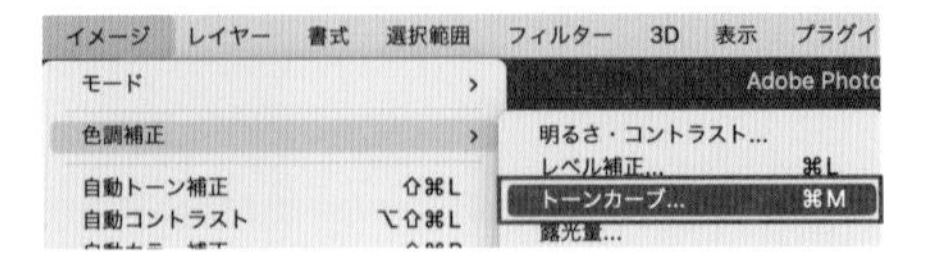


**2** [トーンカーブ] ダイアログが表示されます。グラフに45度の直線が入った画面が現れます。縦軸・横軸ともに、最も暗い部分を0、最も明るい部分255として、0～255までの合計256段階の明るさを表します。横軸 (入力) は [現在の明るさ]、縦軸 (出力) は [変更後の明るさ] を表します。45度の直線が描かれている状態は、縦横の [入力・出力] の数値が同じ状態なで、どのポイントも明るさに変化がない状態です。
グラフ上でクリックすることで、「コントロールポイント」という点を設定できます。

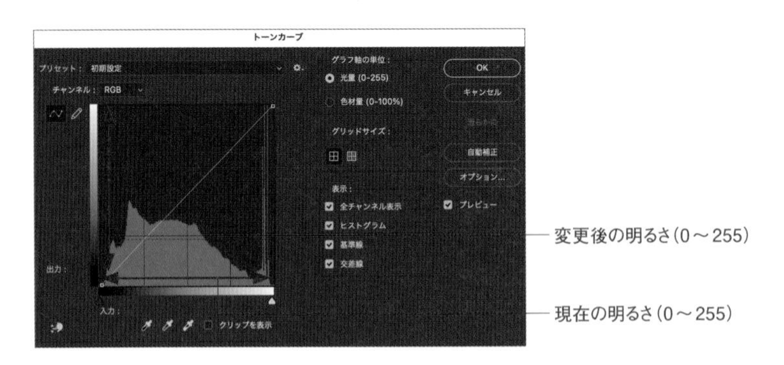


**3** ここでは画像を明るくする定番の方法を紹介します。トーンカーブ上でカーソルを動かし、[入力] の値が110になるあたりをクリックして、コントロールポイントを追加します。

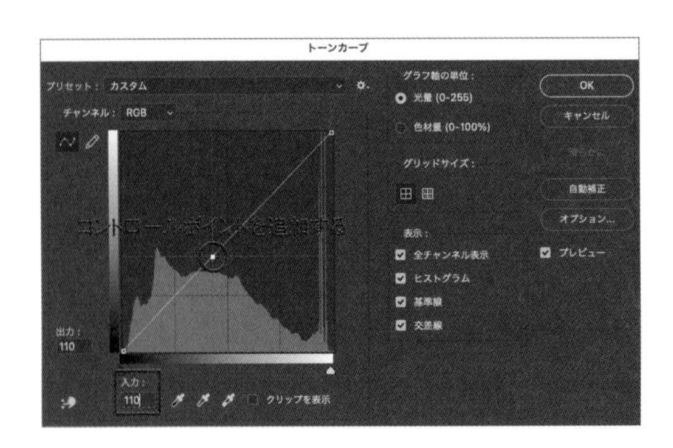

正確な位置をクリックするのが難しい場合は、数値を入力しても追加できます。

4 そのまま上方向にドラッグし、[出力] の値が150になるあたりまで動かします。調整したコントロールポイントに合わせて自動的にカーブが描かれます。

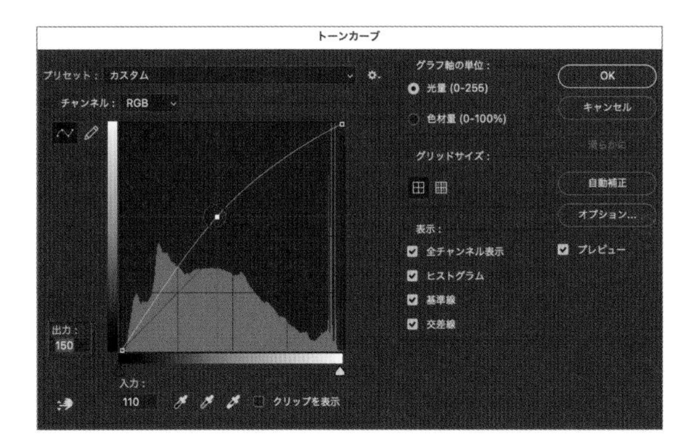


5 画像のシャドウ・ハイライトを大きく変えることなく、中間調が明るく補正されました。

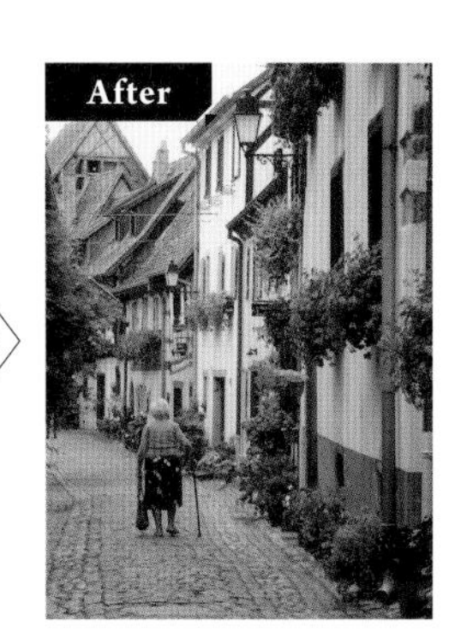


6 そのまま、シャドウ側の [入力] の30にコントロールポイントを追加し、[出力] の値が20になるまで下方向にドラッグします。

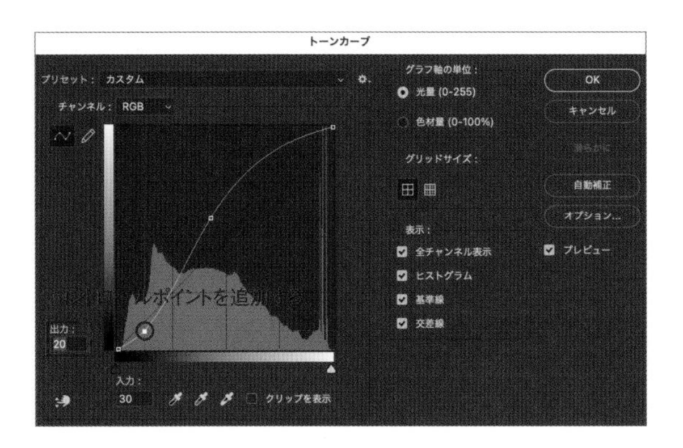

7 さらに、シャドウ側を中心に暗く補正することができます。

## トーンカーブで特定部分を基準に補正

1 トーンカーブを使って、画像内の特定の部分を基準に補正する方法を紹介します。素材「風景.jpg」を開き、[トーンカーブ] ダイアログを表示し、パネル内の指のマーク❶を選択します。

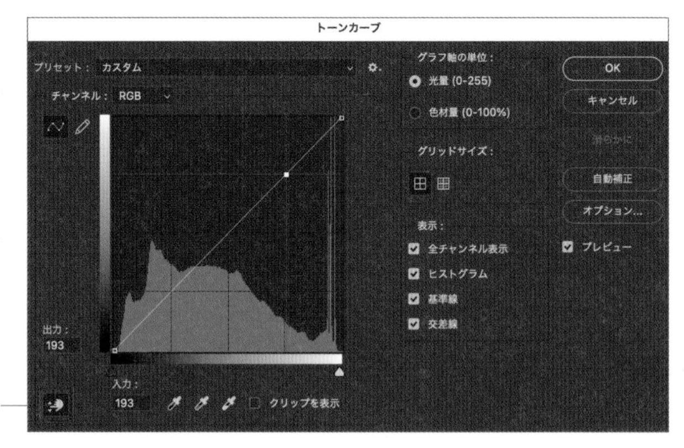


2 カンバス上にカーソルを合わせると、カーソルがスポイトの形に変更されます。カーソルを合わせている位置が、どの明るさなのかを [トーンカーブ] のグラフ上で確認することができます。

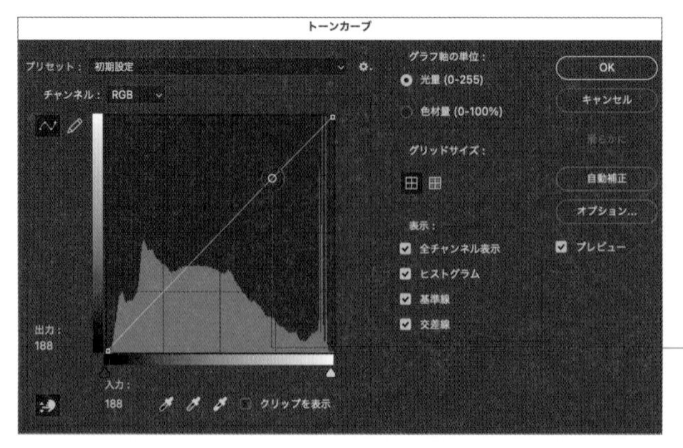

カーソルの動きと連動する

3 そのまま上下にドラッグすると、カーソルが の形に変更され、上方向にドラッグすると明るく、下方向にドラッグすると暗く補正することが可能です。上下の動作も［トーンカーブ］のグラフとリアルタイムに連動されます。

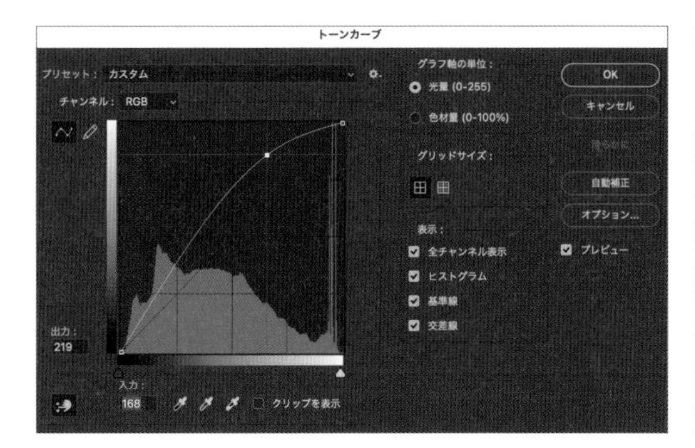


ドラッグで明るく補正

ドラッグで暗く補正

## ヒストグラムの詳細

［レベル補正］［トーンカーブ］を使った明るさの補正は、画像を見ながら直感的に操作することも可能ですが、ヒストグラムを知ることでより扱いやすくなります。画像のヒストグラムを使って解説します。
ヒストグラムの横軸は明るさを示しており、最も暗い部分を0、最も明るい部分を255として、左から右に0～255までの合計256段階の明るさを表しています。縦軸はその256段階の各明るさに、どれだけのピクセルを持っているかを示しています。ヒストグラムから、この画像はハイライト側に多くのピクセルを持っているが、最も明るいピクセルは少なく、最も暗いピクセルはほとんど無いことがわかります。

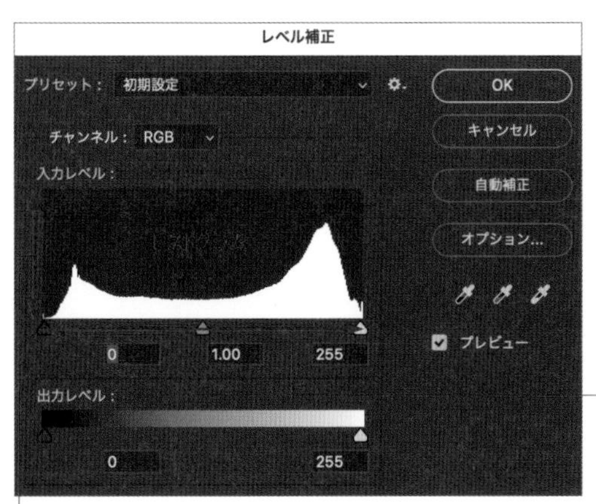

明るさ（0～255）

ピクセル数

このヒストグラムの情報に基づいて、たとえばコントラストの高い画像に補正しようとする場合、ハイライト側を少し、シャドウ側を多めに強調することでメリハリのある補正ができます。補正後のヒストグラムは下画像のようになり、シャドウ側にピクセルが多く存在している状態になります。

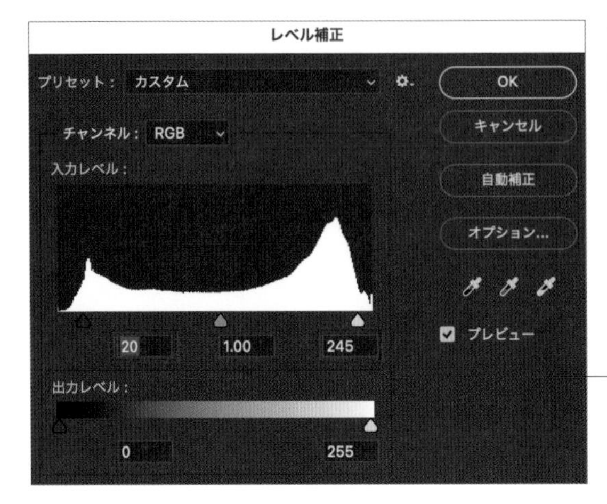

ハイライト側のピクセル数を減らしシャドウ側のピクセル数を増やすことで画像にメリハリを付けた

このように画像を見ただけでは気付きにくいような部分も、ヒストグラムと一緒に確認することで、より計画的に補正を行えます。

# 069 色相・彩度を調節して鮮やかにしたい

使用機能 [色相・彩度] ダイアログ

画像の色彩を調整して鮮やかに見せたい場合は、[色相・彩度] ダイアログを使用します。特定の色域だけの調整や、カラー範囲そのものの調整も行えます。

## [色相・彩度] ダイアログの詳細

1 素材「風景.jpg」を開きます。

2 [イメージ] メニュー→[色調補正]→[色相・彩度] をクリックします。

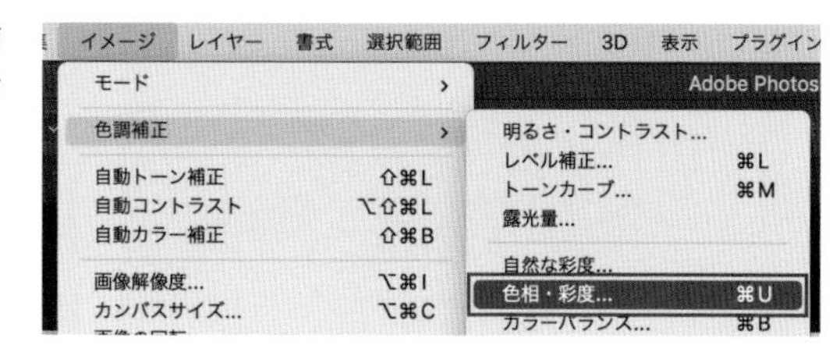


3 [色相・彩度] ダイアログが表示されます。[色相] [彩度] [明度] の3つのスライダを動かして調整します。[プレビュー] にチェックを入れておくことで、効果がリアルタイムにカンバスに反映されます。

チェックを入れておくと効果を確認しやすい

Chap 6 色補正のテクニック

## 色相

[色相] を動かすと色相が変化します。パネル下に表示される2つのカラーバーは、上が現在の色、下が変更後の色を表しています。上下を比較すると、建物のイエローやレッド系の色味がブルー系に変わり、青い船はイエロー系に変わっていることが確認できます。

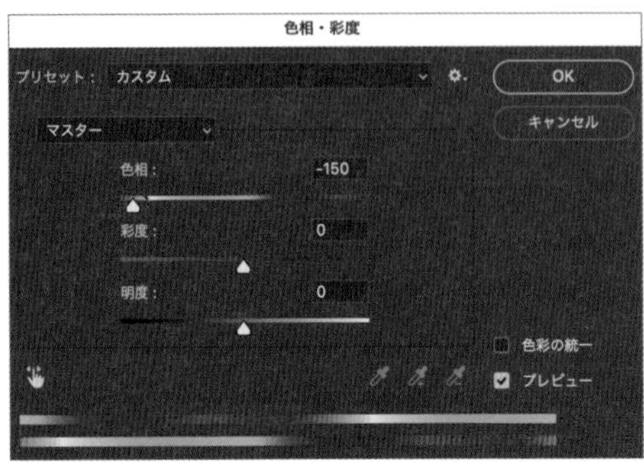

現在の色
変更後の色

## 彩度

[彩度] は右に動かすほど鮮やかになり、最も左側ではモノクロになります。

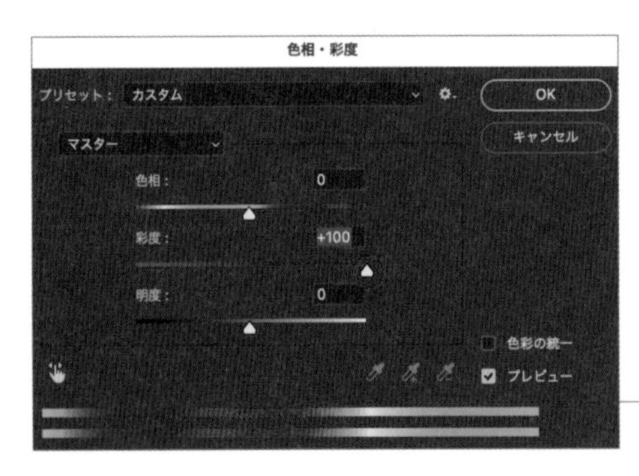

右に動かすほど鮮やかになる

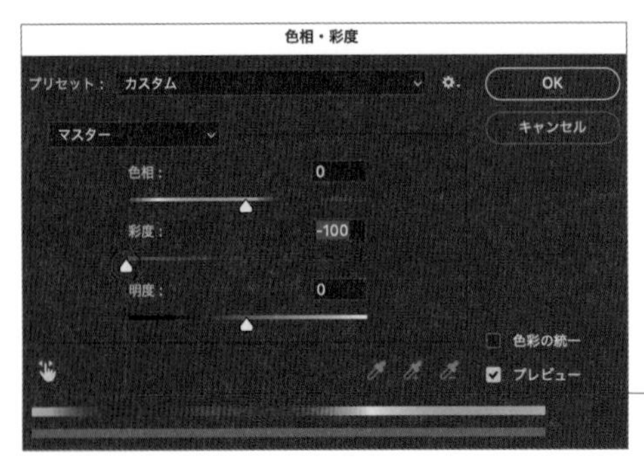

最も左側ではモノクロになる

## 明度

[明度] は右に動かすほど明るくなり、+100にすると白になります。

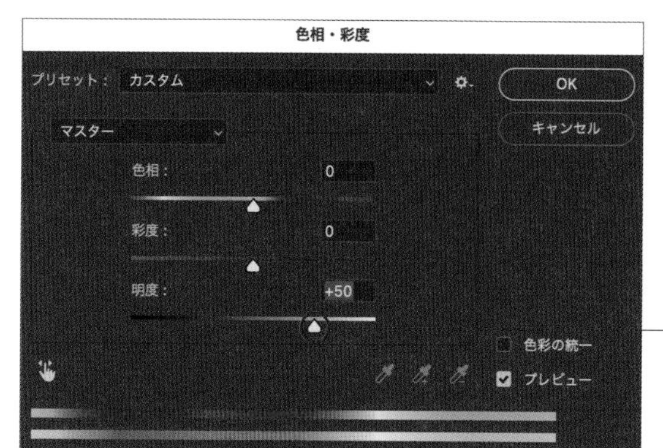

右に動かすほど明るくなる

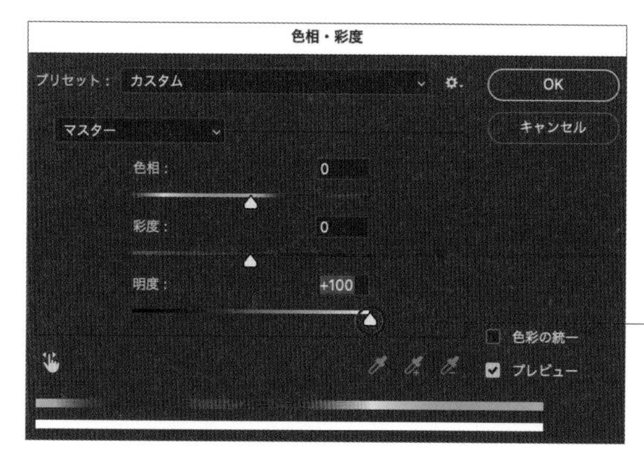

+100では白になる

反対に、左に動かすほど暗くなり、-100にすると黒になります。

-100では黒になる

## 特定の色域を調整

ダイアログ内の[マスター]と表示されている部分をクリックして選択すると、[レッド系][イエロー系][グリーン系][シアン系][ブルー系][マゼンタ系]のタブが開きます。それぞれ特定の色相に限定して補正することができます。

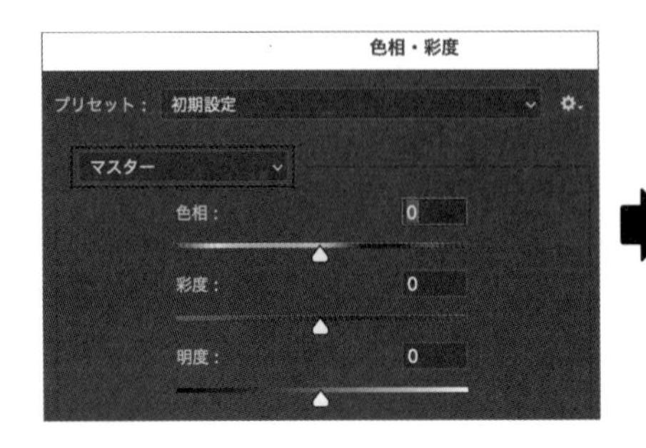


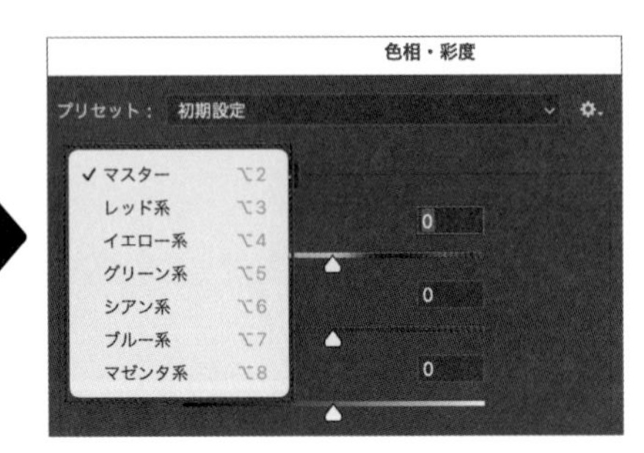


[イエロー系]を選択し[色相]を-30と設定すると、画像内のイエロー系の色だけを補正することができます。

イエロー系の色だけ補正

同様に[シアン系]を選択し[色相]を-140、[彩度]を+10とすると、画像内の[シアン系]の色だけを補正できます。

シアン系の色だけ補正

## カラー範囲を調整

タブから選択した特定の色域のカラー範囲を、さらに細かく指定することもできます。特定の色域を選択すると、パネル下に4つのスライダが表示されますⒶ。
中央の2つのスライダは選択しているカラーの範囲を示しており、外側の三角形の2つのスライダは、中央のスライダから徐々に調整を減らしていく範囲（フォールオフと言います）を示しています。4つのスライダの位置は数値で表されますⒷ。それぞれのスライダはドラッグして位置を変えることができ、中央のグレー部分をドラッグすると、すべてのスライダを均等に移動させることができます。カラー範囲を狭めることで絞り込んだカラーだけを調整したり、広げることで広範囲の色を調整したりといった使い方ができます。

## カンバス上でカラーを指定し、彩度を調整

ダイアログの左下にある指先のマークをクリックし、カンバス上にカーソルを合わせると❶、カーソルがスポイトの形に変わります❷。彩度を変更したい位置をクリックし、左右にドラッグすると、カーソルがのように変わります❸。右方向にドラッグすると彩度が上がり、左方向にドラッグすると彩度が下がります。シンプルな操作で、直感的に補正を行うことができます。

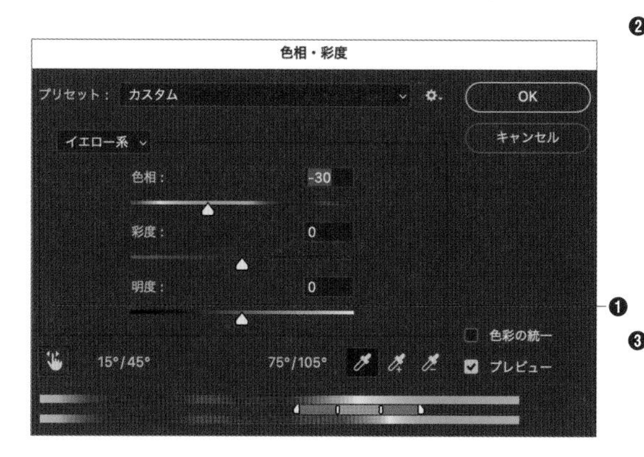


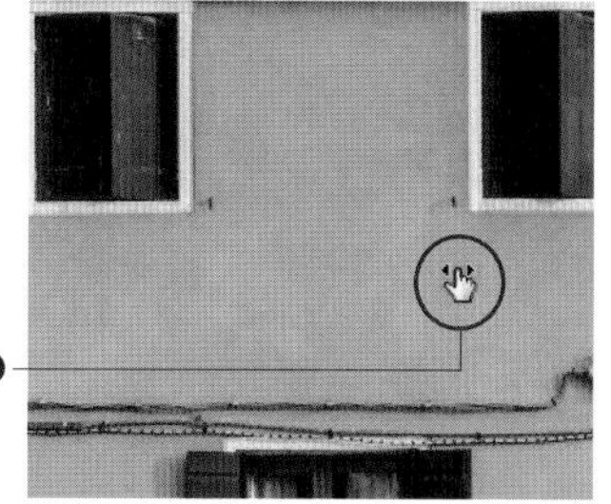

070

# カラーバランスを使って色を調節したい

使用機能 | [カラーバランス] ダイアログ

画像の色味を補正したい場合は、[カラーバランス] ダイアログが便利です。補正したい階調ごとに [シアン／レッド] [マゼンタ／グリーン] [イエロー／ブルー] の3つの色味を調整できます。

## [カラーバランス] ダイアログの詳細

1 素材「風景.jpg」を開き、[イメージ] メニュー→[色調補正]→[カラーバランス] をクリックします。

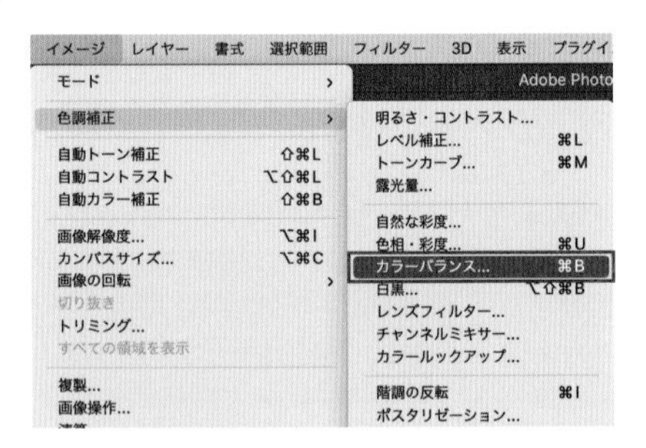


2 [カラーバランス] ダイアログが表示されます。[階調のバランス] にある [シャドウ] [中間調] [ハイライト] から補正したい階調を選択し❶、[カラーレベル] の3つのスライダを使って補正します❷。各スライダは [-100～+100] の範囲で設定します。たとえば [シアン] を足したいときはシアン側にスライドさせ、[シアン] を抜きたいときは反対側の [レッド] 側にスライドさせて調整します。

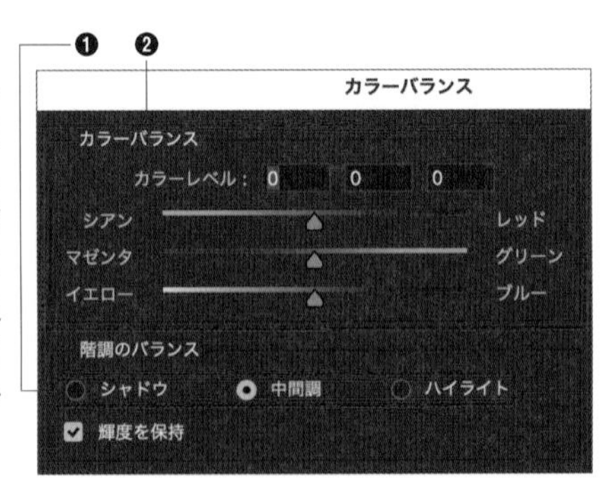

3 素材画像をビーチの風景らしいクリアな色味に補正してみます。[中間調]を選択し❶、[シアン／レッド]を-30、[マゼンタ／グリーン]を0、[イエロー／ブルー]を+30とします❷。これで[中間調]にシアンとブルーの青味が足されたことになります。

ブルーの青味が足された

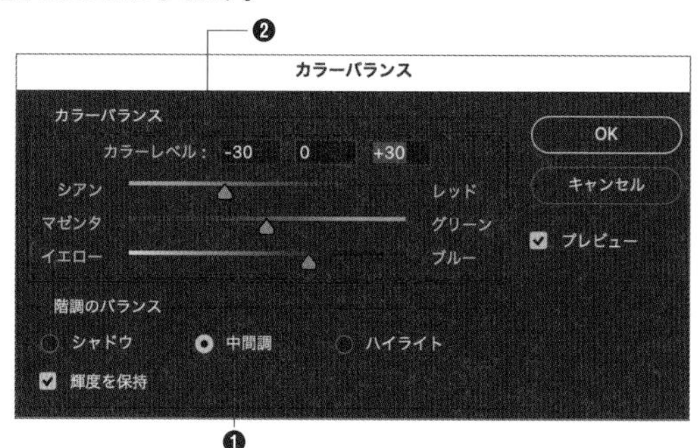


4 続けて[ハイライト]を選択し❶、[シアン／レッド]を-30、[マゼンタ／グリーン]を0、[イエロー／ブルー]を+20とします❷。これでハイライトにもシアンとブルーの青味が足されて、クリアな印象になります。

クリアな印象になった

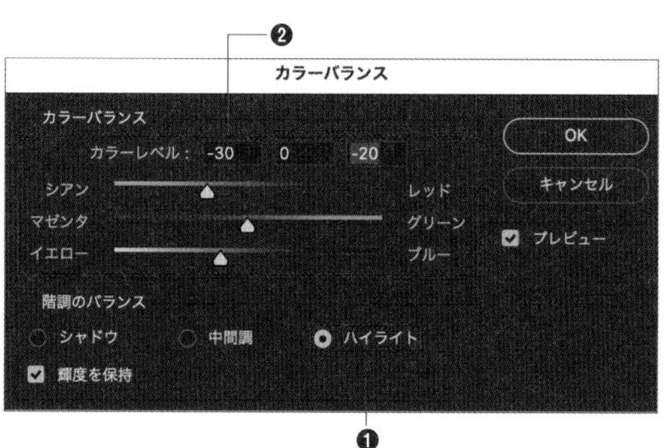


5 最後に[シャドウ]を選択し❶、[シアン／レッド]を+30、[マゼンタ／グリーン]を+20、[イエロー／ブルー]を-20とします❷。中間調・ハイライトとは逆方向のカラーにしています。シャドウを反対の色にすることで、コントラストが高まります。[グリーン]は、植物のカラーを強調するために足しています。

コントラストが高まった

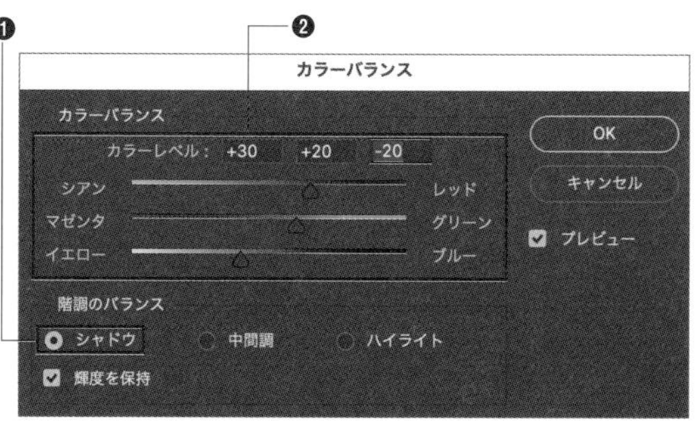

# 071 アルファチャンネルの使い方を知りたい

使用機能　アルファチャンネル、[選択] ツール

アルファチャンネルを使って複雑な選択範囲を作成する方法と、その活用方法を紹介します。ここでは、風景の中の花の選択範囲を作成していきながら、アルファチャンネルの使い方を解説します。

## チャンネルの確認

**1** 素材 [風景.jpg] を開き、[ウィンドウ] メニュー→ [チャンネル] をクリックします。

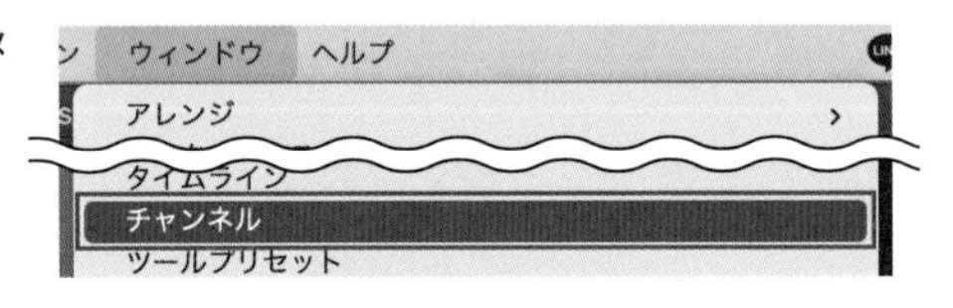


**2** [チャンネル] パネルが開きます❶。チャンネルパネルは通常 [RGB] [レッド] [グリーン] [ブルー] が表示された状態 (目のマークがついている状態) ですⒶ。[レッド] [グリーン] [ブルー] を選択すると、画像のそれぞれの色の要素をグレースケール化した状態で見ることができますⒷ。

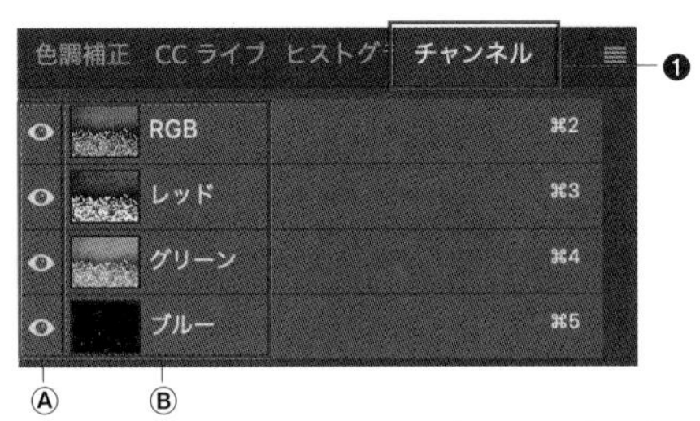


[レッド] を選択します。花の部分がくっきりと白くなり、その他はグレーから黒で表示されています。白く表示されているほどその要素が多く、黒く表示されているほどその要素が少ないということになります。

[レッド] を選択

[グリーン] を選択します。全体が薄い白で表示されているので、全体的にグリーンの要素が多いことがわかります。

[グリーン] を選択

[ブルー] を選択します。全体が黒く表示されているので、全体的にブルーの要素が少ないことがわかります。

[ブルー] を選択

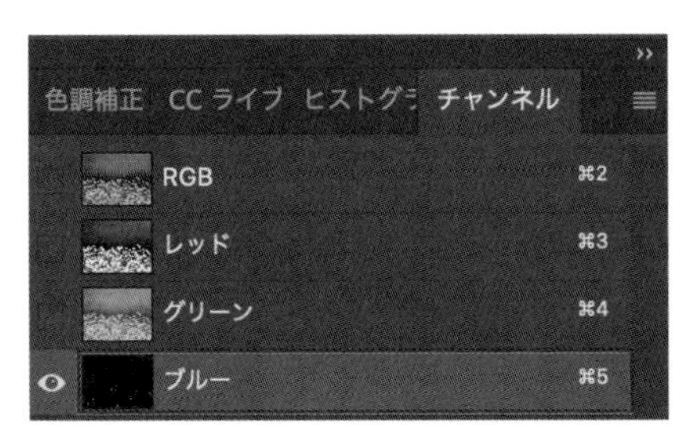


## チャンネルの複製

1 確認したRGBの要素から、黄色い花の要素を多く含んでるのは、チャンネル [レッド] であることがわかります。花の選択範囲を作成するために、チャンネル [レッド] を編集していきます。チャンネル [レッド] を選択し、control キーを押しながらクリックして表示されるメニューから、[チャンネルを複製] を選択します。

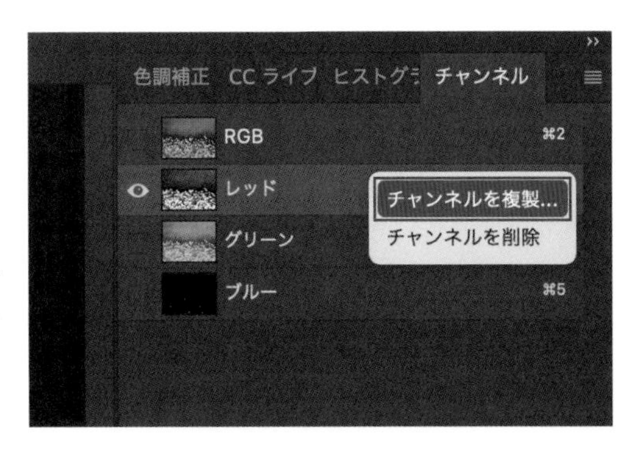


2 [チャンネルを複製] ダイアログが表示されるので、そのまま [OK] ボタンをクリックします。

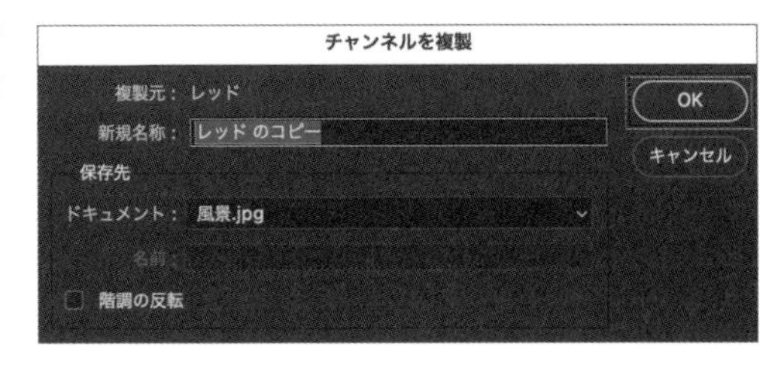

3 チャンネル［レッド］が複製されました。

## チャンネルの調整

1 チャンネルは［レベル補正］でコントラストを調整したり、ブラシで塗って範囲を調整したりすることができます。チャンネル［レッドのコピー］を選択し❶、［イメージ］メニュー→［色調補正］→［レベル補正］を選択します❷。

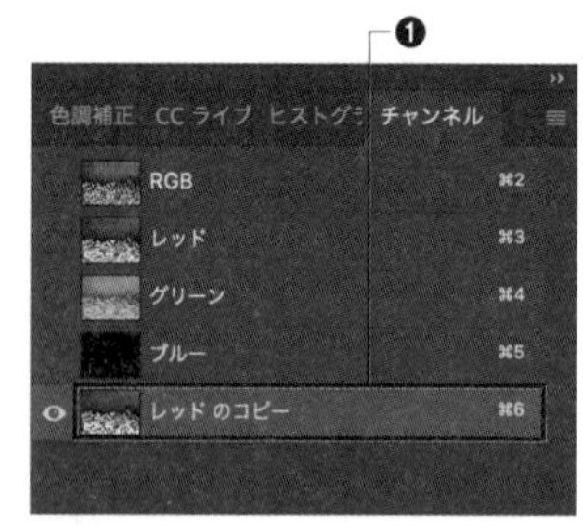


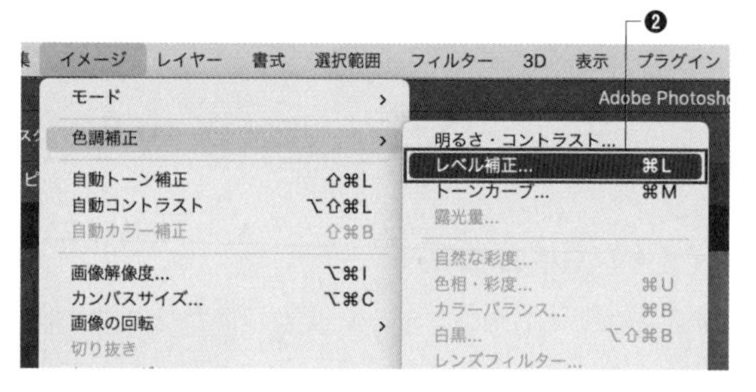


2 画像のようにコントラストを高く補正します❶。［OK］ボタンをクリックします❷。コントラストが高まりました。

- **シャドウ入力レベル** …… 25
- **中間色入力レベル** …… 0.85

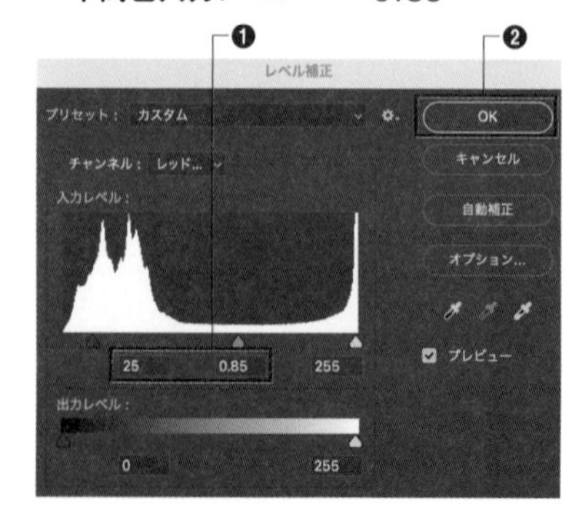

3 背景（画面上部）は必要ないので、黒く塗ります。［ブラシ］ツールを選択し❶、［描画色］は#000000を設定します❷。画面上部の不必要な部分をドラッグして塗ります❸。花のみが白く表示されている状態となります。

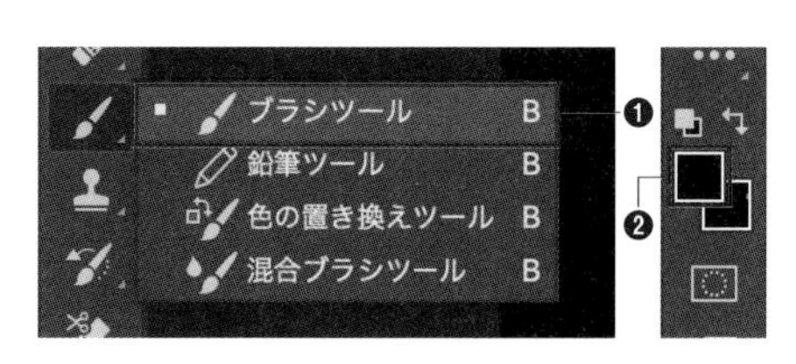

4 調整したチャンネルから選択範囲を作成し、新規レイヤーを作成します。チャンネル［レッドのコピー］を選択し❶、command キーを押しながらクリックすると、選択範囲が作成されます❷。

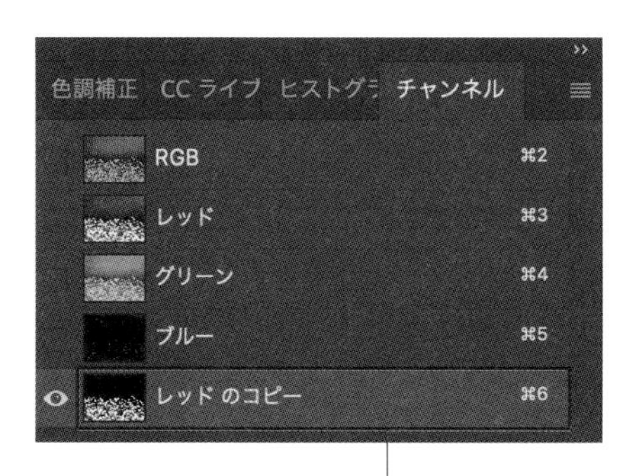

❷ command ＋クリックで選択範囲が作成される

5 そのまま、チャンネル［RGB］を選択します。画像がカラー状態（RGB）で表示されます。

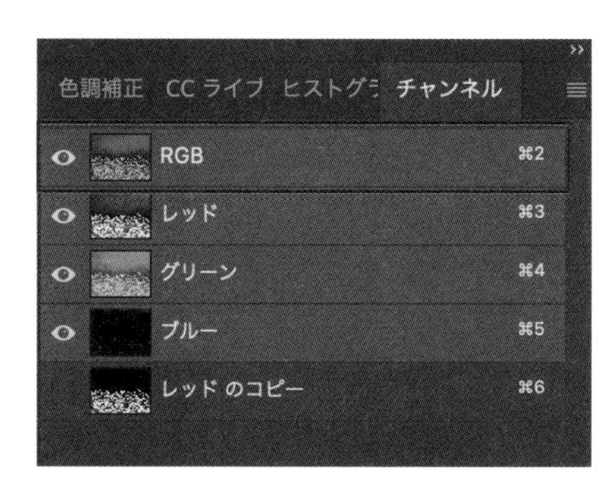

チャンネル［RGB］を選択するとカラー表示に戻る

6 ［レイヤー］パネルから、レイヤー［背景］を選択します❶。［選択］ツールにし❷、カンバス上で control キーを押しながらクリックして表示されるメニューから［選択範囲をコピーしたレイヤー］を選択します❸。

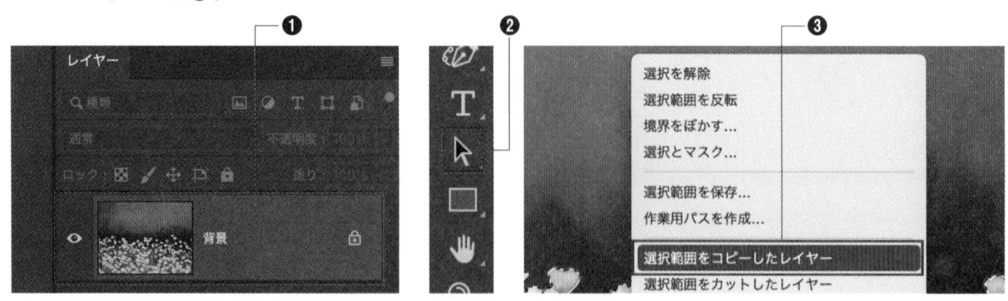


**Memo** ［レイヤー］パネルが表示されていない場合は、［ウィンドウ］メニュー→［レイヤー］をクリックします。

7 選択範囲から、新規レイヤー［レイヤー1］が作成されます。レイヤー［レイヤー1］のみを表示してチャンネル［RGB］を選択します。画像がカラー状態（RGB）で表示されます。 花の部分だけが切り抜かれたことがわかります。

## チャンネルを利用して切り抜いたレイヤーの利用

1 チャンネルを利用して切り抜いた花部分だけの色を変更します。レイヤー［レイヤー1］を選択し❶、［イメージ］メニュー→［色調補正］→［色相・彩度］を選択します❷。

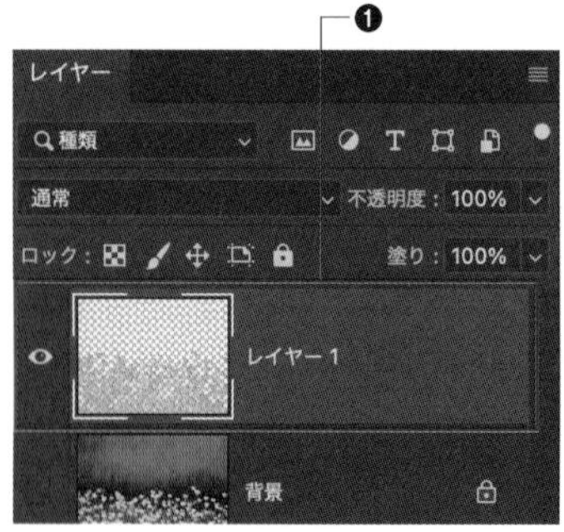


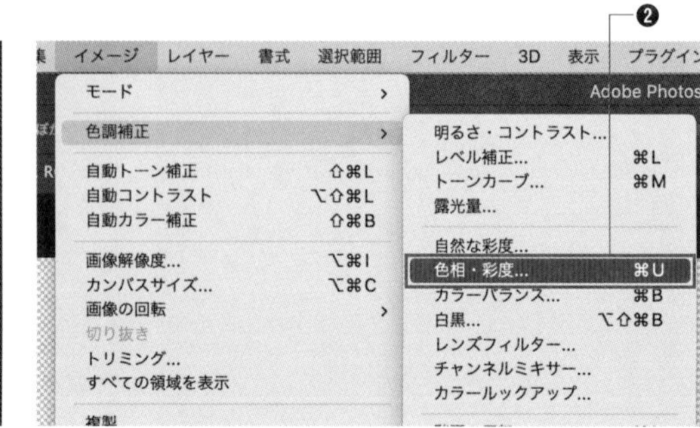

2 [色相・彩度]ダイアログが表示されるので、[色相]-35と設定します。

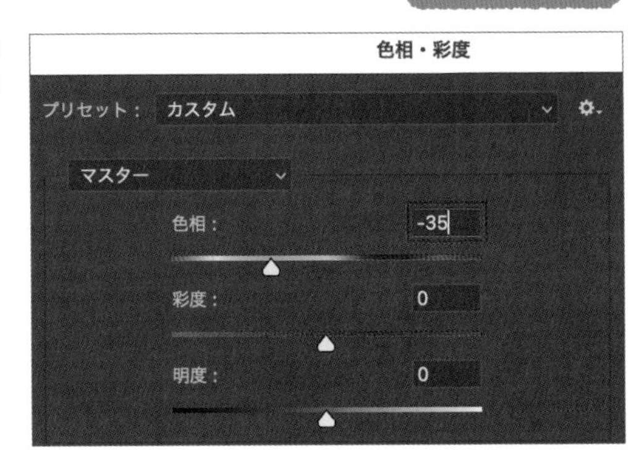


3 花だけの色を変更することができます。

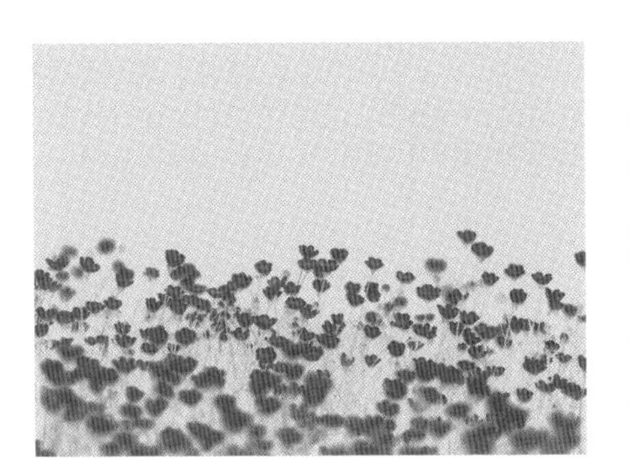

4 レイヤー[背景]も表示すると、花の色だけそっくり色が変わったように見えます。このようにアルファチャンネルを使うと、細かな選択範囲の調整や、作成が可能です。

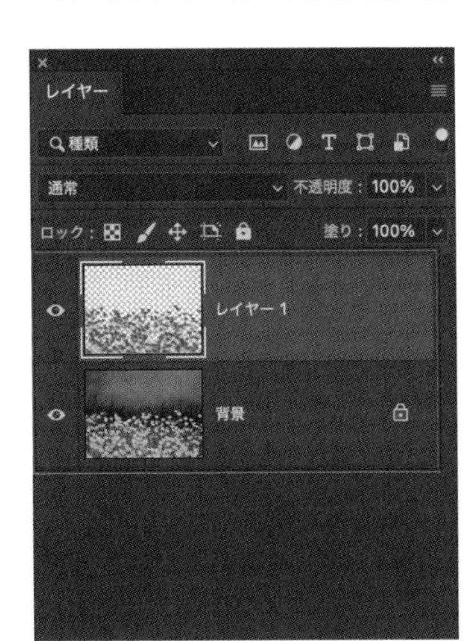


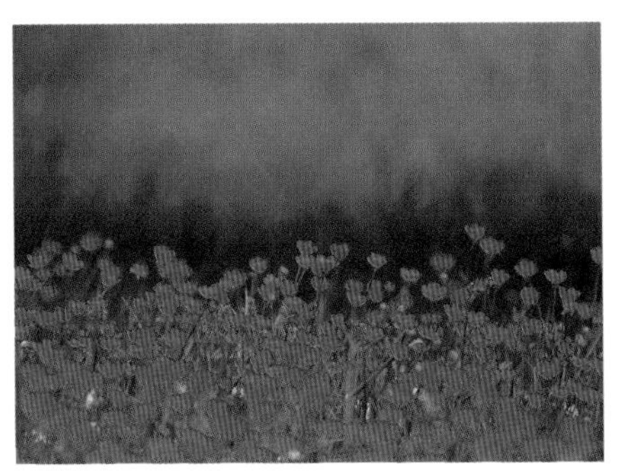

# 072 レイヤーで色調補正したい

使用機能 | 調整レイヤー

色調補正をレイヤーで行うこともできます。色調補正を行うレイヤーを「調整レイヤー」と言います。レイヤーなので画像の劣化なしに再適用や微調整ができるメリットがあります。

## 調整レイヤーを利用するメリット

各種の色調補正はレイヤー▸▸022として扱うことができます。画像に適用したレベル補正や色相・彩度などの補正は、一度適用すると、[ヒストリー] パネルで適用前に戻らない限り、再修正することはできません。対して調整レイヤーは、適用した各種色調補正の情報が保存された状態となるので、再適用や微調整が可能です。また、再適用を繰り返しても画像の劣化がありません。さらに、レイヤーマスク▸▸037を調整し、部分的に効果を反映させるといったことも可能です。

## 調整レイヤーの追加

素材「調整レイヤー.jpg」を開きます。[レイヤー] メニュー→[新規調整レイヤー] をクリックして表示されるメニューから、各種調整レイヤーを追加できます。

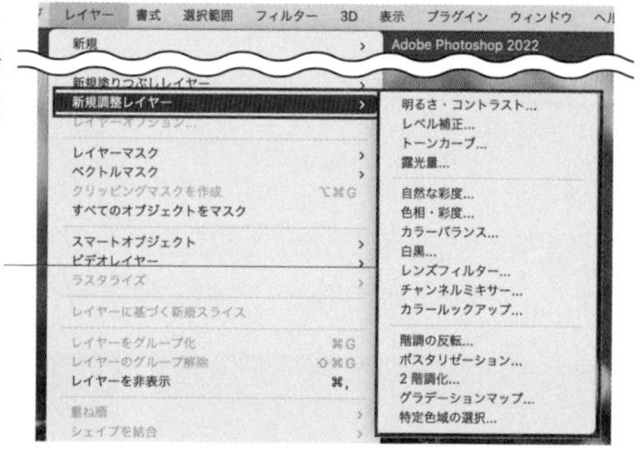


各種調整レイヤー

**Memo** 調整レイヤーはこの他にも、[レイヤー] パネル内の [塗りつぶしまたは調整レイヤーを新規作成] ボタンから選択Ⓐ、[色調補正パネル] から選択Ⓑの方法でも追加できます。

Ⓐ

Ⓑ

## レベル補正や色相・彩度を利用した一部だけの色変更

**1** 調整レイヤー[レベル補正]を追加すると、デフォルトでレイヤーマスクも追加された状態となります❶。［プロパティ］パネルを表示していない状態では、同時に[プロパティ]パネルが表示されます❷。好みで明るく補正し、適用します。

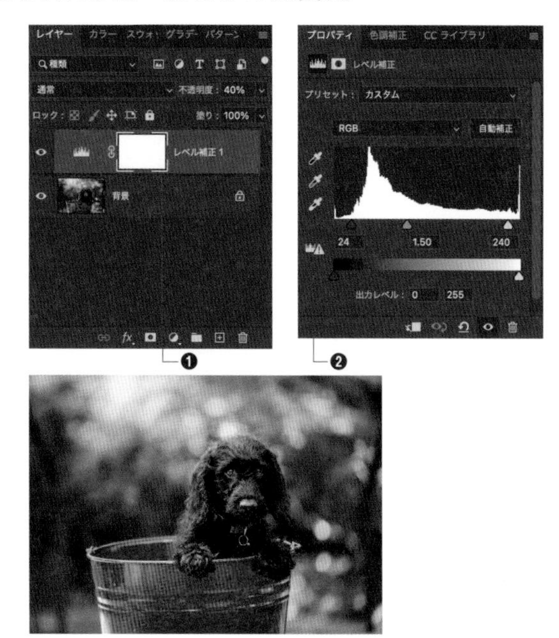


**2** さらに調整レイヤー[色相・彩度]を追加します❶。同様に[プロパティ]パネルが表示されるので、[色相]を-120とします❷。

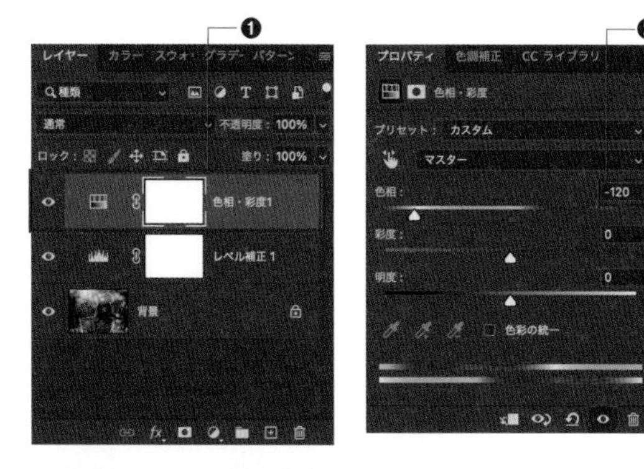

3 レイヤーマスクサムネールを選択し❶、[ブラシツール]を選択し❷、[描画色]を#000000と設定して❸、バケツ以外の部分をマスクすると❹、バケツ部分だけの色を変えることができます。

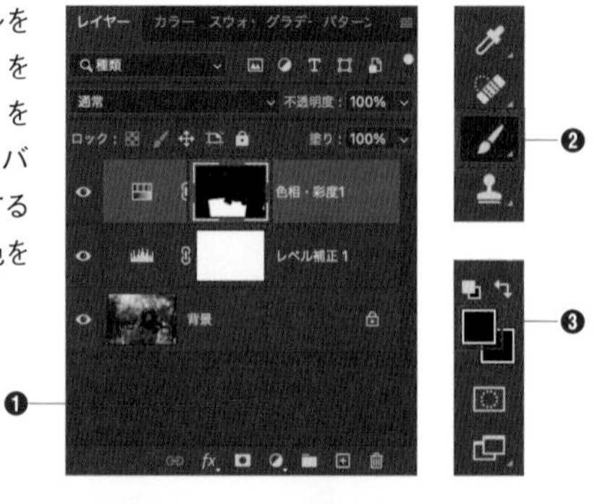

バケツ部分以外の色は戻り、バケツ部分だけの色を変えることができた

## 調整レイヤーの構造

1 調整レイヤーは下位のレイヤーに適用されます。素材「調整レイヤー・スマートオブジェクト.psd」を開きます。素材は4つのレイヤーで構成されています。

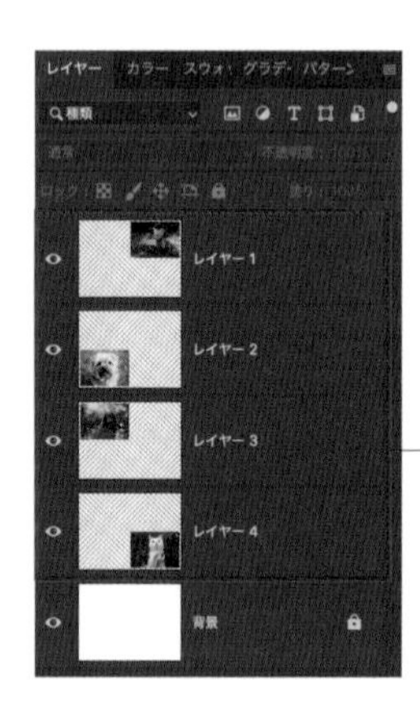

4つのレイヤーで構成されている

2 [レイヤー3]を選択し、調整レイヤー[白黒]を追加すると、調整レイヤー[白黒1]より下位のレイヤーのみ白黒の画像になっていることがわかります。

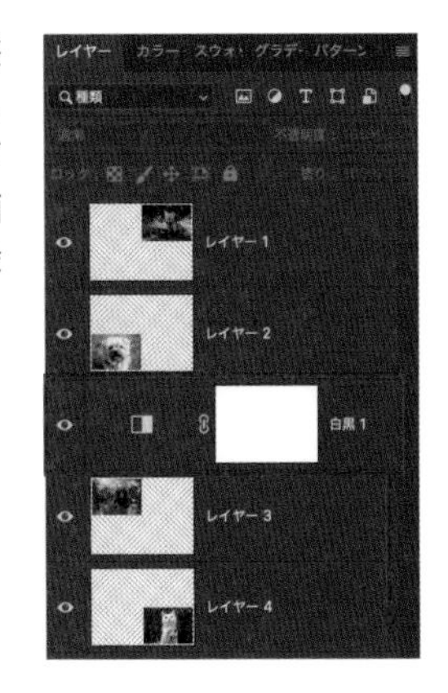

下位のレイヤーのみに適用された



## 特定のレイヤーのみに適用

1 クリッピングマスク ▸▸037 を利用すると特定のレイヤーのみ調整レイヤーを適用することもできます。調整レイヤー[白黒1]を選択し❶、control キーを押しながらクリックして表示されるメニューから、[クリッピングマスクを作成]を選択します❷。

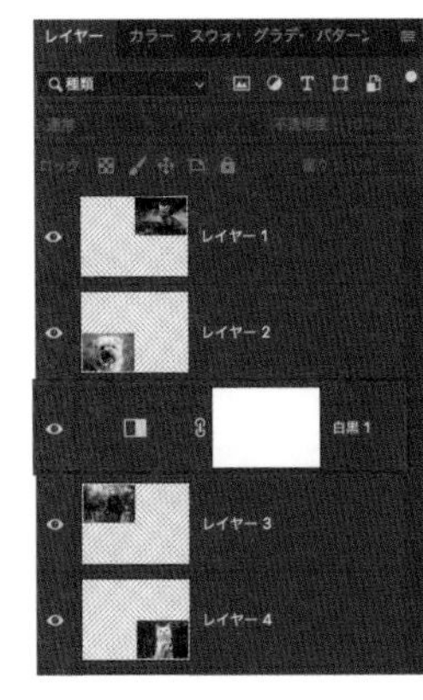


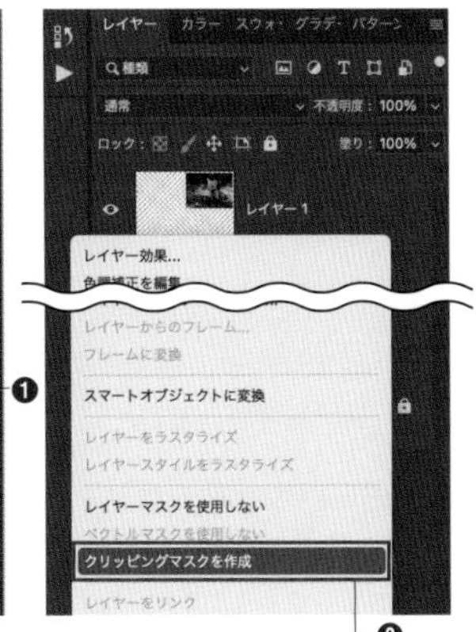


2 [レイヤー3]の犬だけが白黒になります。このように、調整レイヤーは位置によって下位のレイヤーすべてに効果を与えたり、クリッピングマスクを適用したレイヤーのみ効果を与えたりといったことが可能です。また、通常のレイヤーのように、[不透明度]や[描画モード]を変更することも可能です。

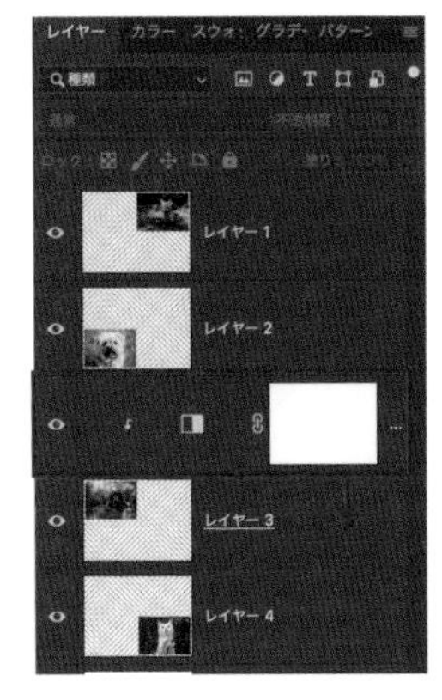

[レイヤー3]のみに適用された

# 073 特定の色だけ補正したい

使用機能 | 特定色域の選択

[特定色域の選択] ダイアログを使用すると、特定色域だけの補正が行えます。それぞれ異なった幻想的な効果を画像に与えることができます。

## 特定色域の選択を使った色補正

1 素材「風景.jpg」を開き、[イメージ] メニュー→[色調補正]→[特定色域の選択] をクリックします。

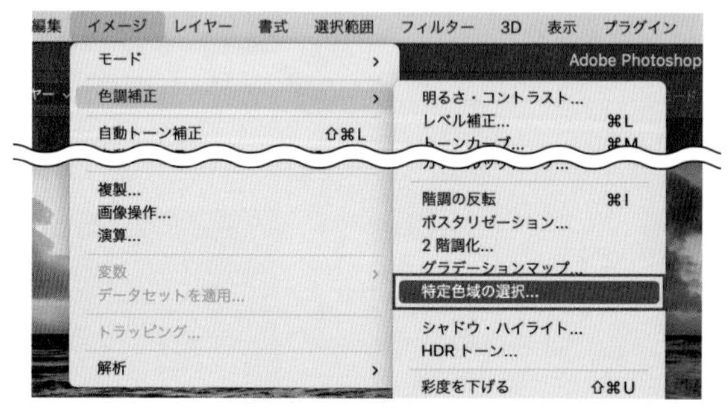


2 [特定色域の選択] ダイアログが表示されます。

Ⓐ **[カラー] タブ** …… 補正したい色域を指定します。開くと [レッド系] ～ [ブラック系] までの9のカラーを選択できます。

Ⓑ **各色スライダ** …… [カラー] タブでそれぞれのカラーを選んでから、さらに [シアン] [マゼンタ] [イエロー] [ブラック] のスライダを-100～+100%の範囲で足し引きして調整し色を補正します。

Ⓒ **[選択方式]** …… [相対値] は現在のピクセルに含まれるカラー比率に対して調整されます。[絶対値] は+-したぶんだけカラーが変わります。数値と効果をわかりやすくするためには、[絶対値] にチェックを入れます。

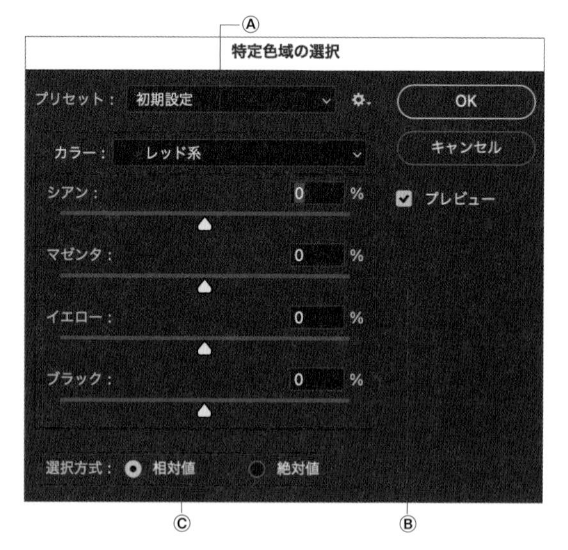

3 ここでは、夕日を強調し風景全体を黄や紫系の色に補正し幻想的な風景に補正してみたいと思います。[レッド系]を選択し、設定します。レッド系は夕日や手前の砂浜の暗い部分に含まれているので、[シアン]をマイナスにし、[マゼンタ][イエロー]を足して赤味を強めています。

元画像

- **[シアン]**…… -50%
- **[マゼンタ]**…… +30%
- **[イエロー]**…… +10%
- **[ブラック]**…… +10%

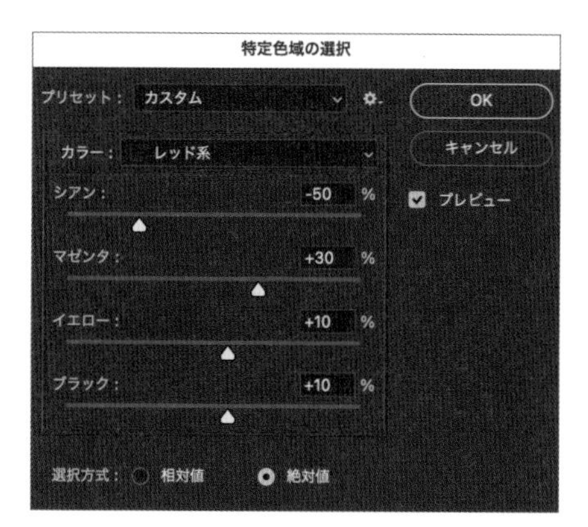

[レッド系]の補正

**4** ［イエロー系］を選択し、設定します。［イエロー系］は夕日や砂浜の明るい部分に含まれているので、［シアン］を大きく抜き［イエロー］を足して夕日のオレンジが強調されるようにしています。

- **［シアン］**…… -50％
- **［マゼンタ］**…… -15％
- **［イエロー］**…… +30％
- **［ブラック］**…… 0％

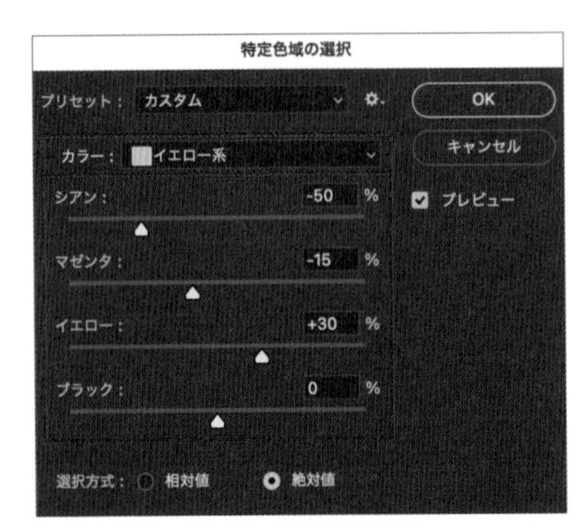

［イエロー系］の補正

**5** ［シアン系］を選択し、設定します。水面や空の明るい水色部分に含まれているので、［シアン］を足し、［イエロー］を抜くことで青味を足し、［ブラック］を少しマイナスにすることで明るくします。

- **［シアン］**…… +20％
- **［マゼンタ］**…… 0％
- **［イエロー］**…… -10％
- **［ブラック］**…… -20％

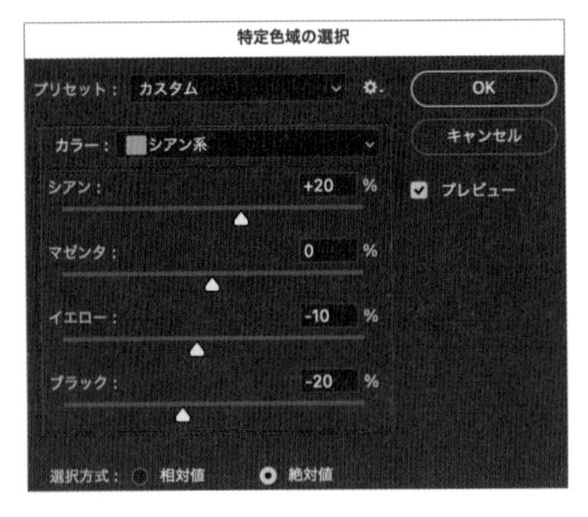

［シアン系］の補正

**6** ［ブルー系］を選択し、設定します。［ブルー系］は全体の影の部分に含まれています。［シアン］を抜き、［マゼンタ］を足して影に紫色を追加しています。［イエロー］は抜くことで右上の空にブルー系を足し、青紫を感じるようにしています。影に多く含まれているので［ブラック］を足してコントラストを付けています。

- **［シアン］**…… -80%
- **［マゼンタ］**…… +25%
- **［イエロー］**…… -35%
- **［ブラック］**…… +30%

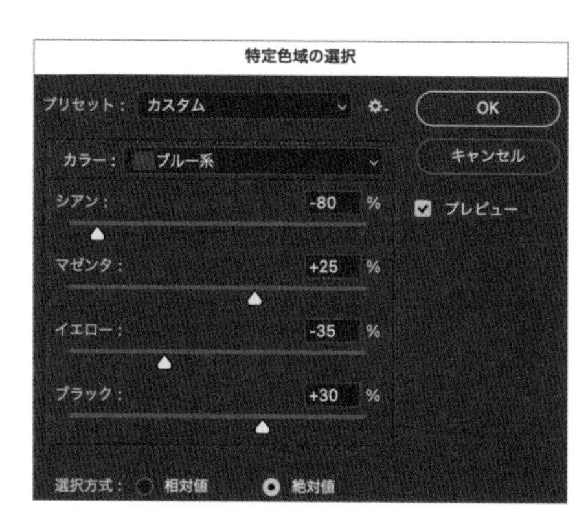

［ブルー系］の補正

**7** ［白色系］を選択し、設定します。［ブラック］をマイナスにすることで、夕日の周辺や海面のハイライトを強調しています。

- **［シアン］**…… 0%
- **［マゼンタ］**…… 0%
- **［イエロー］**…… 0%
- **［ブラック］**…… -10%

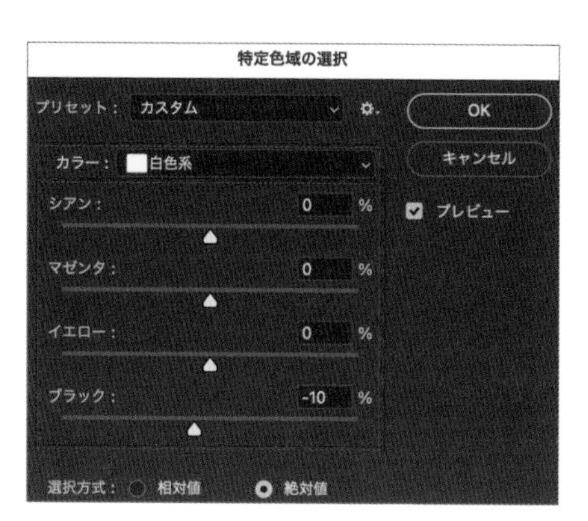

［白色系］の補正

8 [中間色系] を選択し、設定します。[シアン] を抜いて [マゼンタ] を足し赤紫の色味を足し、[イエロー] を少し足しています。[ブラック] はマイナスにすることで全体を明るくしています。

- **[シアン]**…… -10%
- **[マゼンタ]**…… +10%
- **[イエロー]**…… +5%
- **[ブラック]**…… -10%

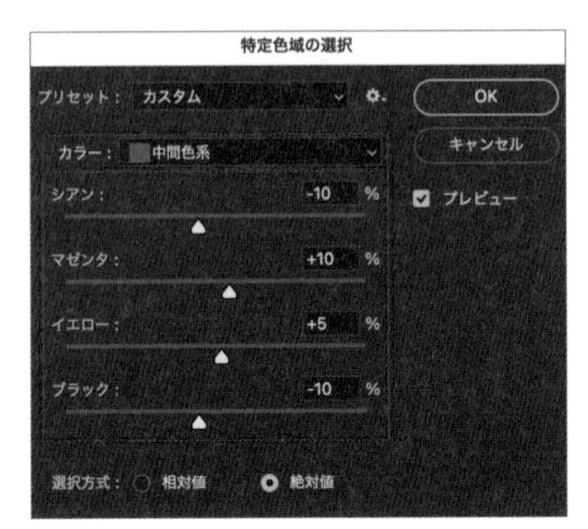

[中間色系] の補正

9 [ブラック系] を選択し、設定します。最も手前の影や雲の影に多く含まれているので、[シアン] を抜いて [マゼンタ] [イエロー] を足し影に青紫の色味を足しています。

- **[シアン]**…… -10%
- **[マゼンタ]**…… +10%
- **[イエロー]**…… +10%
- **[ブラック]**…… 0%

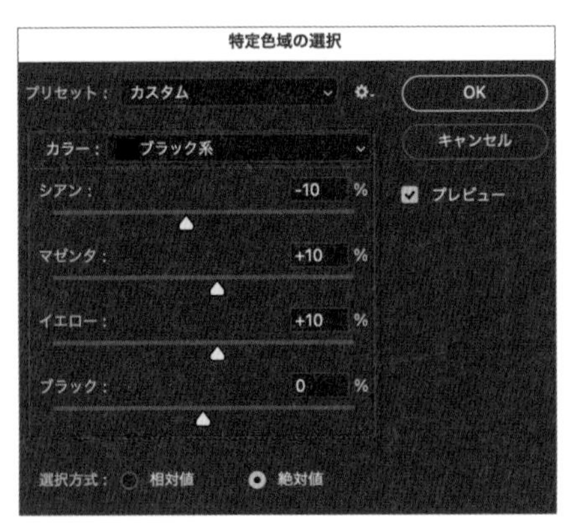

[ブラック系] の補正

# 074 写真を2階調化したい

**使用機能** グレースケール、カットアウト、モノクロ2階調

白と黒の2色だけで表現された状態を2階調と言います。写真に2階調化の加工を行うと、イラストやポップアート風の画像に仕上げることができます。

## 2階調化とは

2階調とは、白と黒2色だけで表現された状態です。中間調のない白黒のみのシャープな印象になります。写真をイラストやポップアート風の表現にすることができ、印刷においては、Tシャツの印刷などで使用されるシルクスクリーン印刷のように色数が限られた場面で使用します。

## 写真の2階調化

**1** 素材「人物.jpg」を開きます。[イメージ]メニュー→[モード]→[グレースケール]をクリックします。グレースケールにしておくことで、最後に2階調化した際のイメージをつかみやすくします。

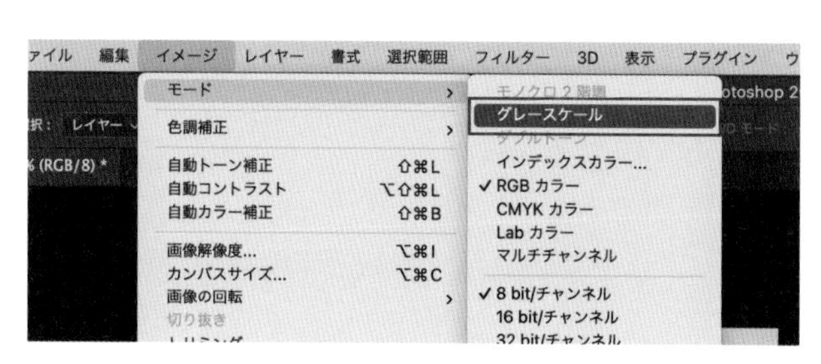

カラー情報を破棄する

2 [イメージ]メニュー→[色調補正]→[レベル補正]をクリックして[レベル補正]ダイアログを表示し、コントラストを上げるように設定します。

Ⓐ**シャドウ入力レベル** …… 10
Ⓑ**ハイライト入力レベル** …… 240

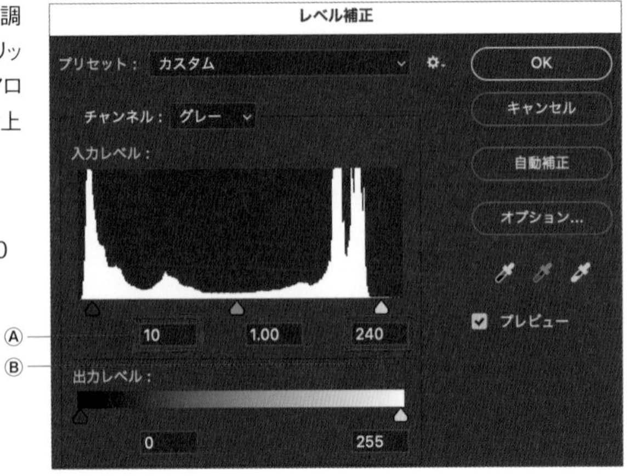


3 ぼかしを加え、カットアウトで加工します。[フィルター]メニュー→[ぼかし]→[ぼかし(ガウス)]をクリックします。

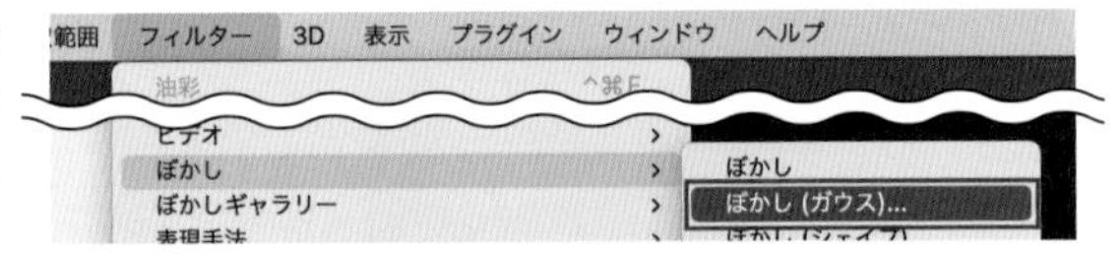


4 [半径]を1.5pixelとし❶、[OK]ボタンをクリックします❷。こうしてぼかしを加えておくことで、仕上がりが滑らかになります。

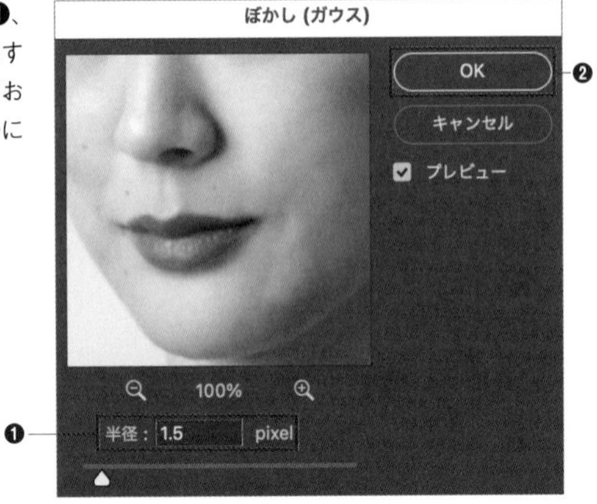


5 [フィルター]メニュー→[フィルターギャラリー]をクリックします。

6 専用のウィンドウに切り替わります。[アーティスティック]→[カットアウト]を選択し❶、[レベル数]を2❷、[エッジの単純さ]を0❸、[エッジの正確さ]を3と設定します❹。[OK]ボタンをクリックします❺。

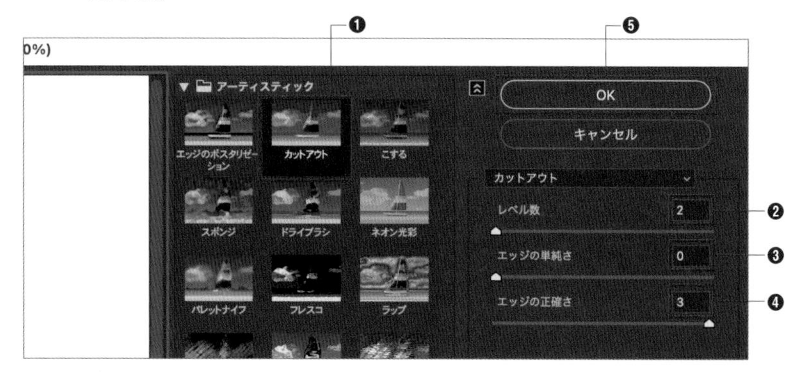


Memo 画像をそのまま2階調化すると、多くの場合、エッジがシャープになりすぎて荒い仕上がりになってしまうため、[カットアウト]を行うことでエッジを滑らかに仕上げることができます。

7 最後に2階調化します。[イメージ]メニュー→[モード]→[モノクロ2階調]をクリックします。

8 [出力]は300のまま[OK]ボタンをクリックし、完成です。

**POINT**

思うように2階調化できない場合は、[レベル補正]の工程を見直してみましょう。極端にコントラストを付けてしまうと、明るい部分が飛んでしまったり、暗い部分が潰れてしまったりします。

# 075 写真をHDR風加工したい

使用機能 | HDRトーン

1ステップで簡単にHDR風加工を行います。

## HDR風加工とは

HDR（High Dynamic Range、ハイダイナミックレンジ）で撮影された画像や映像は、従来よりも白飛びや黒つぶれのない、広い明るさの幅を表現できます。Photoshopの[HDRトーン]を使うことで1枚の写真からHDR風の画像を作成することができます。

## 写真のHDR風加工

1. 素材「風景.jpg」を開きます。［イメージ］メニュー→［色調補正］→［HDRトーン］をクリックします。

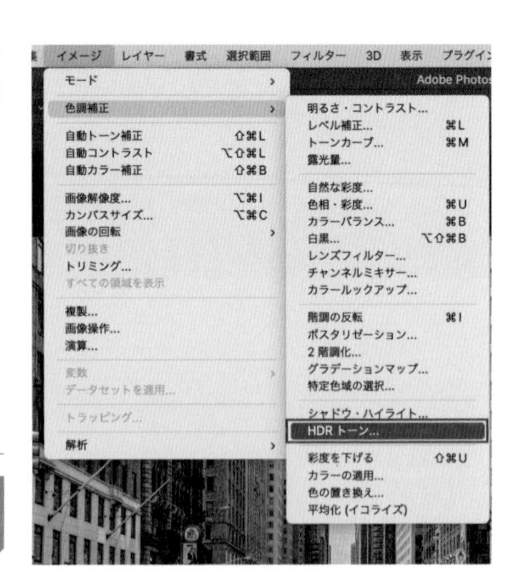


**POINT**

HDRトーンはできるだけカラフルな元画像を用意するとより効果がわかりやすくなります。

2

[HDRトーン] ダイアログが表示されます。[エッジ光彩]の[半径]を45px❶、[強さ]を1.60とします❷。画面奥の空が飛んでしまうので、[トーンとディテール] の [ガンマ] を0.90として落ち着かせました❸。[OK] ボタンをクリックします❹。

[エッジ光彩]

- **[半径]** …… 45px
- **[強さ]** …… 1.60

[トーンとディテール]

- **[ガンマ]**…… 0.90%

3

1ステップでHDR風加工ができました。

## POINT

適用したい画像に合わせて[HDRトーン]の各項目を微調整しましょう。ダイアログ下部にある[トーンカーブおよびヒストグラム]をクリックすると、トーンカーブとヒストグラムが表示されます。こちらを確認しながら調整してもよいでしょう。

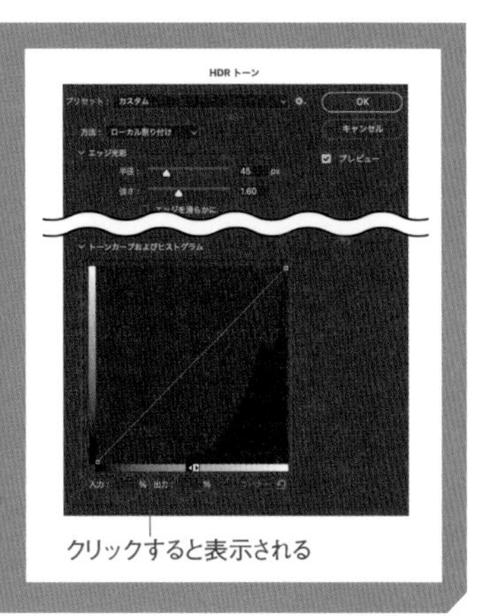

# 076 雰囲気のあるグラデーション効果を加えたい

使用機能　グラデーションマップ

グラデーションマップを追加することで、簡単な工程で雰囲気のあるグラデーション加工ができます。

## グラデーションの適用

1. 素材「背景.jpg」を開きます。［レイヤー］パネルから［塗りつぶしまたは調整レイヤーを新規作成］ボタンをクリックし❶、表示されるメニューから［グラデーションマップ］をクリックします❷。

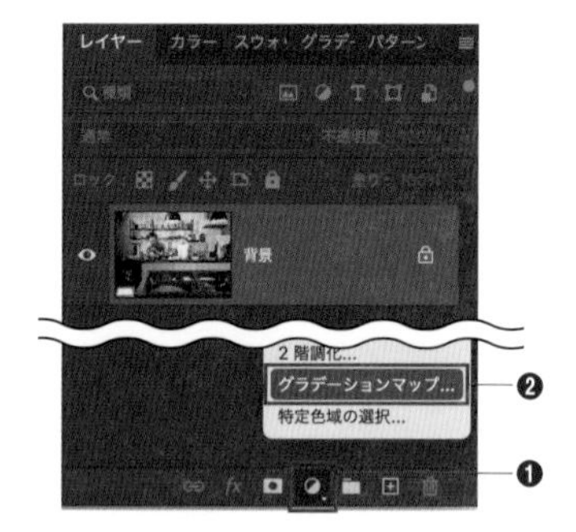


2. レイヤーパネル上で最上位になるように、グラデーションマップが配置されます❶。［プロパティ］パネルにあるグラデーションを選択します❷。

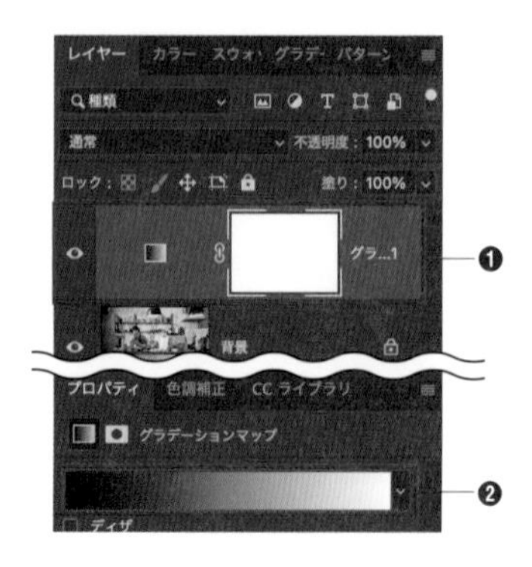

3 [グラデーションエディター] ダイアログが開きます。グラデーションのカラーを設定します。左側のカラー分岐点を#600db4、右側のカラー分岐点を#e8ce22とします。

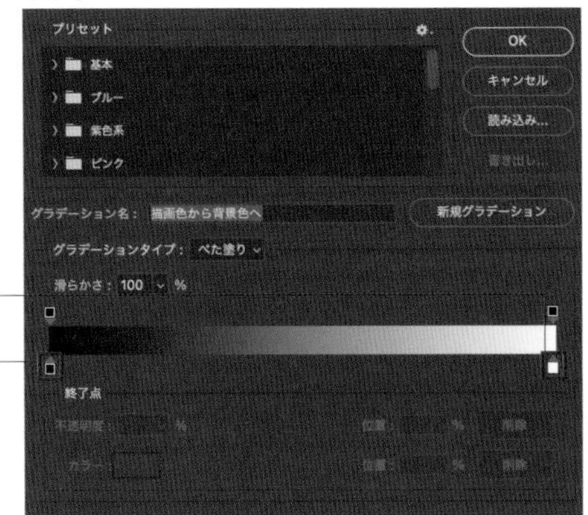


クリックして#e8ce22を設定

クリックして#600db4を設定

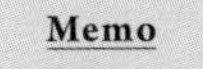


それぞれの分岐点をダブルクリックするか、分岐点を選択し [終点] → [カラー] を選択することで [カラーピッカー] が表示され、カラーを選択・編集することができます▶▶055。

4 設定できたら [OK] ボタンをクリックします。

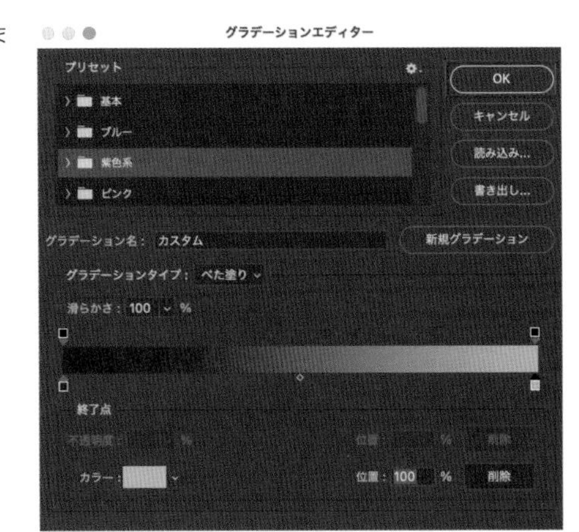


5 グラデーションマップを適用した画像が完成しました。

グラデーションマップでは下位画像の明度に合わせてグラデーションが適用されます。ここでは、暗い色が紫系の色、明るい色が黄系の色となっています。

# 077 セピア色に加工したい

使用機能　色相・彩度

色相・彩度のプリセットを使用して簡単にセピア色に加工します。

## [色相・彩度]のプリセットの使用

1. 素材「背景.jpg」を開きます。[イメージ]メニュー→[色調補正]→[色相・彩度]をクリックします。

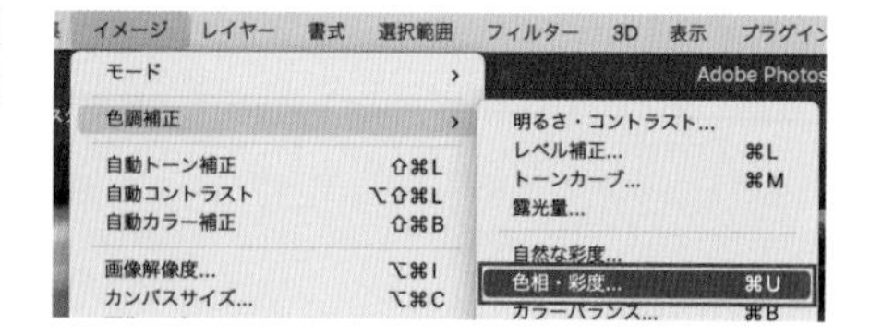


2. [色相・彩度]ダイアログが表示されます。[プリセット]をクリックします。

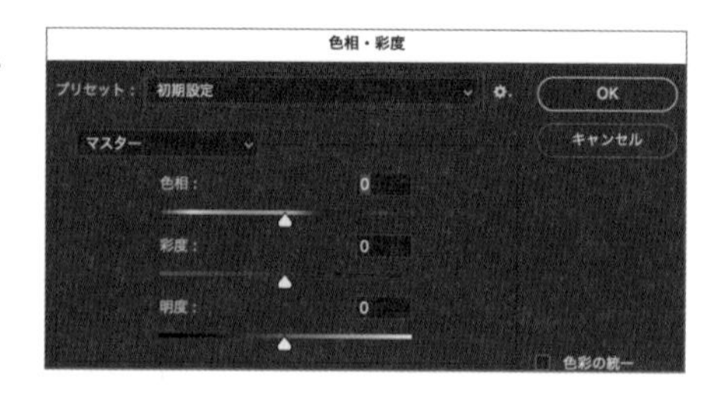


3. [セピア]をクリックします。

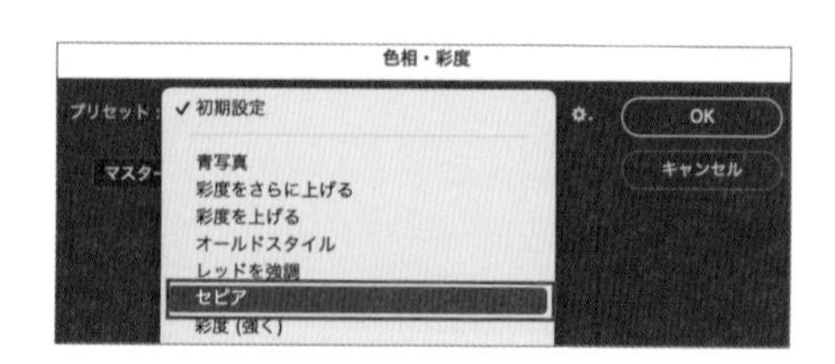

4 自動的に色相と彩度がセピア色になるように設定されます。プレビューで画像を確認しながら調整することもできます。[OK]ボタンをクリックします。

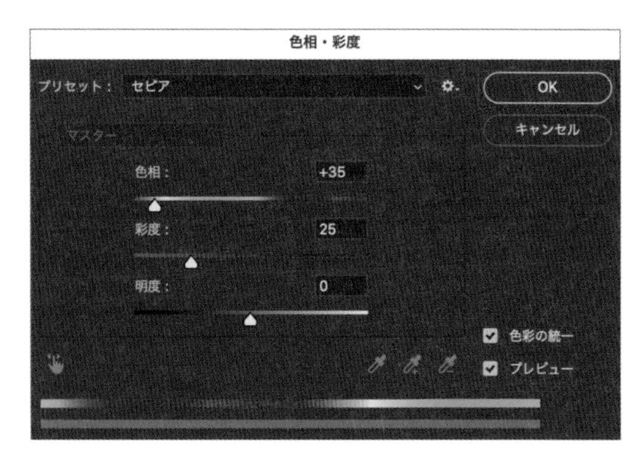


5 レトロな雰囲気のセピア色に加工できました。

Memo

[色相・彩度]には、[セピア]のほかにもさまざまなプリセットが用意されています。たとえば、プリセットの[オールドスタイル]を使えば手軽にアンティークな雰囲気を出すことができます。

# 078 ドラマチックな色合いに補正したい

**使用機能** カラーバランス、レンズフィルター、べた塗り

複数の補正を組み合わせると、深みのあるドラマチックな色補正を行うことができます。

## 色調補正を組み合わせる

**1** まず、画像に温かみを加えるために、[カラーバランス] でイエロー・レッドの色調を補正します。素材「風景.jpg」を開きます。[イメージ] メニュー→[色調補正]→[カラーバランス] をクリックします。

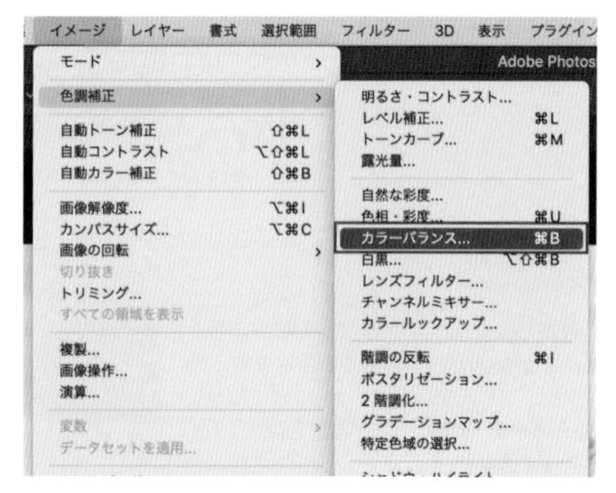


**2** [カラーバランス] ダイアログが表示されます。[中間調] にチェックを入れ❶、[カラーレベル] を+30、0、-30と設定します❷。

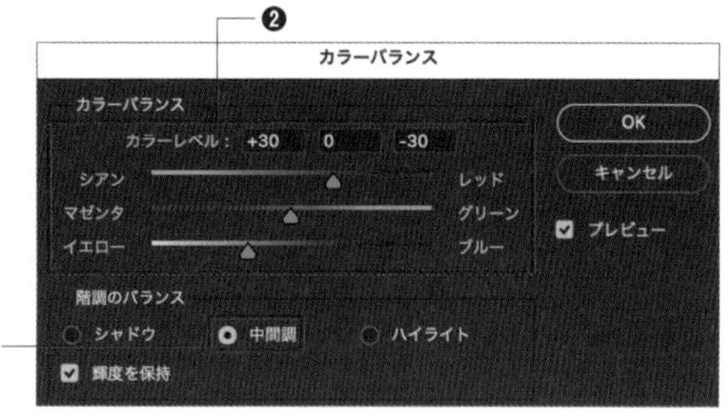

3 ［ハイライト］にチェックを入れ❶、［カラーレベル］を0、0、-15と設定します❷。［OK］ボタンをクリックします❸。

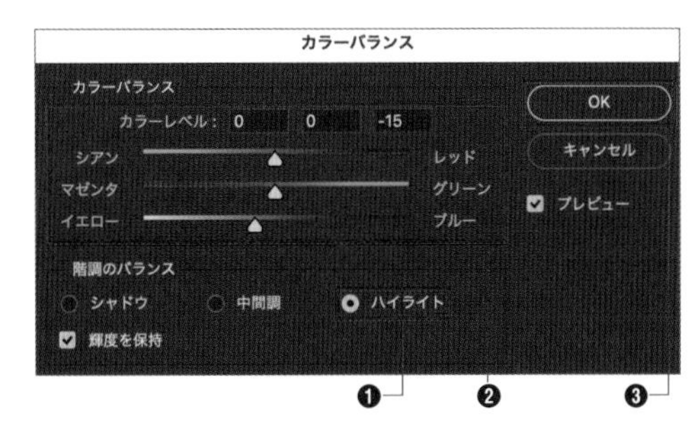


4 イエロー・レッド側に補正することで温かみのある色合いになりました。

5 次に、［レンズフィルター］を使って深みを出します。［レンズフィルター］は、画像にフィルムカメラで撮影した写真のような色みを加えるフィルターです。［イメージ］メニュー→［色調補正］→［レンズフィルター］をクリックします。

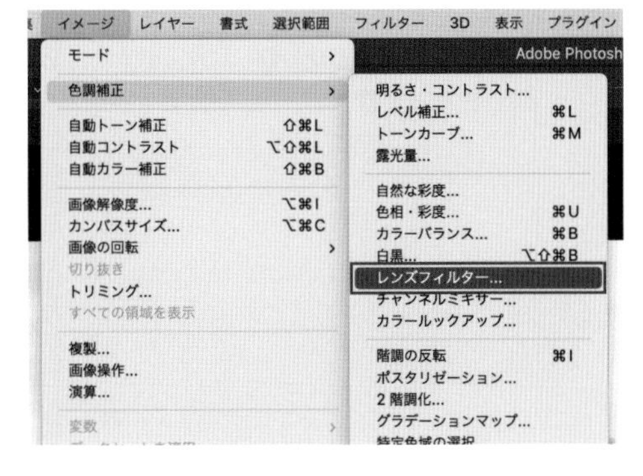


6 ［レンズフィルター］ダイアログが表示されます。［フィルター］のプリセットから［Warming Filter（85）］を選択し❶、［適用量］を60%とします❷。［OK］ボタンをクリックします❸。

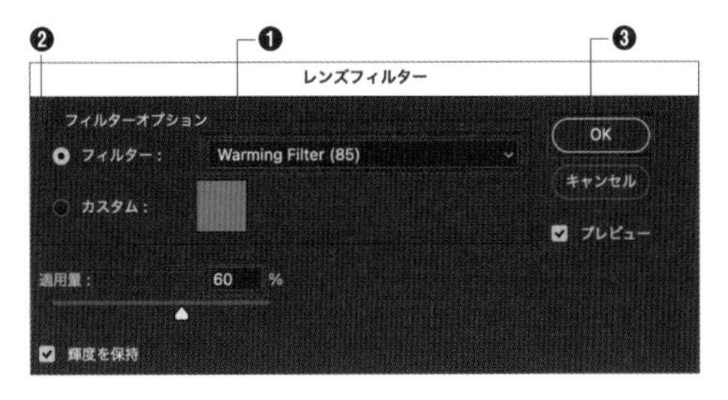

7 全体にイエローが加わり深みが出ました。

8 最後に、べた塗りしたピンク色を全体になじませます。［レイヤーパネル］から［塗りつぶしまたは調整レイヤーを新規作成］ボタンをクリックして❶、表示されるメニューから［べた塗り］を選択します❷。

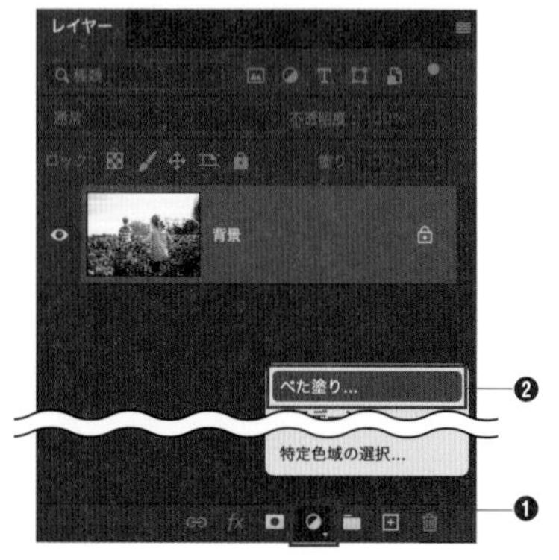


9 ［カラーピッカー］ダイアログが表示されます。［カラー］を#f754bfとし❶、［OK］ボタンをクリックします❷。

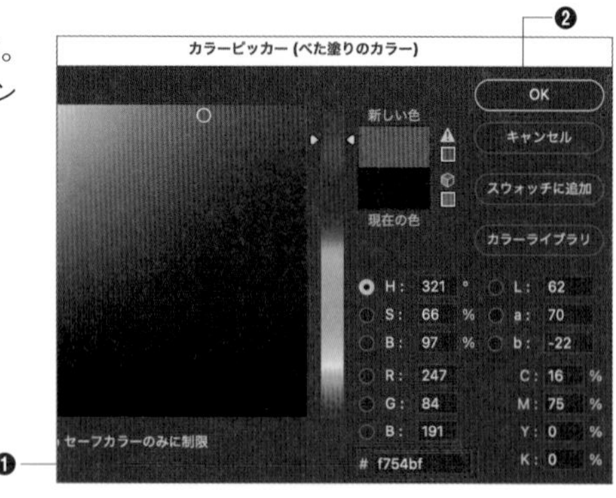


10 カンバスはピンク色で塗りつぶされた状態となります。

11 レイヤー［べた塗り1］を選択し、［描画モード］で［カラー］を選択します。

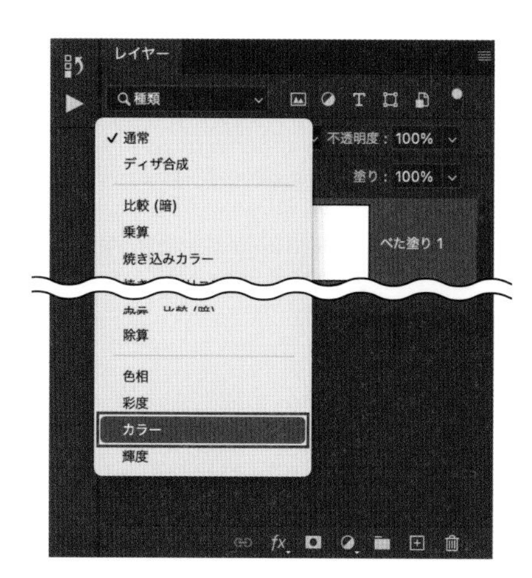


12 ［不透明度］を25%とします。

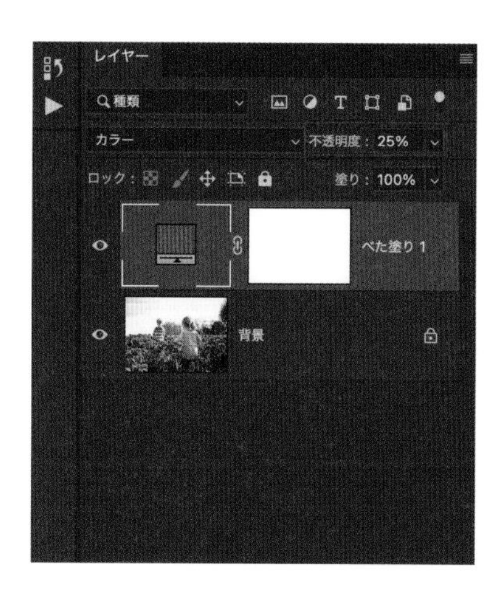


13 ピンクとイエローを組み合わせたドラマチックな補正ができました。

**POINT**

使用する画像に合わせて［カラーバランス］［レンズフィルター］［べた塗りのカラー］を調整することで、さまざまな画像に対応できます。作例では、チューリップの赤（暖色）や子どものやわらかな印象を意識して、イエローやピンクの色を組み合わせて加工しています。このように、もともとの画像の持つ印象をいかしたカラーを使用すると、納得のいく結果になりやすいでしょう。色選びに迷ったら、好きな広告やグラフィック作品などの配色を参考にしてみましょう。

# 079 イラスト風に加工したい

**使用機能** ポスタリゼーション

ポスタリゼーションを使ってイラストのような雰囲気に加工します。

## [ポスタリゼーション] の使用

**1** 素材「背景.jpg」を開きます。[イメージ] メニュー→[色調補正]→[ポスタリゼーション] をクリックします。

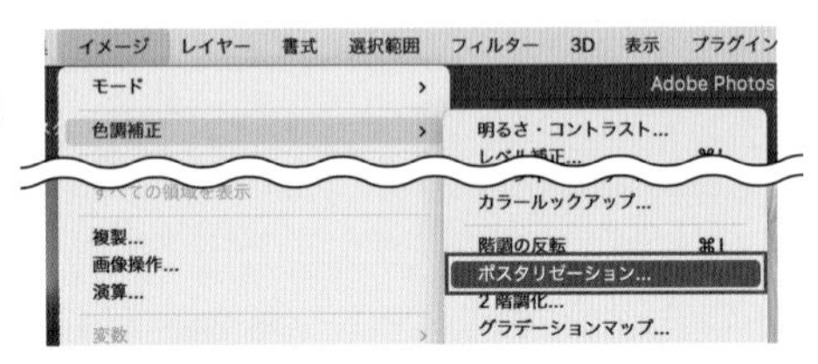


**2** [ポスタリゼーション] ダイアログが表示されます。[階調数] に6を設定し❶、[OK] ボタンをクリックします❷。

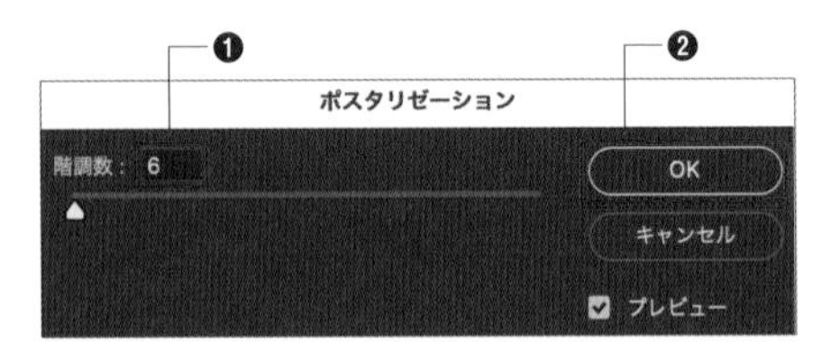


**3** 階調数が抑えられ、イラストのような加工ができました。

**POINT**

ポスタリゼーションとは、写真の色数を抑え、階調を調整する効果で、結果的にイラストや絵のような質感になります。ポスタリゼーションを適用する際は、色や明暗のメリハリのある画像をベースに使うと効果がわかりやすくなります。

# 080 マットな質感に補正したい

使用機能 トーンカーブ

トーンカーブを使用してマットな質感に補正します。

## [トーンカーブ] の使用

1 素材「人物.jpg」を開きます。[イメージ] メニュー→[色調補正]→[トーンカーブ] をクリックします。

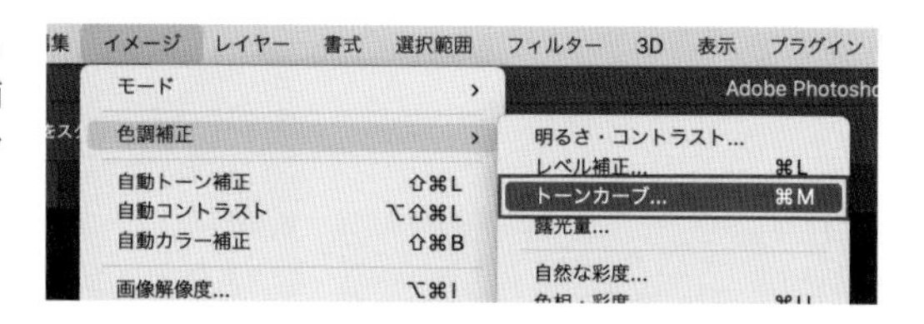


2 [トーンカーブ] ダイアログが表示されます。コントロールポイント ▸▸068 を追加します。ここでは、中央付近をクリックしてコントロールポイントを追加しています。

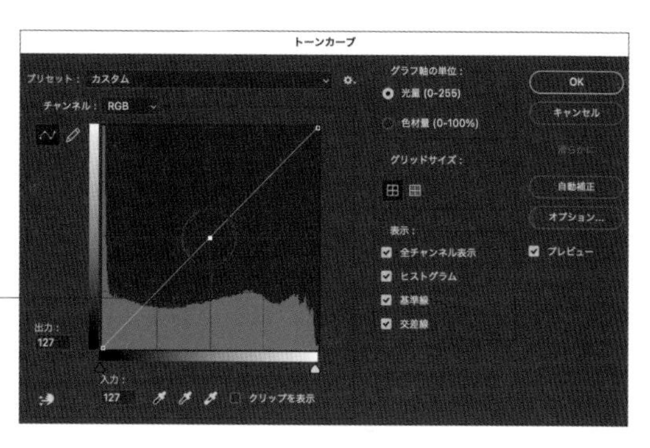


クリックしてコントロールポイントを追加

3 左下のコントロールポイントの［出力］を50［入力］を0Ⓐ、追加したコントロールポイントの［出力］を55［入力］を40としますⒷ。数値はそれぞれのコントロールポイントを選択することで入力できます。［OK］ボタンをクリックします。

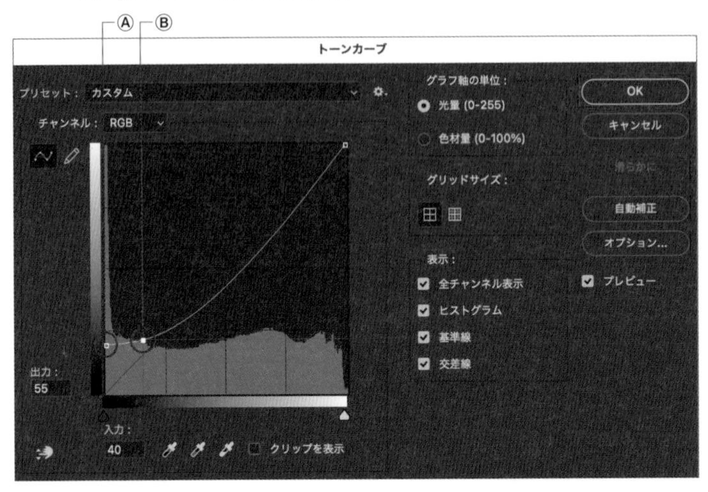


4 温かみのあるマットな質感に補正できました。

**POINT**

Ⓐのコントロールポイントで最も暗い階調を基準に明るくしています。Ⓐだけでは全体が明るくなってしまうため、Ⓑのコントロールポイントを追加し、［出力］が55よりも明るい階調には影響が少ないようにしています。画像から重さやシャープさが無くなり、マットで温かみのある質感になっています。

# 081 ミニチュア風に加工したい

**使用機能** [ぼかしギャラリー]、虹彩絞りぼかし

[ぼかしギャラリー] の虹彩絞りぼかし ▸▸111 を使ってミニチュア風に加工します。

## [虹彩絞りぼかし] の使用

**1** 素材「背景.jpg」を開きます。[フィルター] メニュー→ [ぼかしギャラリー] → [虹彩絞りぼかし] をクリックします。

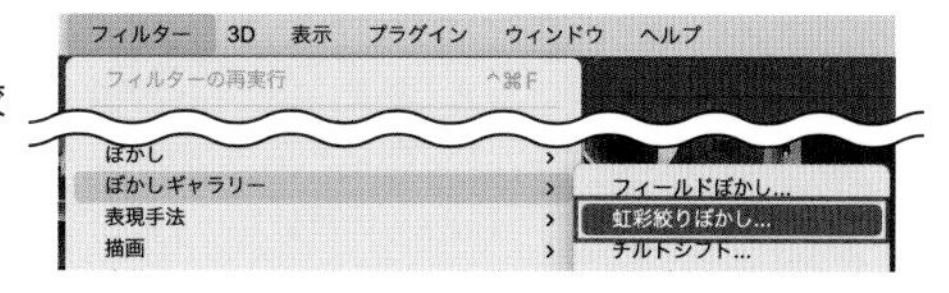


**2** 専用のウィンドウに切り替わります。 [ぼかしツール] → [虹彩絞りぼかし] の [ぼかし] を15pxとします。

3 画面中央の人混みにピントを合わせるようにぼかしの範囲を調整します。円の中央はシャープに、円の外枠より外側はボケます。円の中の4つのピンを動かすことで、中心から円の外枠までのボケ具合を調整することができます❶。[OK]ボタンをクリックします❷。

❶ 円の外枠より外側はボケる　円の中央はシャープに

4 トイカメラ風に見せたいので彩度を上げます。［イメージ］メニュー→［色調補正］→［色相・彩度］をクリックします。

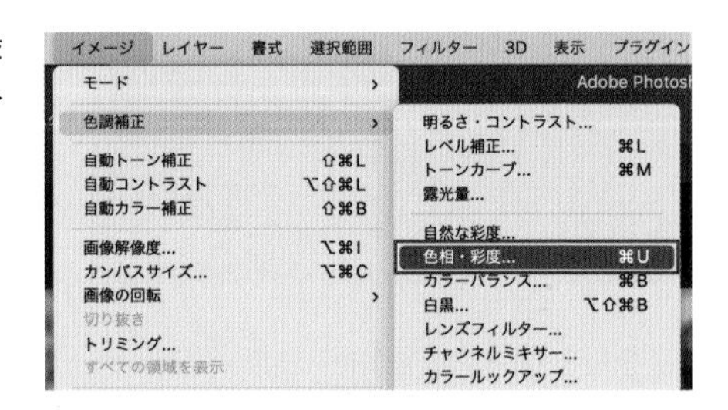


5 ［色相・彩度］ダイアログが表示されます。［彩度］を+20として❶、［OK］ボタンをクリックします❷。

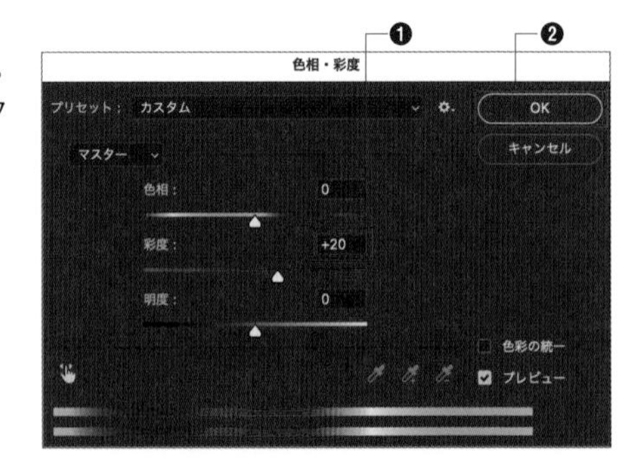


6 トイカメラのような彩度の高い補正ができました。

**POINT**

ミニチュア風の加工を行う際は奥行き感のある画像をベースに選択すると、狙った通りの効果が得られることが多いです。

# 082 一部のカラー以外をモノクロにしたい

**使用機能** [クイック選択]ツール、選択範囲を反転、境界をぼかす

選択範囲を使って一部のカラー以外をモノクロに加工します。

## 選択範囲を反転させる

**1** 素材「人物.jpg」を開きます。[クイック選択]ツールでリンゴの選択範囲を作成します。[クイック選択]ツールを選択し❶、コントロールパネルを画像のように設定します❷。ブラシのサイズは好みで選びましょう。

Ⓐ**ブラシの種類** …… 選択範囲に追加
Ⓑ**エッジを強調** …… チェックを入れる

**2** ドラッグしてリンゴの選択範囲を作成します。

選択範囲を作成する

**3** 輪郭を整えるために［選択範囲］メニュー→［選択範囲を変更］→［境界をぼかす］をクリックします。

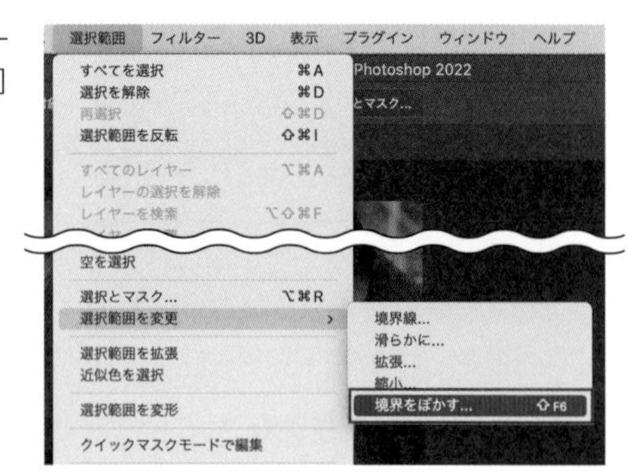


**4** ［境界をぼかす］ダイアログが表示されます。［ぼかしの半径］に3を設定し❶、［OK］ボタンをクリックします❷。

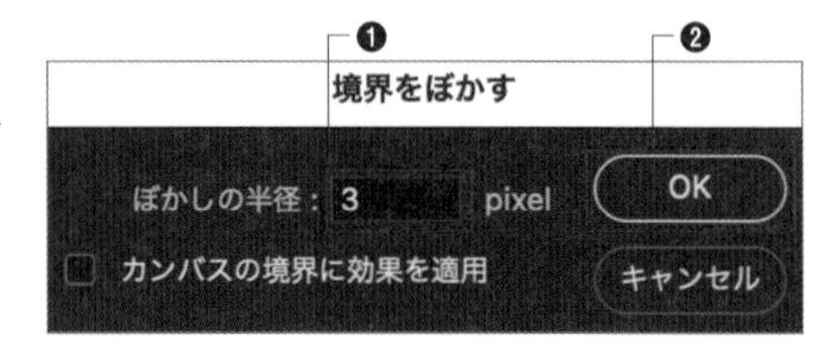


**5** 選択範囲を反転し、モノクロに加工します。［選択範囲］メニュー→［選択範囲を反転］をクリックします。

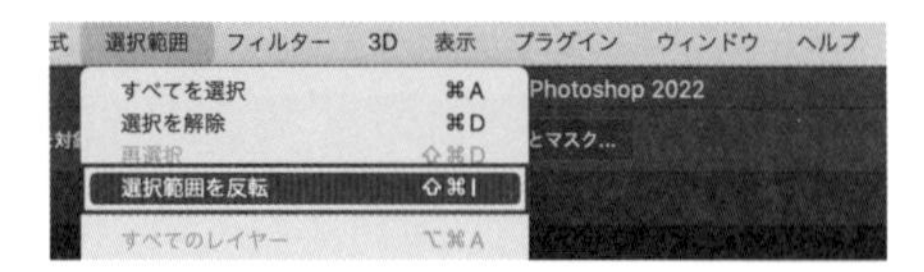


**Shortcut** command＋shift＋Iキー

選択範囲が反転し、画像のリンゴ以外の部分が選択されます。

7 [イメージ] メニュー→ [色調補正] → [彩度を下げる] をクリックします。

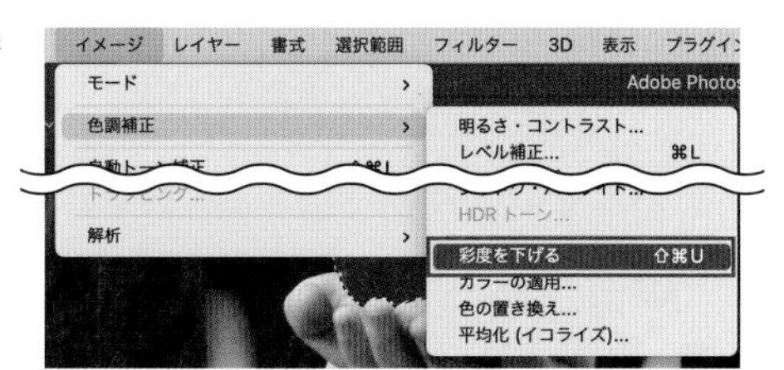


8 リンゴ以外の範囲がモノクロになります。

**POINT**

[自動選択]ツール ▸▸017 や[クイック選択]ツールは画像によって境界が荒くなってしまうことがあります。そのような場合は [境界をぼかす] を使って滑らかに整えると、自然な選択範囲が作成でき、納得のいく結果が得られることが多いです。

# 083 肌の色を健康的に見せたい

使用機能　トーンカーブ

トーンカーブを使って青みがかった画像に赤みを加え、健康的な肌の色に補正します。

## [トーンカーブ]の[チャンネル]の使用

1 素材「人物.jpg」を開きます。[イメージ]メニュー→[色調補正]→[トーンカーブ]をクリックします。

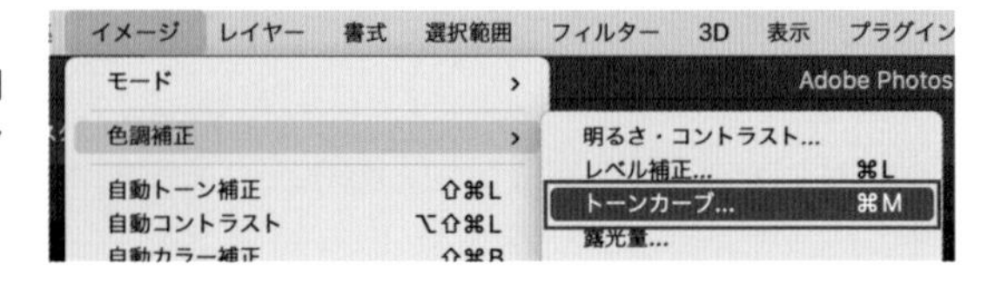


2 [トーンカーブ]ダイアログが表示されます。[チャンネル]は[レッド]を選択します❶。中央にコントロールポイントを追加し、[出力]を138❷、[入力]を116とします❸。

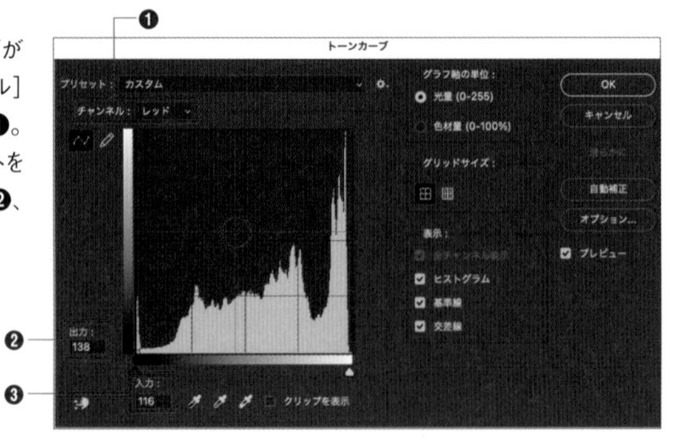

3 次に［チャンネル］で［グリーン］を選択し❶、同様に中央にコントロールポイントを追加し、［出力］を123❷、［入力］を136とします❸。［OK］ボタンをクリックします❹。

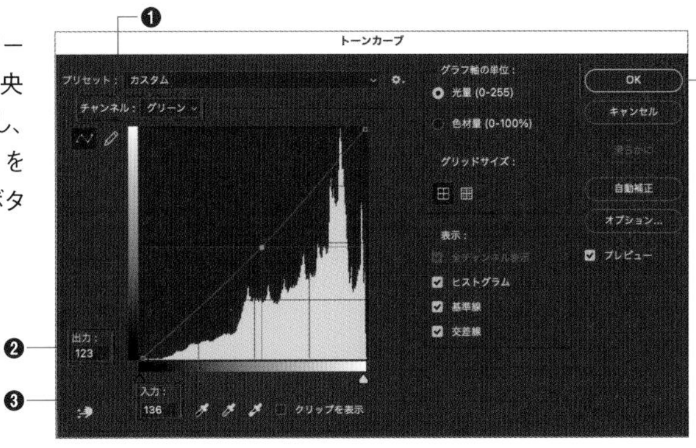


4 健康的なイメージで赤を加え、緑を抑えるように補正しました。

**POINT**

［トーンカーブ］のチャンネル［RGB］以外の［レッド］［グリーン］［ブルー］のチャンネルでは、それぞれ［出力］を上げるとチャンネルのカラーに色が傾き、下げると［レッド］は［シアン］に、［グリーン］は［マゼンタ］に、［ブルー］は［イエロー］に傾きます。

**084**

# 冷たい食べ物をおいしそうに見せたい

**使用機能** トーンカーブ、カラーバランス

寒色系の補正を行い、アイスの冷たさを引き立たせます。

## [トーンカーブ]と[カラーバランス]の使用

**1** 最初に明るさを補正します。素材「アイス.jpg」を開きます。[イメージ]メニュー→[色調補正]→[トーンカーブ]をクリックします。

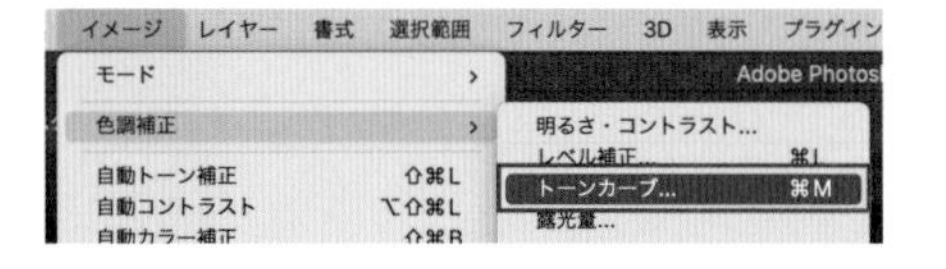


**2** [トーンカーブ]ダイアログが表示されます。コントロールポイントを追加し❶、[出力]を145❷、[入力]を105とします❸。[OK]ボタンをクリックします❹。

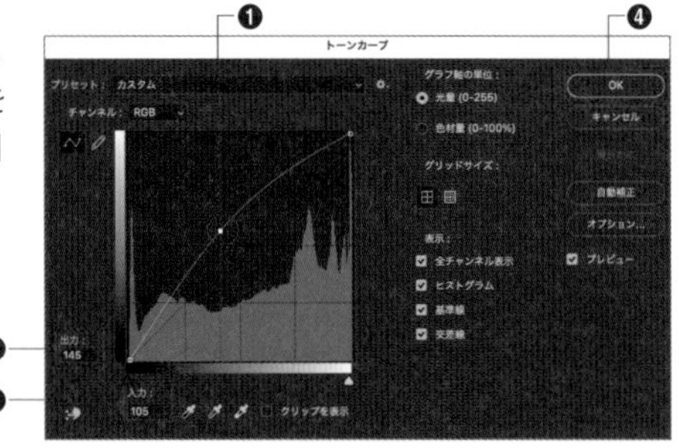


**3** すっきりした印象の明るさに補正できました。ここからさらに、アイスの冷たい印象を出すために寒色に補正します。

4 ［イメージ］メニュー→［色調補正］→［カラーバランス］をクリックします。

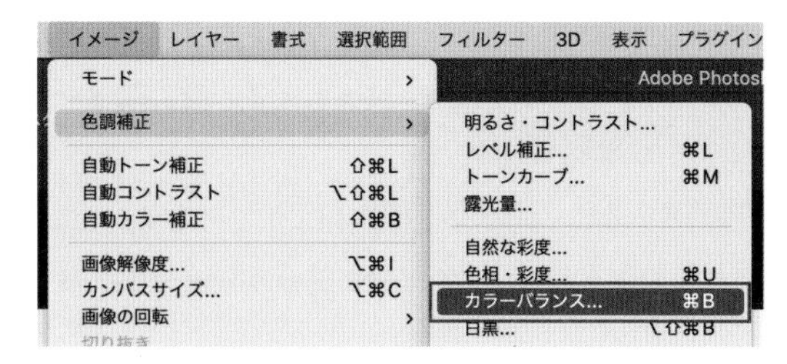


5 ［カラーバランス］ダイアログが表示されます。シアンとブルー側に補正して冷たい印象を加えます。［階調のバランス］→［中間調］にチェックを入れ❶、［カラーレベル］を-25、0、+30とします❷。

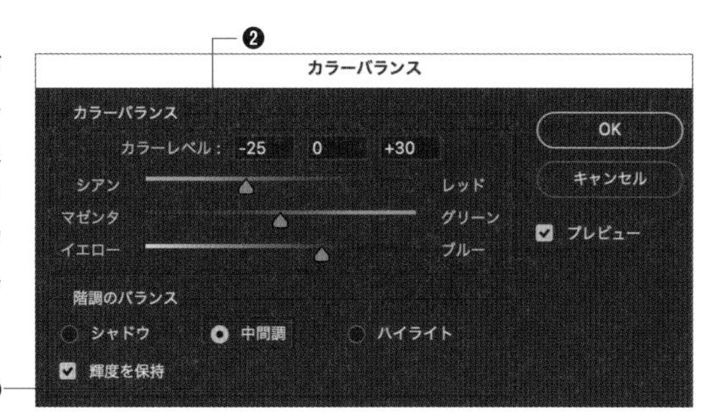


6 次に［階調のバランス］→［ハイライト］にチェックを入れ❶、［カラーレベル］を-25、0、+30とします❷。［OK］ボタンをクリックします❸。

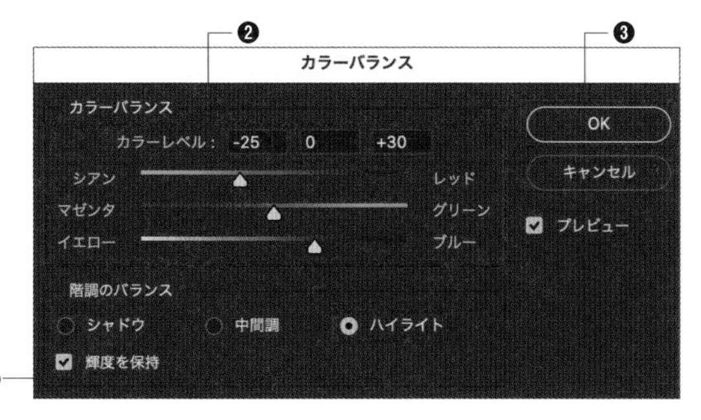


7 クリアで冷たさを感じる補正ができました。

**POINT**

アイスの冷たさを演出するために、［トーンカーブ］で補正する際に白飛びしない程度で強めに明るく補正しています。

# 085 温かい食べ物をおいしそうに見せたい

**使用機能** トーンカーブ、カラーバランス

暖色系の補正を行い、食べ物に温かみを加えておいしそうに見せます。

## [トーンカーブ]の[カラーバランス]の使用

**1** 最初に明るさを補正します。素材「パスタ.jpg」を開きます。[イメージ]メニュー→[色調補正]→[トーンカーブ]をクリックします。

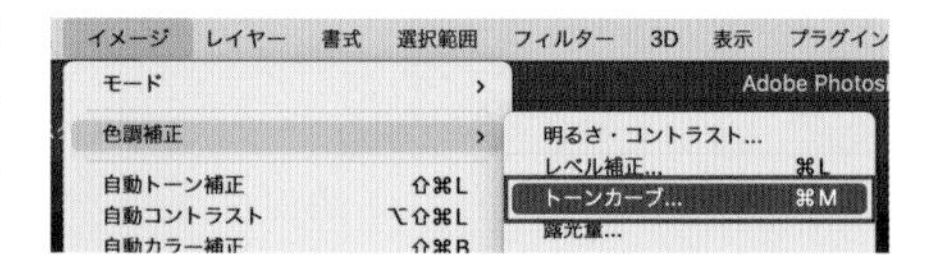


**2** [トーンカーブ]ダイアログが表示されます。コントロールポイントを追加し❶、[出力]を142❷、[入力]を112とします❸。[OK]ボタンをクリックします❹。

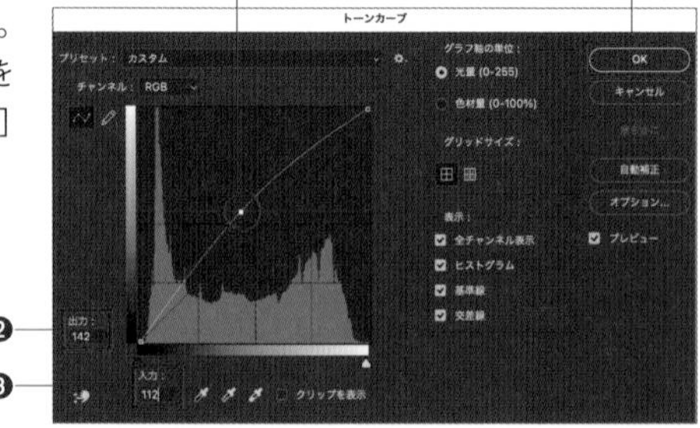


**3** すっきりした印象の明るさに補正できました。ここからさらに、暖色系に補正し、温かみのある印象に仕上げます。

4 [イメージ] メニュー→[色調補正]→[カラーバランス] をクリックします。

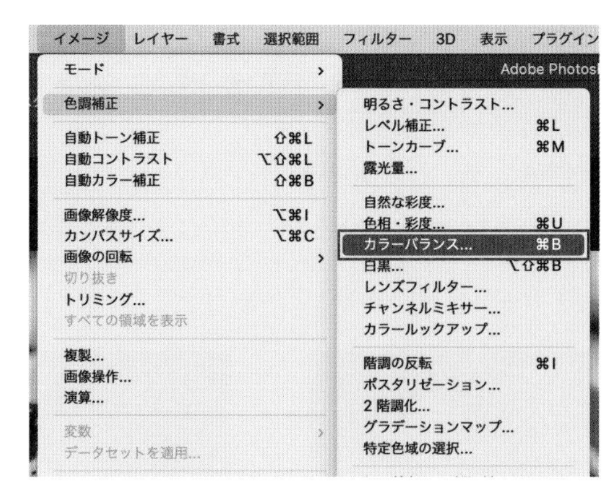


5 [カラーバランス] ダイアログが表示されます。レッドとイエロー側に補正して温かい印象に補正します。[階調のバランス]→[中間調] にチェックを入れ❶、[カラーレベル] を+25、-10、-10とします❷。[OK] ボタンをクリックします❸。

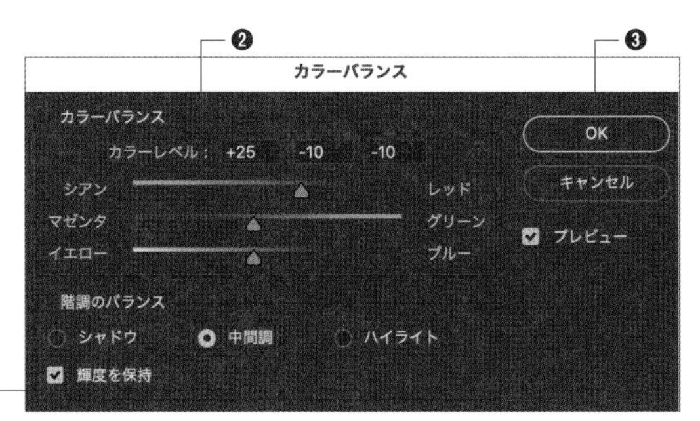


6 温かくおいしそうな印象に補正できました。

**Memo**

作例の画像ではレッド・イエロー以外に、全体にグリーンの要素が入っているので、マゼンタ側に-10としています。

**POINT**

画像自体が暗くなってしまうと、おいしそうに見えない画像になってしまいますが、前項目のアイスの画像のように明るくしすぎると、温かさがなくなってしまうので注意しましょう。

# 086 特定のカラーを黒・白に置き換えたい

使用機能　チャンネルミキサー

チャンネルミキサーを使ってカラーを抜くことで色を置き換えます。ここではスーツの色を変えます。

## 色を黒に置き換え

1 チャンネルミキサーを使ってスーツを黒く補正します。素材「人物.psd」を開きます。あらかじめスーツのカラーのみ切り抜いたレイヤー[スーツのカラー]を用意しています。

2 レイヤー[スーツのカラー]を選択し、[イメージ]メニュー→[色調補正]→[チャンネルミキサー]をクリックします。

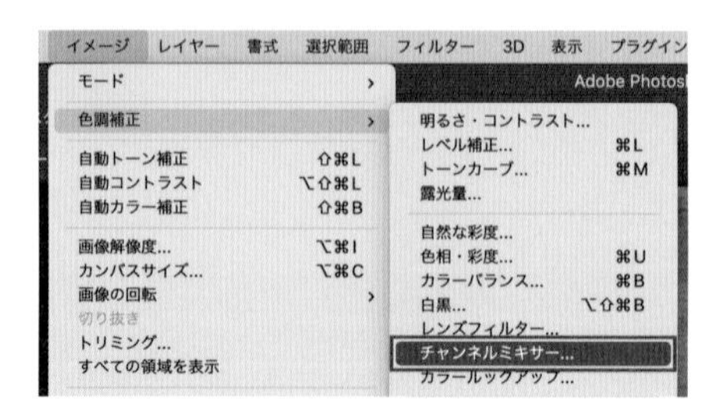

3 ［チャンネルミキサー］ダイアログが表示されます。［モノクロ］にチェックを入れ❶、図のように設定し❷、［OK］ボタンをクリックします❸。

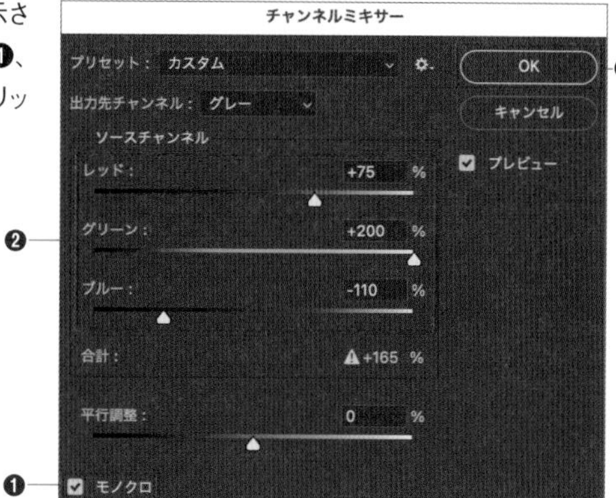


［ソースチャンネル］
- **［レッド］**…… +75%
- **［グリーン］**…… +200%
- **［ブルー］**…… -110%

4 スーツの色が黒になりました。

## 色を白に置き換え

1 今度はスーツの色を抜いて白く補正します。素材「人物.psd」を開きます。同様の方法で［チャンネルミキサー］ダイアログを表示します。［モノクロ］にチェックを入れ❶、図のように設定し❷、［OK］ボタンをクリックします❸。

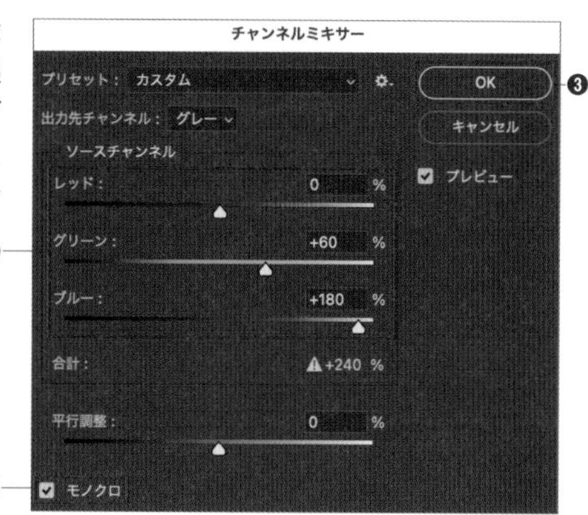


［ソースチャンネル］
- **［レッド］**…… 0%
- **［グリーン］**…… +60%
- **［ブルー］**…… +180%

2 スーツの色が抜けて灰色のようになりました。

3 全体を明るく補正します。[イメージ] メニュー→[色調補正]→[レベル補正] をクリックします。

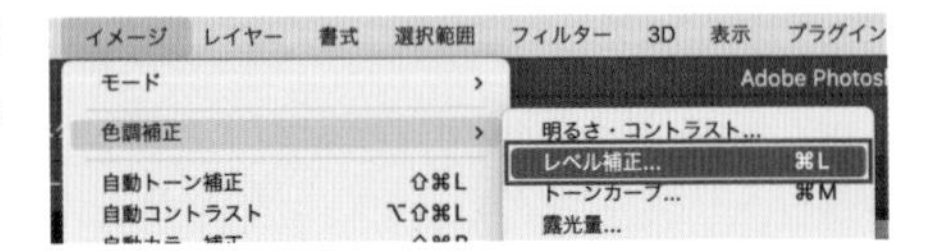


4 [レベル補正] ダイアログが表示されます。図のように設定し、[OK] ボタンをクリックします。

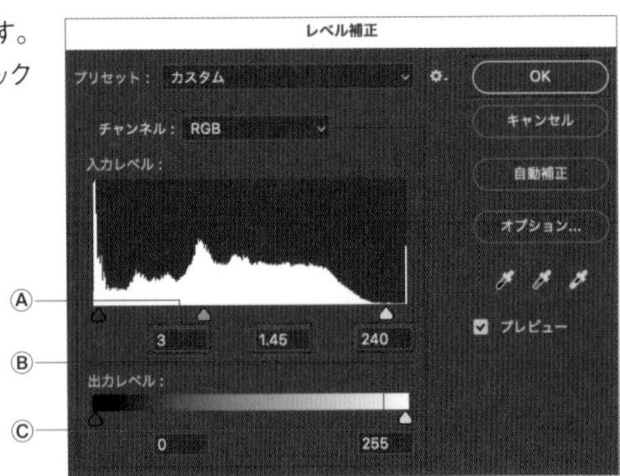


**Ⓐシャドウ入力レベル** …… 3
**Ⓑ中間色入力レベル** …… 1.45
**Ⓒハイライト入力レベル** …… 240

5 スーツの色がさらに抜けました。

# 087 特定の色だけを変化させたい

使用機能　色相・彩度

［色相・彩度］ダイアログでは特定色を変更させることもできます。ここでは黄色の傘のみを赤色に変えます。

## ［色相・彩度］ダイアログの使用

**1** 素材「風景.jpg」を開きます。［イメージ］メニュー→［色調補正］→［色相・彩度］をクリックします。

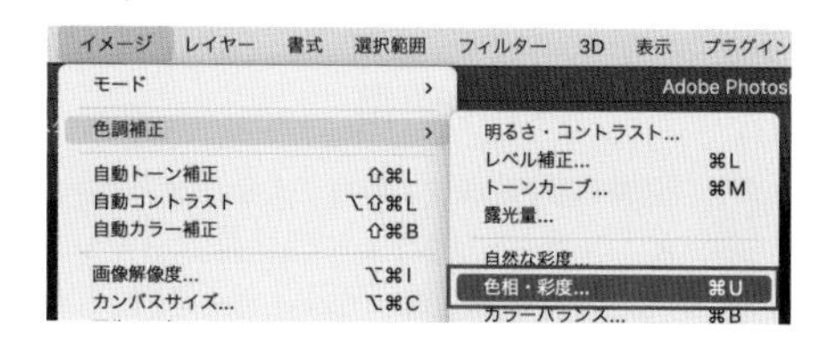


**2** ［色相・彩度］ダイアログが表示されます。今回は黄色い傘のみ色を変えたいので、［イエロー系］を選択します❶。［色相］を-45❷、［彩度］を+30とし❸、［OK］ボタンをクリックします❹。

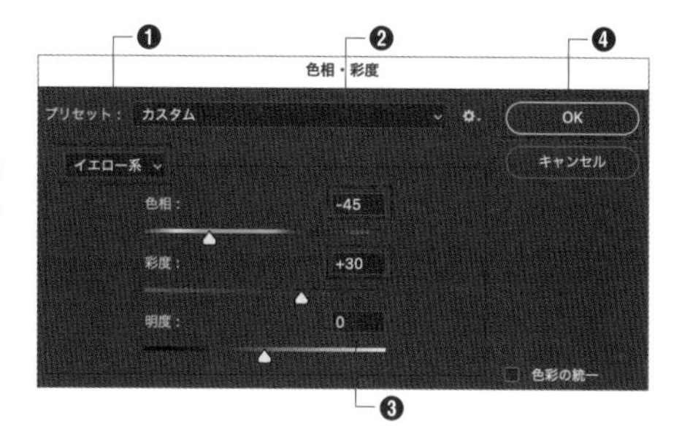


**3** イエロー系のカラーのみレッド系のカラーに補正できました。

**POINT**

［色相・彩度］で特定のカラーを補正する場合は、はっきりと色が分かれている場合に有効です。近いカラーが多い画像では思うような効果は得られにくいでしょう。

# 088 男性的なメリハリのある加工をしたい

使用機能　ハイパス、色相・彩度

ハイパスを利用することで、輪郭を強調し男性的でシャープな印象に加工します。

## [ハイパス] の使用

**1** 画像を複製します。素材「人物.jpg」を開き、レイヤーを複製します ▸▸025。レイヤー[背景]を選択し❶、control キーを押しながらクリックで表示されるメニューから[レイヤーを複製]をクリックします❷。

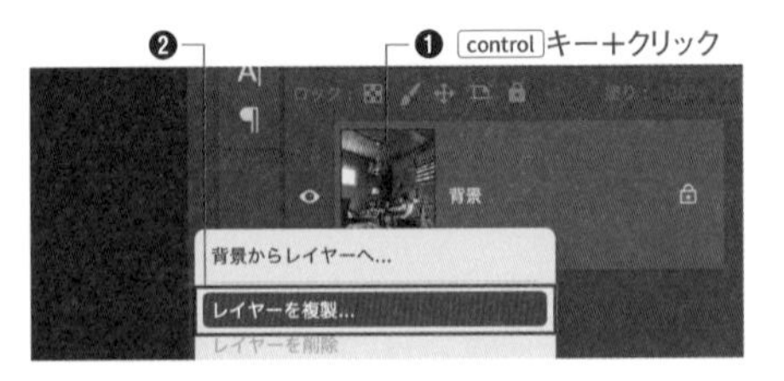


**Memo**

[ハイパス]フィルターを使うと好みの強さでエッジを強調することができ、描画モード[オーバーレイ]にすることで、2枚の画像が合成され、エッジの明るい部分が強調されたほうに表現されます。そのため最初にレイヤーを複製しておきます。

**2** 複製したレイヤーは上位に配置し、レイヤー名「ハイパス」としておきます。

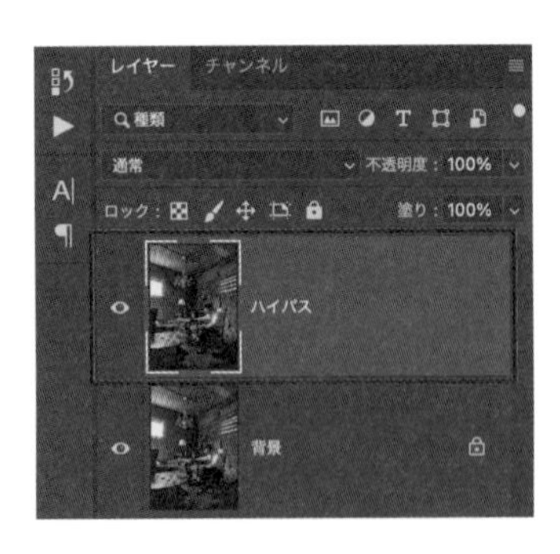

3 [ハイパス]で加工します。レイヤー[ハイパス]を選択し❶、[フィルター]メニュー→[その他]→[ハイパス]をクリックします❷。

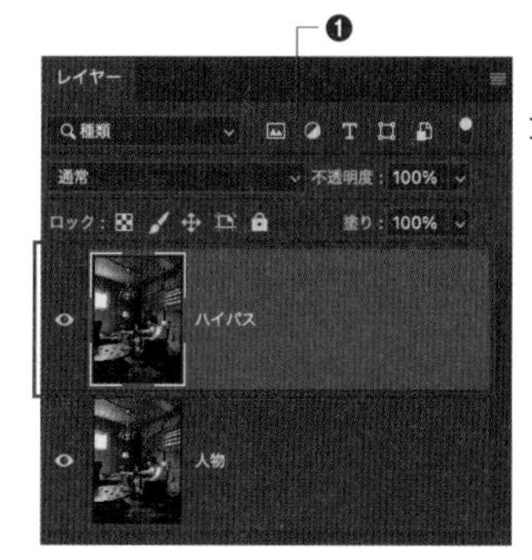


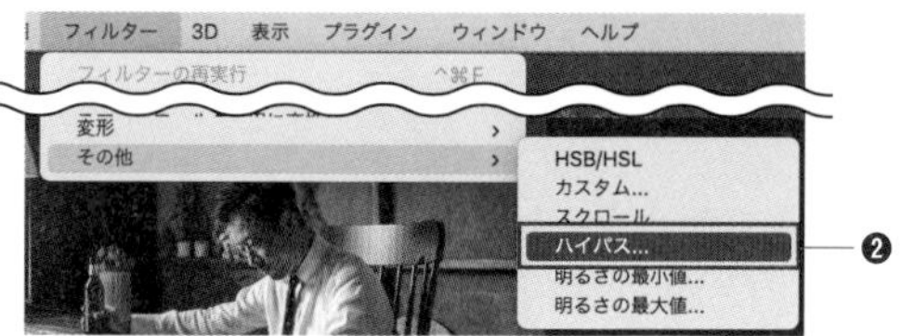


4 [ハイパス]ダイアログが表示されます。[半径]を9.0とし❶、[OK]ボタンをクリックします❷。

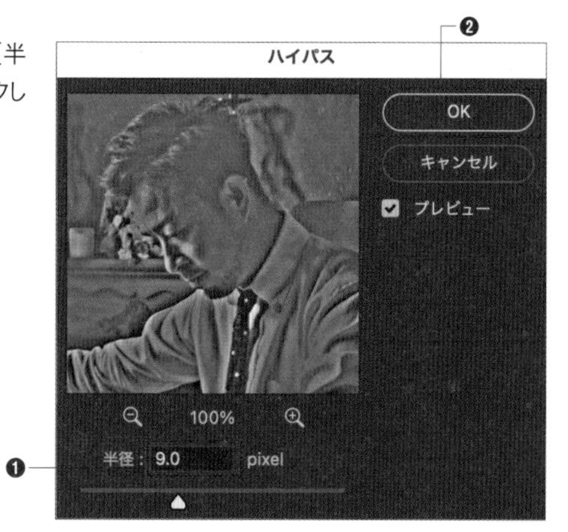


5 [描画モード]を[オーバーレイ]とします。

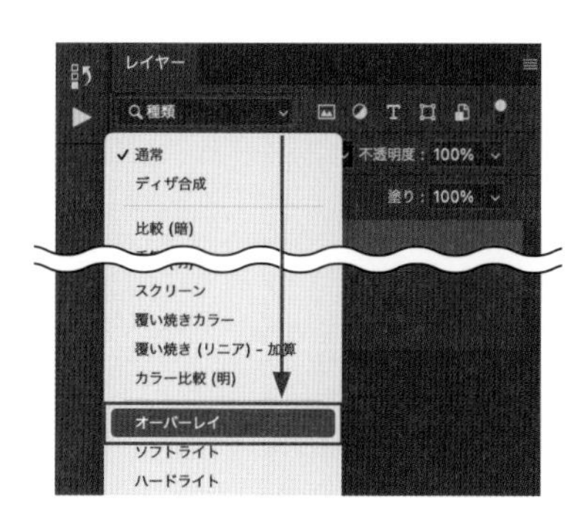


6 輪郭が強調されます。

7 さらに、色あせた雰囲気に補正します。レイヤー[背景]を選択し❶、[イメージ]メニュー→[色調補正]→[色相・彩度]をクリックします❷。

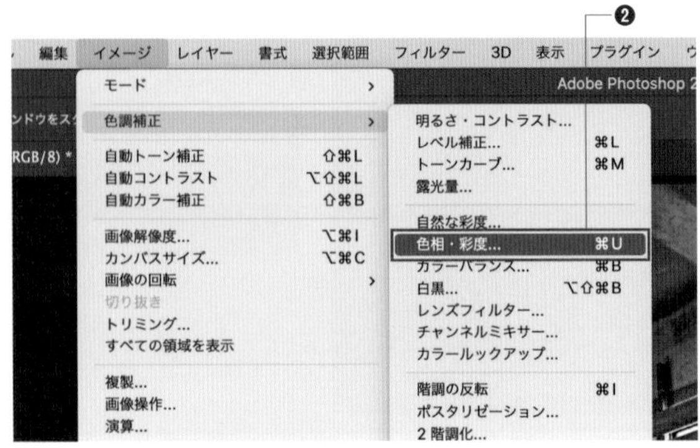


8 [色相・彩度]ダイアログが表示されます。[彩度]を-40❶、[明度]を+5とし❷、[OK]ボタンをクリックします❸。

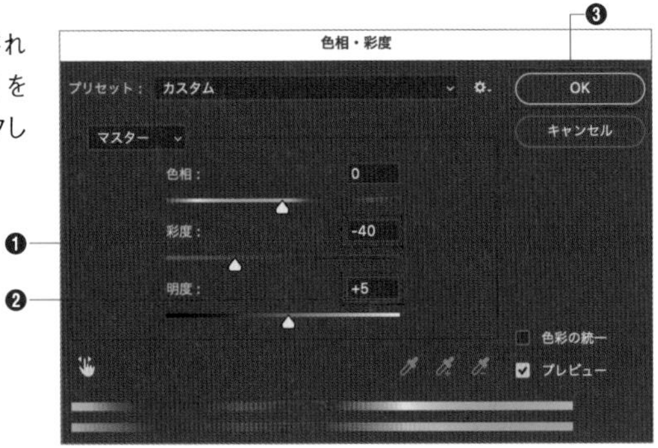


9 彩度が落ち、明度を少し上げることで浅いマットな印象になります。

**POINT**

ハイパスでの加工はアンシャープマスク ▸▸108 でも似たような効果を得ることができます。アンシャープマスクは全体的にシャープに加工されます。ハイパスは輪郭や線が強調される印象になります。

# 089 白黒画像にしたい

**使用機能** 白黒

［白黒］ダイアログでは簡単にモノクロ画像に加工できるほか、さらに微妙な色合いを調整することができます。

## ［白黒］の使用

**1** 素材「人物.psd」を開きます。［イメージ］メニュー→［色調補正］→［白黒］をクリックします。

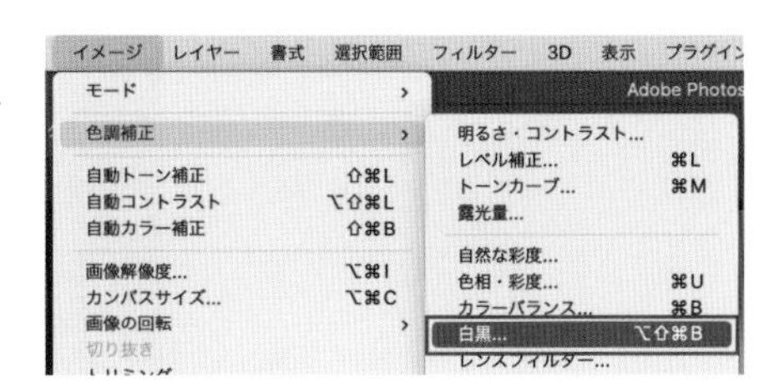


**2** ［白黒］ダイアログが表示されます。カンバスが白黒になっていることが確認できます。

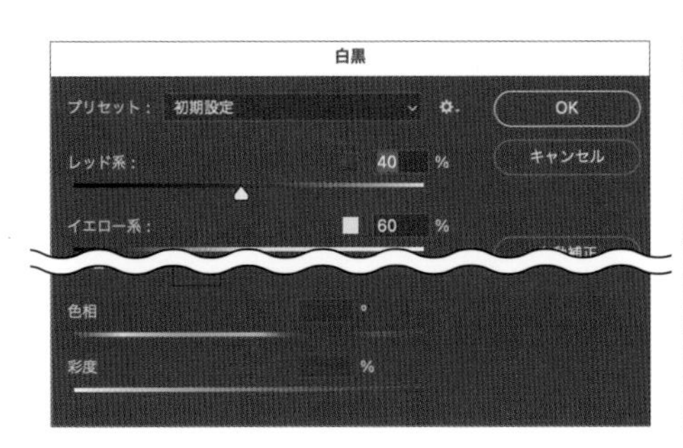

3 人物と背景のメリハリを付けたいので、人物の肌色が持っているカラー［イエロー系］を110%とします❶。［OK］ボタンをクリックします❷。

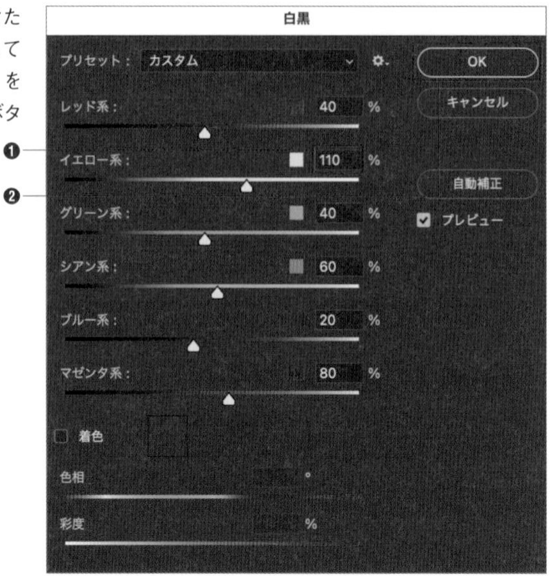


4 簡単に白黒に加工できました。

POINT

［白黒］の初期値は自然な仕上がりとなりますが、元画像をよく観察してどのような白黒イメージにしたいかを意識しておくと、よりこだわった画像が作成できます。どのように加工すればいいか迷ってしまう場合は、好きな白黒の作品を参考にして、なぜその作品が魅力的なのかを考えてみたり、自分自身がどのような方向に加工したいかということを意識する練習をしてみましょう。

# 090 紅葉の色彩を再現したい

使用機能　特定色域の選択

木々を赤く補正し、紅葉の色彩を再現します。［特定色域の選択］ダイアログを利用すると、細かく自然な色の調整ができます。

## ［特定色域の選択］ダイアログの使用

1 素材「風景.jpg」を開きます。［イメージ］メニュー→［色調補正］→［特定色域の選択］をクリックします。

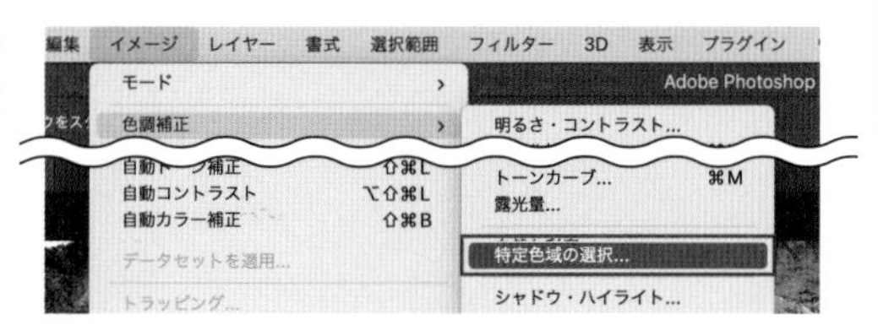


2 ［特定色域の選択］ダイアログが表示されます。

3 画像を見ると、補正したい木々は黄色系統の色域を持っているので、[カラー] は [イエロー系] を選択します❶。各色の値を設定し❷、[選択方式] を [絶対値] とし❸、[OK] ボタンをクリックします❹。

- [シアン]…… -100%
- [マゼンタ]…… +10%
- [イエロー]…… 0%
- [ブラック]…… +10%

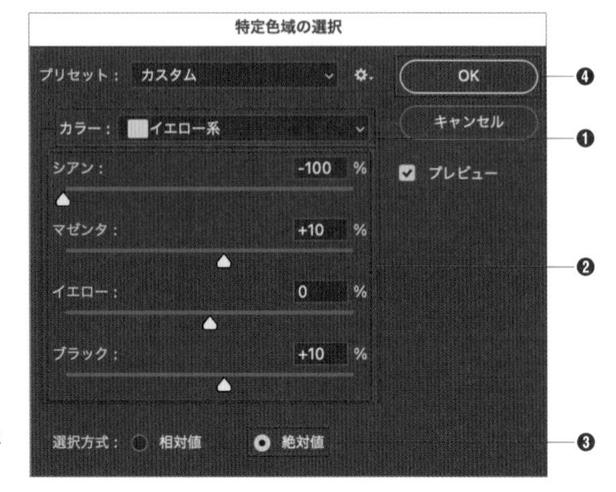


**Memo**

数値と効果をわかりやすくするためには選択方式を [絶対値] にします 073。

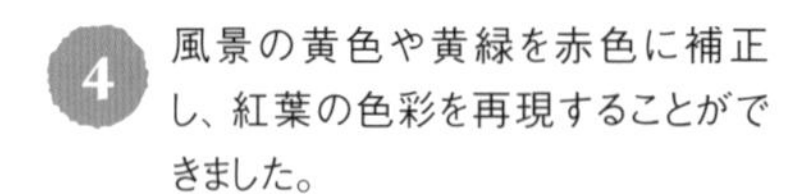

4 風景の黄色や黄緑を赤色に補正し、紅葉の色彩を再現することができました。

## POINT

[色相・彩度] を使った補正でも [特定色域の選択] と似た効果を得ることができますが、[特定色域の選択] は細かな設定ができ、より自然な仕上がりになります。大きく色を変える際は [色相・彩度]、細かく自然に色を変える際は [特定色域の選択] と使い分けるとよいでしょう。

[色相・彩度] ダイアログ画像を使用した加工例

# 091 補正のパターンを別の画像に適用したい

使用機能 | 調整レイヤー

複雑な色調補正の組み合わせは調整レイヤーを利用することで、対象を変えても同様の加工を行うことができます。ここでは素材をいかしたアンティークな補正を、調整レイヤーを使用して行います。

## 調整レイヤーの使用

1 調整レイヤーを使って[白黒]にします。素材「静物.jpg」を開きます。[レイヤー]パネルから[塗りつぶしまたは調整レイヤーを新規作成]ボタンをクリックし❶、表示されるメニューから[白黒]をクリックします❷。

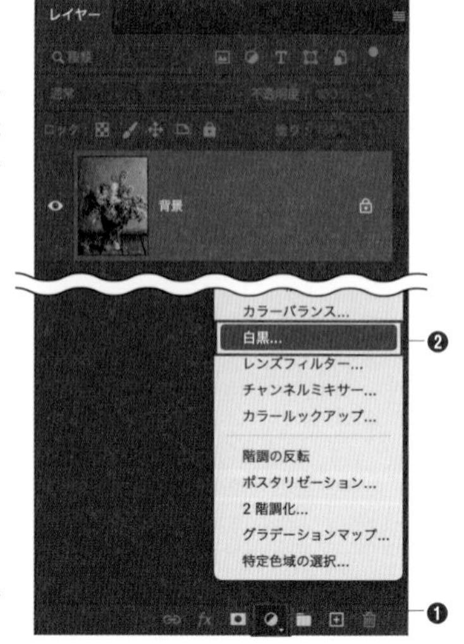


**Memo**

❷の後に[属性]パネルが開きますが初期値のままにしておきます。

2 調整レイヤー[白黒1]を選択し❶、[不透明度]を50%とします❷。50%にすることで色あせた雰囲気がでます。

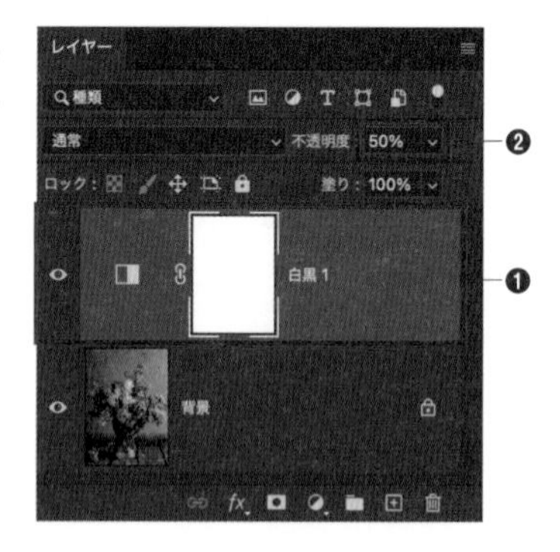


元画像

調整レイヤー[白黒]追加

調整レイヤー[白黒]不透明度50％

3 次に、レンズフィルターを追加します。[レイヤー]パネルから[塗りつぶしまたは調整レイヤーを新規作成]ボタンをクリックして❶、表示されるメニューから[レンズフィルター]をクリックします❷。

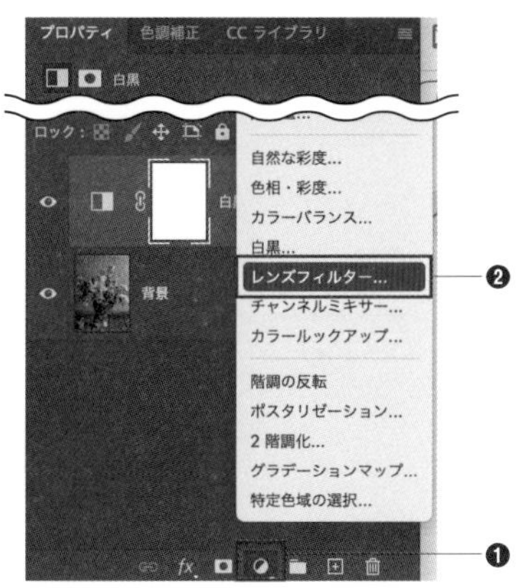


4 [フィルター]の[Cooling Filter (80)]を選択し❶、[適用量]を15%とします❷。

5 さらに、カラーバランスを追加します。レイヤーパネルから[塗りつぶしまたは調整レイヤーを新規作成]ボタンをクリックして❶、表示されるメニューから[カラーバランス]をクリックします❷。

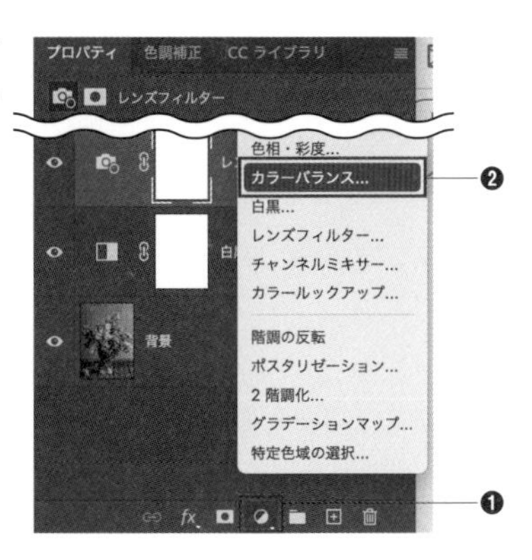

6 [階調]の[シャドウ]を選択し❶、[イエロー／ブルー]を-20にします❷。

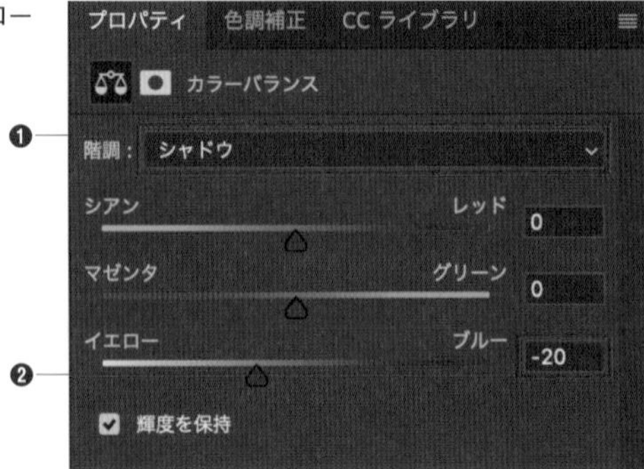


7 [階調]の[中間調]を選択し❶、[シアン／レッド]を-20❷、[イエロー／ブルー]を+20にします❸。

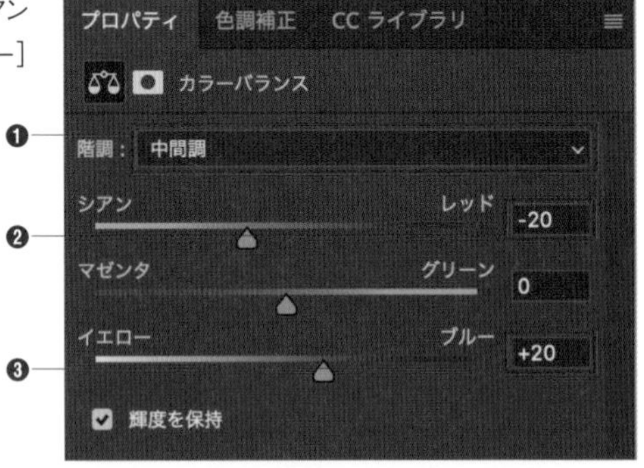


8 [階調]の[ハイライト]を選択し❶、[シアン／レッド]を-15にします❷。

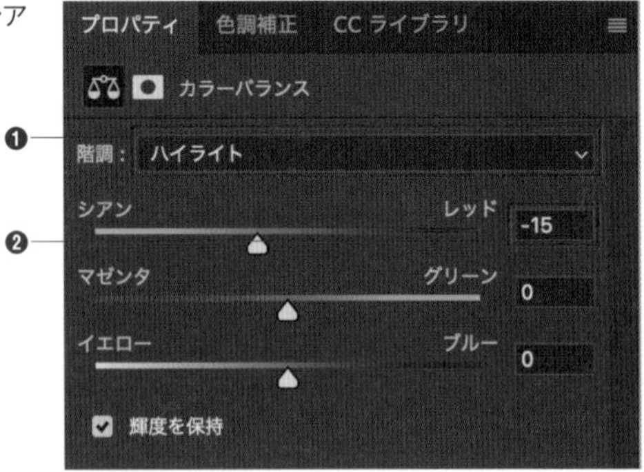

9 花の色を控えめに、淡くアンティーク感のある加工ができました。各レイヤーの順番は図のようになります。

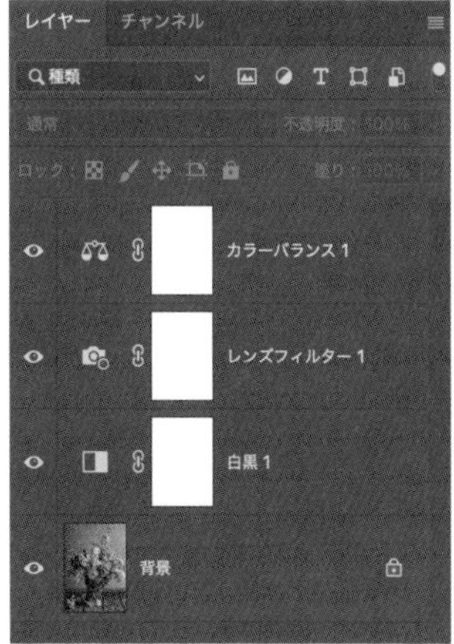

10 調整レイヤーにしておくことで、背景の画像を差し替えれば、画像を変えてもそのままの効果を得ることができます。

# 092 自然な印象で彩度を上げたい

使用機能　自然な彩度

自然な印象で鮮やかさを加えたい場合は、[自然な彩度]を利用します。極端な色補正ではなく、自然な範囲で色調補正を行えます。

## [特定色域の選択]ダイアログの使用

1 素材「風景.jpg」を開きます。[イメージ]メニュー→[色調補正]→[自然な彩度]をクリックします。

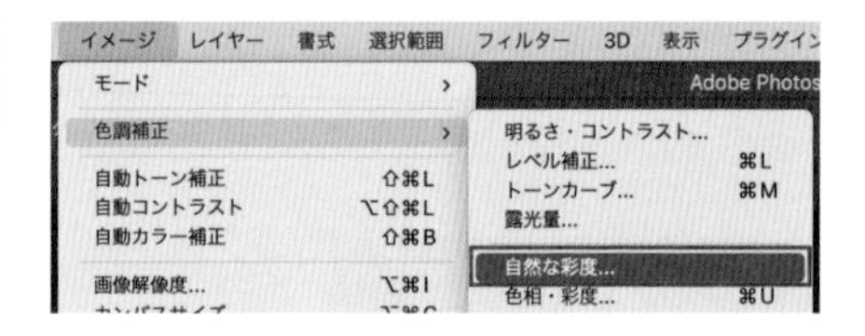


2 [自然な彩度]ダイアログが表示されます。画像のように設定し❶、[OK]ボタンをクリックします❷。

- [自然な彩度]…… +80
- [彩度]…… +10

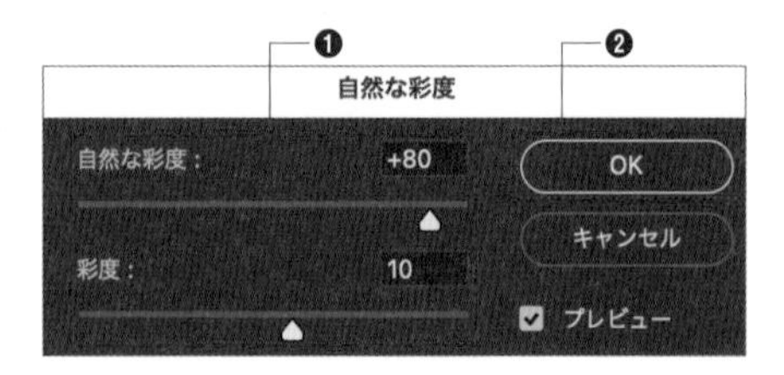


3 自然な印象で彩度を上げることができました。

**POINT**

[自然な彩度]は彩度の高いカラーへの影響が少なく、彩度の低いカラーに対して影響します。また、[モード]はRGBでのみ使用可能となっており、CMYKでは使用することができません。紙媒体などで制作する際は気を付けましょう。

# 093 逆光を補正したい

**使用機能** シャドウ・ハイライト

［シャドウ・ハイライト］ダイアログを利用して、逆光で暗くなってしまった人物や風景の写真を補正します。

## ［シャドウ・ハイライト］の使用

**1** 素材「人物.jpg」を開きます。［イメージ］メニュー→［色調補正］→［シャドウ・ハイライト］をクリックします。

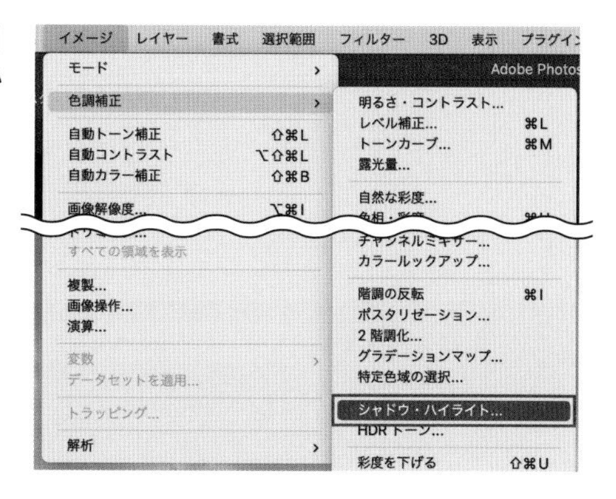


**2** ［シャドウ・ハイライト］ダイアログが表示されます。［詳細オプションを表示］にチェックを入れます。

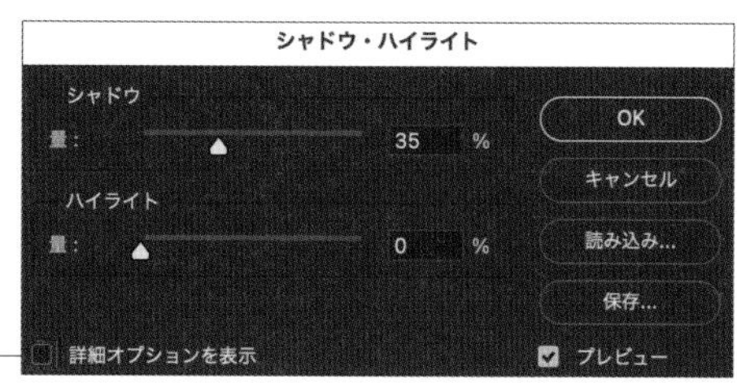


クリックしてチェックを入れる

3 詳細オプションが表示されます。画像のように設定し❶、[OK] ボタンをクリックします❷。

[シャドウ]
- **[量]** …… 60%
- **[階調]** …… 60%
- **[半径]** …… 25px

[ハイライト]
- **[量]** …… 0%

[階調]
- **[カラー]**…… +25

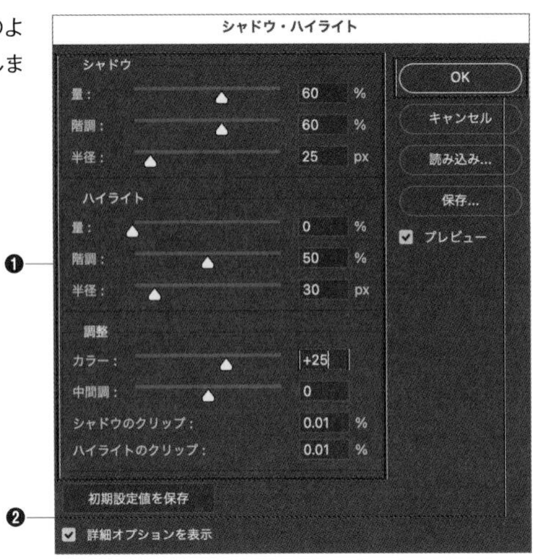


4 影になっていた人物や手前の風景が明るく補正されました。

**POINT**

[シャドウ・ハイライト]では暗い色を明るく補正するだけでなく、明るい色を暗く抑えることもできます。たとえば作例と同じ設定のまま[ハイライト]の[量]を40%とすると、画像のように手前の風景や人物の明るさを保ったまま、空の明るい要素が抑えられ、雲の様子がわかります。

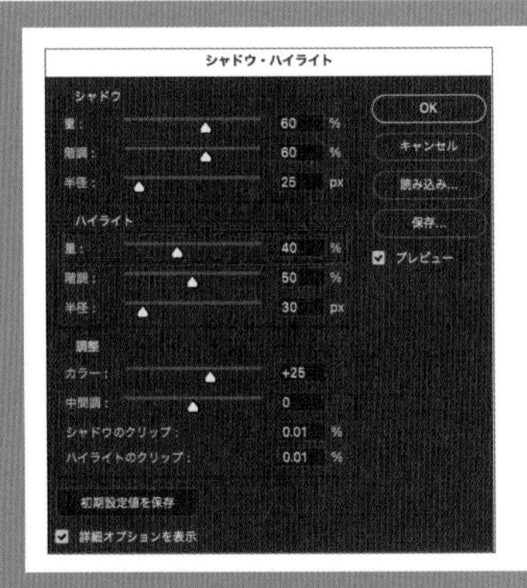

# 094 金属の質感を強調したい

使用機能　Camera Rawフィルター、ハイパス

Camera Rawフィルターとハイパスの補正を組み合わせて、金属の質感を強調します。

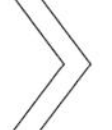

## Camera RAWフィルターと［ハイパス］を組み合わせる

1 最初にCamera Rawフィルターで補正します。素材「時計.psd」を開きます。［フィルター］メニュー→［Camera Rawフィルター］をクリックします。

2 専用の画面に切り替わります。

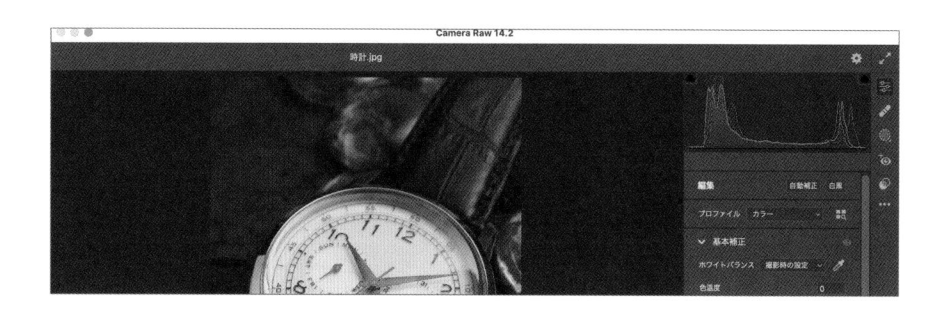

3 画像のように調整し❶、[OK] ボタンをクリックします❷。

- [色温度]…… -5

- [露光量]…… +0.2
- [コントラスト]…… +20
- [シャドウ]…… -20
- [黒レベル]…… -20

- [明瞭度]…… +50
- [かすみの除去]…… +50

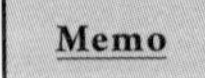


金属の冷たい印象を出すために、[色温度] を下げて画像に青みを足しています。また、[露光量] [コントラスト] [シャドウ] [黒レベル] の調整でメリハリを付け、[明瞭度] [かすみの除去] を上げてシャープさを出しています。

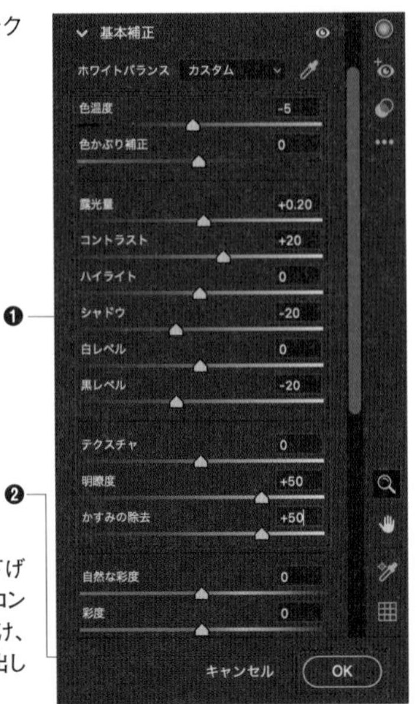


4 高コントラストでシャープなイメージになりました。

5 さらにレイヤーを複製し、ハイパスを適用します。レイヤー[時計] を選択し❶、control キーを押しながらクリックで表示されるメニューから[レイヤーを複製] をクリックします❷。

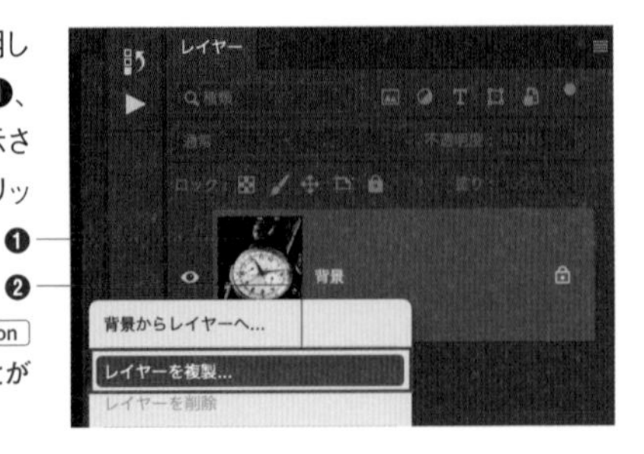


Memo

レイヤー[時計] を選択し option キー+ドラッグでも複製することができます。

6 複製したレイヤーは上位に配置し、レイヤー名［ハイパス］としておきます。

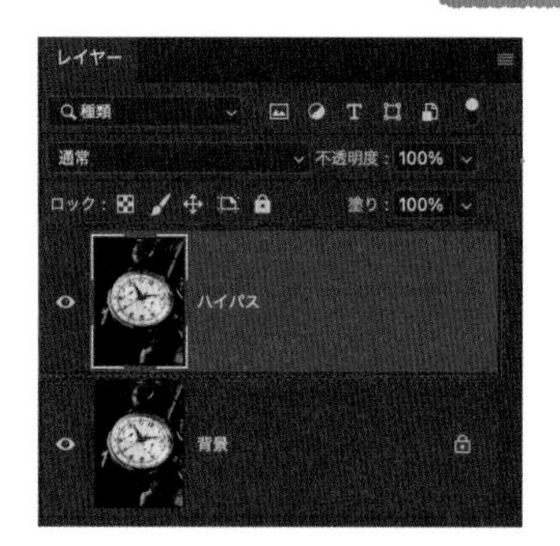


7 レイヤー［ハイパス］を選択し❶、［フィルター］メニュー→［その他］→［ハイパス］をクリックします❷。

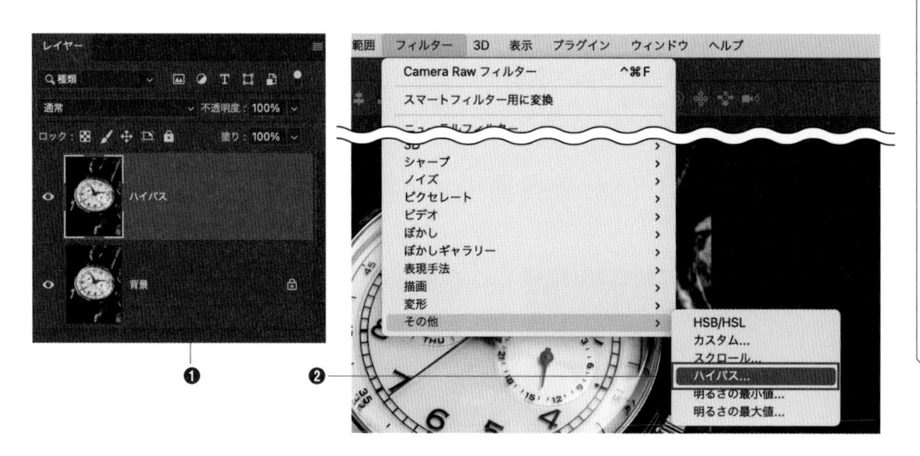


8 ［ハイパス］ダイアログが表示されます。［半径］を6.0とし❶、［OK］ボタンをクリックします❷。

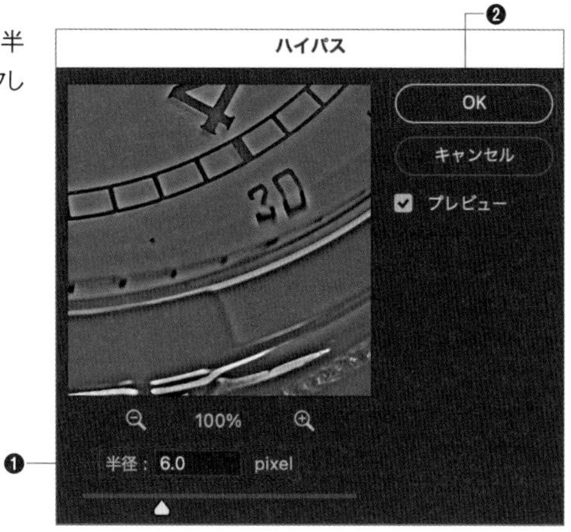

9 ［描画モード］を［オーバーレイ］とします。

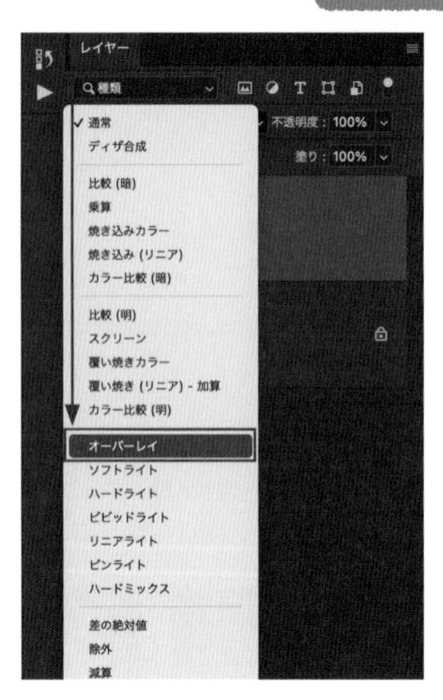


**Memo**

［ハイパス］フィルターを使うと好みの強さでエッジを強調することができ、描画モード［オーバーレイ］にすることで、2枚の画像が合成され、エッジの明るい部分が強調されたように表現されます。

10 さらにシャープになり、金属の硬い質感が強調されました。

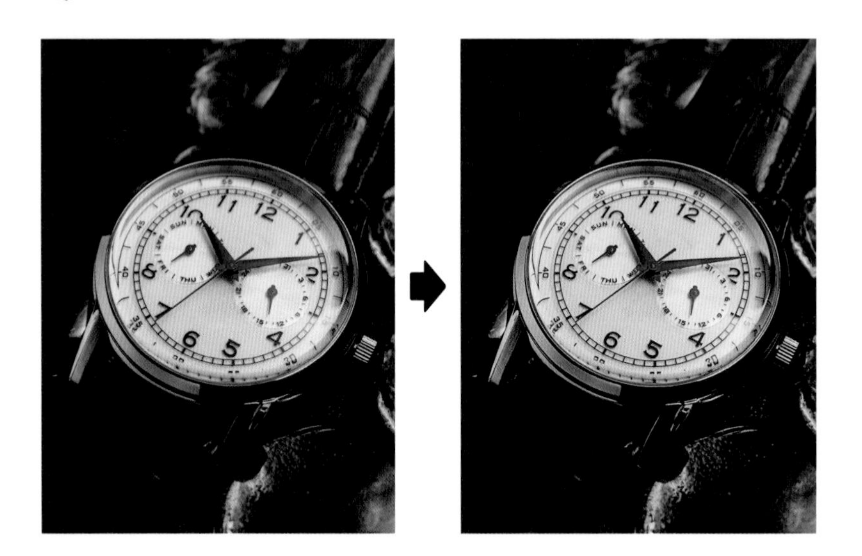

**POINT**

この加工方法は、金属だけでなく硬い質感を持った素材全般で活用できます。

# パス・シェイプ操作のテクニック

Chapter

7

# 095 パスとシェイプの基本を知りたい

使用機能 [ペン] ツール、[シェイプ] ツール

Photoshopで図形を作成する際に基本となるのがパスとシェイプです。基本をきちんとおさえておくと、操作しやすくなります。

## パスとは

パスは、アンカーポイント(点)とセグメント(線)で構成されています。アンカーポイント間はセグメントで結ばれ、方向線(ハンドル)を操作して、直線・曲線を自由に形成できます。

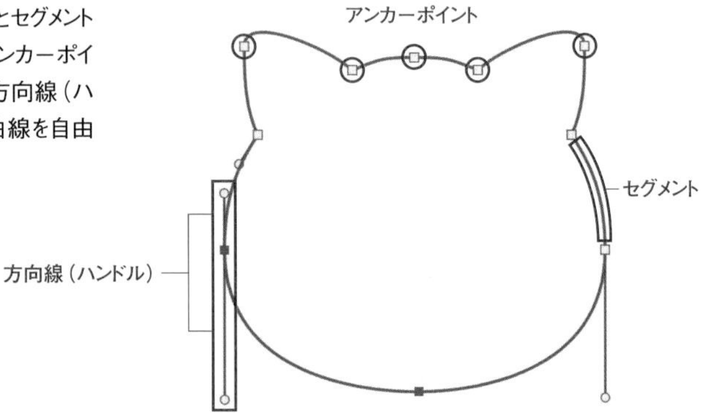


パスは、[レイヤー]パネルには白い背景だけの画像のように表示されますⒶ。[パス]パネルを表示すると、パスが入っていることを確認できますⒷ。

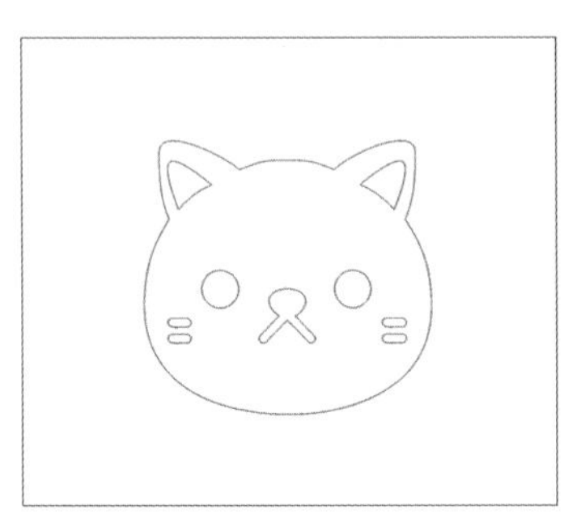

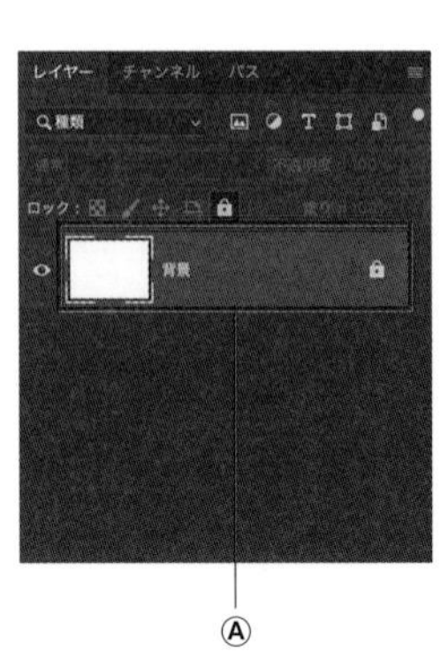

[パス] パネルを表示するとパスが入っていることがわかる

**POINT**

パスはガイドのようなもので、パスを作成しただけでは描画されることはありません。作成したパスから選択範囲を作成し画像を切り抜いたり、パスに沿って線を描いたりといった使い方をします。

## シェイプとは

シェイプは、パスで構成された図形で、ベクター画像 ▸▸011 です。コントロールパネルで［シェイプ］を選択してパスを作成すると❶、レイヤー［シェイプ］が作成されます❷。コントロールパネルで指定している［塗り］［線］が適用されます。ベクター画像の特徴をいかした、劣化のないイラストや図形が作成できます。

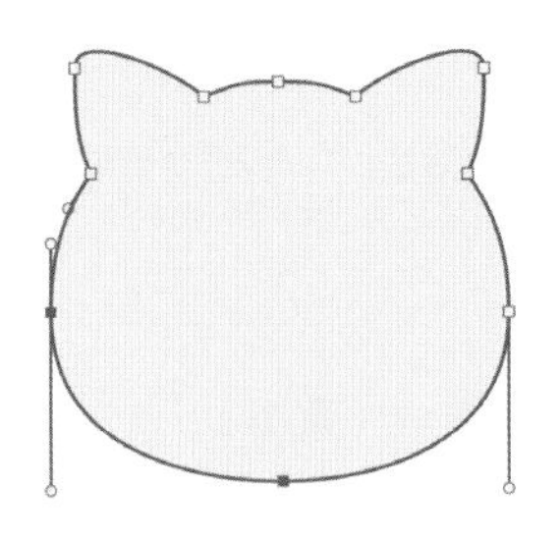

シェイプで作成されたイラスト

## パスとシェイプの選択

パスやシェイプを作成するには、ツールモードから選択します。［ペン］ツール・［フリーフォームペン］ツール・［曲線ペン］ペンツールⒶ、［シェイプ］ツール・［長方形］ツール・［角丸長方形］ツール・［楕円形］ツール・［多角形］ツール・［ライン］ツール・［カスタムシェイプ］ツールⒷを選択時に、コントロールパネルに表示される［ツールモードを選択］タブから、どちらを作成するかを選択します。

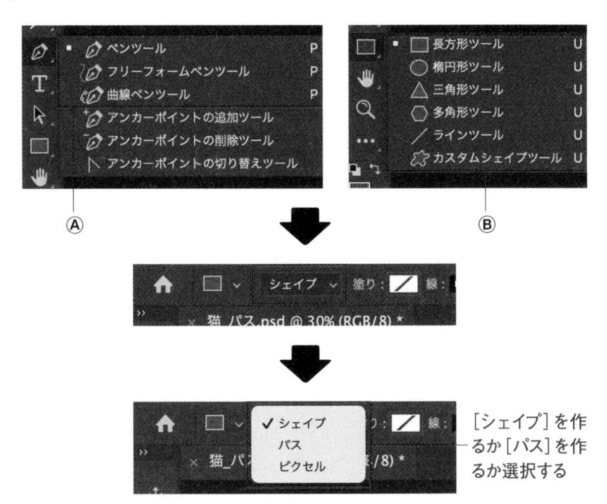


［シェイプ］を作るか［パス］を作るか選択する

# 096 直線のパスを作成したい

使用機能 [ペン] ツール

[ペン] ツールを使ったパス・シェイプの作成方法を紹介します。まずは直線のパスを作成してみましょう。

## パスの作成（直線）

1 新規ファイル ▸▸001 を作成し❶、[ペン] ツールを選択します❷。

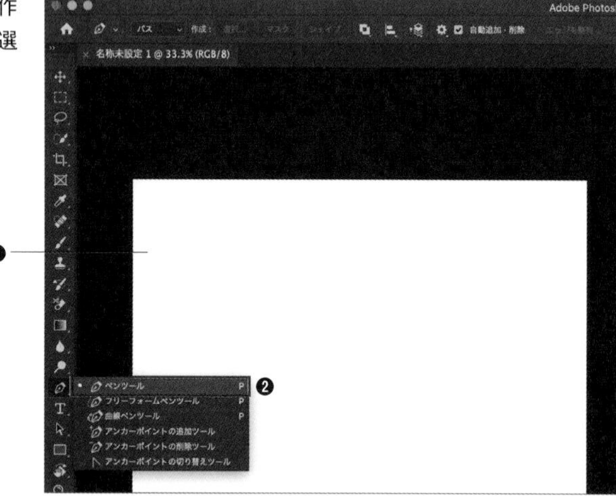


2 好みの位置で、ドラッグせずに点（アンカーポイント）を置いていくようにクリックしてパスを作成してみましょう。点をつなぐ直線のパスを描くことができましたⒶ。

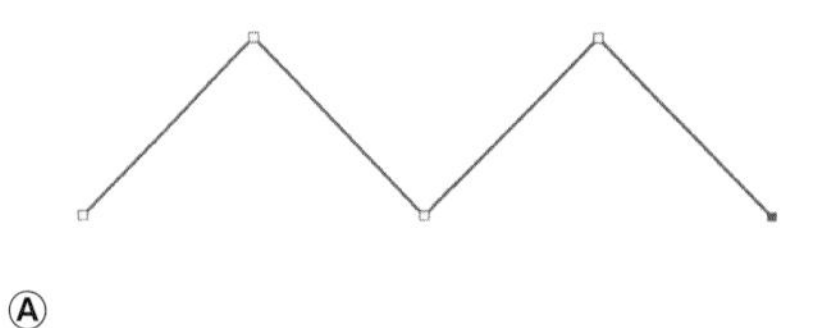
Ⓐ

3 次にⒷのようにパスを作成します。ⒶやⒷのように始点と終点がつながっていない状態のパスを「オープンパス」と言います。

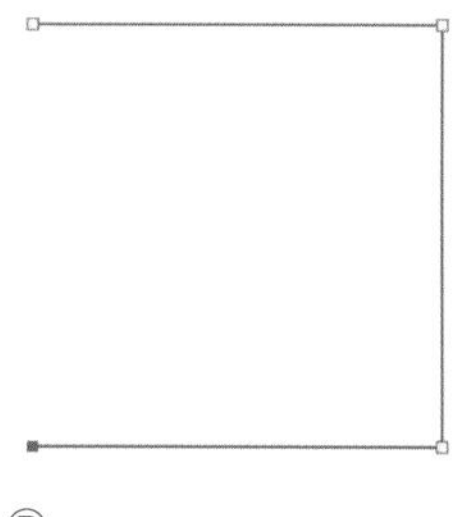
Ⓑ

**4** パスの始点にカーソルを合わせると、カーソル右下に丸いマークが現れます。

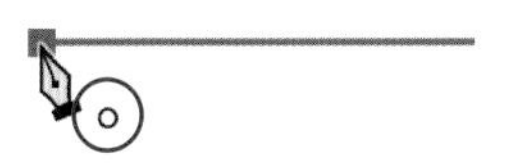

**5** この状態でクリックすると、パスの始点と終点が結ばれ、パスを閉じることができます。この状態を「クローズパス」と言います。

Ⓑのパスを閉じて四角形を作成

**Memo**

よくあるミスとして、一見パスが閉じているように見えて、閉じることができていない場合があります。下図左のようにパスが閉じていない状態で、別の新しいパスを作成しようとするとパスが継続していきます。パスがきちんと閉じているか、意識しながら作成しましょう。

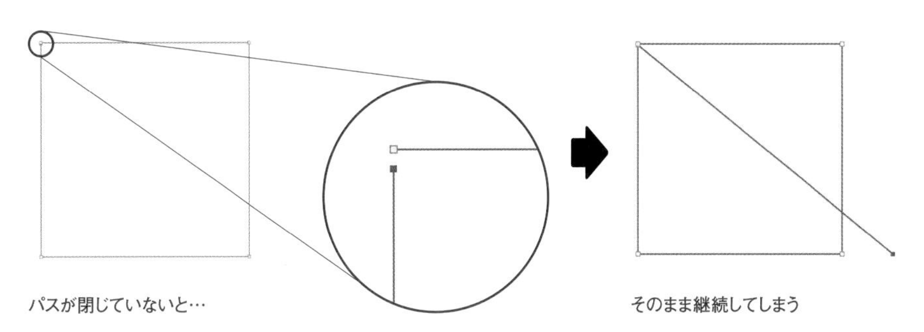

パスが閉じていないと…　　そのまま継続してしまう

# 097 直線と曲線を組み合わせたパスを作成したい

使用機能 ［ペン］ツール

直線と曲線を組み合わせたパスを作成してみましょう。アンカーポイント間のセグメントとハンドルの挙動については、慣れないとわかりにくいですが、きちんと理解しましょう。

## パスの作成（曲線）

**1** まずは曲線のパスを作成してみましょう。ドラッグせずにカンバス上でクリックしアンカーポイントを作成します。続いて、右側をクリックしてアンカーポイントを追加しますが、ここでは追加した後もクリックしたままにします。

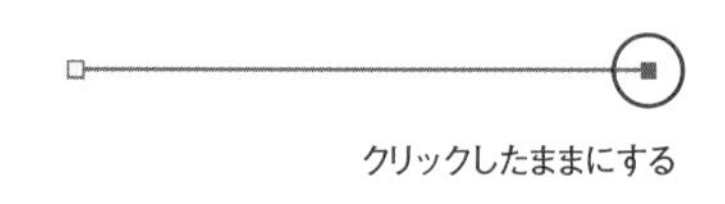


**2** アンカーポイントをクリックしたまま、右下方向にドラッグすると、アンカーポイントの上下に方向線が表示され、アンカーポイントを結ぶ線が曲線になります。マウスボタンを離します。

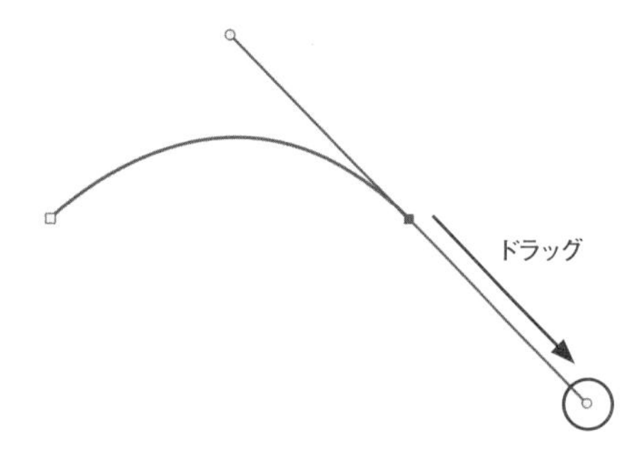


**3** さらに右側にアンカーポイントを作成し、上方向にドラッグします。そのまま上方向に、ドラッグせずにアンカーポイントを作成します。

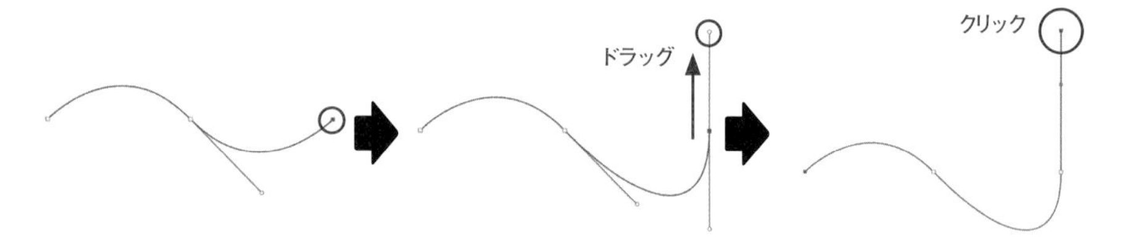

**4** 最後に、始点のアンカーポイントをクリックし、下方向にドラッグします。

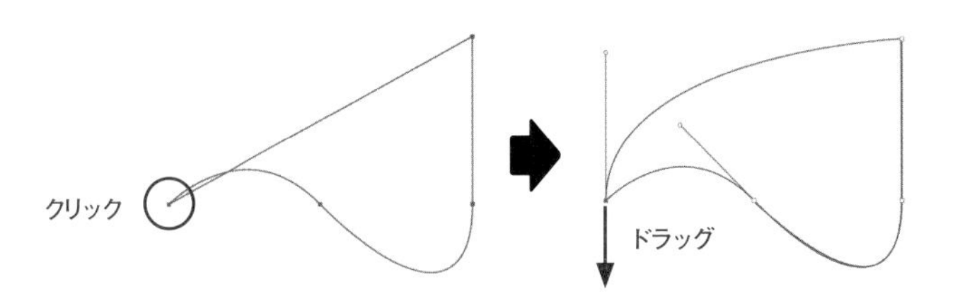


## アンカーポイント間のセグメントとハンドルの関係を確認

[ペン] ツールでつまずきやすい点として、アンカーポイント間のセグメントとハンドルの関係が理解しにくいということがあります。①〜④の手順を最初からもう一度見てみましょう。

1つ目のアンカーポイント「A」は、ドラッグせずに作成したため方向線 (ハンドル) が無く、2つ目のアンカーポイント「B」に直線でつながります。

A
B
ドラッグせずに
アンカーポイントを作成
方向線 (ハンドル) が
ないので直線でつながる

次に右下方向にドラッグすると、方向線の向いている方向と長さに合わせて、アンカーポイント間のカーブが変化することがわかるかと思います。アンカーポイント「A」から出発したセグメント (線) は、「B」の [青色の方向線] が向いている方向と長さに影響を受けて、[B] に到着します。[赤色の方向線] は次のアンカーポイントへ影響します。

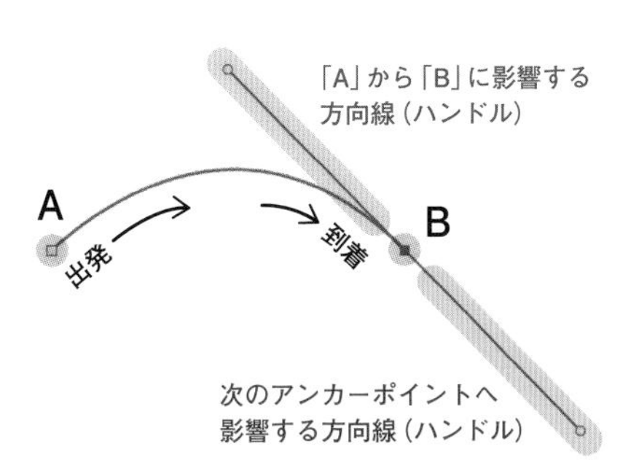


次に作成するアンカーポイントは、[赤色の方向線] が向いている方向と、長さに影響を受け、引っ張られながらカーブを描き、「C」のアンカーポイントにつながります。

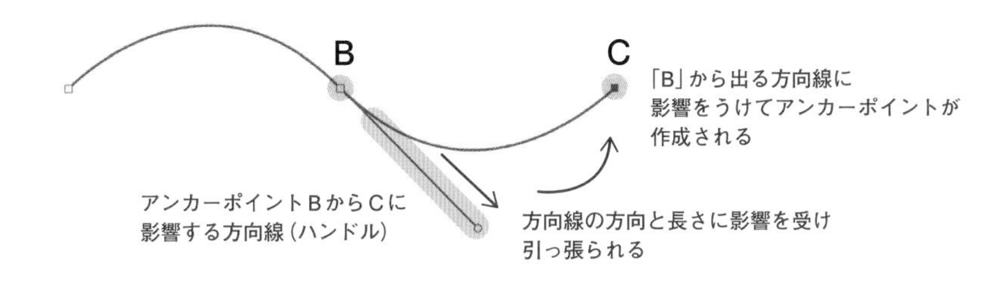

次に上方向にドラッグして方向線を設定しています。「B」の「赤色の方向線」の方向線に影響を受けながら出発したセグメント（線）は、「緑色の方向線」で設定した方向線に影響を受けて到着します。「黄色の方向線」は次のアンカーポイントへ影響します。

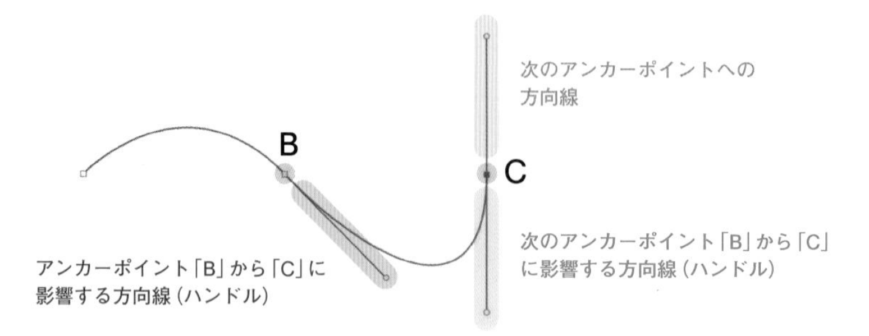


次に追加したセグメント「D」は「黄色の方向線」と同じ方向の直線上にアンカーポイントを作成しているので、カーブは発生しません。

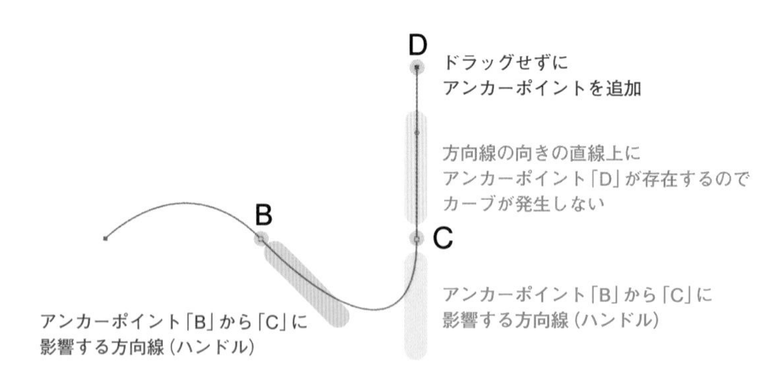


アンカーポイント「D」から出発したセグメント（線）は方向線を設定していないので、カーブを描くことなく、直線で「A」とつながります。

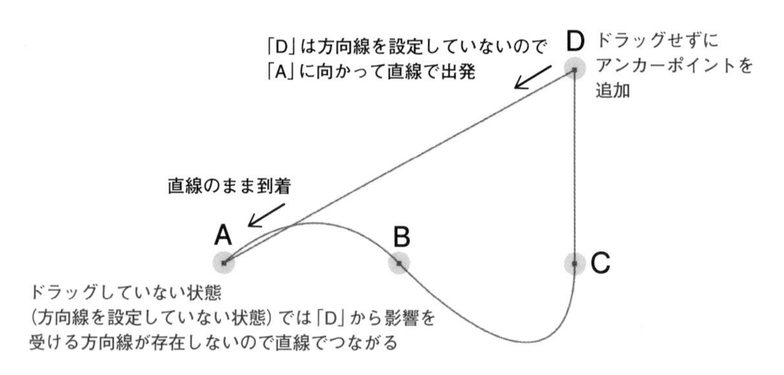

そのまま下方向にドラッグし「紫色の方向線」を設定することで、「A」と「D」の間の線もカーブになります。

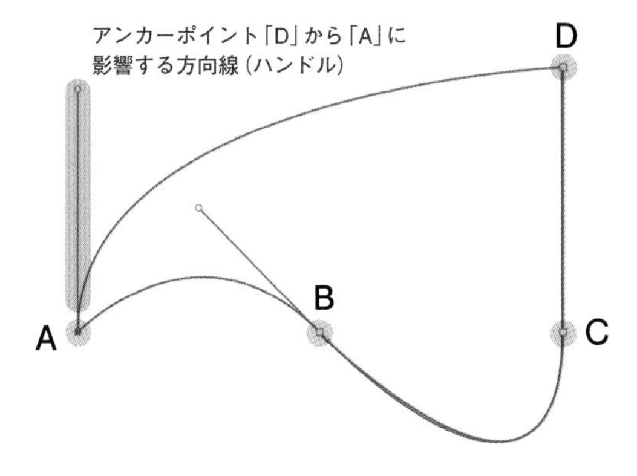


## アンカーポイントの種類

アンカーポイントには以下の3種類があります。

| 名称 | 特徴 | 例 |
|---|---|---|
| アンカーポイント | 方向線を持ちません。 | |
| スムーズポイント | 直線の方向線を持ち、滑らかな曲線を描きます。 | |
| **コーナーポイント** | 1つまたは2つの方向線がバラバラに動き、シャープなコーナーを作成します。 | 方向線2つの場合　方向線1つの場合 |

# 098 パスを編集したい

使用機能　[ペン] ツール、[パスコンポーネント選択] ツール

作成したパスは、そのアンカーポイントとハンドルを編集することができます。

## パスの編集

右図は方向線を持たないアンカーポイントを使って作成された四角形です。この図をもとにパスの編集方法を解説します。

### ● パス全体の選択

ツールバーから [パスコンポーネント選択] ツールを選択して、パスをクリックします。[パスコンポーネント選択] ツールではすべてのパスが選択されます。パス全体を移動する際などに使用します。

### ● 1つのパスの選択

ツールパネルから [パス選択] ツールを選択します。四角形の右上のアンカーポイントを選択します❶。選択されたアンカーポイントは表示が白抜きの四角形から塗りつぶされた四角形に変わります。選択したアンカーポイントをドラッグすると、点の位置が移動します❷。カンバス上のパス以外の場所でクリックすることで、選択が解除されます❸。

**Memo**　[パス選択] ツールは [ペン] ツール使用時に、option キーを押している間、切り替えることができます。

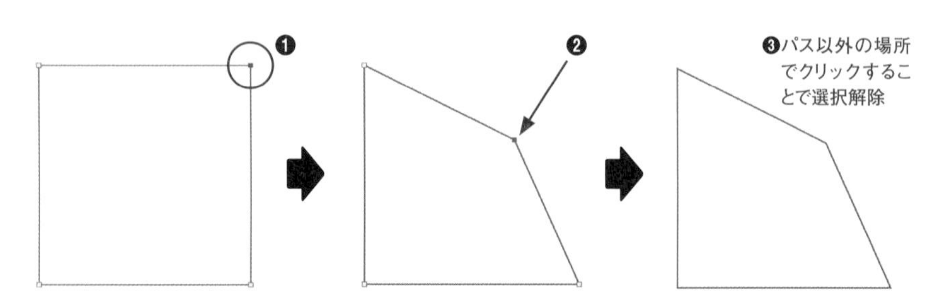

● **複数のパスの選択**

［パス選択］ツールを選択し、カンバス上で選択したいパスを囲むようにドラッグすることで、複数のパスを選択できます。

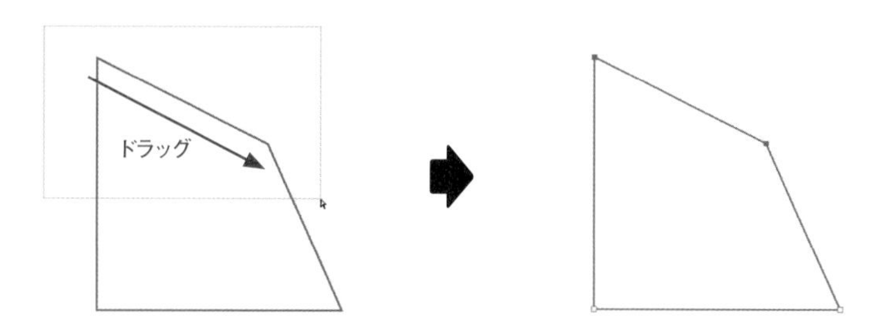


**Memo**

shift キーを押しながらアンカーポイントをクリックしても、複数のパスを選択することができます。

## アンカーポイントの追加

**1** アンカーポイントを追加するには、ツールバーから［アンカーポイントの追加］ツールを選択します。

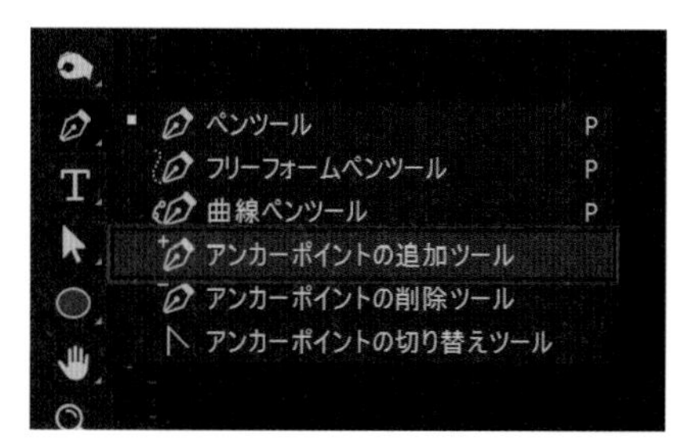


**2** カーソルをセグメント（線）上に合わせると、カーソル右下に［+］マークが表示されます。この状態でクリックすることでアンカーポイントを追加できます。各辺の中央にアンカーポイントを追加します。

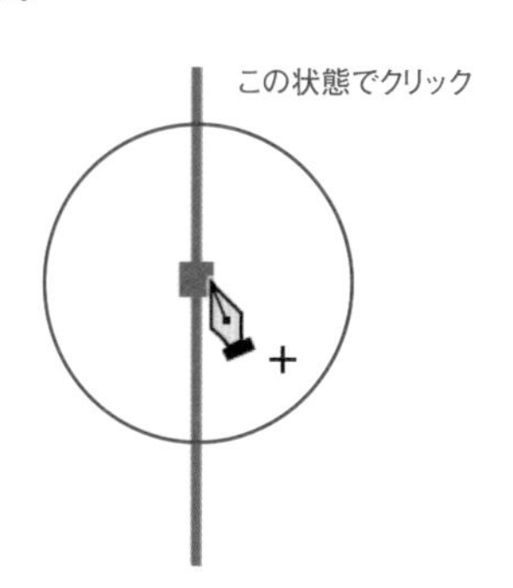


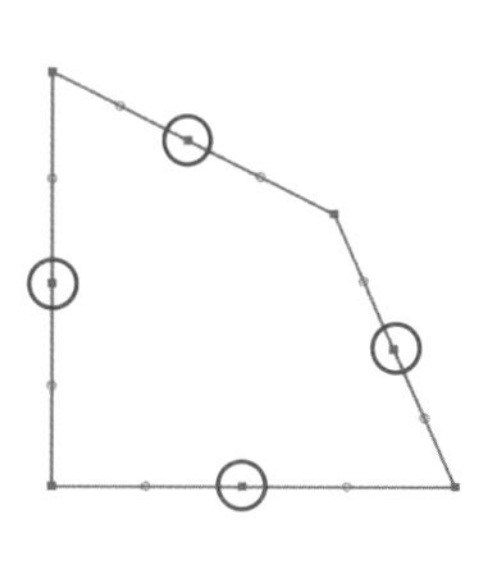

## アンカーポイントの削除

1 ツールバーから[アンカーポイントの削除]ツールを選択します。

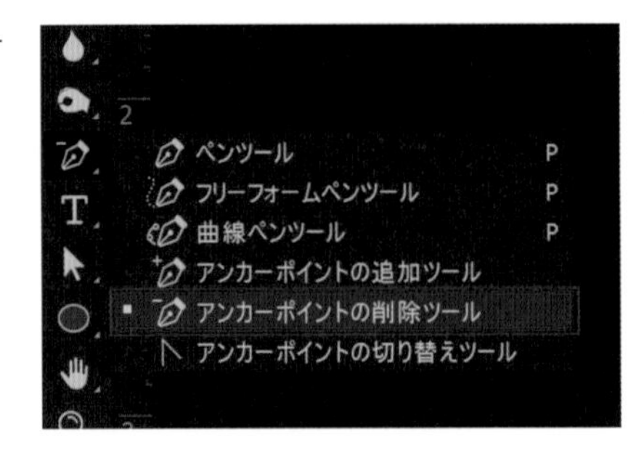


2 カーソルをセグメント(線)上に合わせると、カーソル右下に[-]マークが表示されます。この状態でクリックすることでアンカーポイントを削除できます。パスを削除すると残ったパスで自動的にパスが形成されます。

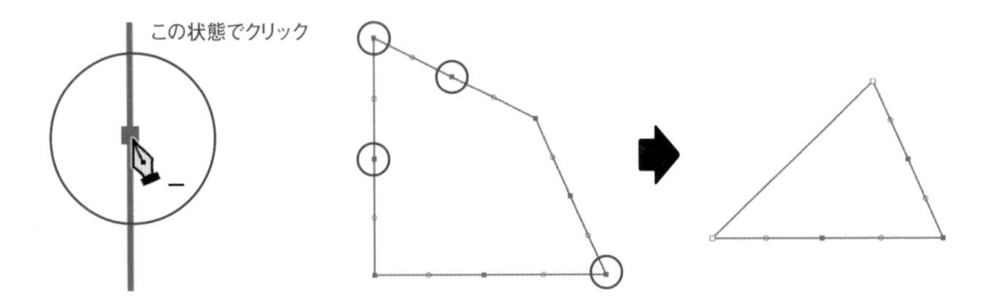


## 方向線(ハンドル)の編集

別の図を使って、ハンドルの編集方法について解説します。[ペン]ツールを使って図のようにパスを作成します。

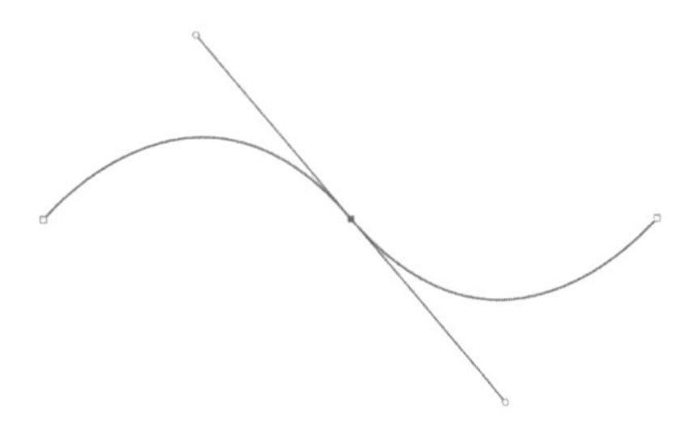

● **基本の編集**

［パス選択］ツールを選択します。方向線の先端にある白丸（方向点）をドラッグし、方向線の方向や長さを調整することができます。

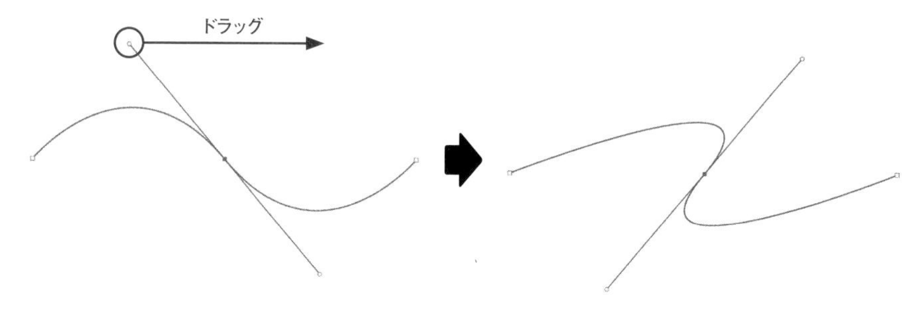


● **スムーズポイントの片方の方向線だけを編集**

［パス選択］ツールを選択します。option キーを押しながら、方向線の先端にある白丸（方向点）をクリックし❶、ドラッグすると❷、片方のハンドルだけを編集できます。

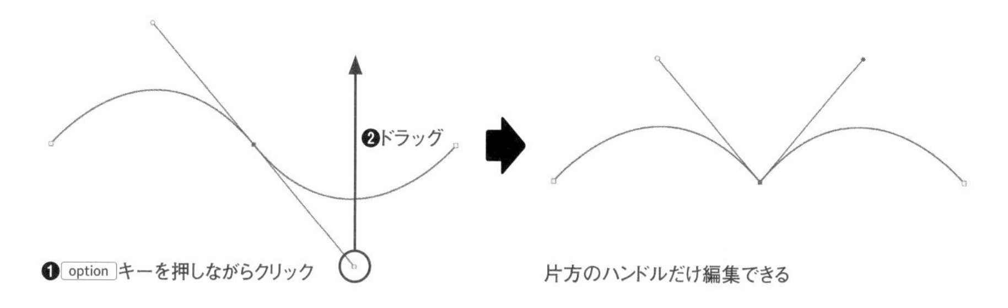


## アンカーポイントの切り替え

**1** ［アンカーポイントの切り替え］ツールを使うと、既存のアンカーポイントに方向線を追加したり、方向線の角度を変えたりすることができます。［ペン］ツールを使って下図のようなパスを作成しておきます。

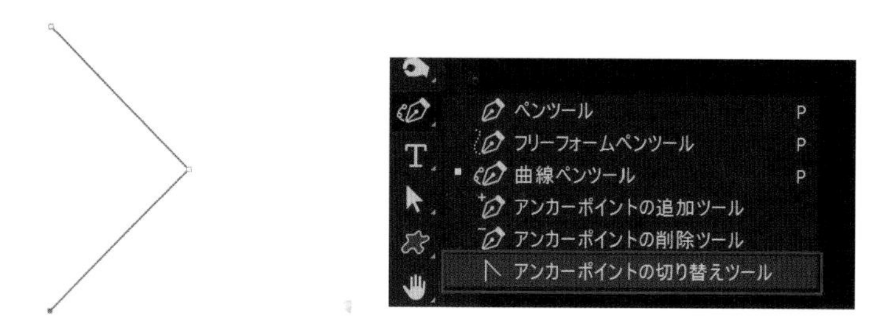

2 アンカーポイントにカーソルを合わせるとカーソルが変わります❶。ドラッグするとハンドル付きのアンカーポイントに変わり、合わせてセグメント（線）の形状も変わります❷。

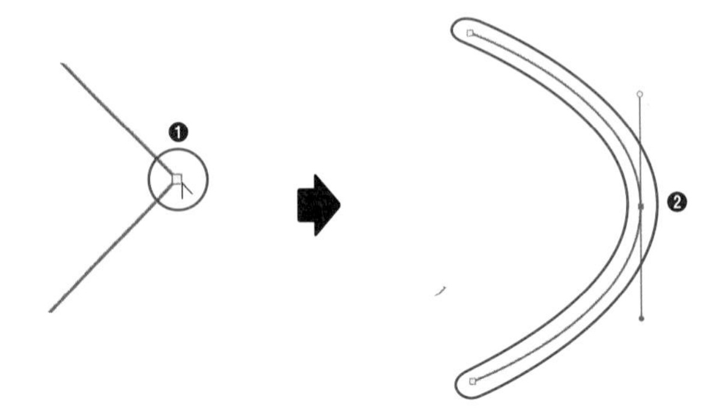


**Memo** [アンカーポイントの切り替え] ツールは [ペン] ツール使用時に、option キーを押している間、切り替えることができます。

## フリーハンドでパスを作成

1 ツールバーから [フリーフォームペン] ツールを選択します。

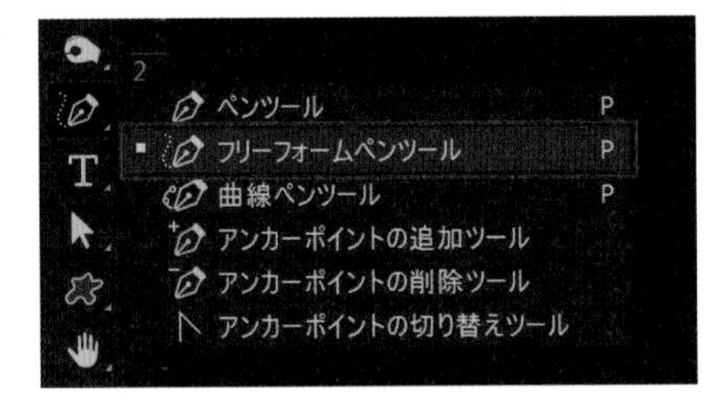


2 フリーハンドで描いた軌道でパスが作成されます。細かなパスの作成には向いていませんが、大まかなパスの作成に使用されます。精度を求めるには、いったん作成した各パスを編集する必要があるため、おすすめしません。

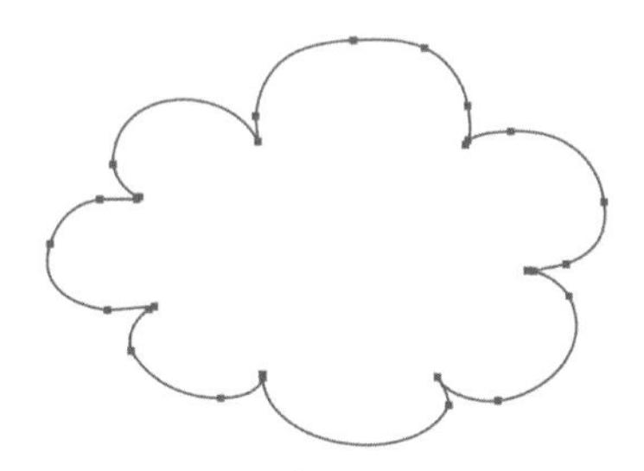

# 099 パスを選択範囲やシェイプに変換したい

**使用機能** [パス] パネル、パスを選択範囲として読み込む、べた塗り

パスを作成後、選択範囲に変換するには[パス]パネルを利用します。シェイプに変換するには[レイヤー] メニューを使用します。

## パスから選択範囲を作成

**1** 素材「猫_パス.psd」を開きます。一見すると白い背景レイヤーだけのファイルですが、パスが入っています。

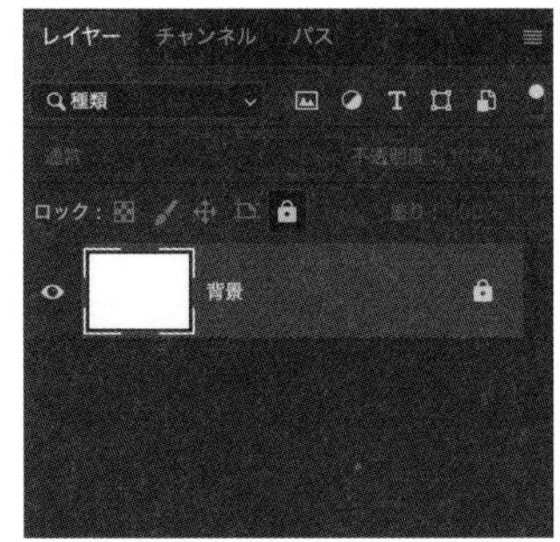


**2** [パス] をクリックすると❶、[パス] パネルに切り替わります。パス [猫_パス シェイプパス] をクリックすると❷、カンバス上にパスが表示されます❸。

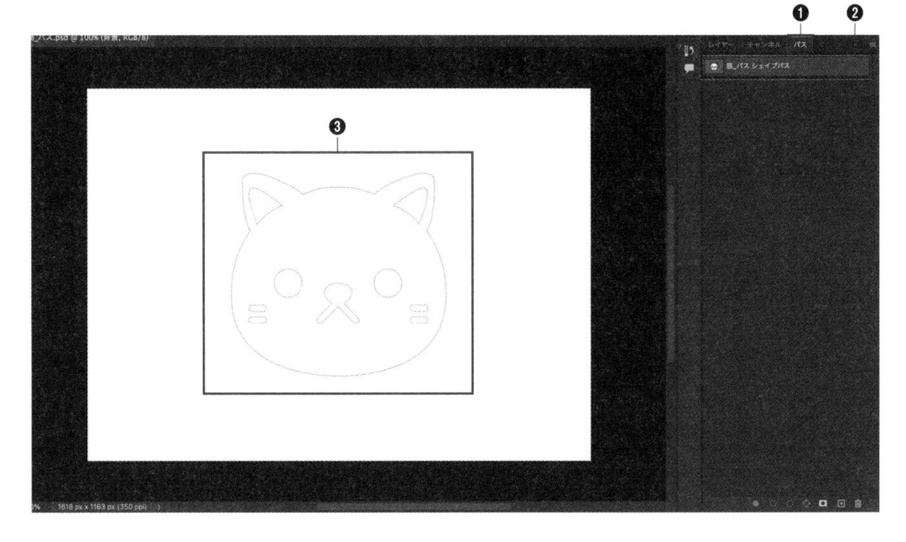

3 パスサムネールを[command]キーを押しながらクリックするかⒶ、パネル下部の［パスを選択範囲として読み込む］をクリックしますⒷ。

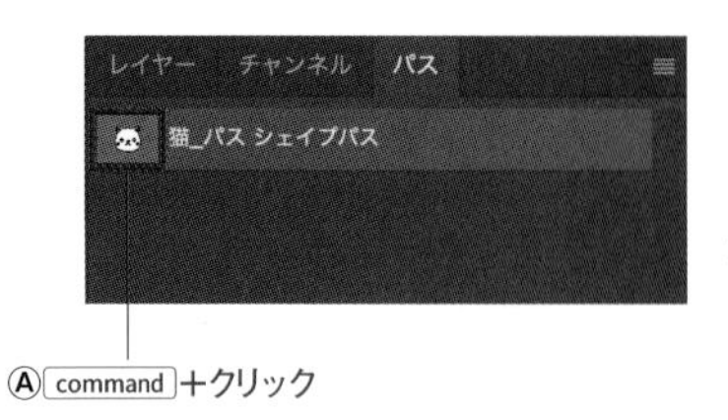

4 パスから選択範囲を作成できました。

選択範囲を解除するには、［選択範囲］メニュー→［選択を解除］をクリックします。

## パスからシェイプを作成

1 パス［猫_パス シェイプパス］が選択された状態で［レイヤー］メニュー→［新規塗りつぶしレイヤー］→［べた塗り］をクリックします。

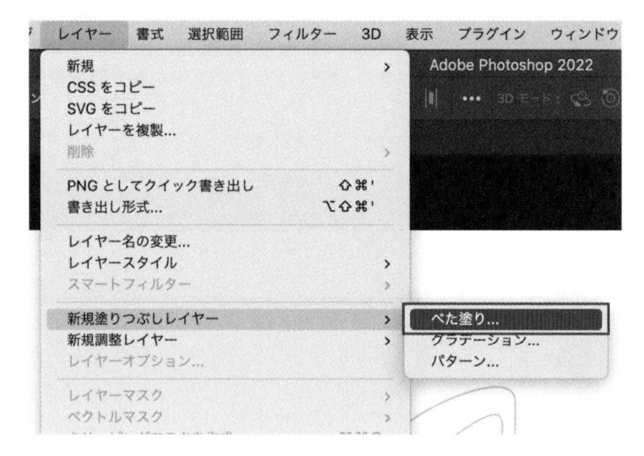


2 ［新規レイヤー］ダイアログが表示されるので任意のレイヤー名を付け❶、［OK］ボタンをクリックします❷。

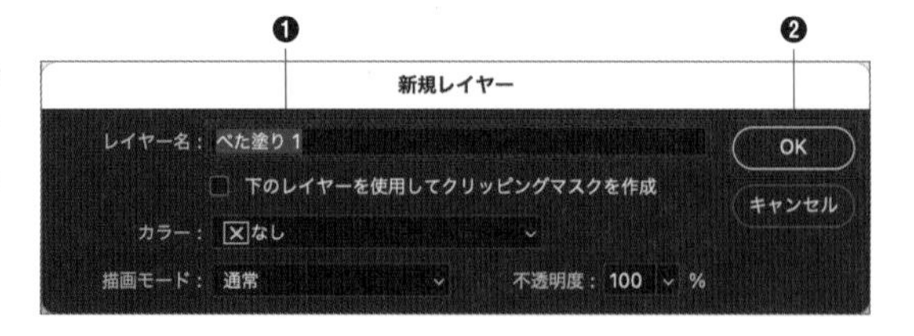

3 ［カラーピッカー］ダイアログが表示されるので、好みでカラーを指定し❶、［OK］ボタンをクリックします❷。

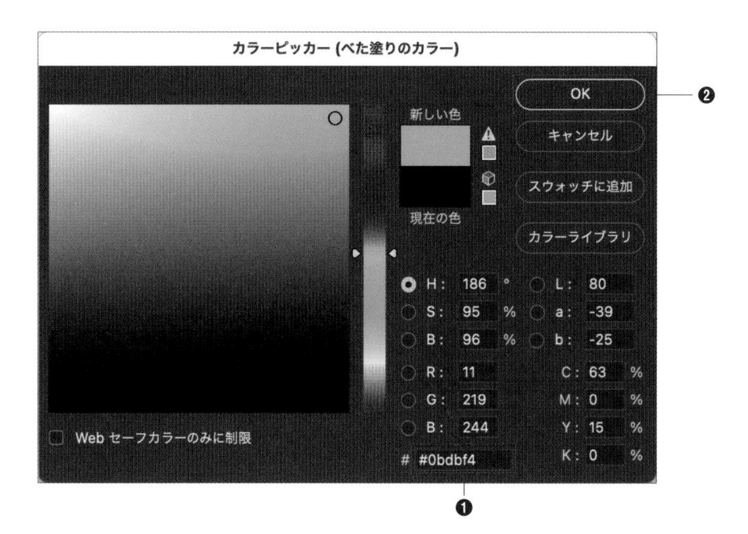


4 シェイプレイヤーが追加され❶、［レイヤー］パネルに切り替えるとパスからシェイプレイヤーを作成できたことが確認できます❷。

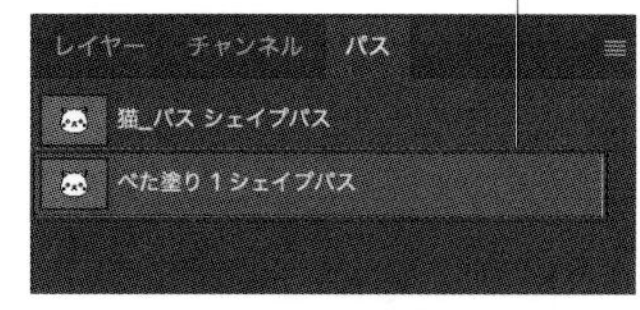


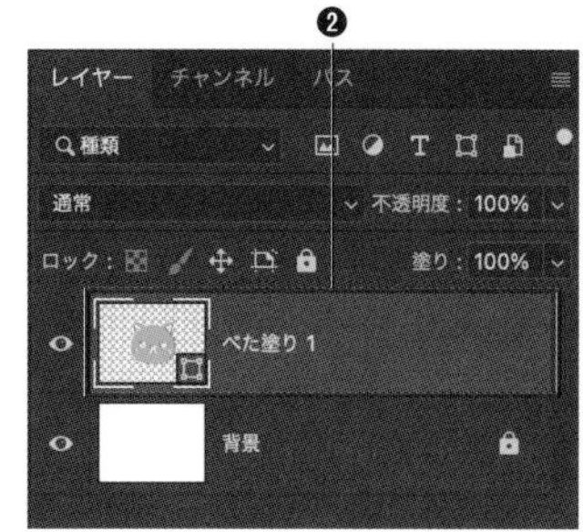

# 100 シェイプを作成できるツールの基本を知りたい

**使用機能** [長方形] ツール

シェイプを作成できるツールには、いくつかの種類があります。それぞれの違いについて理解しておきましょう。

## コントロールパネルの詳細

ツールバーの [長方形] ツールを長押しすると、シェイプ作成の各ツールが表示されます。

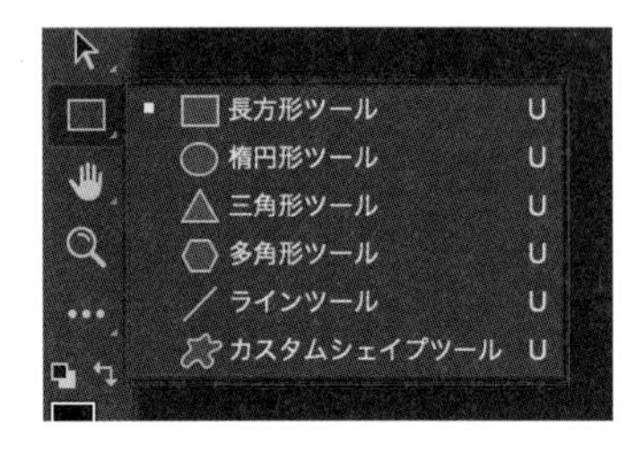


いずれかを選択すると、コントロールパネルが切り替わります。コントロールパネルの各機能は以下の通りです。ここでは [長方形] ツールを押したときのコントロールパネルで解説しています。

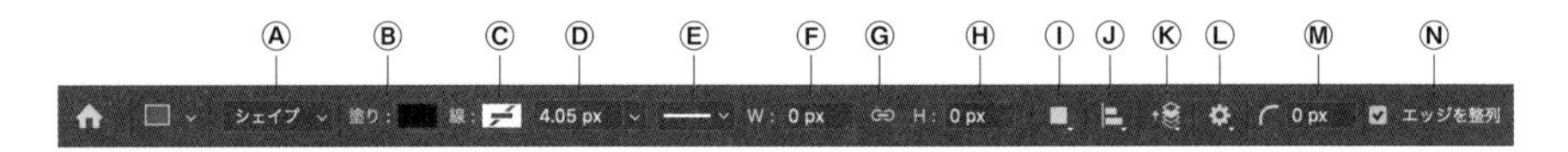


Ⓐ**ツールモードを選択** …… [シェイプ] [パス] [ピクセル] から選択します。

Ⓑ**シェイプの塗りを設定** …… 塗りの種類を [カラーなし] [べた塗り] [グラデーション] [パターン] から選択します。

Ⓒ**シェイプの線のカラーを設定** …… 線の塗りを [カラーなし] [べた塗り] [グラデーション] [パターン] から選択します。

Ⓓ**シェイプの線の幅を設定** …… 線の幅を0pxから1200pxまで指定できます。

Ⓔ**シェイプの線の種類を設定** …… プリセットから線の種類を設定します。[整列] [線端] [角] を設定します。

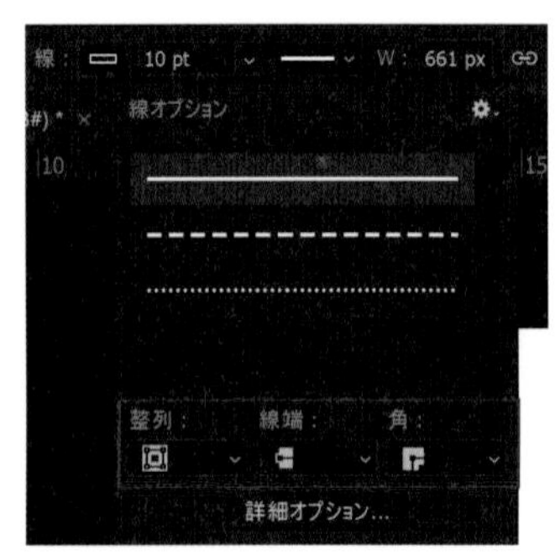

● **整列**

シェイプの線の整列タイプ（位置）を指定できます。

| アイコン | | | |
|---|---|---|---|
| 名称と特徴 | 内側……シェイプの内側に線が作られます。 | 中央……シェイプの真ん中に線が作られます。 | 外側……シェイプの外側に線が作られます。 |
| 形状 | | | |

● **線端**

シェイプの線の線端タイプを指定できます。

| アイコン | | | |
|---|---|---|---|
| 名称と特徴 | 四角形……端で終了する線端。 | 円……端を半円にします。 | 先端……線幅の半分の幅を端点に追加した線端。 |
| 形状 | | | |

● **角**

シェイプの線の角（コーナー）の形状を指定できます。

| アイコン | | | |
|---|---|---|---|
| 名称と特徴 | マイター……シャープな角になります。 | 円……丸い角になります。 | ベベル……面取りされた角になります。 |
| 形状 | | | |

Ⓕ**シェイプの幅を設定** …… シェイプの幅を設定できます。control キー＋クリックで単位を変更できます。

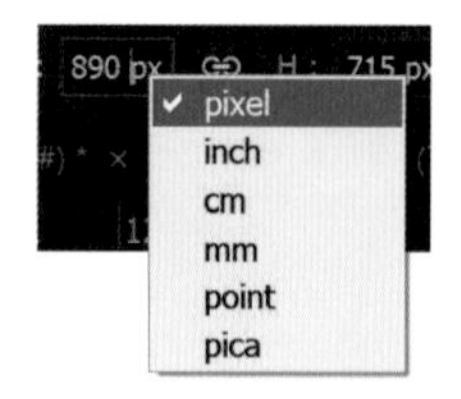


Ⓖ**シェイプの幅と高さをリンク** …… 有効にすると、サイズ変更時にシェイプの幅と高さが連動して動くため比率が保たれます。

Ⓗ**シェイプの高さを設定** …… シェイプの高さを設定できます。control キー＋クリックで単位を変更できます。

Ⓘ**パスの操作** …… シェイプを組み合わせてさまざまな形状を作ります ▸▸100。

Ⓙ**整列** …… シェイプを整列します ▸▸036。

Ⓚ**パスの配置** …… レイヤーのようにシェイプの順番を変更します。

Ⓛ**パスオプション** …… パスの色や線の太さを変更します。

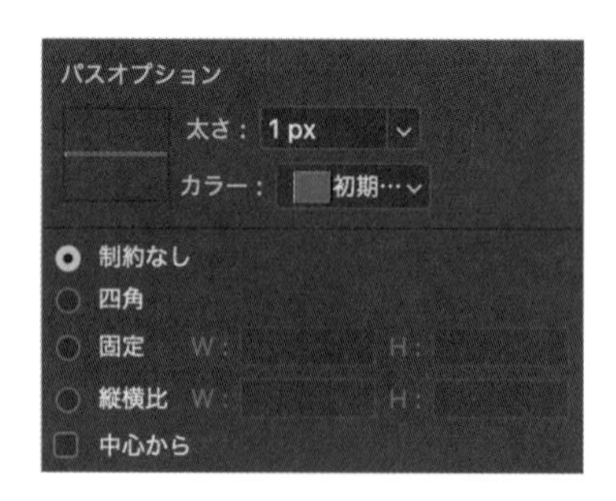


Ⓜ**角の丸みの半径を設定** …… 長方形の角を丸くする設定を行えます。

Ⓝ**エッジを整列** …… チェックを入れるとエッジがシャープに表示されます。

## シェイプ作成ツールの詳細

シェイプを作成できる各ツールの詳細は以下の通りです。

● **[長方形] ツール、[楕円形] ツール、[三角形] ツール**

カンバス上でドラッグしシェイプを描画します。コントロールパネルの [シェイプの幅を設定] と [シェイプの高さを設定] に数値を入力することでも描画できます。

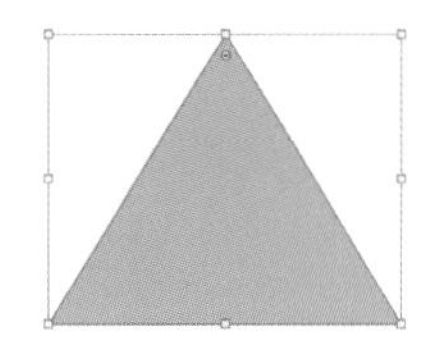

カンバス上でマウスを長押しすると、それぞれ作成用のダイアログが表示されるので、ここに数値を入力することでも描画できます。

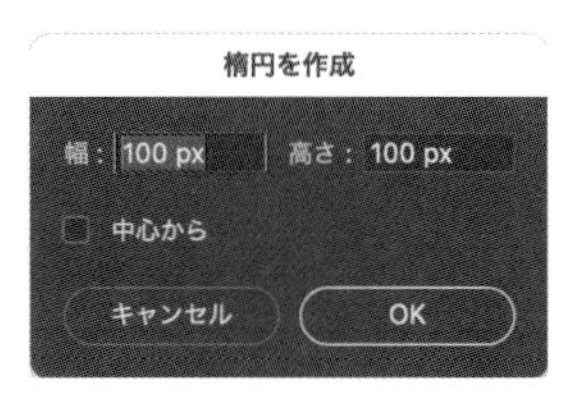

[長方形] ツールと [三角形] ツールでは、コントロールパネルに [角の丸みの半径を設定] が追加されるので、これを使用すると角を丸くすることができます。

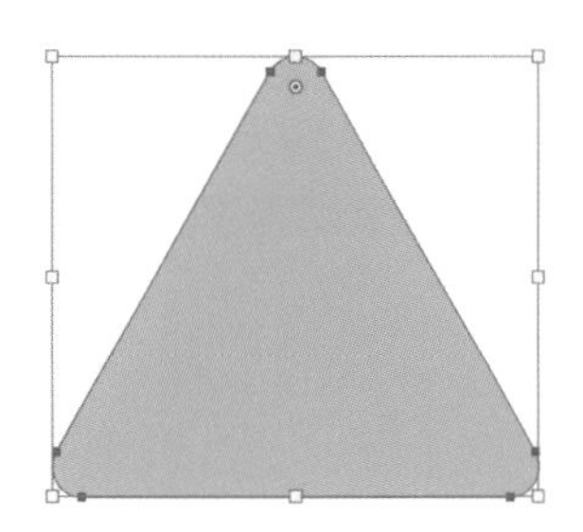

**Memo** shift キーを押しながらドラッグすると、それぞれ正方形、正円、正三角形を描くことができます。

● [多角形] ツール

コントロールパネルに[長方形]ツールにはないⒶ[角数を設定] Ⓑ[角の丸みの半径を設定] が追加されます。作成したい角数と、角の丸みを入力します。[角数] 5 [角の丸み] 20pxと設定し、カンバス上でドラッグすると図のように描画されます。

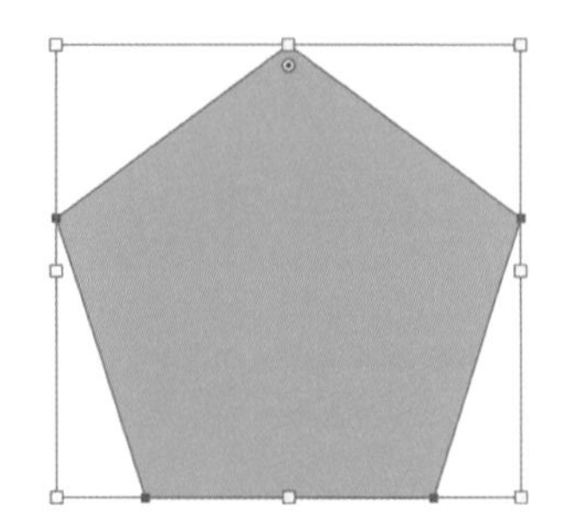

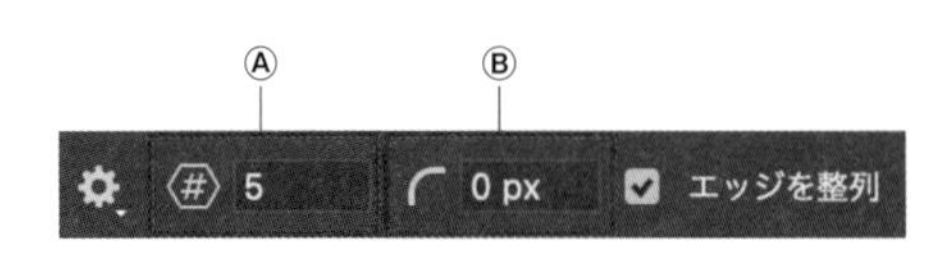


● [ライン] ツール

カンバス上でドラッグすることでラインを描画します。

● [カスタムシェイプ] ツール

コントロールパネルに [長方形] ツールにはない [シェイプ] が追加されますⒶ。[シェイプ] を選択するとプリセットのさまざまなシェイプが表示されますⒷ。好みのシェイプを選択し、カンバス上でドラッグすると描画されます。

[カスタムシェイプ] ツールのみで作成された図

**Memo**

初期設定では一部のシェイプのみ表示されます。シェイプを追加したい場合は、[ウィンドウ] メニュー→[シェイプ] をクリックし、[シェイプ] パネルの右上のボタンを押し [従来のシェイプとその他] を選択します。

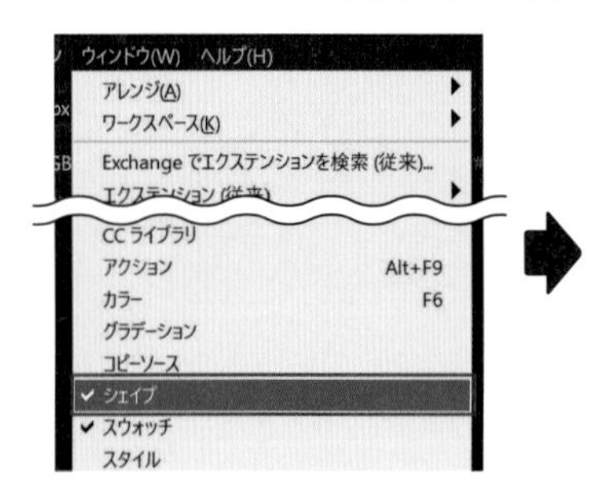


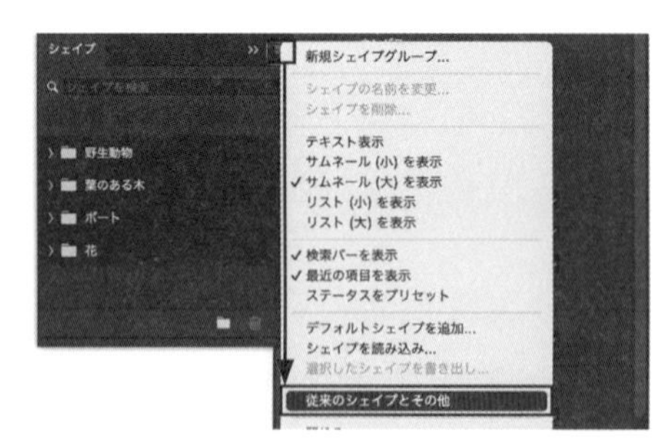

# 101 オリジナルのカスタムシェイプを作成したい

使用機能 ［シェイプ］パネル、［楕円形］ツール、シェイプを結合

自分で作ったシェイプや画像を、「カスタムシェイプ」として登録することができます。シェイプとして登録すれば、必要な場面で繰り返し使用することができます。

## シェイプの登録

1 カンバス上で作成したシェイプを選択した状態で、control キーを押しながらクリックし、表示されるメニューから［カスタムシェイプを定義］をクリックします。

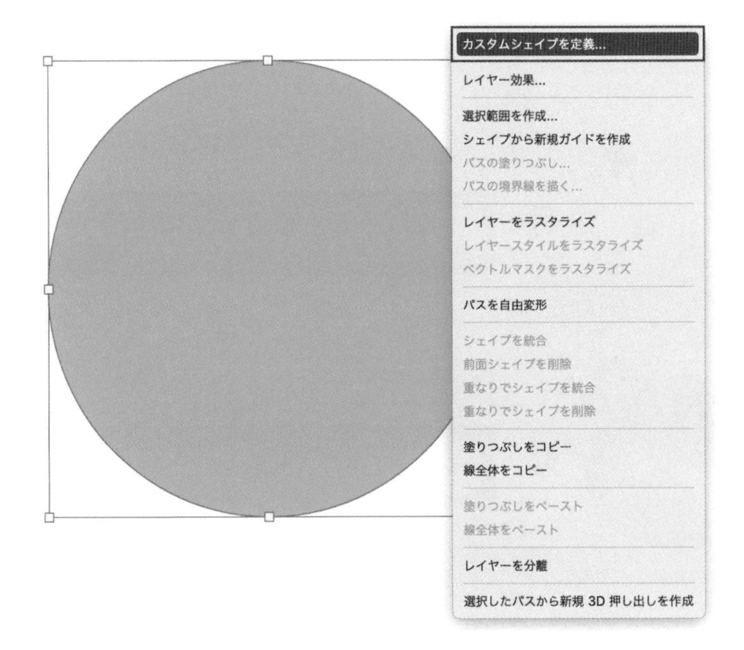


2 ［シェイプの名前］ダイアログが表示されるので、名前を付けて❶、［OK］ボタンをクリックします❷。

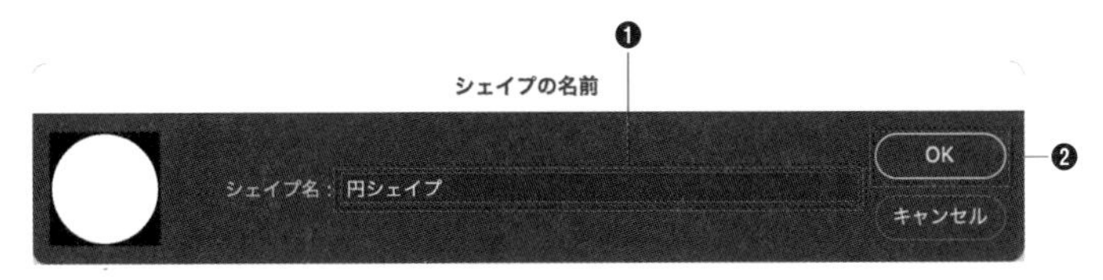

**3** ［シェイプ］パネルに、定義したシェイプが登録されていることが確認できます。

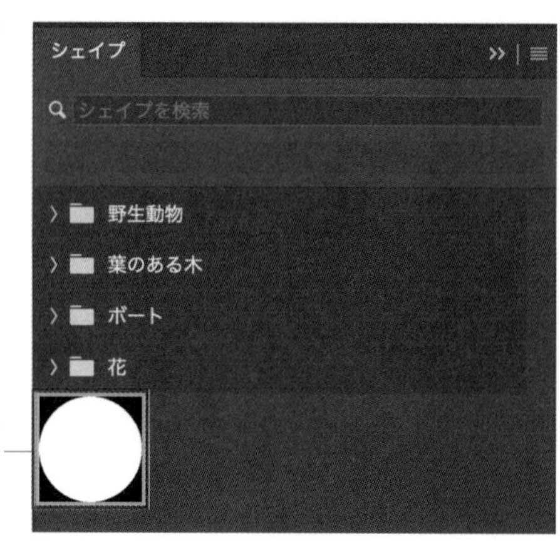


**Memo**

カスタムシェイプには、登録したシェイプのシルエットが登録されます。複雑な形のシェイプを登録したい場合は、シルエットになっても形がわかるようなシェイプにしてから登録するとよいでしょう。

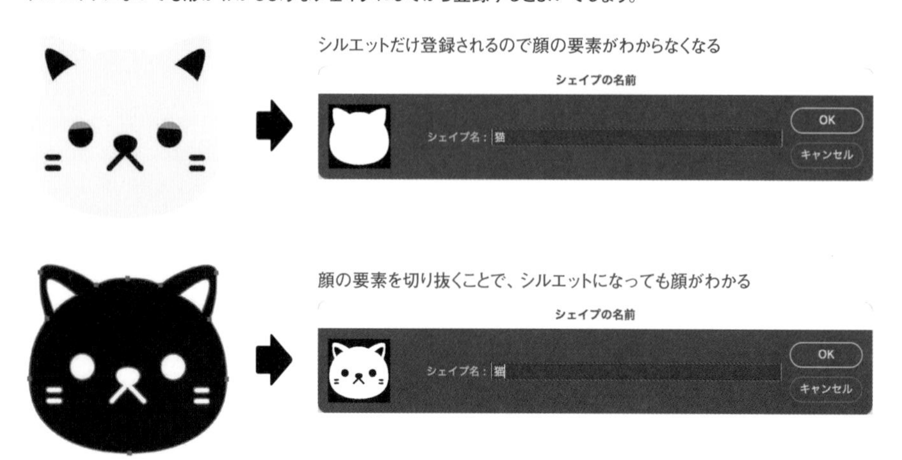

## 複数のシェイプの操作

シェイプ作成ツールを選択したときに切り替わるコントロールパネルの［パスの操作］ボタンをクリックすると❶、複数のパスに対して行える操作のメニューが表示されます❷。

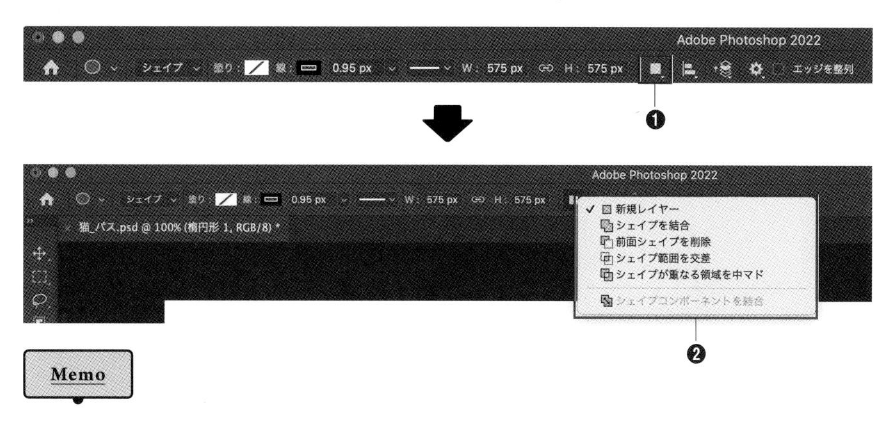


Memo

シェイプの順番を間違うと、思うような結果が得られないので注意しましょう。

## パスの操作

### ● シェイプを結合

複数のシェイプを結合します。円形のシェイプを作成した状態で［シェイプを結合］をクリックし、もう1つ新しいシェイプを作成します。シェイプの重なる順番は新しいシェイプが前面となります。それぞれのシェイプは個別に移動や変形が可能です。

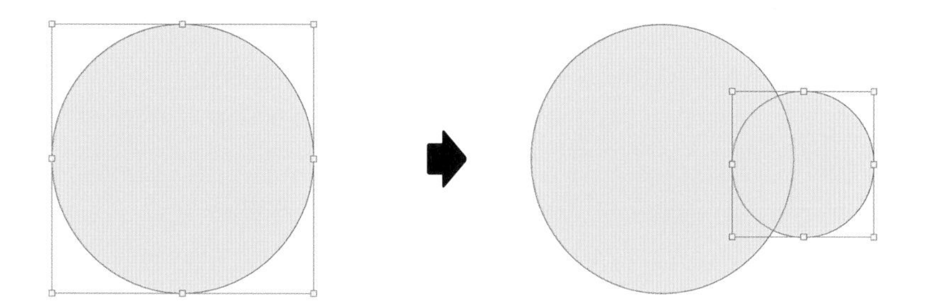

### ● 前面シェイプを削除

背面のシェイプ（左側）から、前面に作成したシェイプ（右側）が削除されます。右側のシェイプを選択し、［前面シェイプを削除］を選択するとⒶのような状態になります。背面のシェイプである左側を選択し、［前面シェイプを削除］を選択した場合、より背面のシェイプが無いので、左側のシェイプが削除されⒷのような状態になります。

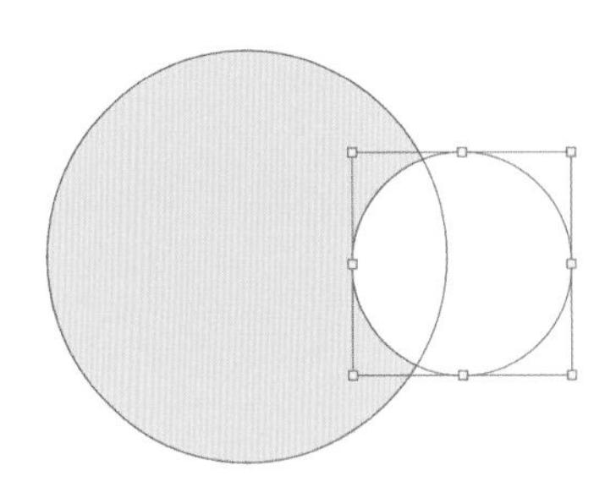

Ⓐ右側のシェイプを選択し［前面シェイプを削除］

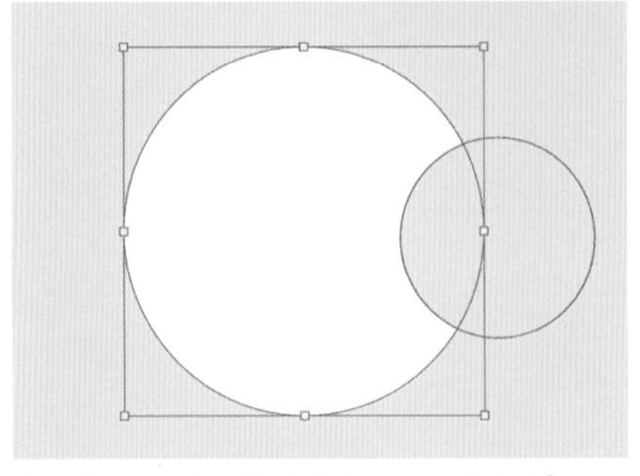

Ⓑ左側のシェイプを選択し［前面シェイプを削除］

● **シェイプ範囲を交差**

背面と前面のシェイプの重なり部分を表示します。

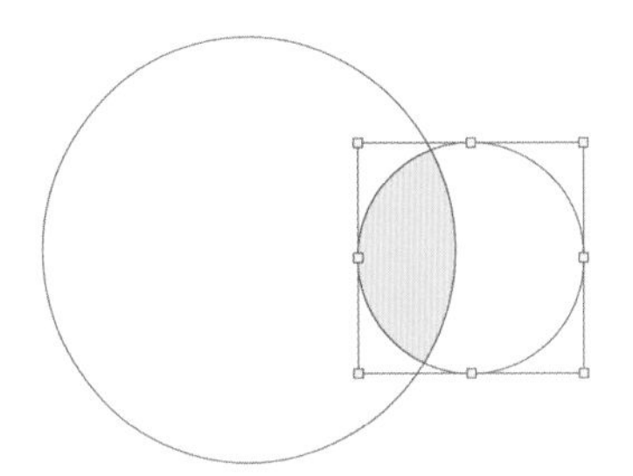

● **シェイプが重なる領域を中マド**

背面と前面のシェイプの重なり部分を削除します。

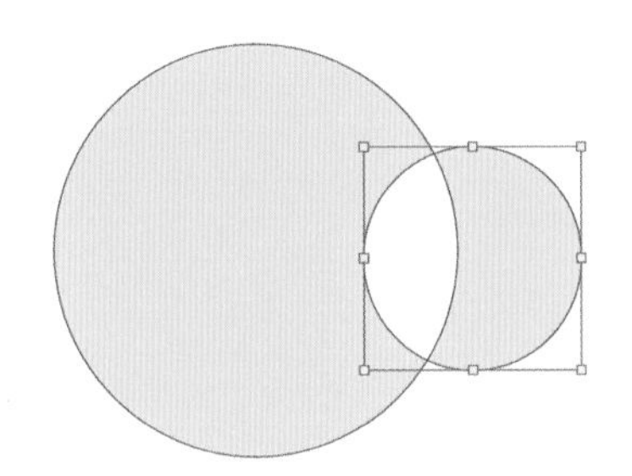

● **シェイプコンポーネントを結合**

選択すると「この操作を行うと、ライブシェイプが標準のパスに変わります。続行しますか?」と表示されるので、［はい］ボタンをクリックします。パスが結合され、1つのシェイプに変換されます。

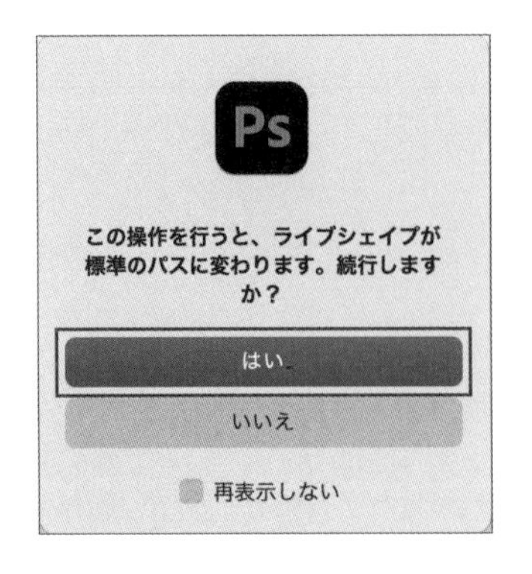

# 102 ライブシェイプを作成したい

使用機能　[長方形] ツール

描画した後にサイズや角丸などの指定などを行うことのできるシェイプを、ライブシェイプと言います。

## ライブシェイプとは

ライブシェイプとは、描画した後に[プロパティ]パネルから、サイズや角丸の指定などを行うことのできるシェイプです。[拡大・縮小]と[回転]以外の、[ゆがみ]などの変形やパスの修正を行うと、ライブシェイプから標準のパスに変更されます。標準のパスに変更されると[角丸]や[プロパティ]からの編集はできなくなります。

## ライブシェイプの作成

1 [長方形]ツールを選択し、カンバス上に四角のシェイプを作成します。

2 シェイプの四隅にある丸いポイントにカーソルを合わせると、❶のようにカーソルが変わります。この状態でポイントを内側にドラッグすると、四隅のコーナーが丸く変わります❷。

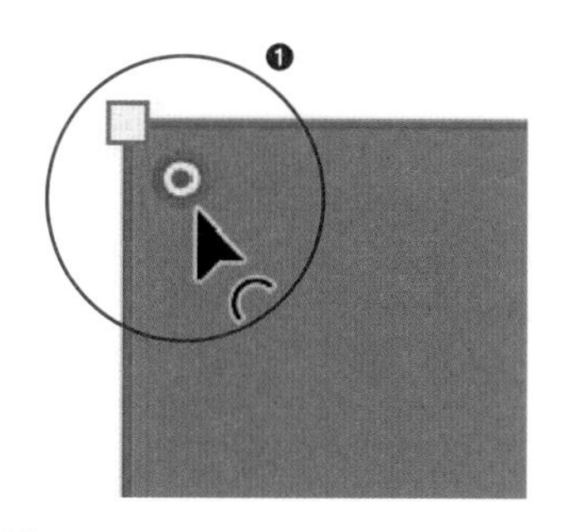


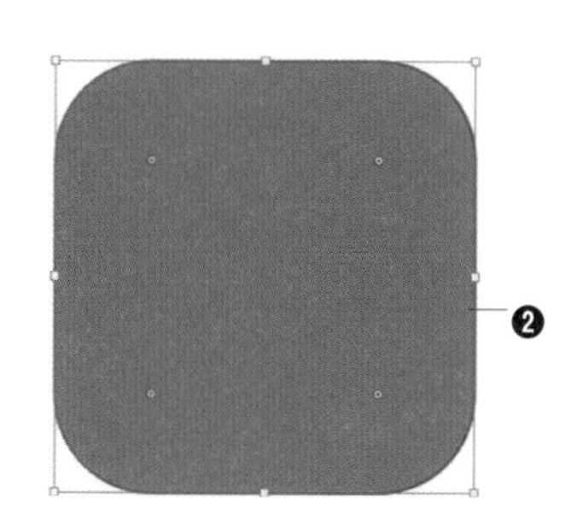


Memo　ここで紹介しているようなポインタをドラッグして角丸を作成する方法は、[カスタムシェイプ]では使用できません。

# 103 シェイプの境界をぼかしたい

使用機能　マスク、ぼかし

作成したシェイプの境界をぼかすことができます。［プロパティ］タブから行います。

**1** シェイプを作成後、［ウィンドウ］メニュー→［プロパティ］をクリックし❶、［プロパティ］タブを表示します❷。オプションバーの項目や角丸の設定などが一覧で表示されます。

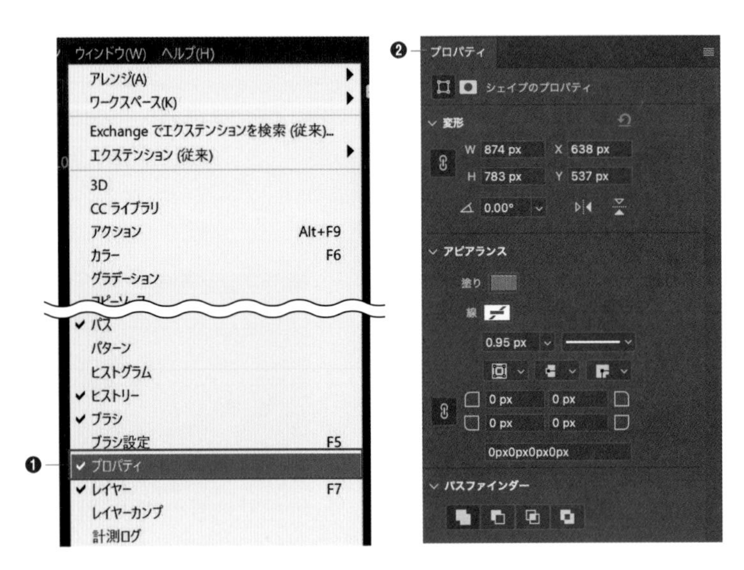


**2** ［マスク］ボタンをクリックし❶、［ぼかし］を20pxとします❷。

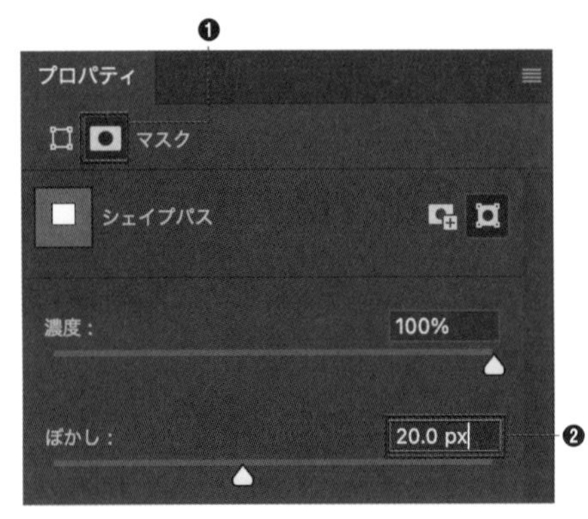


**3** 指定した数値でシェイプの境界がぼけます。

# 104 文字をシェイプに変換したい

**使用機能** [横書き文字] ツール、シェイプに変換、[パス選択] ツール

テキストのオブジェクトはシェイプに変換することができます。シェイプに変換すると、文字の一つひとつを個別に選択して変形させたりできます。

## シェイプレイヤーへの変換

1 [横書き文字] ツールを選択し、文字を入力します。

2 レイヤーパネル上でテキストレイヤーを選択し、[書式] メニュー→ [シェイプに変換] をクリックします。

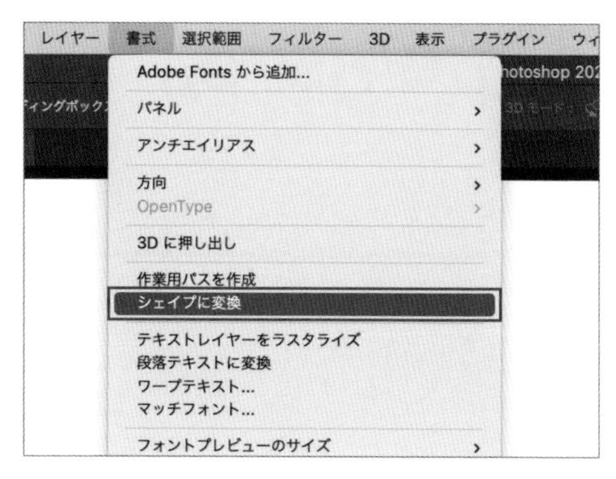

シェイプレイヤーに変換されます。

## シェイプレイヤーの特徴

シェイプレイヤーは［パスコンポーネント選択］ツールを使うことで個別に文字を選択し、移動や拡大・縮小、回転をすることができます。また、［パス選択］ツールを使って単一または複数のパスを選択し移動したり削除することができます。

［パス選択］ツールを使って文字を拡大・移動

［パス選択］ツールを使って文字を変形

# 105 直感的にパスを作成したい

使用機能 [曲線ペン] ツール

[曲線ペン] ツールを使用すると、セグメント (線) をドラッグするだけで直感的にパスを描くことができます。

## [曲線] ペンで曲線パスを作成

1 ツールバーから [曲線ペン] ツールを選択します。

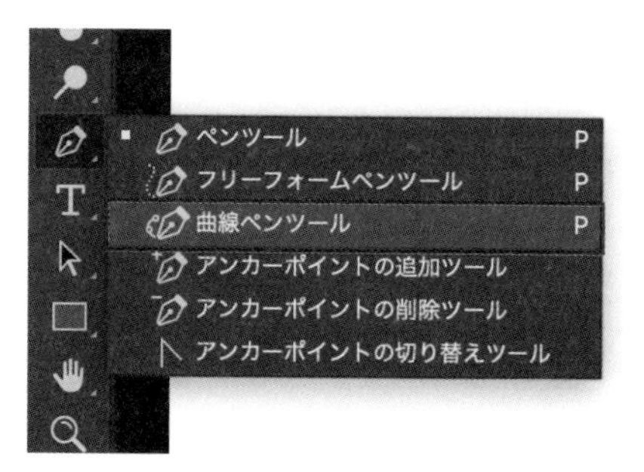


2 カンバス上にアンカーポイントを作成し❶、少し右上にさらにアンカーポイントを追加します❷。[曲線ペン] ツールでは方向線 (ハンドル) を使用しません。追加したいアンカーポイントをドラッグすることで、位置を変えることができます。さらに少し右下にアンカーポイントを追加すると❸、自動的に曲線が描かれます。

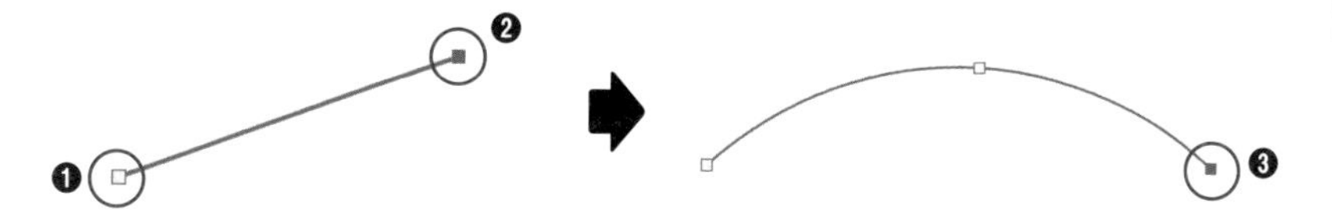


3 さらにアンカーポイントを好みで追加してください。自動的に曲線が描かれます。直線でパスが作成されることはありません。

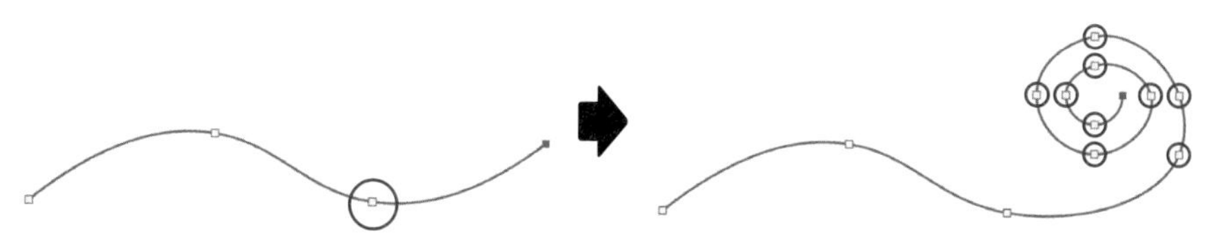

Memo 曲線パスのアンカーポイントをダブルクリックすると、直線パスになります。

## セグメントを操作して曲線を編集

**1** セグメントをドラッグすることでも曲線を描けます。［曲線ペン］ツールを選択し、2つのアンカーポイントを作成します❶。セグメント上にカーソルを合わせ上方向にドラッグすると❷、曲線が作成されます。

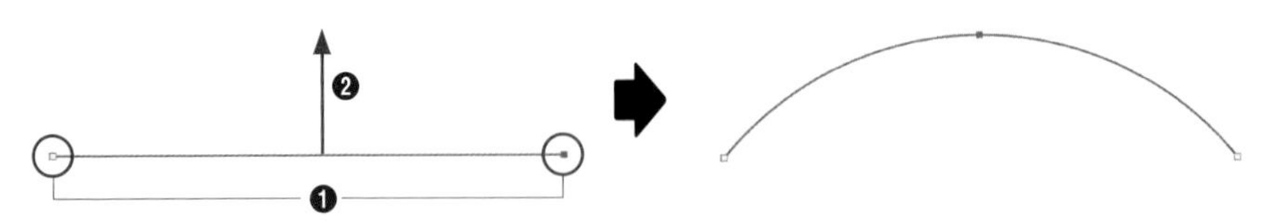


**2** 作成したアンカーポイントはドラッグするだけで位置を変えることができます。左側にドラッグします。

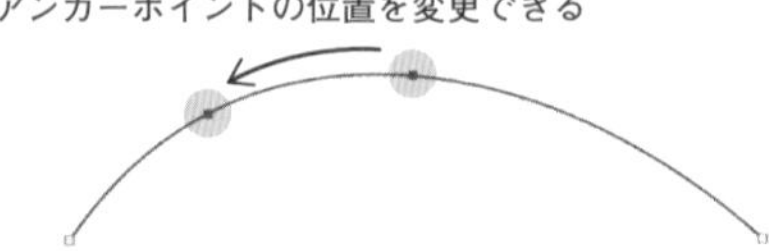


**3** さらにセグメントにアンカーポイントを追加し、下にドラッグします。アンカーポイント間のセグメントが自動的に調整されて、曲線が作成されます。

## 直線パスの作成

**1** 2つのアンカーポイントを作成します。

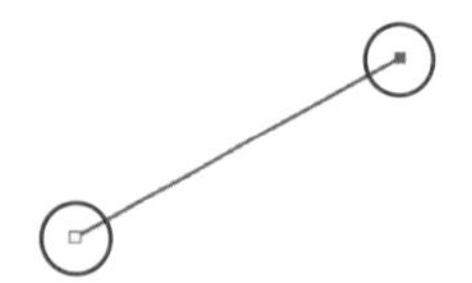

**2** アンカーポイント上にカーソルを合わせると、カーソルの右下に丸いマークが表示されるので、ダブルクリックします。

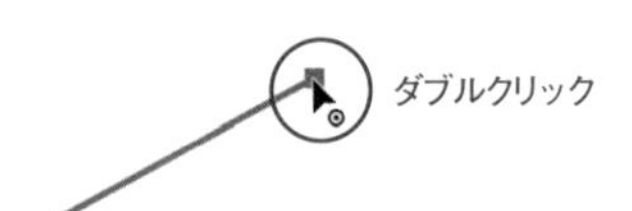


**3** 右下にアンカーポイントを追加すると、セグメントが曲線にならずに直線のパスを作成できます。

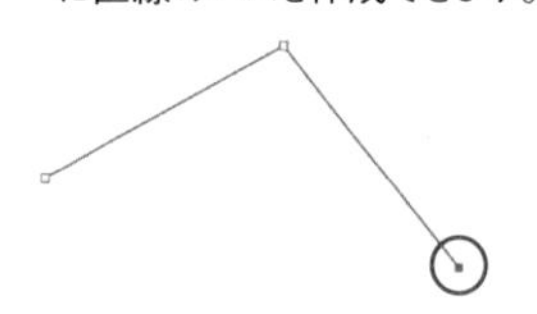

**4** 同じ動作を繰り返すと、連続で直線でパスを作成できます。

**Memo**

直線パスのアンカーポイントをダブルクリックすると、見た目に違いは出ませんが、［ヒストリー］パネル ▸▸008 に［コーナー切り替えポイント］と履歴が残るようになります。

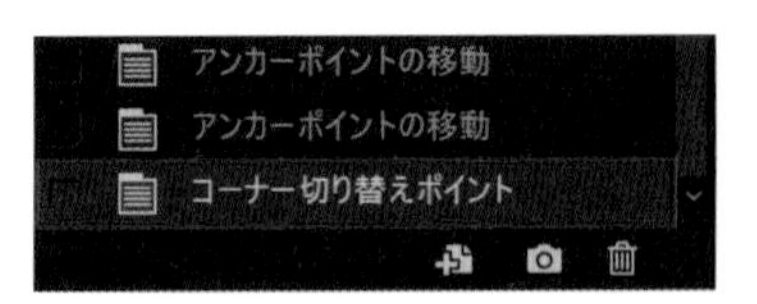

# フィルター加工の テクニック

Chapter

8

# 106 フィルターギャラリーを使いたい

**使用機能** フィルターギャラリー

Photoshopには、画像にさまざまな効果を与えるフィルターが多数用意されています。ここではその中でも手軽に使用できるフィルターギャラリーの使い方について解説します。

## フィルターギャラリーを開く

1 素材「背景.jpg」を開き、[フィルター]メニュー→[フィルターギャラリー]をクリックします。

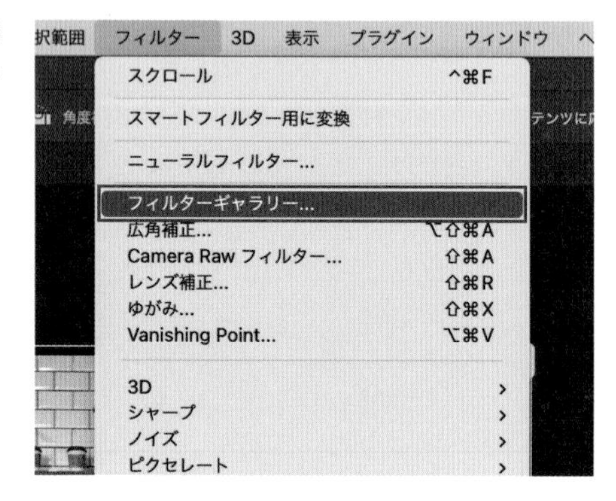


2 [フィルターギャラリー]ウィンドウに切り替わります。

**3** 一覧からフィルターを選択すると❶、右側にオプションが表示されるので❷、プレビューで効果を確認しながら作業することができます。
また、レイヤーと同じように👁で効果の表示・非表示を切り替えることができますⒶ。フィルターを追加したい場合は⊞で追加できⒷ、不要なフィルターは🗑を押すことで削除できますⒸ。

## 画像の一部分だけにフィルターを適用

各種選択ツールを使って選択範囲を作成し❶、［フィルターギャラリー］でフィルターを適用すると❷、選択範囲内のみ効果が適用されます❸。

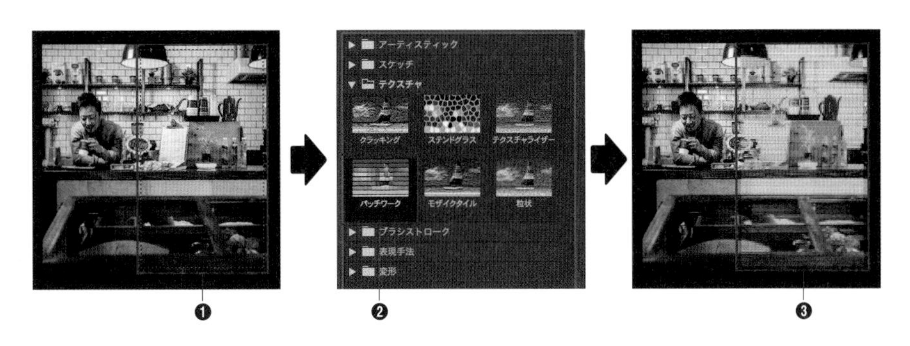

# 107 フィルターギャラリーで加工できるフィルターの種類を知りたい

使用機能 | フィルターギャラリー

ここではフィルターギャラリーに用意されている各フィルターの内容を紹介します。また、各フィルターには、それぞれ個別にオプションが用意されています。

## フィルターギャラリーの内容

フィルターギャラリーには、6つのカテゴリに分けられた47種類のフィルターが用意されています。絵画的な表現、アナログ画材のような質感を持った加工、エンボスのような立体的なテクスチャなど、内容はさまざまです。フィルターは単体での使用だけでなく、複数を組み合わせるといった使い方も可能です。ここでは、フィルターギャラリーの内容を、右のベース画像に適用した例を使用して紹介します。

ベース画像

## アーティスティック

エッジのポスタリゼーション

カットアウト

こする

スポンジ

ドライブラシ

ネオン光彩

パレットナイフ

フレスコ

ラップ

色鉛筆

水彩画

粗いパステル画

粗描き

塗料

粒状フィルム

## スケッチ

ウォーターペーパー

ぎざぎざのエッジ

グラフィックペン

クレヨンのコンテ画

クロム

コピー

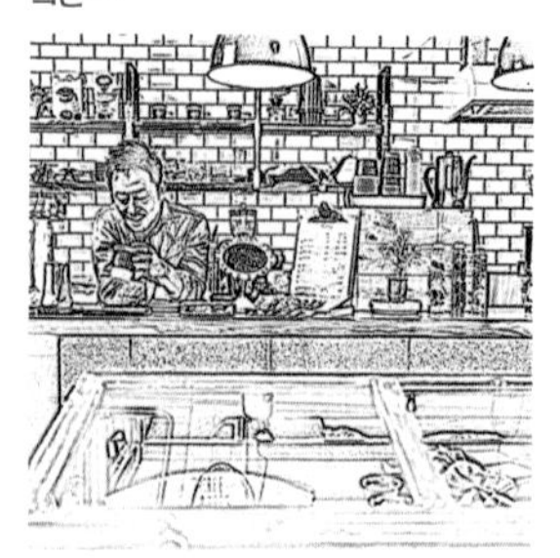

スタンプ

チョーク・木炭画

ちりめんじわ

ノート用紙

ハーフトーンパターン

プラスター

浅浮彫り

木炭画

## テクスチャ

クラッキング

ステンドグラス

テクスチャライザー

パッチワーク

モザイクタイル

粒状

## ブラシストローク

インク画（外形）

エッジの強調

ストローク（スプレー）

ストローク（暗）

ストローク（斜め）

はね

墨絵

網目

## 表現手法

エッジの光彩

## 変形

ガラス

海の波紋

光彩拡散

## フィルターギャラリーのオプション

各種のフィルターにはオプションが用意されています。たとえば［エッジのポスタリゼーション］では、［エッジの太さ］［エッジの強さ］［ポスタリゼーション］のオプションが用意されており、それぞれのスライダを動かして適用具合を調整します。［エッジの太さ］を10、［エッジの強さ］を10、［ポスタリゼーション］を0とすることで、エッジが極端に太く強くなり、階調数の少ない加工となります。

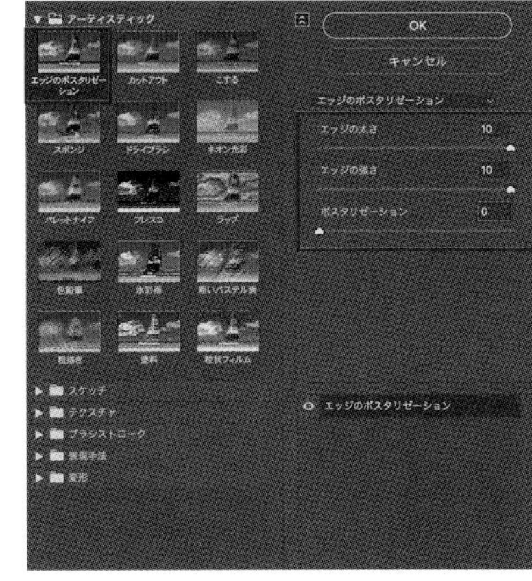


［エッジの太さ］10、［エッジの強さ］10、［ポスタリゼーション］0

［エッジの太さ］を1、［エッジの強さ］を1、［ポスタリゼーション］を6とすることで、エッジが若干強調され、階調数の多い加工となります。

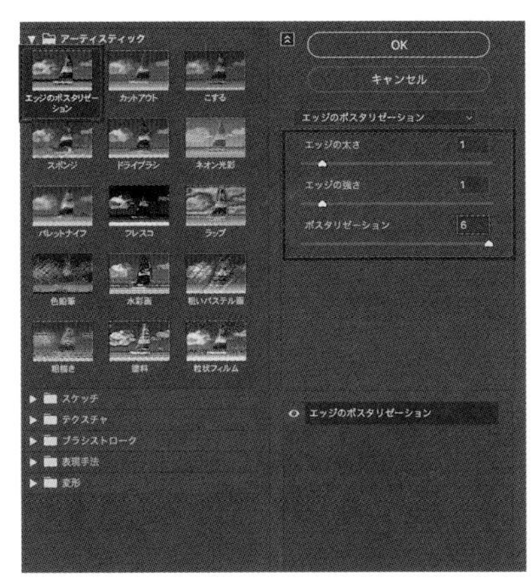


［エッジの太さ］1、［エッジの強さ］1、［ポスタリゼーション］6

**Memo** ポスタリゼーションとは、画像の色数を少なくして、階調（グラデーション）を減らす処理です。イラストや絵具で塗ったような効果を得ることができます。▶▶079

[粗いパステル画] [粗描き] [クレヨンのコンテ画] [テクスチャ] [ガラス] は、オプションにテクスチャライザーが用意されており、[テクスチャの種類] や [大きさ] [テクスチャの照明の方向] などを指定することができます。

[粗いパステル画]→[テクスチャ：カンバス]

[粗いパステル画]→[テクスチャライザー：レンガ]

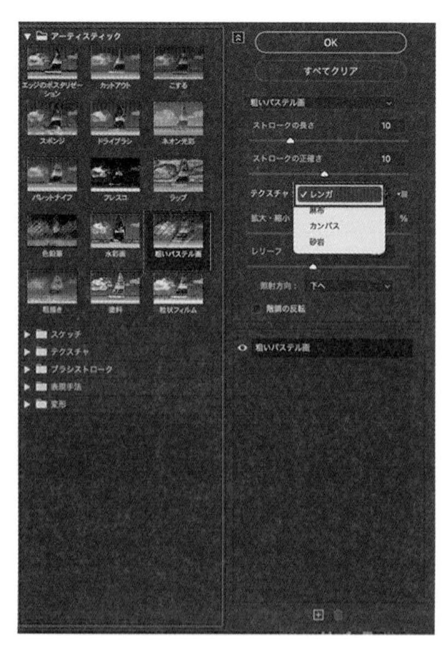

# 画像の輪郭をくっきりさせたい

**使用機能** シャープ

[シャープ] を使うと、画像の輪郭をくっきりさせることができます。ピンぼけした画像に使うと効果的です。各種 [シャープ] の他に、シャープの効果を設定できる [アンシャープマスク]、より細かな設定を行える [スマートシャープ]、写真のぶれを自動的に解析する [ぶれの軽減] があります。

## [シャープ] フィルターの効果

画像を開き、[フィルター] メニュー→ [シャープ] から、各種効果を選択します。ここでは、ベース画像を使用して、効果の内容を紹介します。

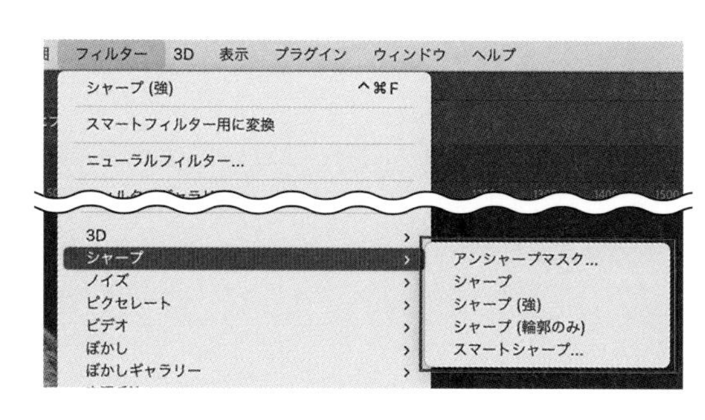

ベース画像

### ● アンシャープマスク

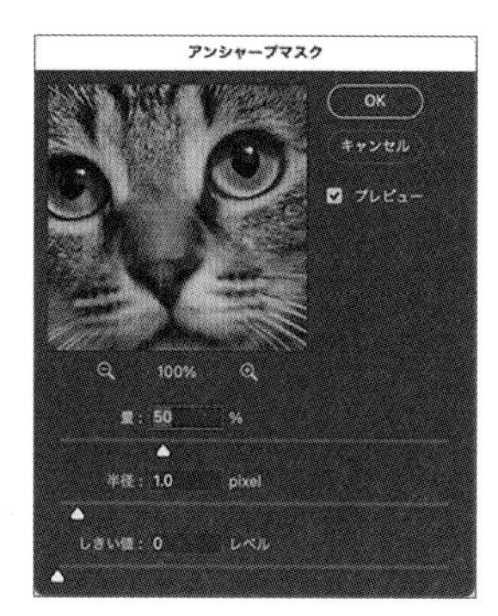


- **量** …… 輪郭のシャープの強さを調整します。
- **半径** …… 輪郭を強調する範囲を調整します。数値が高いほどより広い範囲までシャープ効果がかかります。
- **しきい値** …… 数値が高いほど、輪郭の濃度の差が大きなピクセルにはシャープが適用されなくなります。数値が0の場合、効果はありません。目的がなければ0で使用しましょう。

● **シャープ**
全体に軽いシャープを加えます。

● **シャープ（強）**
[シャープ] より強いシャープを加えます。

● **シャープ（輪郭のみ）**
滑らかさを保った状態で、エッジをシャープにします。

Memo [シャープ] [シャープ（強）] [シャープ（輪郭のみ）] は効果の度合いを設定できないので、シャープを適用する場合は主に [アンシャープマスク] を使用しましょう。

● **スマートシャープ**
[スマートシャープ] を使うと、[ノイズを軽減] で滑らかさを調整できます。[シャドウ] [ハイライト] のシャープを個別に調整することもできます。[アンシャープマスク] ではノイズが目立ってしまうような場合や、より細かなシャープが必要な場合におすすめです ▸▸109。

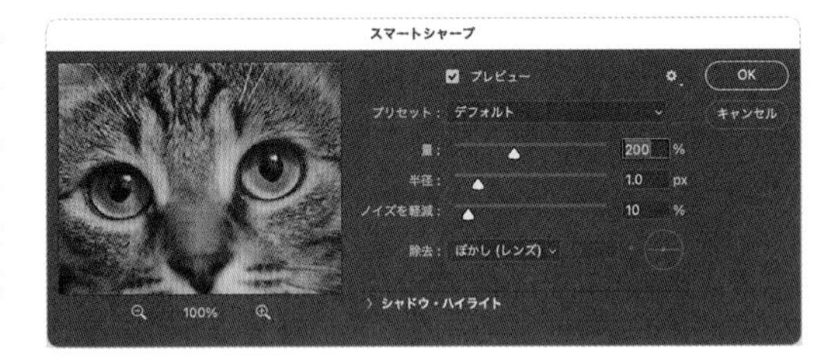


● **ぶれの軽減**（Ver 23.2以前）
ぶれている写真を自動的に解析し、ぶれを軽減します。デフォルト設定だときれいな仕上がりにならない場合は、[滑らかさ] [斑点の抑制] を使用してノイズ感やエッジを調整します。完全にぶれが抑えられるわけではないので、替えがきかない画像など、どうしても必要な場合に使用します。

Memo [ぶれの軽減] はPhotoshop 2022のVer 23.2以前の機能になります。使用したい場合は下記のリンク先を参考に、以前のバージョンのPhotoshopをインストールしてください。
URL：https://helpx.adobe.com/jp/download-install/using/install-previous-version.html

# 109 シャープの効果を細かく調節したい

使用機能　スマートシャープ

スマートシャープは、[シャープ] フィルターの中でもフィルター効果の調整を細かく行うことのできる機能です。

**1** 素材「猫.jpg」を開きます。[フィルター] メニュー→ [シャープ] → [スマートシャープ] をクリックします。

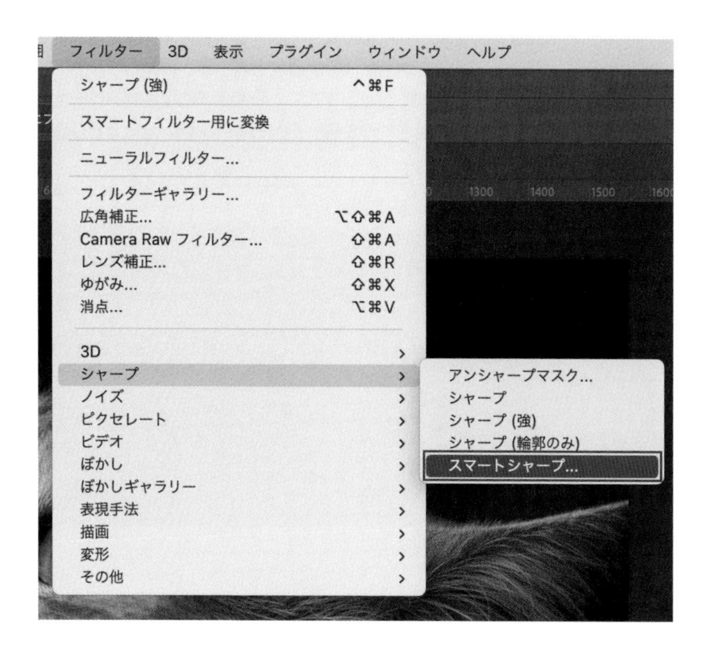

**2** ［スマートシャープ］ダイアログが表示されます。

- **［量］**……シャープの強さを調整します。
- **［半径］**……境界からどの程度の範囲に適用するかを選択します。数値が小さいほど境界が強調され、大きいと全体がシャープになります。
- **［ノイズを軽減］**……シャープにすることで発生するノイズを抑えられます。
- **［除去］**……［ぼかし（ガウス）］［ぼかし（レンズ）］［ぼかし（移動）］から効果を選択します。
  ［ぼかし（ガウス）］……アンシャープマスク ▸▸108 と同じ効果です。
  ［ぼかし（レンズ）］……画像のエッジとディテールを検出し精細に制御します。
  ［ぼかし（移動）］……写真のブレを軽減する効果があり、移動の角度を設定し使用します。

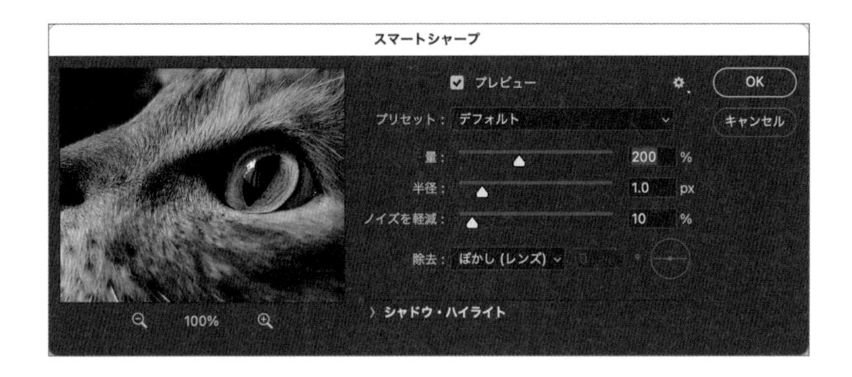


**3** 作例では、猫の毛並みを強調するため［量］を300％と強くし❶、1本1本の毛を強調するために［半径］を2.0pxと小さくしています❷。また、それにより画像の暗い部分に発生するノイズを抑えるために［ノイズを軽減］を20%としています❸。［OK］ボタンをクリックします❹。

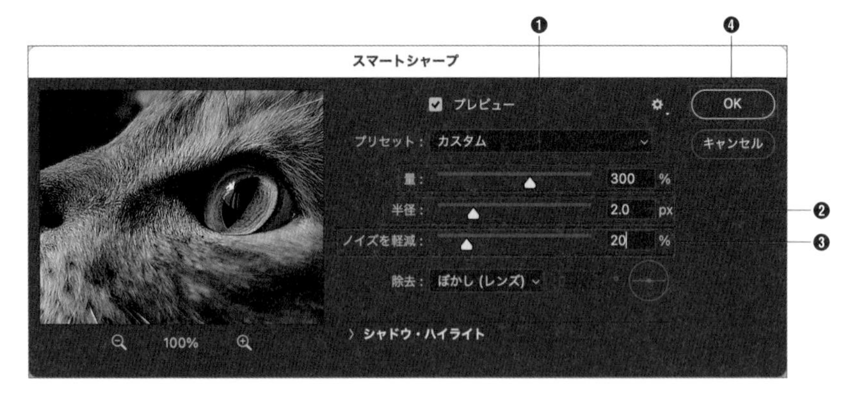

毛並みが強調されシャープな印象に補正できました。

POINT

[シャドウ・ハイライト] のタブを開くと、シャドウとハイライトを個別に補正できます。[補正量] でシャープさを調整し、[階調の幅] でシャープを適用する範囲を調整します。数値が小さいほど、幅が狭くなり効果が強くなります。[半径] はシャドウ・ハイライトの周辺からどの程度の範囲に適用するかを選択します。

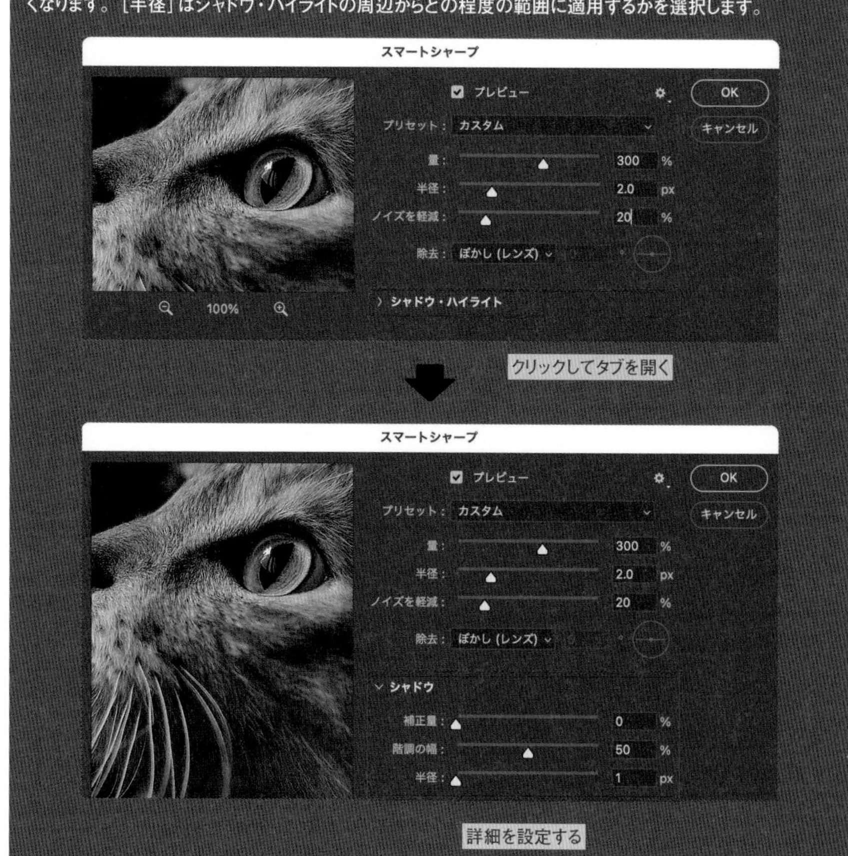

# 110 画像にぼかしを入れたい

**使用機能** ぼかし

[ぼかし] を使うと、画像の輪郭をふんわりとぼかすことができます。画像をやわらかい印象にしたいときに使うと効果的です。ぼかしの数値やシェイプを指定できるものや、カメラレンズのようなぼかし効果を与えられるもの、ぶれたような効果を与えられるものなどがあります。

## ぼかし

画像を開き、[フィルター] メニュー→ [ぼかし] から、各種効果を選択します。ここでは、ベース画像を使用して、効果の内容を紹介します。

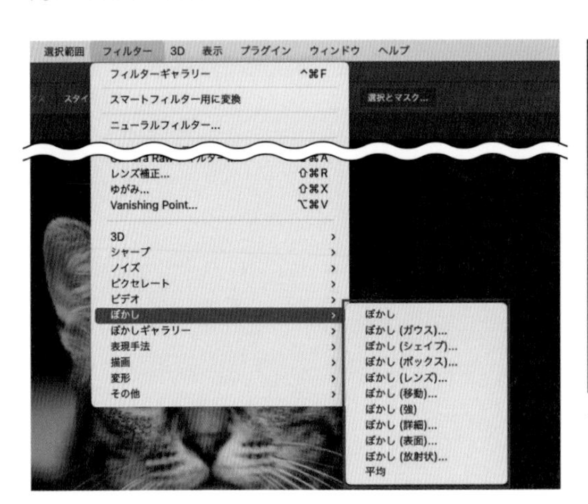

ベース画像

**● ぼかし**

軽いぼかしを加え、ノイズを除去します。

**● ぼかし (ガウス)**

指定した数値でピクセルを平均化させぼかします。

**● ぼかし (シェイプ)**

指定したシェイプでぼかします。

- **ぼかし（ボックス）**

ボックス状にぼかします。

- **ぼかし（レンズ）**

一眼レフのようなぼかし効果を加えます。絞りの形状やノイズ感も調整できます。

- **ぼかし（移動）**

指定した角度と距離でぼかし、ぶれたような効果を与えます。

- **ぼかし（強）**

［ぼかし］より強いぼかしを加えます。

- **ぼかし（詳細）**

半径、しきい値、画質、モードを設定しぼかします。

- **ぼかし（表面）**

輪郭を保ち表面をぼかし滑らかにします。

- **ぼかし（放射状）**

放射状にぼかしたり、回転したようにぼかします。

- **平均**

範囲内の平均の色で塗りつぶされます。

# ぼかしギャラリー効果の種類を知りたい

**使用機能**　ぼかし、ぼかしギャラリー

[フィルター] メニュー→ [ぼかしギャラリー] 内の効果を、紹介します。[ぼかし] がレイヤー全体に効果がかかるのに対し、[ぼかしギャラリー] はぼかす位置やぼかしの具合など、細かな調整をすることができます。

## ぼかしギャラリー

画像を開き、[フィルター] メニュー→ [ぼかしギャラリー] から、各種効果を選択します。ここでは、ベース画像を使用して、効果の内容を紹介します。

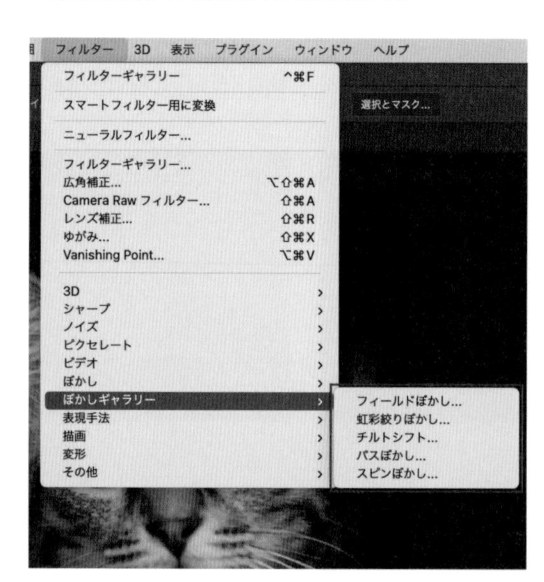

ベース画像

### POINT

[フィルター] メニュー→ [ぼかし] は選択しているレイヤー全体に効果が適用されます (選択範囲が作成されている場合は選択範囲内のみ適用されます)。対して [フィルター] メニュー→ [ぼかしギャラリー] は専用のウィンドウが表示され、画像を見ながらぼかす位置やぼかしの具合を細かく調整することができます。風景写真のように奥行きに合わせてぼかしの具合を調整したい場合などに有効です。

● **フィールドぼかし**

位置を指定しぼかします。複数のポイントを指定してぼかしの具合を調整できます。

● **虹彩絞りぼかし**

円形状の指定範囲内のぼかし具合を細かく調整しぼかします。

● **チルトシフト**

帯状の指定範囲内のぼかし具合を細かく調整しぼかします。

● **パスぼかし**

指定したパスに沿ってぶれたようにぼかします。

● **スピンぼかし**

円形の範囲内を回転したようにぼかします。

# 画像にモザイクや点描のような効果を与えたい

**使用機能** ピクセレート

[ピクセレート] を使うと画像がピクセル化され、モザイクなどの特殊な効果を適用できます。印刷物のようなドット加工が行える [カラーハーフトーン]、[モザイク] や [点描] などが用意されています。

## ピクセレート

素材「背景.jpg」を開き、[フィルター] メニュー→ [ピクセレート] から、各種効果を選択します。

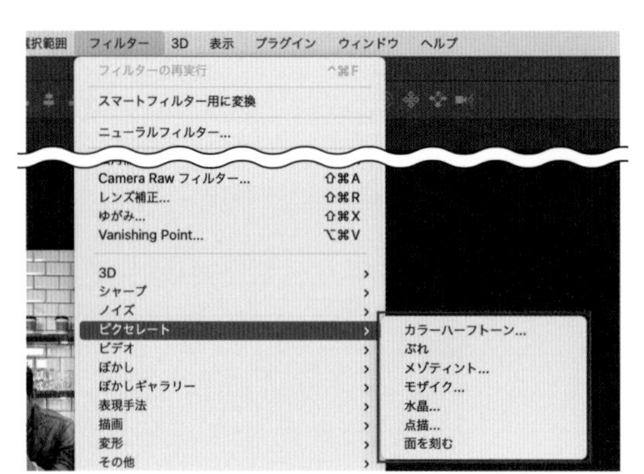

ベース画像

### ● カラーハーフトーン

画像を4色に分解し、印刷物のようなドットでの表現に加工します。[最大半径] を小さくすることで (最小4～最大127)、より印刷物らしい効果が得られます ▸▸ 142。

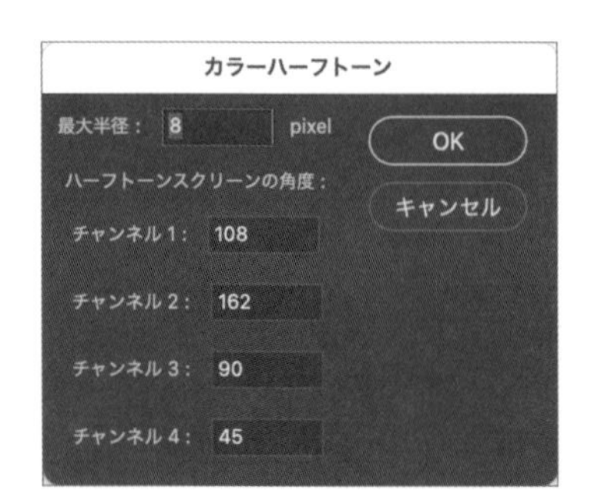


[最大半径] 4

[最大半径] 8

### ● ぶれ

効果の適用具合を調整することはできず、一定の効果が適用されます。

● **メゾティント**

銅版画の技法メゾティントのような効果を適用します。メゾティントの効果を、プリセットから選択し適用します。

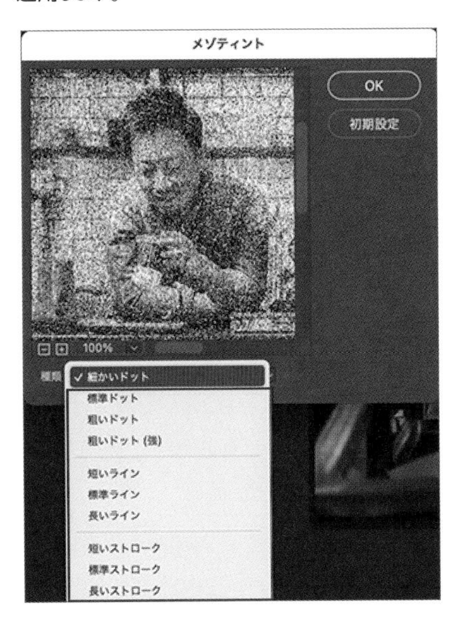


● **モザイク**

指定したサイズでドット絵のような効果を適用します。［セルの大きさ］を指定して適用具合を調整することができます。

● **水晶**

指定したサイズの多角形で構成された画像に加工します。［セルの大きさ］を指定して適用具合を調整することができます。

● **点描**

点描のような画像に加工します。［セルの大きさ］を指定して適用具合を調整することができます。

● **面を刻む**

近似色のピクセルをまとめて、塗り絵やイラストのような効果を適用します。効果の適用具合を調整することはできず、一定の効果が適用されます。

# 113 画像にさまざまな特殊効果を加えたい

使用機能　表現手法

[フィルター] メニュー→ [表現手法] には、立体的なエンボス効果を与えるものや風に吹かれているような効果、油彩風や輪郭の検出など、よりアーティスティックな効果が用意されています。

## 表現手法

画像を開き、[フィルター] メニュー→ [表現手法] から、各種効果を選択します。

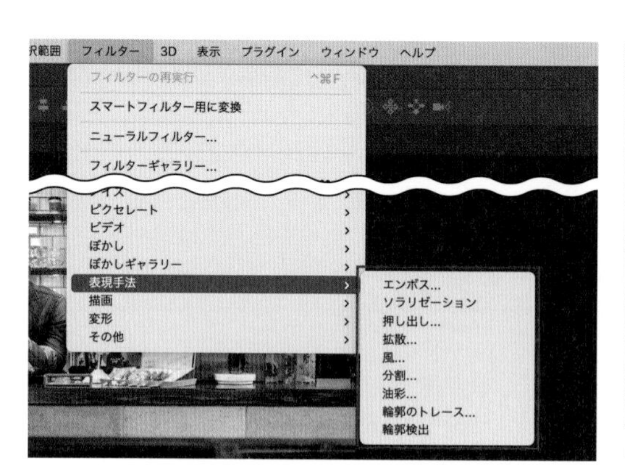

ベース画像

● **エンボス**

エンボス効果を加え輪郭を立体的に表現します。エンボスを適用する [角度] と [高さ]、[量] を調整します。

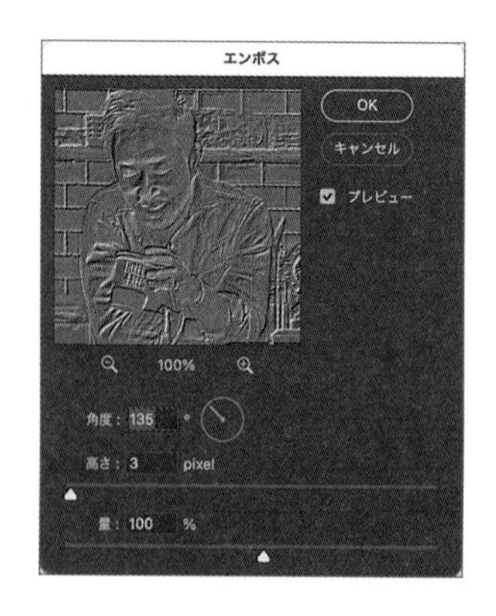


● **ソラリゼーション**

ネガとポジを合成し、現像中に瞬間的に露光させたような効果を加えます。効果の適用具合を調整することはできず、一定の効果が適用されます。

● **押し出し**

画像を分割し、四角または三角の形状で押し出したように表現します。［種類］［サイズ］［深さ］を指定します。［種類］で［ピラミッド］を選択するとⒶのように三角形で押し出されます。［深さ］を［ランダム］にするとランダムに押し出されⒷ、［レベルに合わせる］を選択すると、明るさが高いほど押し出されますⒸ。［前面をベタ塗り］を選択すると、押し出された各ブロックの前面部分が平均色で塗りつぶされますⒹ。［大きさが足りない部分は作成しない］を選択すると、選択範囲からはみ出すオブジェクトは作成されませんⒺ。

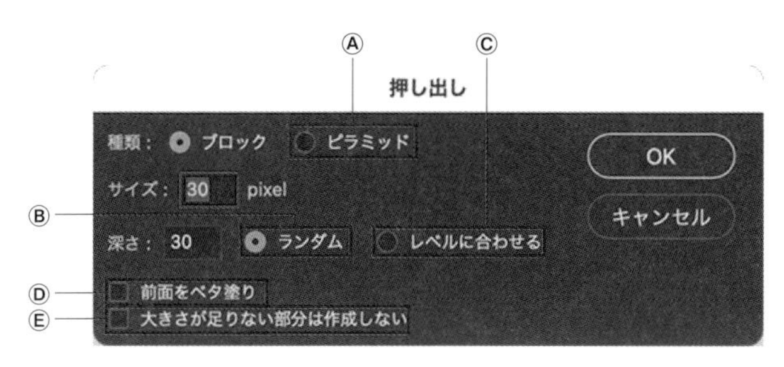


Ⓐ［種類］ピラミッド

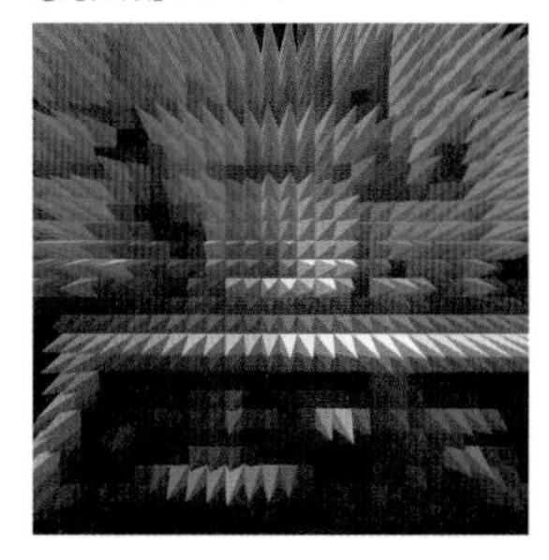

Ⓑ［深さ］ランダム

Ⓒ［深さ］レベルに合わせる

Ⓓ前面をベタ塗り

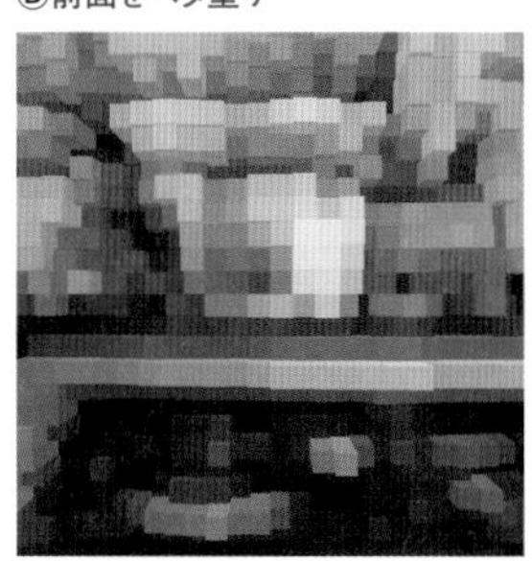

Ⓔ大きさが足りない部分は作成しない

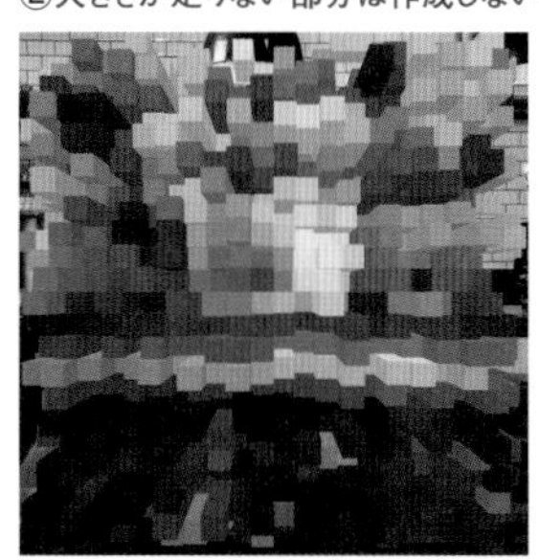

## ● 拡散

ピクセルが拡散したような効果を加えます。［モード］に、［標準］［暗く］［明るく］［不均等に］が用意されています。［不均等に］は表面が滑らかになるので、イラスト調の加工におすすめです。効果の適用具合を調整することはできません。

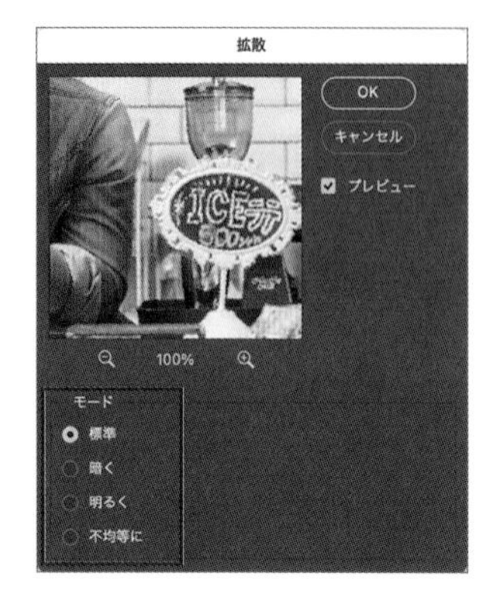


標準

暗く

明るく

不均等に

## ● 風

左右方向にぶれを加え、風が吹いているような効果を加えます。［種類］Ⓐに、［標準］［強く］［激しく揺らす］が用意されています。［方向］Ⓑで左右どちらの方向に適用するか選択できます。効果の適用具合を調整することはできません。

標準

強く

激しく揺らす

● 分割

画像を分割し割れたように表現します。［分割数］Ⓐで縦横に分割する数を指定し、［最大移動値］Ⓑで移動する距離を指定します。［移動後の空白部分］Ⓒに、［背景色で塗る］［描画色で塗る］［元画像を反転して塗る］［元画像で塗る］が用意されています。

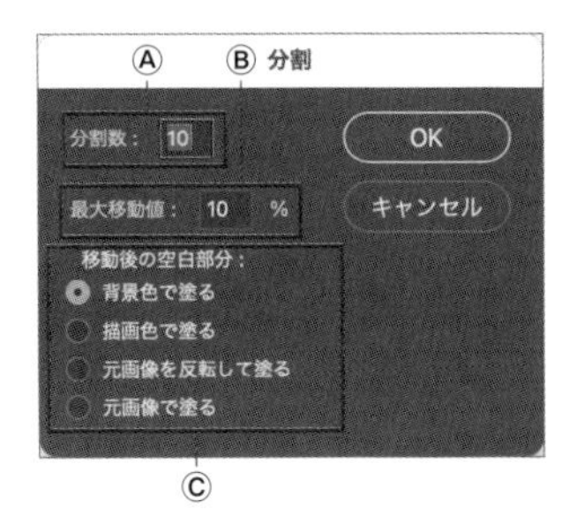


背景色で塗る

描画色で塗る

元画像を反転して塗る

元画像で塗る

Memo

画像は［描画色］に#ffffff、［背景色］に#000000を選択しています。

● 油彩

油彩風に加工します。［ブラシ］Ⓐの［形態］はストロークの具合を調整し、［クリーン度］はストロークの長さを、［拡大・縮小］は絵具の厚みを、［密度の詳細］はブラシの毛の密度を調整します。［光源］Ⓑの［角度］は光の入射角を、［光彩］は塗料の反射量を調整します。

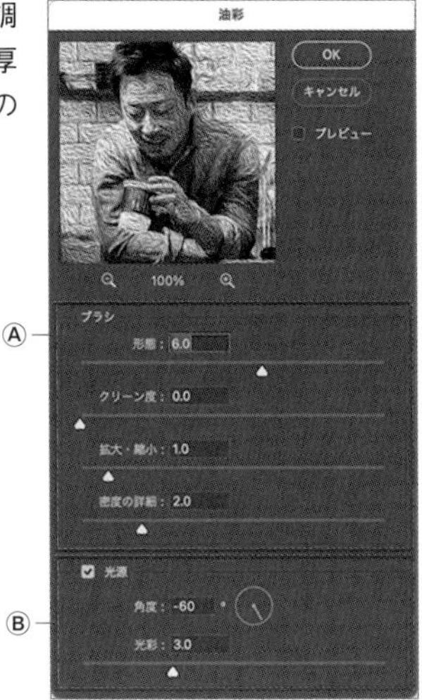

● **輪郭のトレース**

明るさが大きく変化する部分を検出し、線を描きます。［レベル］Ⓐで基準となる数値を設定し、［エッジ］Ⓑでそのレベルより［指定レベル以下の画像の周り］を描くか、［指定レベル以上の画像の周り］を描くかを指定します。

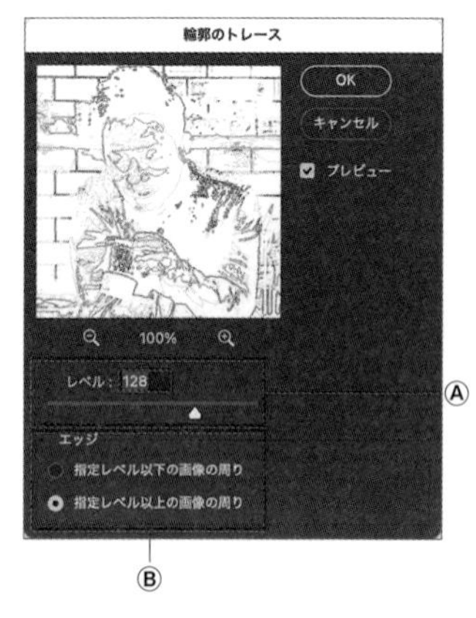


指定レベル以下の画像の周り

指定レベル以上の画像の周り

● **輪郭検出**

変化が大きい部分を検出し、エッジを強調します。効果の適用具合を調整することはできません。

# 114 描画フィルターを使いたい

使用機能 描画

[描画] フィルターには、パスから炎を作成できる [炎]、好きな枠を配置できる [ピクチャーフレーム]、木を作成できる [木]、繊維状の加工を行える [ファイバー] や、自動的に雲模様や逆光を作成できる機能などが用意されています。

## 炎

1 カンバス上に [ペンツール] などを使ってパスを作成します ▸▸097。

2 [フィルター] メニュー→ [描画] → [炎] をクリックします。

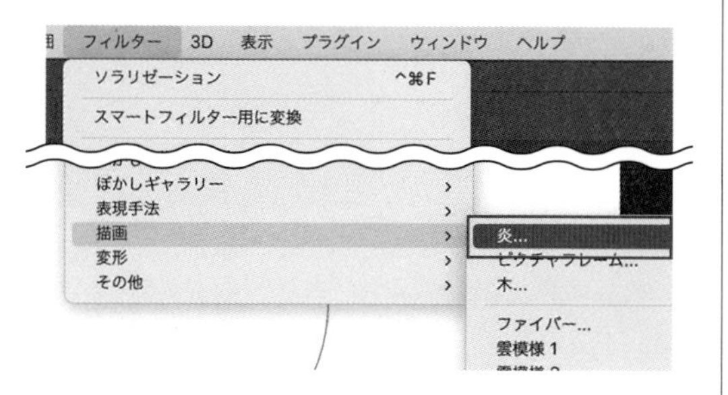


3 [炎] ウィンドウが表示され、パスに沿って自動的に炎が作成されます。

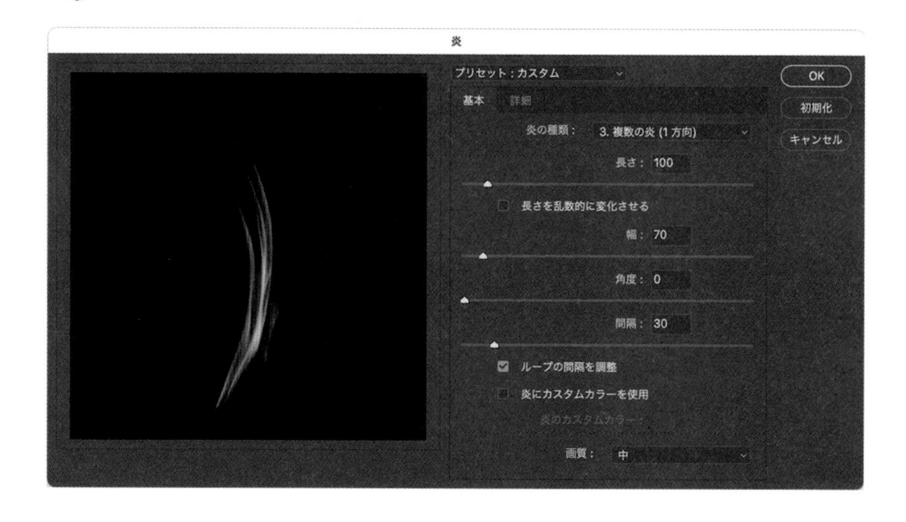

### ● [炎] ウィンドウの設定項目

[炎] ウィンドウの設定項目は、次の通りです。

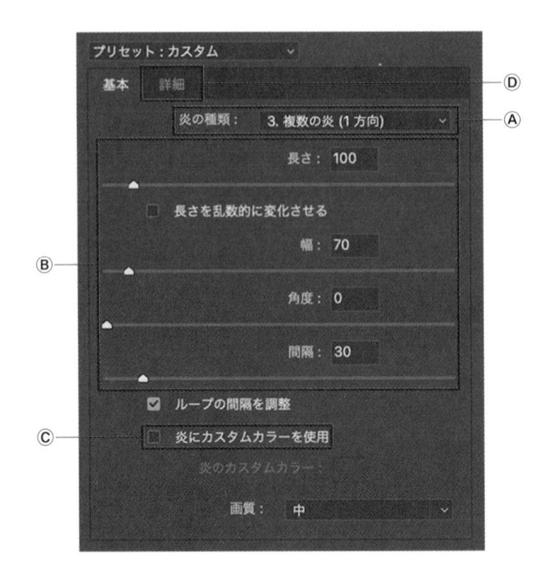


Ⓐ**炎の種類**……6種類の炎が用意されています。

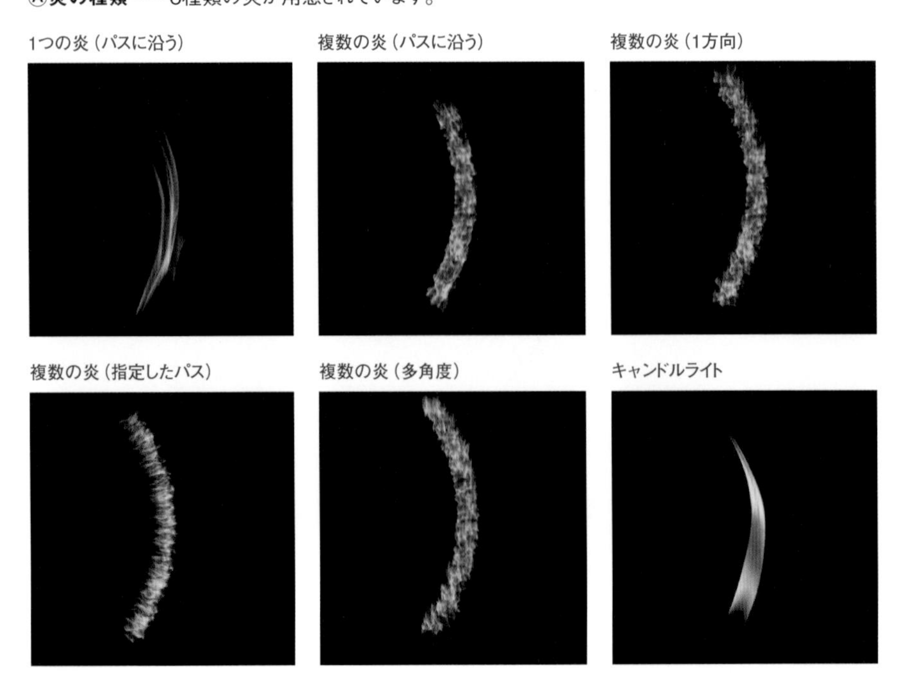

Ⓑ**長さや幅**……炎の長さや幅を指定することができます。[複数の炎]はそれぞれの炎の[角度][間隔]を指定することができます。[複数の炎(パスに沿う)]は各炎の間隔を調整でき、[複数の炎(1方向)][複数の炎(指定したパス)][複数の炎(多角度)]はさらに各炎の角度も調整できます。

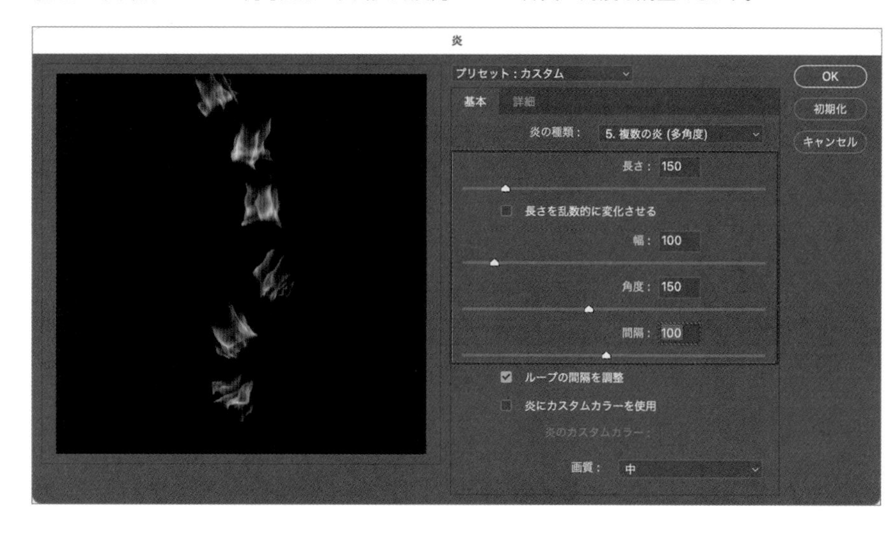


Ⓒ**カラー**……すべての[炎の種類]は[炎にカスタムカラーを使用]をチェックすると、任意のカラーを指定できます。

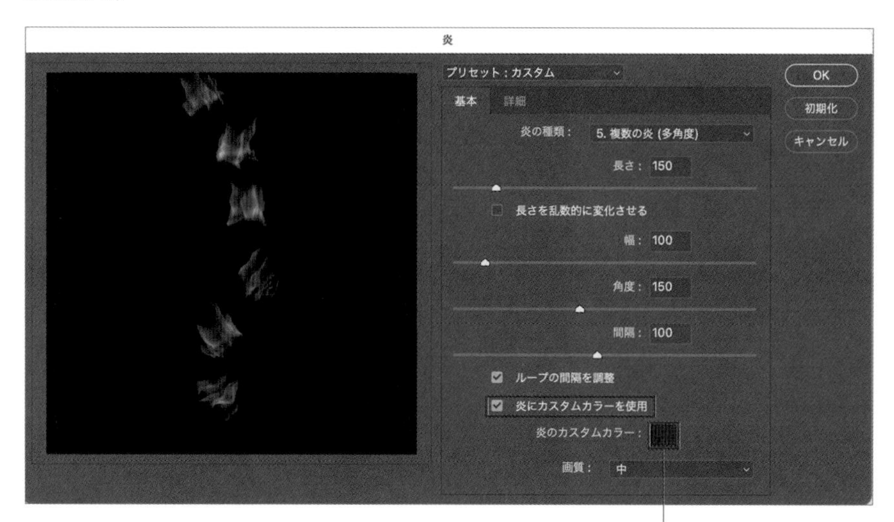

Ⓓ **[詳細] タブ**……より細かな炎の形状を指定することができます。

ギザギザの多さや不透明度など、より詳細な設定が行える

## ピクチャーフレーム

[フィルター] メニュー→ [描画] → [ピクチャーフレーム] をクリックします。

専用のウィンドウが表示されます。ウィンドウの設定項目は、次の通りです。

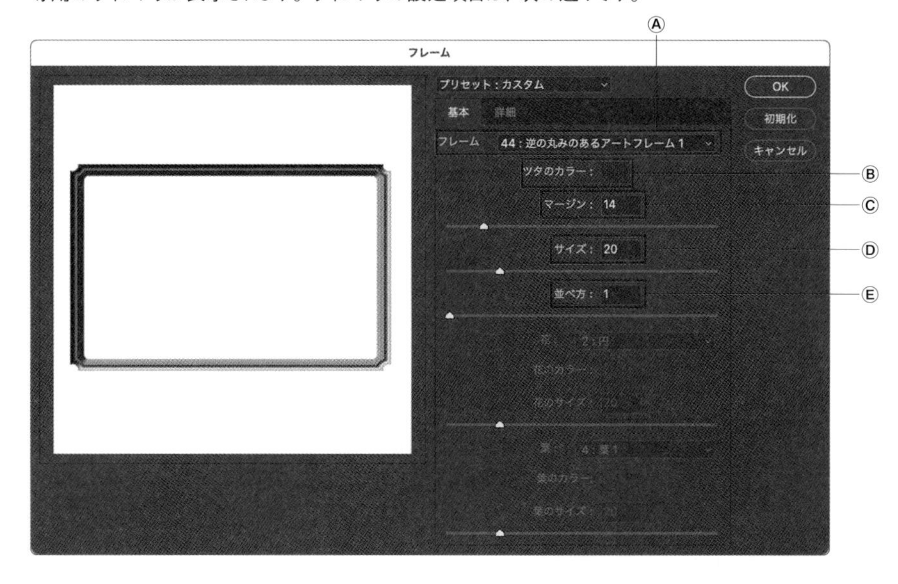


Ⓐ**フレーム**……複数のプリセットが用意されているので、好みのフレームを選択します。
Ⓑ**ツタのカラー**……フレームの枠や線のカラーを指定します。
Ⓒ**マージン**……カンバス四隅からの余白を指定します。
Ⓓ**サイズ**……フレームの太さを1～100の間で設定できます。
Ⓔ**並べ方**……フレームや線の形状がランダムに変わります。

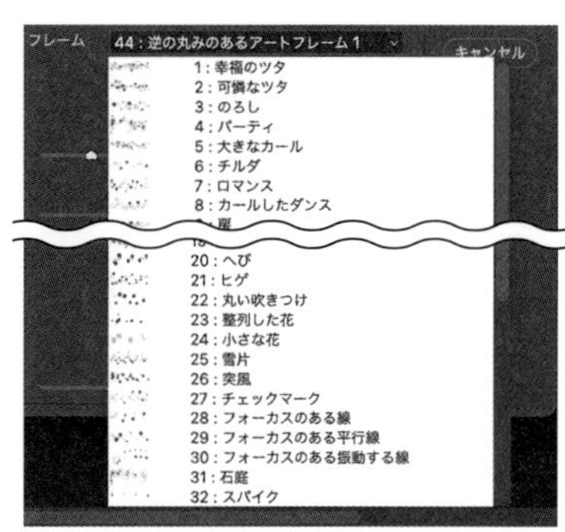


花や葉っぱの要素をもったフレームを選択した場合は、[花] [葉] の項目のタブから形状を選択することができ、それぞれのカラーとサイズを変更できます。

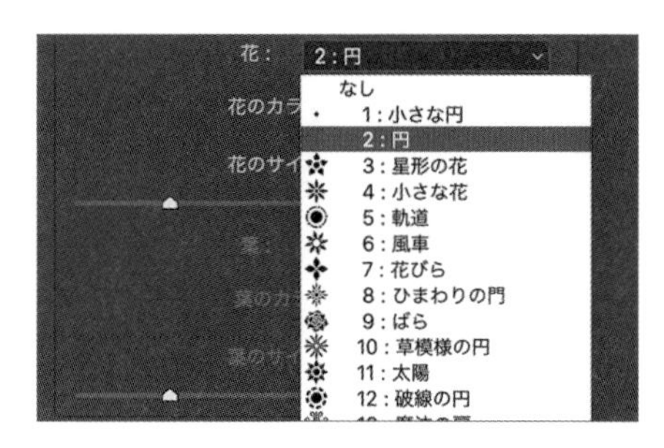


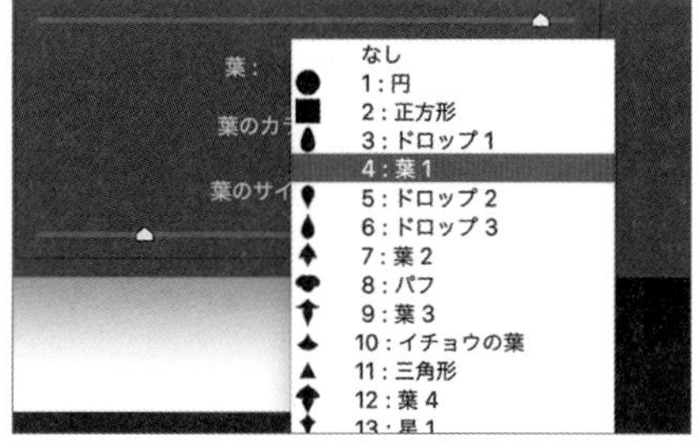

## ■ 木

[フィルター] メニュー→ [描画] → [木] をクリックします。

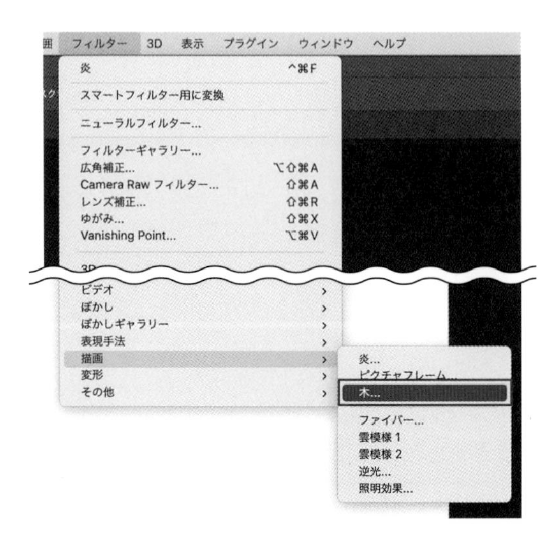


専用のウィンドウが表示されます。ウィンドウの設定項目は、次の通りです。

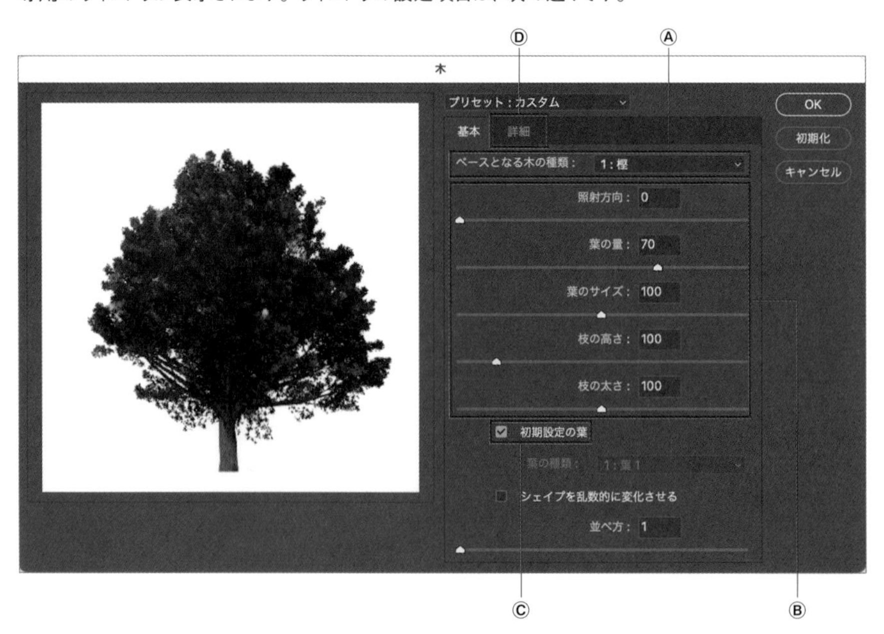

Ⓐ**ベースとなる木の種類**……複数のプリセットが用意されています。

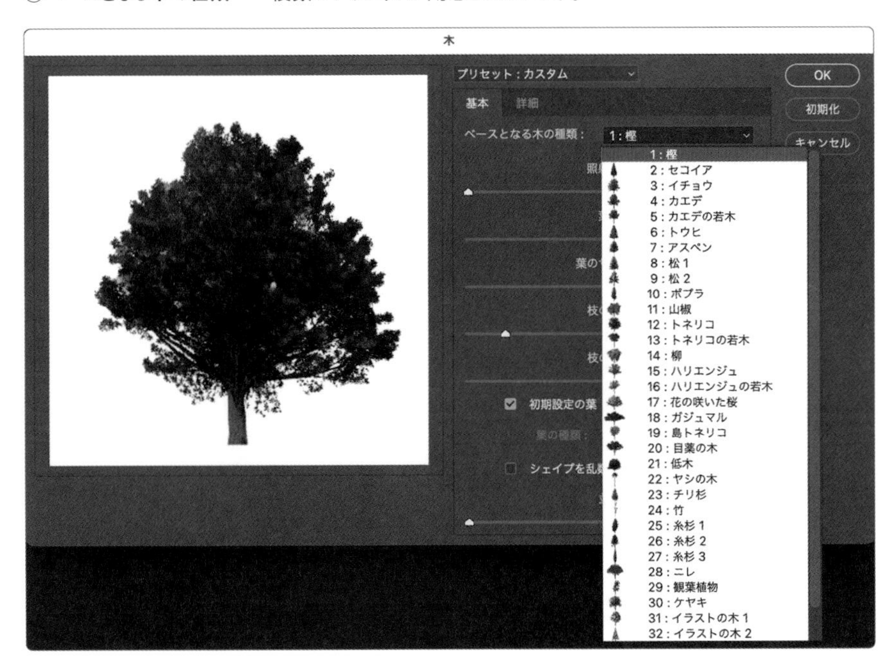


Ⓑ**各種設定**……光のあたる角度や、[葉の量] [葉のサイズ] [枝の高さ] [枝の太さ] を変えることができます。

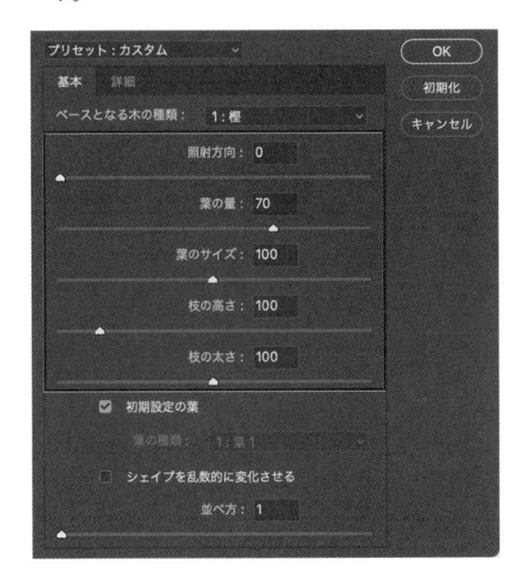


Ⓒ**初期設定の葉**……チェックを外すと、[葉の種類] タブ内の複数のプリセットから葉の種類を選ぶことができます。

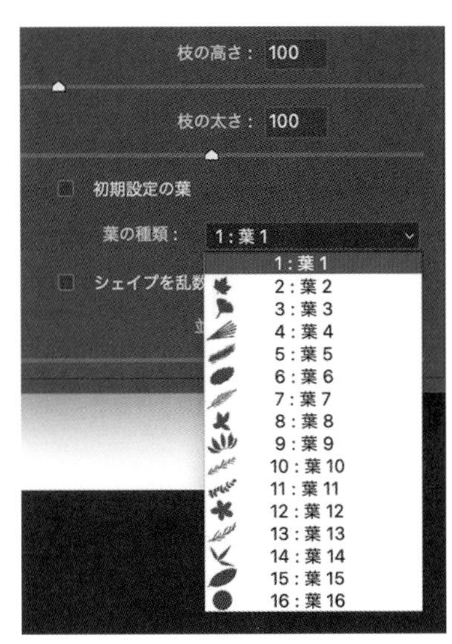

Ⓓ **[詳細] タブ**……葉や枝にカラーを指定したり、質感やコントラストを変更することができます。

**Memo** [ペン] ツールなどを使ってパスを指定した状態で [フィルター] メニュー→ [描画] → [木] をクリック すると、作成したパスに沿って木を作成することもできます。

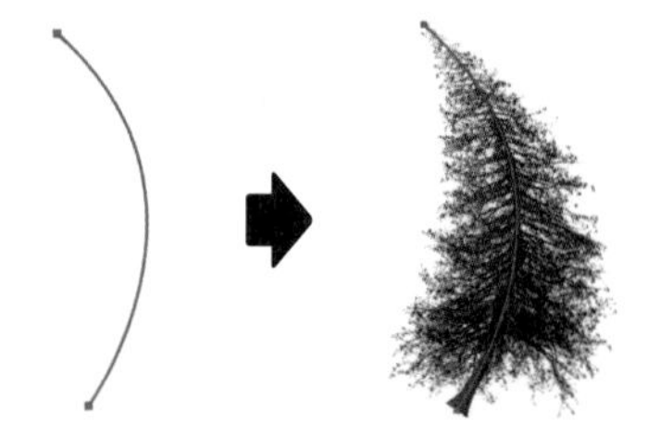

## ファイバー

[フィルター] メニュー→ [描画] → [ファイバー] をクリックします。

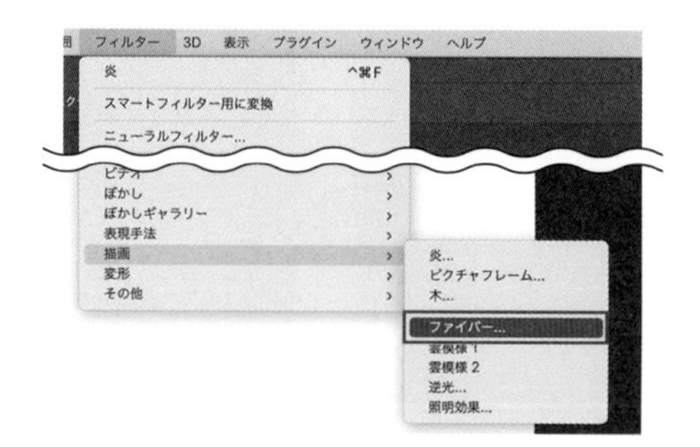

専用のウィンドウが表示されます。選択している描画色・背景色を使用して、繊維のようなテクスチャを作成します。ウィンドウの設定項目は、次の通りです。

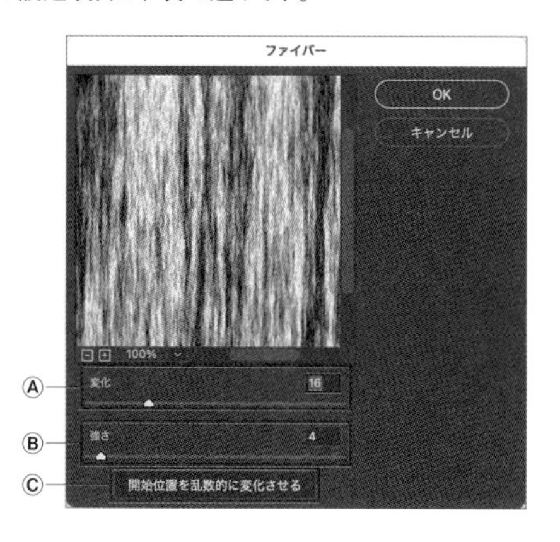


**Ⓐ変化**……値を小さくすると繊維状の模様が長くなり、大きくすると、短く拡散されます。

値が小さい

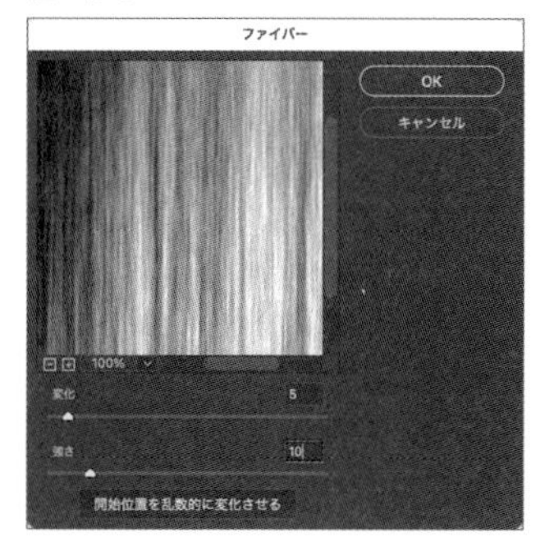


値が大きい

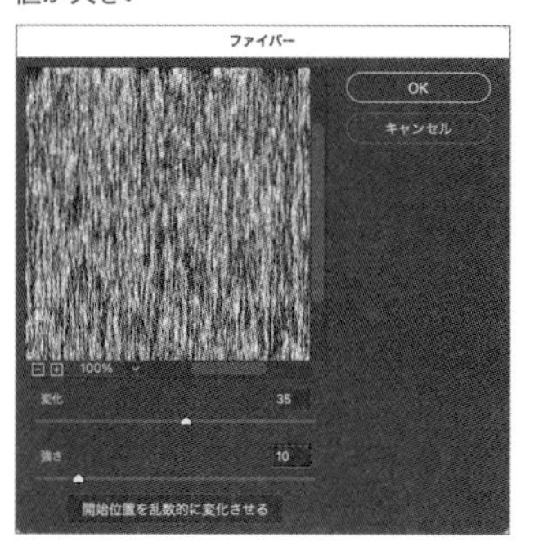


**Ⓑ強さ**……値を小さくすると繊維がなめらかになり、大きくすると筋が入ったような細かな表現となります。

値が小さい

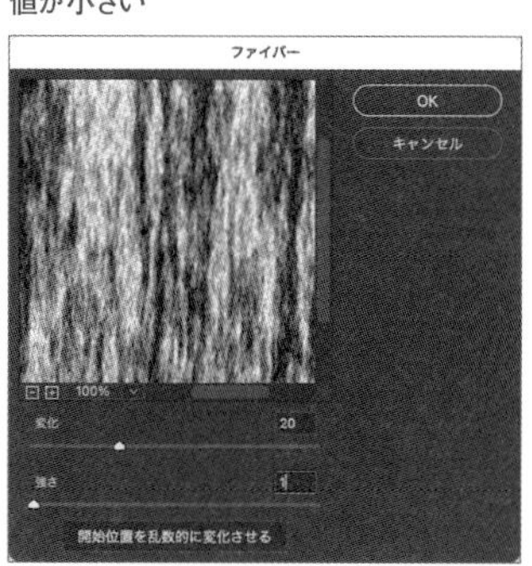


値が大きい

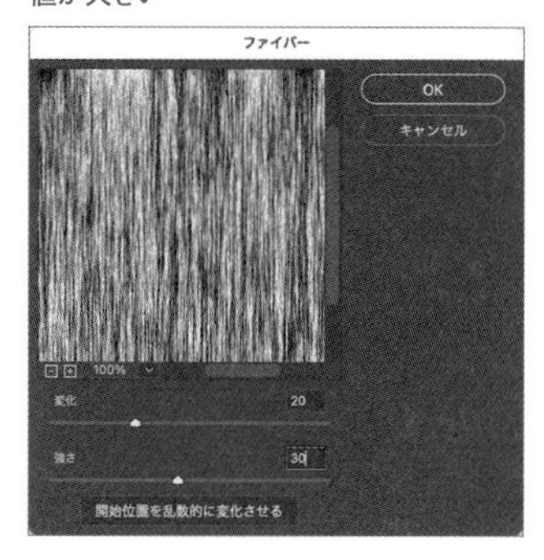


**Ⓒ開始位置を乱数的に変化させる**……選択するとランダムにパターンが変更されます。

## 雲模様1

[フィルター]メニュー→[描画]→[雲模様1]をクリックします。選択している描画色・背景色を使用して、自動的に雲模様が作成されます。

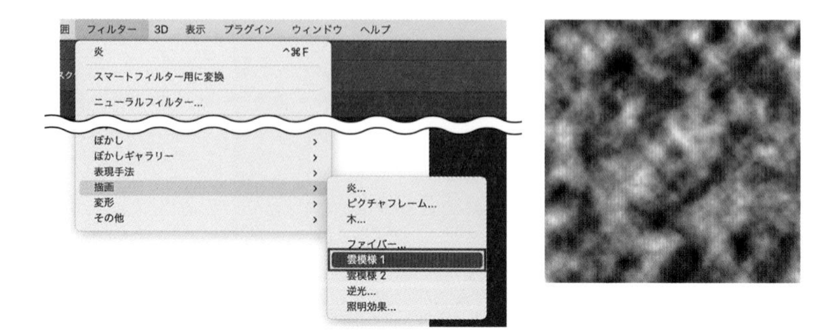


## 雲模様2

[フィルター]メニュー→[描画]→[雲模様2]をクリックします。初期設定の白黒の描画色・背景色を選択した状態で適用した場合、[差の絶対値]を使って元画像(風景画像)と合成されます。

**Memo**

「差の絶対値」は、基本色と合成色を比較し、明るさの大きいほうから、小さいほうのカラーを引いた結果色となります。ここでは、風景の画像と白黒の雲模様が比較されこのような結果の画像となります。

## 逆光

[フィルター] メニュー→ [描画] → [逆光] をクリックします。

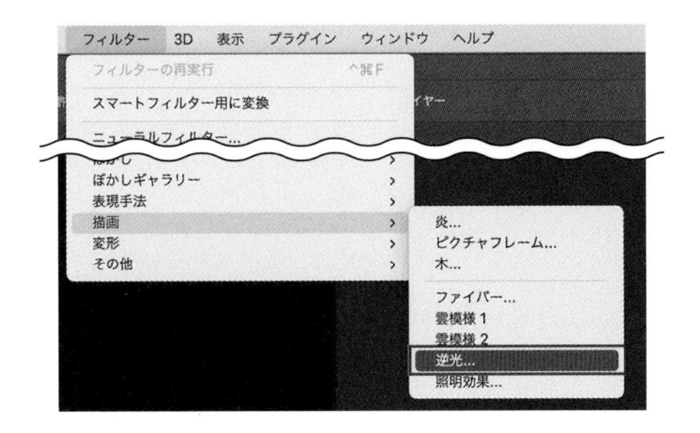


専用のウィンドウが表示されます。ウィンドウの設定項目は、次の通りです。

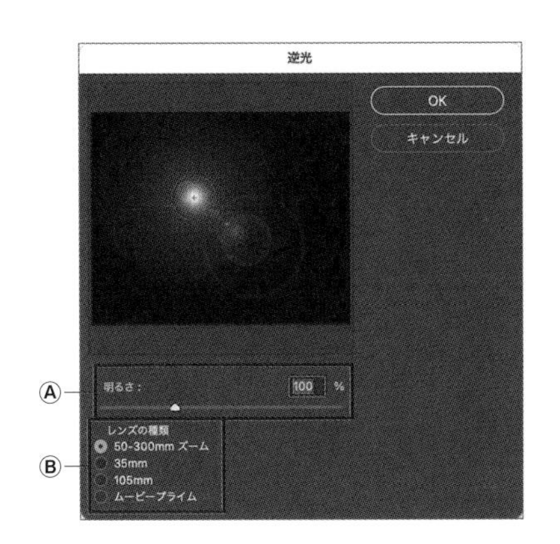

逆光の位置はプレビュー画面上でドラッグすることで変更可能です。

Ⓐ**明るさ**……ドラッグか [%] の数値を入力することで指定できます。
Ⓑ**レンズの種類**……4種類用意されています。画像は [50-300㎜ズーム] です。

35mm

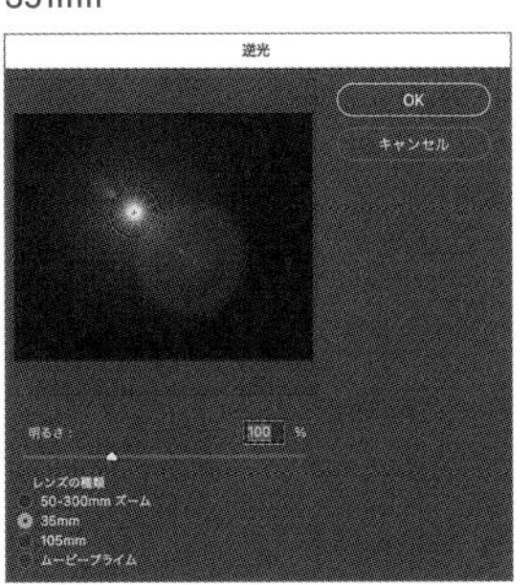

105mm

ムービープライム

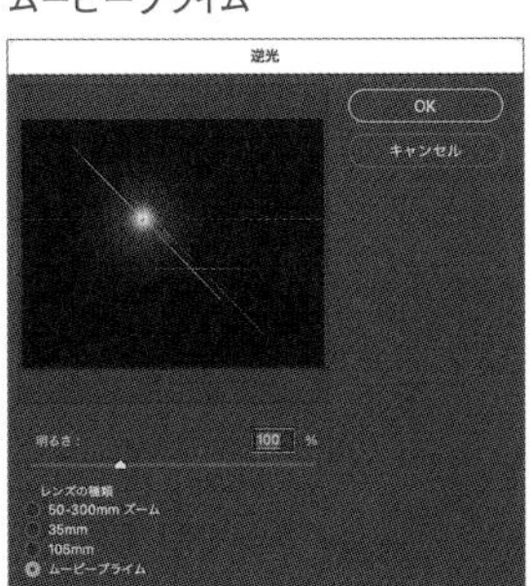

# 変形フィルターで画像を変形したい

**使用機能** 変形

[フィルター] メニュー→ [変形] を使用すると、画像を変形させたような効果が得られます。[ジグザグ] [つまむ] [渦巻] [波形] など、ユニークな変形効果が用意されています。

## 変形

[フィルター] メニュー→ [変形] の各項目をクリックすると、それぞれ専用のウィンドウが表示されます。

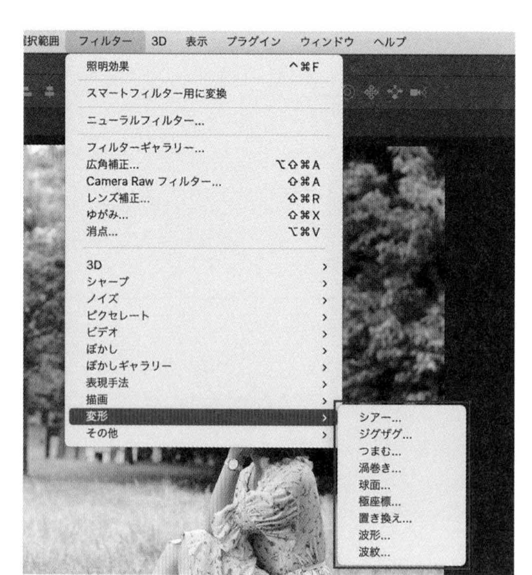

ベース画像

● **シアー**

指定した曲線に合わせてゆがみを加えます。

● **ジグザグ**

円形でジグザグと波打った形に変形します。

● **つまむ**

画像をつまんで引っ張ったように加工します。

● **渦巻き**

渦巻き状に変形します。

● **球面**

球面のように変形します。

● **極座標**

直交座標から極座標に、またはその逆に変形します。

● **波形**

波のゆらぎ具合など細かく設定し変形します。

● **波紋**

波紋を細かく設定し変形します。

● **置き換え**

置き換えマップデータを作成し、その内容に基づいて画像にゆがみを加えたり、置き換えることができます。Tシャツや岩のようにシワや凹凸のある画像に、別の画像やテキストを配置し置き換えを使用することで、自然な合成ができます。

# 116 画像にノイズを加えたい・ノイズを軽減したい

**使用機能** ノイズを加える、ノイズの軽減

[フィルター] メニュー→ [ノイズ] には、[ノイズを加える] と [ノイズを軽減] の2種類があります。画像にざらついたノイズを加えてアナログな雰囲気を出したり、逆にノイズを軽減してクリアな画像にすることができます。

## ノイズを加える

[フィルター]メニュー→[ノイズ]→[ノイズを加える]をクリックします。

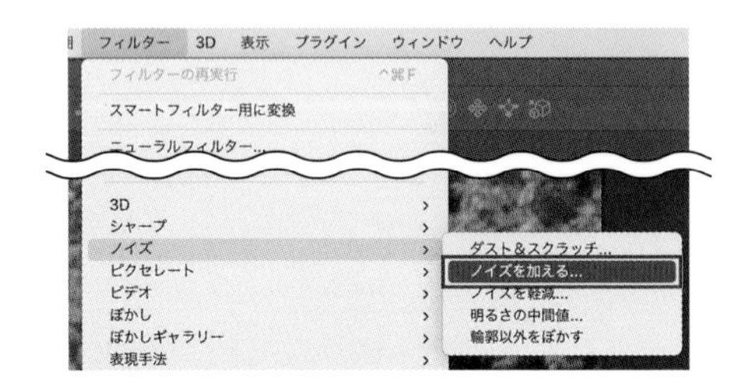


専用のウィンドウが表示されます。ウィンドウの設定項目は、次の通りです。

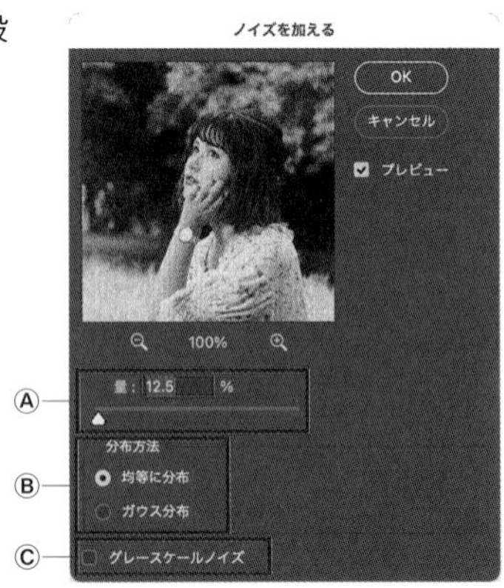


Ⓐ**量**……ノイズ量を調整します。
Ⓑ**分布方法**……[均等に分布]でノイズが均等に分布します。[ガウス分布]はノイズが斑点状になります。

均等に分布

ガウス分布

Ⓒ**グレースケールノイズ**……選択すると、既存のカラーでノイズが適用されます。写真にアナログな質感を追加したい場合や、複数の画像を合成する際に画像同士のノイズ感を揃えたい場合などに効果的です。

## ノイズの軽減

[フィルター] メニュー→ [ノイズ] → [ノイズを軽減] をクリックします。

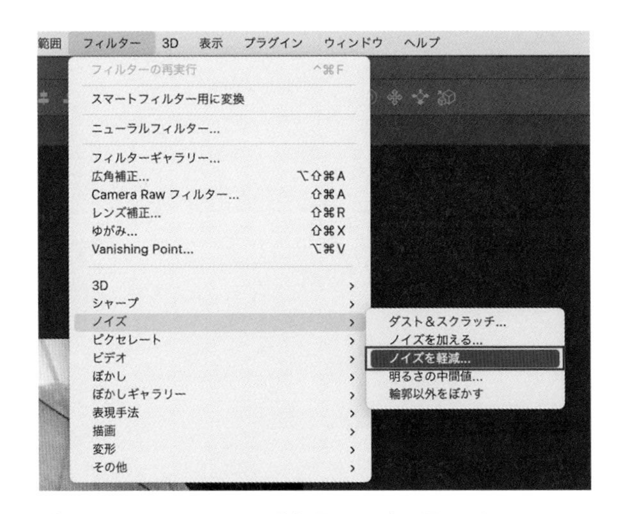


専用のウィンドウが表示されます。ウィンドウの設定項目は、次の通りです。

Ⓐ**強さ**……ノイズ軽減の適用量を調整します。
Ⓑ**ディテールを保持**……どの程度ディテールを残すかを調整します。
Ⓒ**カラーノイズを軽減**……カラーノイズを抑える量を調整します。
Ⓓ**ディテールをシャープに**……輪郭をどの程度強調するかを調整します。
Ⓔ**JPEGの斑点を削除**……低画質の画像にみられるような不自然な斑点がある場合はチェックを入れます。

**POINT**

[ノイズの軽減] を使う際は、まず [強さ] の数値を高めに設定してから、[ディテールを保持] [ディテールをシャープに] を使って輪郭を強調するようにしましょう。[ディテールをシャープに]を使うと輪郭がシャープになりますが、ノイズも増えてしまいます。[ディテールをシャープに]から操作を始めてしまうと、さらにノイズが強まった状態から [強さ] を使ってノイズを抑えることになりますので、まずは [強さ] の数値を高めに設定し❶、ノイズを抑え画像を滑らかにしてから、[ディテールを保持] [ディテールをシャープに] を使って輪郭を強調する❷という順番で調整すると、ノイズ感を把握しやすくおすすめです。

**Memo**

効果を強くかけすぎると、塗り絵のような不自然な質感になってしまうので、注意しましょう。しかし、あえて塗り絵やイラスト風に仕上げる場合には有効です。

# 117 ニューラルフィルターで モノクロ画像をカラー化したい

**使用機能**　ニューラルフィルター、カラー化

［ニューラルフィルター］はPhotoshop2021から追加された新機能です。これまで複雑な手順が必要だった加工操作を、機械学習技術によって自動的に処理してくれます。ここでは、［カラー化］を使ってモノクロ画像を自動的にカラー化します。

**Before**

## モノクロ画像のカラー化

**1** 素材「静物.jpg」を開き、［フィルター］メニュー→［ニューラルフィルター］をクリックします。

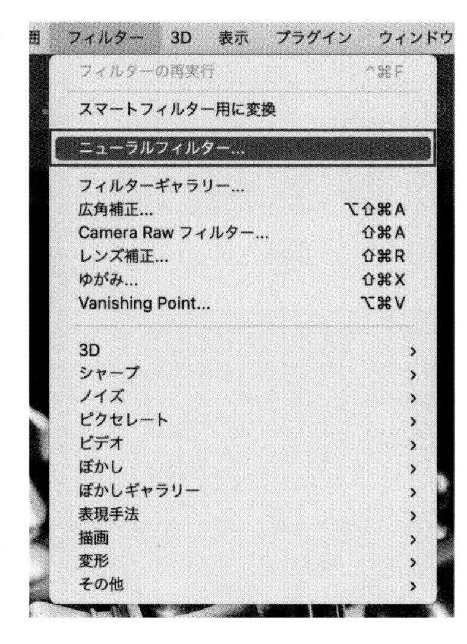


**Memo**

ニューラルフィルターには、この項目で紹介する［カラー化］以外にもさまざまなフィルターが用意されています。フィルターには3つのカテゴリがあり、［おすすめ］は正式にリリースされたフィルターです。［ベータ版］は実験的なフィルターとなっており、今後機能の変更や追加が行われる可能性があります。

**2** 専用のウィンドウに切り替わります。

**3** [カラー化] のをクリックすると、自動的にモノクロ画像がカラー化されます。

4 ［色調補正］をクリックすると❶、スライダが表示されるので、ここで微調整を行います❷。［OK］ボタンをクリックします❸。

5 モノクロ画像がカラー画像に加工されました。

**POINT**

ニューラルフィルターは初期状態ではプリセットされておらず、ダウンロードして使用するものがあります。このような画面が表示されている場合は、ダウンロードして使用しましょう。

# 118 ニューラルフィルターで表情や見た目年齢を変えたい

使用機能　ニューラルフィルター、スマートポートレート

ニューラルフィルターの［スマートポートレート］を使うと、人物の表情や年齢を自動で変化させることができます。

Before

## 人物の表情を変える

**1** 素材「人物.jpg」を開き、［フィルター］メニュー→［ニューラルフィルター］をクリックします。

**2** 専用のウィンドウに切り替わります。［スマートポートレ…］を選択します❶。自動的に顔が認識されます❷。

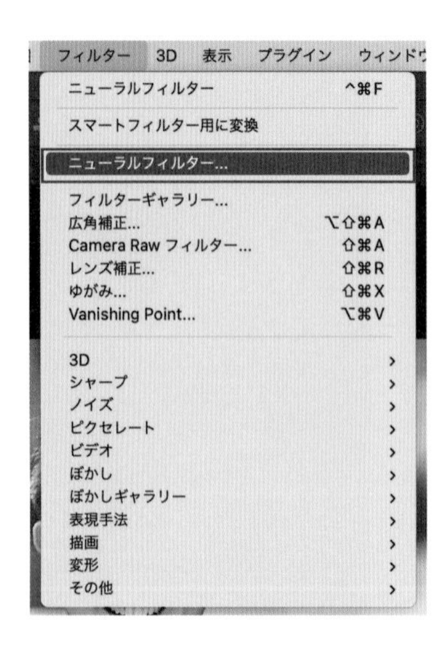

3 表情や年齢、顔の向きなどさまざまな項目が用意されています。項目にチェックを入れスライダを動かすだけで、自動的に加工されます。[年齢]を-50❶、[髪の量]を50に設定すると❷、元の画像より若々しい表情に加工されました❸。[OK]ボタンをクリックして、完成です❹。

Memo

その他もさまざまな加工を行えます。

年齢をプラス

顔の角度を変更

驚いた表情

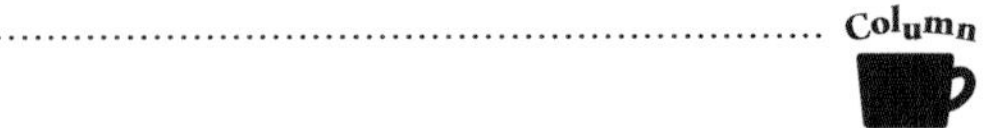


## 色調補正ウィンドウ

レイヤーパネル下にある「塗りつぶしまたは調整レイヤーを新規作成」は、[ウィンドウ] メニュー→ [色調補正] をクリックして表示される [色調補正] ウィンドウから適用することもできます。ただしこのウィンドウには色調補正以外の [べた塗り] [グラデーション] [パターン] の項目はありません。
対応するアイコンをクリックすることで調整レイヤーを追加することができます。

[トーンカーブ] の調整レイヤーが追加され、[トーンカーブ] の調整項目が表示された [プロパティ] ウィンドウが表示される

# 写真の補正テクニック

Chapter

9

# 119 人物写真のまつ毛を増やしたい

**使用機能**　[ブラシ]ツール、ぼかし(ガウス)

ブラシで描いた線を使ってまつ毛を増やします。コントロールパネルのオプションの設定や、ぼかしや不透明度を調整することによって、自然な仕上がりになります。

## まつ毛を描いてフィルターでぼかす

**1** ブラシでまつ毛を描きます。素材「人物.jpg」を開き、上位に新規レイヤー[まつ毛]を作成します。

新規レイヤー[まつ毛]を上位に作成する

**2** [ブラシ]ツールを選択します❶。コントロールパネルで[ブラシの種類]を[ソフト円ブラシ]❷、[ブラシのサイズ]を1❸、[不透明度]を70%❹、[滑らかさ]を30%とします❺。[描画色]は#000000とします❻。

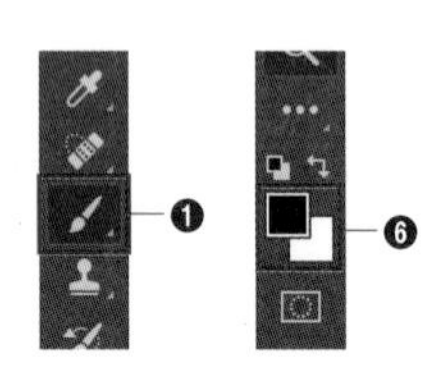


❷ ❸ モード：通常 不透明度：70% ❹ 流量：100% 滑らかさ：30% ❺

**3** フリーハンドで上下のまつ毛を描きます。

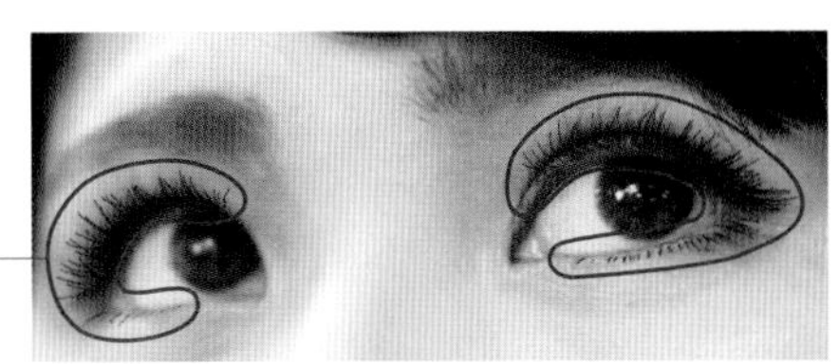

**4** 描いたまつ毛をぼかし、さらに不透明度を調整してなじませます。レイヤー［まつ毛］を選択し❶、［フィルター］メニュー→［ぼかし］→［ぼかし（ガウス）］をクリックします❷。

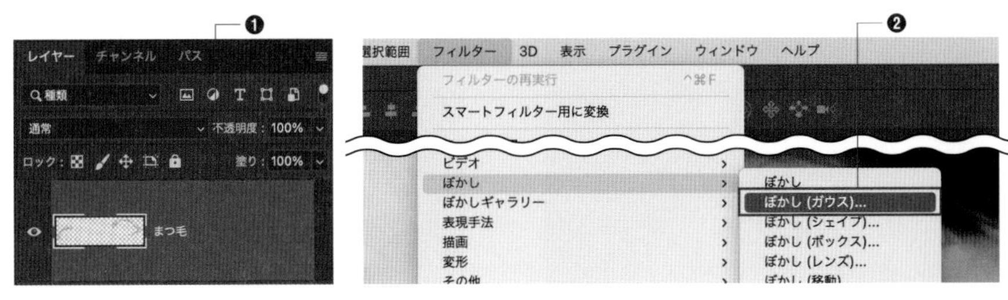


**5** ［ぼかし（ガウス）］ダイアログが表示されます。［半径］を1.0pixelとし❶、［OK］ボタンをクリックします❷。

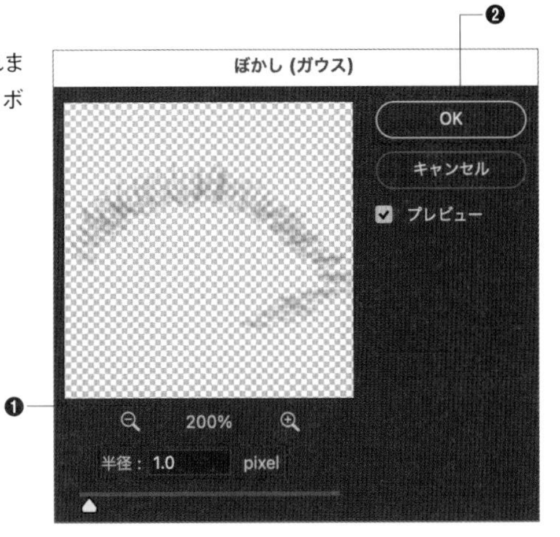


**6** レイヤー［まつ毛］の［不透明度］を80%としてなじませて完成です。

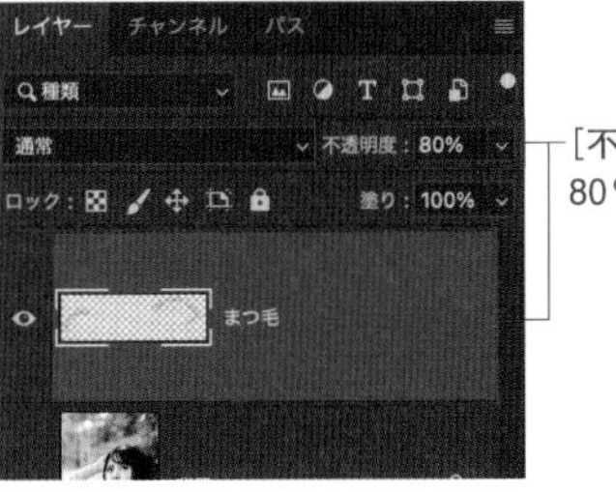


**POINT**

［ブラシ］ツールを使ってフリーハンドで線を描く場合、オプションバーの［滑らかさ］の数値を上げておくことで、手ぶれ補正がかかり、滑らかな線を描くことができます。

# 120 ピントが甘い画像をシャープに仕上げたい

使用機能　スマートシャープ

ピントのずれや手ぶれによってぼやけてしまったような写真を［スマートシャープ］▸▸109を使用して補正しましょう。

## ［スマートシャープ］の使用

**1** 素材「人物.jpg」を開きます。ピントが甘く人物がぼやけたような写りになっています。

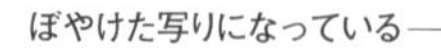

**2** ［フィルター］メニュー→［シャープ］→［スマートシャープ］をクリックします。

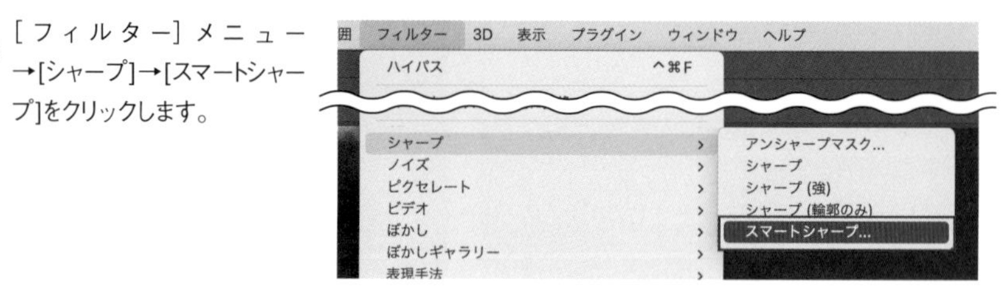

**3** ［ぶれの軽減］ウィンドウに切り替わります。［スマートシャープ］ダイアログが表示されます。［量］を350％❶、［半径］を2.0px❷とし、それによって発生するノイズを抑えるために［ノイズを軽減］を30％❸とします。［除去］には［ぼかし（レンズ）］を使用します❹。［OK］ボタンをクリックします❺。

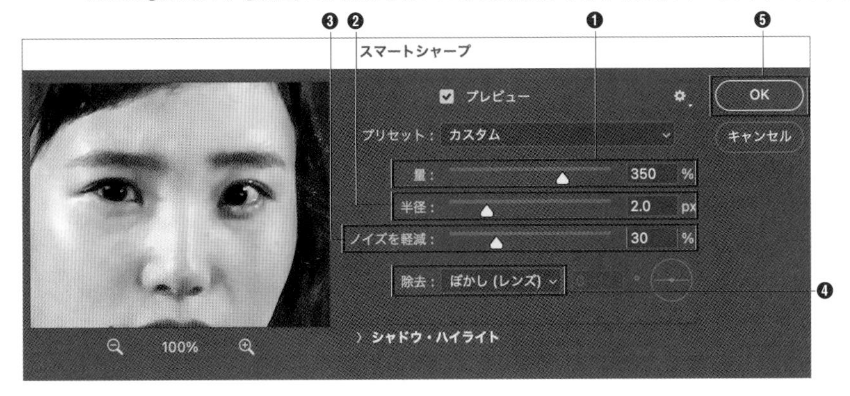


**Memo** プレビューを確認しながら、どの程度シャープになるかを確認します。

**4** 人物の輪郭をくっきりと補正できました。

## POINT

［除去］には［ぼかし（ガウス）］［ぼかし（レンズ）］［ぼかし（移動）］の3種類があります。［ぼかし（ガウス）］は［アンシャープマスク］と同じ方法でシャープになります。［量］［半径］を大きい値にするとハロー効果という輪郭が光ったような仕上がりになってしまいますⒶ。［ぼかし（レンズ）］を選択することで、ハロー効果を抑えつつシャープに仕上げることができますⒷ。［ぼかし（移動）］は手ぶれの方向に合わせて角度を指定することで、ぶれを軽減する効果があります。

Ⓐ ハロー効果 Ⓑ

# 121 フラッシュなどでできたテカリを抑えたい

使用機能 ［自動選択］ツール、［塗りつぶし］ツール、ぼかし（ガウス）

カメラのフラッシュなどで部分的に発生してしまったテカリは、［自動選択］ツールと［塗りつぶし］ツールで塗りつぶすことができます。ぼかしの量を調整して自然な仕上がりにします。

## ［塗りつぶし］ツールでテカリを消す

**1** テカリの選択範囲を作成します。素材［人物.jpg］を開き、［自動選択］ツールを選択します❶。コントロールパネルで［許容値］を30とします❷。

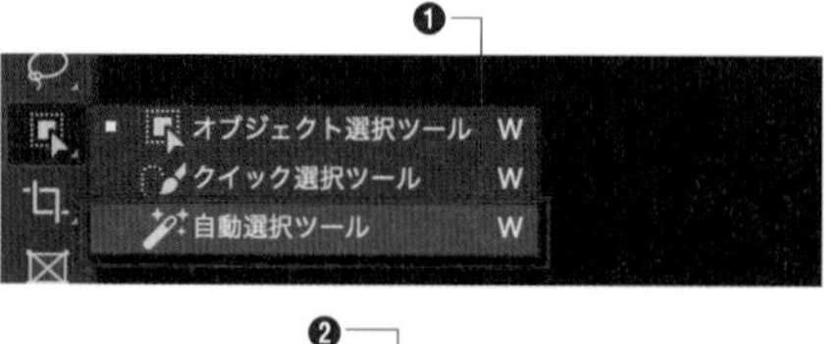


**2** 頬や額など顔の中心と、手首のテカリ部分を選択します。

**Memo**

複数の選択範囲を作成するには、shiftキーを押しながらクリックします。

3 選択した部分を肌色で塗りつぶします。上位に新規レイヤーを作成し、レイヤー名[肌]とします。

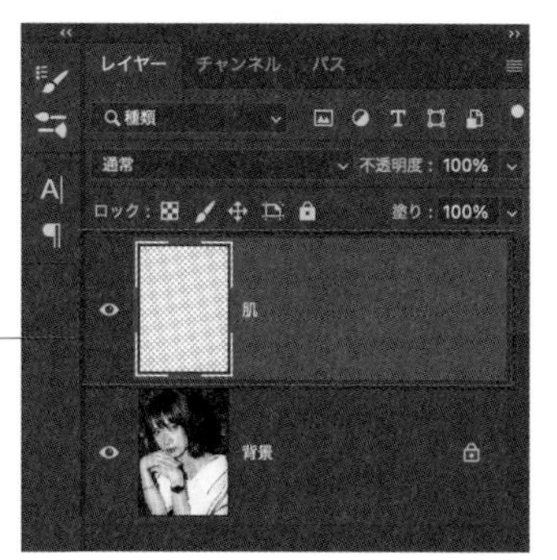

新規レイヤー[肌]を上位に作成する

4 ツールバーの[描画色]をクリックして❶[カラーピッカー]ダイアログを表示し、#f3d3b5と設定して❷[OK]ボタンをクリックします❸。

5 [塗りつぶし]ツールを選択し❶、ドラッグして該当部分を塗りつぶします❷。

❷ ドラッグして塗りつぶす

6 この状態では塗りつぶした色と写真の境界が荒い状態なので、ぼかしてなじませます。[フィルター]メニュー→[ぼかし]→[ぼかし(ガウス)]をクリックします。

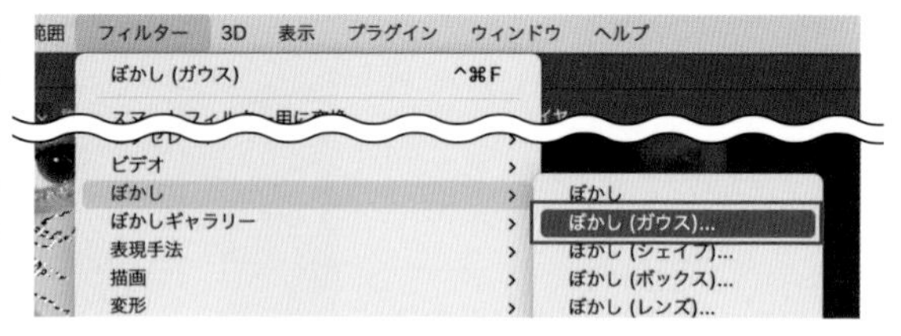


7 [ぼかし(ガウス)]ダイアログが表示されます。[半径]を11pixelと設定し❶、[OK]ボタンをクリックします❷。

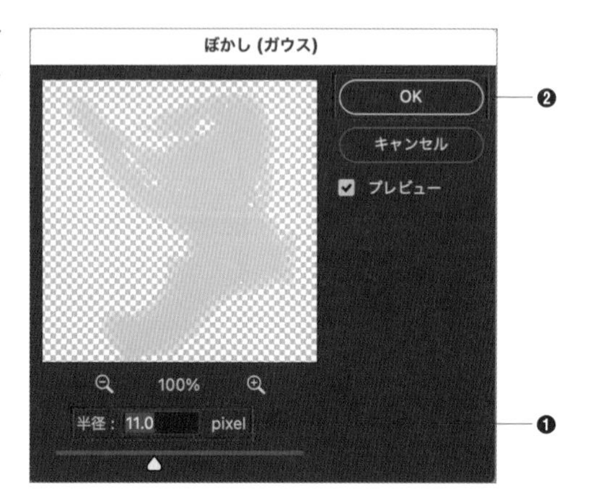


8 レイヤー[肌]の[不透明度]を70%として完成です。

[不透明度]を70%にする

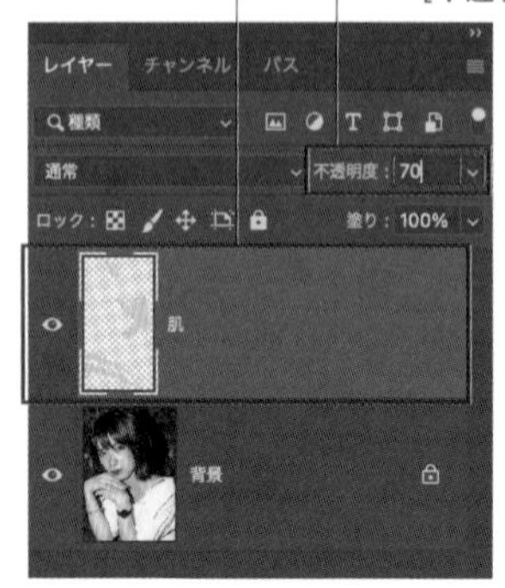

POINT

肌の色を選択する際に[カラーピッカー]を使って色を抽出すると、より自然な色を選択できます。

# 122 建物のゆがみを補正したい

使用機能　レンズ補正

レンズ補正を使って建物のゆがみを補正します。建物の角度を補正する方法と、広角写真を通常写真のように補正する方法の2つを紹介します。

## 見上げた建物を正面から見たように補正

**1** 素材「建物1.jpg」を開き、［フィルター］メニュー→［レンズ補正］をクリックします。

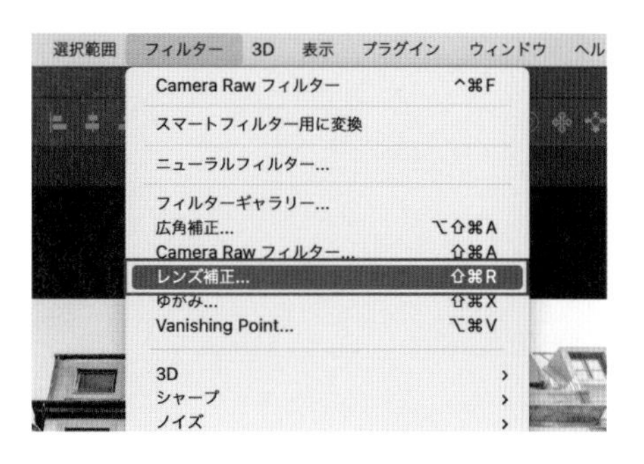

2 ［レンズ補正］ウィンドウに切り替わります。［カスタム］をクリックします。

3 ［変形］の［垂直方向の遠近補正］を-100とします。

4 このままだと少し膨張したように見えるので、［歪曲収差］の［ゆがみを補正］を+3.00とします❶。［OK］ボタンをクリックします❷。

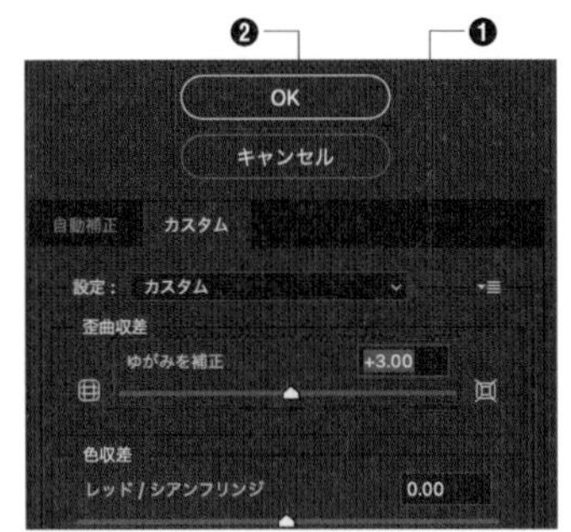


5 見上げた建物を正面から見たように補正できました。

## 広角で撮影された写真を補正

**1** 素材「建物2.jpg」を開き、同じように［フィルター］メニュー→［レンズ補正］をクリックして開きます。［カスタム］を選択し❶、縦横のゆがみも意識して、［歪曲収差］の［ゆがみを補正］を+100❷、［変形］の［垂直方向の遠近補正］を+20❸、［変形］の［水平方向の遠近補正］を+12❹とし、［OK］ボタンをクリックします❺。

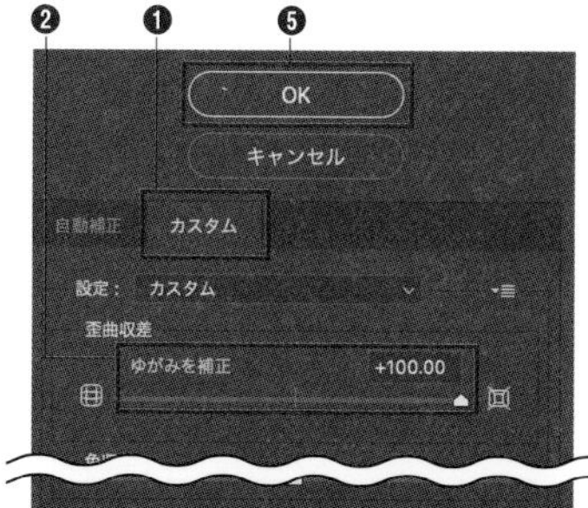


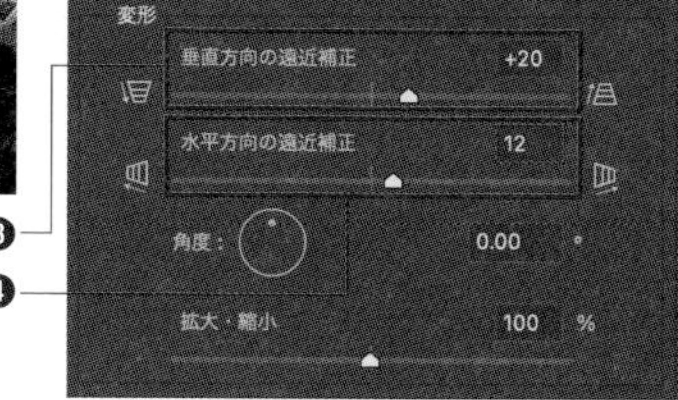


**2** まだ広角のゆがみが残っているので、さらに補正を加えます。再度［フィルター］→［レンズ補正］を開きます。［カスタム］を選択し、［歪曲収差］の［ゆがみを補正］を+50.00とします❶。［OK］ボタンをクリックします❷。

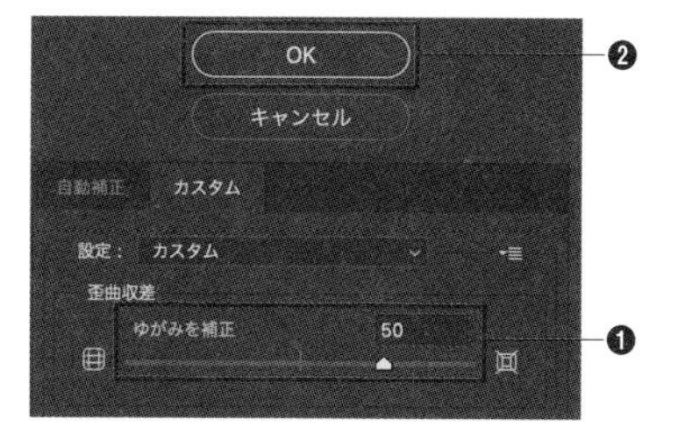


**3** 広角レンズで撮影したことによる建物のゆがみを抑えることができました。

**POINT**

レンズ補正でゆがみを調整する際は、作例のように画像がトリミングされ小さくなってしまうことも考慮しておきます。

# 123 人物写真の歯を白くしたい

**使用機能**　[ブラシ] ツール、オーバーレイ

描画モードのオーバーレイを使って歯を白くします。

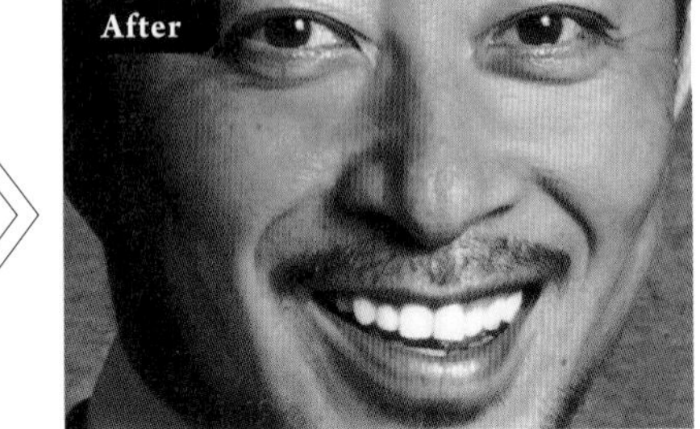


## [ブラシ] ツールで歯を白くする

**1** 新規レイヤーを作成し、ブラシを設定します。素材「人物.jpg」を開き、上位に新規レイヤー[光]を作成します。

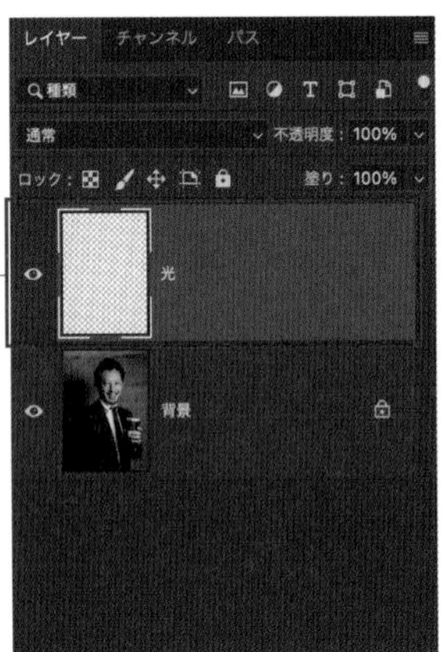


**2** [描画色] を#ffffffとし❶、[ブラシ] ツールを選択します❷。

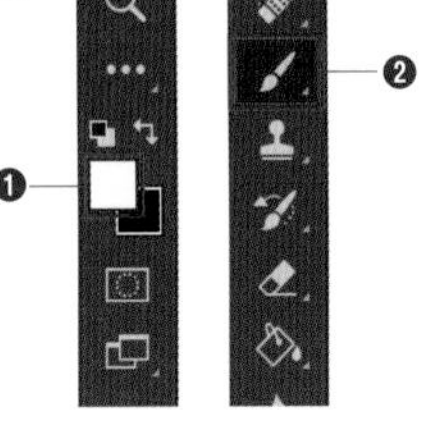

**3** コントロールパネルの［ブラシプリセットピッカー］をクリックして開き❶、［ブラシの種類］を［ソフト円ブラシ］❷、［直径］を15pxとします❸。

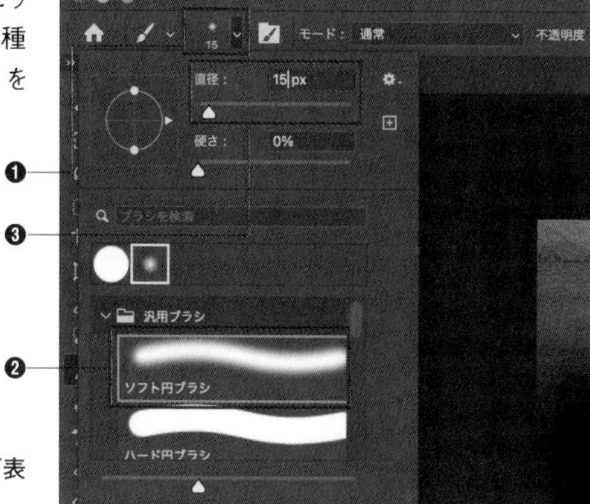


**Memo**

ブラシプリセットピッカーをクリックするとメニューが表示され、ブラシの種類を選択できます▸▸052。

**4** ブラシで歯の光を描きます。レイヤー［光］の［描画モード］を［オーバーレイ］とします。

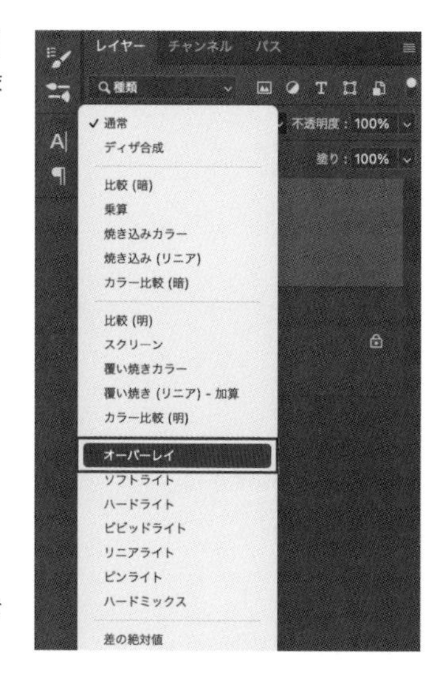


**Memo**

［オーバーレイ］にすることで、ベースカラーの明暗を保ったまま新しい色を重ねることができます。

**5** 先程設定した［ブラシ］ツールを使って、歯の上をドラッグして白くしていきます。はみ出てしまった場合は［消しゴム］ツール ▸▸058 を使って整えます。

ドラッグして歯を白くする

レイヤー［光］の［不透明度］を60%とし、なじませて完成です。

［不透明度］を60%にする。

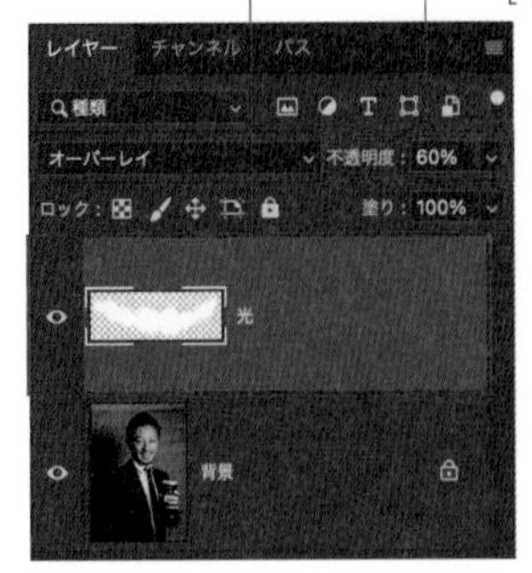

## POINT

オーバーレイを使った描写は多くのシーンで部分に応用できます。たとえば、描画色を変えることで色付きの光にすることもできます。画面右側から赤紫の照明があたっているように加工してみます。
レイヤー［光］のさらに上位に新規レイヤー［光2］を作成し［描画モード］を［オーバーレイ］とします。描画色#ce71baを選択し、［ブラシ］ツールで［ソフト円ブラシ］の［直径］を1000px［不透明度］を20～30%の薄い設定にします。画面右側から光があたっているイメージで描写します。

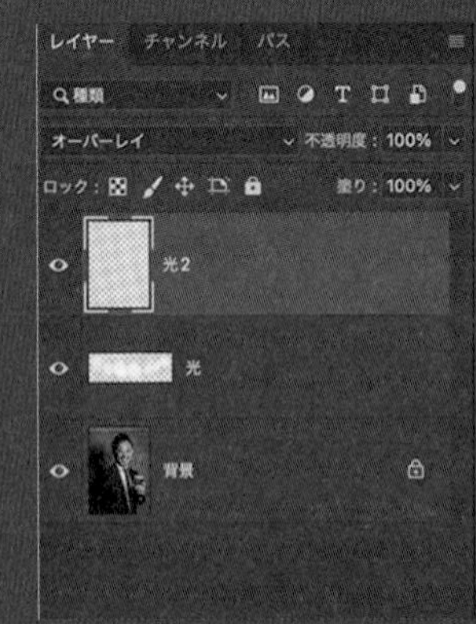


このときブラシの不透明度を薄い設定にして、右上が最も濃く、左側になるにつれて薄くなるようなグラデーションをイメージして描写すると自然な印象に仕上がります。

# 124 瞳に自然なキャッチライトを入れたい

使用機能 ｜ [ブラシ] ツール、ぼかし (ガウス)

[ブラシ] ツールを使ってキャッチライト (瞳の白い輝き) を描きます。

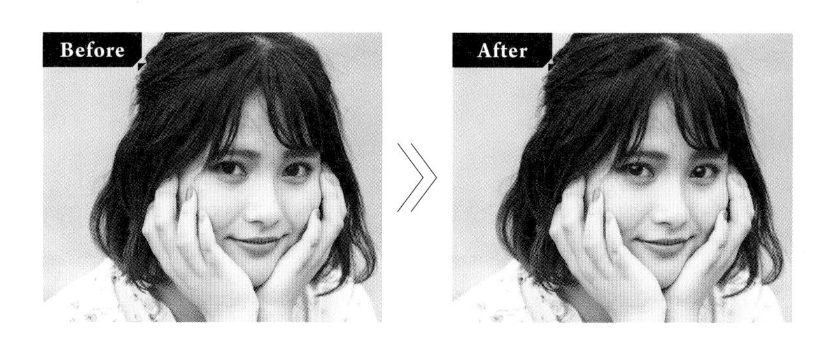


## [ブラシ] ツールで瞳を明るくする

**1** 素材「人物.jpg」を開き、ブラシを設定します。[描画色] を#ffffffとし❶、[ブラシ] ツールを選択します❷。

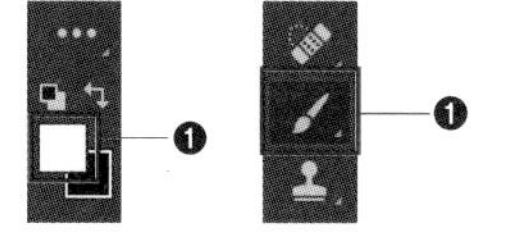

**2** コントロールパネル [ブラシの種類] を [ソフト円ブラシ] ❶、[直径] を3px❷、[不透明度] を70%❸とします。

**3** キャッチライトを描きます。上位に新規レイヤー [キャッチライト] を作成します。

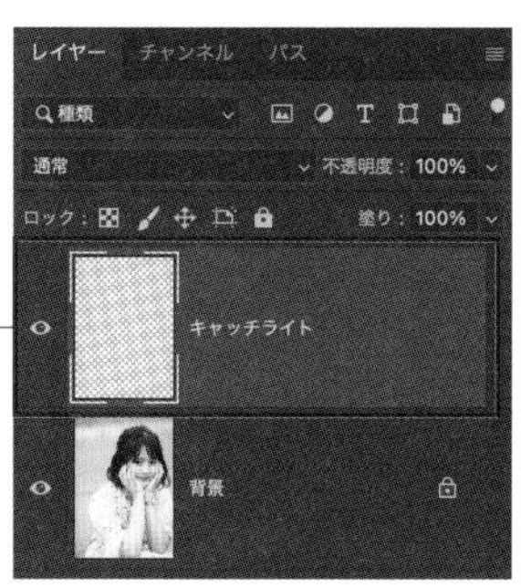


新規レイヤー [キャッチライト] を上位に作成する

**4** キャッチライトを入れたい部分に複数の縦線を描きます。

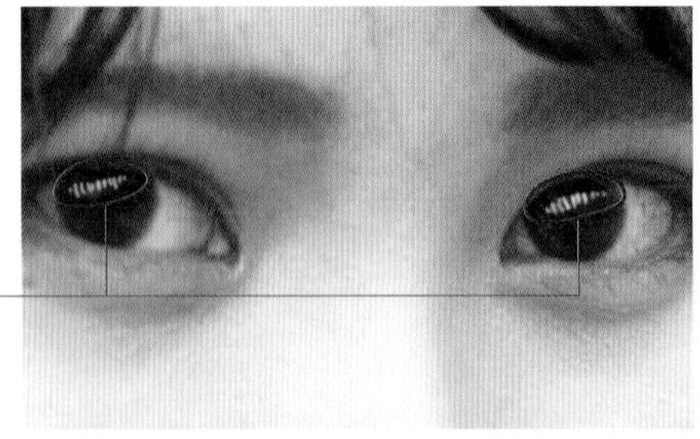

ドラッグして複数の縦線を描く

**5** ブラシの直径を15pxにし❶、キャッチライトの中心になるように2～3クリックで点を描きます❷。

❶

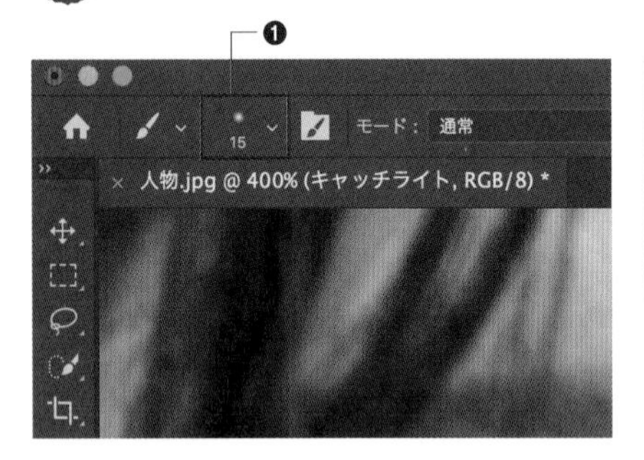


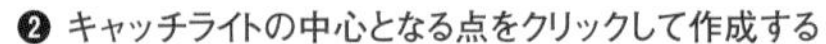

❷ キャッチライトの中心となる点をクリックして作成する

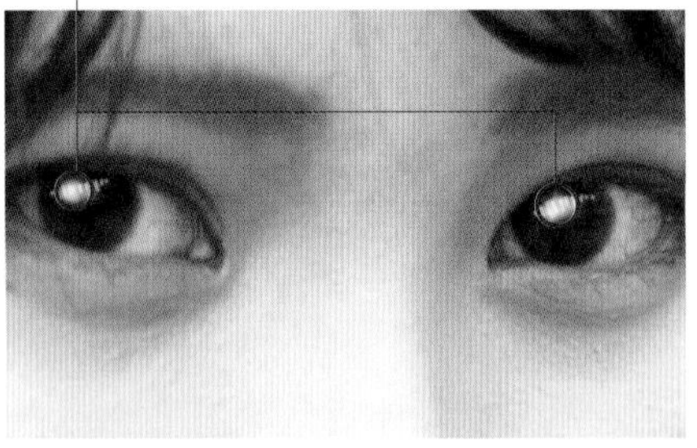

**Memo** ここでは瞳の中心となるような大きな点を作成したいので、ブラシの直径を上げて、ドラッグせずにクリックで描きます。

**6** ［フィルター］メニュー→［ぼかし］→［ぼかし（ガウス）］をクリックします。

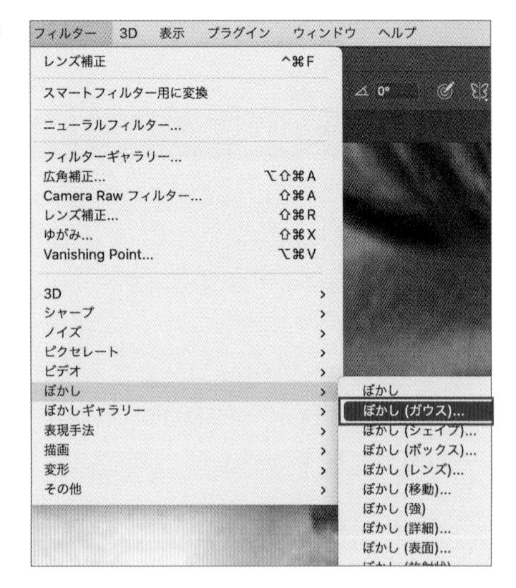

7 ［半径］を2.0pixelに設定し❶、［OK］ボタンをクリックします❷。

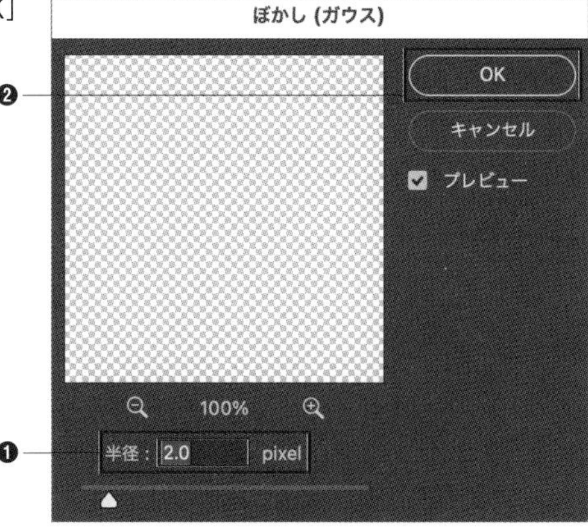


8 レイヤー［キャッチライト］を選択し❶、［不透明度］を70%とします❷。

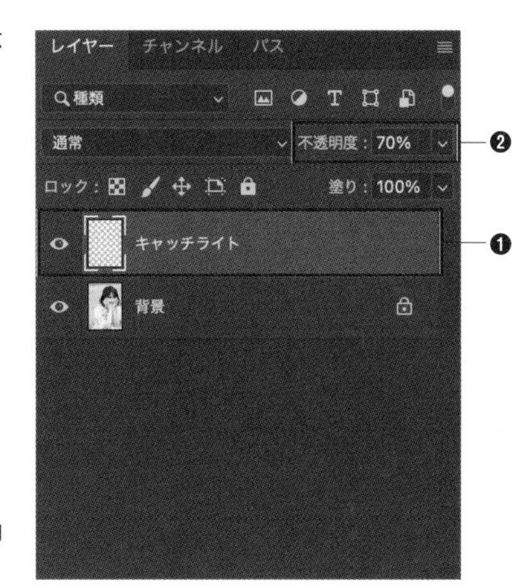


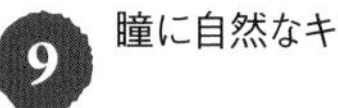


あまり広い範囲や強い光を入れてしまうと不自然な印象になってしまいます。

9 瞳に自然なキャッチライトが入りました。

**POINT**

キャッチライトは小さい面積ですが、印象が大きく変わります。複数キャッチライトを入れて、きらめいた感じを出したり、小さな点でシャープな印象にしたりと、完成のイメージに合わせて使い分けることができます。

# 女性的なやわらかい印象に加工したい

使用機能 | Camera Rawフィルター

Camera Rawフィルターの基本補正を使用して、淡くやわらかな印象の写真に補正します。

## Camera Rawフィルターの使用

**1** 素材「人物.jpg」を開き、[フィルター]メニュー→[Camera Rawフィルター]をクリックします。

**2** [Camera Raw]が起動します。[基本補正]を選択します。

**3** ［テクスチャ］は-35とし❶、肌や髪の毛といった細かなテクスチャを滑らかにします。［明瞭度］は-45とし❷、肌や髪の毛を含む画面全体をぼんやりと滑らかにします。［かすみの除去］は-25とし❸、全体の明度を上げつつ、淡くやわらかな印象に補正します。［OK］ボタンをクリックします❹。

**4** 基本補正だけで質感や明るさを補正することができました。

**POINT**

Camera Rawフィルターは、明るさや、色の細かな設定から、シャープさやノイズの増減まで、非常に幅広い補正に対応しています。
デメリットとして、指定したレイヤーのみが別ウィンドウで表示されるため、複数のレイヤーを使ったデータの場合は、全体を確認しながらの作業ができません。そのためレイヤーを並べて色合わせするような用途には向きません。

# 126 肌をなめらかな質感に見せたい

使用機能　Camera RAWフィルター

Camera RAWフィルターを使って肌を滑らかに補正します。

## Camera RAWフィルターの使用

**1** 素材「人物.jpg」を開きます。［フィルター］メニュー→［Camera Rawフィルター］をクリックして［Camera RAW］を起動させます ▶▶125。［基本補正］を選択します。

**2** [テクスチャ]を-100とし❶、肌のきめを細かくします。[明瞭度]を+10とし❷、少しコントラストを高くします。

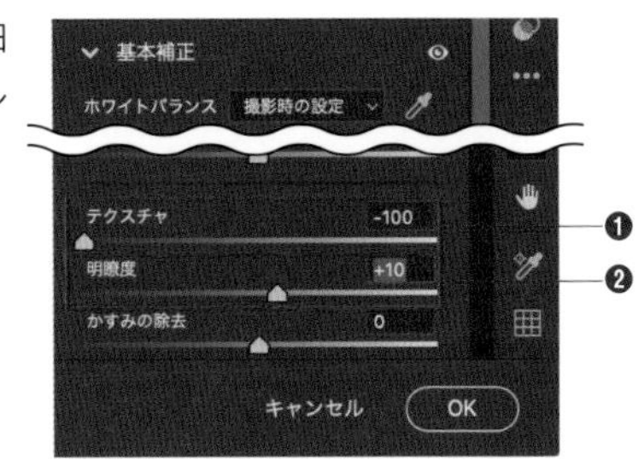


**3** [ディテール]を選択します❶。[シャープ]を80とし❷、シャープにします。

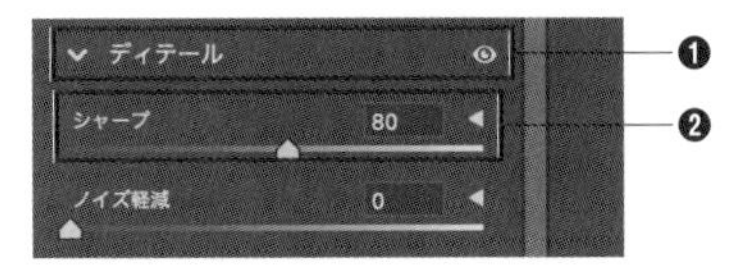


**4** 最後に肌の色を明るくします。[カラーミキサー]を選択します❶。[輝度]をクリックし❷、[オレンジ]を+10❸、[イエロー]を+10とします❹。[OK]ボタンをクリックします❺。

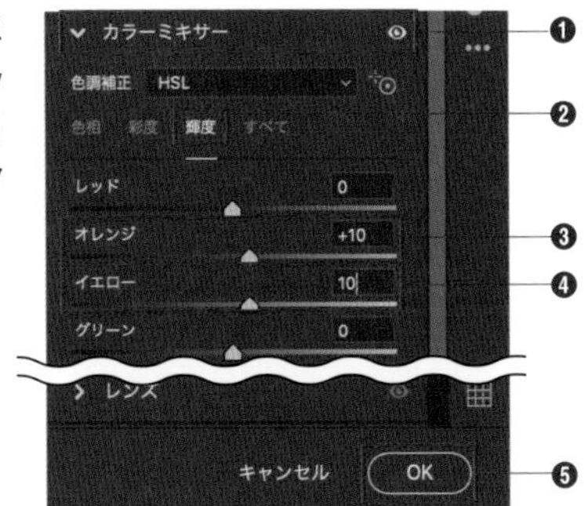


**5** 肌を滑らかにしつつ、シャープさも保つことができました。

**POINT**

[明瞭度]と[ディテール]は強く適用すると塗り絵のような質感になってしまうため、バランスを見て適用しましょう。

# 127 表情を変えたい

**使用機能** ゆがみ、[前方ワープ] ツール

[ゆがみ] フィルターを使って口元を微笑ませます。また、[前方ワープ] ツールを使って目元にゆがみを加えます。

## [ゆがみ] フィルターの使用

**1** [ゆがみ] フィルターを設定します。素材「人物.jpg」を開き、[フィルター] メニュー→[ゆがみ] をクリックします。

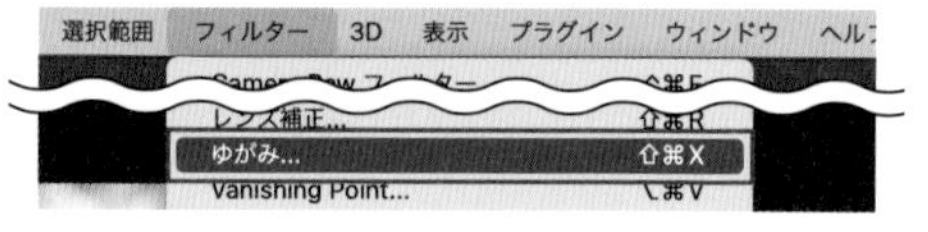


**2** [ゆがみ] ウィンドウに切り替わります。

**3** ウィンドウ右側の［属性］→［顔立ちを調整］→［口］→［笑顔］を52とします。口角が上がって微笑んだような口元になりました。

微笑んだような口元になった

**Memo**

［ゆがみ］ウィンドウ左側のメニューから［顔］ツールを選び顔にカーソルを合わせると、パーツごとにメニューが表示されます。ドラッグすることでも同様の処理を行えます。

**Memo**

［ゆがみ］フィルターには、［顔］ツール以外にも下記のツールが用意されています。

- ［前方ワープ］ツール
- ［再構築］ツール
- ［スムーズ］ツール
- ［渦］ツール
- ［縮小］ツール
- ［膨張］ツール
- ［ピクセル移動］ツール
- ［マスク］ツール
- ［マスク］解除ツール
- ［手のひら］ツール
- ［ズーム］ツール

**4** [前方ワープ]ツールを使ってフリーハンドでゆがみを加え、微笑んだ目元にします。[前方ワープ]ツールを選択します❶。[属性]→[ブラシツールオプション]を開きます。[サイズ]を140❷、[密度]を50❸、[筆圧]を20とします❹。

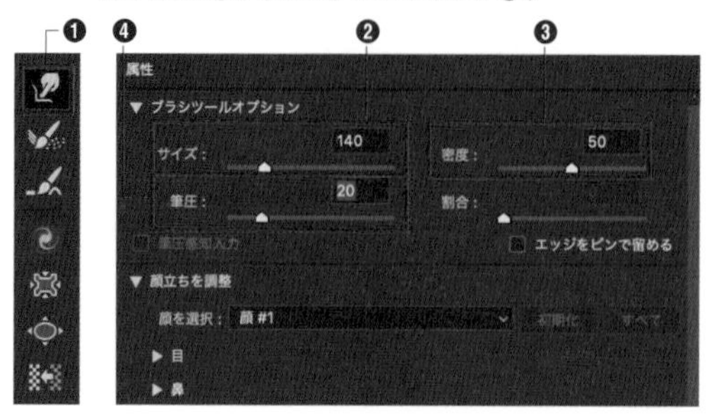


**5** 目の下から上に向かって数回に分けてドラッグし、少しずつ目元の表情を変えます。[OK]ボタンをクリックして終了します。

数回に分けてドラッグする

**POINT**

[前方ワープ]ツールを使った目元の処理では、[ブラシツールオプション]の[サイズ]を大きくすることで目の広範囲を動かし、不自然なゆがみを抑えるようにしています。また、[筆圧][密度]を下げることで、1回の処理で強くゆがみが発生することを抑えています。

# 128 黒目を大きくしたい

**使用機能**　[スポット修復ブラシ] ツール、[塗りつぶし] ツール、ぼかし (ガウス)

黒目を作って合成します。黒目の位置を変えることで、好みの目線に変えることができます。

## 黒目を消して新しく作る

**1** [スポット修復ブラシ] ツールで元の黒目を消します。素材「猫.jpg」を開きます。[スポット修復ブラシ] ツールを選択します。

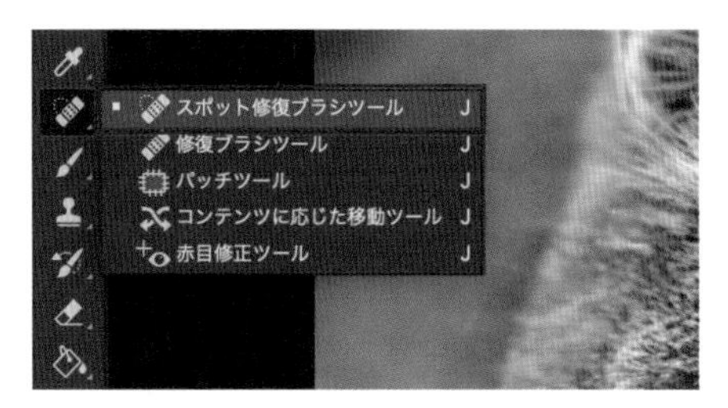


**2** 黒目をドラッグしてなぞって消します。

**3** 黒目を作って合成します。上位に新規レイヤー[黒目]を作成します❶。[楕円形選択]ツールを選択し、目元に選択範囲を作成します。さらに、[塗りつぶし]ツールを使って[描画色]#000000で塗りつぶします❷。

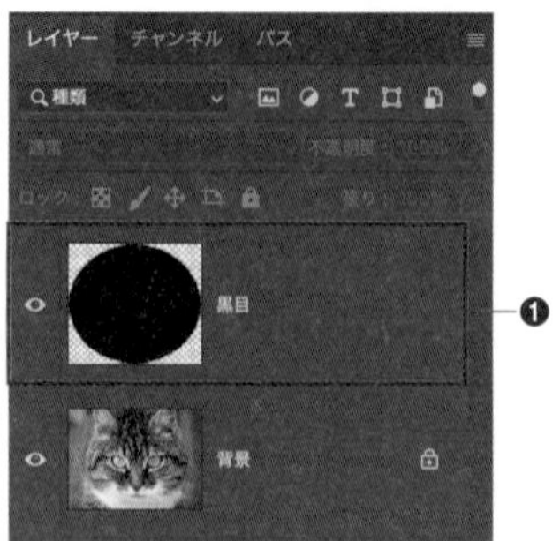


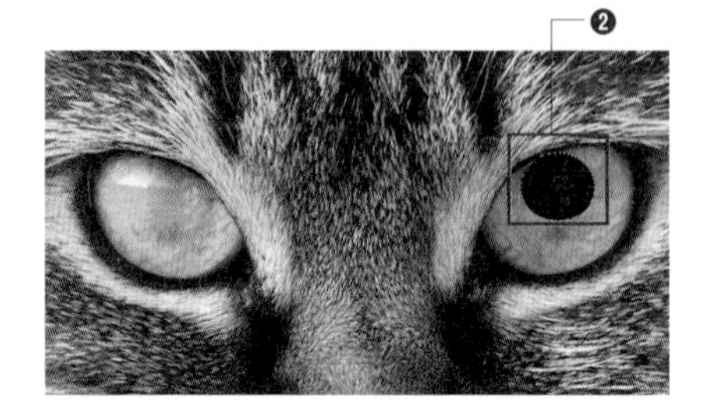


**4** レイヤー[黒目]を複製し、レイヤー[黒目2]とし、反対の目を作成します。

レイヤー[黒目]を複製してもう片方の目とする

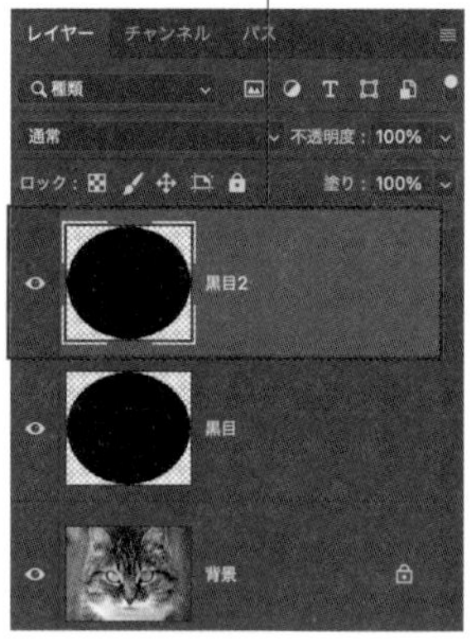


**Memo** レイヤーの複製は、[レイヤー]メニュー→[レイヤーを複製]から行えます ▶▶025。

**5** いったんレイヤー[黒目][黒目2]を非表示にします❶。目の輪郭を[なげなわ]ツールなどで選択します❷。

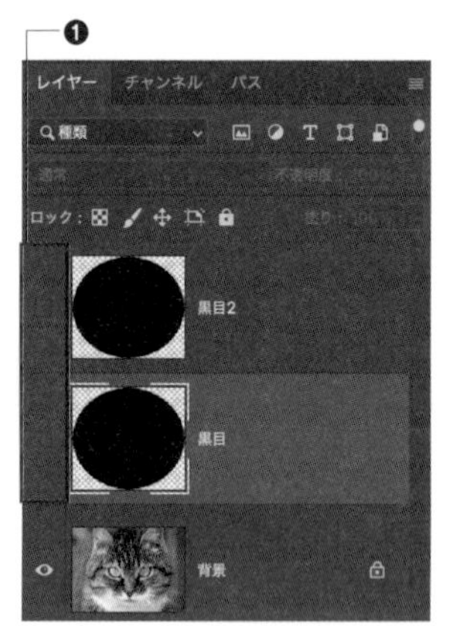


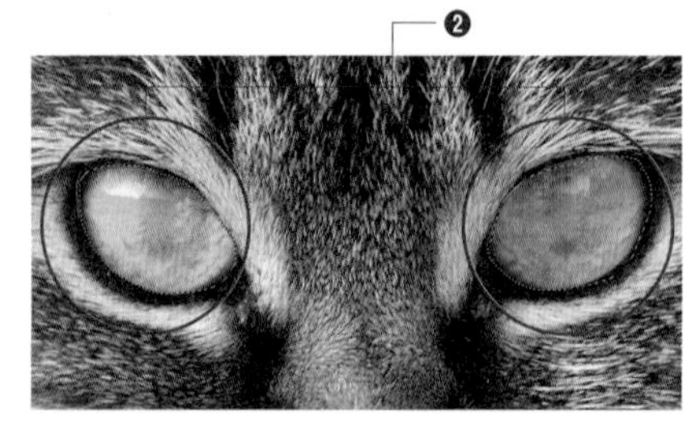

**6** 選択範囲を作成した状態のまま、非表示にしていた2つのレイヤーを表示します❶。レイヤー[黒目]を選択して、レイヤーパネル上で[レイヤーマスクを追加]ボタンをクリックして❷、レイヤーマスクを追加します❸。

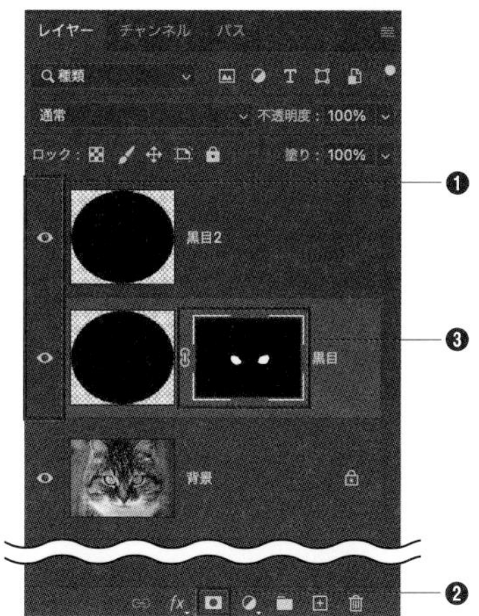

**7** 追加したレイヤーマスクを選択し、option キーを押しながらレイヤー[黒目2]にドラッグし、レイヤーマスクを複製します。

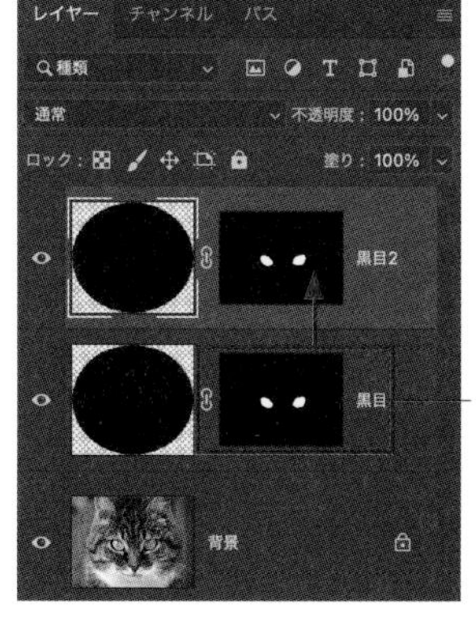


option キーを押しながらドラッグして複製する

**Memo**

目以外の部分をマスクしておくことで、黒目の位置を移動させても、目の範囲からはみ出ることがなくなります。

**8** 黒目をぼかしてなじませます。レイヤー[黒目][黒目2]のレイヤーそれぞれを選択した状態で、[フィルター]メニュー→[ぼかし]→[ぼかし(ガウス)]をクリックして[ぼかし(ガウス)]ダイアログを表示し、[半径]を2.5pixelとして適用します。

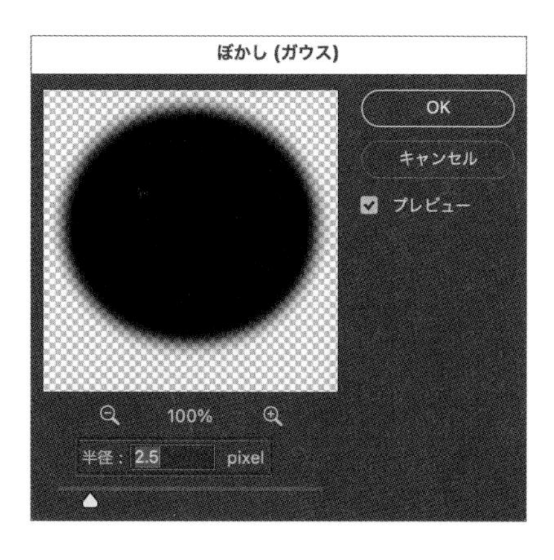

9 目のハイライトを切り取り合成します。再度レイヤー［黒目］［黒目2］を非表示にし❶、レイヤー［背景］を選択します❷。［選択範囲］メニュー→［色域指定］をクリックします❸。

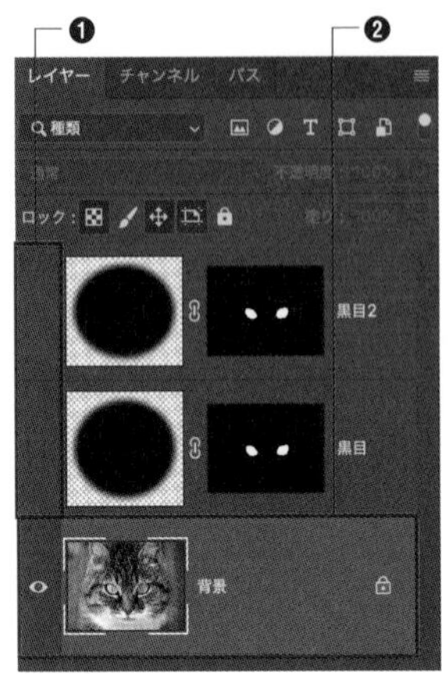


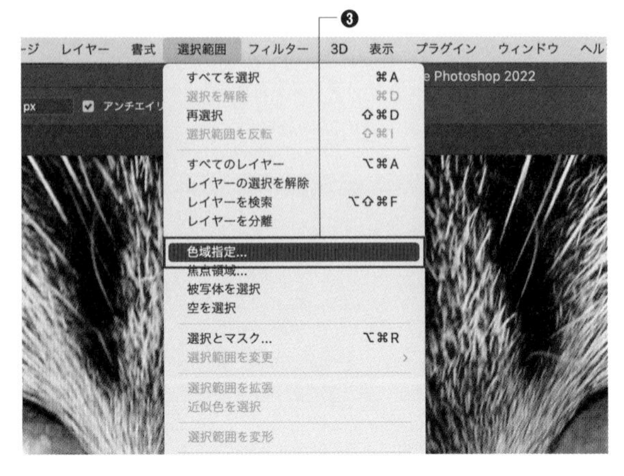


10 カンバス上で猫の右目のハイライト部分をクリックし、shift キーを押しながら左目のハイライト部分もクリックします❶。［許容量］は60とし❷、［OK］ボタンをクリックします❸。

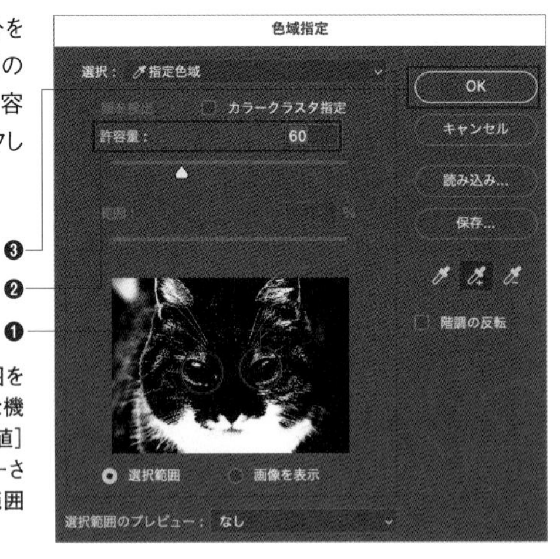


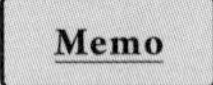

［色域指定］はカンバス上の同じ色域の選択範囲を作成することができます。［自動選択］と同じような機能ですが、こちらは、専用のウィンドウ内で［許容値］を変更するとリアルタイムで選択範囲がプレビューされます（白い範囲が選択されている範囲、黒い範囲が選択されない範囲）。

11 選択範囲が作成されたら、［長方形選択］ツールなどの選択ツールを選択し、［レイヤー］メニュー→［新規］→［選択範囲をコピーしたレイヤー］をクリックします。

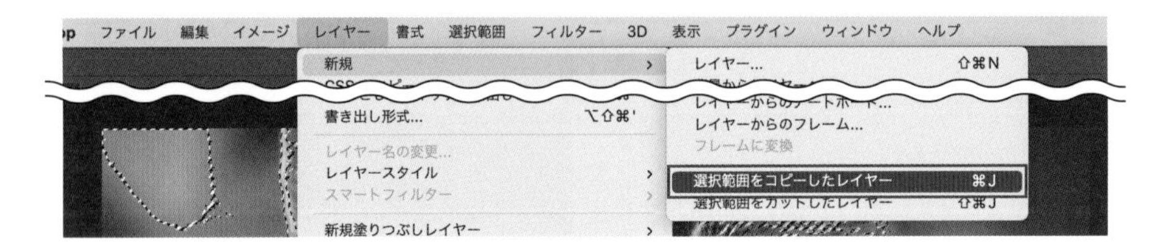

12 レイヤー名を［ハイライト］とし、最上位に移動します。

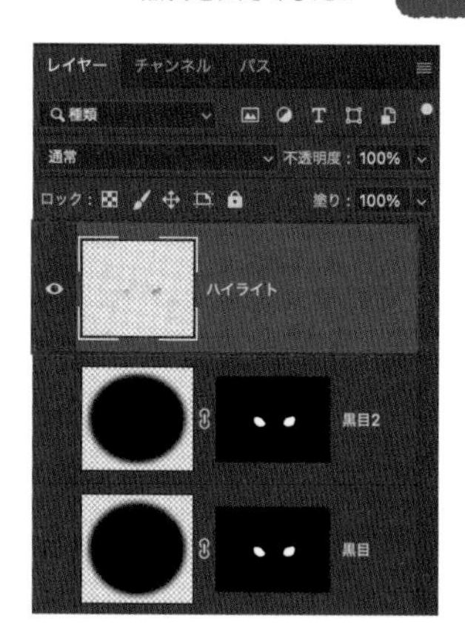


13 全レイヤーを表示します。猫の黒目が大きくなりました。

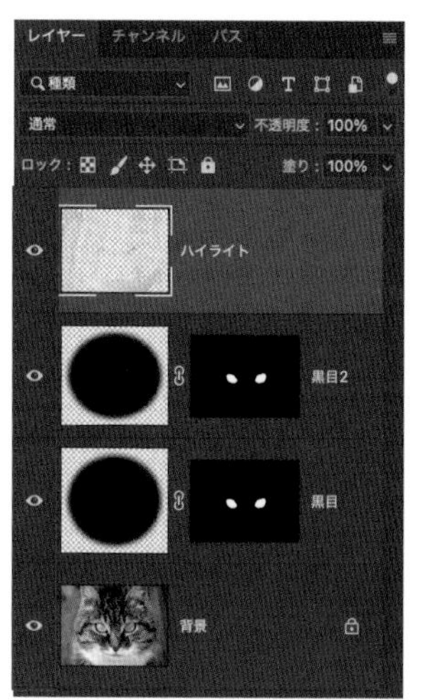


## POINT

［黒目］のレイヤーは、レイヤーマスクの鎖マークを外すことで、好みの位置に移動させることができます。

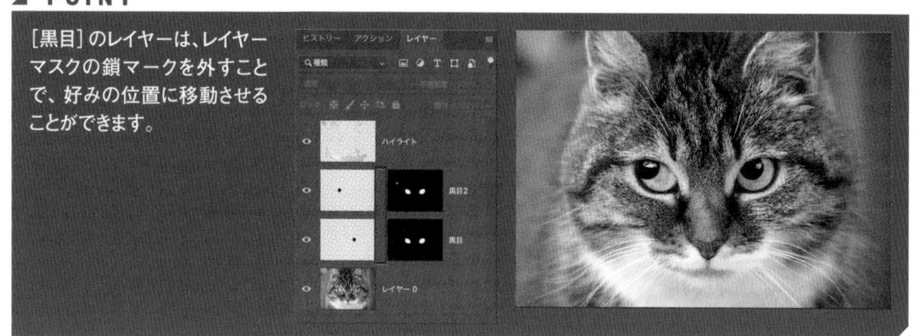

# 129 赤目を補正したい

使用機能 ［赤目修正］ツール

暗い場所で撮影した写真は赤目になりやすいものです。［赤目修正］ツールを使用すると、簡単に赤目を補正することができます。

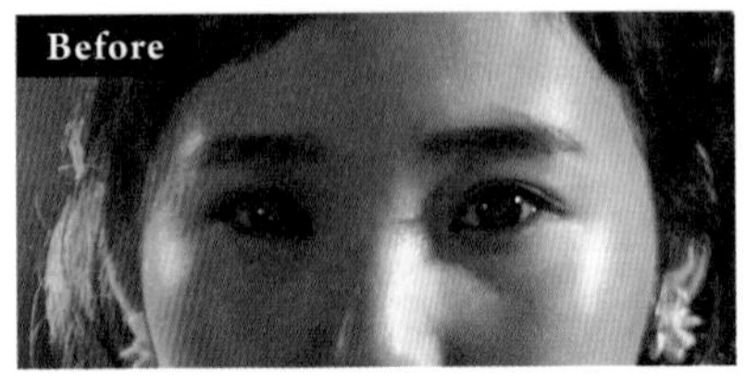

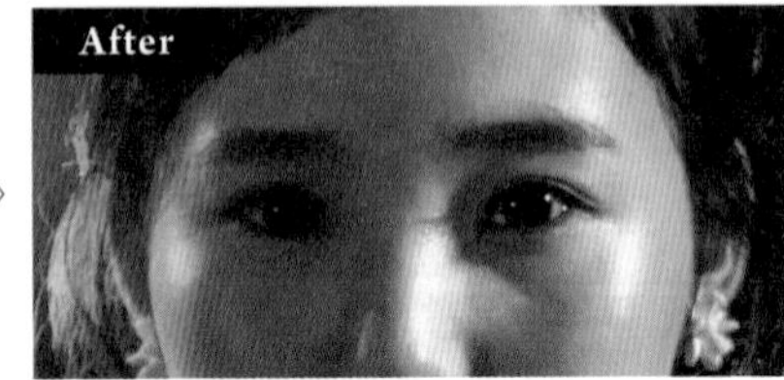


## ［赤目修正］ツールの使用

1 素材「人物.jpg」を開き、［赤目修正］ツールを選択します。

2 カンバス上でドラッグして目全体を選択すると、自動的に赤目が補正されます。

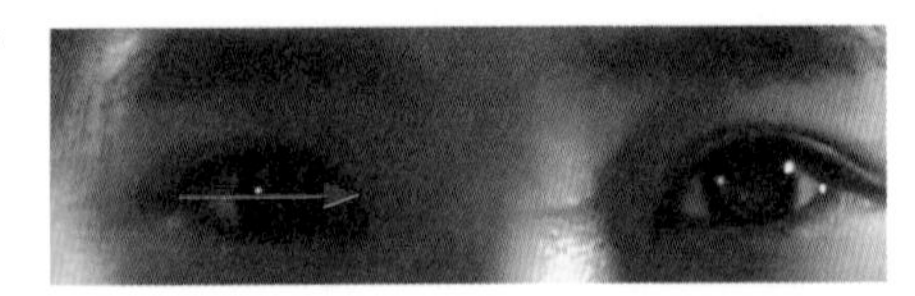

3 反対の目も同様に補正して完成です。

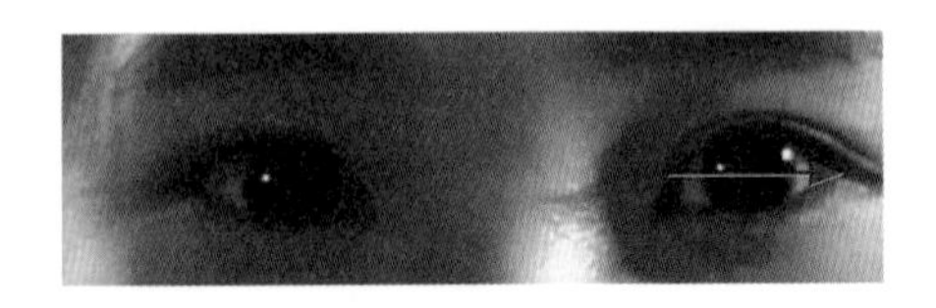

Memo

［赤目修正］ツールのコントロールパネルの［瞳の大きさ］では修正の範囲が、［暗くする量］では修正される濃さが調整できます。特に指定がなければ初期設定［50%］で使用して問題ありません。

# 130 しみやほくろを消したい

使用機能 [スポット修復ブラシ] ツール

[スポット修復ブラシ] ツールを使って、肌の不要な部分を整えます。

## [スポット修復ブラシ] ツールの使用

1 素材「女性.jpg」を開きます。ツールバーから[スポット修復ブラシ] ツールを選択します。

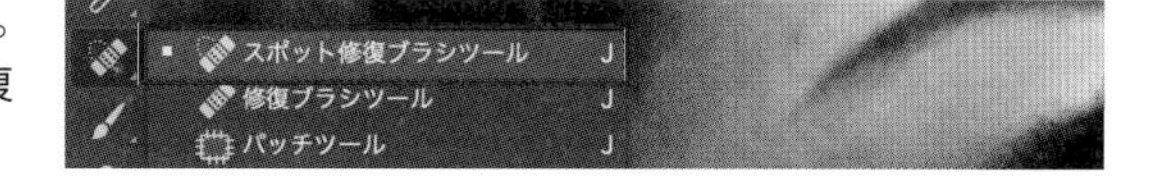


2 コントロールパネルでブラシの直径を20pxにし❶、[種類:コンテンツに応じる] と設定します❷。

3 人物のしみやほくろにカーソルを合わせて、クリックすると、しみやほくろが消えます。

[コンテンツに応じる] を選択すると、自動的に周辺のコンテンツ(この場合は肌)の色に合わせた塗りつぶしが行えます。

# 131 抜けのある風景写真に加工したい

使用機能　特定色域の選択、トーンカーブ

クリアで抜け感のある風景写真の補正方法を紹介します。［特定色域の選択］を使って要素ごとにカラー補正を行ってから、トーンカーブを使って全体の明度を調整します。

## ［特定色域の選択］の使用

**1** 素材「風景.jpg」を開きます。レイヤーパネル下部から［塗りつぶしまたは調整レイヤーを新規作成］→［特定色域の選択］をクリックします。

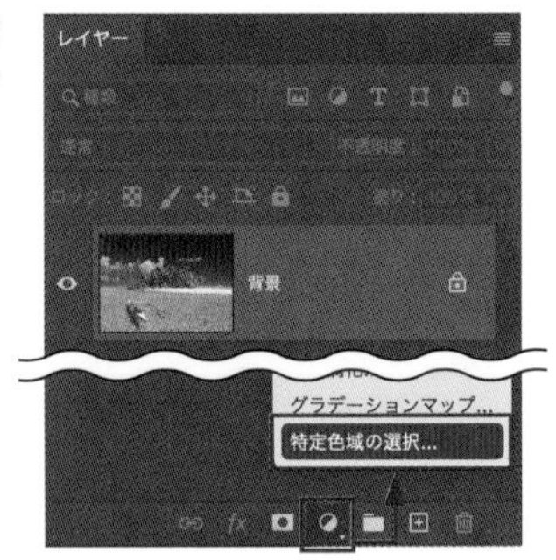


**2** ［プロパティ］パネルの［特定色域の選択］が開きます。［カラー］で［イエロー系］を選択し❶、❷のように設定します。

- **シアン** …… +9
- **マゼンタ** …… -12

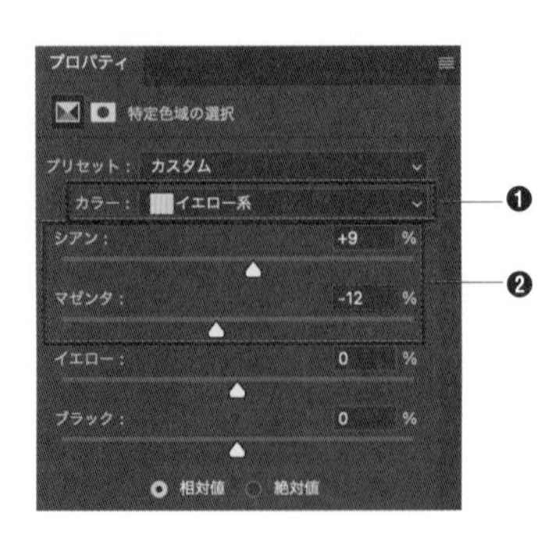

**3** ［グリーン系］を選択し❶、❷のように設定します。

- **シアン** …… +30
- マゼンタ …… -63

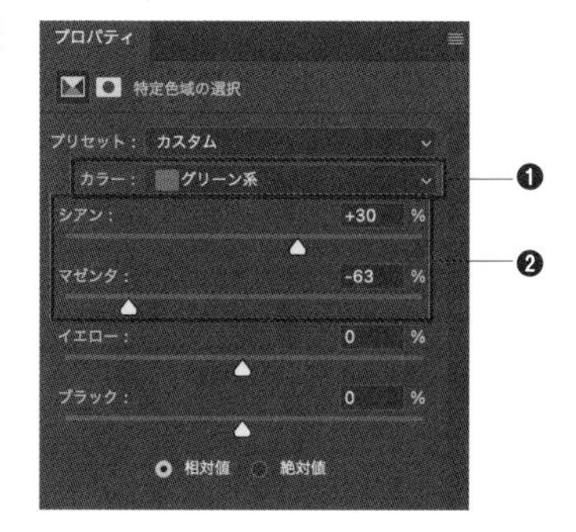


**Memo** 中央のヤシの木がイエロー系であせた印象があるので、イエロー系とグリーン系を使って補正しています。

**4** 次に、［シアン系］を選択し❶、❷のように設定します。

- **シアン** …… +70

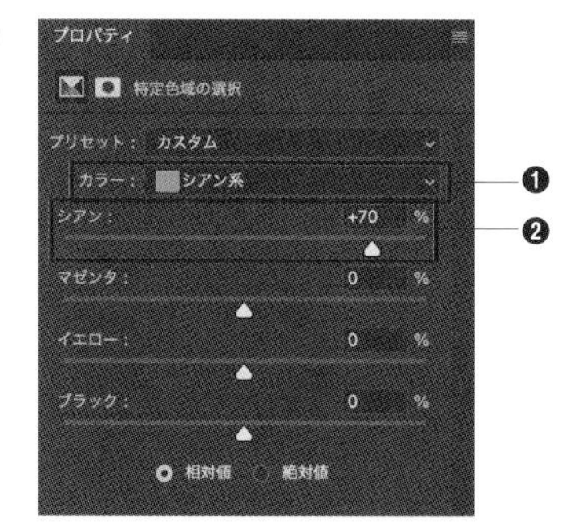


**5** ［ブルー系］を選択し❶、❷のように設定して水面と空を補正します。ここまでの時点でだいぶすっきりとした色合いになりました。

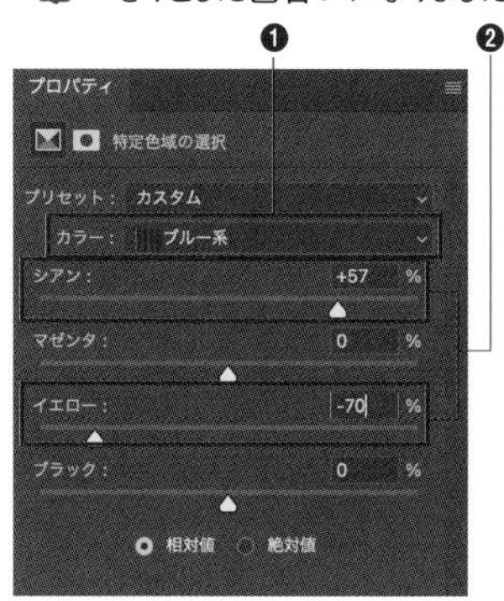

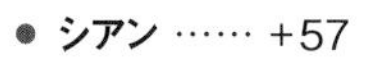

- **シアン** …… +57
- **イエロー** …… -70

**Memo** シアンを足し、イエローを抑えることで、クリアな印象に補正しました。

6 同じようにレイヤーパネル下部から[塗りつぶしまたは調整レイヤーを新規作成]→[トーンカーブ]を選択します。

7 [プロパティ]パネルの[トーンカーブ]が開くので、中央をクリックし、コントロールポイントを追加します❶。[入力]を121、[出力]を135とします❷。

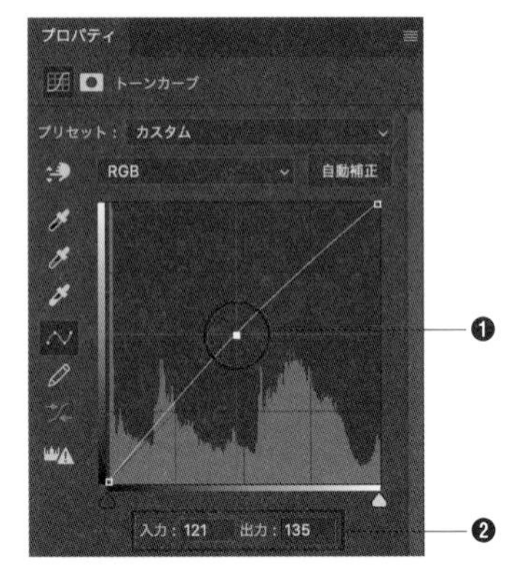


8 全体の明度が上がり、よりクリアな印象に仕上がりました。

# 132 風景の白飛びを抑えたい

使用機能　レベル補正、色域指定

風景写真の白飛び部分を抑えるテクニックを紹介します。ここでは夕日部分と水面の白飛びしている部分を抑えるように補正します。

## レイヤーマスクの使用

1 素材「風景.jpg」を開き、[レイヤー] パネルから[塗りつぶしまたは調整レイヤーを新規作成]→[レベル補正]を選択します。

2 [レイヤー] パネルに調整レイヤーが追加され❶、[プロパティ] パネルも表示されます❷。

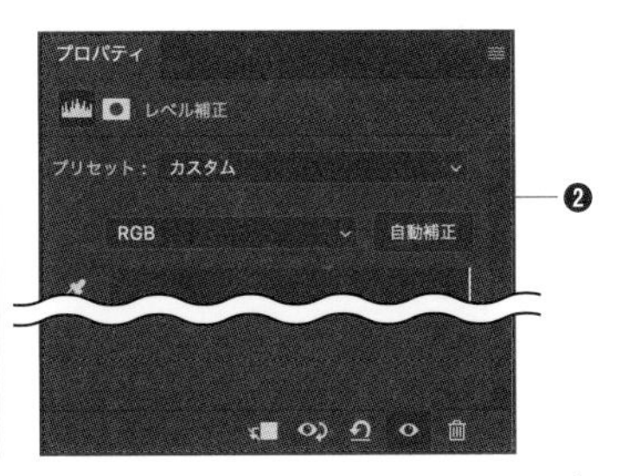

3 そのまま、調整レイヤーのレイヤーマスクサムネールを選択します❶。レイヤーマスクサムネールを選択すると、[プロパティ] パネルが切り替わります❷。

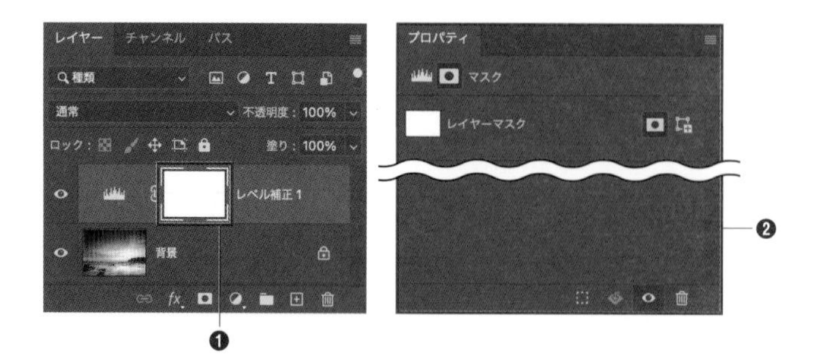


4 色域指定を使って白飛び部分だけの選択範囲を作成します。[選択範囲] メニュー→[色域指定] をクリックします。

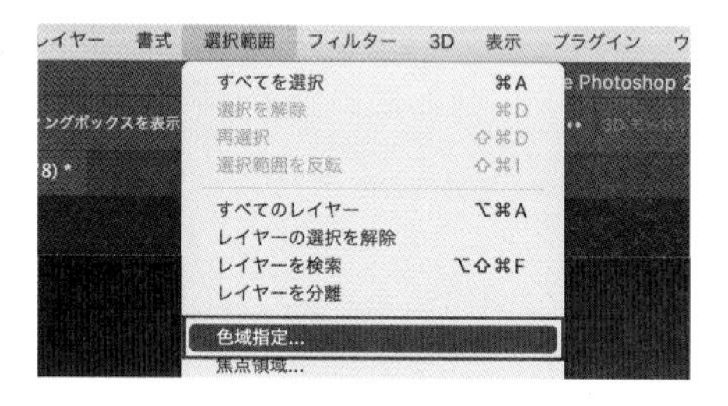


5 [色域指定] ダイアログが表示されます❶。カンバス上にカーソルを合わせると自動的に [スポイト] ツールに切り替わるので、最も白くなっている部分をクリックします❷。選択した範囲はプレビューで白く表示されるので、具合を見ながら [許容量] を調整し選択範囲を作成します。作例では [許容量0] を100としました❸。[OK] をクリックします❹。

6 再度［プロパティ］パネルを確認し、［ぼかし］を10pxとします。調整レイヤーに、先程作成した選択範囲でマスクが作成されていることが確認できます。

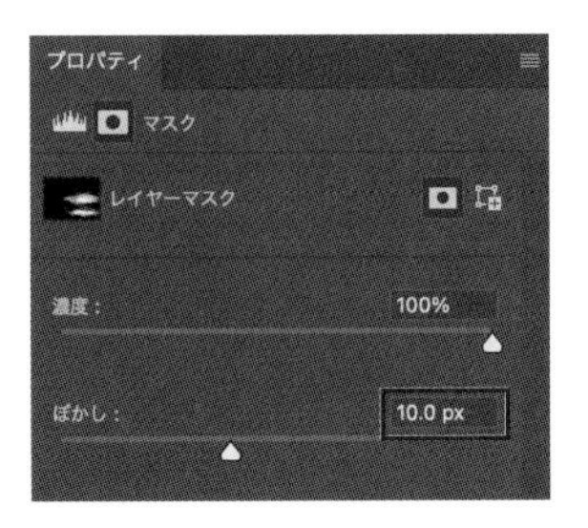

マスクが作成されている

選択範囲の境界がくっきりしてしまうことを避けるためにぼかしを設定しています。

7 レイヤー左側の調整レイヤーサムネールを選択します❶。［プロパティ］パネルが切り替わるので、❷のように［レベル補正］を設定します。白飛びしていた部分と、その周辺を落ち着かせることができました。

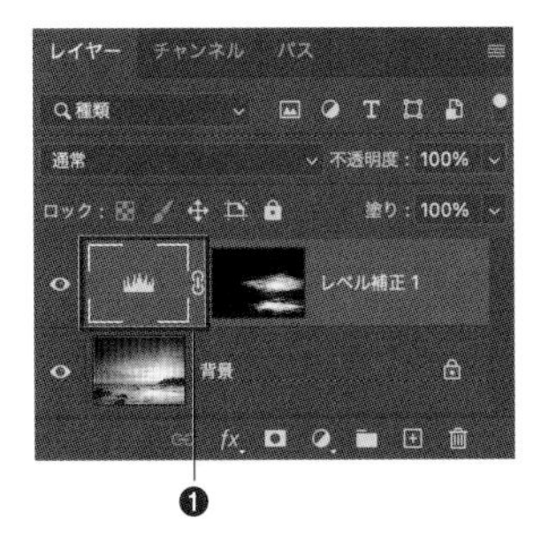


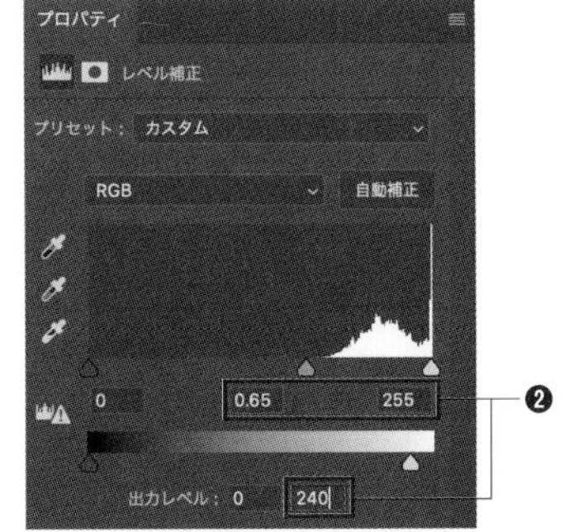

## 主役を保った状態で背景だけを拡大・縮小する

［編集］メニュー→［コンテンツに応じて拡大・縮小］を使ってサイズを変更すると、主役をできるだけ保った状態で、背景だけを拡大・縮小することができます。主役と背景の明暗やぼけの差がハッキリしている画像や、主役に対して余白が多い画像に適用するときれいに仕上がります。極端に引き伸ばすとゆがんでしまうので注意しましょう。
なお、［背景］レイヤーの場合は、レイヤーのロックを解除する必要があります。

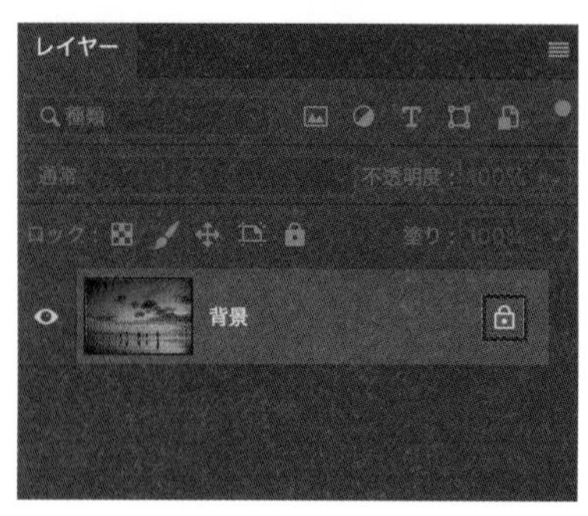


クリックしてレイヤーのロックを解除してから行う

# 人物・静物の加工テクニック

Chapter

10

# 133 モノクロ写真に着色してカラー写真にしたい

**使用機能** 選択範囲にマスクを追加、レイヤーマスクを追加、[ブラシ]ツール、[塗りつぶし]ツール

モノクロ写真に塗り絵のように着色し、カラー写真のように見せます。

## レイヤーごとにマスクを追加した着色

**1** 色を塗りやすいように、レイヤーごとにマスクを追加します。素材「人物.jpg」を開き、上位に新規レイヤー[服の色][水面の色]を作成します。

**POINT**

複雑な色分けが必要な場合は、パーツごとに「顔・体・腕・足」といったようにレイヤーを作成し、マスクで分けておくと、作業がスムーズできれいな仕上がりになります。

2 人物の背景部分を選択します。レイヤー［背景］をクリックし❶、［クイック選択］ツールを選択します❷。

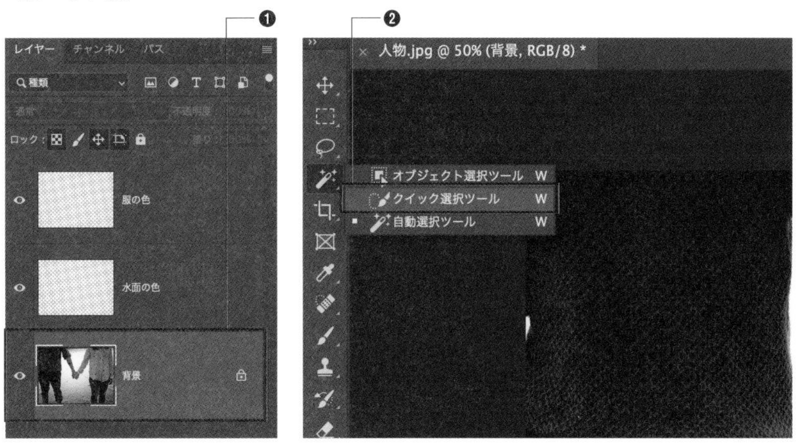


3 コントロールパネルで［直径］を5pxとし❶、背景部分をドラッグして選択範囲を作成していきます❷。

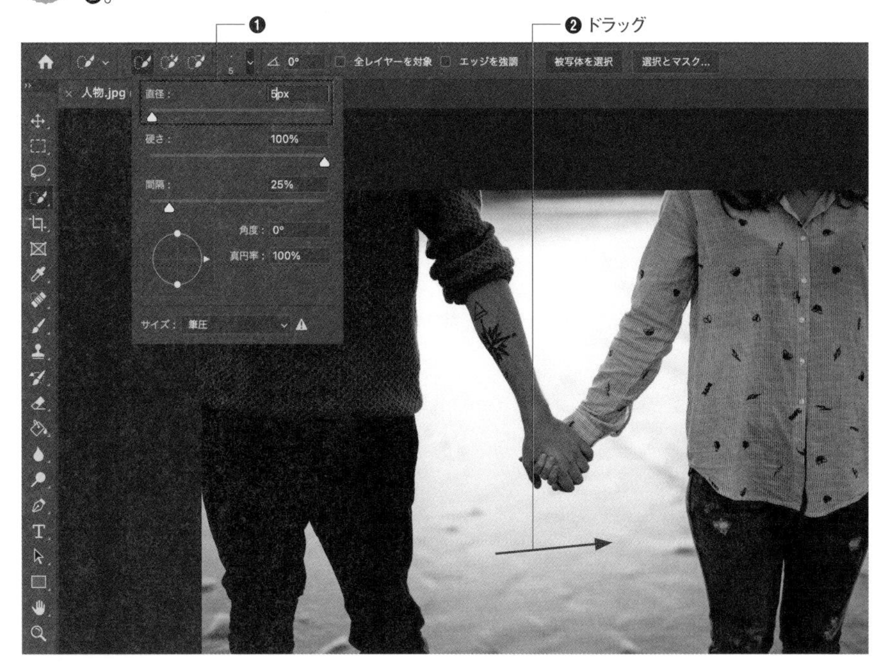


Memo 選択しすぎてしまった部分は command ＋ドラッグで選択範囲を解除します。

4 選択範囲が作成されました。レイヤー[水面の色]を選択し❶、[レイヤーマスクを追加]ボタンをクリックします❷。

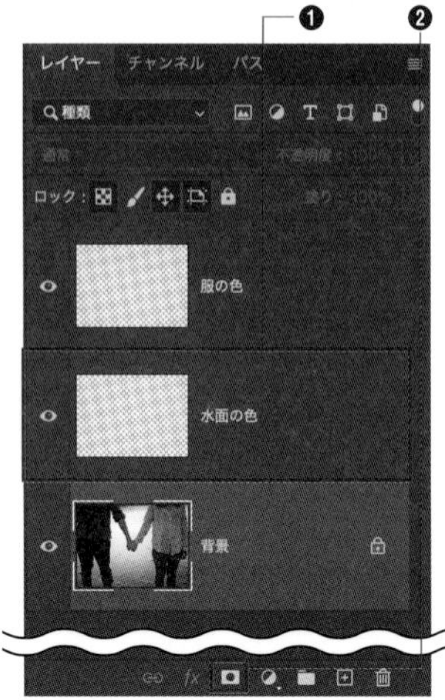


5 作成したレイヤーマスクサムネールを control キーを押しながらクリックし、表示されたメニューから[選択範囲にマスクを追加]をクリックします。

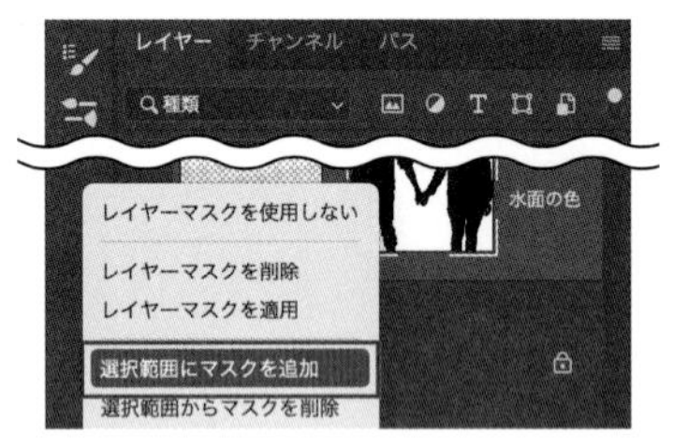


6 そのまま[選択範囲]メニュー→[選択範囲を反転]をクリックして選択範囲を反転します。これにより人物部分だけの選択範囲が作成できます。

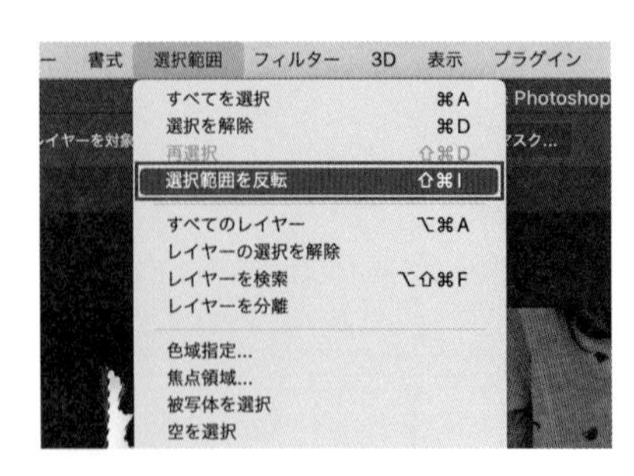


**Shortcut** 選択範囲の反転：
shift + control + I キー

選択範囲が反転したことにより人物だけが選択されている

7 レイヤー[服の色]を選択し❶、同じように[レイヤーマスクを追加]ボタンをクリックします❷。

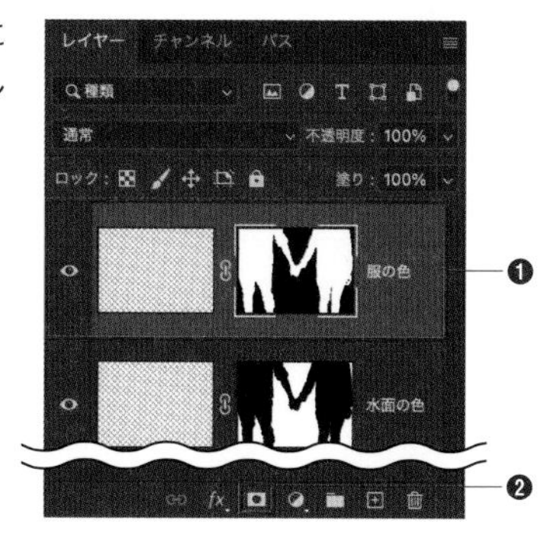


8 人物・背景に着色します。レイヤー[服の色][水面の色]の[描画モード]を[オーバーレイ]とします。

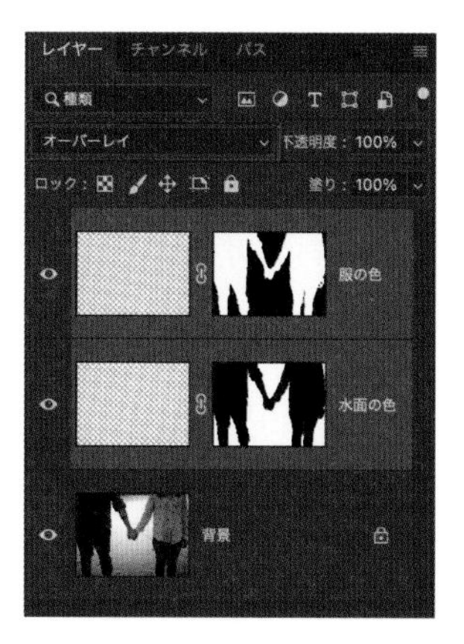


**Memo**

[オーバーレイ]にすることで、ベースカラーの明暗を保ったまま新しい色を重ねることができます。

9 [ブラシ]ツールを使って好みの色で着色します。

**Memo**

作例では男性の服を#a54e52、女性の服を#63abbc、ジーンズの色を#4d5378、肌の色を#dec6b0で塗りました。レイヤー[水面の色]は[塗りつぶし]ツールを使って#606e94で塗りつぶしました。

# 134 主役にスポット的に光を足したい

**使用機能** グラデーションで塗りつぶし、オーバーレイ

円形のグラデーションを使って、手軽にスポット効果を与えます。レイヤーを重ねることで、光に深みを与えます。

## レイヤーを重ねて深みを出す

1. 調整レイヤーを作成します。素材「人物.jpg」を開き、ツールバーで[描画色]を#ffffffと設定しておきます。

2. レイヤーパネルの[塗りつぶしまたは調整レイヤーを新規作成]ボタンをクリックし❶、[グラデーション]をクリックします❷。

3 [グラデーションで塗りつぶし] ダイアログが表示されるので、[スタイル] を [円形] として❶ [OK] ボタンをクリックします❷。

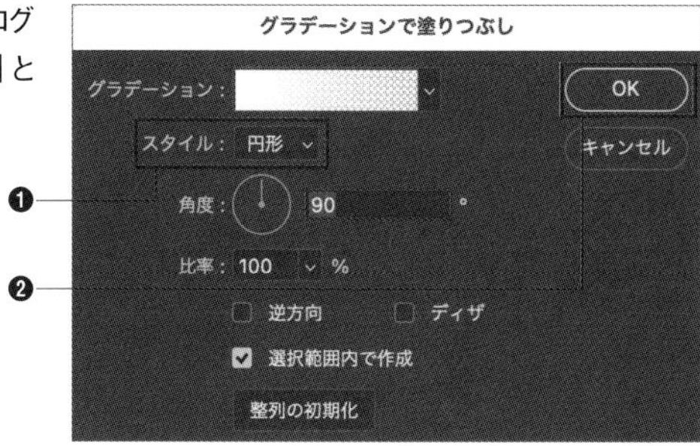


4 作成されたレイヤー [グラデーション1] を選択し❶、[描画モード] を [オーバーレイ] とします❷。中心に円形の光が追加されました❸。

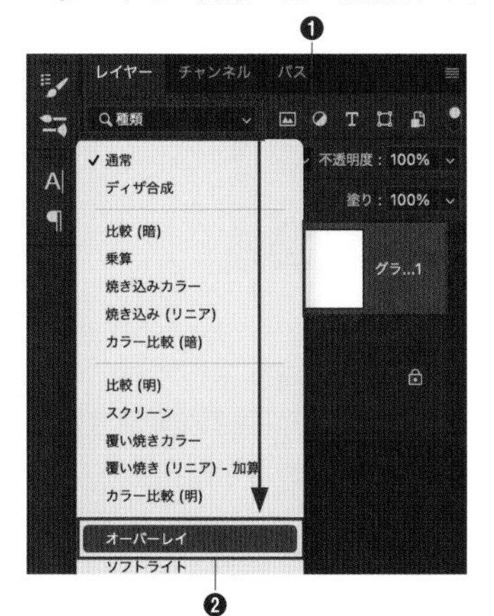

5 ここからさらに光を追加します。レイヤー [グラデーション1] を選択し❶、[レイヤー] メニュー→ [レイヤーを複製] をクリックします❷。

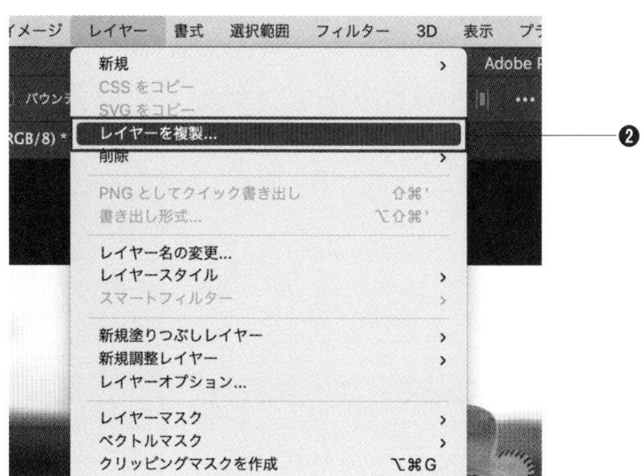

6 [レイヤーを複製] ダイアログが表示されるので、[新規名称] を「グラデーション2」とし❶ [OK] ボタンをクリックします❷。

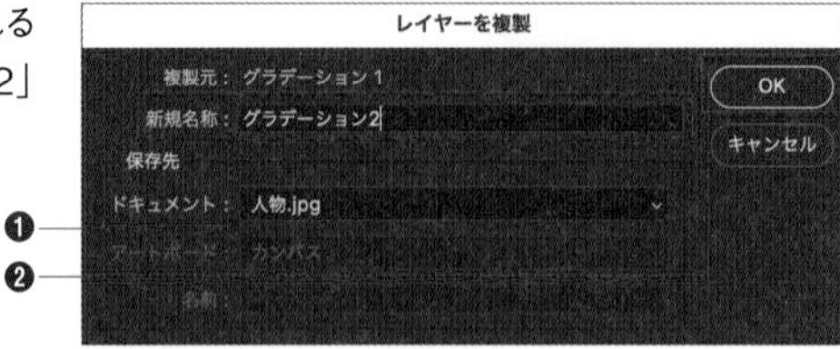


7 複製したレイヤー[グラデーション2] のレイヤーサムネールをダブルクリックします。

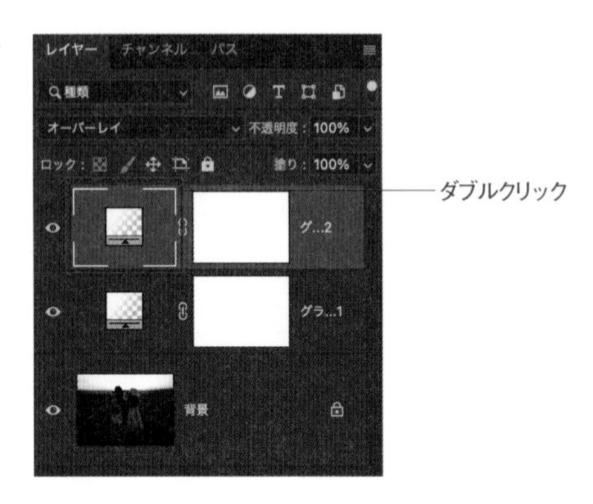


8 [グラデーションで塗りつぶし] ダイアログが表示されるので、[比率] を50とし、❶ [OK] ボタンをクリックします❷。

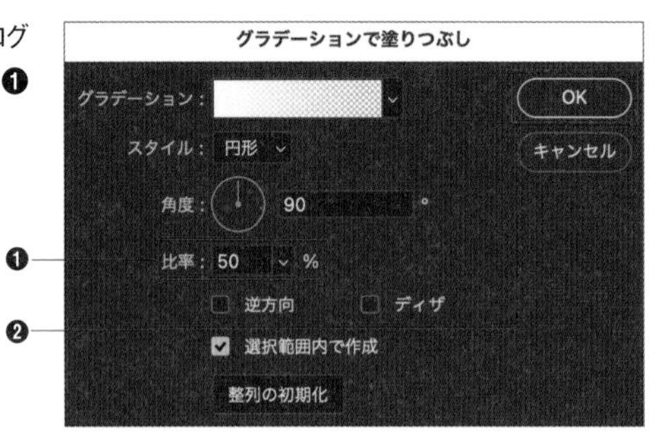


9 画面中心に円形のスポット状の光を作成できました。

**POINT**

[描画モード:オーバーレイ] のレイヤーを重ねることで、深みのある光を作成できます。

# 135 毛並みをきれいに切り抜きたい

使用機能 | 選択とマスク

動物の毛並みをきれいに切り抜きます。

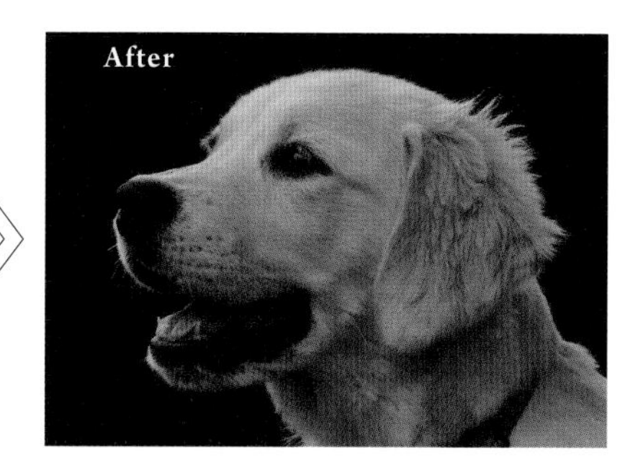


## [選択とマスク] の使用

1 最初に犬だけを選択します。素材「犬.jpg」を開きます。[クイック選択] ツールまたは [自動選択] ツールを選択し❶、オプションバーに表示される [被写体を選択] ボタンをクリックします❷。

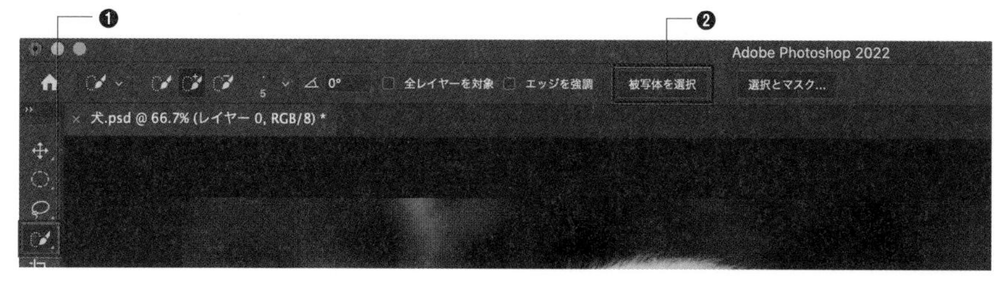


2 自動的に犬のみの選択範囲が作成されます。

3 毛並み部分の切り抜きを整えるため、さらに選択範囲を調整します。オプションバーの［選択とマスク］ボタンをクリックします。

4 画面が切り替わります。ツールパネルに表示される［境界線調整ブラシ］ツールを選択します。

クリックして選択する

5 ブラシサイズを60px前後として、犬の輪郭に沿ってなぞると、境界線が調整されます。

ブラシサイズ

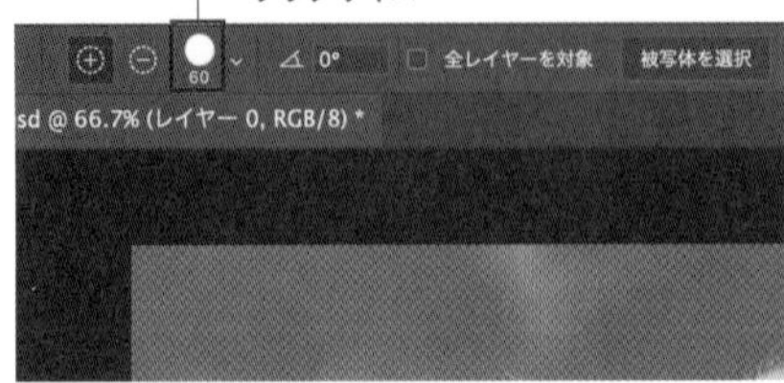


ドラッグしてなぞる

6 この状態では、境界に背景の緑が残っている状態なので、[属性]パネルの[グローバル調整]→[エッジをシフト]を-25%とします❶。すると、境界がより内側に見えるようになります。[OK]ボタンをクリックします❷。

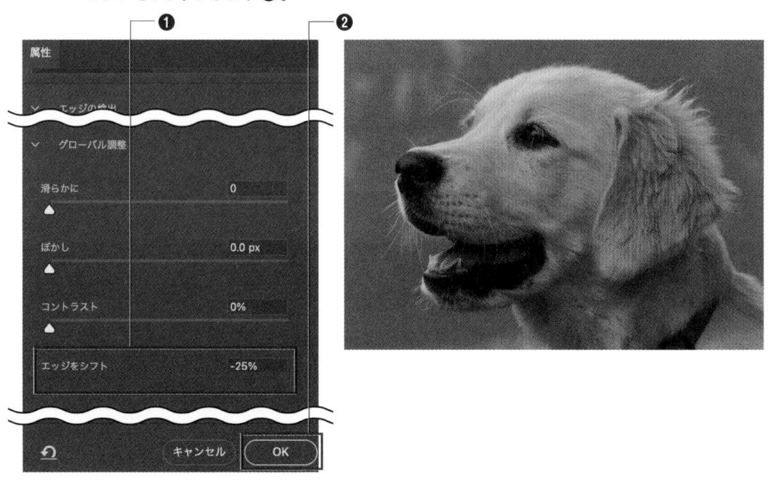


7 選択範囲が作成された状態で、[選択]ツールを選択し❶、[レイヤー]メニュー→[新規]→[選択範囲をコピーしたレイヤー]をクリックすると❷、切り抜きが完成します。

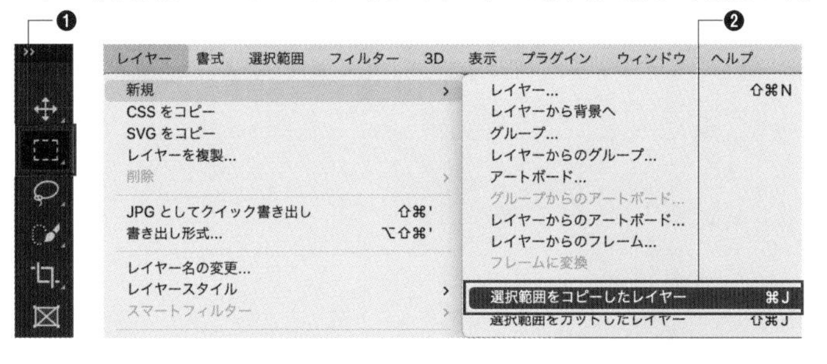

ここでは[選択]ツールは[長方形選択]ツールを使用しました。

8 細かい毛並みまできれいに切り抜くことができました。作例ではわかりやすいように、背景を黒で塗りつぶした画像を用意しました。

**POINT**

選択範囲をうまく調整できない場合は、[被写体を選択]だけでなく、[自動選択][スポット選択]なども試してみましょう。

# 136 臨場感のある写真に加工したい

使用機能 ［クイック選択］ツール、パスぼかし、［ブラシ］ツール、ぼかし（移動）

［パスぼかし］を使って人物の残像を作成し、スピード感のある写真に加工します。

## ［パスぼかし］の使用

1 人物を切り抜き、複製します。素材「スキー.jpg」を開きます。［クイック選択］ツールを選択し❶、大まかに人物の選択範囲を作成します❷。

2 そのままカンバス上で control キーを押しながらクリックして、表示されるメニューから［選択範囲をコピーしたレイヤー］をクリックします。

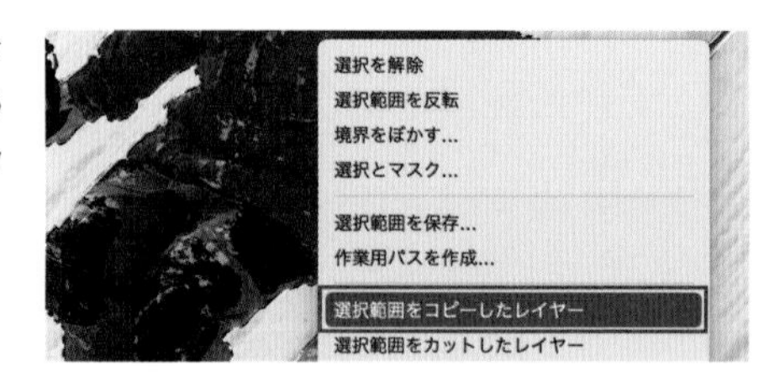

3 コピーしたレイヤーを複製し ▸▸025 、レイヤー名をそれぞれ[人物][残像]とします。

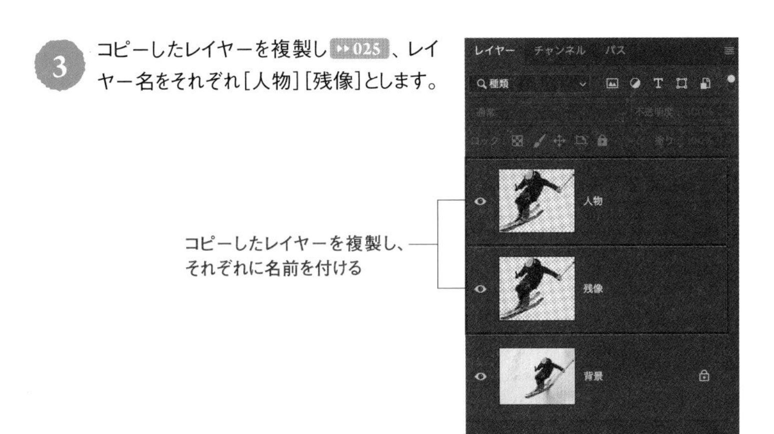


4 パスぼかしを使って人物の残像を表現します。レイヤー[残像]を選択し❶、[フィルター]メニュー→[ぼかしギャラリー]→[パスぼかし]をクリックします❷。

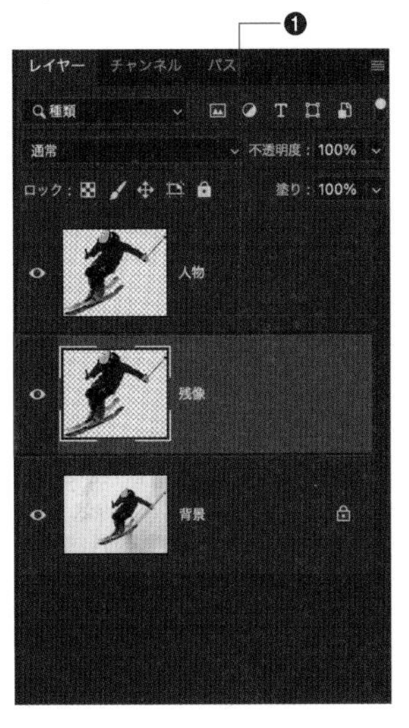


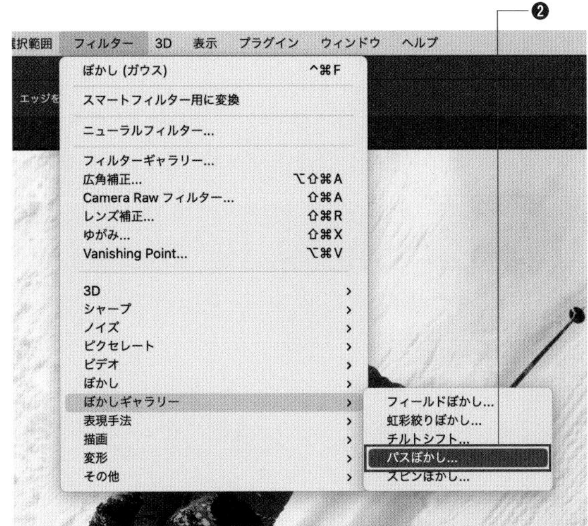

5 ウィンドウが切り替わり、パスが表示されます。

6 青い矢印を選択し、図を参考に、人物の軌道を意識しながらパスを移動させます。

**Memo** パスの中心をドラッグすることで、曲線にできます。パスの操作方法は［曲線ペン］ツールの操作と同様です▶▶105。

7 [ぼかしツール]パネルの[パスのぼかし]を[後幕シンクロフラッシュ]とします❶。パスの始点を選択して❷、[速度]を100%❸、[テイパー]を20%❹、[終了点の速度]を250pxとします❺。

Memo ぼかしの始点と終点では、それぞれ個別にぼかし具合を調整することができます。

8 パスの終点を選択して❶、[速度]を100%❷、[テイパー]を20%❸、[終了点の速度]を200pxとします❹。残像ができたら[OK]ボタンをクリックします❺。

**9** 人物と残像をなじませます。レイヤー［人物］を選択し❶、レイヤーパネル上で［レイヤーマスクを追加］ボタンをクリックします❷。

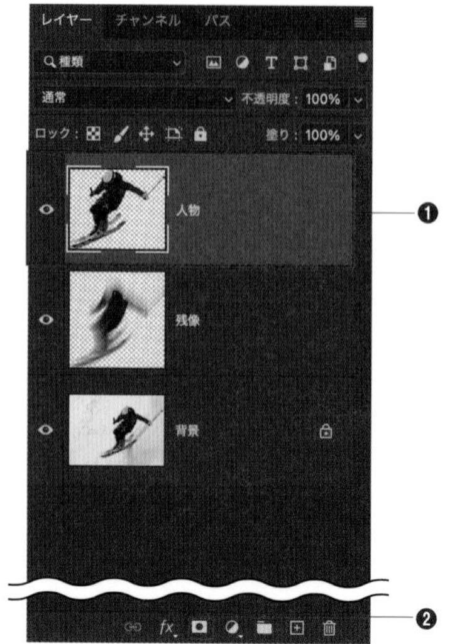


**10** レイヤーマスクサムネールを選択します❶。［ブラシ］ツールを選択し、［ブラシの種類］の［ソフト円ブラシ］を使って、人物の背中側と下位レイヤーの残像をなじませるイメージでドラッグし、マスクを追加します❷。

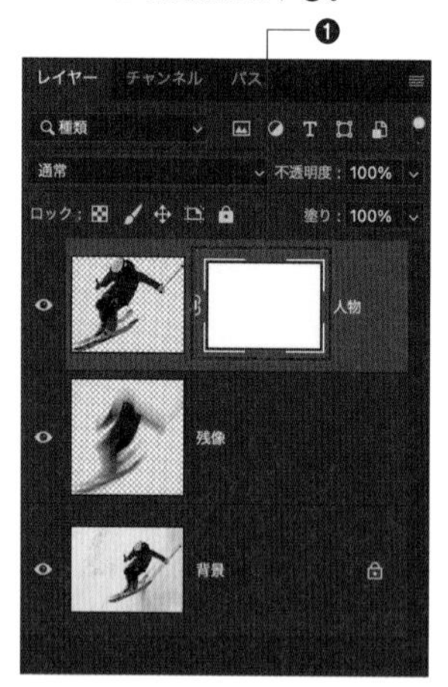

**Memo** ［描画色］は影の色に近いものにしましょう。ここでは#000000（黒）に設定しています。

11 人物の境界がなじみ、より自然な印象になりました。最後に、ぼかしの角度を被写体の動きと一致させます。レイヤー［背景］を選択し❶、［フィルター］メニュー→［ぼかし］→［ぼかし（移動）］をクリックします❷。

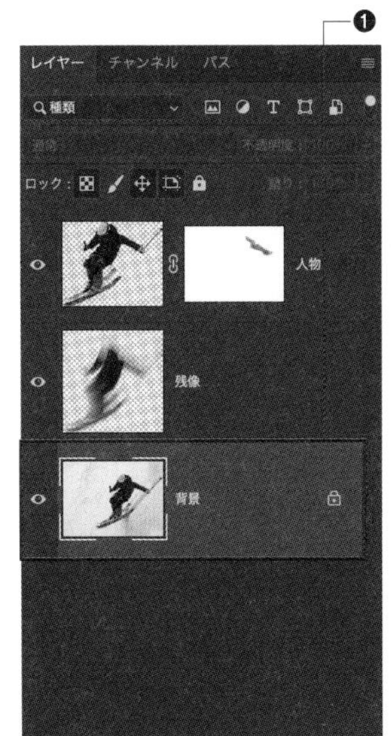


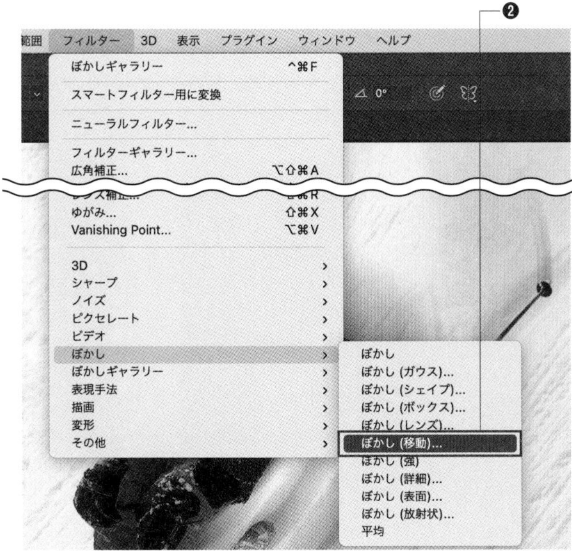


12 ［角度］を45°❶、［距離］を10pixel❷で適用し、［OK］ボタンをクリックして完成です❸。

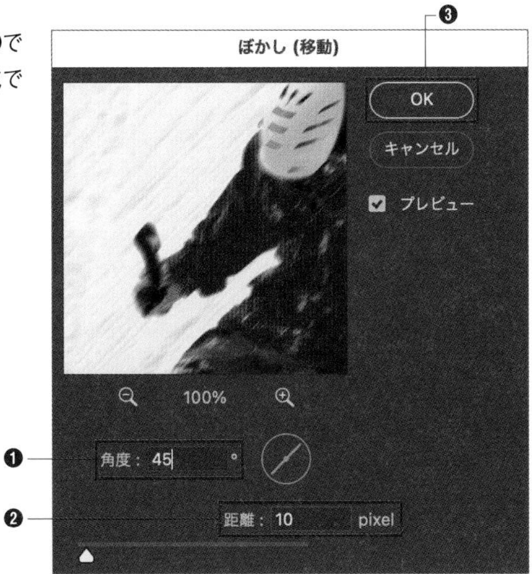


POINT

［パスぼかし］を使うことで、対象の軌道や残像に合わせた曲線のぼかしを表現することができます。

# 137 イラストにグロー効果（つや）を加えたい

使用機能　スマートオブジェクト、ぼかし（ガウス）

コントラストを調整し、ぼかしを加えることでイラストの仕上げにグロー効果を与えます。

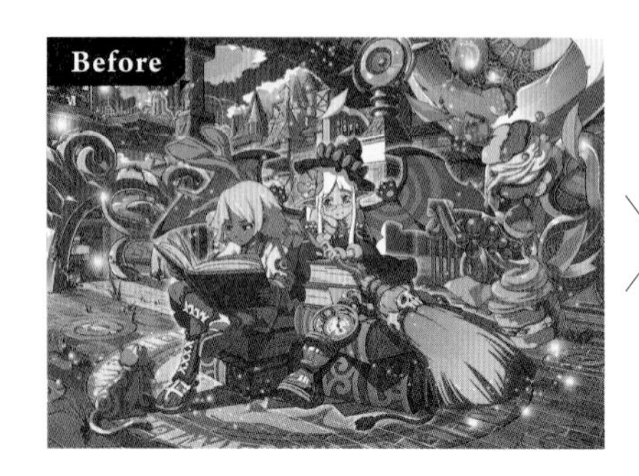

イラスト提供：茶畑あんり

## スマートオブジェクトの使用

1. イラストのコントラストを調整します。イラストを開き、レイヤーを複製します。［レイヤー］メニュー→［レイヤーを複製］をクリックします。

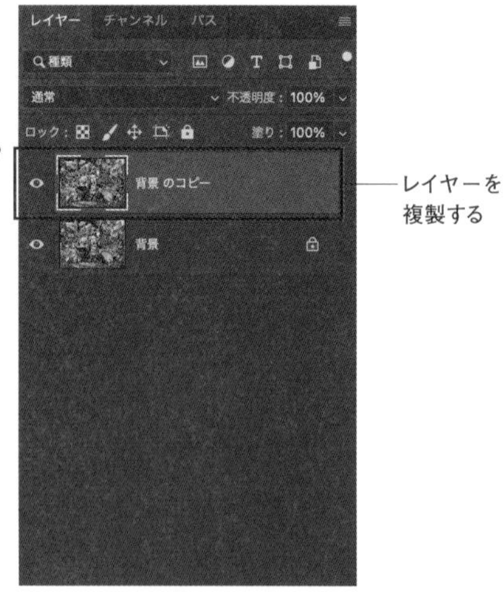


**Memo**　「グロー効果」とは、イラストの仕上げに「Glow（つや、輝き）」を与える技法です。一般的にアニメの絵柄などで使用されていますが、写真の加工にも有用です。

2 レイヤーを調整しやすいように、複製したレイヤーを選択し、[レイヤー]メニュー→[スマートオブジェクト]→[スマートオブジェクトに変換]をクリックします。

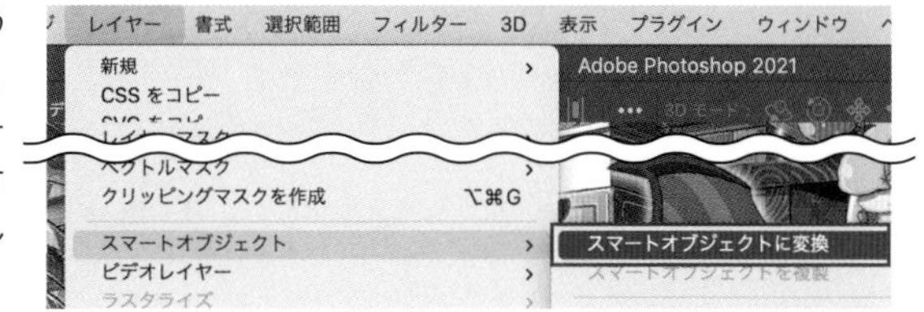


3 [イメージ]メニュー→[色調補正]→[レベル補正]をクリックします。

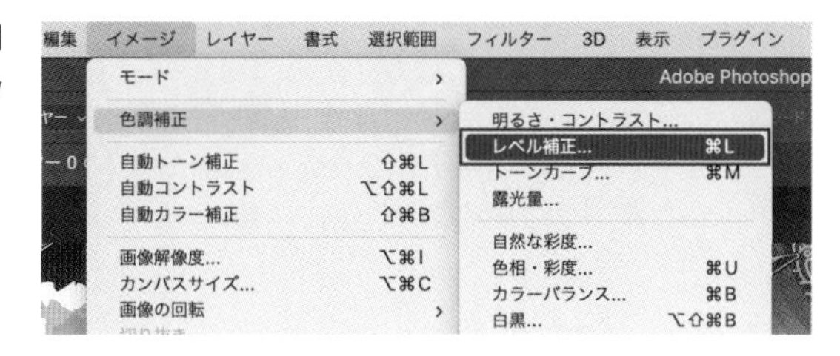


4 [レベル補正]ダイアログが表示されます。[中間調入力レベル]を0.45❶、[ハイライト入力レベル]を230として❷、コントラストを高く補正します。[OK]ボタンをクリックします❸。

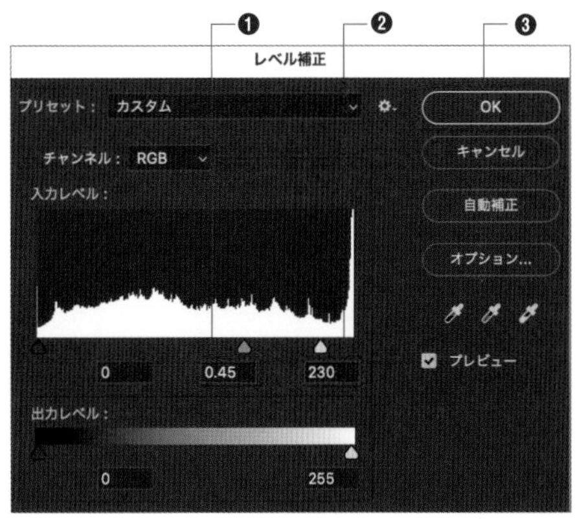

5 描画モードを[スクリーン]にして、ぼかしを加えます。ぼかしを加えることで輪郭が光ったような加工がされます。[描画モード]→[スクリーン]を選択します。

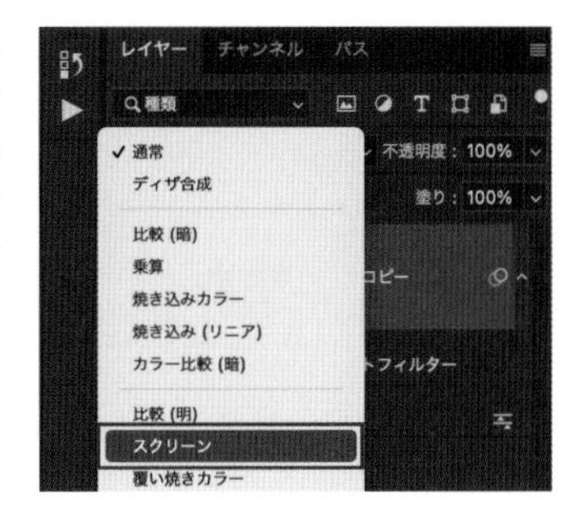

6 ［フィルター］メニュー→［ぼかし］→［ぼかし（ガウス）］をクリックします。

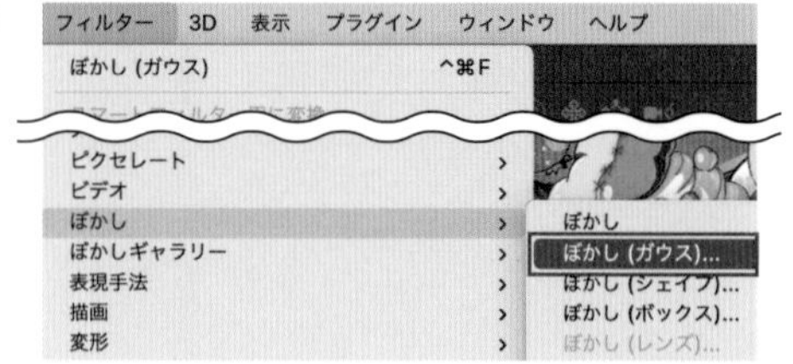


7 ［ぼかし（ガウス）］ダイアログが表示されます。イラストを確認しながら［半径］を調整します。ここでは［半径］を10.0pixelとしました❶。［OK］ボタンをクリックします❷。

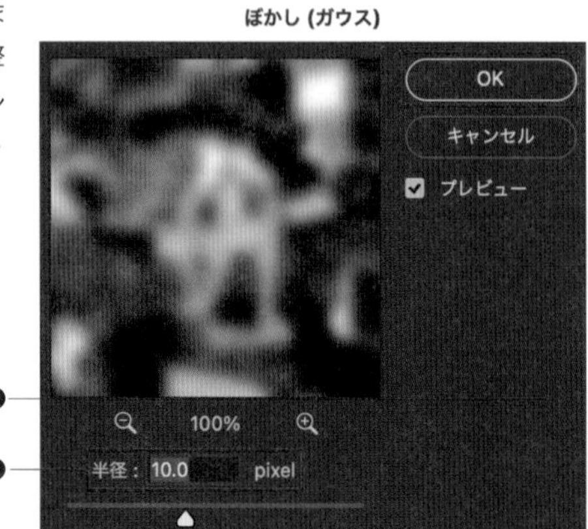


8 さらにイラストに合わせてレイヤーの［不透明度］を調整し、なじませて完成です。

［不透明度］を調整する
レイヤー　チャンネル　パス
スクリーン　不透明度：80%
ロック：　塗り：100%
背景 のコピー
スマートフィルター
ぼかし (ガウス)
レベル補正
背景

**Memo** 例では［不透明度］を80％としました。

# 138 ネオンサインのように加工したい

使用機能 ［横書き文字］ツール、レイヤースタイル

レイヤースタイルを使ってネオンサインのような加工をします。光彩やシャドウ、ベベルとエンボスを使用して立体感を出します。

## レイヤースタイルを組み合わせる

1 素材「ベース.psd」を開きます。あらかじめ、背景と枠のレイヤーを用意しています。

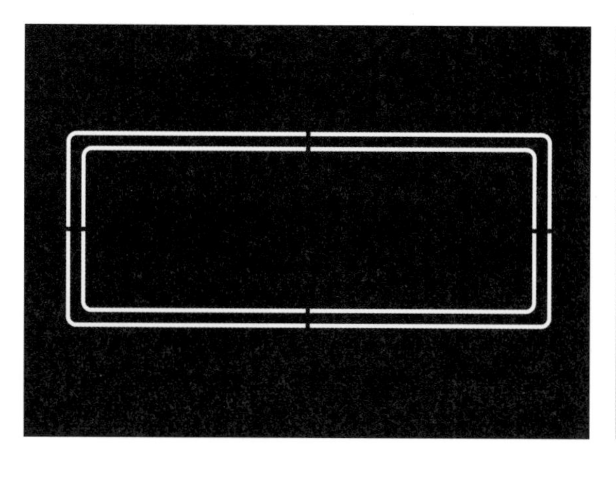

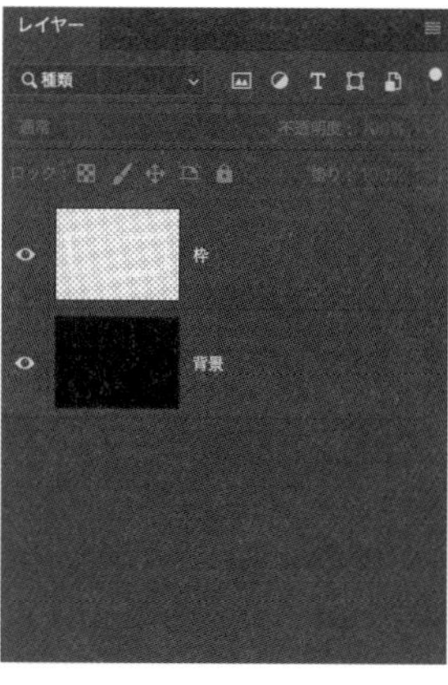

2 テキストを入力します。［横書き文字］ツールTを選択し、［文字］パネルで書体を下記のように設定します。

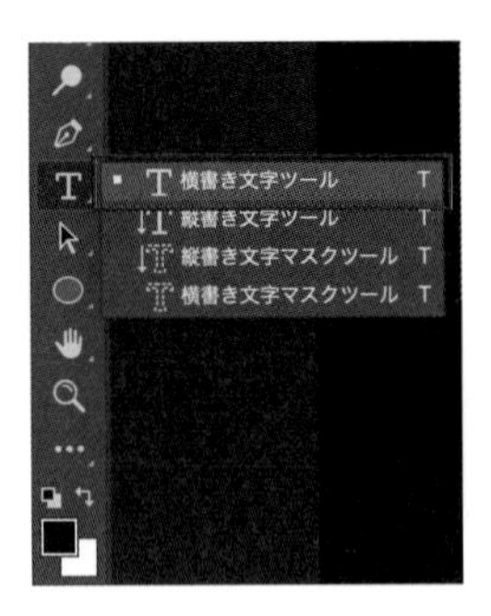


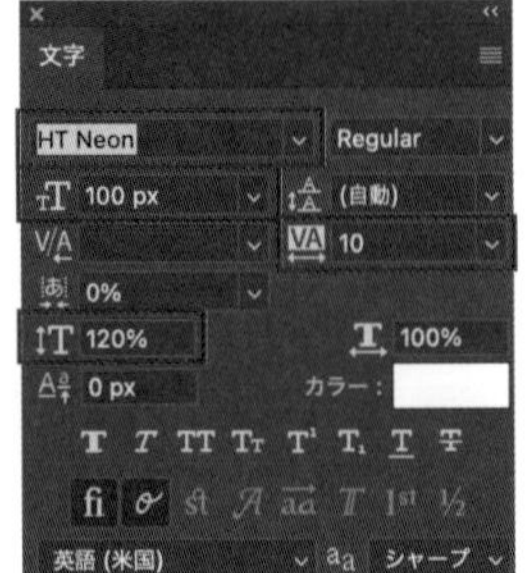


- **フォント** …… HT Neon
  ※Adobe Fonts ▸▸181
- **フォントサイズ** …… 100pt
- **垂直比率** …… 120%
- **トラッキング** …… 10
- **カラー** …… #ffffff

3 「neon sign」と入力します。

4 レイヤースタイル ▸▸029 を使って立体感と光を加えます。レイヤーパネルのテキストレイヤー［neon sign］をクリックして選択し❶、［レイヤー］メニュー→［レイヤースタイル］→［光彩（内側）］をクリックします❷。

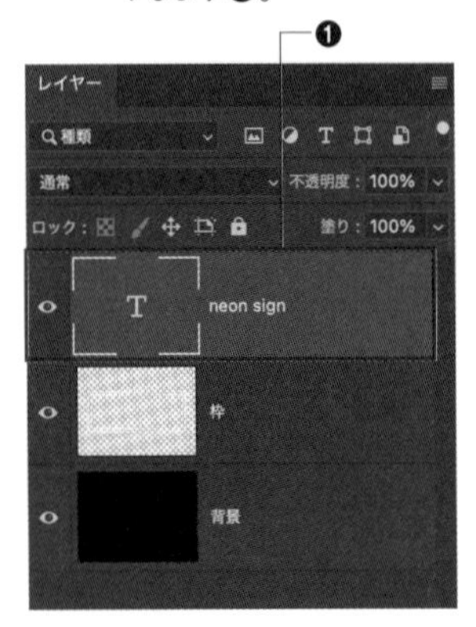


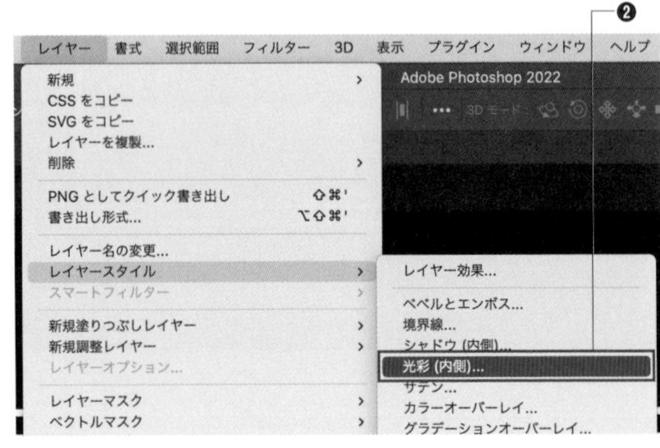


**Memo** テキストレイヤー［neon sign］をダブルクリックしても、［レイヤースタイル］パネルを表示できます。

5 画像のように設定します。

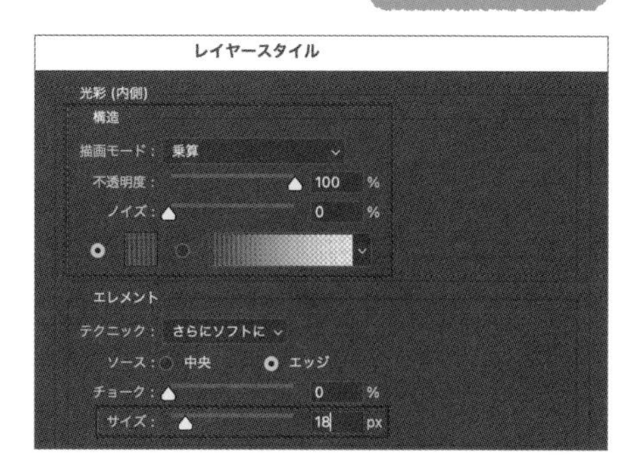


[構造]
- **描画モード** …… 乗算
- **不透明度** …… 100%
- **カラー** …… #ff00c6

[エレメント]
- **サイズ** …… 18px

6 テキストの内側に紫の光が追加されます。

7 [光彩（外側）] を選択し、画像のように設定します。

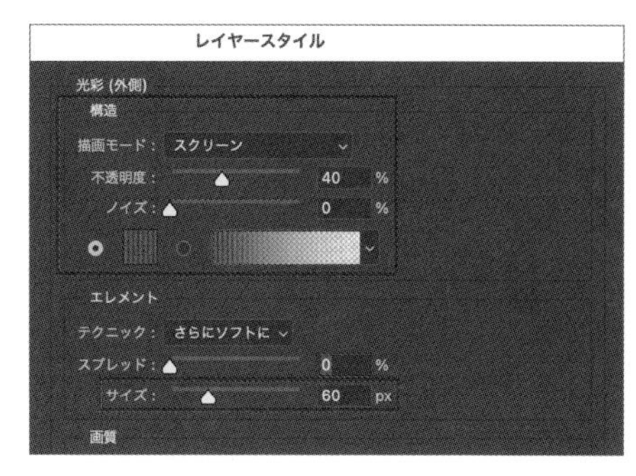


[構造]
- **描画モード** …… スクリーン
- **不透明度** …… 40%
- **カラー** …… #ff00c6

[エレメント]
- **サイズ** …… 60px

**8** ［シャドウ（内側）］を選択し、画像のように設定します。

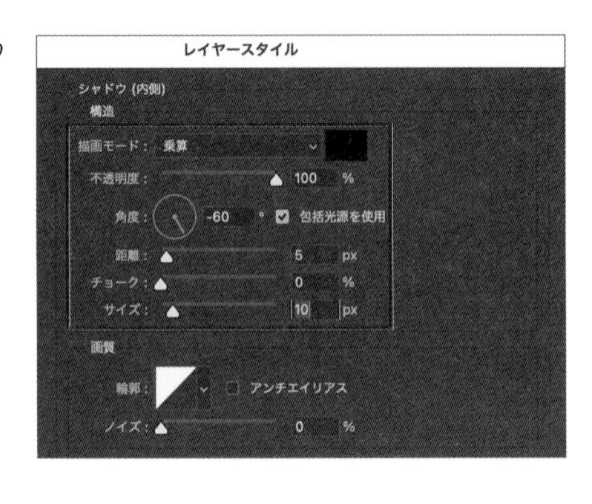


［構造］

- **描画モード** …… 乗算
- **不透明度** …… 100%
- **カラー** …… #000000
- **角度** …… -60°
- **距離** …… 5px
- **チョーク** …… 0%
- **サイズ** …… 10px

**9** テキストの内側に影が入り、立体感が増します。

**10** ［ベベルとエンボス］を選択し、画像のように設定します。

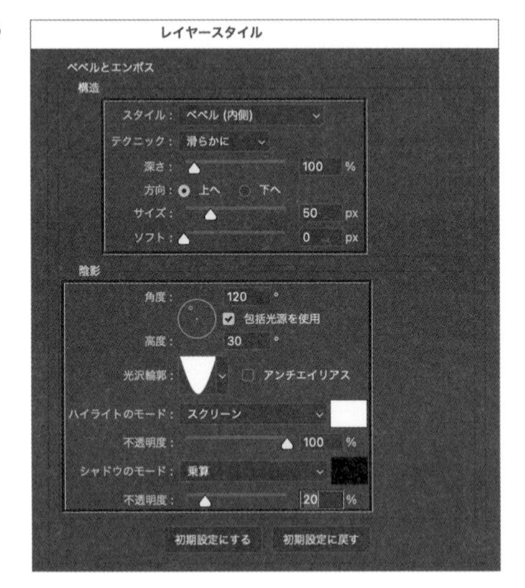


［構造］

- **スタイル** …… ベベル（内側）
- **テクニック** …… 滑らかに
- **深さ** …… 100%
- **サイズ** …… 50px

［陰影］

- **角度** …… 120°
- **光沢輪郭** …… 円錐 - 反転
- **ハイライトのモード** …… スクリーン
- **色** …… #ffffff
- **不透明度** …… 100%
- **シャドウのモード** …… 乗算
- **色** …… #000000
- **不透明度** …… 20%

11 全体にエンボス加工が追加され、より立体的になります。これで、ネオンサインのような加工をテキストに適用することができました。

12 レイヤースタイルを複製して、レイヤー[枠]にも同様のレイヤースタイルを適用します。レイヤースタイルは複製することができるので、再度同じ工程を行う手間が省けます。レイヤーパネルのテキストレイヤー[neon sign]を選択し❶、[レイヤー]メニュー→[レイヤースタイル]→[レイヤースタイルをコピー]をクリックします❷。

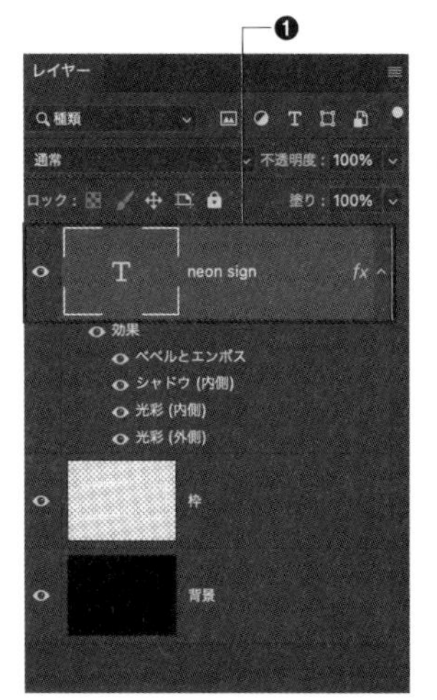


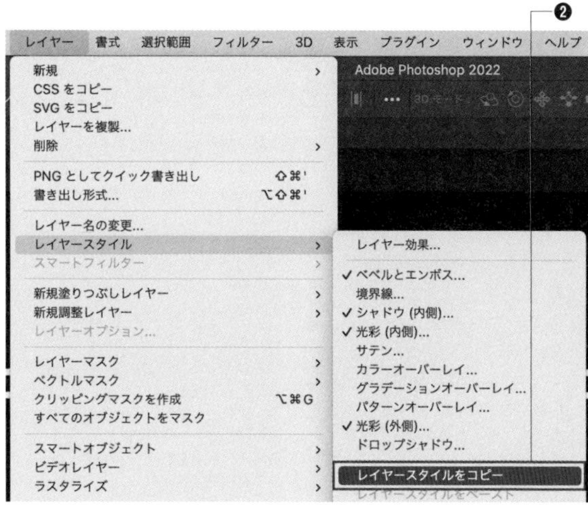

**13** レイヤー［枠］を選択し❶、［レイヤー］メニュー→［レイヤースタイル］→［レイヤースタイルをペースト］をクリックします❷。

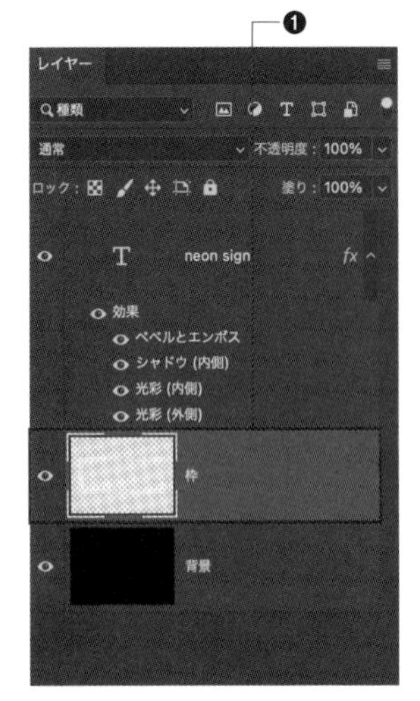


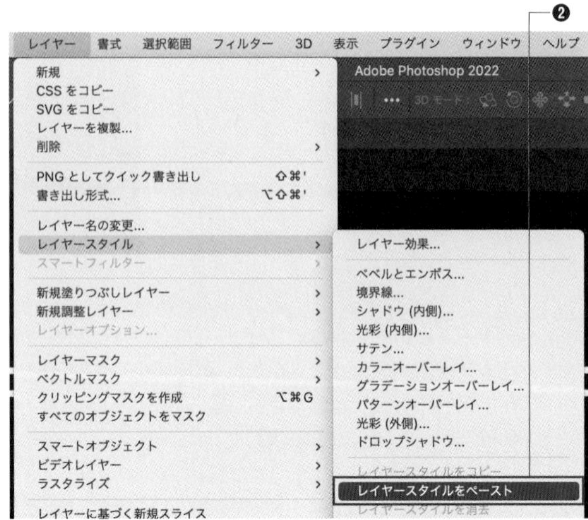


**14** 作成したレイヤースタイルの効果が複製されます。

レイヤースタイルの効果が複製された

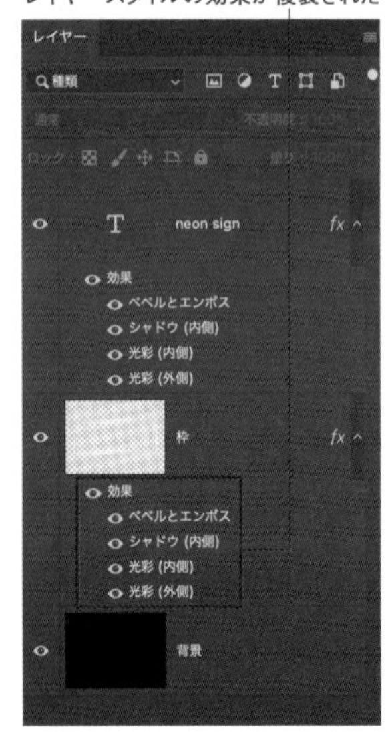

# 139 人物が分散したような表現に加工したい

使用機能 ゆがみ、[ブラシ] ツール

ゆがみフィルターと、拡散したブラシを使って、人物が分散したように表現します。

## レイヤーマスクを組み合わせる

1 素材「ベース.psd」を開きます。切り抜いた人物のレイヤーと背景の2つのレイヤーを用意しています。

2 人物を複製します。レイヤーパネルでレイヤー［人物］を選択し❶、［レイヤー］メニュー→［レイヤーを複製］をクリックします❷。

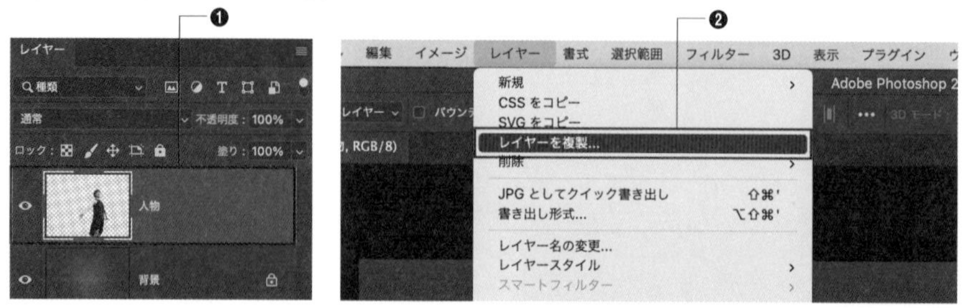


3 ［レイヤーを複製］ダイアログが表示されるので、そのまま［OK］をクリックします。

レイヤー名を変えたい場合は新規名称を任意で書き換えてください。

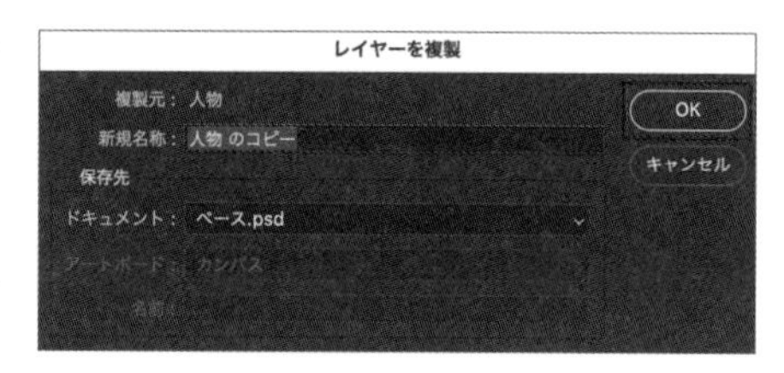


4 レイヤーが複製されます。これからこのコピーに加工を加えて、エフェクトを作成していきます。

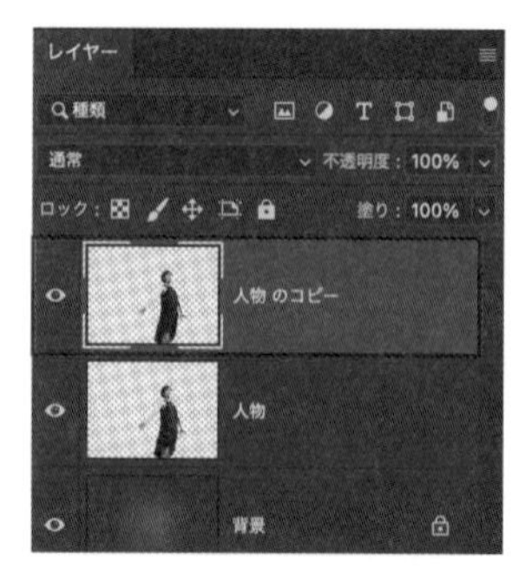


5 レイヤー［人物のコピー］をレイヤー［人物］の下に移動させます❶。レイヤー［人物］を非表示にします❷。

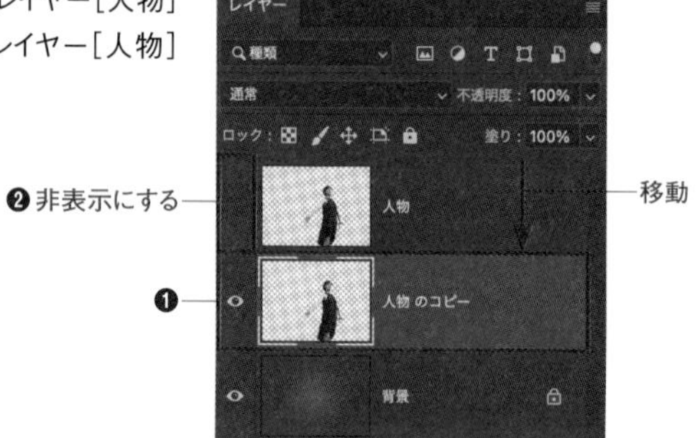

6 レイヤー［人物 のコピー］を選択し❶、［フィルター］メニュー→［ゆがみ］をクリックします❷。

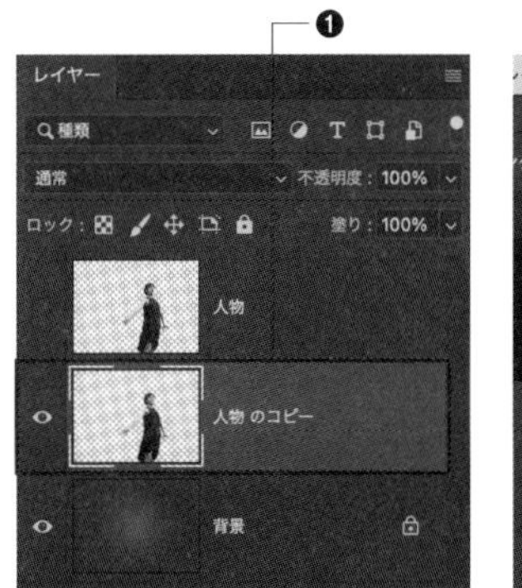


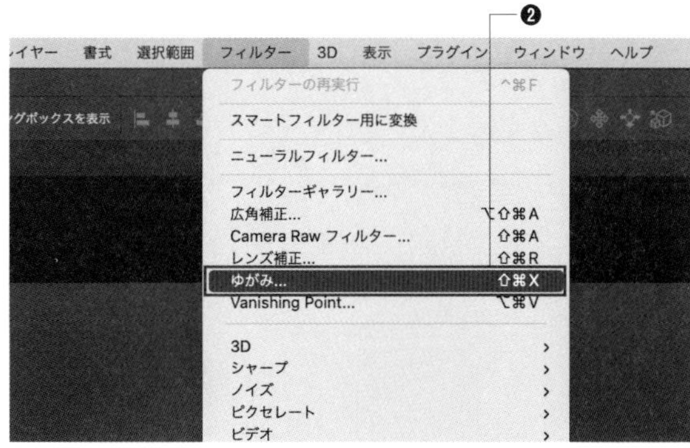


7 ［ゆがみ］ウィンドウに切り替わります。左側のツールパネルの一番上［前方ワープ］ツールを選択します。

8 右側の［ブラシツールオプション］で［サイズ］を200❶、［筆圧］を100に設定します❷。

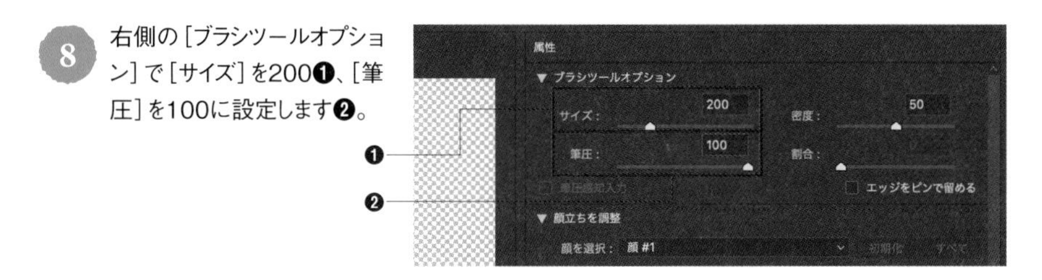

9 画像をドラッグすると、ドラッグした方向にゆがみが加わります。分散していくエフェクトの流れをイメージしながら、人物の顔にかからないくらいの位置から左上方向に何度かドラッグしてゆがみを加えていきます。

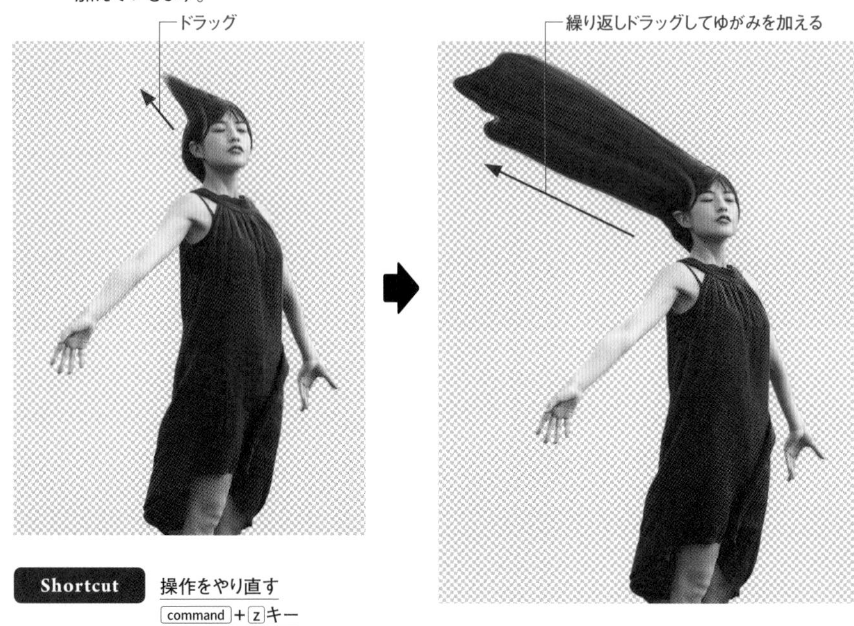


10 人物の左半分にゆがみを加えたら［OK］ボタンをクリックします。

11 マスクと分散したブラシを使って分散したような表現を作ります。レイヤー［人物 のコピー］を選択し❶、レイヤーパネル下部から［レイヤーマスクを追加］ボタンをクリックします❷。

12 レイヤー［人物 のコピー］のレイヤーマスクサムネールを選択した状態で［塗りつぶし］ツールを選択し❶、［描画色］#000000で塗りつぶします❷。全体が黒で塗りつぶされ、❸で示した図のようになります。

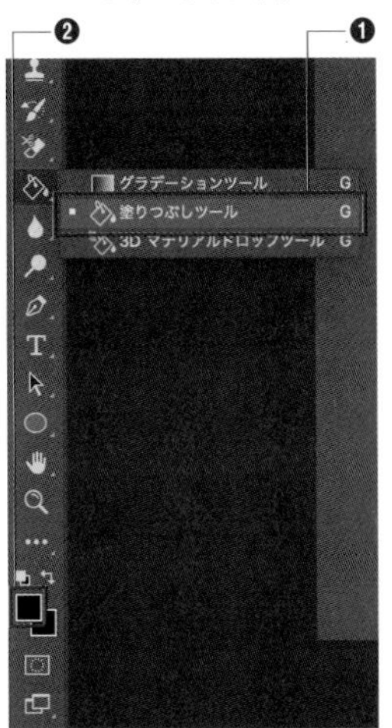

**13** レイヤー[人物]を表示します。

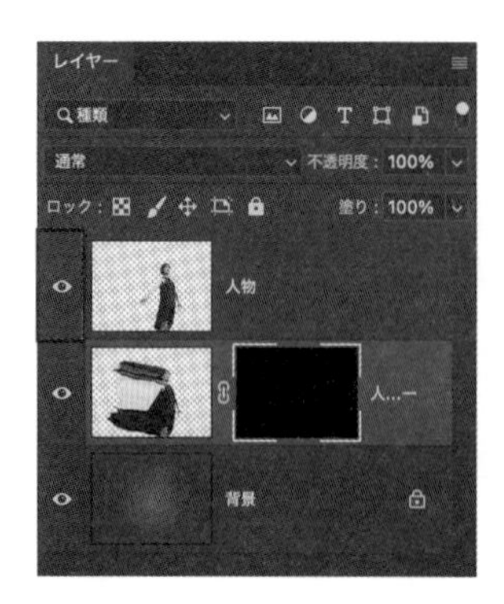

**14** 再度レイヤー[人物 のコピー]のレイヤーマスクサムネールをクリックして選択します❶。[ブラシ]ツールを選択します❷。

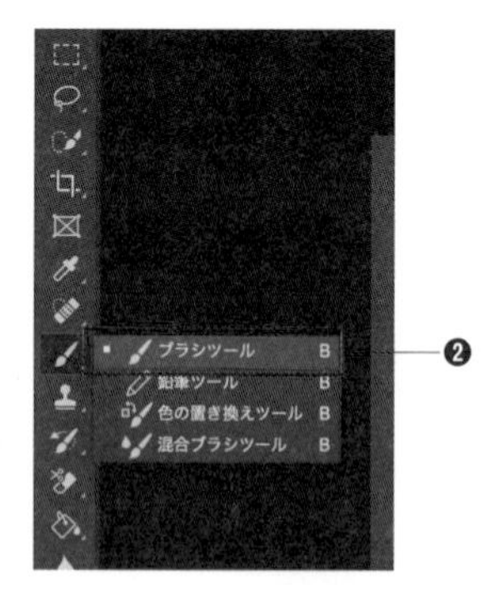


**15** コントロールパネルからブラシ[楓の葉(散乱)]を選択します。

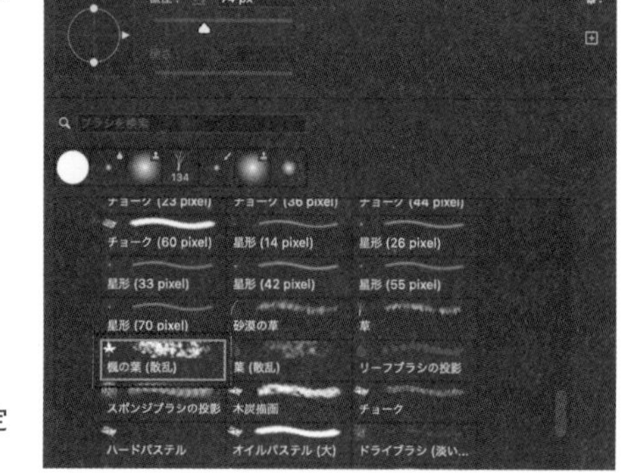


**Memo**

[楓の葉(散乱)]は、[レガシーブラシ]→[初期設定ブラシ]の中にあります。

**16** ［ブラシ設定］パネルを開き、左側から［ブラシ先端のシェイプ］を選択した状態で、［間隔］を50%とします。

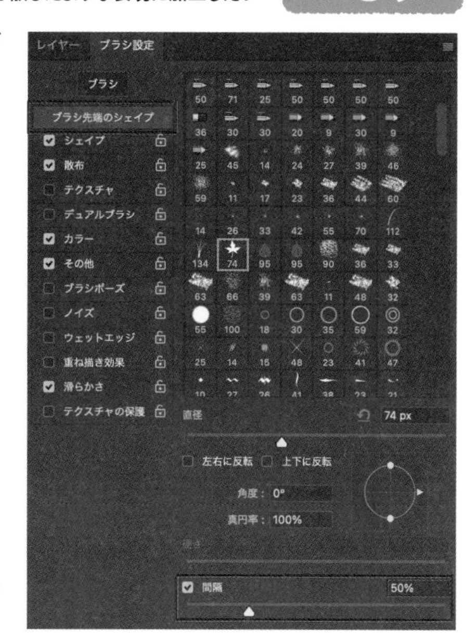


**Memo**

［ブラシ設定］パネルが表示されていない場合は、［ウィンドウ］メニュー→［ブラシ設定］をクリックします。

**17** ［描画色］#ffffffを選択し、カンバス上で人物の左側から画面左側に向かってドラッグするイメージでマスクを調整します。

ドラッグ

**18** ［描画色］#000000に変更し、ムラになっている部分を整えます。

ムラになっている部分を消すようにドラッグする

**Memo**

人物から離れるほど分散される数が減っていくようなイメージで調整するとよいでしょう。

19 レイヤー［人物］にもマスクを追加し調整します。レイヤー［人物］にもレイヤーパネルからレイヤーマスクを追加します。

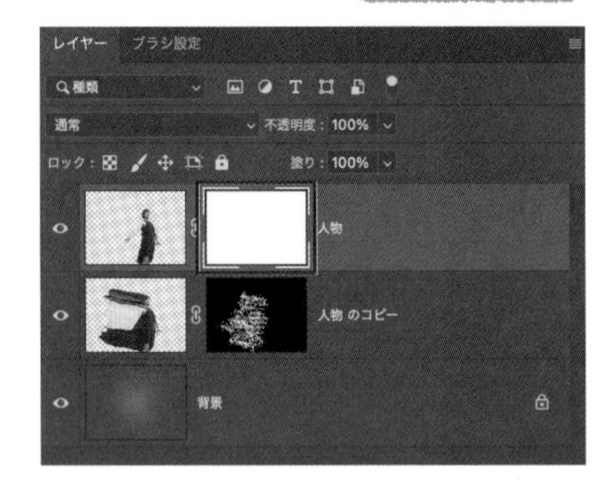

レイヤー［人物］を選択した状態でパネル下部の［レイヤーマスクを追加］ボタンをクリックすると、レイヤーマスクが追加されます。

20 ［ブラシ設定］パネルから、ブラシの［直径］40pxに変更します。

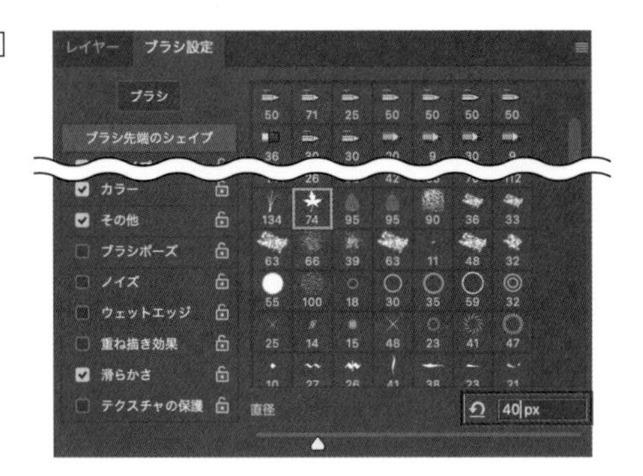


21 そのまま［ブラシ］ツールで［描画色］#000000を使って、人物の左側を削るようなイメージでマスクを追加します。バランスを見ながら好みでレイヤー［人物］［人物 のコピー］のレイヤーマスクサムネールを、ブラシツールを使って整えたら完成です。

Memo

一度別のブラシを選択すると、設定が変わってしまうので注意しましょう。

# 140 写真を色鉛筆画風に加工したい

**使用機能** 覆い焼きカラー、階調の反転、ぼかし（ガウス）

レイヤーの描画モードとフィルターを組み合わせて写真を色鉛筆で描いたような質感に加工します。白黒の鉛筆画風に加工することもできます。

## レイヤーの描画モードとフィルターを組み合わせる

**1** 写真を複製します。素材「人物.jpg」を開きます。レイヤーパネル上でレイヤー［背景］を選択し❶、［レイヤー］メニュー→［レイヤーを複製］をクリックします❷。

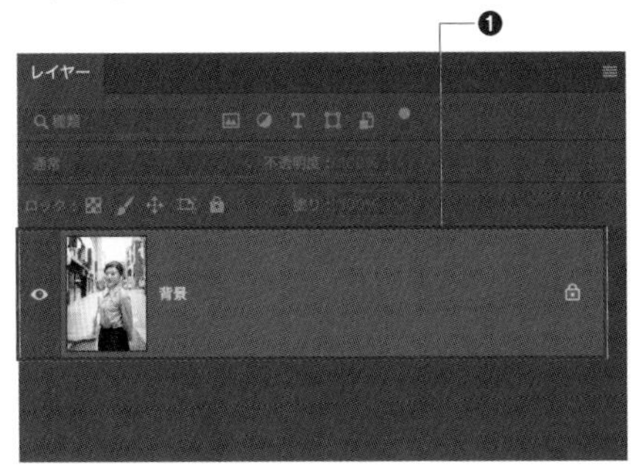


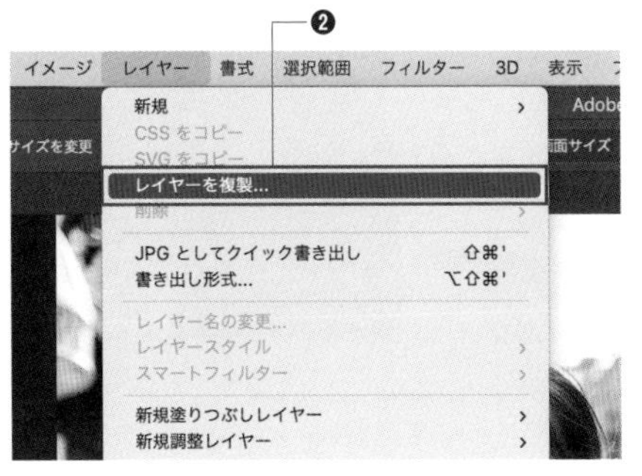

2 ［レイヤーを複製］ダイアログが表示されます。そのまま［OK］ボタンをクリックします。

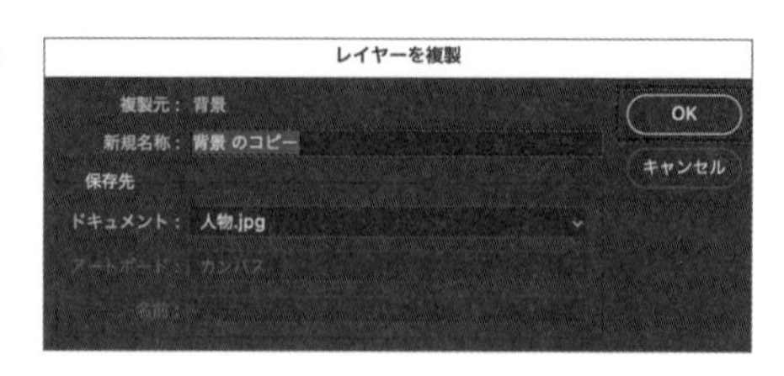


3 複製したレイヤー［背景 のコピー］を選択し❶、［描画モード］→［覆い焼きカラー］を選択します❷。

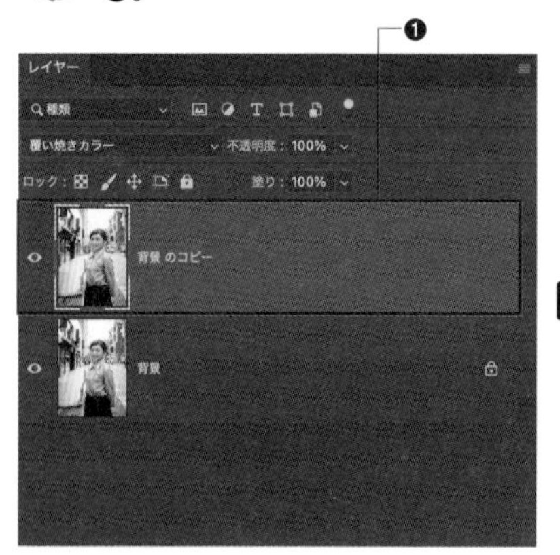


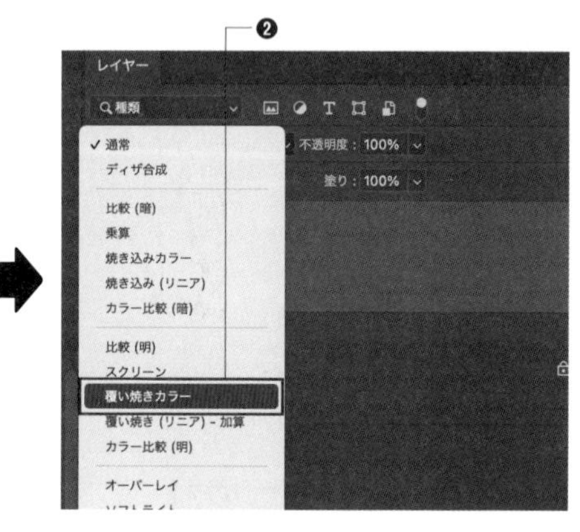

**Memo**

描画モード［覆い焼きカラー］は基本色を明るくし、合成色、基本色のコントラストを落とし、合成色が反映されます。そして黒には反応しません。
同じ画像を複製すると、このように明るい部分がより明るく、黒い部分はそのままになっており、結果としてイラストのような雰囲気の階調の少ない画像に変わります。

4 レイヤー［背景 のコピー］を選択し、［イメージ］メニュー→［色調補正］→［階調の反転］を選択します。

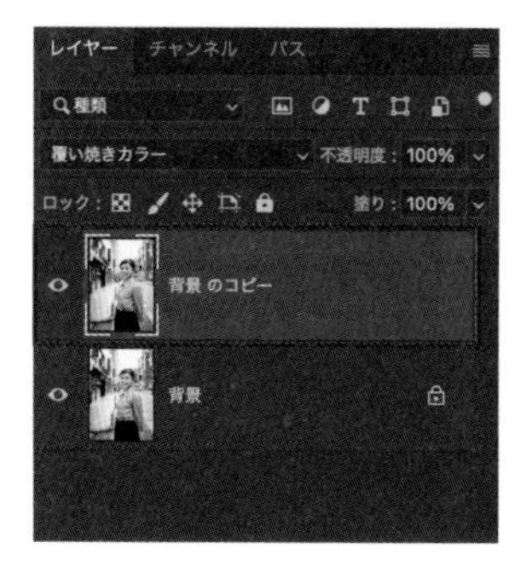


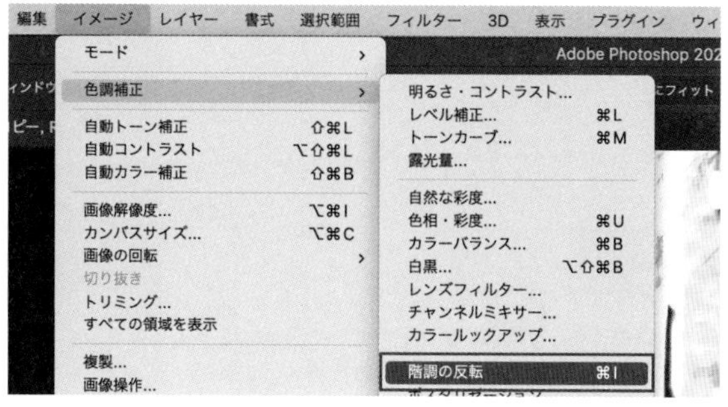

Memo

描画モード［覆い焼きカラー］のレイヤーの階調を反転させたことで、一見すると体以外は白くなってしまったように見えますが、拡大すると線画のようなエッジを確認できます。



5 ［フィルター］メニュー→［ぼかし］→［ぼかし（ガウス）］をクリックします。

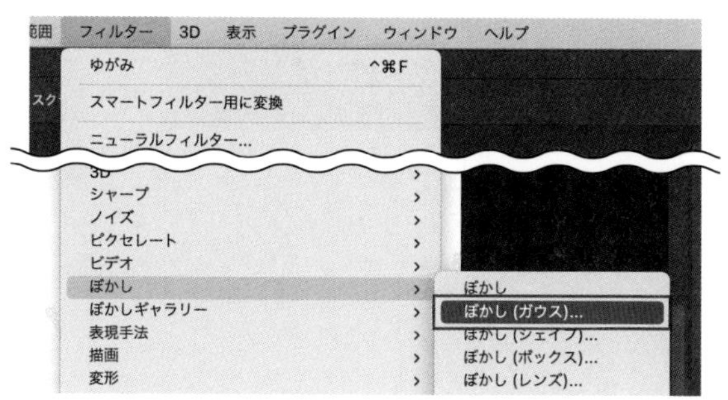

6 ［半径］を30pixelとし❶、［OK］ボタンをクリックします❷。

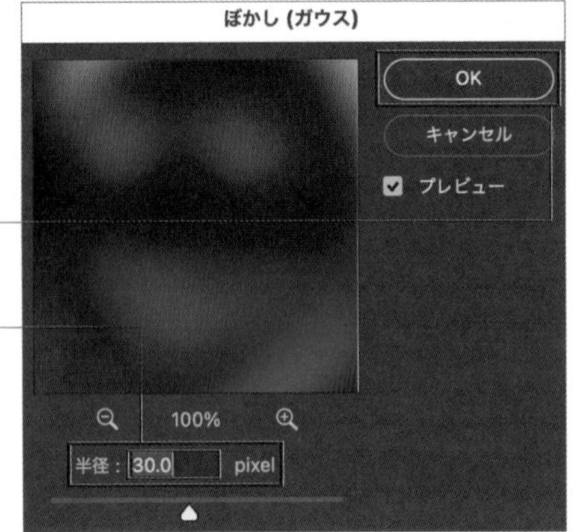

Memo

ぼかしを加えることで、エッジに加えてぼかした範囲にカラーが乗ります。それによって色鉛筆のようなやわらかな質感が出ます。

7 最上位にテクスチャを配置します。素材「テクスチャ.jpg」を開き、最上位に配置します ▸▸035。

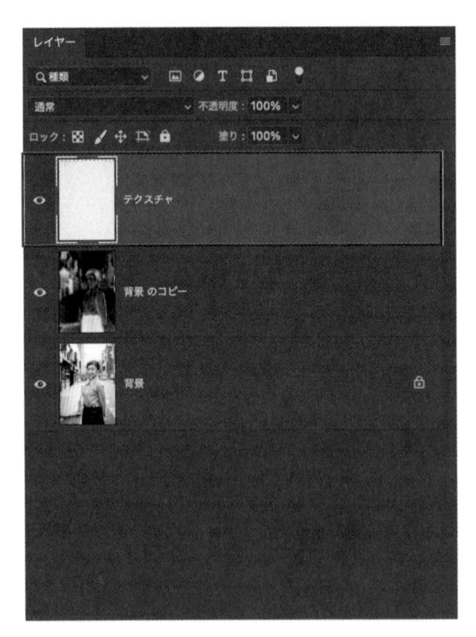

8 [描画モード]を[乗算]として完成です。「テクスチャ.jpg」の素材が加わり、紙に描いたような質感を出すことができました。

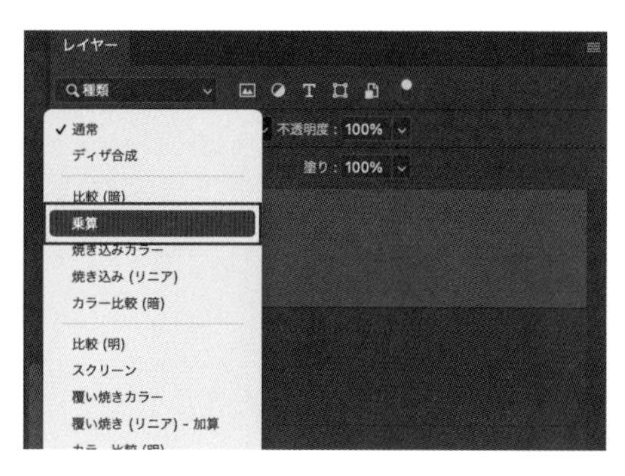

**Memo**

レイヤー[テクスチャ]の[描画モード]を[乗算]にすることで、白は透過、それ以外のしわの部分は人物のレイヤーに反映されて、結果的にテクスチャの質感のみ反映することができます。

## 白黒の鉛筆画風にする

白黒の鉛筆画風にしたい場合は、手順7と8の間の後に[塗りつぶしまたは調整レイヤーを新規作成]ボタンをクリックし、[白黒]をクリックします。

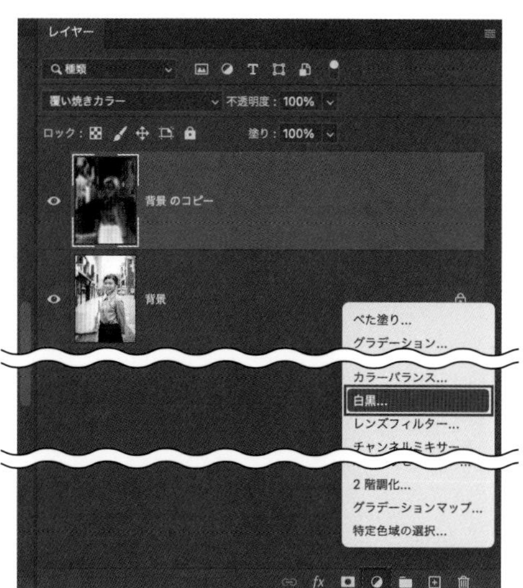

# 141 写真をイラスト風に加工したい

使用機能 | シャドウ・ハイライト、フィルターギャラリー

フィルターギャラリーを使って、写真を精密なイラスト風に加工できます。

## フィルターギャラリーの効果を重ねる

**1** 写真の明度をフラットに補正します。素材「部屋.jpg」を開き、[イメージ] メニュー→[色調補正]→[シャドウ・ハイライト]をクリックします。

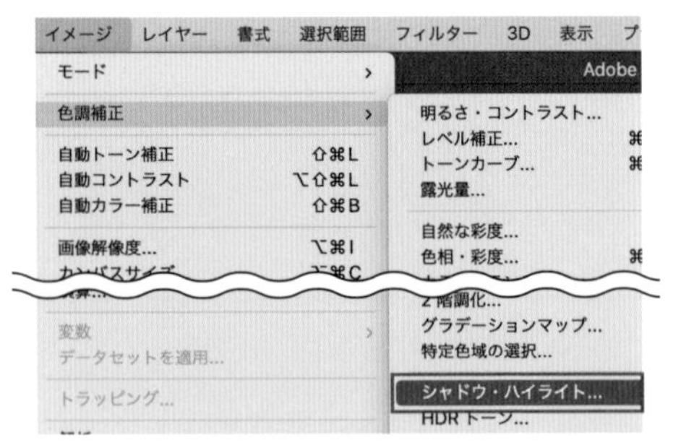


**2** [シャドウ・ハイライト] ダイアログが表示されます。[シャドウ]を70%❶、[ハイライト]を20%とし❷、[OK] ボタンをクリックします❸。

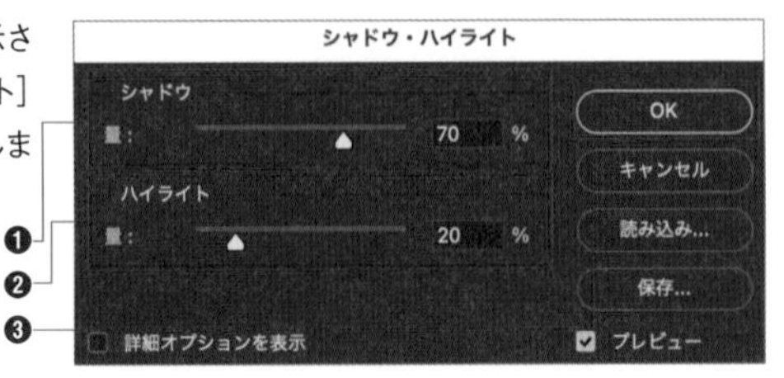

**3** 陰影が抑えられ、フラットな画像に補正できました。

**4** イラスト風の加工を行います。[フィルター]メニュー→[フィルターギャラリー]をクリックします。

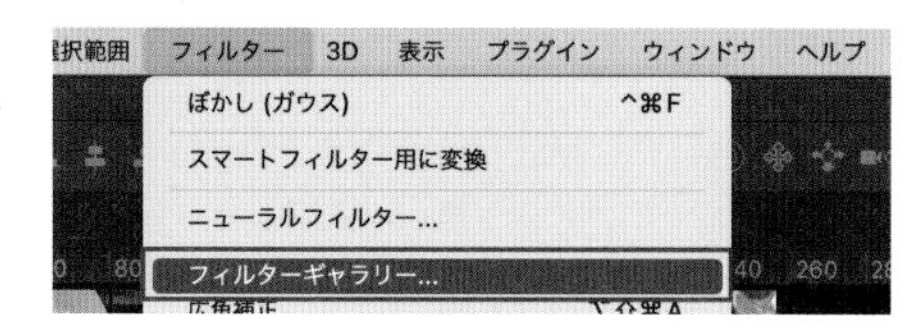


**5** ウィンドウが切り替わります。[アーティスティック]→[カットアウト]を選択します❶。下図のように設定します❷。

- **レベル数** …… 5
- **エッジの単純さ** …… 5
- **エッジの正確さ** …… 3

6 ウィンドウ右下の[新しいエフェクトレイヤー]ボタンをクリックして❶、追加されたレイヤーを選択した状態で[アーティスティック]→[エッジのポスタリゼーション]を選択します❷。図のように設定し❸、[OK]ボタンをクリックします❹。

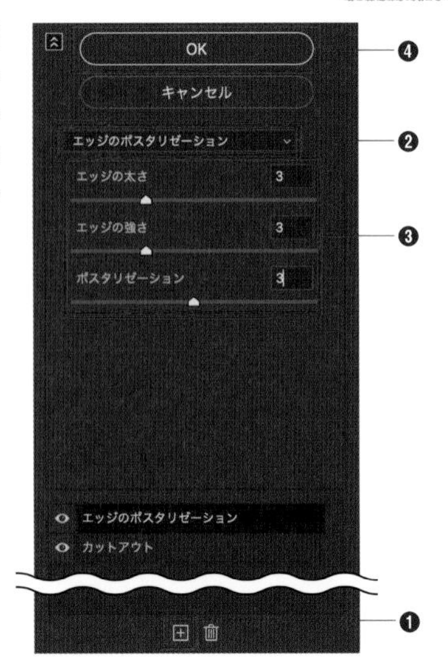


- **エッジの太さ** …… 3
- **エッジの強さ** …… 3
- **ポスタリゼーション** …… 3

7 精密なイラスト風の加工ができました。

**POINT**

フィルターによって細かなディテールが潰れてしまうので、残したい部分・潰れてもいい部分を決めてから、[シャドウ・ハイライト]と[フィルターギャラリー]の適用具合を調整すると、イメージ通りの結果になりやすいです。

# 142 カラーハーフトーンを使ってドット加工したい

使用機能　カラーハーフトーン

［カラーハーフトーン］ダイアログを使用すると、1ステップでドット加工が行えます。

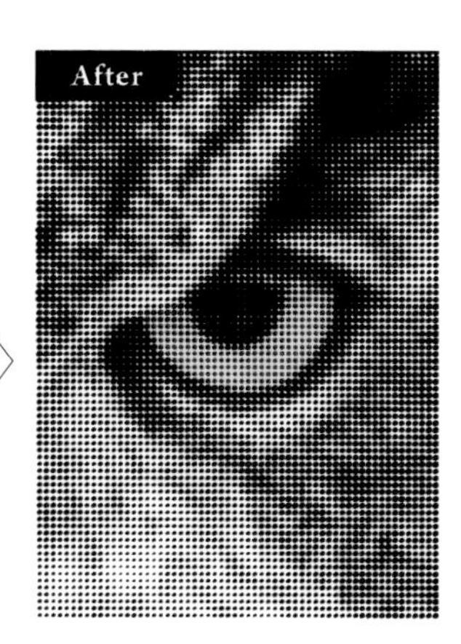


## カラーハーフトーンの使用

1 素材「ふくろう.jpg」を開きます。［フィルター］メニュー→［ピクセレート］→［カラーハーフトーン］をクリックします。

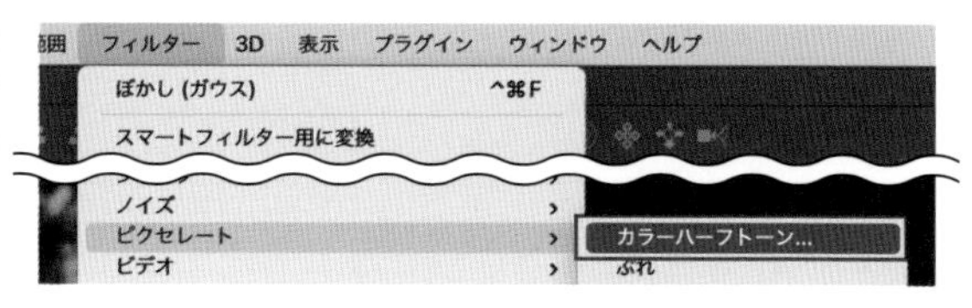


2 ［カラーハーフトーン］ダイアログが表示されます。［最大半径］を25pixelとし❶、各チャンネルを0として❷、［OK］ボタンをクリックします❸。

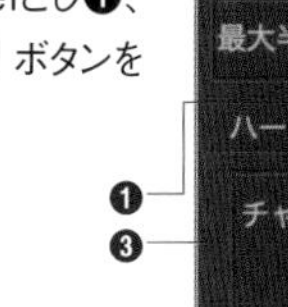

Memo

各チャンネルの角度を同じ数字にすることで、ずれのないドットを作成できます。

3 簡単にドット加工ができました。

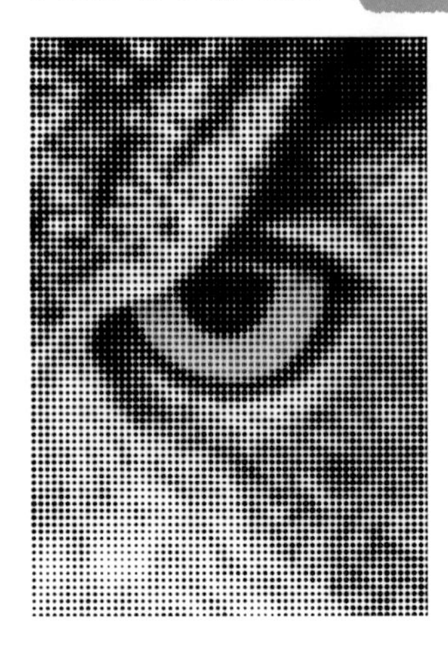

**POINT**

[最大半径] の数値を変えることでドットのサイズが変わります。また、モノクロで表現したい場合は、元画像の彩度を落とすなど、モノクロ化してからフィルターを適用します。

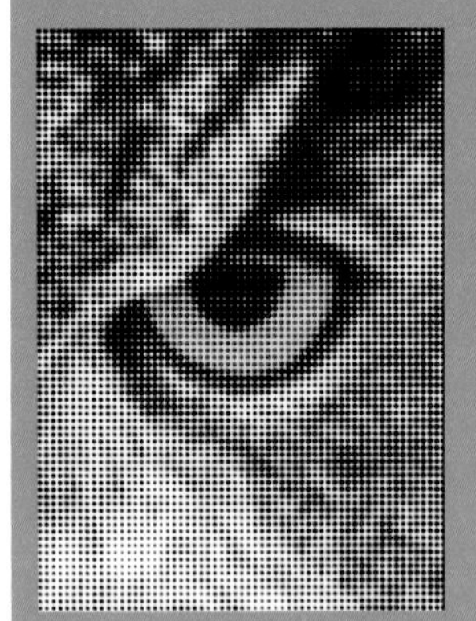

半径:15pixelの場合

半径:50pixelの場合

[イメージ] メニュー→ [モード] → [グレースケール] を適用してからカラーハーフトーンを適用した場合

# 143 写真をゴールドのように加工したい

使用機能 ［長方形選択］ツール、グラデーションで塗りつぶし

馬の画像を、ゴールドでできた作り物のように加工します。彩度の低い黄色に補正してから、ぼかして金属のなめらかさを出します。

## 色調補正と描画モードを組み合わせる

1. 素材「素材セット.psd」を開きます。あらかじめ、背景と切り抜いた馬のレイヤーを用意しています。レイヤー［馬］を選択し❶、［イメージ］メニュー→［色調補正］→［シャドウ・ハイライト］をクリックします❷。

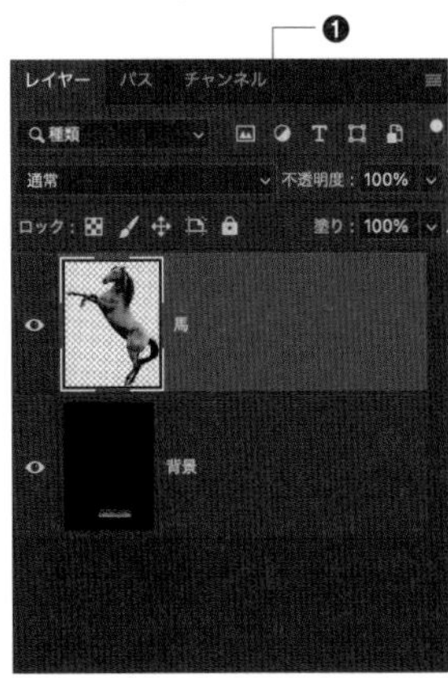


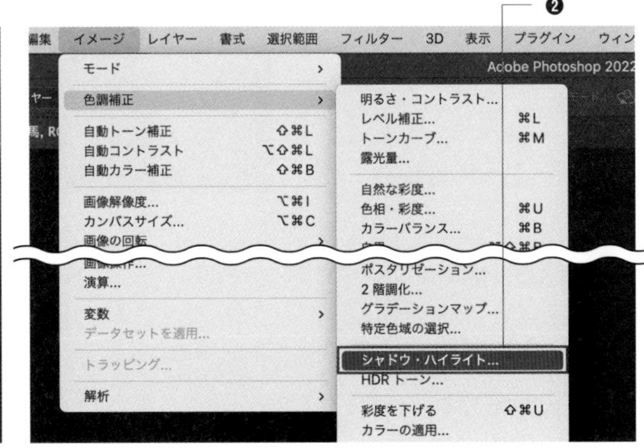

2 [シャドウ・ハイライト]ダイアログが表示されます。[シャドウ]を0%❶、[ハイライト]を20%とします❷。[OK]ボタンをクリックします❸。

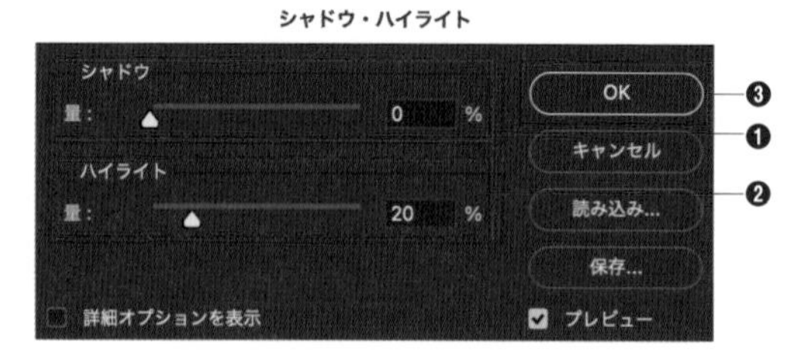


3 [イメージ]メニュー→[色調補正]→[白黒]をクリックします。

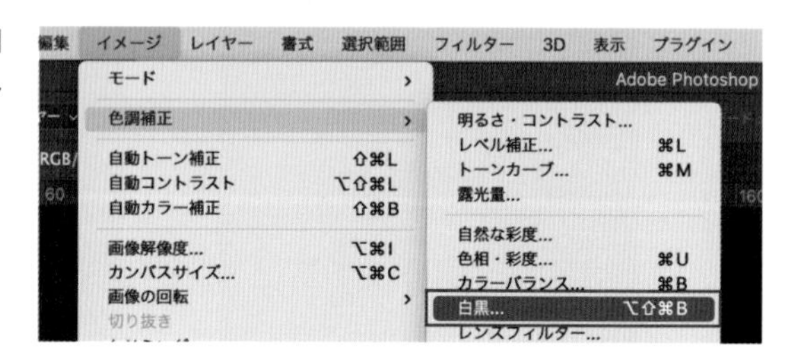


4 [白黒]ダイアログが表示されます。彩度の低い黄色をイメージして補正します❶。[着色]にチェックを入れます❷。カラーピッカーをクリックします❸。

- **レッド系** …… 50%
- **イエロー系** …… 60%
- **グリーン系** …… 40%
- **シアン系** …… 50%
- **ブルー系** …… 50%
- **マゼンタ系** …… 100%

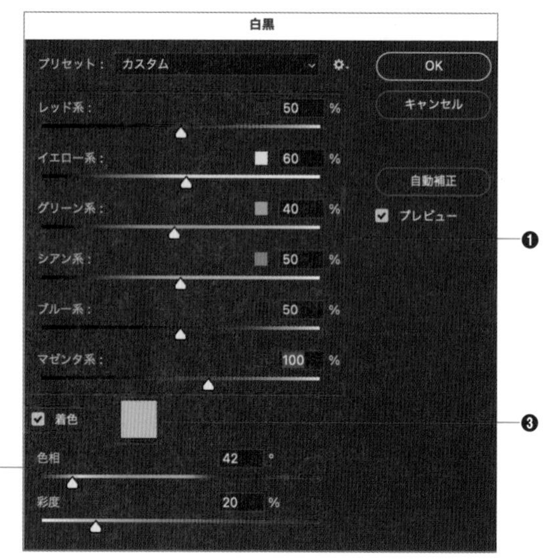


Memo 後の工程で描画モード[覆い焼きカラー]を使ってコントラストを高める作業をするので、ここでは、彩度の低い黄色にしておきます。

5 [カラーピッカー] ダイアログが表示されるので [カラー] を#694d15として❶ [OK] ボタンをクリックします❷。

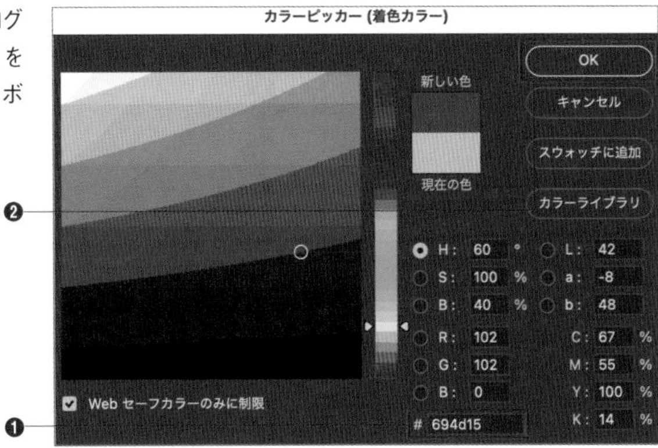


6 再び [白黒] ダイアログが表示されます。[色相] を40%❶、[彩度] を80%とします❷。[OK] ボタンをクリックします❸。

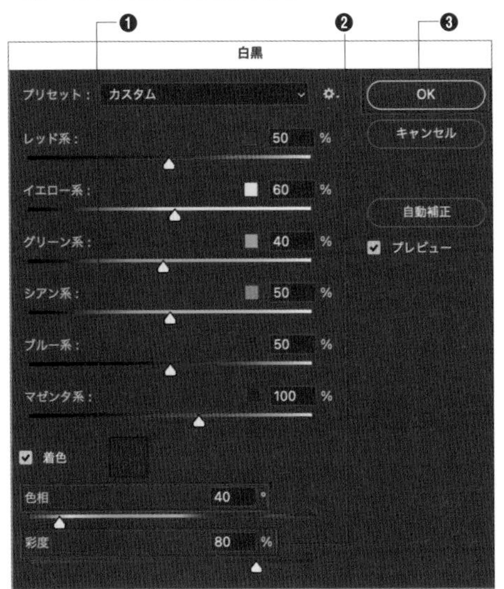

7 馬を複製し補正します。レイヤー [馬] を上位に複製し、レイヤー名 [馬2] とします。

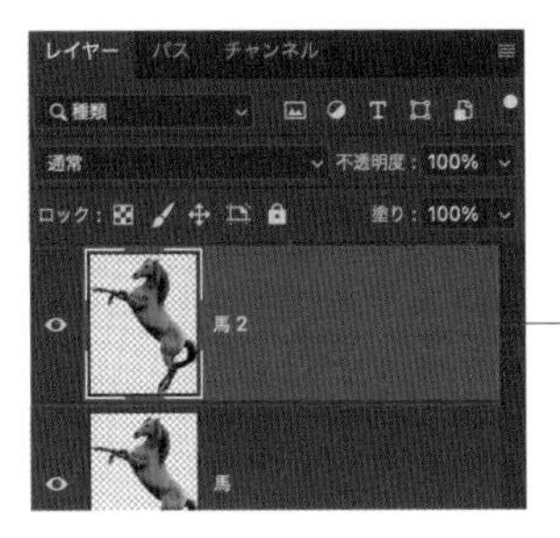

8 複製したレイヤー[馬2]を選択した状態で[フィルター]→[ぼかし]→[ぼかし(ガウス)]をクリックします。

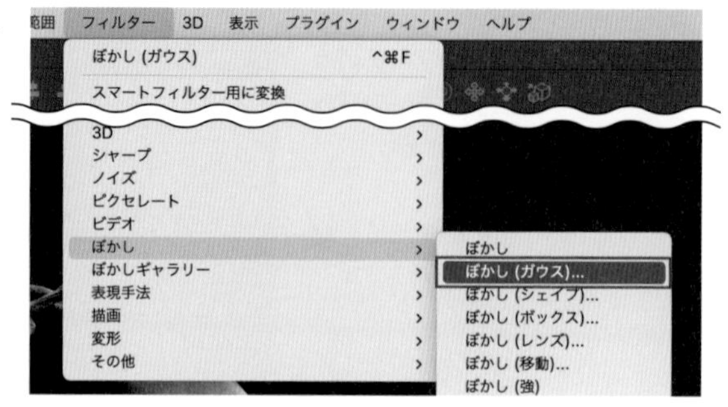


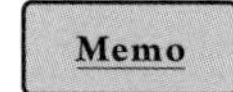


ゴールドのような滑らかな質感を追加するために[ぼかし(ガウス)]を利用します。

9 [ぼかし(ガウス)]ダイアログが表示されるので、[半径]を9.0pixelとし❶、[OK]ボタンをクリックします❷。

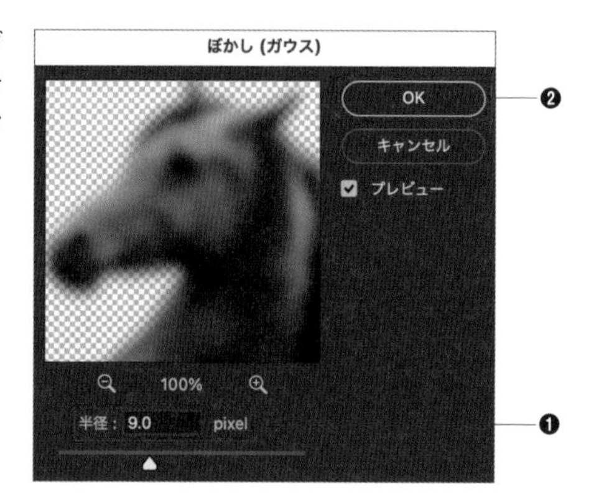


10 レイヤー[馬2]を選択し❶、[描画モード]を[覆い焼きカラー]とします❷。ゴールドのように加工することができました。

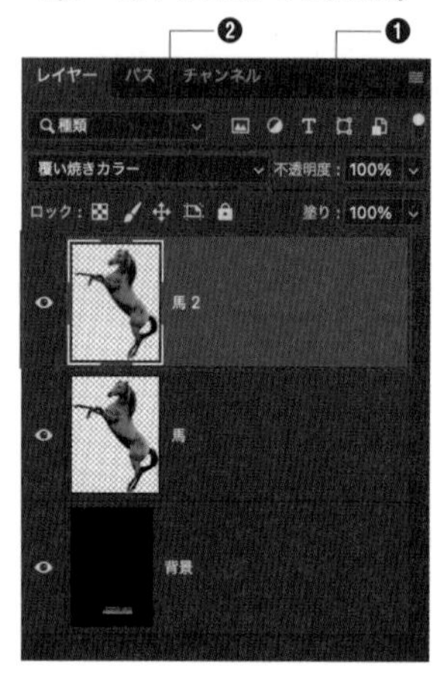

# 逆光の写真を印象的に仕上げたい

使用機能 ［クイック選択］ツール、［塗りつぶし］ツール、［ブラシ］ツール、逆光、ぼかし（ガウス）

逆光の写真にさらに［逆光］フィルターを追加して、やわらかい光の差し込む印象的な写真に仕上げます。

## マスクの活用

1 人物と岩の選択範囲を作成します。素材「風景.psd」を開きます。［クイック選択］ツールを選択し❶、コントロールパネルで［直径］を5pxに設定します❷。

2 手前の人物と岩をドラッグして選択します。

**Memo**

選択範囲は1回で選択してしまうのではなく、shift キーを押しながら数回に分けて選択範囲を追加していきます。特に細かな部分は画面をズームして確認しながら選択しましょう。余計な部分まで選択されてしまった場合は、option キーを押しながら選択すると除外できます。

3 人物と岩を暗くしてメリハリを付けます。選択範囲が作成できたら、上位に新規レイヤーを作成し、レイヤー名［影］とします。

4 選択範囲が作成された状態のままレイヤー［影］を選択し、レイヤーパネルで［レイヤーマスクを追加］ボタンをクリックしてレイヤーマスクを追加します。

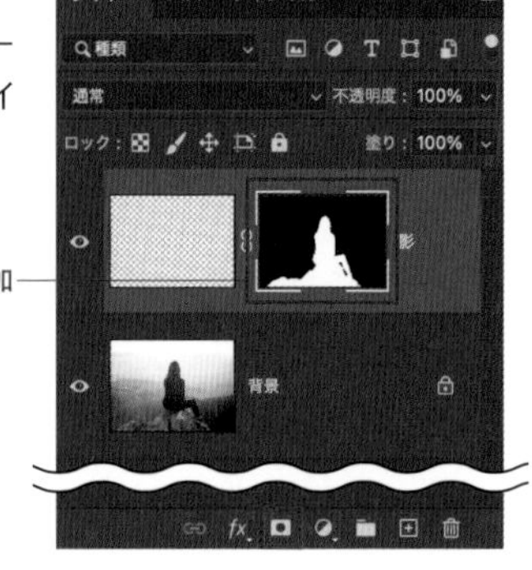


5 レイヤーサムネールを選択し❶、［塗りつぶし］ツールをクリックし❷、［描画色］#000000で塗りつぶします❸。

6 レイヤー[影]を選択し[描画モード]を[ソフトライト]❶、[不透明度]を50%とします❷。

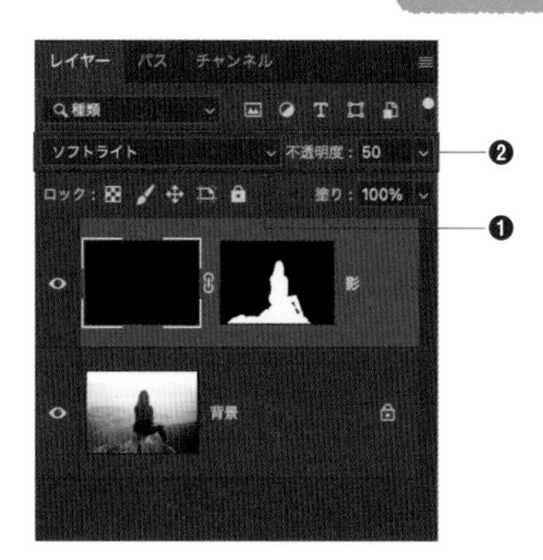


7 輪郭に光を足します。最上位に新規レイヤー[光1]を作成し❶、[描画モード]を[オーバーレイ]とします❷。

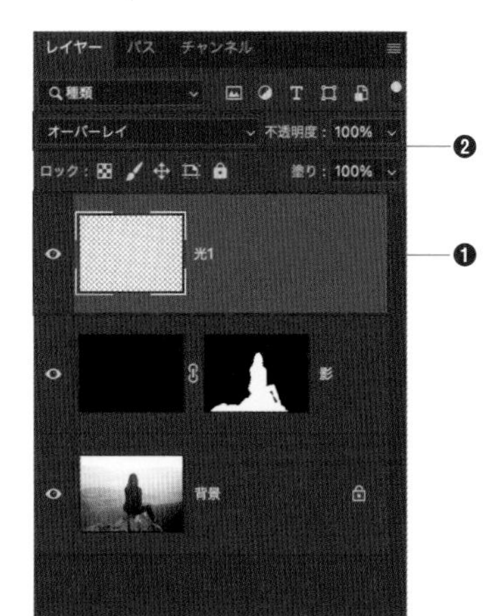


**Memo**

描画モード[オーバーレイ]に設定しておくことで、50%グレーよりも明るい色をのせると、その部分が明るくなります。

8 レイヤー[影]のレイヤーマスクサムネールを選択し、command+optionキーを押しながら、レイヤー[光1]にドラッグし、複製します。

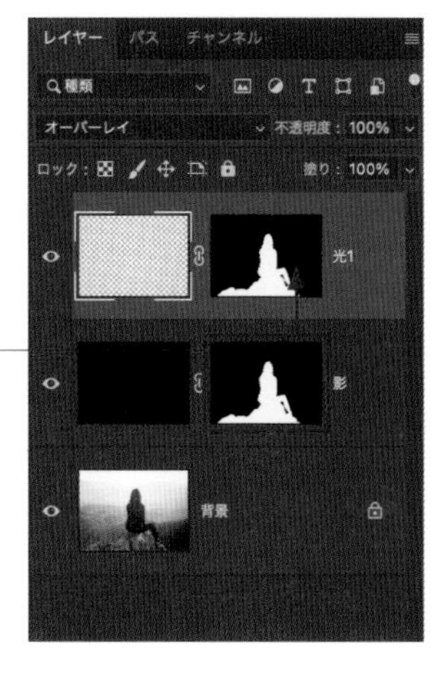

**9** レイヤー[光1]を選択します。[ブラシ]ツールを選択し❶、[描画色]を#ffffff❷、[ブラシの直径]を20px❸、[不透明度]を50%とし❹、人物と岩の光があたっている部分に細く光を足すように描写します❺。

**10** 同じ要領で、最上位に新規レイヤー[光2]を作成し、[描画モード]を[オーバーレイ]とし、レイヤー[影]の[レイヤーマスクサムネール]を複製します❶。[ブラシ]ツールを選択し❷、[描画色]を#ffffff❸、[ブラシの直径]を100px❹、[不透明度]を30%とし❺、先程より大きなブラシで人物と岩の右側に光を足します❻。

11 [逆光]フィルターを使って光を足します。最上位に新規レイヤー[逆光]を追加し❶、[塗りつぶし]ツールを選択し[描画色]#000000で塗りつぶします❷。

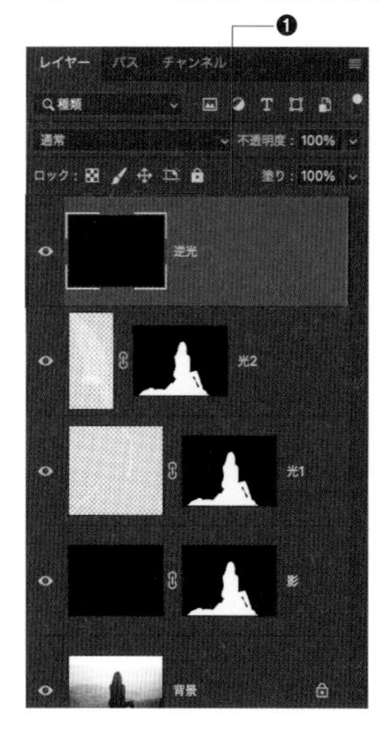

12 [フィルター]メニュー→[描画]→[逆光]をクリックします。

13 [逆光]ダイアログが表示されます。[50-300mmズーム]を選択し❶、ドラッグして光を中心で揃えます❷。[OK]ボタンをクリックします❸。

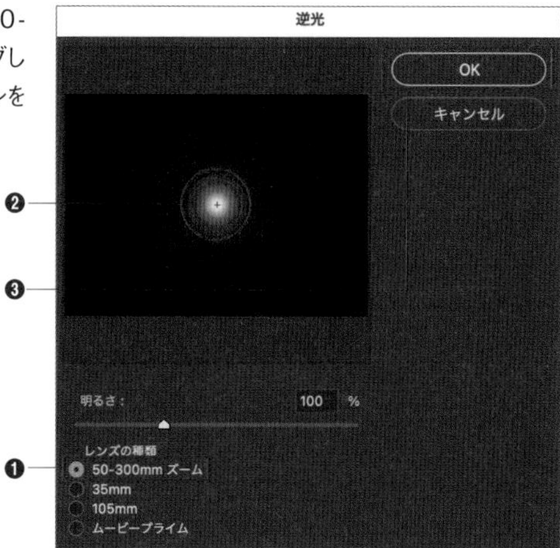

14 [描画モード]を[スクリーン]とします❶。レイヤー[逆光]をカンバス上でドラッグし、人物の右肩あたりに移動させます❷。

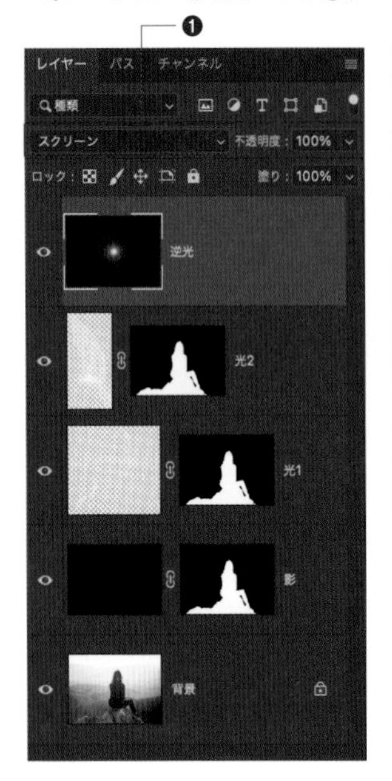

15 [フィルター]メニュー→[ぼかし]→[ぼかし(ガウス)]をクリックします。

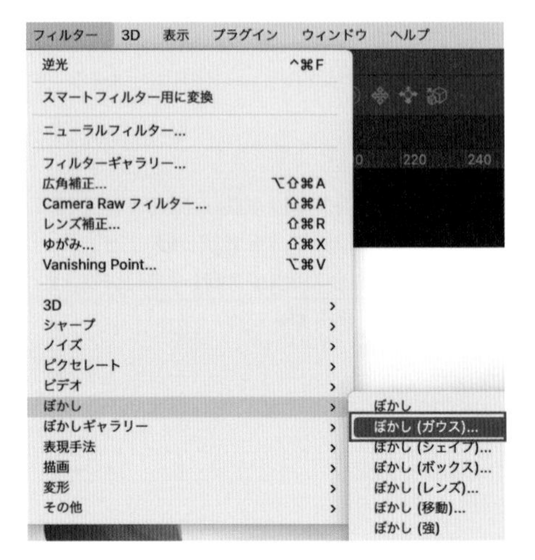

16 [半径] を20pixelとし❶、[OK] ボタンをクリックします❷。これで光の輪郭が滑らかになります。

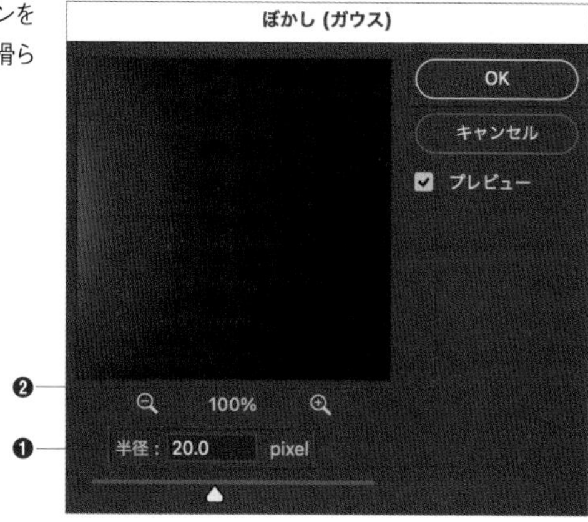


17 逆光を追加することでより印象的な写真になりました。

**POINT**

特定の範囲に描写する際は、マスクを活用することで楽に作業が行えます。作例のようにブラシツールを使って人物の内側だけに描写したい時は、マスクを活用することで指定した範囲からはみ出すことを気にせずに描写できるので、楽に作業が行えます。

# 145 金属のようなロゴに加工したい

**使用機能** ベベルとエンボス、グラデーションオーバーレイ、ドロップシャドウ

レイヤースタイル「ベベルとエンボス」を使って、テキストに金属の質感を加えます。

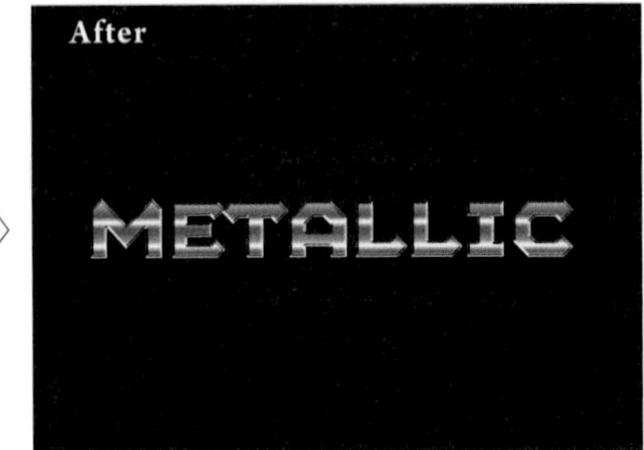


**1** テキストを配置します。素材「背景.jpg」を開きます。[横書き文字] ツールTを選択し、[文字] パネルで下記のように設定します。

- **フォント** …… Machine
  ※Adobe Fonts ▸▸181
- **フォントスタイル** …… Bold
- **フォントサイズ** …… 100pt
- **トラッキング** …… -100
- **フォントカラー** …… #ffffff

**2** 「METALLIC」と入力します。

3 レイヤースタイルを適用していきます。最初に［ベベルとエンボス］を適用します。［レイヤー］メニュー→［レイヤースタイル］→［ベベルとエンボス］をクリックします。

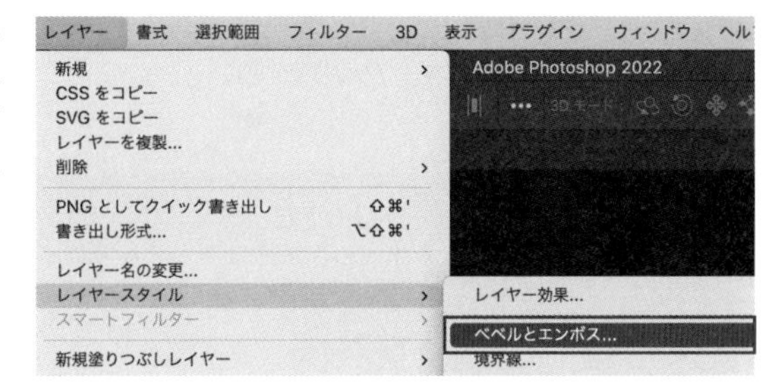


4 ［レイヤースタイル］ダイアログの［ベベルとエンボス］の項目が表示されるので、各項目を画像のように設定します❶。［輪郭］をクリックします❷。

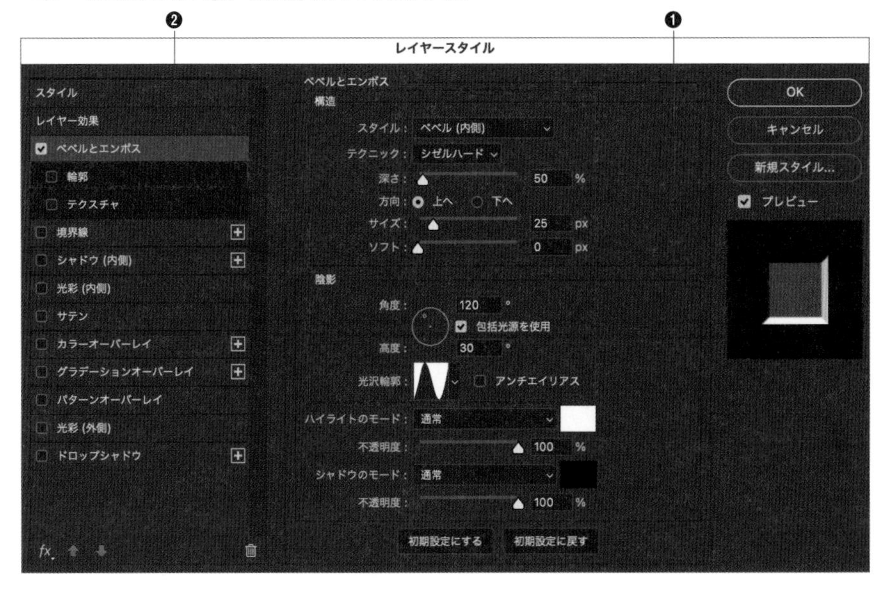


［構造］

- **スタイル** …… ベベル（内側）
- **テクニック** …… ジゼルハード
- **深さ** …… 50%
- **サイズ** …… 25px

［陰影］

- **角度** …… 120°
- **高度** …… 30°
- **光沢輪郭** …… リング

**5** ［輪郭］を画像のように設定します❶。この段階でテキストに影が付いた状態になります。［グラデーションオーバーレイ］をクリックします❷。

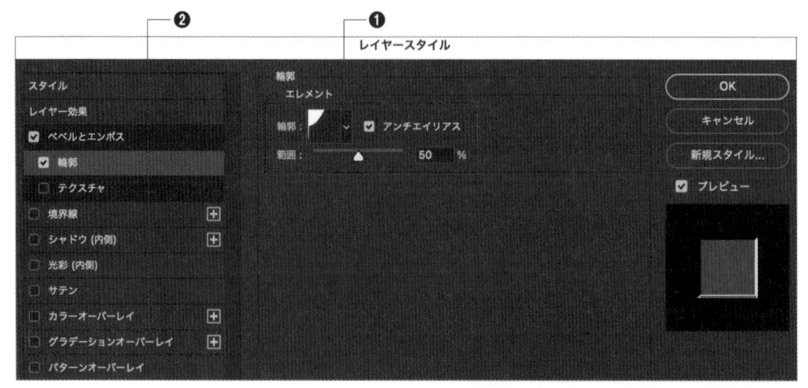


［エレメント］

- **輪郭** …… くぼみ - 浅く
- **範囲** …… 50%

テキストに影が付く

METALLIC

**6** グラデーションを使って金属の光沢感を加えます。各項目を画像のように設定します❶。［グラデーション］をクリックします❷。

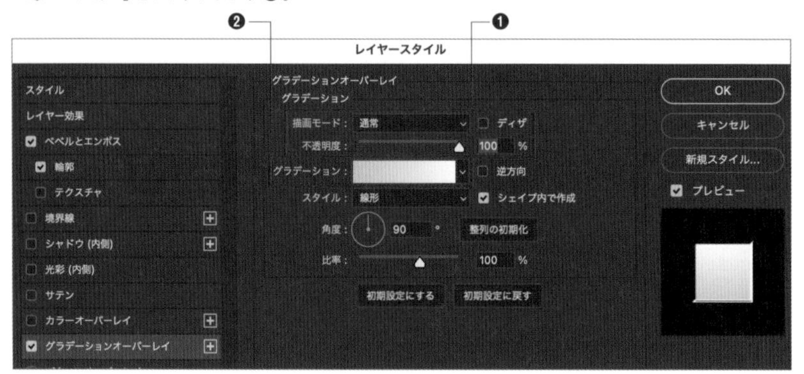


［グラデーション］

- 描画モード …… 通常
- 不透明度 …… 100%

7 ［グラデーションエディター］ダイアログが表示されます。グラデーションのバー上でクリックすることで色を追加することができます。6個のカラー分岐点を追加します。

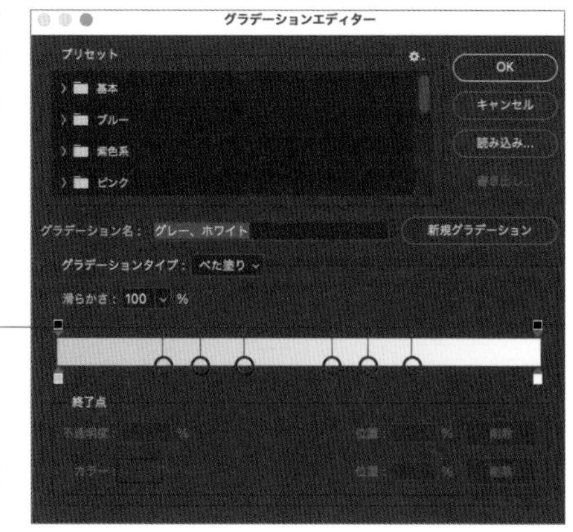


クリックして6個分岐点を追加する

**Memo**

次の手順で位置を指定するので、ここでは適当な位置をクリックして構いません。

8 それぞれのカラー分岐点を選択しそれぞれの［終了点］を編集することで、［カラー］と［位置］を個別に編集することができますⒶ〜Ⓗ。暗い色と明るい色を交互に並べることで、金属の光沢が表現できます。

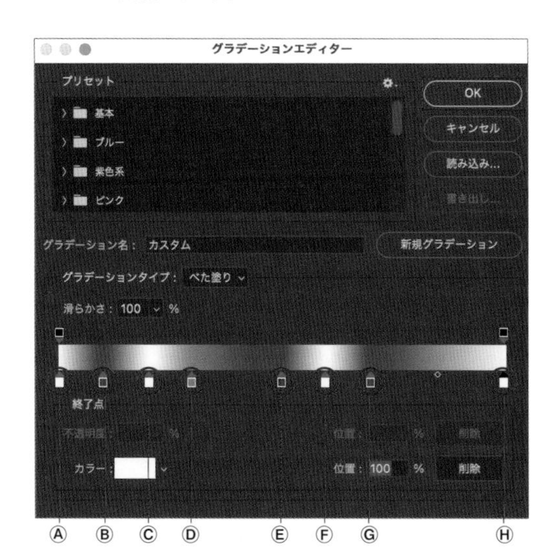


**Memo**

［位置］は最も左側が0%、右側が100%となります。

Ⓐ**カラー** …… #f2f2f2、**位置** …… 0%
Ⓑ**カラー** …… #777777、**位置** …… 10%
Ⓒ**カラー** …… #ffffff、**位置** …… 20%
Ⓓ**カラー** …… #999999、**位置** …… 30%
Ⓔ**カラー** …… #777777、**位置** …… 50%
Ⓕ**カラー** …… #ffffff、**位置** …… 60%
Ⓖ**カラー** …… #555555、**位置** …… 70%
Ⓗ**カラー** …… #f2f2f2、**位置** …… 100%

設定したら［OK］ボタンをクリックします。

金属の光沢感が出た

10 ［レイヤースタイル］ダイアログの［ドロップシャドウ］をクリックします。［レイヤースタイル］ダイアログの［ドロップシャドウ］の項目が表示されるので、各項目を画像のように設定します。［OK］ボタンをクリックします。

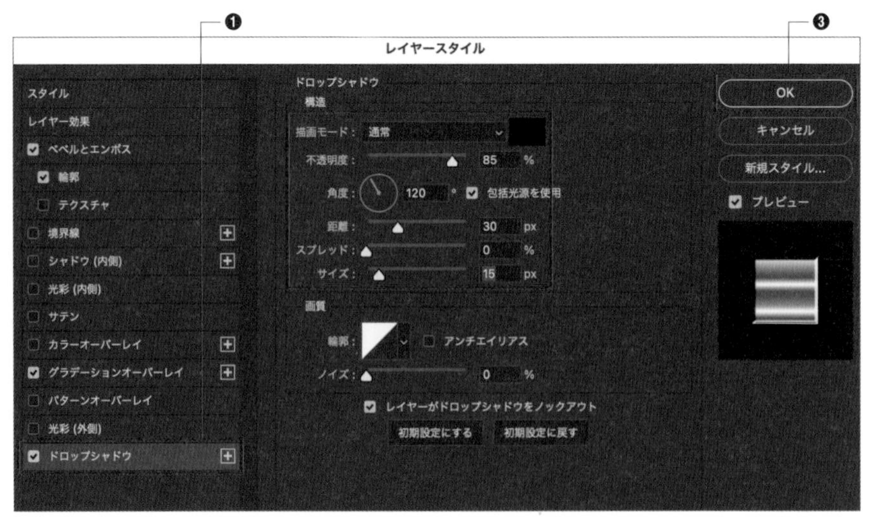


［構造］

- **描画モード** …… 通常
- **不透明度** …… 85%
- **角度** …… 120°
- **距離** …… 30px
- **スプレッド** …… 0%
- **サイズ** …… 15px

11 影を追加することで、立体感が出ました。

POINT

同じ工程でレイヤースタイルの［グラデーションオーバーレイ］のカラーを変えると、図のようなゴールドの光沢感も再現できます。こちらは［フォント：Quimby Mayoral］（Adobe Fontsからダウンロード）を使用しています。レイヤースタイルの［グラデーションオーバーレイ］を［カラー分岐点］の位置は同じとし、左から「#f2f2f2」、「#f0af00」、「#ffe49b」、「#f0af00」、「#d19800」、「#ffe8aa」、「#f0af00」、「#ffefc4」を使用しています。

# 146 砕けたロゴ表現に加工したい

**使用機能**　[横書き文字] ツール、ベベルとエンボス、[消しゴム] ツール、[なげなわ] ツール

砕けた岩のロゴを表現します。岩のゴツゴツした感触を、レイヤースタイル「ベベルとエンボス」と[消しゴム] ツールを利用して表現します。クリッピングマスクを使用して、リアルな岩のように見せます。

## 立体加工とクリッピングマスクの活用

**1** テキストを配置します。素材「背景.jpg」を開きます。[横書き文字] ツールを選択し、[文字] パネルで下記のように設定し、「CANYON」と入力し中央に配置します。

- **フォント** …… Futura PT
  ※Adobe Fonts ▸▸181
- **フォントスタイル** …… BOLD
- **フォントサイズ** …… 120pt
- **トラッキング** …… -75
- **フォントカラー** …… #ffffff

**2** [ベベルとエンボス] で立体感を追加します。レイヤー [CANYON] を選択し、[レイヤー] メニュー→ [レイヤースタイル] → [ベベルとエンボス] を選択します。

3 [レイヤースタイル] ダイアログの [ベベルとエンボス] の項目が表示されるので、各項目を下記のように設定し、[OK] ボタンをクリックします。立体感のあるテキストになりました。

[構造]

- **スタイル** …… ベベル（内側）
- **テクニック** …… ジゼルハード
- **深さ** …… 350%
- **サイズ** …… 90px
- **ソフト** …… 0%

[陰影]

- **角度** …… 50°
- **高度** …… 50°
- **ハイライトのモード** …… スクリーン
- **カラー** …… #ffffff
- **不透明度** …… 85%
- **シャドウのモード** …… 通常
- **カラー** …… #000000
- **不透明度** …… 50%

4 レイヤー[CANYON]を選択し、[レイヤー]メニュー→[ラスタライズ]→[テキスト]をクリックします。

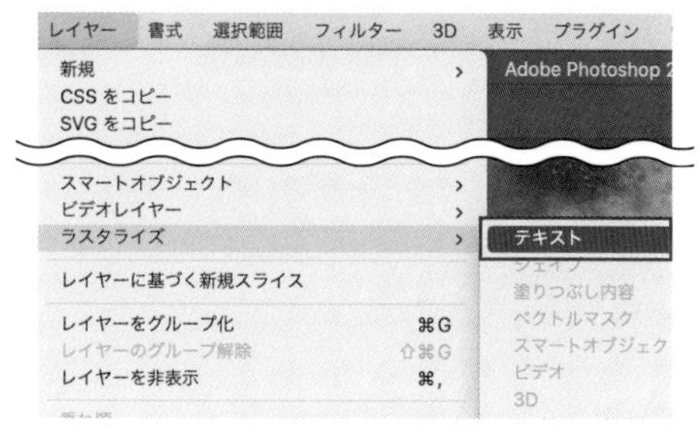


**Memo**

テキストレイヤーの状態では、ブラシツールで描写することができません、ラスタライズすることで、通常のレイヤーとなり、ブラシツールで描写することができます。

5 [消しゴム]ツールを使って形を整えます。[消しゴム]ツールを選択し、コントロールパネルで[ブラシの種類]を[ハード円ブラシ]❶、[不透明度]を100%❷、[流量]を100%とします❸。

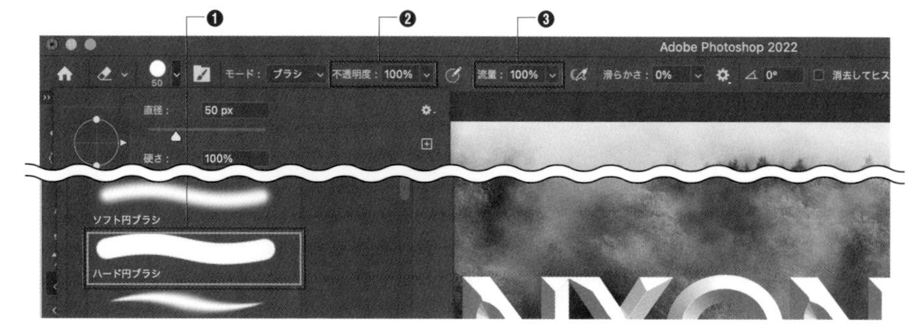

6 テキストの角を削るようなイメージで形を整えていきます。ベベルとエンボスの設定によって、消しゴムで消した部分がゴツゴツとした質感になります。細かな部分はブラシサイズを小さくしながら部分的に消していきます。

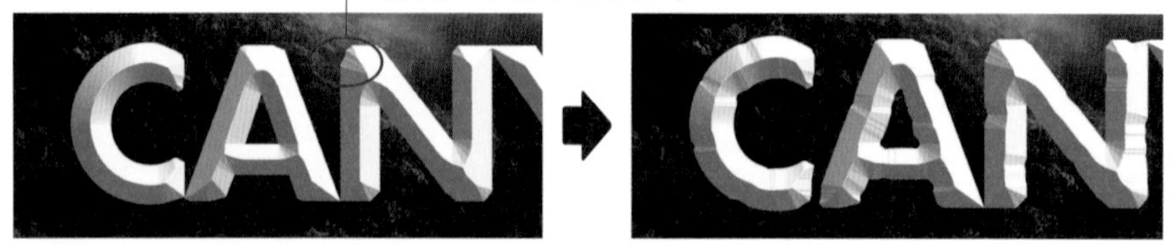


7 部分的に切り取って分離させます。［なげなわ］ツールを選択し、「C」の一部を選択します。そのまま［移動］ツールを選択し、文字を分離して配置します。

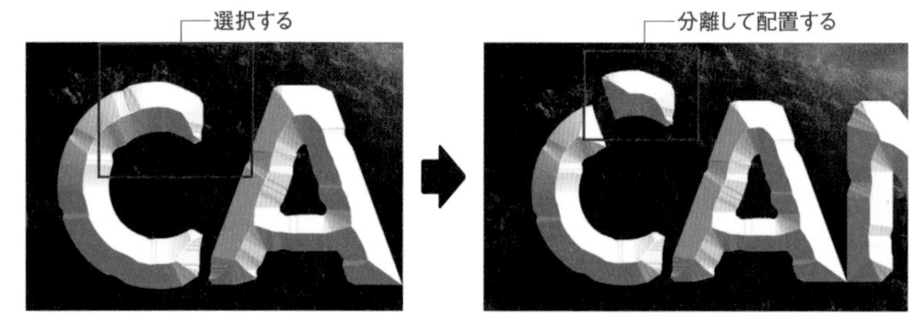


8 同じ要領で各テキストから部分を選択し分離させていきます。

9 岩のテクスチャを重ねます。素材「岩.jpg」を開き、最上位に配置し、テキストの上に重ねます❶。レイヤー名は［テスクチャ］とします❷。

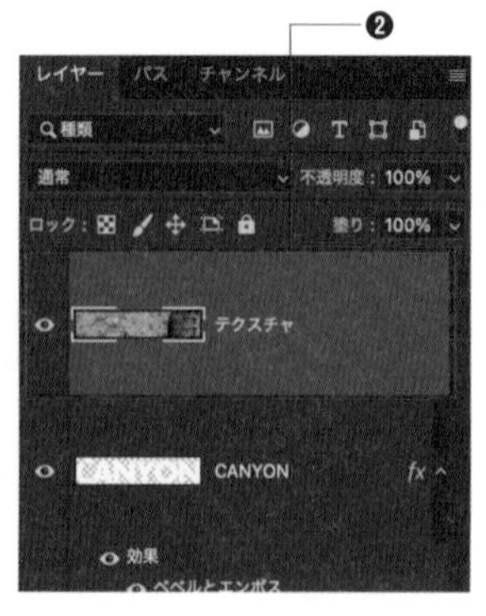

**10** レイヤー［テクスチャ］を選択し［レイヤー］メニュー→［クリッピングマスクを作成］を選択します。クリッピングマスクを作成すると、上にあるレイヤーを下のレイヤーの形でマスクし、切り抜いたように見せることができます ▸▸037。

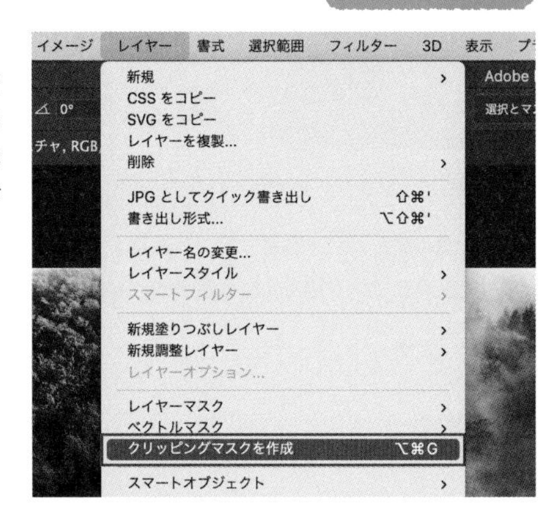


**11** 岩のテクスチャが加わり、完成です。

**POINT**

［ベベルとエンボス］で作成した立体にあたる光は、［レイヤースタイル］ダイアログ内の［陰影］→［高度］と［角度］で指定できます。ドラッグすることでリアルタイムにカンバス上に反映されます。
作例では岩のテクスチャを使用していますが、氷などの硬い質感の物であれば、そのままの設定で再利用できます。

# 147 毛皮のようなテキストデザインに加工したい

使用機能 ［ブラシ］ツール

オリジナルのブラシを作成して、テキストに毛皮のような質感を加えます。テキストをパスに変換し、その境界をブラシで描くことで質感を与えます。また、毛皮のテクスチャをテキストに重ねています。

## ［ブラシ］ツールとレイヤーを組み合わせる

1 プリセットのブラシをベースに、毛皮のような質感のオリジナルのブラシを作成します。素材「背景.jpg」を開きます。［ブラシ］ツールをクリックし❶、［ウィンドウ］メニュー→［ブラシ］を選択し❷、［ブラシ］パネルを表示します。

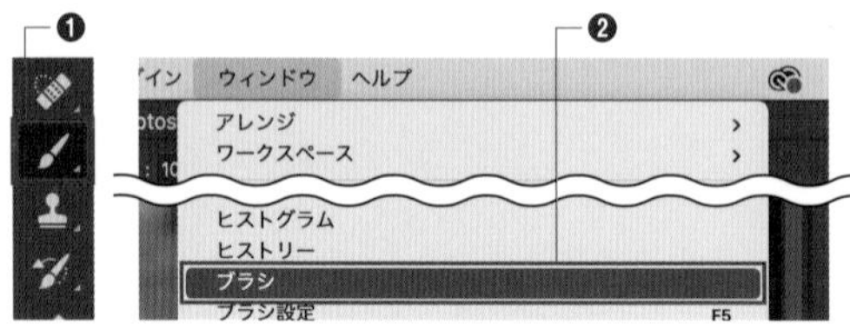


2 検索ボックスに「草」と入力し❶、表示されたブラシ［草］を選択します❷。

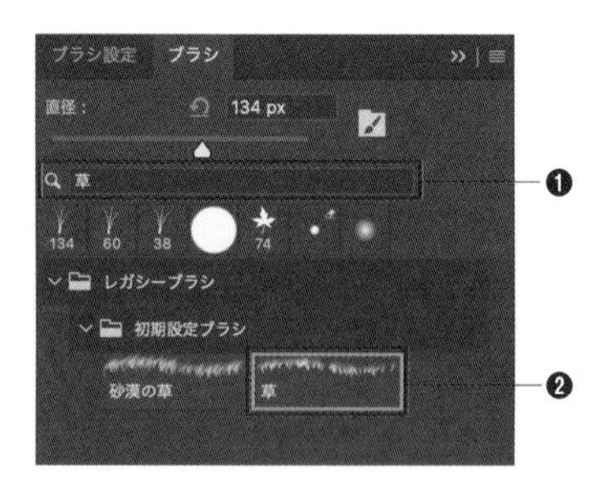

多くの種類のブラシが用意されているため、使用したいブラシのイメージがある場合は、イメージ語句を使って検索すると素早く見つけることができます。

3 [ブラシ設定] タブをクリックします❶。[ブラシ先端のシェイプ] で [シェイプ] を選択し❷、[角度のジッター] の下にある [コントロール] を [進行方向] とします❸。描画色と背景色は#000000とします❹。

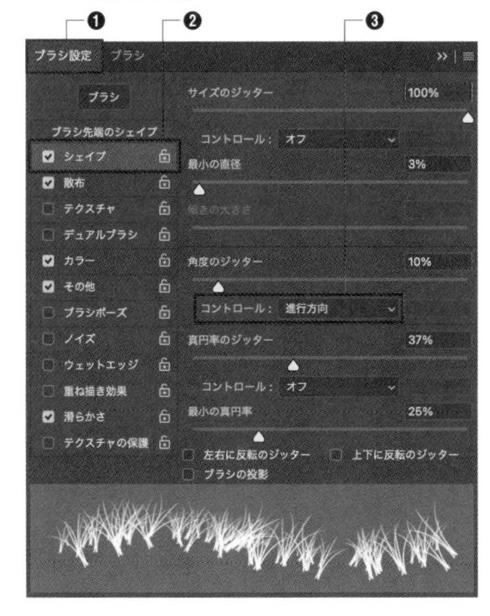


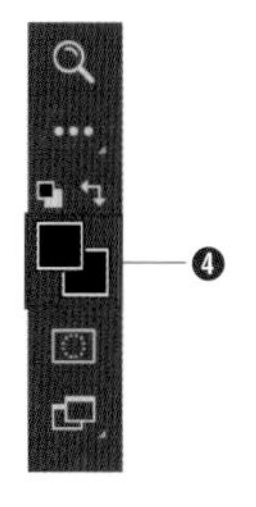

[ブラシ] パネルが表示されていない場合は、[ウィンドウ] メニュー→ [ブラシ設定] をクリックします。

4 最上位に新規レイヤーを作成し、レイヤー名を [ブラシ] とします。

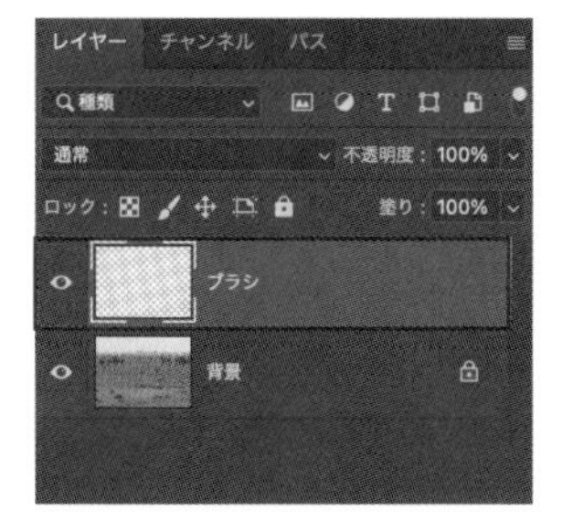


5 [ブラシ] ツールを選択し、作成したブラシで時計回りに小さな円をクルクルと何度もドラッグします。これがオリジナルブラシの素材になります。

円を描くように何度もドラッグする

**6** レイヤー［背景］を非表示にします。カンバスにはブラシだけが表示されます。

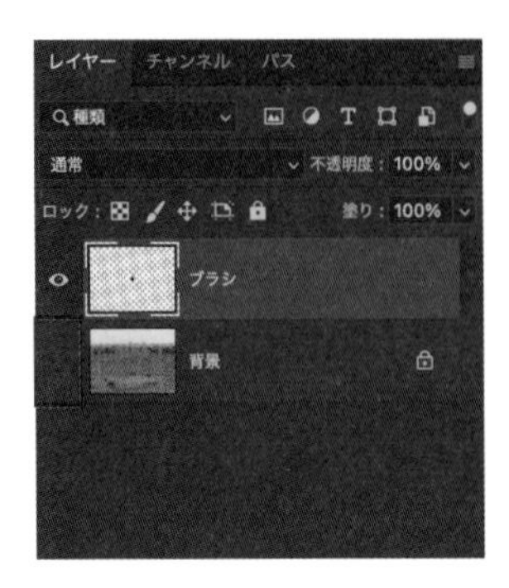


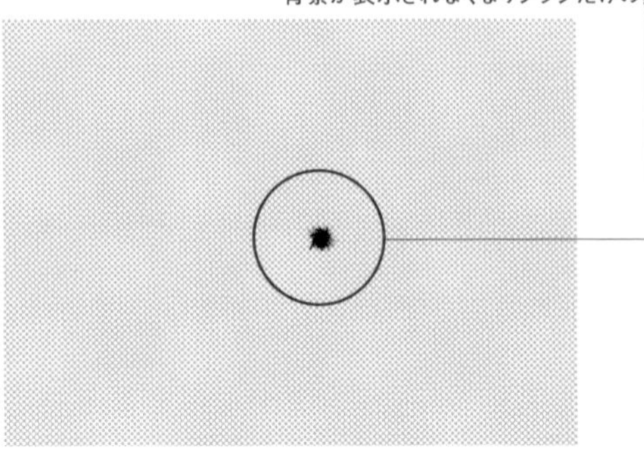


**7** ［編集］メニュー→［ブラシを定義］をクリックします。

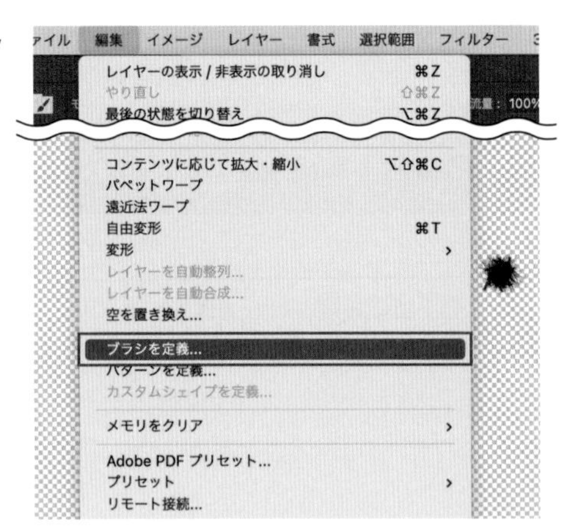


**8** ［ブラシ名］ダイアログが表示されます。［名前］を［毛皮ブラシ］とし❶、［OK］ボタンをクリックします❷。これでオリジナルのブラシが登録できました。以降の手順ではレイヤー［ブラシ］は必要ないので、削除するか非表示にします❸。レイヤー［背景］を再び表示しておきます❹。

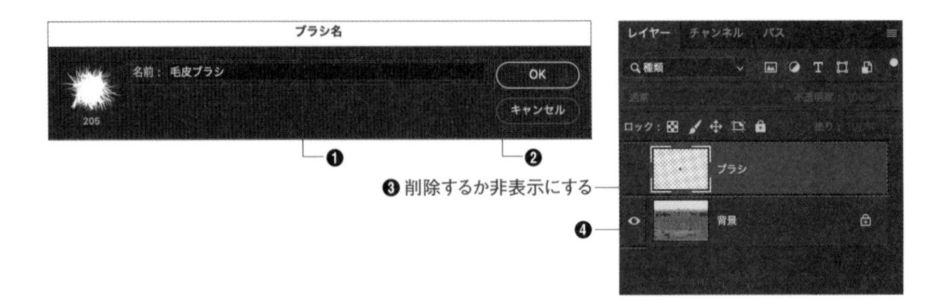

9 次に、テキストを配置します。[横書き文字]ツール を選択します。[文字]パネルを表示し、図のような設定にします❶。「ZEBRA」と入力します❷。

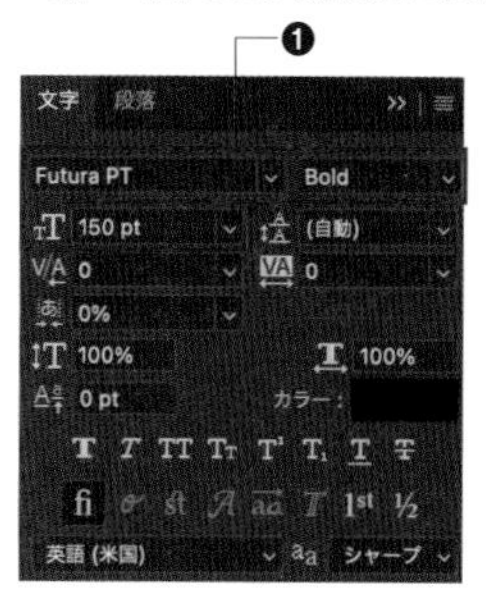

- **フォント** …… Futura PT
  ※Adobe Fonts ▸▸181
- **フォントスタイル** …… Bold
- **フォントサイズ** …… 150pt

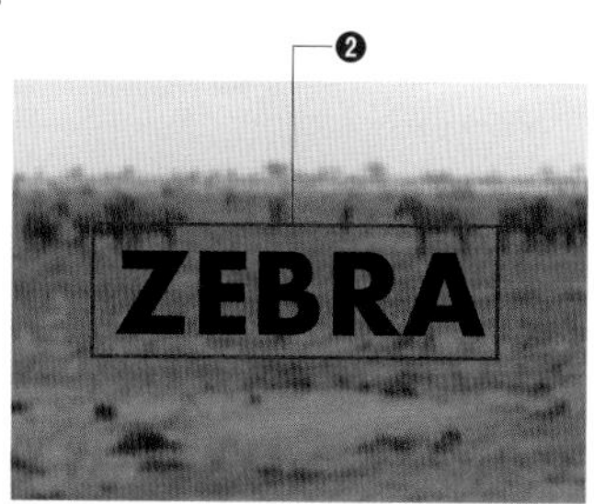


10 レイヤー[ZEBRA]を選択し、[レイヤー]メニュー→[ラスタライズ]→[テキスト]クリックします。

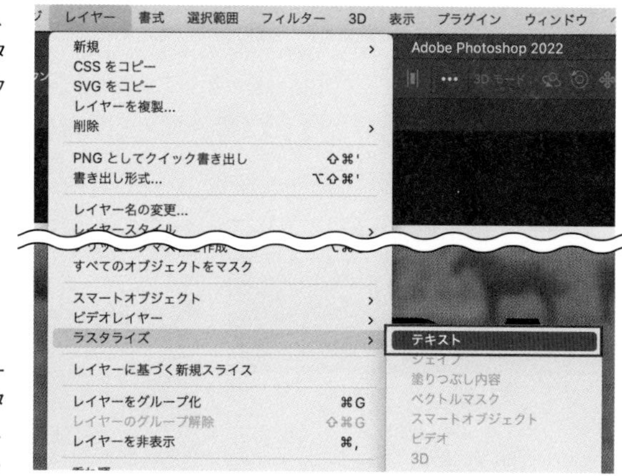

**Memo**

テキストレイヤーの状態では、ブラシツールで描写することができません、ラスタライズすることで、通常のレイヤーとなり、ブラシツールで描写することができます。

11 ブラシのガイドにするため、文字の縁に作業用パスを作成します。レイヤーパネル上でレイヤー[ZEBRA]のレイヤーサムネールをcommandキー＋クリックし、アウトラインの選択範囲を作成します❶。[レイヤー]パネルの[パス]タブをクリックします❷。

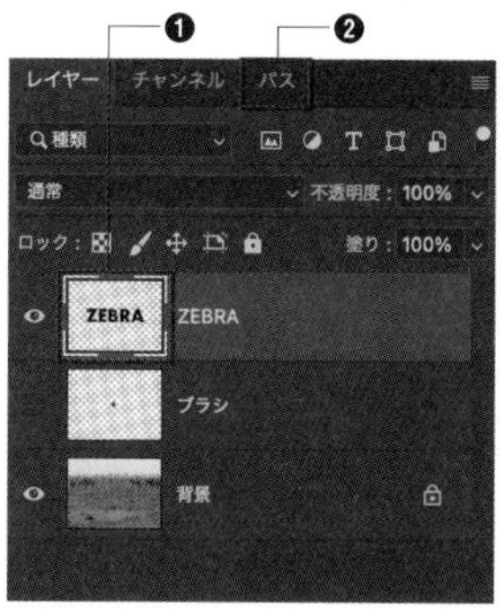

**12** [パス] パネルの右上のメニューボタンをクリックして❶、[作業用パスを作成] をクリックします❷。

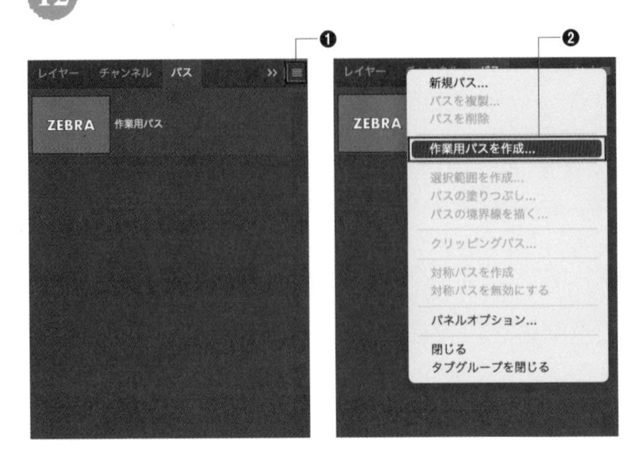


**13** [作業用パスを作成] ダイアログが表示されたら [許容値] を0.5pixelとし❶、[OK] ボタンをクリックします❷。

作業用パスが作成された

**14** ブラシを設定し、作成したパスの境界をブラシで描きます。[ブラシ] パネルを表示し、作成した [毛皮ブラシ] を選択します❶。[直径] を60とします❷。[ブラシ設定] をクリックします❸。

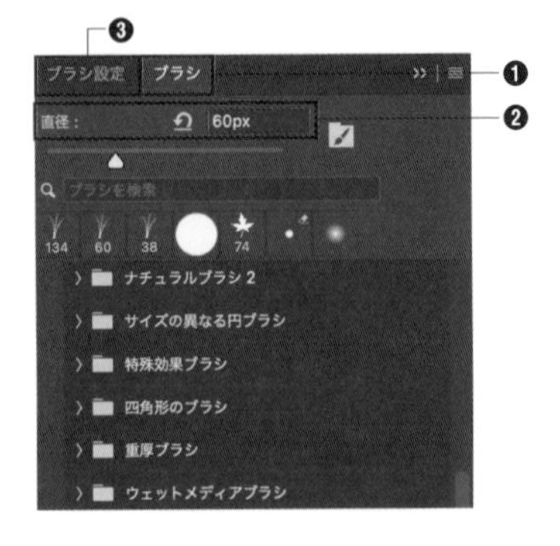

15 [ブラシ先端のシェイプ]で[シェイプ]を選択し❶、[角度のジッター]を50%とします❷。

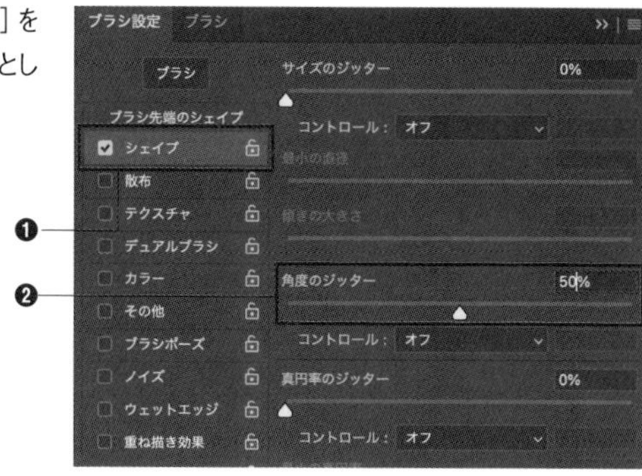


16 [パスコンポーネント選択]ツールを選択します❶。[作業用パス]を選択し、[パス]パネルの右上のメニューボタンをクリックして表示されるメニューから[パスの境界線を描く]をクリックします❷。

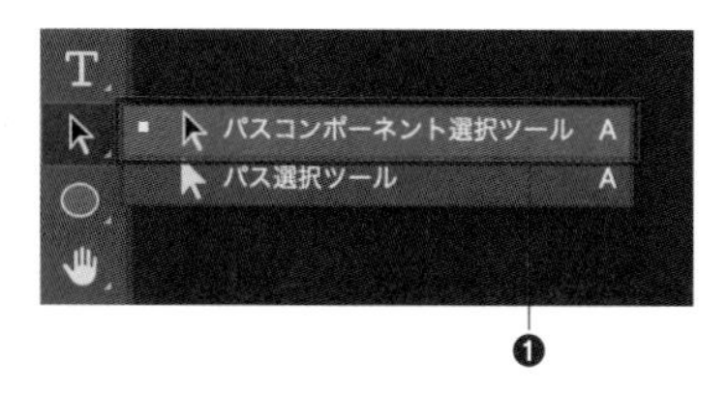


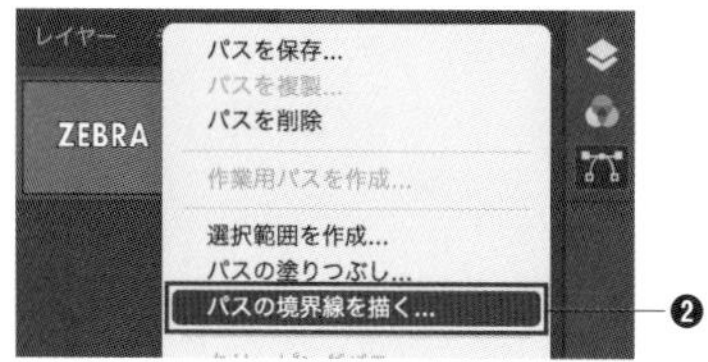


17 [パスの境界線を描く]ダイアログが表示されます。[ツール]を[ブラシ]とし❶、[OK]ボタンをクリックします❷。パスに沿ってブラシが描かれました。

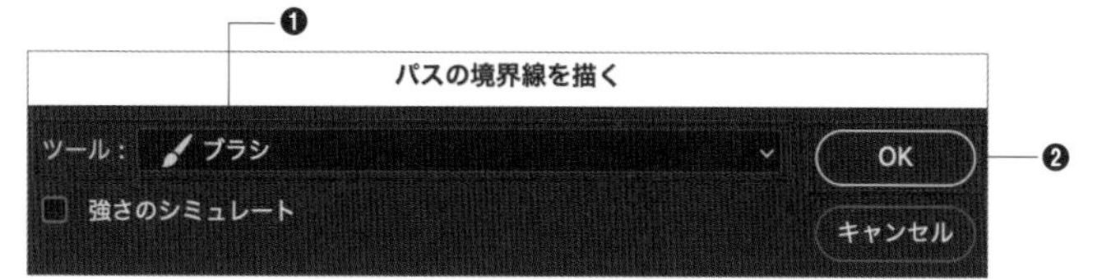

パスの境界線がブラシで描かれた

**18** パスが選択されたままになっているので、[パス]パネルの空白部分をクリックし❶、選択を解除します❷。

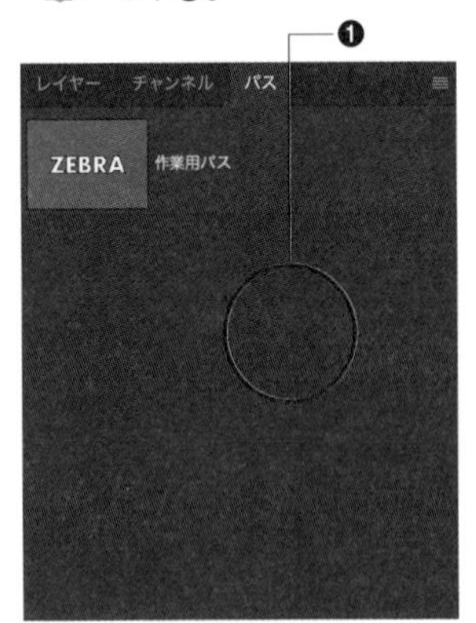

**19** テキストにテクスチャを重ねます。素材「テクスチャ.jpg」を開き、最上位に移動させます❶。レイヤー名は[テクスチャ]としておきます❷。

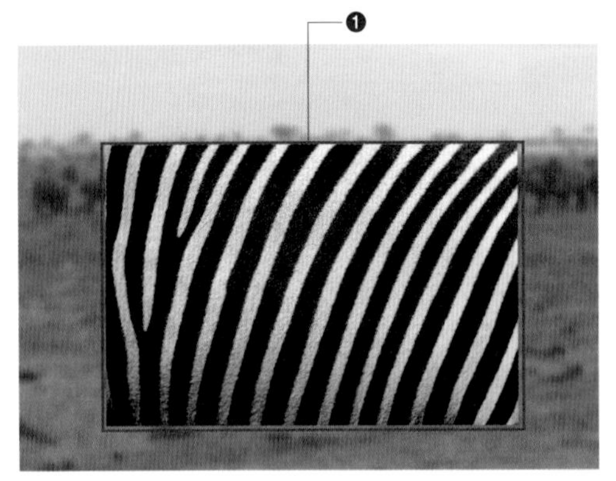


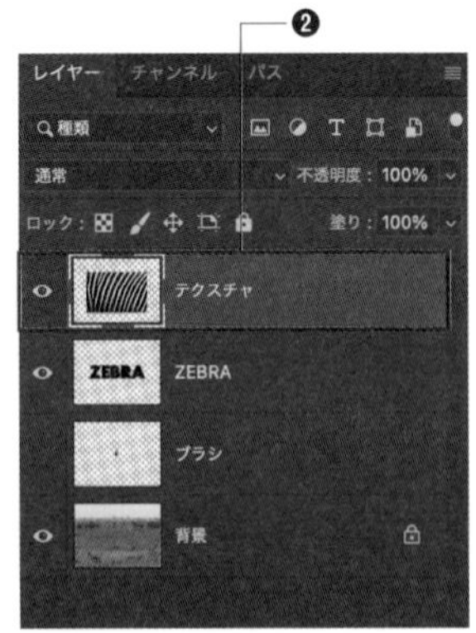


**20** レイヤーパネル上で、レイヤー[テクスチャ]を選択し、右上のメニューボタンをクリックして表示されるメニューから[クリッピングマスクを作成]をクリックします。

21 レイヤー[ZEBRA]を選択し❶、[レイヤー]メニュー→[レイヤースタイル]→[ベベルとエンボス]をクリックします❷。

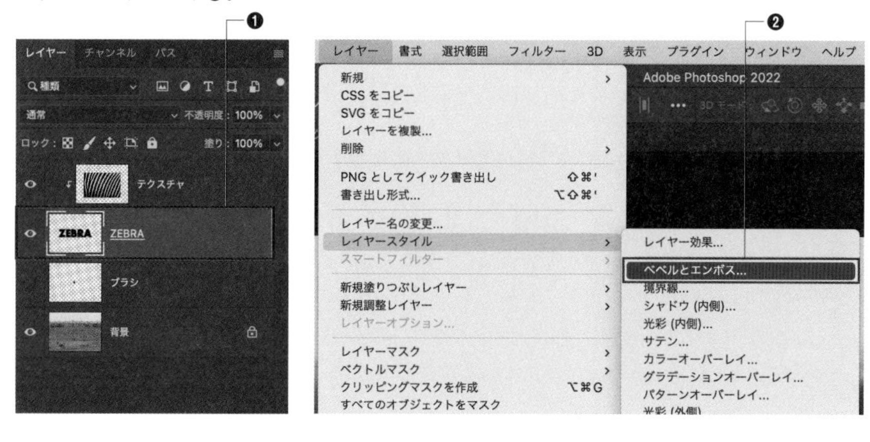


22 [レイヤースタイル]ダイアログで図のように設定し❶、[OK]ボタンをクリックします❷。

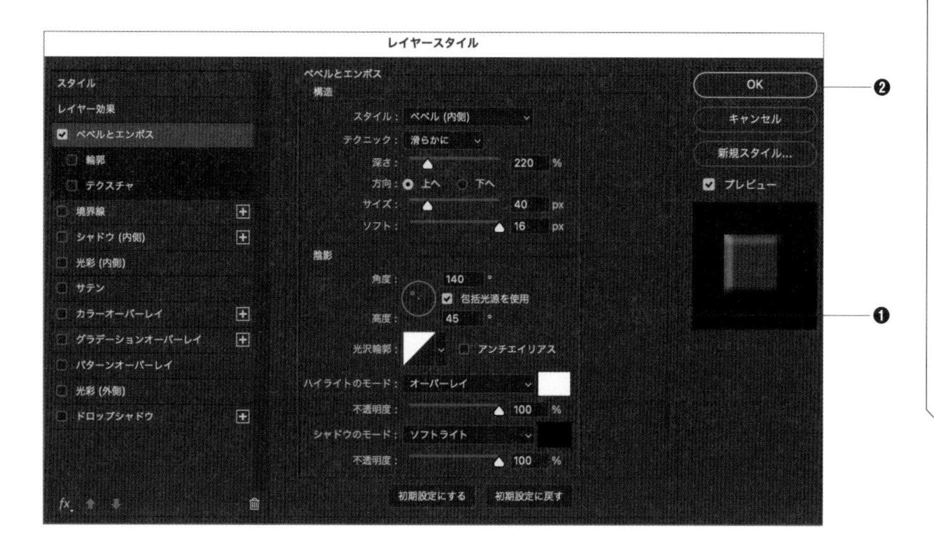


[構造]

- **スタイル** …… ベベル(内側)
- **テクニック** …… 滑らかに
- **深さ** …… 220%
- **サイズ** …… 40px
- **ソフト**…… 16px

[陰影]

- **角度** …… 140°
- **高度** …… 45°
- **ハイライトのモード** …… オーバーレイ
- **シャドウのモード** …… ソフトライト

立体感のある毛皮のようなテキストデザインができました。

# 風景の加工テクニック

Chapter

11

# 148 もやがかかったような風景に加工したい

**使用機能**　雲模様1、レベル補正、ぼかし（ガウス）、レイヤーマスクを追加

温泉の湯気のようなもやがかかったような風景を表現するには、雲模様のフィルターが便利です。マスクと合わせて使うことにより、もやの量を手作業で調整できます。

## 雲模様フィルターでもやを作る

1. 素材「温泉.jpg」を開き、上位に新規レイヤー［湯気］を作成します❶。［描画色］は#000000、［背景色］は#ffffffとします❷。

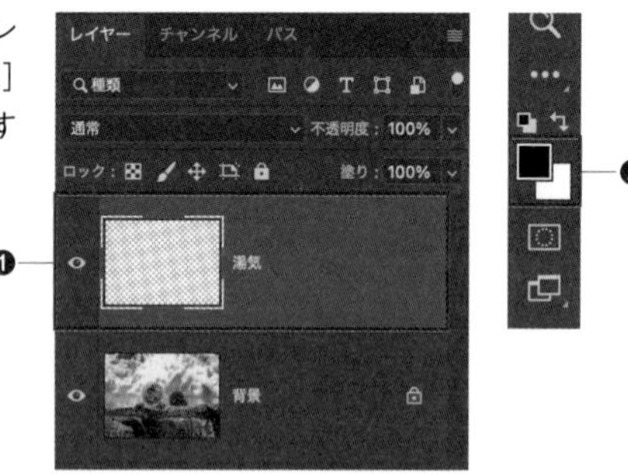


2. レイヤー［湯気］を選択し❶、［フィルター］メニュー→［描画］→［雲模様1］をクリックします❷。

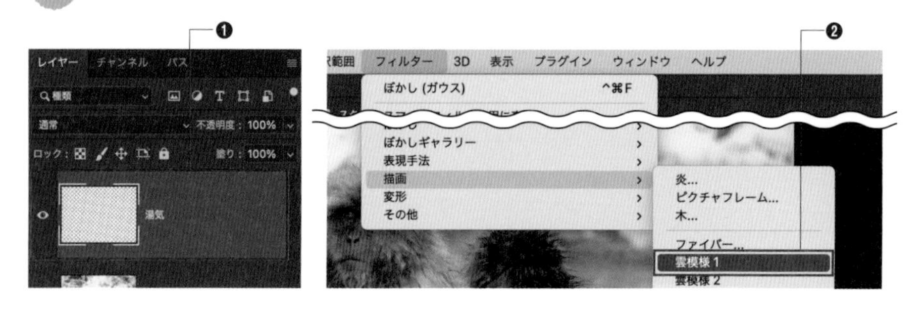

3 レイヤー[湯気]の全面が[雲模様1]のフィルターに覆われます。

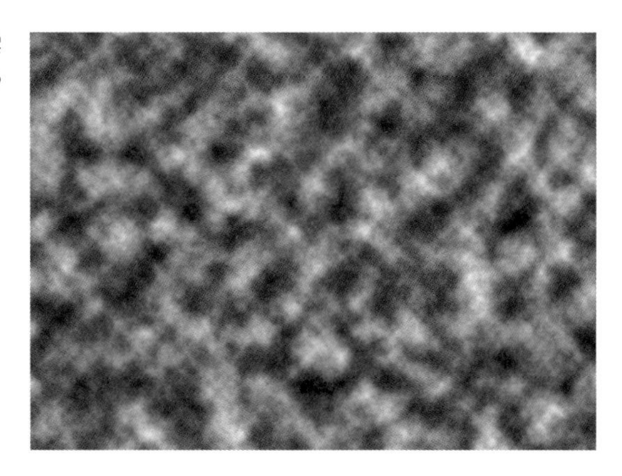

4 レイヤー[湯気]の[描画モード]をクリックして、表示されるメニューから[スクリーン]をクリックします。

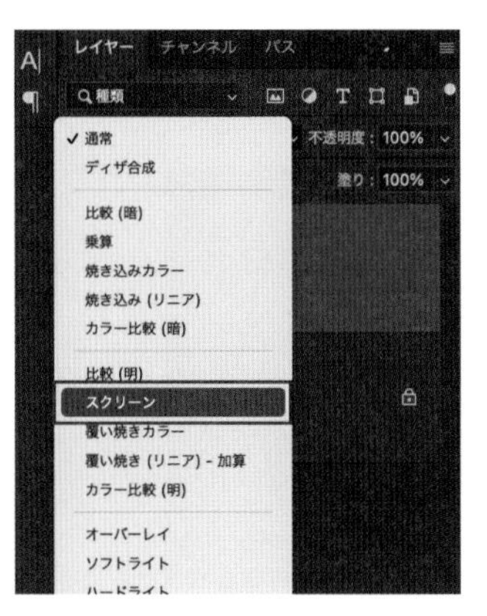

Memo [描画モード]を[スクリーン]とすることで、画像の黒色が透過され、明るい色だけが下のレイヤーに反映されるようになります。

5 [イメージ]メニュー→[色調補正]→[レベル補正]をクリックします。

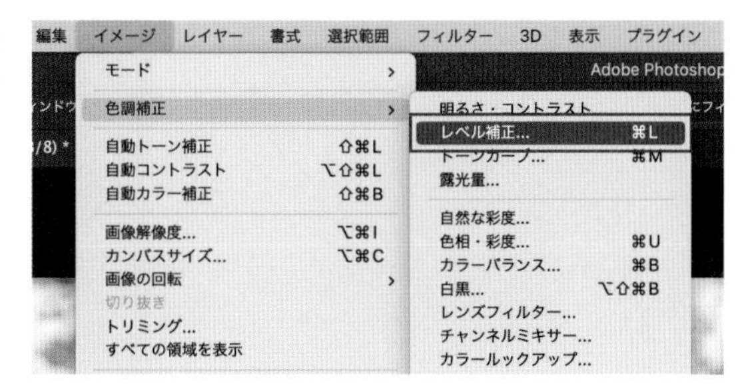


Chap 11 風景の加工テクニック

6 [レベル補正] ダイアログが表示されます。[入力レベル] を設定し❶、コントラストを高く補正します。[OK] ボタンをクリックします❷。

- **シャドウ入力レベル** …… 0
- **中間調入力レベル** …… 0.55
- **ハイライト入力レベル** …… 195

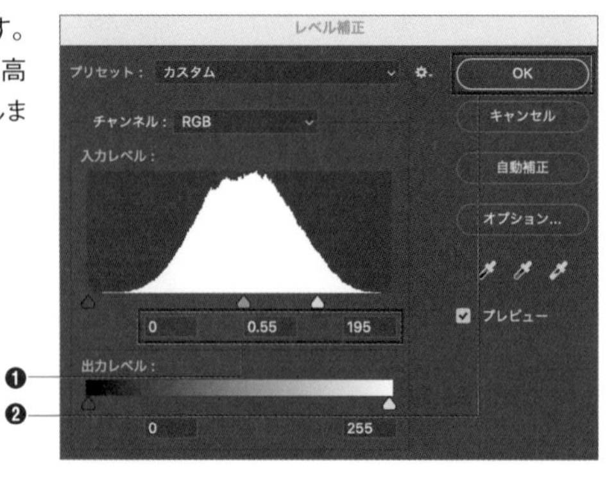


7 [フィルター] メニュー→ [ぼかし] → [ぼかし（ガウス）] をクリックします。

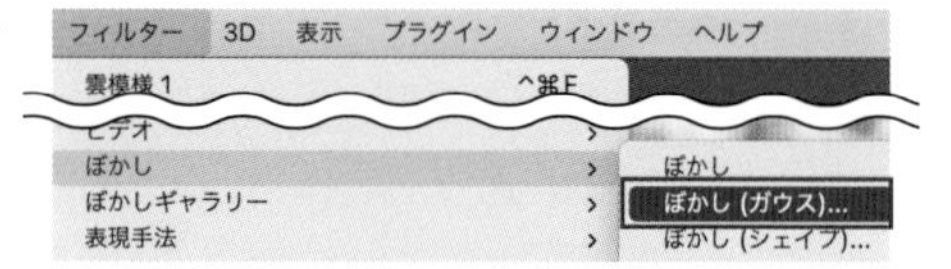


8 [ぼかし（ガウス）] ダイアログが表示されます。[半径] に81pixelを設定し❶、[OK] ボタンをクリックします❷。

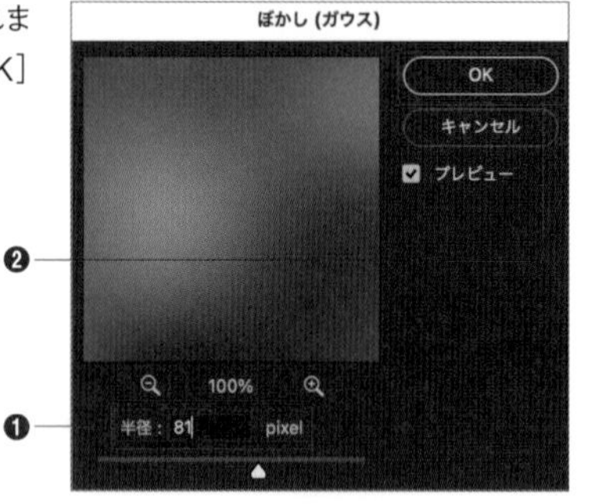


9 マスクを使って湯気の量を調整します。レイヤー [湯気] を選択し❶、レイヤーパネル上で [レイヤーマスクを追加] ボタンをクリックします❷。

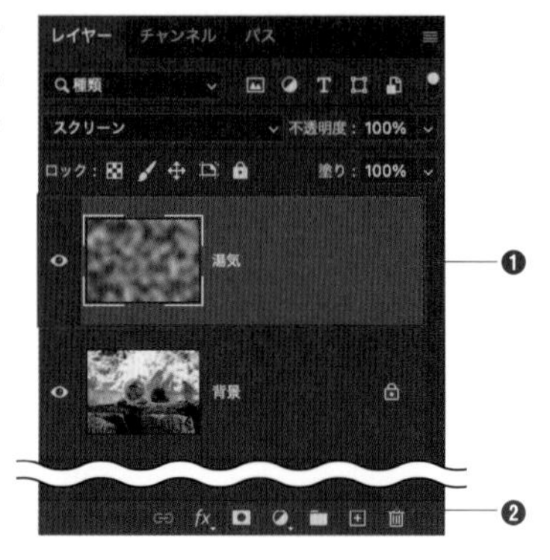

10 レイヤーマスクサムネールを選択します❶。［ブラシ］ツールを選択し❷、［描画色］を#000000とします❸。コントロールパネルで［ソフト円ブラシ］❹、［不透明度］を30%❺、［ブラシサイズ］を300に設定します❻。

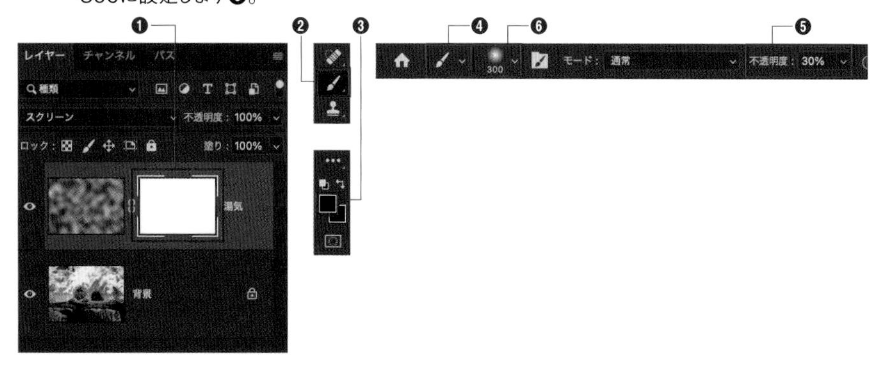


11 猿を中心に周辺をドラッグしてマスクを追加します。

ドラッグしてマスクを追加する

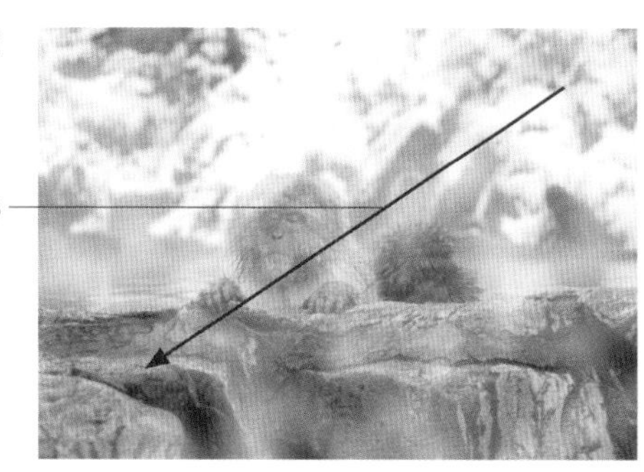

12 追加されたマスクによって陰影が生じ、自然な仕上がりとなります。

POINT

湯気をマスクして調整する際に、猿の顔や手など目立たせたい部分をはっきりさせ、その周辺は画面外に向かって緩いグラデーションにするイメージで作業すると、自然に仕上がります。

# 149 主役の周辺を暗くして目立たせたい

**使用機能** グラデーションで塗りつぶし、ソフトライト

円形のグラデーションを使って四隅を暗くします。グラデーションを組み合わせて塗りつぶしの色に深みを持たせます。

## グラデーションを組み合わせる

**1** 調整レイヤーを作成します。素材「動物.jpg」を開き、ツールバーで[描画色]を#000000、[背景色]を#ffffffに設定しておきます。

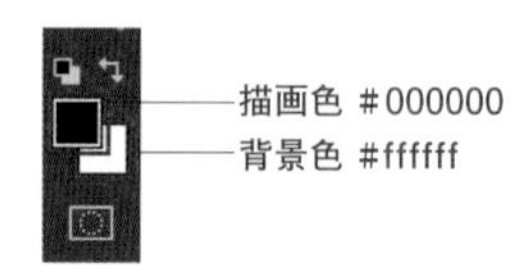


**2** レイヤーパネルの[塗りつぶしまたは調整レイヤーを新規作成]ボタンをクリックし❶、[グラデーション]をクリックします❷。

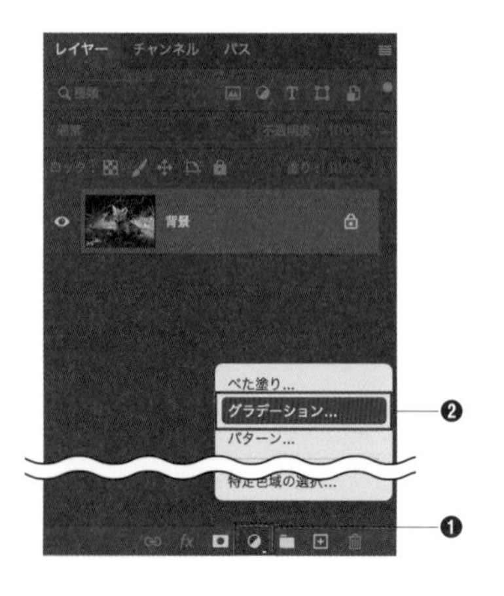


**3** [グラデーションで塗りつぶし]ダイアログが表示されるので、[スタイル]を[円形]❶、[比率]を85%として❷、[逆方向]にチェックを入れます❸。[グラデーション]をクリックします❹。

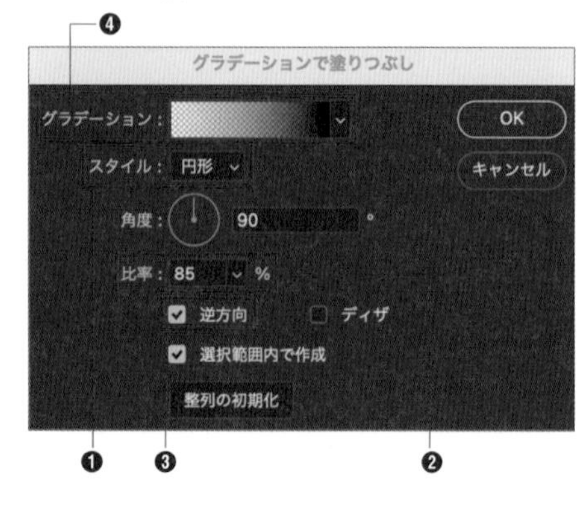

4 [グラデーションエディター] ダイアログが表示されます。[プリセット] の [基本] → [描画色から透明に] を選択します❶。右下のカラー分岐点をクリックします❷。

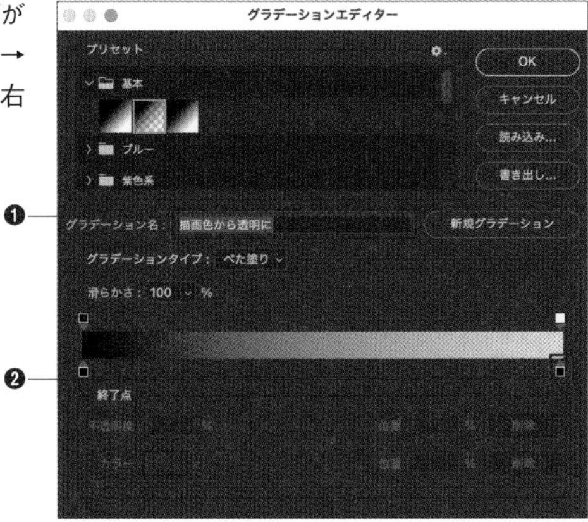


5 [カラー]の[背景]をクリックして選択し❶、[OK] ボタンをクリックします❷。

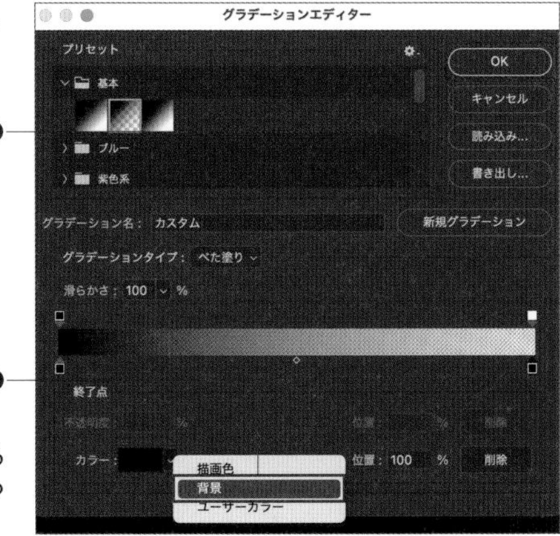


Memo

グラデーションの終了点の[カラー]を[背景]とすることで、描画色(#000000)から背景色(#ffffff)、つまり黒から白のグラデーションが作成されます。

6 作成されたレイヤー[グラデーション1]を選択し、[描画モード]を[ソフトライト]とします。

Memo 中心に向かって黒から白へのグラデーションを、[描画モード]を[ソフトライト]として使うことで、外側は暗く中心はやわらかい光の表現ができます。

7 さらに、グラデーションを複製し深みのある影を作成します。レイヤー[グラデーション1]を選択し❶、[レイヤー]メニュー→[レイヤーを複製]をクリックします❷。

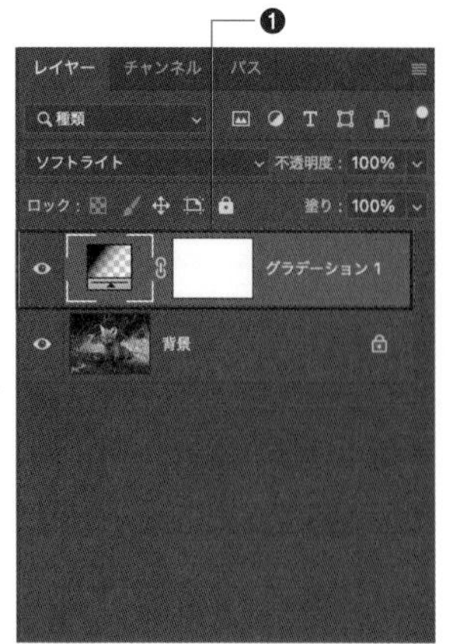


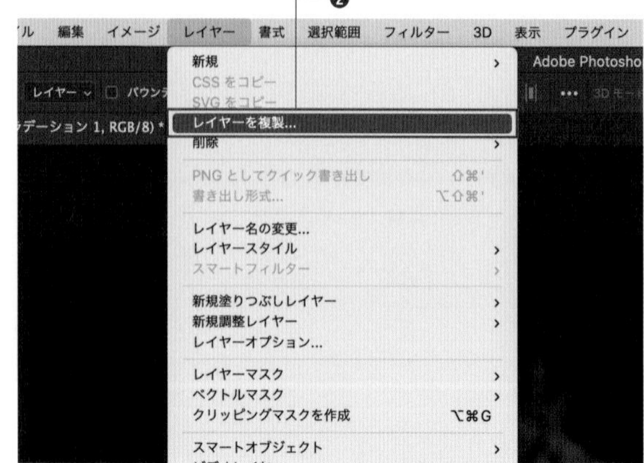


8 [レイヤーを複製]ダイアログが表示されるので、[新規名称]を「グラデーション2」とし❶、[OK]ボタンをクリックします❷。

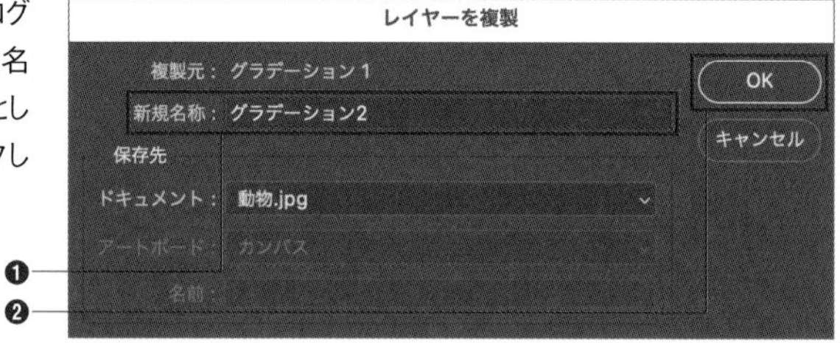


9 このままでは暗くなりすぎるので、レイヤー[グラデーション2]を選択し❶、[不透明度]を50%として❷、完成です。

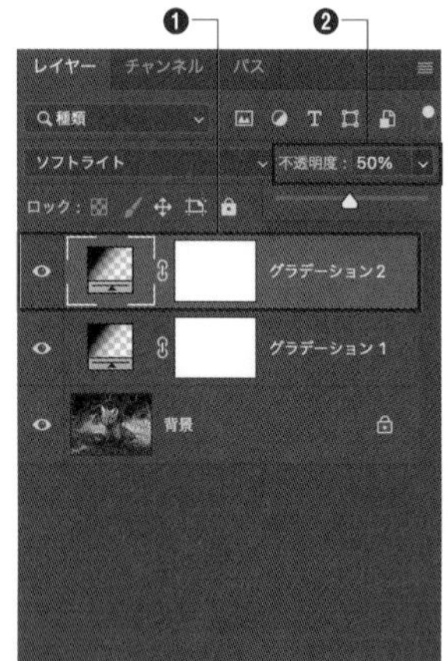

# 150 街灯や建物の光をより魅力的に表現したい

使用機能　[ブラシ] ツール、オーバーレイ

レイヤーの描画モードを [オーバーレイ] とし、ブラシで描くことで光を表現できます。

## 円ブラシで光を表現する

1 素材「背景.jpg」を開き、上位に新規レイヤー[光]を作成します。

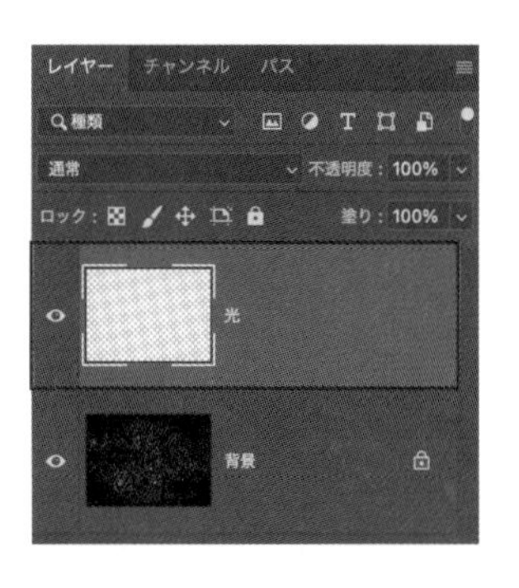


2 レイヤーパネル上でレイヤー[光]の[描画モード]を[オーバーレイ]とします。

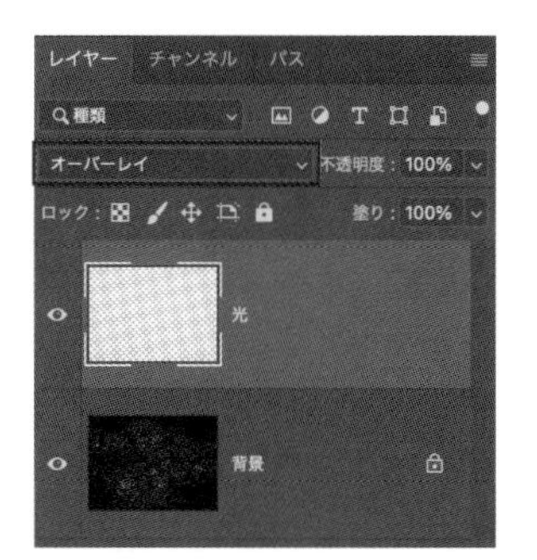


3 ブラシを設定します。[ブラシ] ツールを選択します。

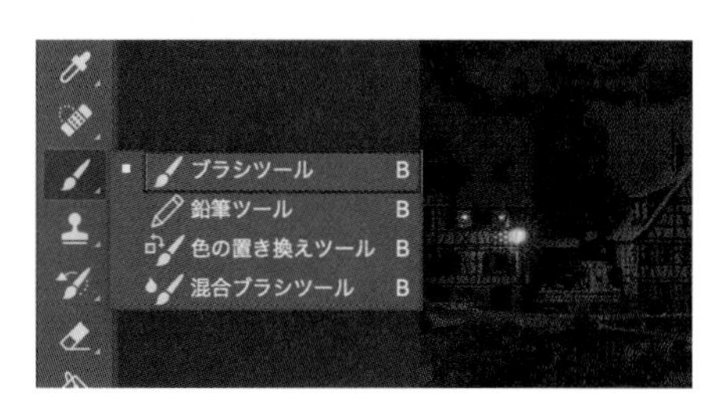

4 [直径]を300px❶、[ソフト円ブラシ]を選択します❷。コントロールパネルの[不透明度]は50%とします❸。[描画色]は#e6daaeとします❹。

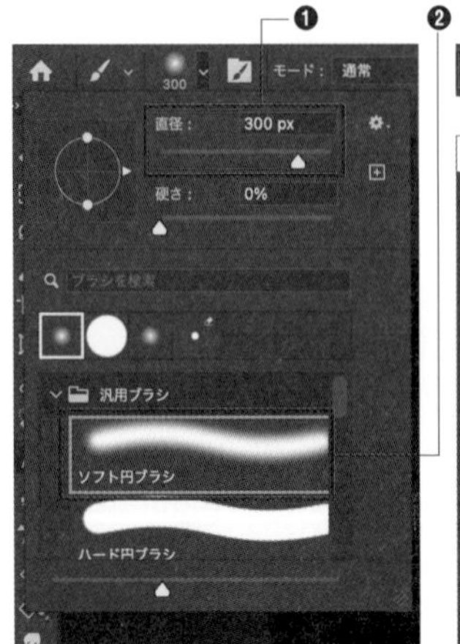

5 光を描きます。レイヤー[光]を選択し、窓などのもともと光っている部分にドラッグして描写し、明かりを強調します。光を足したい部分を何度も描写すると光を強めることができます。

**Memo**

[描画モード]を[オーバーレイ]にしていない通常の状態だと図のようになります。ソフト円ブラシでぼんやりと描写された状態が確認できます。

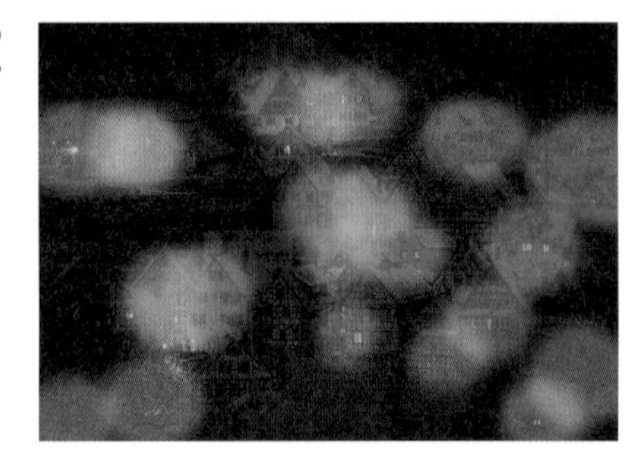

# 151 斜光を作りたい

使用機能 [楕円形選択] ツール、雲模様1、雲模様2、ぼかし（放射状）、描画モード

[フィルター] メニューと描画モードを組み合わせることによって、斜光のような加工を行うことができます。

## フィルターと描画モードを組み合わせる

1 選択範囲を作成し、斜光の素材となる雲模様を作成します。素材「風景.jpg」を開き、上位に [新規レイヤー] を作成し、レイヤー名 [斜光] とします。

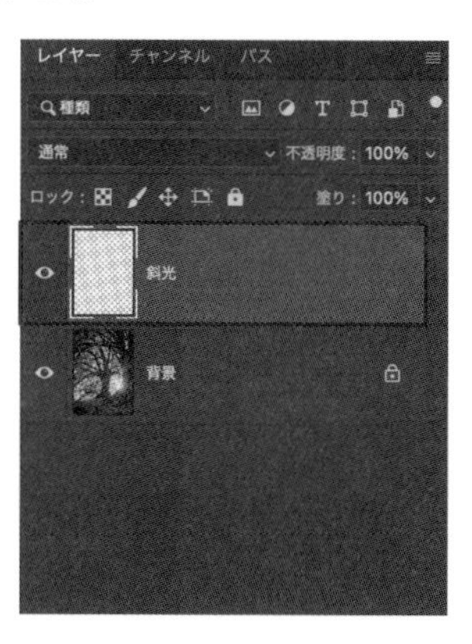

2 [楕円形選択]ツールを選択します❶。[描画色]は#000000と設定します❷。

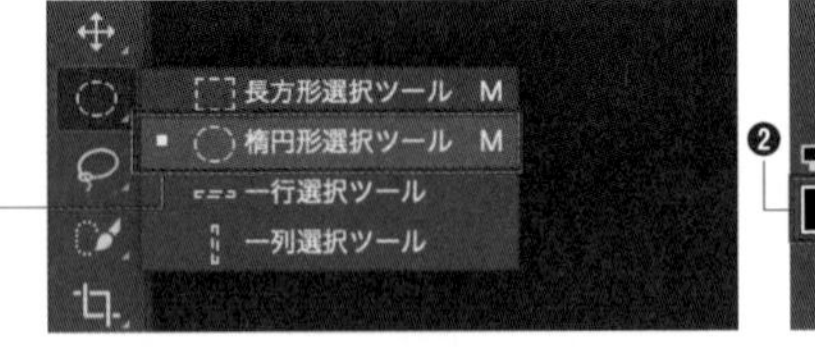


3 図のように画面左上に選択範囲を作成します。

4 [フィルター]メニュー→[描画]→[雲模様1]をクリックします。

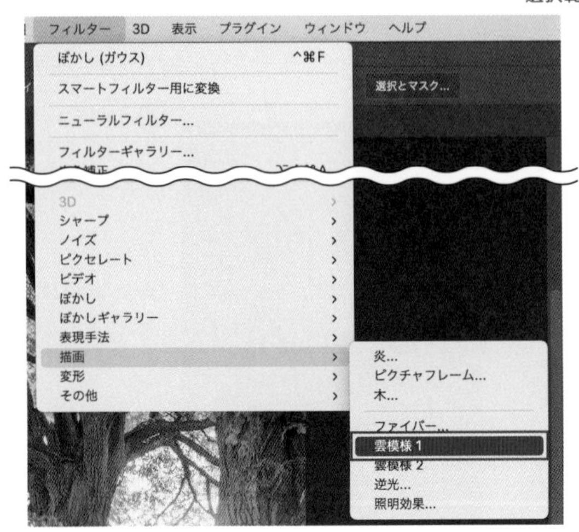


選択範囲に[雲模様1]が適用される

5 選択範囲が作成された状態のまま、さらに［フィルター］メニュー→［描画］→［雲模様2］を選択します。

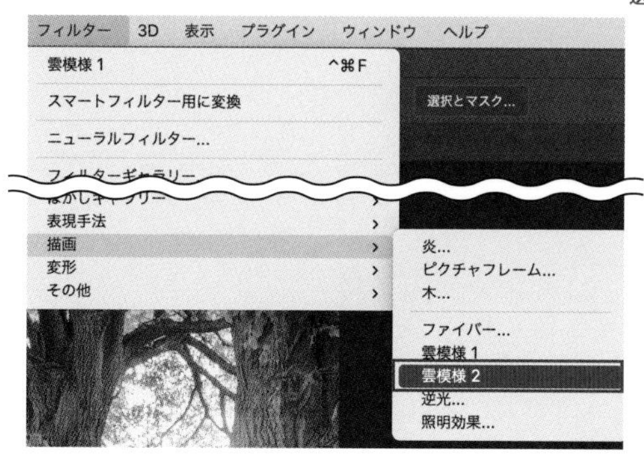


選択範囲に［雲模様2］が適用される

6 ［選択範囲］メニュー→［選択を解除］をクリックします。

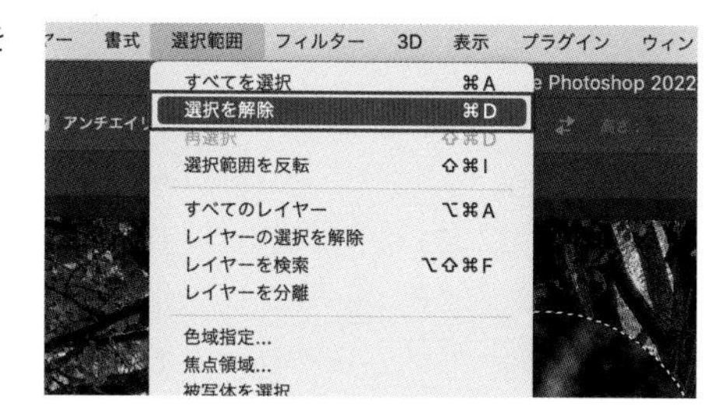


7 ［フィルター］メニュー→［ぼかし］→［ぼかし（放射状）］を選択します。

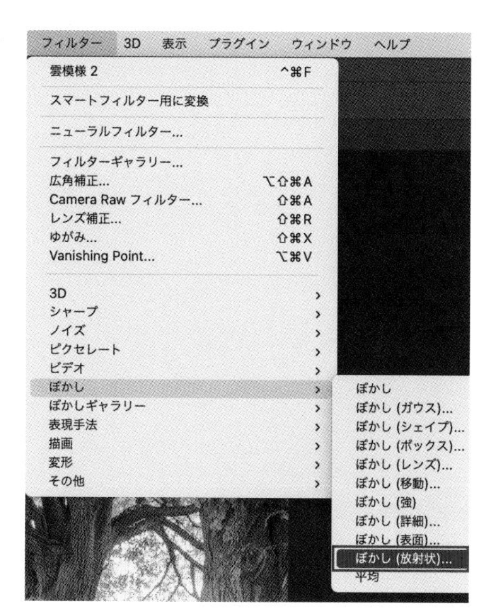

8 ［ぼかし（放射状）］ダイアログが表示されます。［量］を100❶、［方法］を［ズーム］とし❷、［ぼかしの中心］を右上にドラッグします❸。［OK］ボタンをクリックします❹。雲模様が放射状になりました。

9 より光のような加工に近づけるため、もう一度同じ［ぼかし（放射状）］のフィルターを加えます。［フィルター］メニューを開いて一番上にある［ぼかし（放射状）］をクリックします。先程とまったく同じ設定で［ぼかし（放射状）］が適用されました。

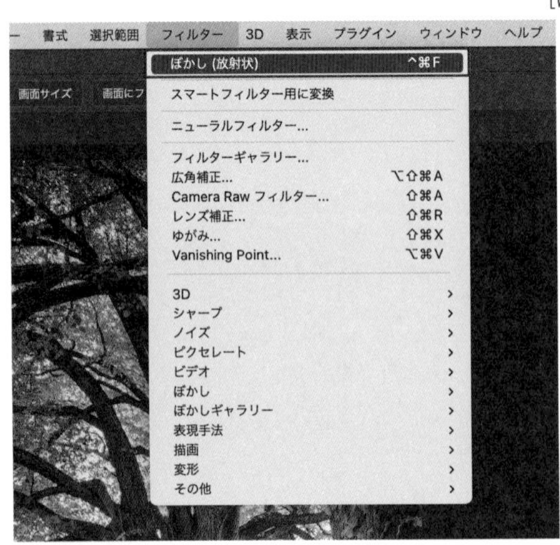

**Memo** ［フィルター］メニューには直近で使用した効果が一番上に表示されます。

10 レイヤー[斜光]を選択し、[描画モード]を[スクリーン]とします。

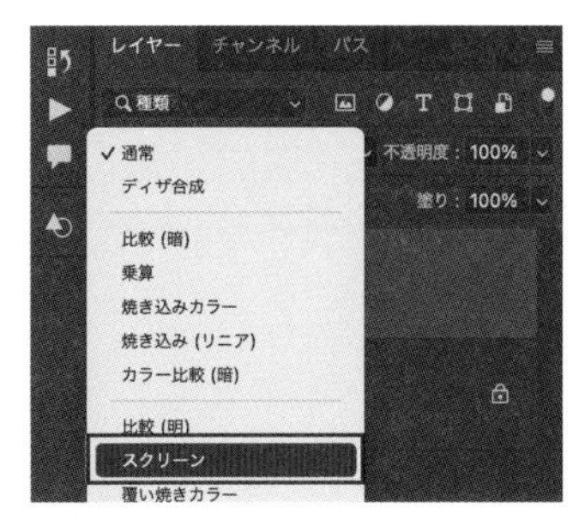

**Memo**

描画モードを[スクリーン]とすることで、画像の黒色が透過され、明るい色だけが下のレイヤーに反映されるようになります。

11 [イメージ]メニュー→[色調補正]→[レベル補正]をクリックします。

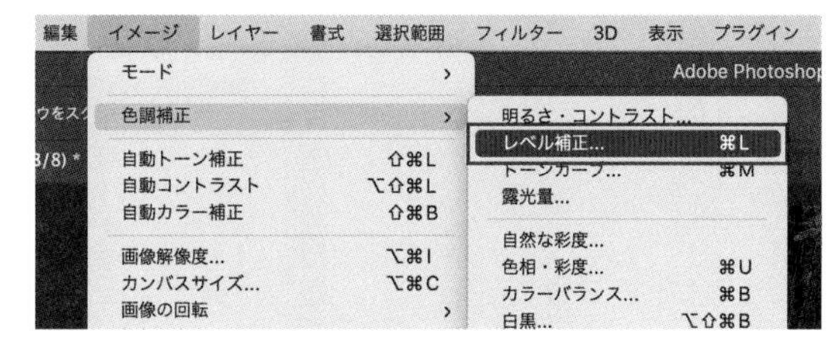


12 [レベル補正]ダイアログが表示されるので、図のように設定しコントラストを調整します。

- **中間調入力レベル** …… 0.8
- **ハイライト入力レベル** …… 110

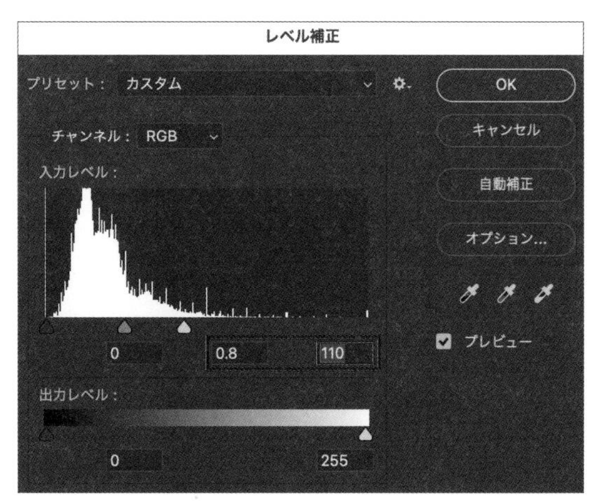

13 斜光のサイズと色味を調整します。[編集]メニュー→[自由変形]をクリックします。

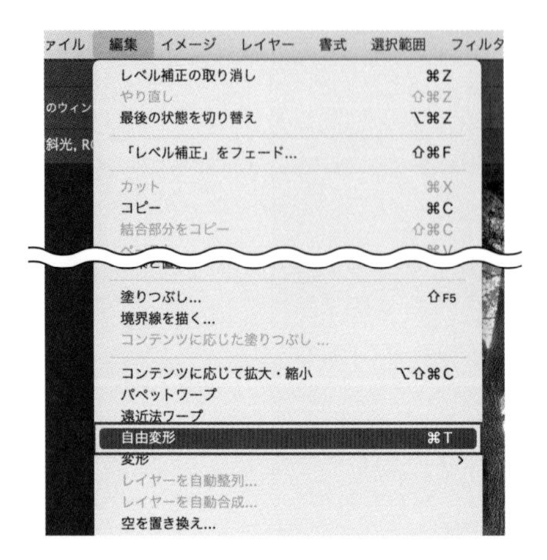

14 図のように右上から画面全体に斜光が落ちるようにサイズを調整します。

15 [イメージ]メニュー→[色調補正]→[色相・彩度]をクリックします。

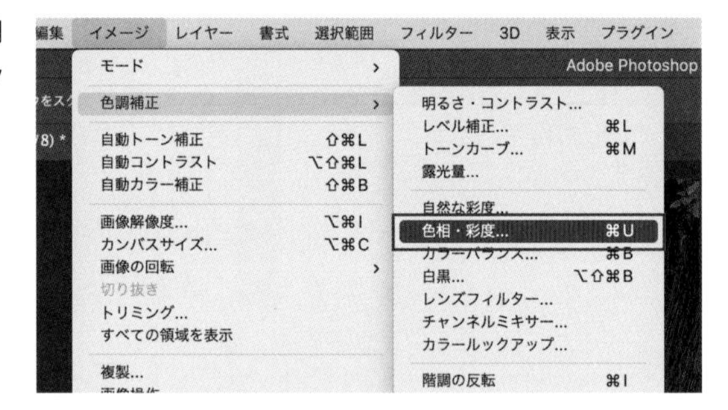

16 [色相・彩度]ダイアログが表示されます。斜光をイエロー系にしたいので、[色彩の統一]にチェックを入れてから❶、色味を調整して完成です❷。

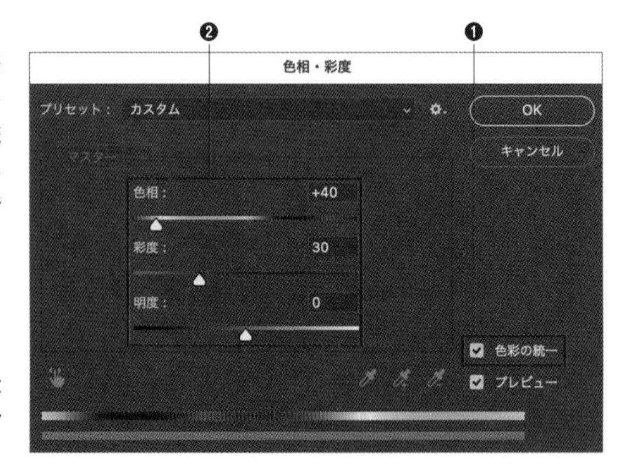

[色彩の統一]にチェックを入れることで、元の色相指定に関係なく、指定した色相に変えることができます。

# 152 水彩画風に加工したい

使用機能　フィルターギャラリー、描画モード

フィルターギャラリーの効果と描画モードを組み合わせて、写真を水彩画風の質感に加工します。

## フィルターギャラリーと描画モードを組み合わせる

1. 素材「風景.jpg」を開きます。レイヤー[背景]を選択し、[レイヤー]メニュー→[レイヤーを複製]をクリックします。

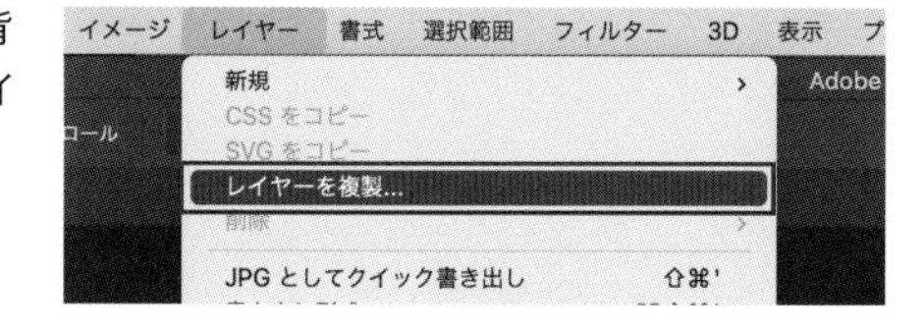


2. [レイヤーを複製]ウィンドウが表示されたら[新規名称]を「フィルター」とし❶、[OK]ボタンをクリックします❷。

3. レイヤー[フィルター]を選択し、[描画モード]を[乗算]とします。

4 ［フィルター］メニュー→［フィルターギャラリー］をクリックします。

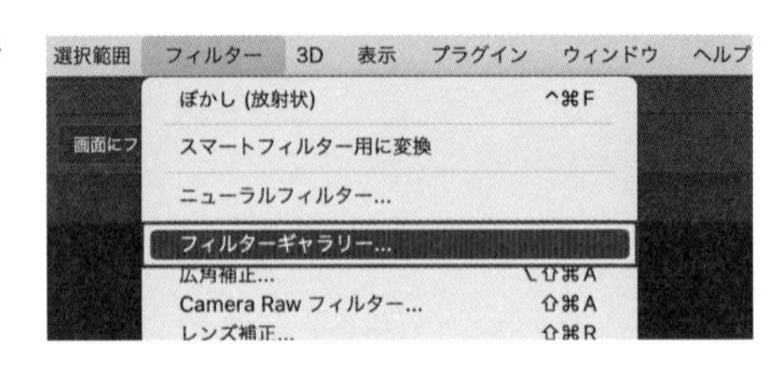


5 ［フィルターギャラリー］専用のウィンドウに切り替わります。［表現手法］→［エッジの光彩］を選択し❶、図のように設定し❷、［OK］ボタンをクリックします❸。

- **エッジの幅** …… 2
- **エッジの明るさ** …… 20
- **滑らかさ** …… 15

**Memo** ［エッジの光彩］の適用によって、エッジが太く明るく滑らかになります。この設定は次の工程に影響します。

6 ［イメージ］メニュー→［色調補正］→［階調の反転］を選択します。絵の具で描いたような雰囲気に変わりました。

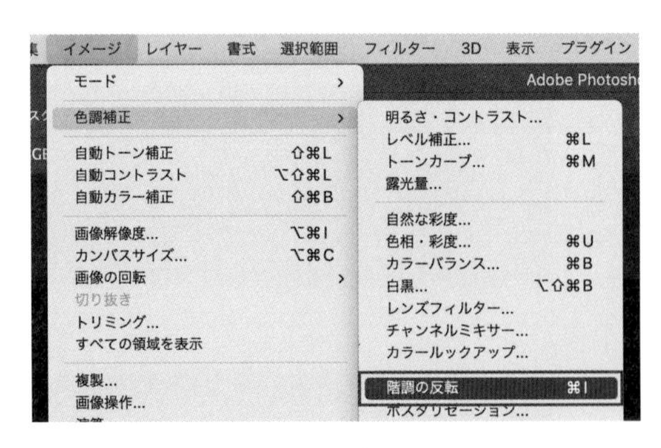

絵の具で描いたような雰囲気になった

**Memo** 先の手順で行った［描画モード］［乗算］で白は透過され、白黒以外の色は、その色に応じて暗くなります。ここでは［階調の反転］をすることで、空や地面の白は透過し、［エッジの光彩］で作成したエッジの太く滑らかな線が暗い色で反映されています。結果的に絵の具のにじみのようなやわらかな質感のエッジを得ることができます。

7 最上位にテクスチャを配置して完成です。素材「テクスチャ.jpg」を開き、最上位に配置します ▸▸035。

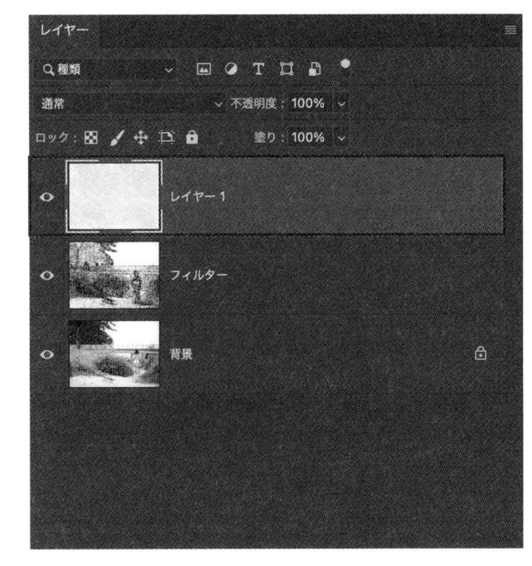


**Memo**

テクスチャを配置することで紙のカンバスに描いたような質感を出します。

8 ［描画モード］を［比較（暗）］として完成です。

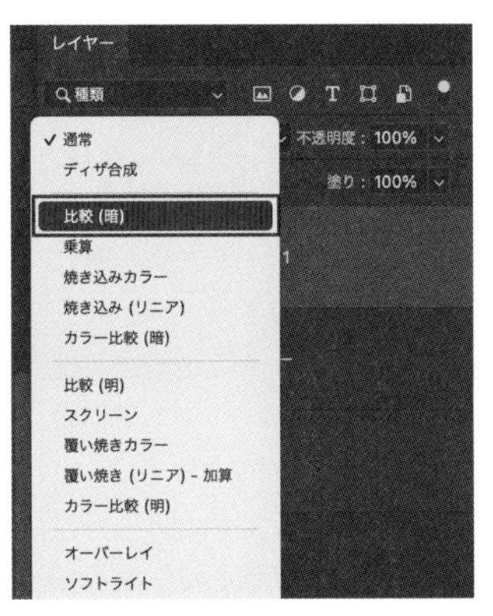

153

# 背景をぼかして主役を強調したい

使用機能 [自動選択]ツール、フィールドぼかし

背景をぼかすことで主役を強調します。距離に合わせてぼかしを加えることで、自然なぼけを表現します。

## [フィールドぼかし]の使用

1 人物の選択範囲を作成します。素材「人物.jpg」を開き、[自動選択]ツールを選択します。

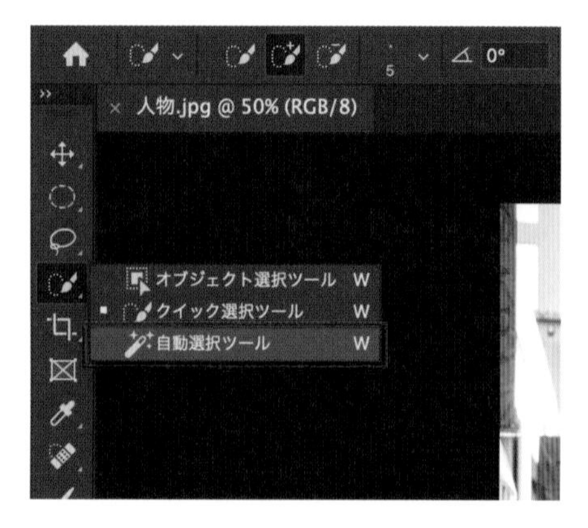

## 2

コントロールパネルから［被写体を選択］をクリックします❶。自動的に人物の選択範囲が作成されます❷。

## 3

選択範囲を反転し、主役以外にぼかしを加えます。［選択範囲］メニュー→［選択範囲を反転］をクリックします❶。選択範囲が反転して、人物以外が選択されました❷。

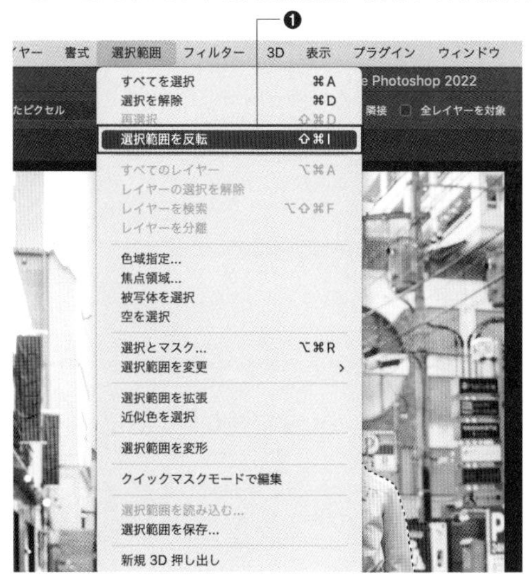

4 [フィルター]メニュー→[ぼかしギャラリー]→[フィールドぼかし]を選択します。

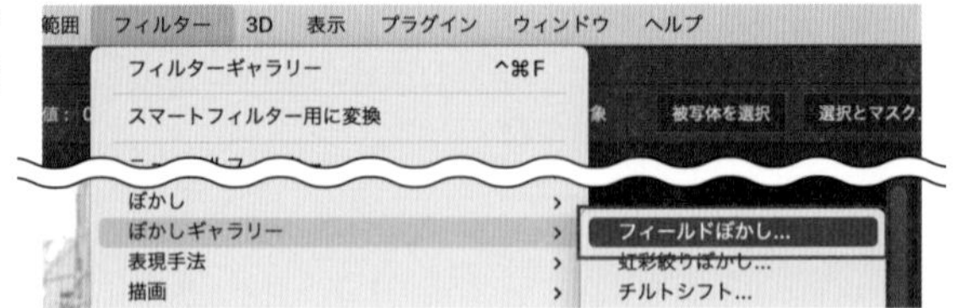


5 専用の画面に切り替わります。画面中央にポインタが表示されているので、人物の膝あたりまで下方向にドラッグします。

ドラッグ

Memo 画面中央にポインタが表示されていない場合は、いったん[キャンセル]ボタンで終了し、[表示]メニュー→[表示・非表示]→[編集ピン]をクリックしてから、再度[フィールドぼかし]画面を開きます。

6 人物の足元でクリックし、ポインタを追加します。

クリックしてポインタを追加する

7 人物の足元がぼけていると違和感が生まれるので、足元周辺のぼけだけ解除します。追加したポインタを選択した状態で、画面右側から[フィールドぼかし]→[ぼかし]を0pxとします。[OK]ボタンを押して確定します。

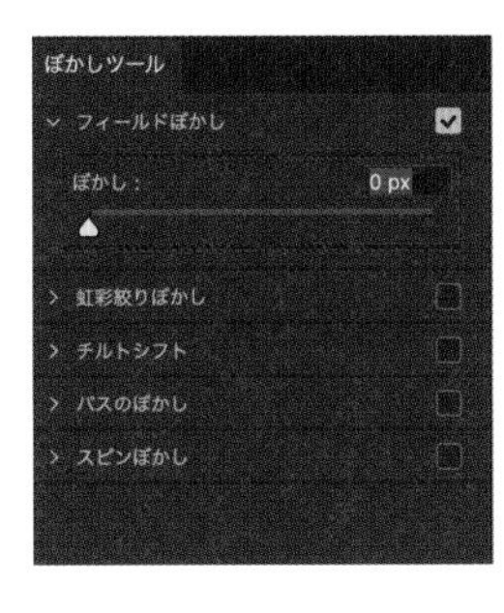

足元だけぼけがなくなった

8 [選択範囲]→[選択を解除]をクリックして範囲選択を解除します。

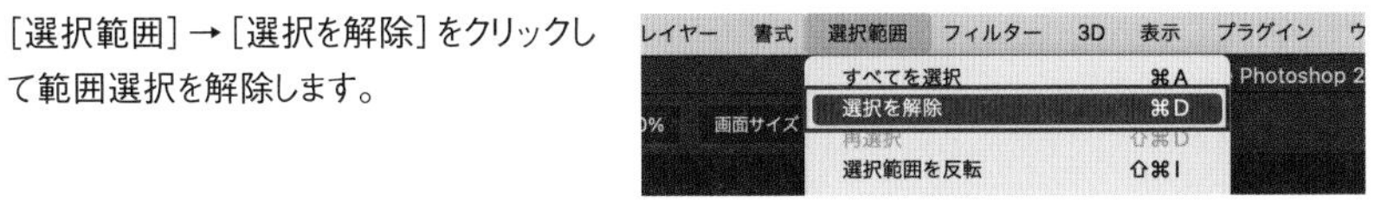


9 背景だけがぼけることで主役が強調されました。

## [色相・彩度]と[自然な彩度]の違い

[色相・彩度]を使った場合、均一に全体の彩度が上がります。一方[自然な彩度]を使うと、彩度の高い部分はできるだけ彩度を保ちつつ、彩度の低い部分の彩度が下がり、彩度のバランスがとれたような仕上がりになります。下図の[自然な彩度]の例では、彩度の低い左側の建物や空の中間部分、水面に映り込むカラーの彩度が上がっています。

元画像

[色相・彩度][彩度:+100]

[自然な彩度][自然な彩度:+100]

# 実践的な合成のテクニック

Chapter

12

# 画像合成の基本について知りたい

| 使用機能 | - |
|---|---|

複数の画像を合成する際に覚えておきたい基本的なテクニックを紹介します。各工程は個別に作例を用意していますので、ここでは合成の流れを紹介します。

## 合成使用する画像の選び方

合成する写真を比較して、カメラアングルや光のあたり方を観察します。ⒶⒷのように同じ撮影条件の画像を選ぶと、切り抜いて配置するだけで簡単に違和感のない合成ができますⒸ。

ⒹとⒺのように撮影条件の違う画像を合成する際は、できるだけカメラアングルの近い画像を選ぶようにします。ある程度の明るさや色味は補正ができますが、カメラアングルは調整が難しいからです。完全にアングルを揃えることは難しいので、まずはアングルが「正面」「下から」「上から」といったような、おおまかなとらえ方で練習してみましょう。

## 画像合成の流れ

### ①画像を切り抜く

[被写体を選択][自動選択][ペン]ツールなどを使用して、人物を切り抜きます。街並みをよく観察し、道路のラインやマンホールを目安に人物のサイズを決め配置します ▸▸014 ▸▸015 ▸▸016 ▸▸135。

### ②明度・彩度を揃える

背景に合わせて人物の明度・彩度を調整します ▸▸162。

### ③画像のノイズ感を揃える

2枚の画像のノイズ感を比較すると、人物よりも背景のノイズが強いことがわかります。背景のノイズに合わせて、人物にノイズを加えます。ノイズを加えるだけでは質感や画像の荒れた感じが揃いにくいので、[ぼかし(ガウス)]を加え、少しだけ画質を落とすことでなじませます ▸▸110 ▸▸116。

### ④光源を揃える

街並みは左上から逆光気味に光があたっているのに対して、人物は右側から光があたっているので、[描画モード]の[オーバーレイ]と[ブラシ]ツールの描写を使って、陰影を整えます ▸▸144 ▸▸162。

### ⑤ブラシツールで影を描写する

街並みの影と同じ方向を意識して、[ブラシ]ツールで影を描写します。基本的な画像合成の流れはこのようになります ▸▸052。

**Memo**

基本的な合成の流れではありませんが、定番のテクニックとして、この作例では背景に[フィールドぼかし]を加え、全体の色味を[レンズフィルター]を使って統一しています ▸▸078 ▸▸153。

# 風景画像に雪を降らせたい

**使用機能**　[ブラシ] ツール

ソフト円ブラシをベースに雪のようなブラシを作成し、風景の画像に雪を降らせます。

## ブラシ設定の変更

**1** 「背景.jpg」を開き、[ブラシ]ツールを選択します❶。[ウィンドウ]メニュー→[ブラシ設定]をクリックします❷。

2

［ブラシ設定］パネルが表示されます。プリセットの最初に登録されている［ソフト円ブラシ］を使用します。［ブラシ先端のシェイプ］を選択し❶、［直径］を30pxとします❷。［間隔］にチェックを入れ［間隔］を300%と設定します❸。プレビューでブラシの間隔が広がったことが確認できます。

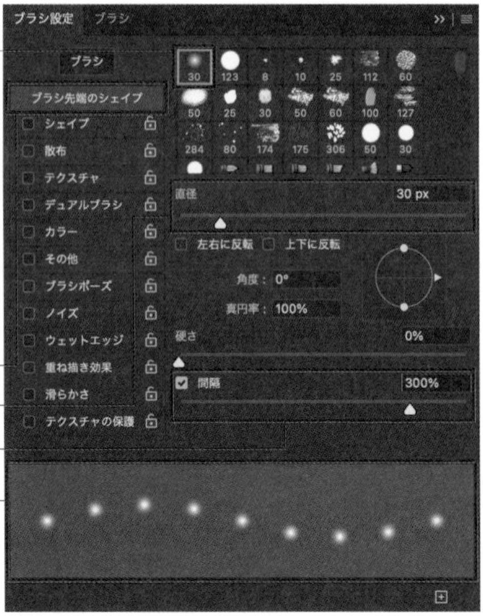

ソフト円ブラシ

ブラシのプレビュー

Memo

ブラシ設定を変更して、雪のようなブラシを作成します。

3

［シェイプ］を選択し❶、［サイズのジッター］を100とします❷。これにより、ブラシのサイズが大小とランダムに変更されながら描写されます。

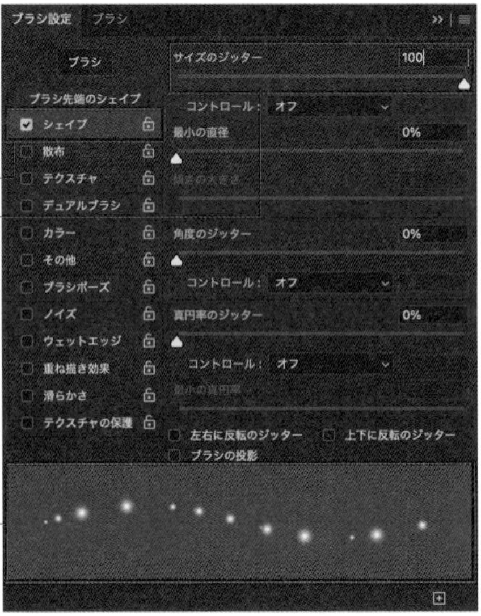

ブラシのサイズがランダムになった

Memo

［サイズのジッター］ではエフェクトのランダム度を指定できます。

4 ［散布］を選択し❶、［散布］を1000とします❷。これにより、ブラシストロークに沿って散布されたように描写されます。

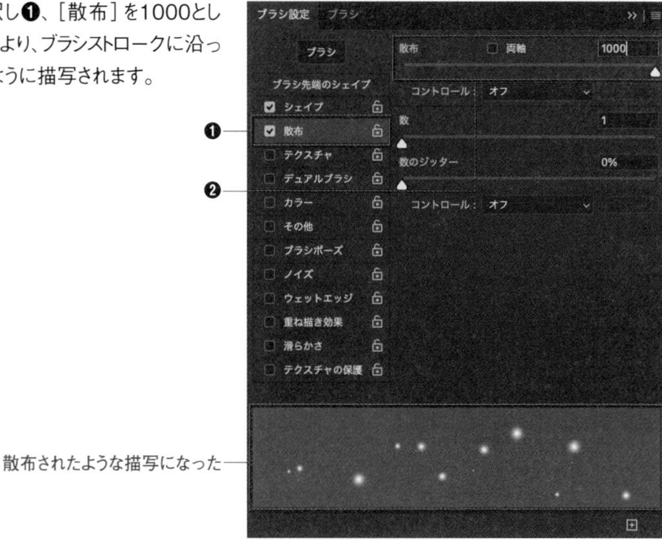

散布されたような描写になった

5 作成したブラシで雪を描きます。上位に新規レイヤー［雪（奥）］を作成します。［描画色］は#ffffffを設定しておきます。

6 レイヤー［雪］を選択し、作成したブラシを使って上から下にドラッグしながら雪を描きます。

ドラッグ

7 レイヤーの［不透明度］を50％として、風景の奥にあるような薄い印象にし、なじませます。

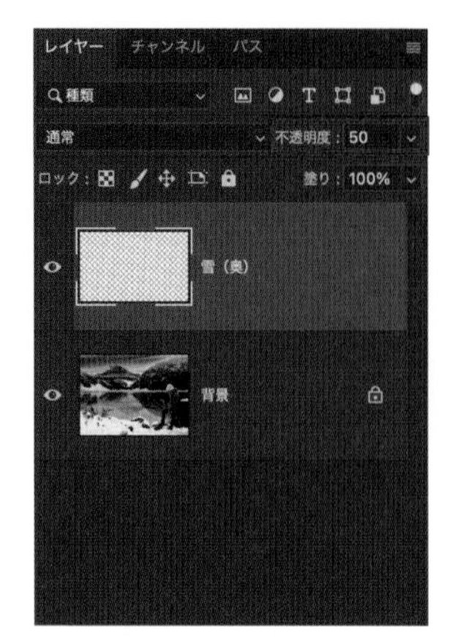

8 さらに同じ要領で上位に新規レイヤー［雪（手前）］を作成します❶。こちらは、ブラシの直径を150pxと大きくして❷手前に降る雪をイメージして描き足します❸。手前にあるように見せるために、［不透明度］は100％のままにします。

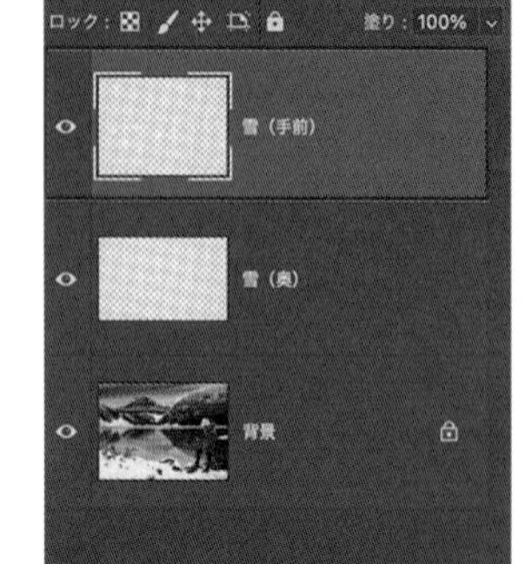

# 156 水滴を合成したい

使用機能　[ブラシ] ツール、レイヤースタイル

ブラシとレイヤースタイルを使ってグラスに付いた水滴を表現します。

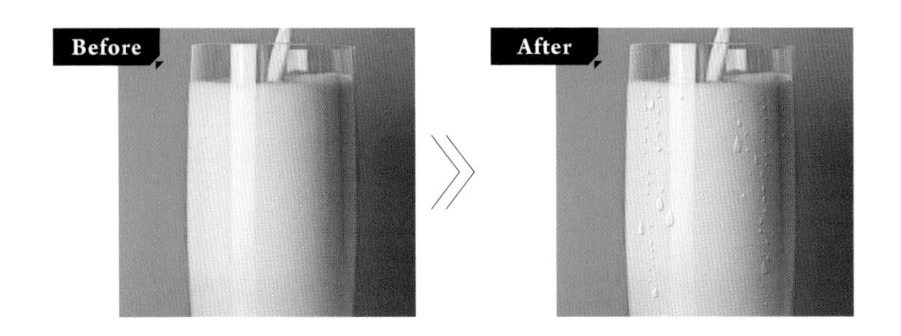


## ブラシとレイヤースタイルを組み合わせる

**1** 水滴のようなレイヤースタイルを作成します。素材「ミルク.jpg」を開き、上位に新規レイヤー[水滴]を作成し、選択します。

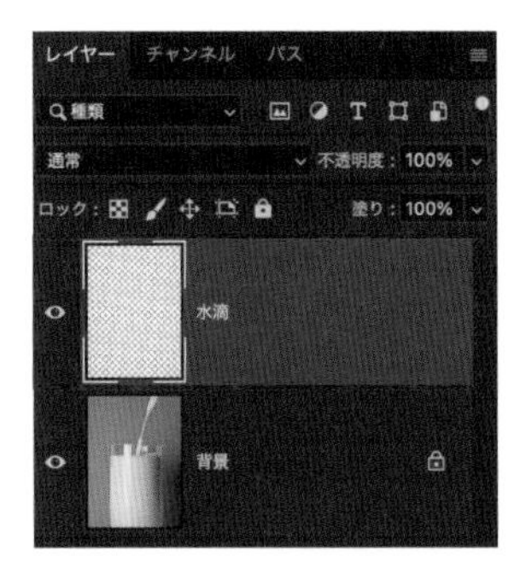


**2** [ブラシ] ツール を選択し、[ブラシの種類] を [ハード円ブラシ] ❶、[直径] を20pxとします❷。コントロールパネルは [不透明度] を100％❸、[流量] を100%とします❹。

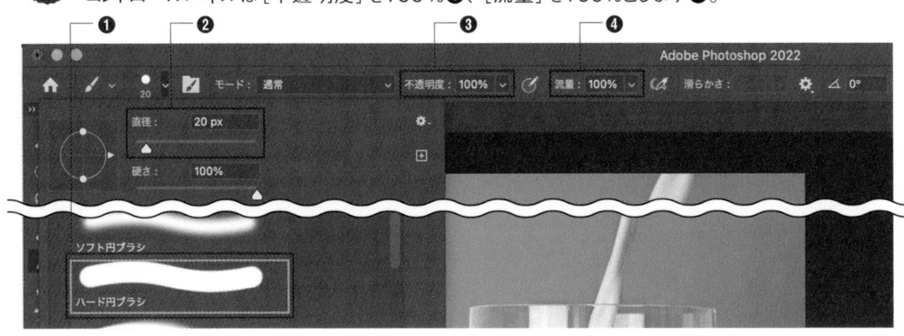

## 3

水滴をイメージしていくつか点を描いてみます❶。描いたらレイヤーの［塗り］を0%とします❷。

**Memo**

ここではわかりやすいように水滴の色の［描画色］は黒（#000000）で描いています。

## 4

レイヤー［水滴］を選択して、［レイヤー］メニューから［レイヤースタイル］ダイアログを表示します。［ベベルとエンボス］を以下のように設定します。

### ベベルとエンボス

［構造］

- **スタイル** …… ベベル（内側）
- **テクニック** …… 滑らかに
- **深さ** …… 22%
- **方向** …… 上へ
- **サイズ** …… 9px
- **ソフト** …… 3px

［陰影］

- **ハイライトのモード** …… 覆い焼きカラー
- **不透明度** …… 100%
- **シャドウのモード** …… ハードミックス
- **不透明度** …… 100%

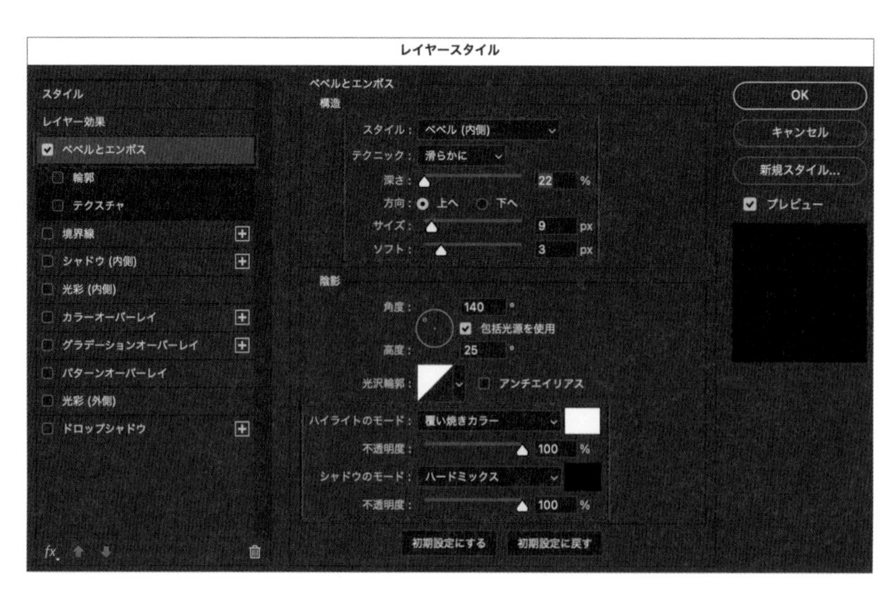

同様に、[光彩(内側)]、[ドロップシャドウ]をそれぞれ以下のように設定します。

## 光彩(内側)

[構造]
- **不透明度** …… 15%
- **描画モード** …… スクリーン
- **カラー** …… #ffffff

[エレメント]
- **サイズ** …… 15px

## ドロップシャドウ

[構造]
- **描画モード** …… ピンライト
- **不透明度** …… 30px
- **角度** …… 135°
- 包括光源を使用しない
- **距離** …… 4px
- **スプレッド** …… 0%
- **サイズ** …… 5px

6 レイヤースタイルで水滴のような表現ができました。

7 [ブラシ]ツールで水滴を描きます。[ブラシサイズ]を10～20px前後で切り替えながら、サイズの異なる水滴を描いていきます。

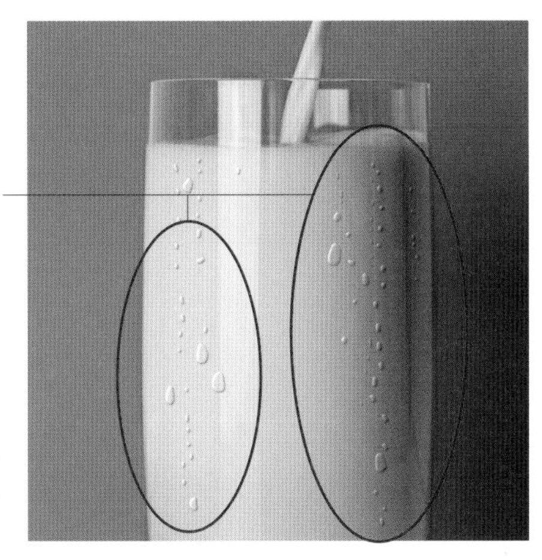


**Memo**

うまく描写するのが難しい場合は、上から下へのラインを意識して、細かいサイズの水滴を描いてから大きなサイズの水滴を描くとスムーズです。

**8** 水滴が描けたら[指先]ツールを選択します❶。[ブラシの種類]を[ソフト円ブラシ]❷、[直径を40px❸、[強さ]を50%とします❹。

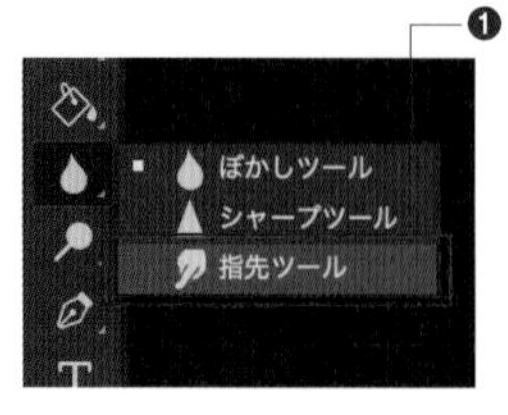

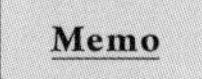


[指先]ツールを使用すると、指でなぞったような加工ができます。ここでは先程描いた水滴の上部分をなぞって、水の流れをよりリアルに表現します。

**9** 1粒の水滴ごとに、水滴の上半分あたりから画面上方向になぞり、水滴の流れを表現します。バランスを見て上方向だけでなく、横や斜め方向にもなぞります。グラスに付いた水滴が再現できました。

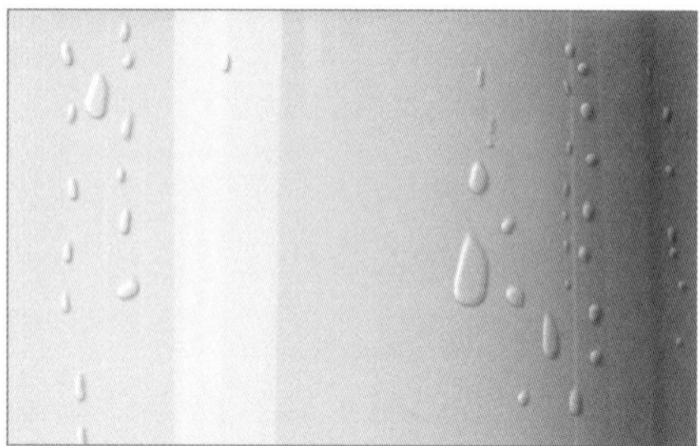

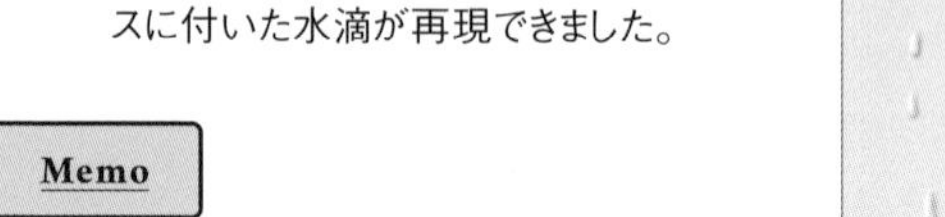


全部の水滴をなぞるとぼやけた印象になるので、バランスを見て作業しましょう。

**POINT**

レイヤースタイルで複数の効果を適用する際は、それぞれの効果の役割を混同しないように注意しましょう。ここでは[ベベルとエンボス]でベースとなる立体感を作り、[光彩(内側)]で光のあたり方を微調整、[ドロップシャドウ]で水滴から落ちる影を作るといった役割となっています。

# 157 夜空に星を合成したい

使用機能　スクリーン、レベル補正

夜空の写真に星を合成します。暗い背景を持つ画像は［描画モード］の［スクリーン］を使うときれいに合成できます。

## 描画モードを活用した合成

1 素材「夜空.jpg」を開きます。［ファイル］メニュー→［埋め込みを配置］をクリックし、埋め込むファイルに素材「星空.jpg」を選択し、図のように配置します。

「夜空.jpg」の上に「星空.jpg」を配置する

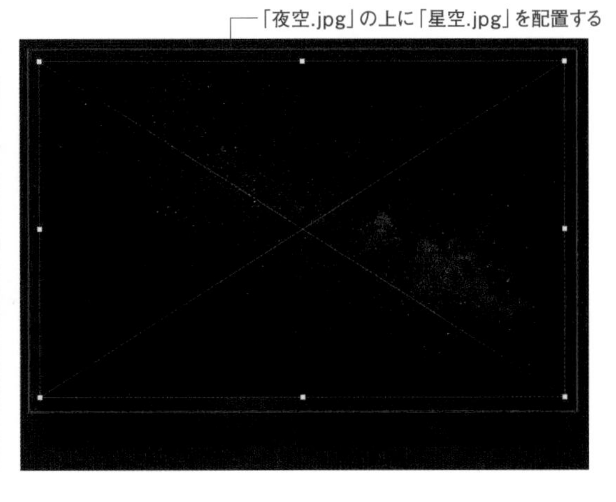

**2** 一時的にレイヤー［星空］を非表示にします❶。レイヤー［背景］を選択し❷、［クイック選択］ツールをクリックします❸。

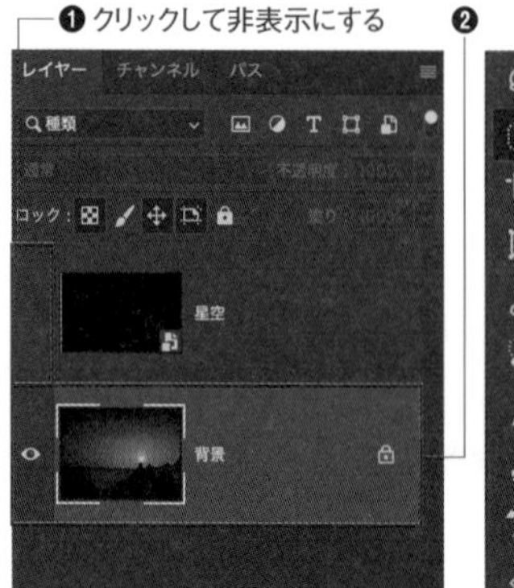


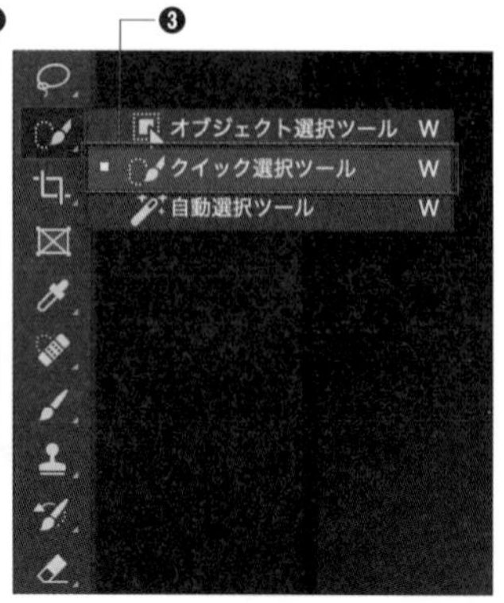


**3** クリックして空の選択範囲を作成します。

**4** 選択範囲を作成したらレイヤー［星空］を表示し❶、レイヤーパネル上で［レイヤーマスクを追加］ボタンをクリックします❷。星空が合成されました。

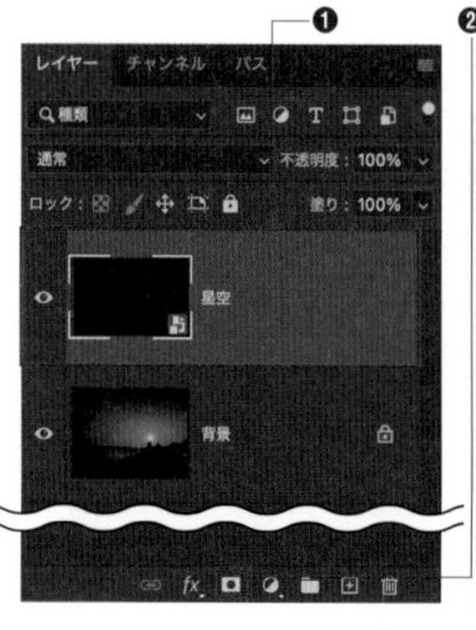

**5** ［描画モード］を［スクリーン］とします。合成された星空部分が明るくなり、違和感が少し薄まりました。

**Memo** ［描画モード］を［スクリーン］とすることで、画像の黒色が透過され、明るい色だけが下のレイヤーに反映されるようになります。結果的に、星空の画像の明るい星の部分だけが下のレイヤーに反映されます。

**6** さらに星空のコントラストを調整します。レイヤー［星空］を選択し❶、［イメージ］メニュー→［色調補正］→［レベル補正］をクリックします❷。

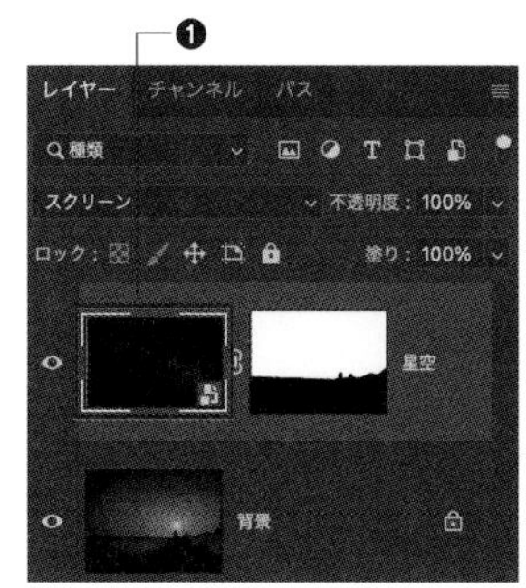


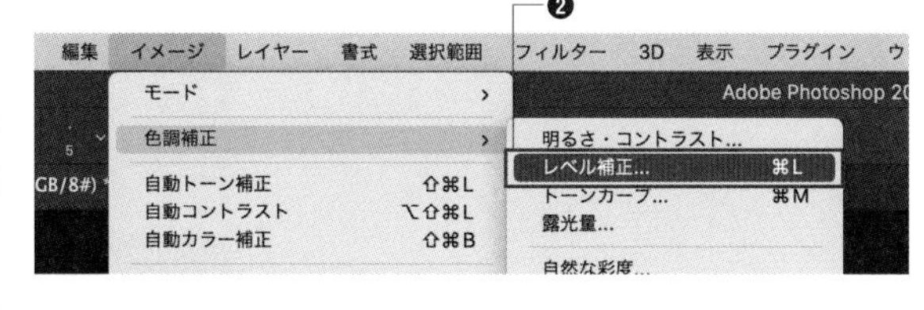


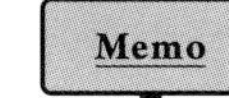

手順4で追加したレイヤーマスクのほうを選択しないようにしましょう。

**7** ［レベル補正］ダイアログが表示されます。以下の設定を行い、コントラストを上げて星空を強調したら完成です。

- **シャドウ入力レベル** …… 15
- **中間色入力レベル** …… 0.45
- **ハイライト入力レベル** …… 170

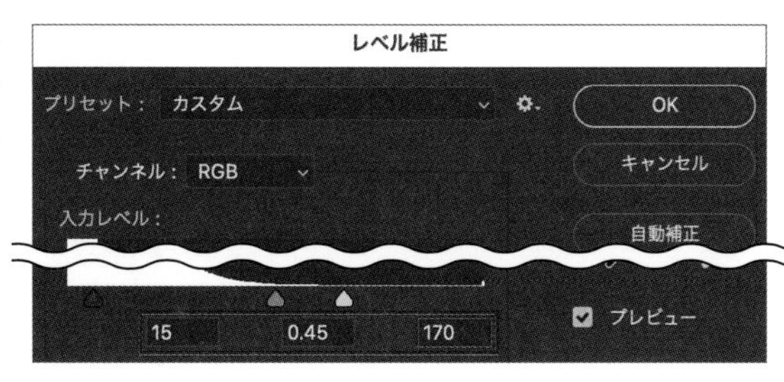


## POINT

暗い背景を持った星や花火などの画像は、［描画モード］に［スクリーン］を使用すると簡単に合成することができます。光具合の調整や、自然になじませたいときは、［レベル補正］を使って明るさを調節します。

# 光のエフェクトを使って装飾したい

**使用機能** 逆光、ぼかし(放射状)、波形、ぼかし(ガウス)

複数のフィルターを組み合わせて、抽象的な光のエフェクトを作成します。

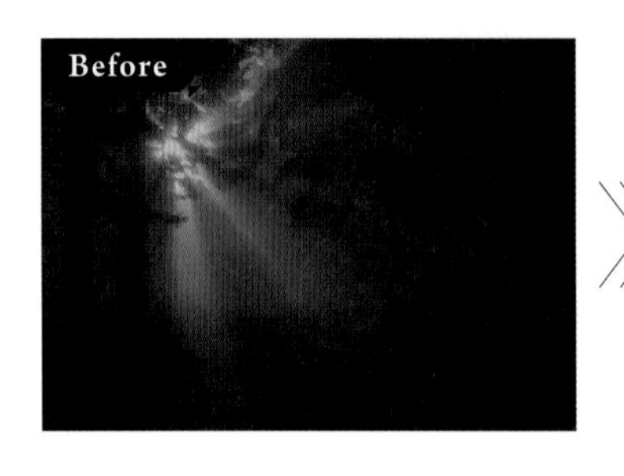


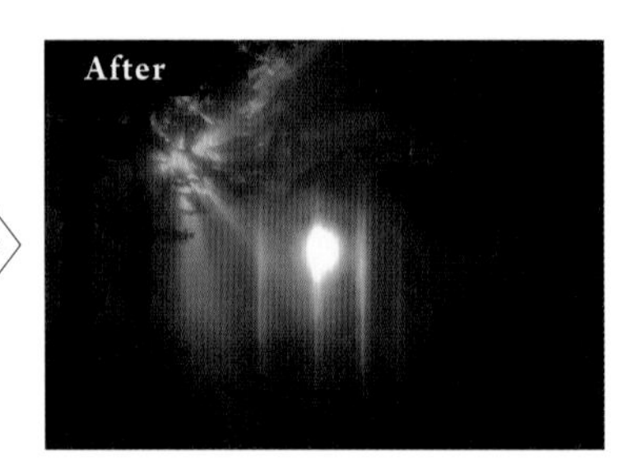


## 複数のフィルターを組み合わせる

**1** 円形の光を作成します。素材「背景.jpg」を開き、[フィルター]→[描画]→[逆光]をクリックします。

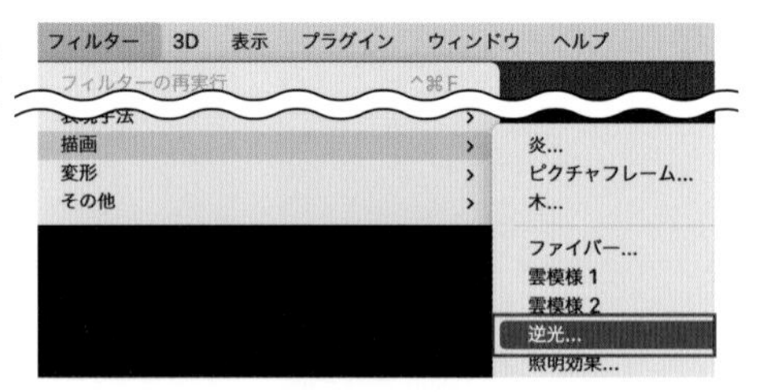


**2** [逆光]ダイアログが表示されます。ドラッグし、光を中央に配置します❶。[明るさ]を100%とし❷、[50-300mmズーム]を選択し❸、[OK]ボタンをクリックします❹。

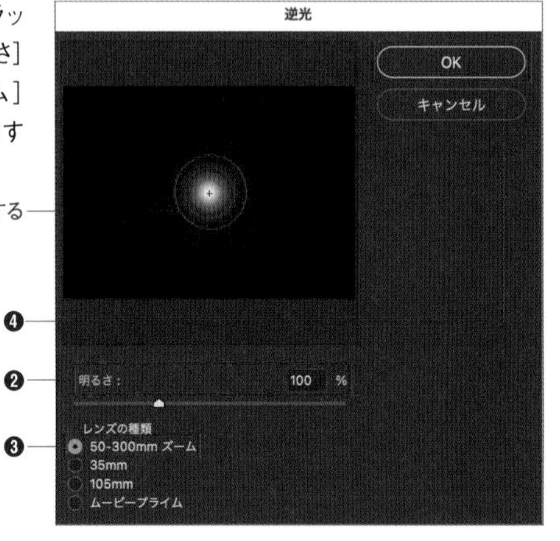

**3** ［フィルター］→［ぼかし］→［ぼかし（放射状）］をクリックします❶。［ぼかし（放射状）］ダイアログが表示されます。［量］を100❷、［方法］を［ズーム］❸、［画質］を［標準］とし❹、［OK］ボタンをクリックします❺。

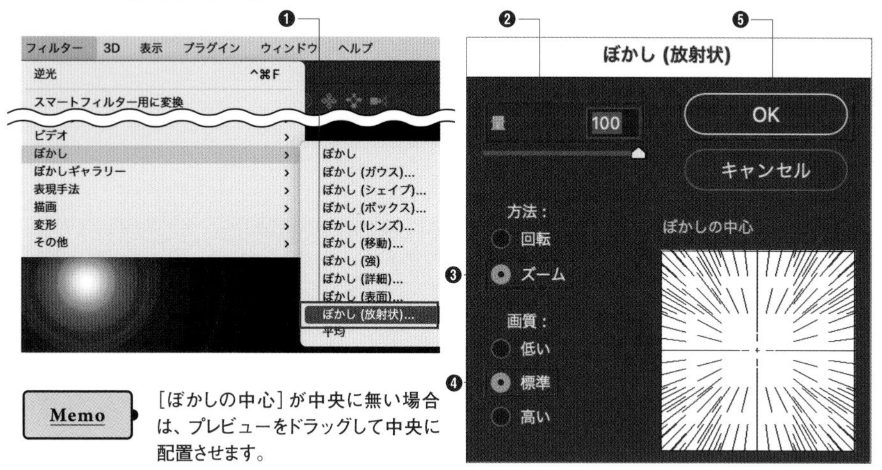


**Memo** ［ぼかしの中心］が中央に無い場合は、プレビューをドラッグして中央に配置させます。

**4** ［イメージ］→［色調補正］→［レベル補正］をクリックして、［レベル補正］ダイアログを表示します。コントラストを高く補正します❶。［OK］ボタンをクリックします❷。

- **シャドウ入力レベル** …… 20
- **中間調入力レベル** …… 0.86
- **ハイライト入力レベル** …… 237

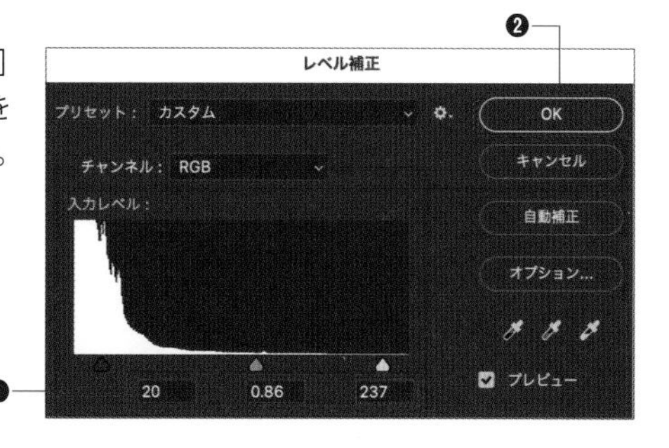


**5** 円形の光が作成できました❶。次に、波形を使った光を作成します。上位に新規レイヤー［光2］を作成します❷。

❶円形の光が作成できた

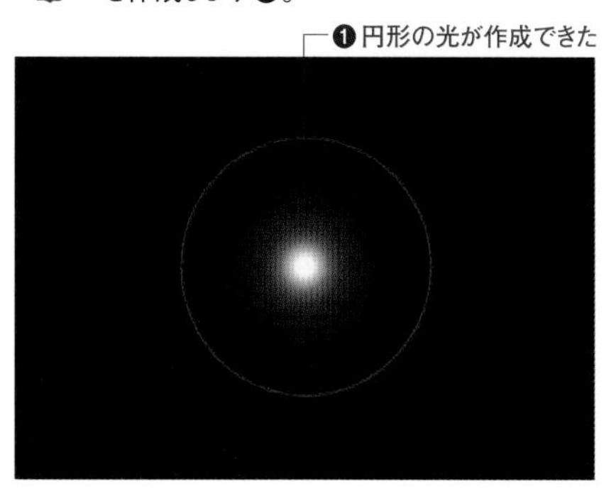

❷上位にレイヤーを作成する

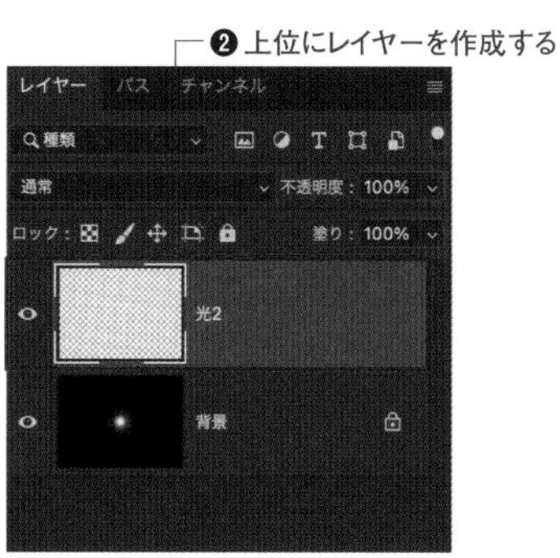


Chap 12 実践的な合成のテクニック

**6** [描画色]を#000000[背景色]を#ffffffとし❶、[グラデーション]ツールを選択します❷。グラデーションの種類は初期設定の[描画色から背景色へ]を選択します❸。

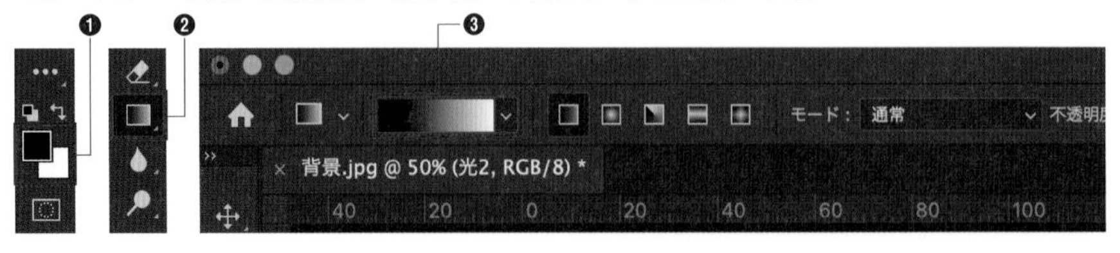


**7** カンバスの上端から下端にドラッグし、グラデーションを作成します。

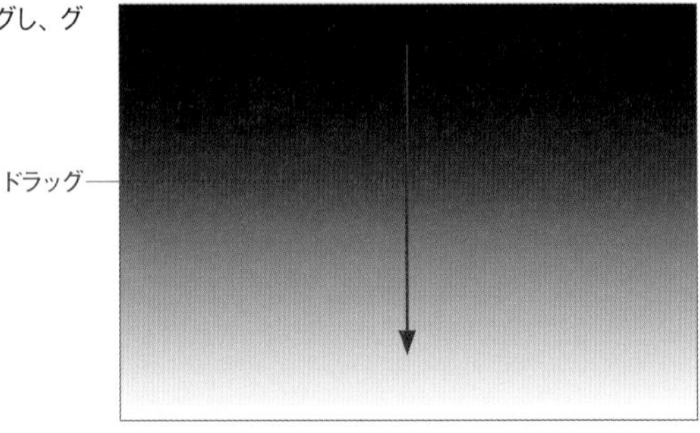


**8** レイヤー[光2]の[描画モード]を[覆い焼きカラー]とします。

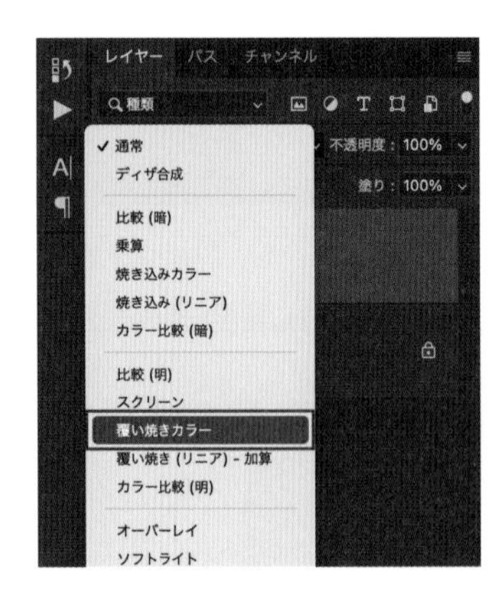

**Memo** [描画モード]を[覆い焼きカラー]にすることで、明るい部分がより明るく、黒い部分はそのままになるので、グラデーションの濃い部分の効果を反映しつつ光の明るさを強調することができます。

9 レイヤー［光2］を選択し❶［フィルター］→［変形］→［波形］をクリックします❷。

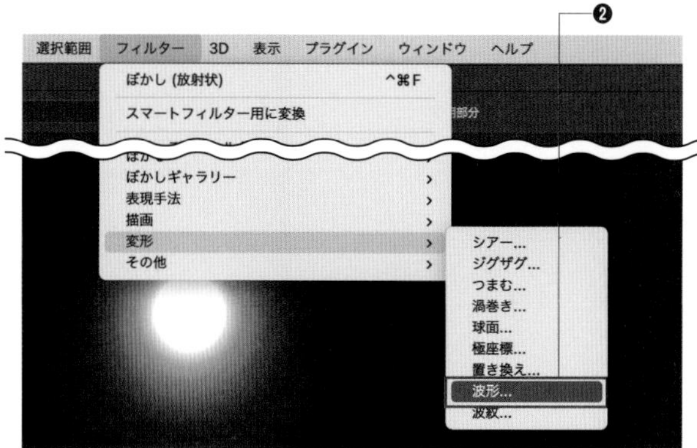

10 ［波形］ダイアログが表示されます。❶のように設定して、［OK］ボタンをクリックします❷。

- **波数** …… 50
- **波長** …… 最小100、最大300
- **振幅** …… 最小100、最大300
- **種類** …… 矩形波
- 端のピクセルを繰り返して埋める

11 このままでは［波形］の効果が強いので、境界をぼかします。［フィルター］→［ぼかし］→［ぼかし（ガウス）］をクリックします。

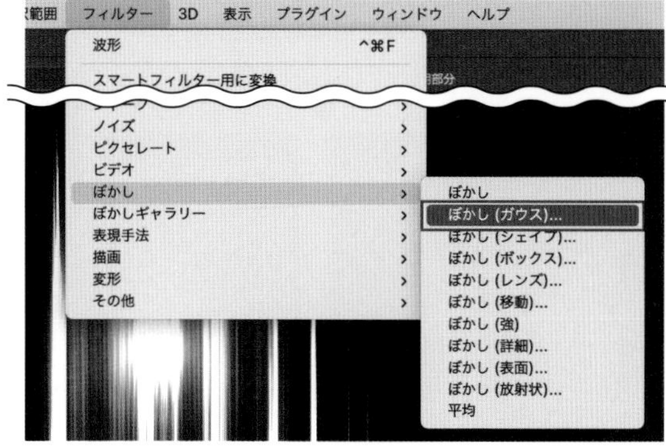

**12** [ぼかし(ガウス)]ダイアログで[半径]を26.0pixelとし❶、[OK]ボタンをクリックします❷。

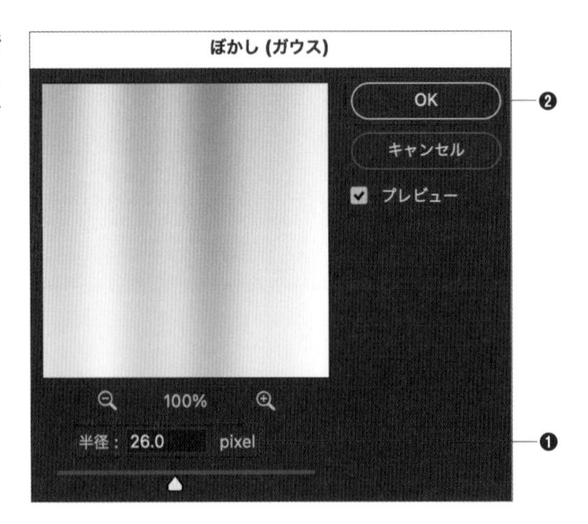


**13** [イメージ]→[色調補正]→[レベル補正]をクリックして表示される[レベル補正]ダイアログで[入力レベル]を調整し❶、[OK]ボタンをクリックします❷。

- **シャドウ入力レベル** …… 29
- **中間調入力レベル** …… 0.6
- **ハイライト入力レベル** …… 255

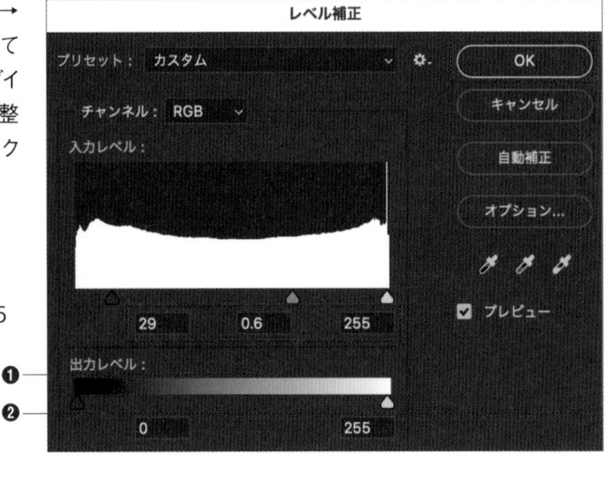


**14** レイヤーを結合し、風景画像を合成します。レイヤーパネルで shift キーを押しながら、レイヤー[光2]と[背景]をクリックして選択し❶、[レイヤー]メニュー→[レイヤーを結合]をクリックします❷。

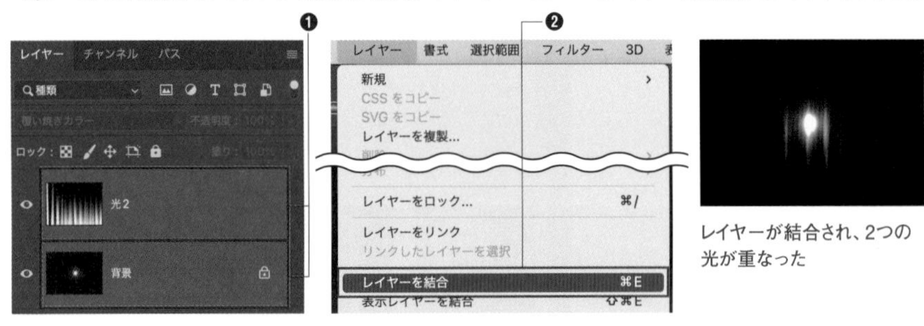


レイヤーが結合され、2つの光が重なった

**15** 結合したレイヤーは、[レイヤー] パネル上でロックを外し、名前を「光のエフェクト」とします。

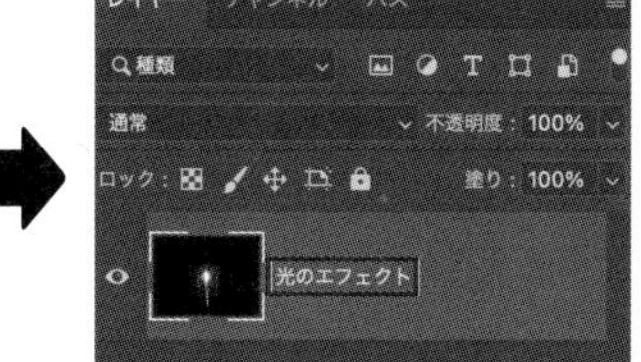

[背景]レイヤーのままでは、この後の合成操作ができません。

**16** 素材「風景.jpg」を開き、作成したレイヤーを上位に移動させます❶。[描画モード] を [スクリーン] として完成です❷。

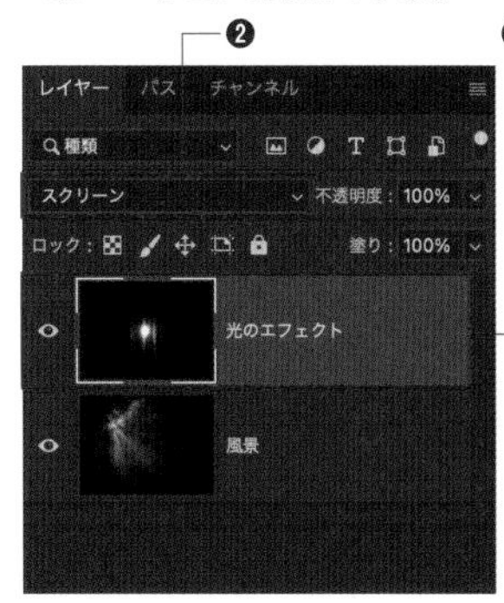

**Memo** [描画モード]を[スクリーン]とすることで、画像の黒色が透過され、明るい色だけが下のレイヤーに反映されるようになります。

### POINT

[波形] ダイアログの数値を変えることで、さまざまな形を作成できます。また、光のエフェクトは [イメージ] → [色調補正] → [色相・彩度] で色味を変えられるので、簡単に雰囲気を変えることができます。

# 159 映り込みの表現を合成したい

**使用機能** [クイック選択]ツール、波形、[グラデーション]ツール

**画像を複製・反転し映り込みを表現します。[波形]フィルターを使用して細かく揺らめく波形のようなエフェクトを加え、[グラデーション]ツールを使用して背景になじませせます。**

## フィルターとグラデーションを組み合わせる

**1** 船の選択範囲を作成し複製します。素材「風景.psd」を開きます。[クイック選択]ツールを選択し、船の選択範囲を作成します。

**2** 選択範囲が作成できたら、[レイヤー]メニュー→[新規]→[選択範囲をコピーしたレイヤー]をクリックします❶。レイヤー名は[船の反射]とします❷。

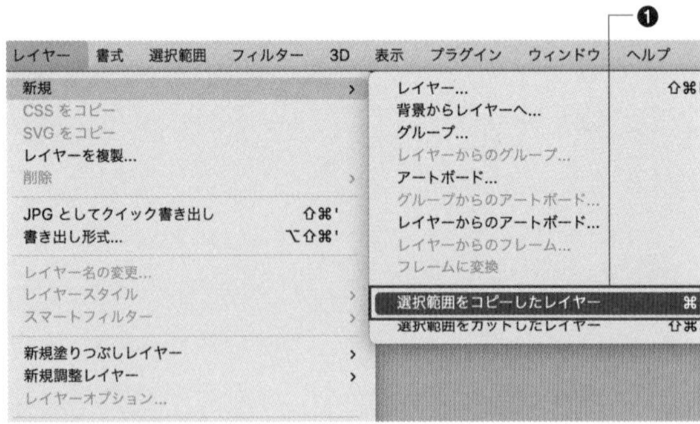

**Shortcut** 選択範囲をコピー：command + J キー

**3** 複製した船を反転させ、水面に反射した船を作成します。レイヤー［船の反射］を選択し、［編集］メニュー→［変形］→［垂直方向に反転］をクリックします。

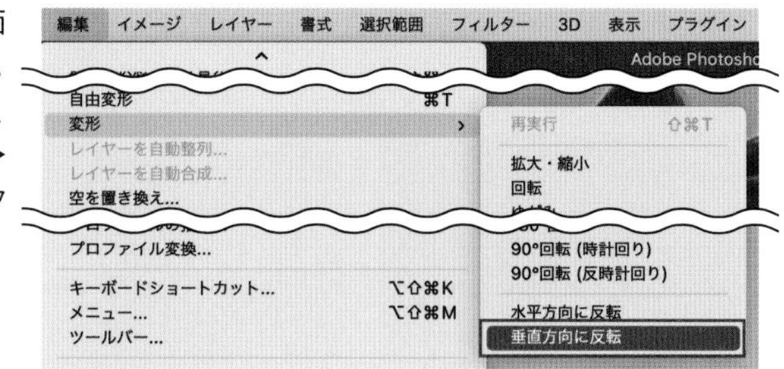


**4** 反転した画像が追加されるので、［移動］ツールを使用して図のようにドラッグして映りこんだように配置します。

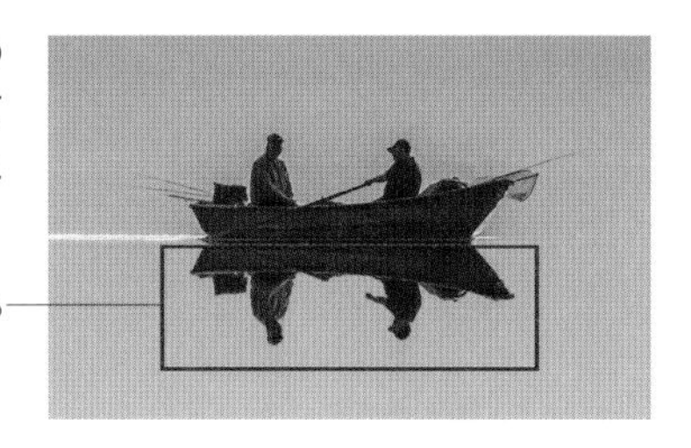

ドラッグして映り込んだように配置する

**5** 映り込みに波形のフィルターを加えてなじませます。［フィルター］メニュー→［変形］→［波形］をクリックします。

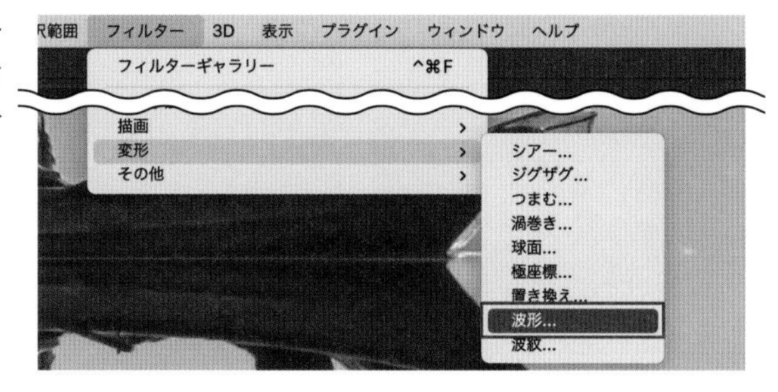


**6** ［波形］ダイアログが表示されます。画像のように設定し❶、［OK］ボタンをクリックします❷。

- **種類** …… 正弦波
- **波数** …… 10
- **波長** …… 最小1、最大5
- **振幅** …… 最小1、最大2
- **比率**
  …… 水平100%、垂直1%

**7** 細かく揺らめく波形ができます。レイヤーの［不透明度］を70%としてなじませます。

**8** 船の反射にグラデーションでマスクを追加します。レイヤー［船の反射］を選択し、［レイヤーマスクを追加］ボタン◙をクリックします。追加されたレイヤーマスクサムネールを選択し❶、［グラデーション］ツールをクリックします❷。

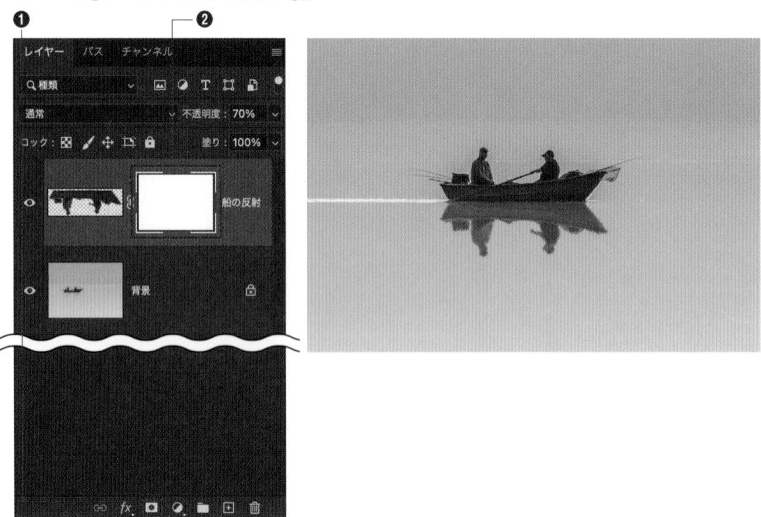


**9** ［描画色］を#000000と設定します❶。コントロールパネルのグラデーションを選択し❷、［グラデーションエディター］を開きます。

**10** プリセットの［基本］→［描画色から透明に］を選択し❶、［OK］ボタンをクリックします❷。

**11** レイヤー［船の反射］のレイヤーマスクサムネールを選択し、映り込んだ船の下あたりから船底あたりまでドラッグしてグラデーションを追加します。

**12** 船の映り込みを表現できました。

**POINT**

反射させる波の状況に合わせて［波形］を調整しましょう。揺らぎの無い面への反射の場合は［波形］は必要ありません。

# 160 背景を別の画像に入れ替えたい

使用機能 [長方形選択]ツール、グラデーションで塗りつぶし

風景写真の背景を置換し、元の画像にうまくなじませます。ここでは、グラデーションを活用して奥行き感を出すことができます。

**1** 元の画像の背景の空を削除します。素材「風景.jpg」を開き、レイヤーパネルで🔒をクリックし、解除します。[レイヤー0]となります。

クリックしてロックを解除

Memo [背景]レイヤーは常にロックされた状態になっているので、変更を加えたい場合はロックを解除する必要があります。

**2** [長方形選択]ツールを選択し❶、コントロールパネルの[ぼかし]を2pxとします❷。

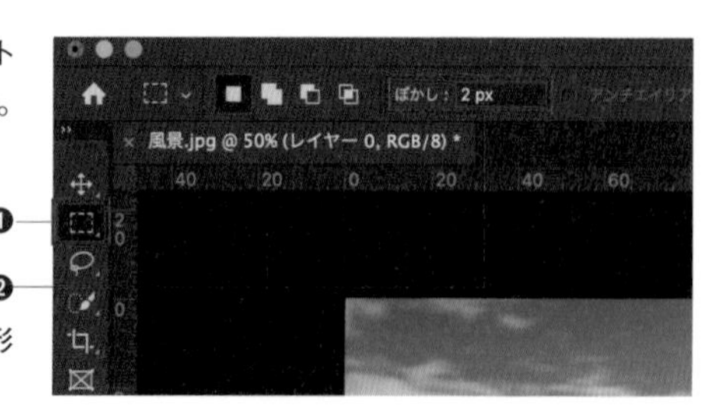

Memo

ここでは空の形が長方形になっているので[長方形選択]ツールを使用しています。

**3** ドラッグして空の選択範囲を作成します。

**4** ［編集］メニュー→［消去］をクリックし、選択範囲を削除します。

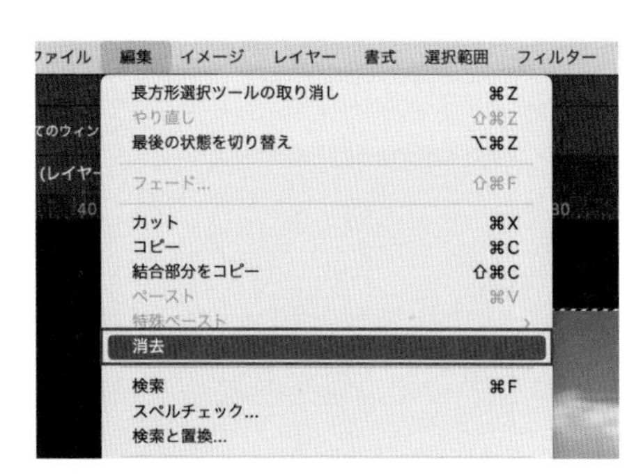

**Shortcut** delete キー

**5** 空の画像を合成します。素材「空.jpg」を開き、素材「風景.jpg」に配置します 035。配置した空の画像は自動的に［レイヤー1］となります。

## 6

移動した［レイヤー1］を［レイヤー0］の下位に移動します。

## 7

［描画色］を#ffffffと設定します❶。［レイヤー1］を選択し❷、レイヤーパネルから［塗りつぶしまたは調整レイヤーを新規作成］ボタンをクリックして❸、表示されるメニューから、［グラデーション］を選択します❹。

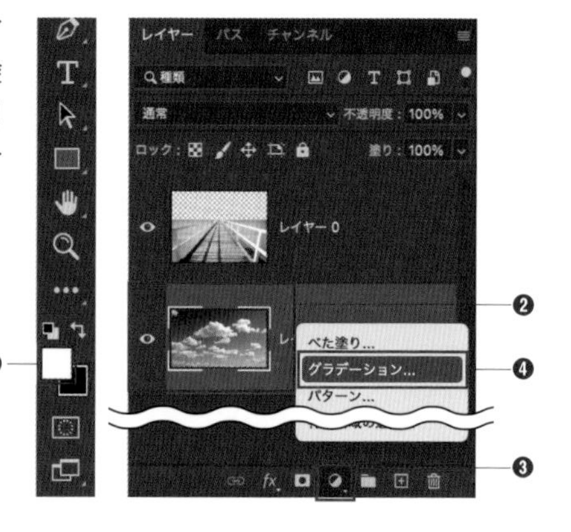


## 8

［グラデーションで塗りつぶし］ダイアログが表示されます。［比率］を30％とします❶。［グラデーション］をクリックします❷。

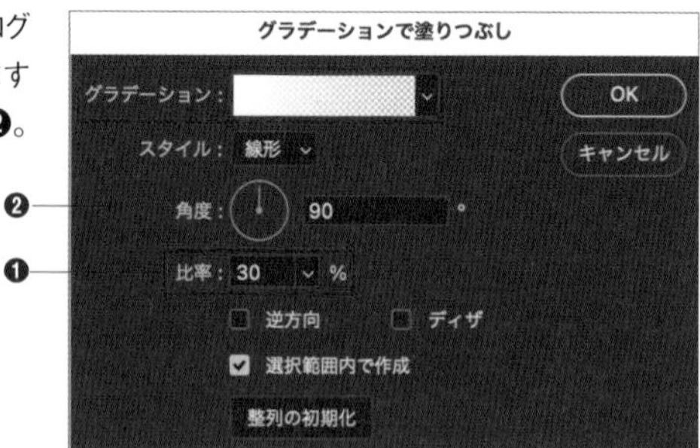

**9** [基本]の[描画色から透明に]を選択します。

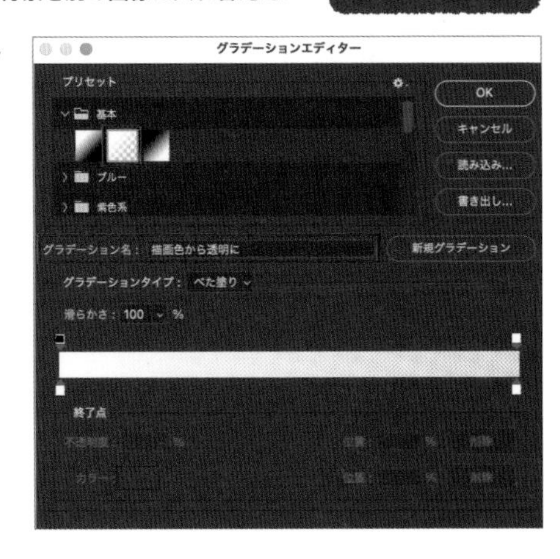


**10** [グラデーションで塗りつぶし]ダイアログが表示されている状態でカンバス上でドラッグすることで、グラデーションの位置を調整できます。地平線付近をぼかし奥行き感を出すように配置します。

**POINT**

風景写真を複数の写真で合成する際は、それぞれの写真の距離感の近いものを選びます。

**POINT**

[空を置き換え] ▶▶065 を使うと、自動的に高い精度で空だけの画像を入れ替えることができます。この作例は[空を置き換え]ツールを使うことでも実現可能な合成ですが、手動で背景を置き換える方法を覚えておくと、[空を置き換え]だけでは思うような仕上がりにならない場合や、特殊な背景に置き替えたい場合に有効です。

# 風景写真を水中写真のように見せたい

使用機能 ［ペン］ツール、光彩（外側）、レンズフィルター

室内で撮影した風景写真を、水中写真のように見せることができます。複数の画像をフィルターのように重ね、統一感のある色味にします。

## 複数のフィルターを重ねる

**1** 素材「部屋.jpg」を開き、レイヤーパネルでをクリックしてロックを解除し、レイヤー名［部屋］とします。

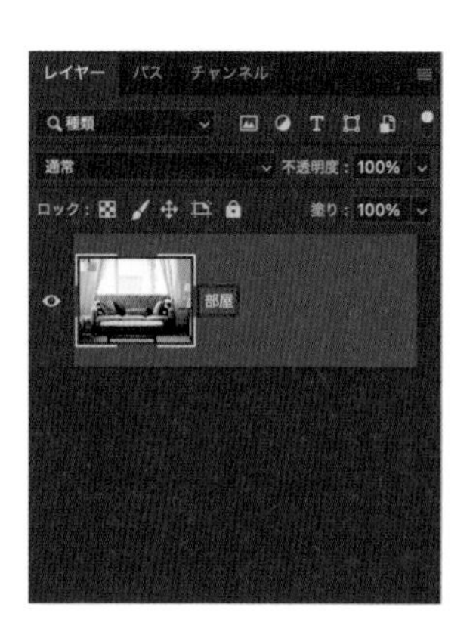


**2** 窓の内側を切り抜くため、窓の部分を選択します。ここでは、パスを使って選択範囲を作成します。［ペン］ツールを選択し、画像のように窓部分のパスを作成します ▸▸096。

窓部分のパスを作成する

**3** ［ペン］ツールが選択された状態でコントロールパネルの［選択範囲を作成］ボタンをクリックします。

4. [選択範囲を作成] ダイアログが表示されます。境界線を少しぼかして切り抜きを自然な印象にするため、[ぼかしの半径] を1 pixelとし❶、[OK] ボタンをクリックします❷。

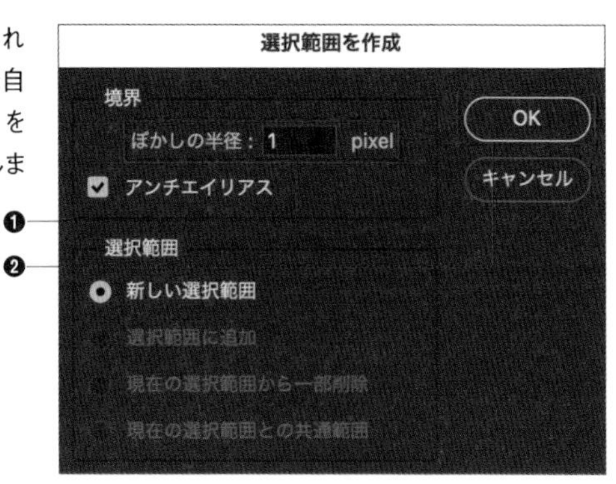


5. 選択範囲が作成されたら [編集] メニュー→ [消去] をクリックし、選択範囲を切り抜きます。

編集 イメージ レイヤー 書式 選択範囲 フィルタ
選択範囲を変更の取り消し ⌘Z
やり直し ⇧⌘Z
最後の状態を切り替え ⌥⌘Z
フェード... ⇧⌘F
カット ⌘X
コピー ⌘C
結合部分をコピー ⇧⌘C
ペースト ⌘V
特殊ペースト
消去
検索 ⌘F
スペルチェック...
検索と置換...
塗りつぶし... ⇧F5
境界線を描く...

選択範囲が削除された

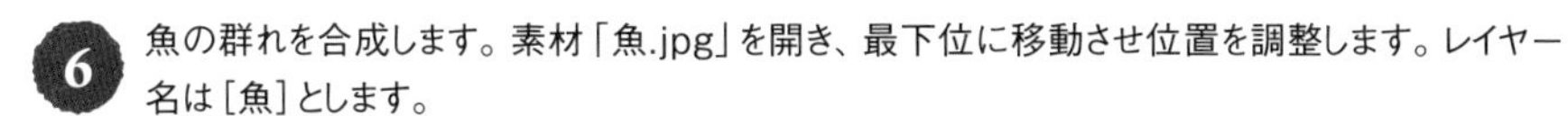
6. 魚の群れを合成します。素材「魚.jpg」を開き、最下位に移動させ位置を調整します。レイヤー名は [魚] とします。

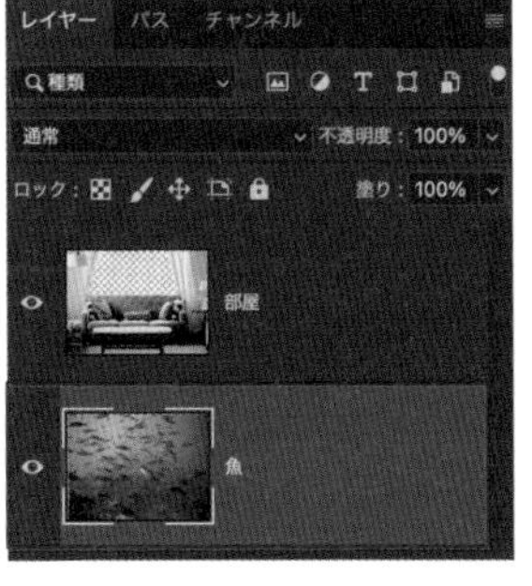

素材「魚.jpg」を合成する

**7** 素材「水中1.jpg」を開き、最上位に移動させます。レイヤー名は[水中1]とします❶。[描画モード]を[リニアライト]❷、[不透明度]を70%とします❸。

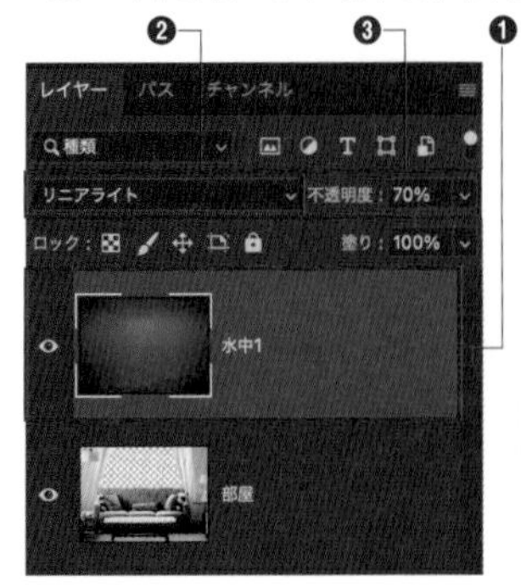

**Memo** [描画モード]の[リニアライト]を使用すると、合成色(レイヤー[水中1])の50%グレーよりも暗い色は、その色を使って暗くなります。50%グレーよりも明るい色はその色で明るくなります。結果的に中央は明るい青、四隅は暗い青になります。

**8** 同じように素材「水中2.jpg」を開き、レイヤー[水中1]の下位に配置し、レイヤー名は[水中2]とします❶。[描画モード]を[比較(明)]❷、[不透明度]を60%とします❸。

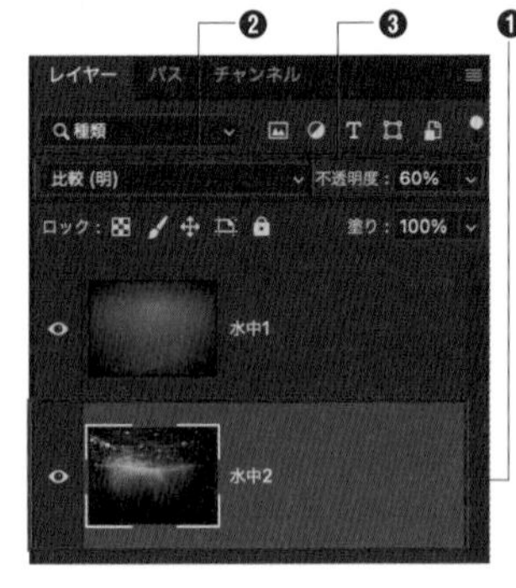

**Memo** [描画モード]の[比較(明)]を使用すると、合成色(レイヤー[水中2])と下になっているレイヤーの明るいほうが結果になります。結果として、カンバス中央位置のレイヤー[水中2]の明るい部分だけが反映されたようになります。

**9** レイヤーパネル上で、レイヤー[水中2]を選択して右上のメニューボタンをクリックし❶、表示されるメニューから[クリッピングマスクを作成]を選択し、クリッピングマスクを作成します❷。

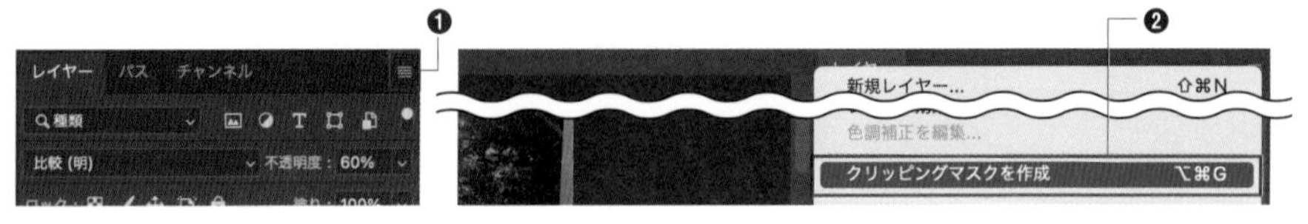

**10** 室内と外の境界に光を足してなじませます。レイヤー[部屋]を選択し、[レイヤー]メニュー→[レイヤースタイル]→[光彩(外側)]をクリックします。

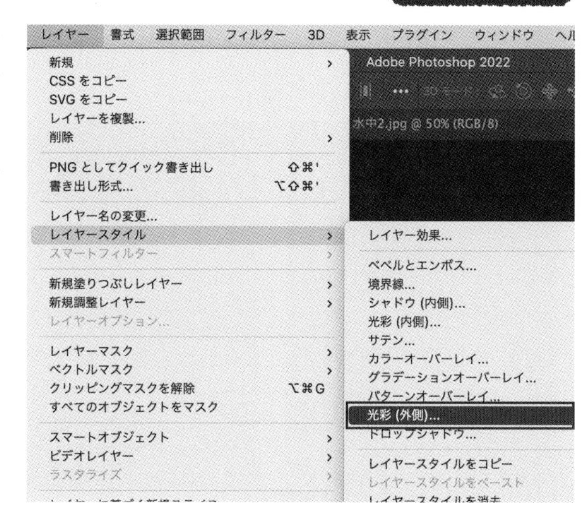


**11** [レイヤースタイル]ダイアログの[光彩(外側)]が表示されるので、図のように設定します❶。[OK]ボタンをクリックします❷。

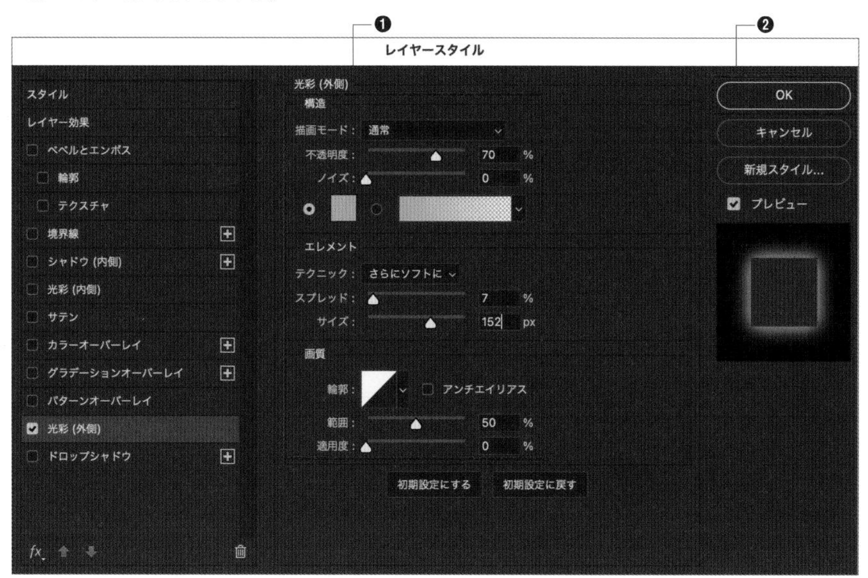


[構造]
- **描画モード** …… 通常
- **不透明度** …… 70%
- **ノイズ** …… 0%
- **カラー** …… #8ed1fc

[エレメント]
- **テクニック** …… さらにソフトに
- **スプレッド** …… 7%
- **サイズ** …… 152px

[画質]
- **範囲** …… 50%
- **適用度** …… 0%

**12** 素材「泡.psd」を開き、レイヤー［泡1］［泡2］をレイヤー［水中1］の下位に移動させます。［泡1］［泡2］の［描画モード］を［スクリーン］とし、なじませます。好みで複製や変形を適用し泡を増やします。

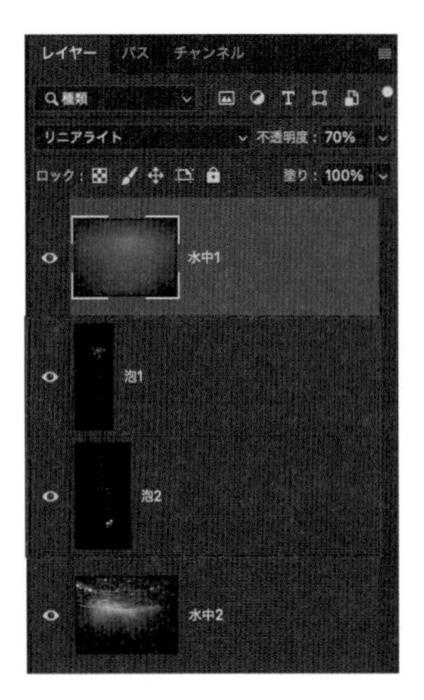

**Memo** ［泡1］［泡2］の移動や変形を行う際は、レイヤー［水中1］にロックをかけましょう  。そのまま操作を行うと、上位レイヤーであるレイヤー［水中1］の位置がずれてしまいます。

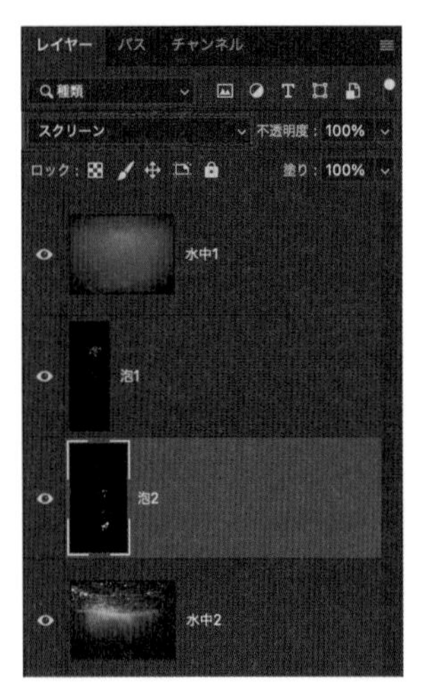

**Memo** ［描画モード］を［スクリーン］とすることで黒は透過し、明るい色だけが下のレイヤーに反映します。結果的に、明るい気泡だけが下のレイヤーに反映されます。

**13** レンズフィルターを使って全体をなじませて統一感を出します。最上位のレイヤー[水中1]を選択し❶、レイヤーパネルから[塗りつぶしまたは調整レイヤーを新規作成]ボタンをクリックし❷、[レンズフィルター]を選択します❸。

**14** 属性パネルが開くので[フィルター]を[Cooling Filter (80)]❶、[適用量]を20%とします❷。最上位にレンズフィルターを適用することで、全体のカラーに統一感がでます。

**POINT**

レイヤー[水中1][水中2]のように、[描画モード]や[不透明度]を変えて重ねることで色や質感に深みがでます。また各レイヤーごとに微調整ができることもポイントです。

# 162 複数の画像の合成を自然に仕上げたい

**使用機能** カラーバランス、ドロップシャドウ

複数の画像を自然に合成する方法を紹介します。素材ごとに異なる明度・彩度を補正した上で、影の形を揃えることで自然な印象に仕上げます。

## 色調補正とレイヤースタイルを組み合わせる

**1** 素材「ベース.psd」を開きます。レイヤー[テーブル]と切り抜いたレイヤー[パン]を用意しています。別々の画像から合成したものなので、色味が不自然になっています。レイヤー[パン]を選択し❶、[イメージ]メニュー→[色調補正]→[カラーバランス]をクリックします❷。

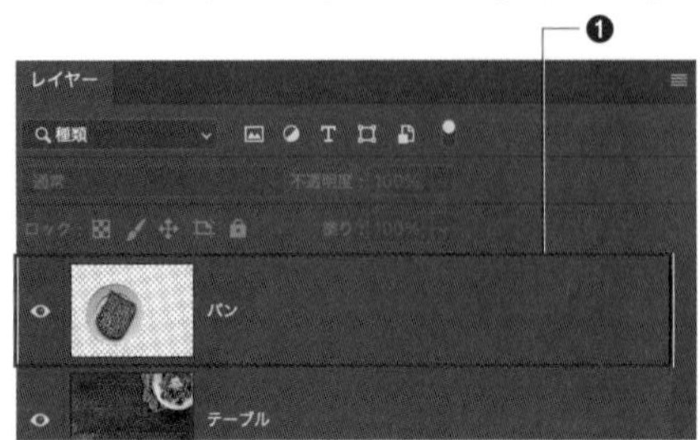


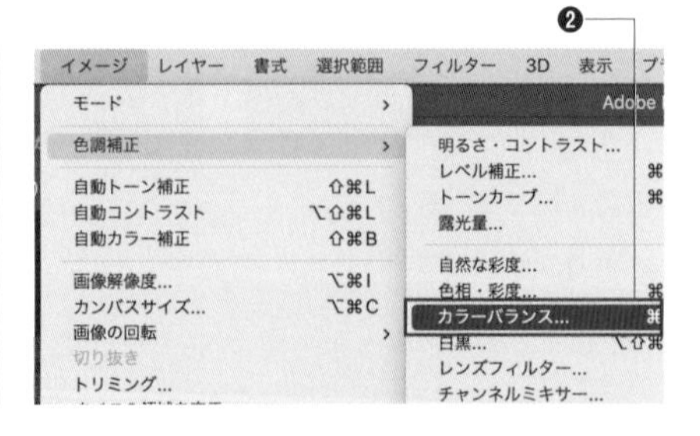

**2** テーブルの色味に合わせて、レイヤー[パン]を補正します。テーブルの色味と比べて青味が強いので、[+40 0 -20]とし、レッドとイエローを強く補正します。

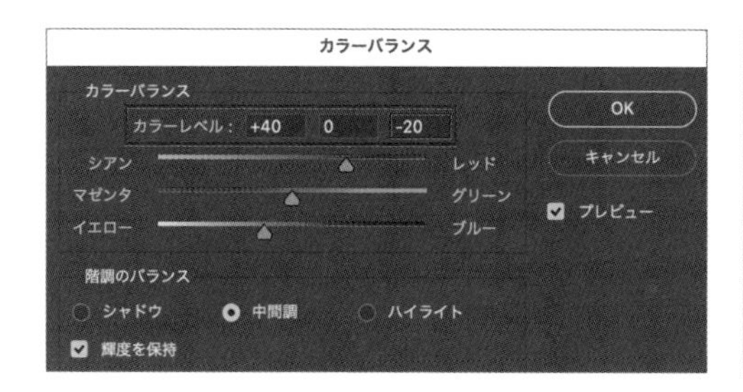

**3** レベル補正で明るさを整えます。[イメージ]メニュー→[色調補正]→[レベル補正]をクリックします。

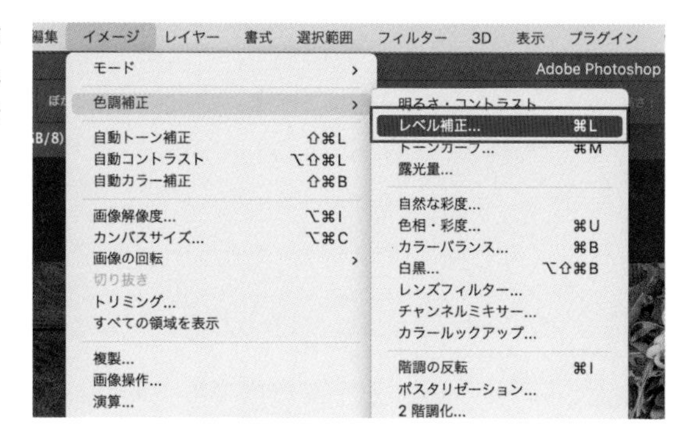


**4** [レベル補正]ダイアログが表示されます。テーブルに比べて、パンの色味が浅い印象なので、図のようにコントラストを高く補正します。

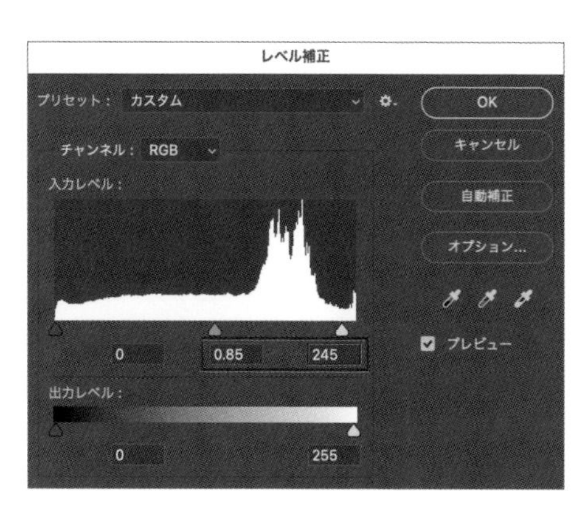

- **中間調入力レベル** …… 0.85
- **ハイライト入力レベル** …… 245

5 ドロップシャドウを加えます。レイヤーパネルのレイヤー［パン］を選択し、［レイヤー］→［レイヤースタイル］→［ドロップシャドウ］をクリックし、［レイヤースタイル］ダイアログを表示します。図のように設定します。

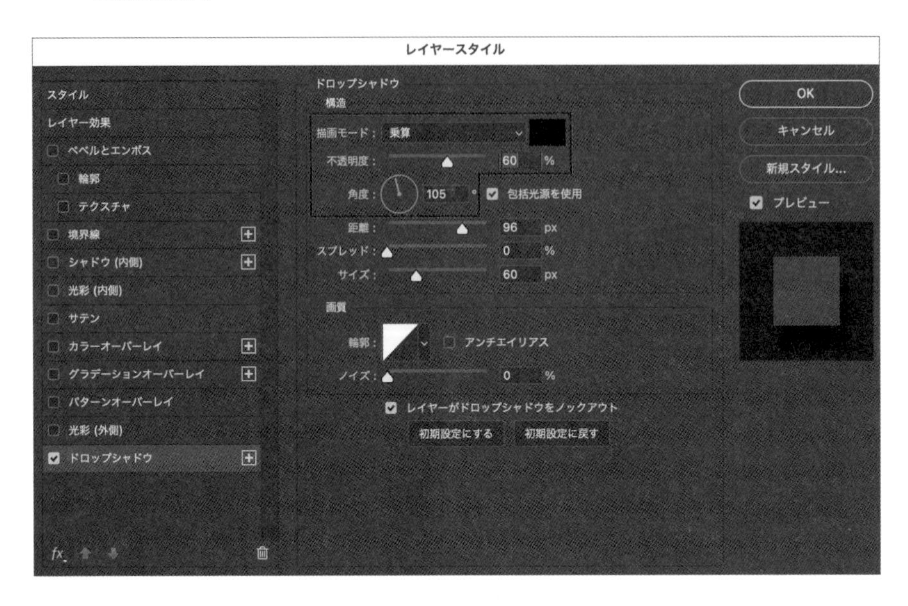


- **描画モード** …… 乗算
- **カラー** …… #000000
- **不透明度** …… 60%
- **角度** …… 105°

Memo

［角度］は右上のサラダの影を参考にして、落ちる影が同じ角度になるように意識します。

6 テーブルとパンの色味が合い、自然な印象になりました。

# 曲面に画像を貼り付けたい

使用機能 ［ワープ］ツール、描画モード、自由変形

［変形］とレイヤーマスク［ワープ］ツールと変形を使って曲面に画像を合成します。また、［描画モード］の［焼き込みカラー］を使うことで、素材のパターンのみをなじませています。

## ［変形］とレイヤーマスクの使用

**1** 貼り付ける部分の選択範囲を作成します。素材「コップ.jpg」と素材「パターン.jpg」を開きます。素材「パターン.jpg」を最上位に配置します。

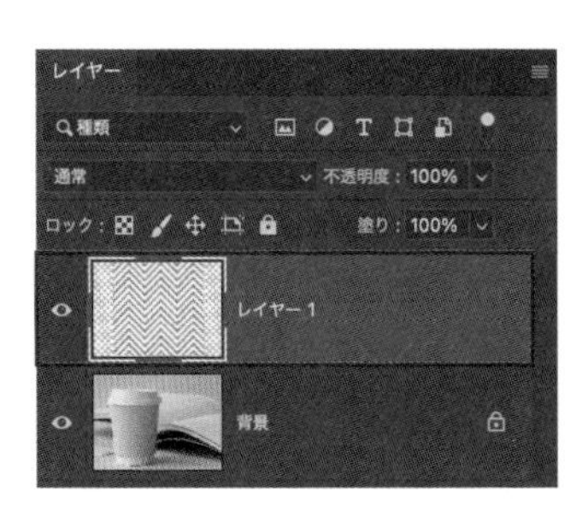

**Memo** 配置した「パターン.jpg」のレイヤー名は自動的に「レイヤー1」となります。

**2** 「パターン.jpg」のレイヤー[レイヤー1]を非表示にします。

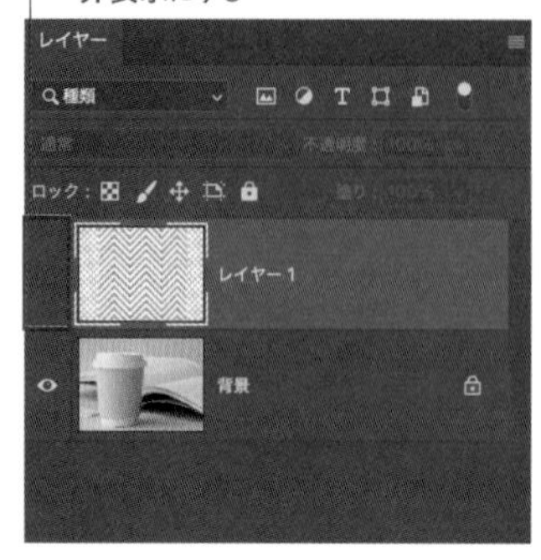

**3** レイヤー[背景]を選択し、[クイック選択]ツールを選択します。

**4** コップの青色部分をドラッグし選択範囲を作成します。

**Memo**

不要な部分まで選択範囲が作成されてしまった場合は option キーを押しながら不要な部分をドラッグすることで除外できます。

**5** 作成した選択範囲でマスクを追加します。選択範囲を作成したまま、レイヤー［レイヤー1］を表示します。

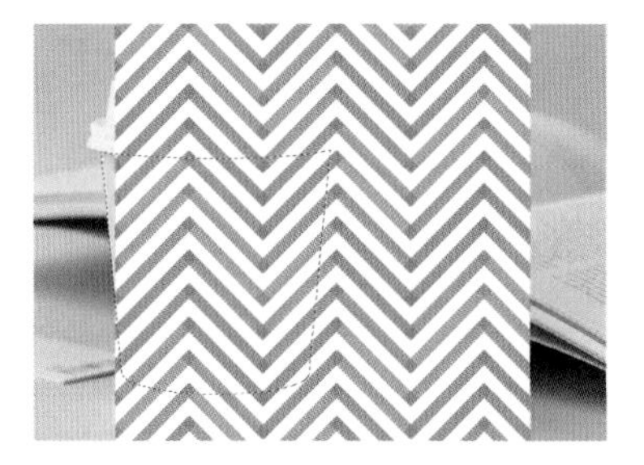

**6** レイヤー［レイヤー1］を選択して❶、［レイヤーマスクを追加］ボタンをクリックします❷。

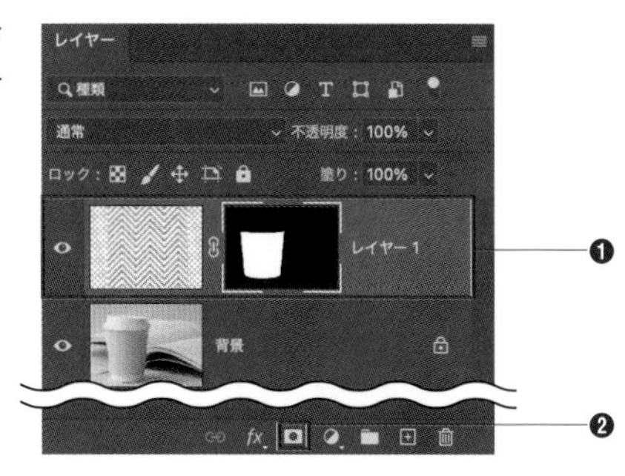


**7** ［描画モード］を［焼き込みカラー］とします。

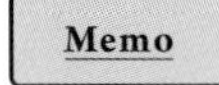

［描画モード］の［焼き込みカラー］を使用すると、白は透過し、その他は合成レイヤー（レイヤー1）のカラーを使って焼き込んだように暗くコントラストが高くなります。結果的にパターンのライン部分だけがカップに焼き込まれたようになります。

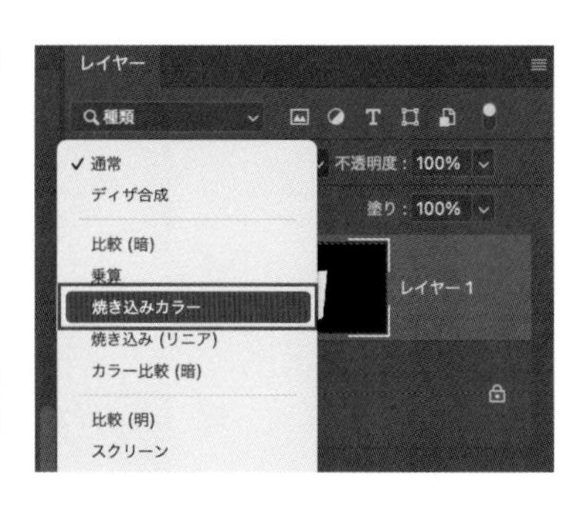


**8** レイヤー［パターン］とレイヤーマスクサムネールのリンク（鎖マーク）をクリックし、解除します。

**9** レイヤー[レイヤー1]を選択し、[編集]メニュー→[自由変形]をクリックします。

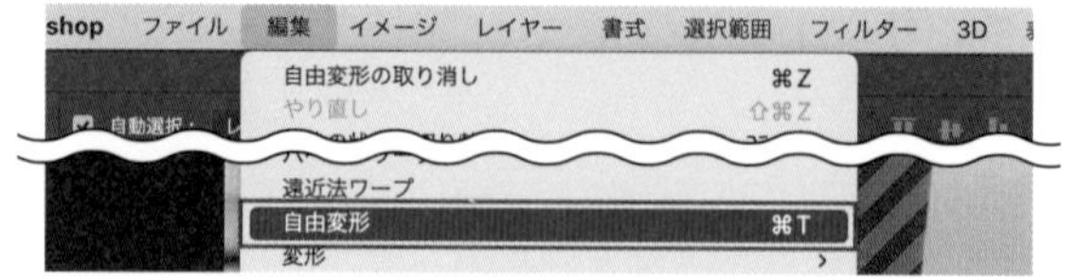


**10** 位置やサイズを好みで調整します。

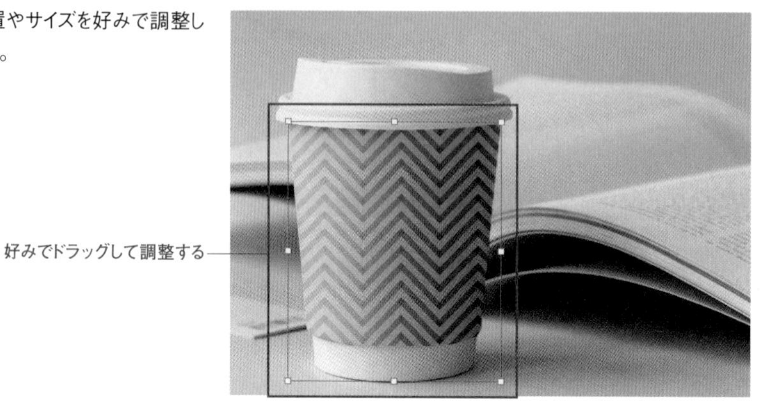


**11** そのまま、[編集]メニュー→[変形]→[ワープ]をクリックします。

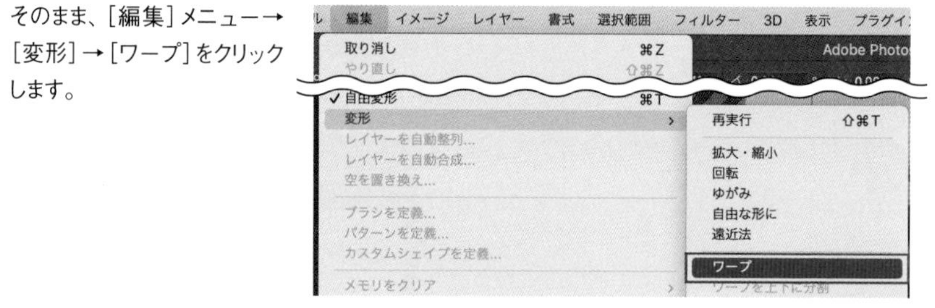


**12** コントロールパネルから[ワープ]→[アーチ]をクリックします。

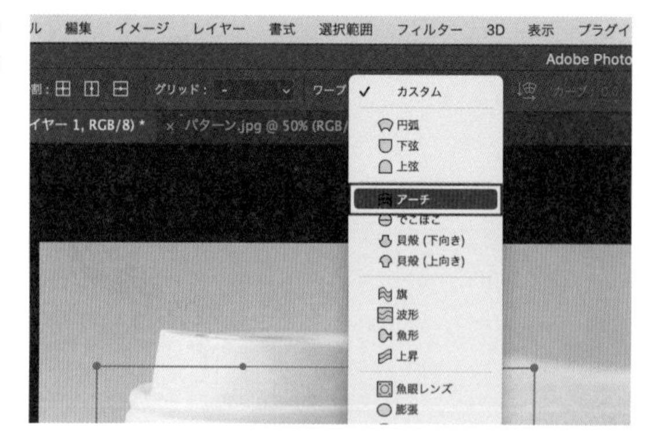

**13** 図のように切り替わるので、コントロールポイントを下方向にドラッグし、形を整えます。

**14** [編集] メニュー→ [変形] → [遠近法] をクリックします。

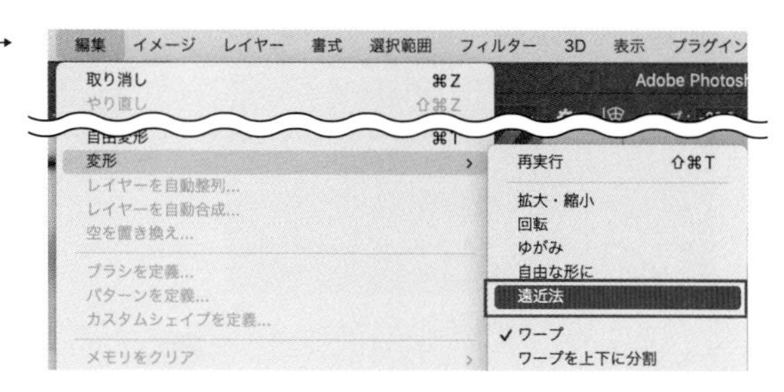


**15** 右下または左下のコントロールポイントを内側にドラッグし、形を整えます。enter キーで確定したら完成です。

## レイヤーマスクのみを表示する

レイヤーマスクはマスクをかける画像のレイヤーとセットになっていますが、画像を非表示にしてレイヤーマスクのみを確認することもできます。下図のようにレイヤーマスクが作成された状態で、レイヤーマスクサムネールを option キー+クリックすることで、グレースケールのレイヤーマスクの情報だけが表示されます。解除するにはもう一度レイヤーマスクサムネールを option キー+クリックするか、ほかのレイヤーを選択します。マスクがどのような状態になっているのかを確認したい時に便利な機能です。

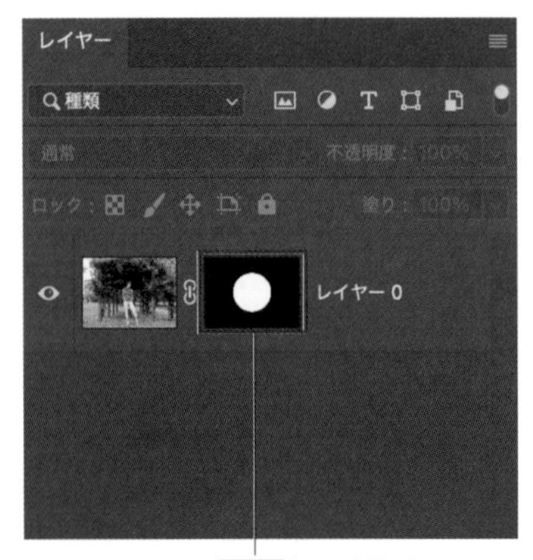

option キー+クリック

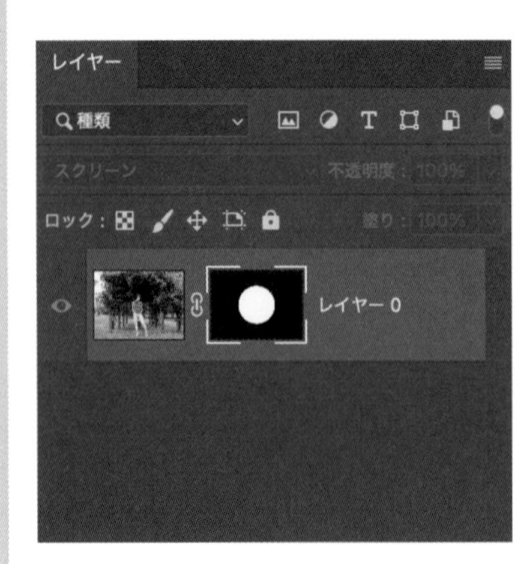

# RAW現像のテクニック

Chapter

13

# 164 RAW現像について知りたい

使用機能 -

画像加工の現場でよく耳にする「RAWデータ」や「RAW現像」といった言葉の意味を、きちんと理解しておきましょう。

## RAWデータ、RAW現像とは

### 細部までデータ調整を行える

RAWデータとは撮影時の光の情報をそのまま記録したデータです。「RAW」は英語で「生」「未加工」という意味があります。RAWデータはそのままでは目で見ることはできず、「現像」することではじめて「画像」として見ることができます。
一般的な撮影形式であるJPEGで撮影された画像も、撮影時に設定した「露出」「ホワイトバランス」「明度・彩度」などを用いて、カメラ内でRAWデータからJPEGデータへの変換処理が行われます。その際に圧縮されて、8bit(256階調)のデータとして保存されています。
対して、RAWで撮影されたデータはカメラ内で変換されることなく、12bitか14bit(4096か16384階調)で保存され、パソコンを使って自分の手で変換作業を行います。JPEGと比べると、12bitで16倍、14bitで64倍の階調をもったデータになります。
そのため、JPEGに比べて滑らかなグラデーションになります。また階調が広く余裕がある分、作例で紹介するような極端な色補正を行った場合でも、自然な印象を保ったまま、ある程度無理なく調整が可能です。

### 画像の劣化が起こりにくい

RAWデータは膨大な色情報を持っているので、レタッチする際に画像の劣化が起こりにくいという特長があります。赤みがかった画像を補正した場合を比較してみましょう。

元画像

RAWデータから調整した画像

JPEGデータから補正した画像

不自然な色味になってしまっている

RAWデータから調整した画像と比べると、JPEGデータから調整した画像では、全体的に不自然な色味になっています。特に赤のポットの変色や、壁に当たっているスポットライトの色見を見ると、光の階調のグラデーションが失われ、周辺のタイルや食器などのディテールが失われていることがわかります。このように大きく明るさや色味を補正する場合に、特に違いがみられます。

**POINT**

RAWデータはデータ容量が大きくなる点と、現像の手間がかかるという点がありますが、撮影後に好みの色に補正できるので、より理想的な写真を仕上げることができます。

# 165 PhotoshopでRAWデータを開きたい

**使用機能** Camera RAW

PhotoshopではRAWデータを扱うこともできます。RAWデータをクリックするだけで、RAWデータ専用の加工ウィンドウ「Camera Raw」が起動します。

**1** ［ファイル］メニュー→［開く］をクリックします。

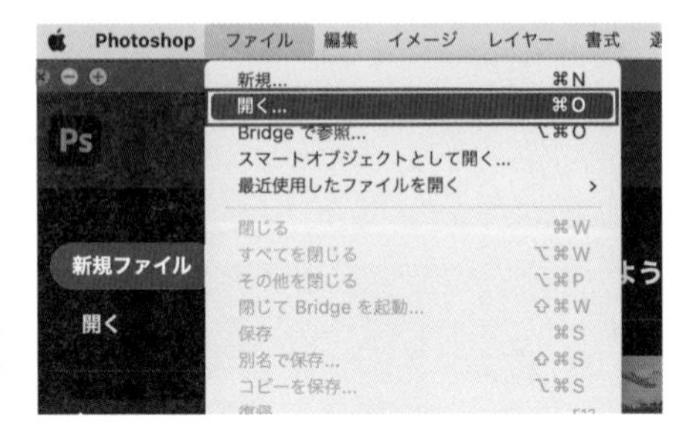

PhotoshopにはCameraRawフィルター ▶▶125 という機能も存在しますが、こちらは一度現像した画像に対して適用するので、RAWデータからの現像とは違った結果になります。

**2** 開きたいファイルの場所からRAWデータを選択し❶、［開く］ボタンをクリックします❷。

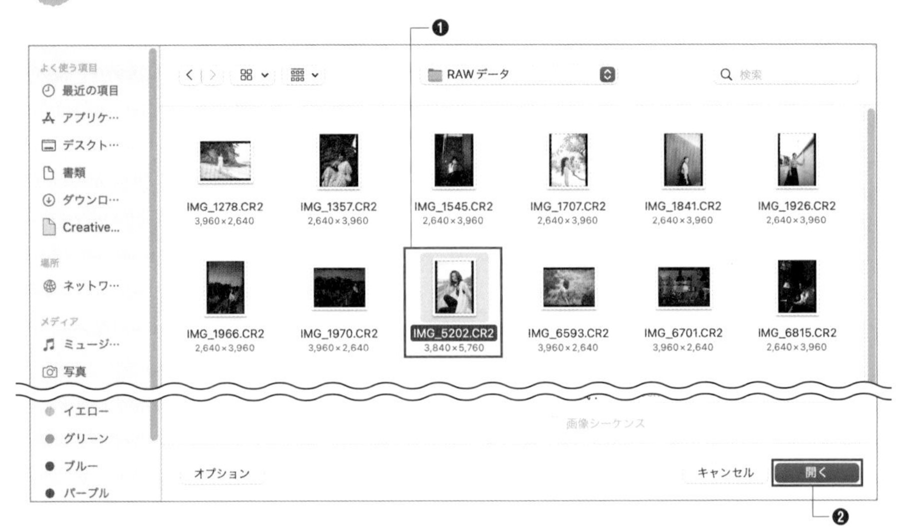


**Memo**

RAWデータの拡張子は、カメラメーカーによって異なります。たとえばキヤノンなら「CR2」「CRW」、ニコンなら「NEF」「NRF」、オリンパスなら「ORF」となります。

**Memo**

この他にも、開きたいRAWデータをPhotoshopのアイコンにドラッグ&ドロップしたり、Adobe Bridgeから開きたいRAWデータを選択し、ダブルクリックしても開くことができます。

3 Camera Rawが起動してRAWデータが開きます。各種補正を適用後、[開く] ボタンをクリックします。

Memo
[オブジェクトとして開く] を選択すると、スマートオブジェクト ▸▸038 としてデータが開かれます。レイヤーサムネールをダブルクリックすると、再度現像の設定を行うことができます。[コピーとして開く] を選択すると、背景レイヤー ▸▸012 として開かれます。

4 画像データがPhotoshopで開き、引き続き編集することができる状態となります。なお、[完了] ボタンをクリックすると、RAWデータ自体に編集内容は残りますが、Photoshopでは開かれません。

# 166 RAW現像で露出を調整したい

使用機能 | Camera Raw、基本補正

Camera Rawの［基本補正］を使った露出の調整方法を紹介します。白飛びを抑えてコントラストを付けるなどといった基本の露出調整はここの項目だけで行うことができます。

## 警告を確認して適正な露出に調整する

1. PhotoshopでRawデータを開きます。露出オーバー気味の明るい写真となっているので、適正な露出に調整していきます。［ハイライトクリッピング警告］をクリックします。

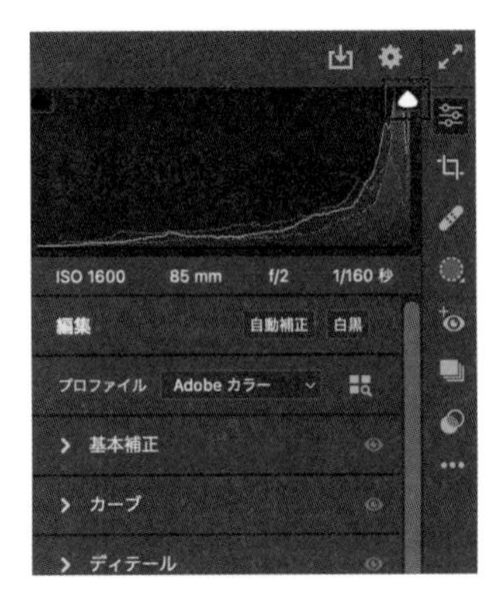

白飛びや黒潰れが気になる場合は、右上のヒストグラムの左右にある［ハイライトクリッピング警告］［シャドウクリッピング警告］を選択することで、視覚的に確認できます。

2 白飛びしている箇所が赤色で表示されます。ここでは、人物の左肩と、背景の一部が白飛びしていることがわかります。再度[ハイライトクリッピング警告]をクリックして、表示を元に戻します。

再度クリックして表示を戻す

3 まずは全体の明るさを落としたいので[基本補正]の[露光量]を-0.75とし、明度を落とします。

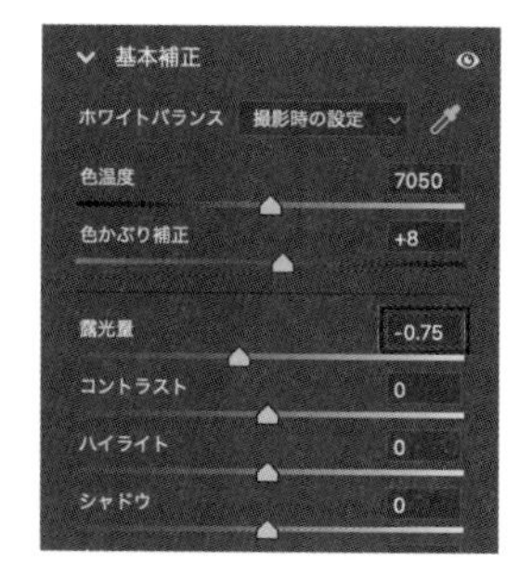


4 次に白飛びしている部分だけを暗くしたいので、[ハイライト]を-80❶、[白レベル]を-20とします❷。[ハイライト]はハイライト領域だけを、[白レベル]は最も明るい部分だけを調整することができます。結果的に人物の顔などの重要な部分への影響は少なく、白飛び部分だけを調整できました。

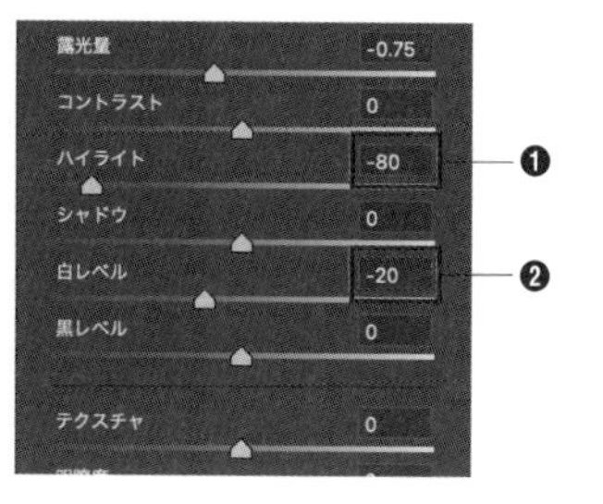

5 明るさが抑えられ、白飛びしていた洋服の模様も鮮明になっていることが確認できます。

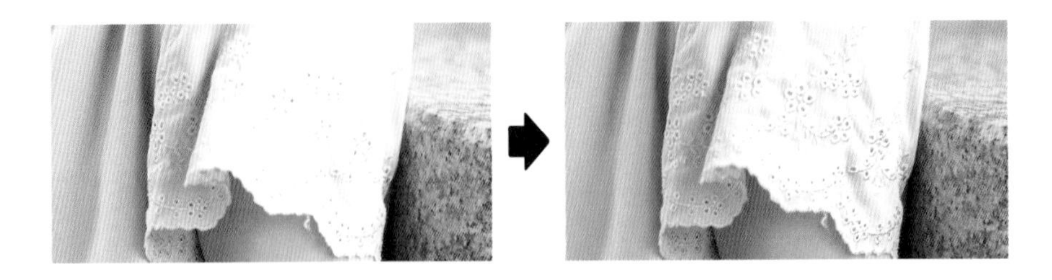

6 最後にシャドウを少し強調しコントラストを付けます。[シャドウ]を-20❶、[黒レベル]を-5とします❷。

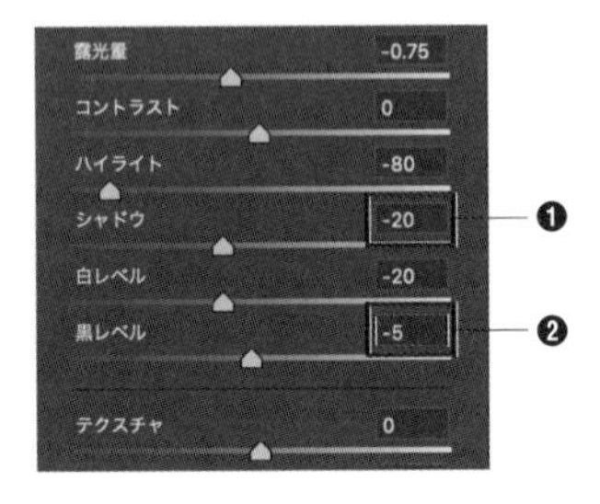


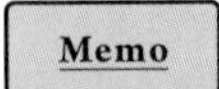


[シャドウ]はシャドウ領域だけを、[黒レベル]は最も暗い部分だけを調整することができます。

7 [完了]ボタンをクリックして保存します。

# 167 RAW現像でノイズを軽減したい

使用機能　Camera Raw、ディテール

Camera Rawの［ディテール］を使ったノイズを軽減する方法を紹介します。ノイズを抑えつつ画質をシャープにするといった細かな調整を行うことができます。

## ［ディテール］で微調整する

1. PhotoshopでRawデータを開き、ノイズ感を確認できるように、画面を拡大します。［ディテール］のタブをクリックして開き、［ノイズ軽減］［カラーノイズの軽減］を表示します。

**Memo**

本書ではノイズ感の変化が伝わりやすいように［露光量を］+0.5とし、［拡大率］を200%としています。

**Memo**

［基本補正］メニューが表示されている場合は、［基本補正］をクリックしてメニューを閉じます。

2 [ノイズ軽減] を80とします。ノイズが減りました。

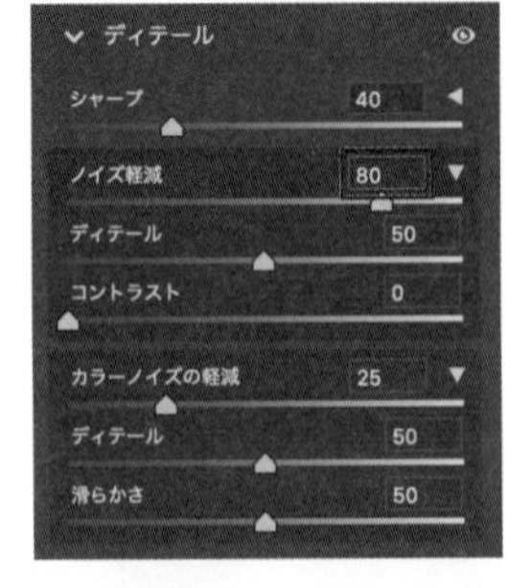


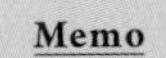


ノイズを抑えつつシャープさが欲しい場合は[ディテール] を右側にスライドさせます。 [コントラスト] を右側にスライドするとコントラストが高くなりますが、斑点やまだらな模様が発生することがあります。

3 カラーノイズが気になる場合は[カラーノイズの軽減]を右にスライドさせます。[カラーノイズの軽減] が100の場合はカラーノイズが無くなったような状態になります。[完了] ボタンをクリックして保存します。

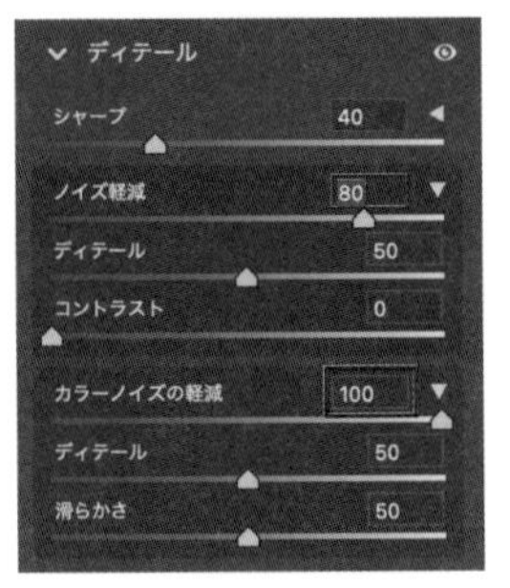


Memo

[ディテール] を右側にスライドするとシャープに、[滑らかさ] を右側にスライドすると滑らかな結果になります。

# 168 RAW現像でレンズを補正したい

使用機能 ディテール、レンズ

Camera Rawは各種メーカーのカメラやレンズをサポートしているので、使用レンズに合った適正な補正を行うことができます。

## [レンズ] で使用レンズに合った補正を行う

1 PhotoshopでRawデータを開きます。メニューから [レンズ] をクリックして開き❶、[色収差を除去] にチェックを入れます❷。

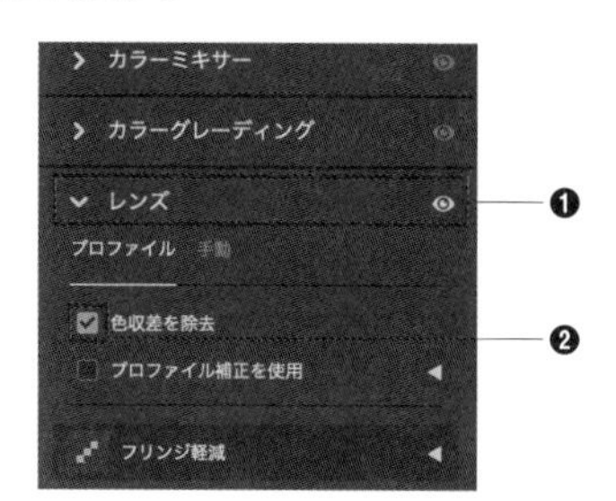


2 画像の明暗差が大きい境界で発生しやすいフリンジ ▸▸018 が自動的に補正されます。

3 次に［プロファイル補正を使用］にチェックを入れます。使用したレンズ特有のゆがみや周辺光量が自動的に補正されます。

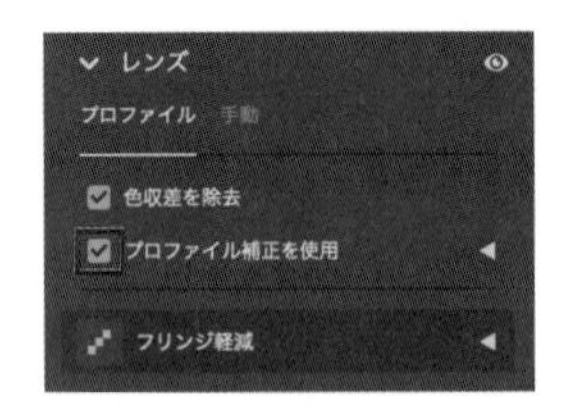


4 ［プロファイル補正を使用］のメニューをクリックして開き❶、レンズプロファイルの項目を見ると［作成］［画像入力機器のモデル名］［プロファイル］に使用したレンズの情報が選ばれていることが確認できます❷。

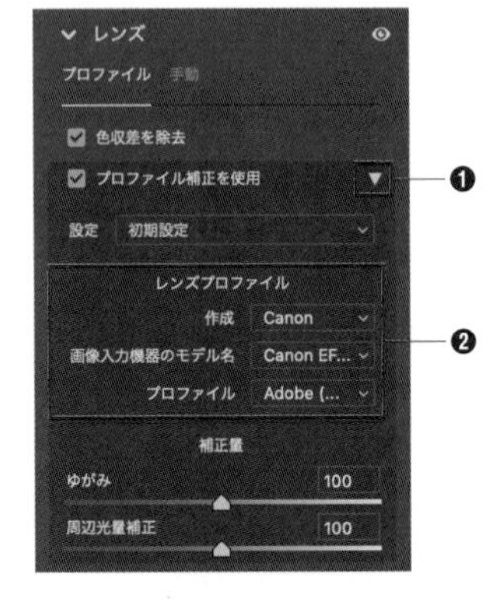


5 さらに調整したい場合は［補正量］から［ゆがみ］［周辺光量調整］のスライダを左右に動かして調整します。作例では［ゆがみ］を200、［周辺光量補正］を200としました。［完了］ボタンをクリックして保存します。

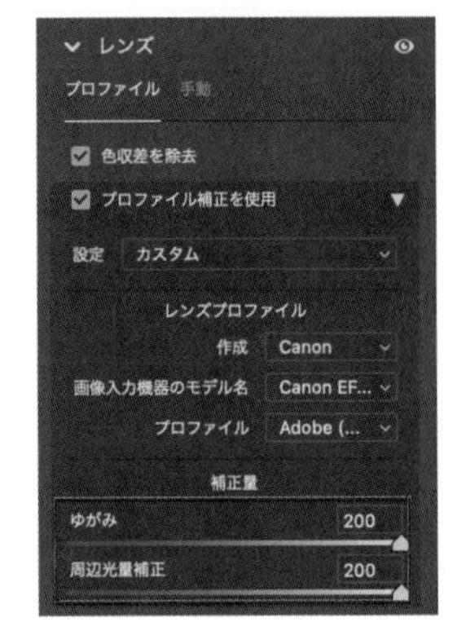


**Memo**

Camera Rawでサポートされているカメラとレンズは随時更新されています。詳しくはAdobe社のサイトでご確認ください。
Camera Raw がサポートするカメラ：
https://helpx.adobe.com/jp/camera-raw/kb/camera-raw-plug-supported-cameras.html
Camera Raw がサポートするレンズ：
https://helpx.adobe.com/jp/camera-raw/kb/supported-lenses.html

# Webサイト作成のテクニック

Chapter

14

# 169 Webサイトレイアウトの基礎を知りたい

**使用機能**

Photoshopを使用してWebサイトの完成イメージを制作すると、実際のサイズで配置したり、レイヤーごとに個別に書き出すことができるので、スムーズなWebサイト制作に役立ちます。

## Photoshopを使ったWebサイトレイアウト

本章ではPhotoshopを使ってWebサイトをデザインするために必要となる環境設定、ガイドの作成方法、レイアウト方法と、完成したデザインをレイヤーごとに個別に書き出す方法を紹介します。
Webサイトは、Photoshopなどで制作された完成イメージ（デザインカンプ）をもとに、ブラウザ上で表示させるために、HTML・CSSなどを使用してコーディングを行い完成させます。そのため、完成イメージ（デザインカンプ）制作時点で、実際のWebサイトのサイズでデザインしておくことで、コーディング作業時に画像のリサイズなどの余計な工程がなくなり、スムーズなWebサイト制作ができます。

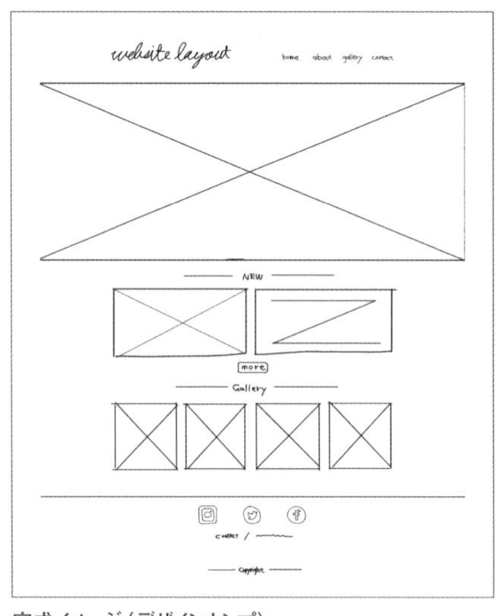


完成イメージ（デザインカンプ）

完成したWebサイト

**Memo**

デザインと言うとIllustratorが思い浮かぶ人も多いでしょう。PhotoshopとIllustratorの使い分けですが、Photoshopは画像加工とWebサイト全体のデザインに向いています。Photoshopのみでも完成イメージを作成することができますが、アイコンやロゴなどのシェイプを使ったパーツが多く必要となるデザインの場合は、Illustratorも組み合わせるとより効率的に制作できます。

# 170 Web用レイアウトに適したファイル作成の設定が知りたい

**使用機能** 新規、環境設定

本章では、章を通してWebサイトのサンプルをレイアウトしていく手順を解説していきます。まず最初に、Webサイトのレイアウト用の新規ファイルを作成し、単位や表示などの環境設定を調整します。

## 新規ファイルの作成

[ファイル]→[新規]をクリックします❶。[プリセットの詳細]を[幅]の1000、[高さ]を1250で単位は[ピクセル]とします。[解像度]を72、[カラーモード]を[RGBカラー]と設定します❷。[作成]ボタンをクリックします❸。

ファイルの作成方法は基本的に写真加工の際に新規ファイルを作成する方法と同じですが、Webデザインでは基本的にピクセル単位で作業を行うので、[幅][高さ]の表示を[ピクセル]にする必要があります。

## 環境設定の調整

**1** Webデザインでは基本的にピクセル単位で作業を行うので、Photoshop上での単位表示を[pixel]に設定する必要があります。[Photoshop]メニュー→[環境設定]→[単位・定規]をクリックします。

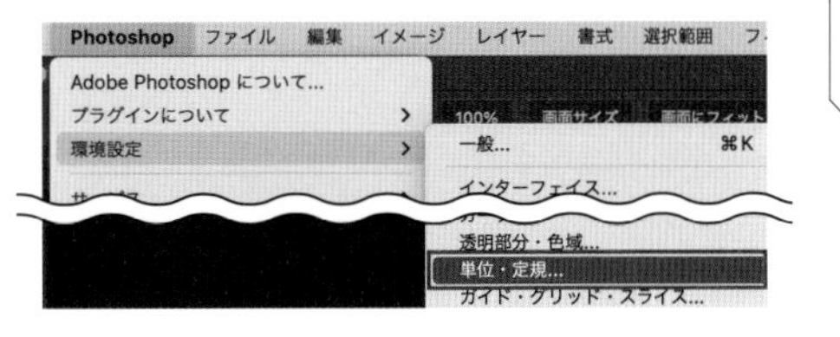

**2** ［環境設定］ダイアログが表示されるので、［単位］の［定規］と［文字］を［pixel］とします。

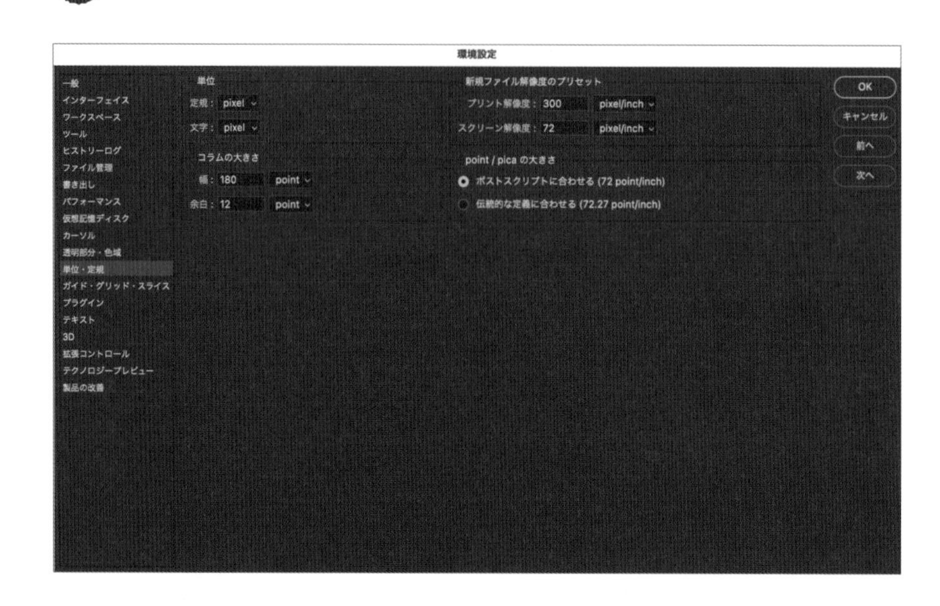


**3** 次に［ガイド・グリッド・スライス］を選択し❶、［グリッド］の［カラー］を［ライトグレー］、［グリッド線］を10pixel、［分割数］を10とします❷。グリッドを使ったレイアウトやスムーズなガイド作成に役立ちます ▸▸005。設定が完了したら［OK］ボタンをクリックします❸。

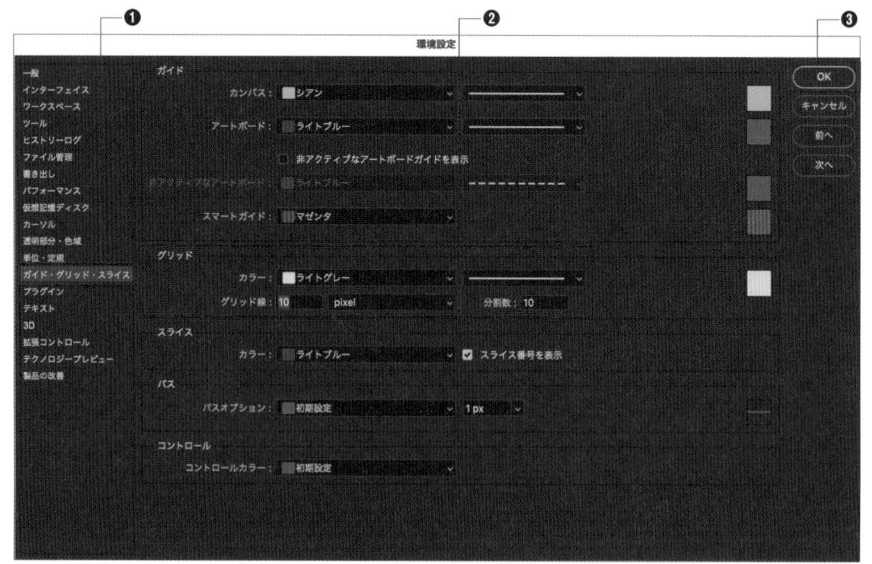

## 表示の調整

1 [表示] メニュー→[定規] をクリックしてチェックを入れます。

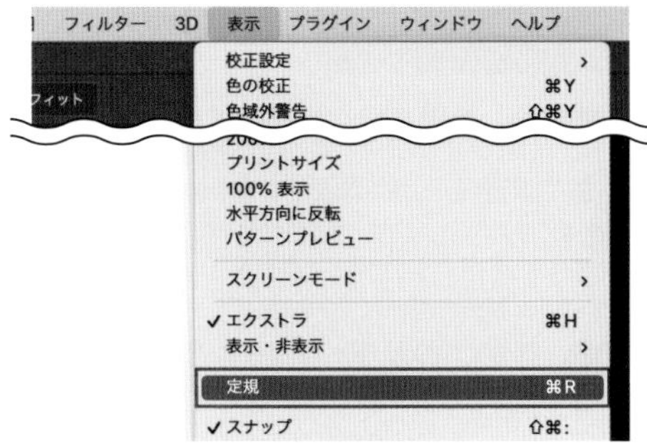


2 カンバスの上と左に定規が表示されます。定規からドラッグすることでガイドが作成され、ドラッグ中は座標が表示されます ▸▸004。shift キーを押しながらドラッグすると小数点なしの整数で配置することができます。

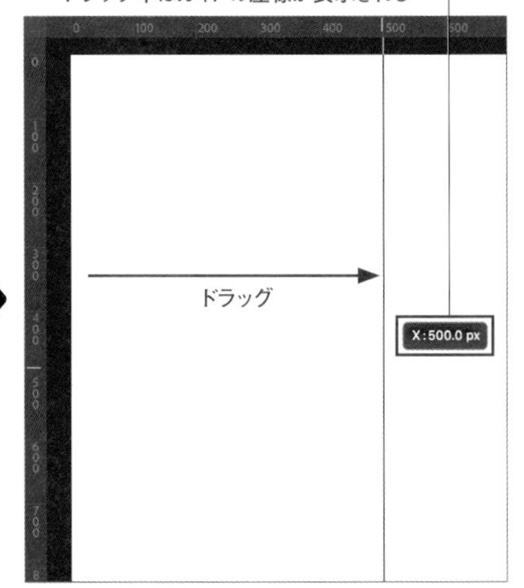


また、[ウィンドウ] メニュー→[情報] にチェックを入れて[情報] ウィンドウが表示されるようにしておくと、こちらにも座標が表示されます。

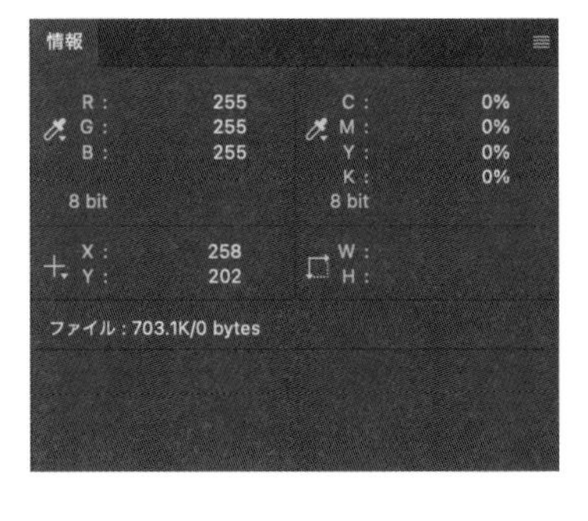


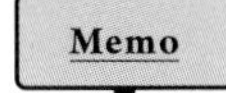


[情報] パネルでは、座標以外にも[選択範囲のサイズ][選択したカラー] など、さまざまな情報を確認できます。

# 171 ラフに合わせてガイドを作成したい

使用機能　新規ガイド、新規ガイドレイアウトを作成

画像や文字を正確に配置するために、ガイドを作成します。横ラインと縦ラインの2種類を作成します。

**1** 横ラインのガイドを作成し各要素の高さを決めていきます。レイアウトを組む際にはラフイメージを用意しておくとスムーズに作業が進みます。ここでは画像のラフイメージをもとにガイドを作成していきます。

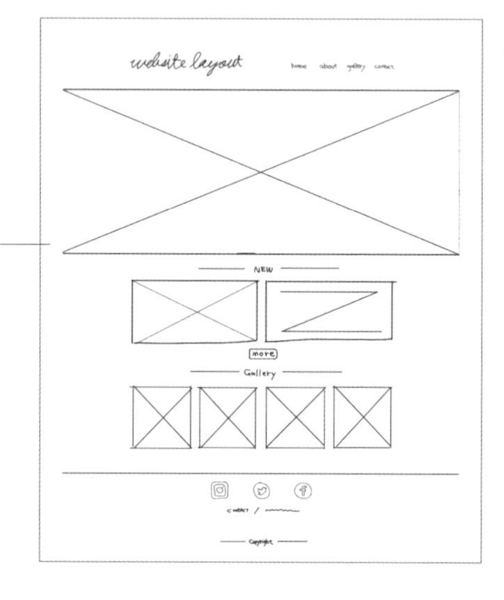


**Memo**

作業中にガイドが邪魔になる場合は、ショートカット command キー+ : キーで表示・非表示を切り替えながら作業しましょう。

**2** 最初に、ヘッダーの範囲として上から100pixelの位置にガイドを作成します。[表示] メニュー→ [新規ガイド] をクリックします。

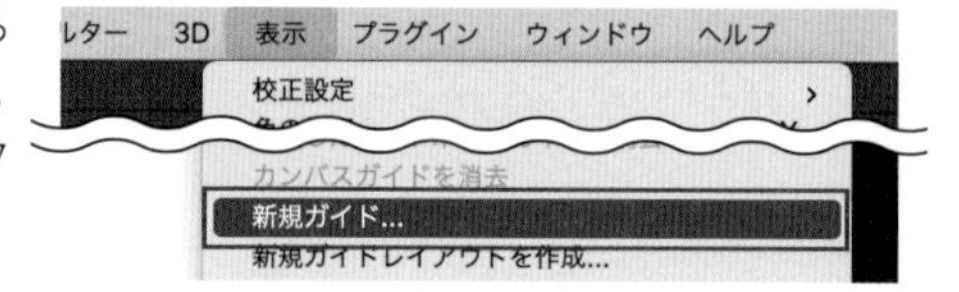


**3** [新規ガイド] ダイアログが表示されます。[水平方向] にチェックを入れ❶、[位置] を100とし❷、[OK] ボタンをクリックします。

4 カンバス上から100pixelの位置にガイドが作成されます。

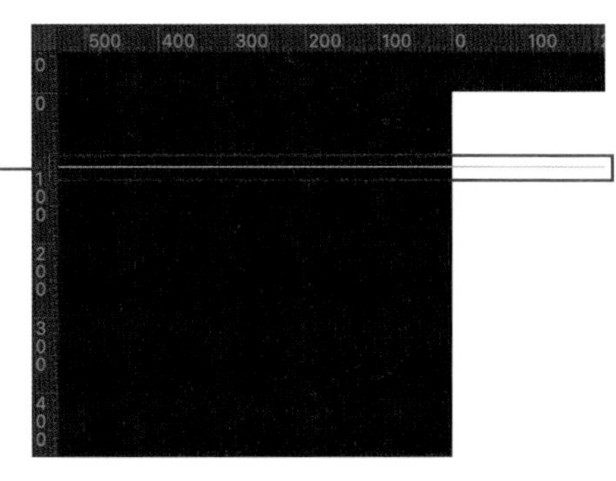


5 同じ要領で［水平方向］を120でガイドを作成します。こちらはヘッダーからメインビジュアルまでの20pixelの余白として作成しました。

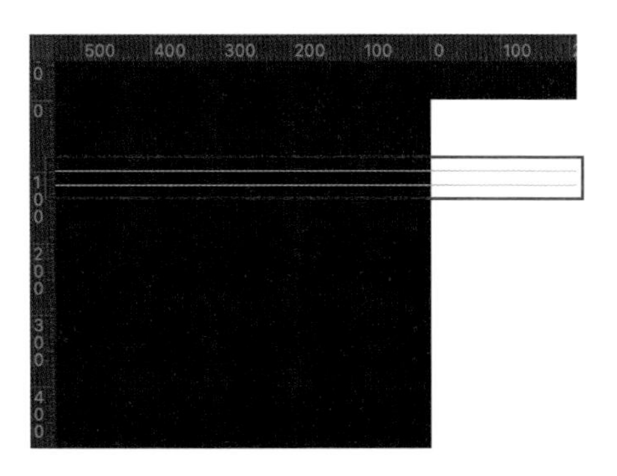

6 メインビジュアルは高さ400pxのイメージを入れたいので、「ヘッダー100pixel+余白20pixel+メインビジュアル400pixel」の合計520で水平方向にガイドを作成します。さらにその下に余白として20pixelを追加した［水平方向］540のガイドも作成します。

7 この要領で[見出し(NEW)]の範囲590、[コンテンツ(NEW)]の範囲 740、[ボタン(more)]の範囲 790、余白800、[見出し(gallery)]の範囲850、[コンテンツ(gallery)]の範囲1000、[ボタン(more)]の範囲1050、余白1060の位置にそれぞれ水平方向にガイドを作成します。

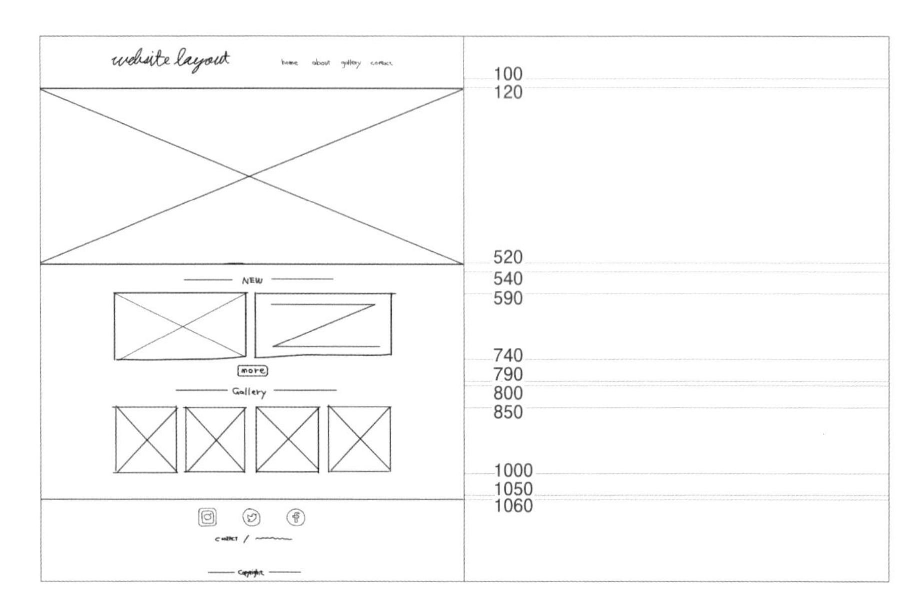


8 続いて、縦ラインのガイド作成します。[表示]→[新規ガイドレイアウトを作成]をクリックします。

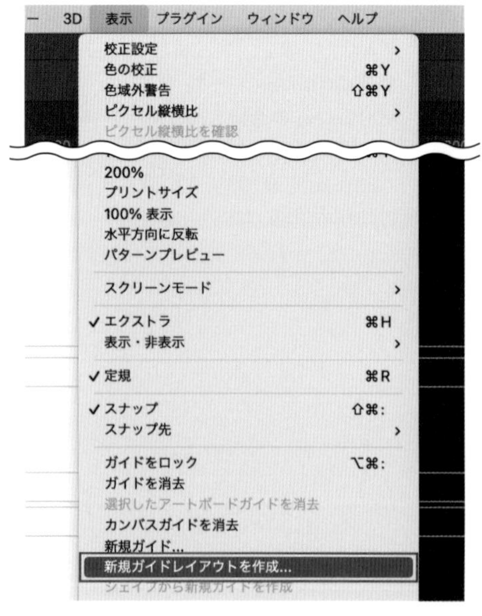

**9** ［新規ガイドレイアウトを作成］ダイアログが表示されます。［列］にチェックを入れ❶、［数］を6❷、［間隔］を20pxとし❸、［OK］ボタンをクリックします❹。

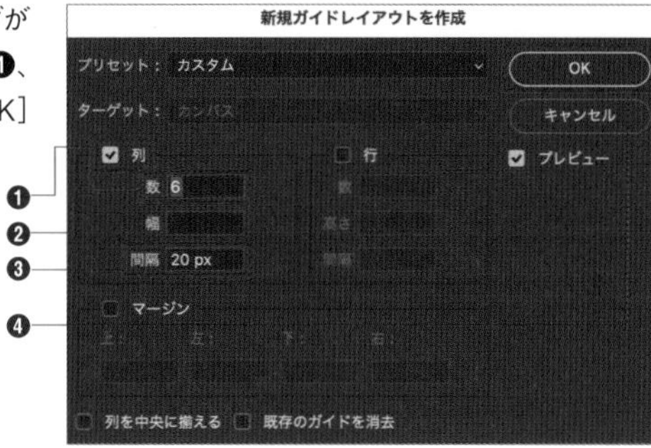


**10** これによりカンバスが6分割され、かつそれぞれの間隔が20pixelのガイドが作成されます。

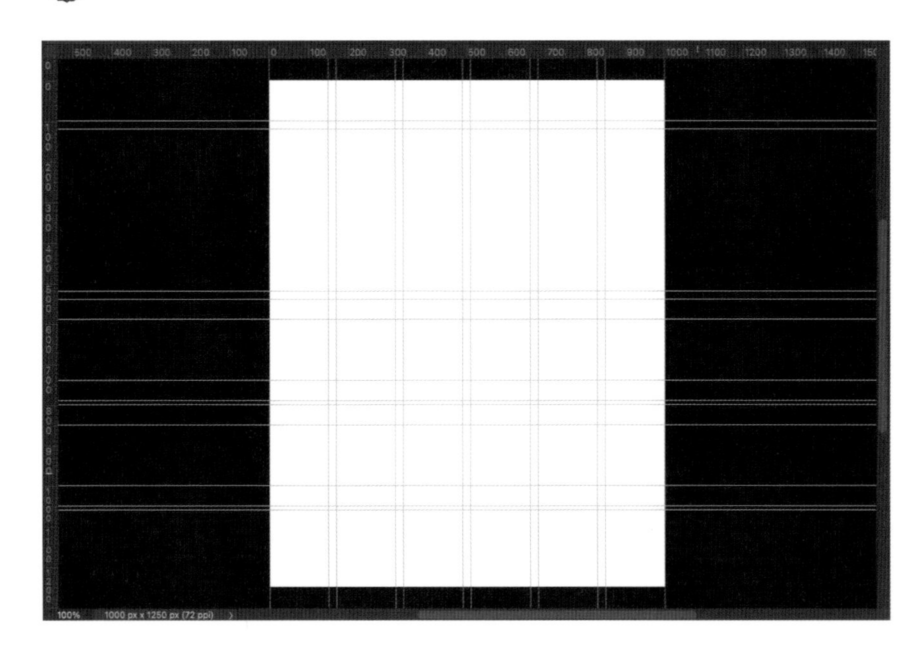


**Memo** 横幅1000pixelのカンバスなので、150:20:150:20:150:20:150:20:150:20:150でガイドが作成されます。

**POINT**

事前にガイドを作成しておくと、さまざまなレイアウト作業の効率アップにつながります。画像や文字の配置、整列を正確に素早く行うことができたり、ガイドに沿った選択範囲の作成や、画像のトリミングにも有効です。

# Webサイトのヘッダーをレイアウトしたい

**使用機能** ［横書き文字］ツール

ここでは、ヘッダーを作成します。［横書き文字］ツールを使用して、Webサイトのタイトルとメニューの文字を 2種類のフォントで入力します。

入力する2種類の文字

website layout　　home　about　gallery　contact

**1** ［横書き文字］ツールを選択します。

**2** サイトのタイトル用のフォント、メニューボタン用のフォントをそれぞれ［文字］パネルで下記のように設定します。

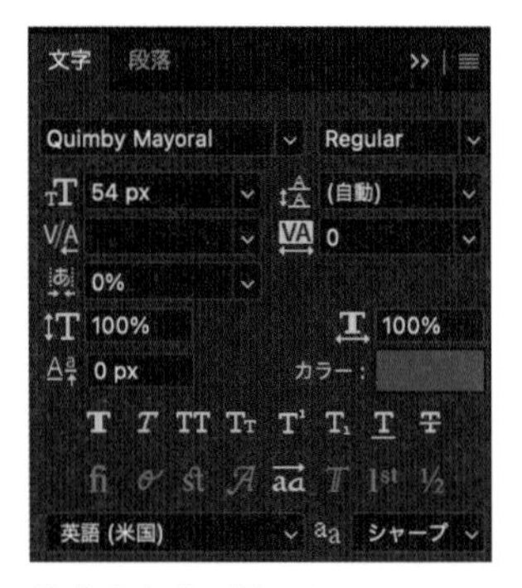


サイトのタイトル用
- **フォント** …… Quimby Mayoral
- **フォントスタイル** …… Regular
- **フォントサイズ** …… 54px
- **フォントカラー** …… #2e7e8c
- **アンチエイリアスの種類** …… シャープ

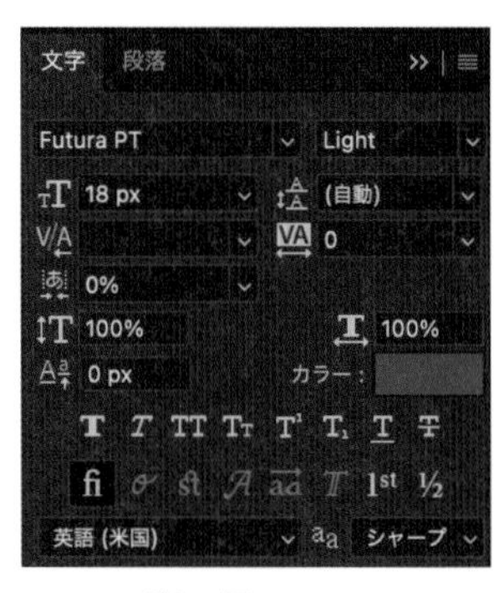


メニューボタン用
- **フォント** …… Futura PT
- **フォントスタイル** …… Light
- **フォントサイズ** …… 18px
- **フォントカラー** …… #2e7e8c
- **アンチエイリアスの種類** …… シャープ

**Memo** フォントはいずれもAdobe Fontからインストールする必要があります▶▶181。

3 サイトのタイトル「website layout」、メニューボタンの各項目「home」「about」「gallery」「contact」を入力し、図のように配置します。

4 作成したレイヤーをグループ化します。作成したレイヤーを shift キー＋クリックで複数選択して❶、[レイヤー]メニュー→[レイヤーをグループ化]をクリックします❷。

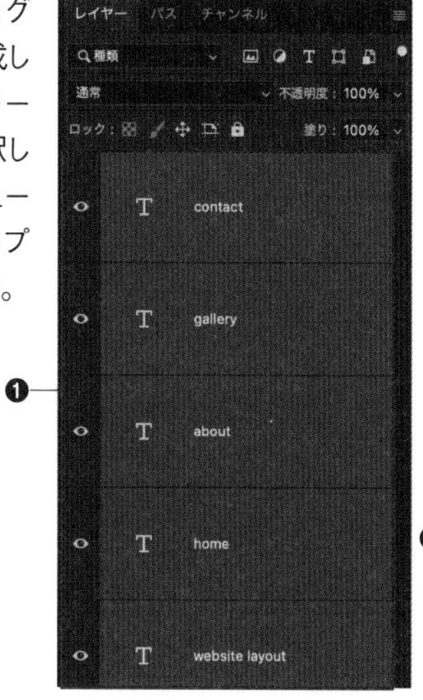


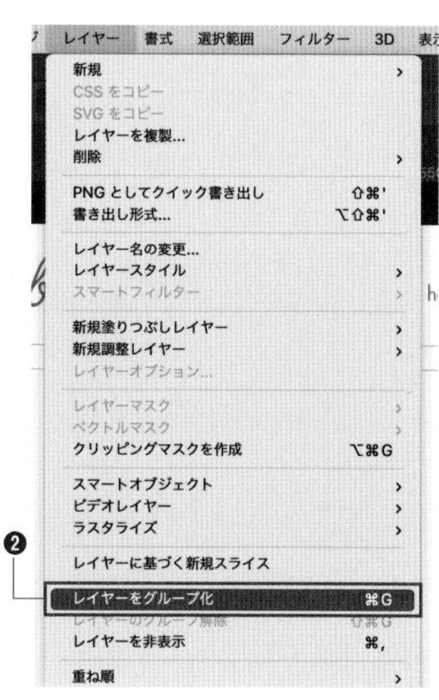


5 レイヤーグループが作成されました。グループ名は「ヘッダー」としておきます。

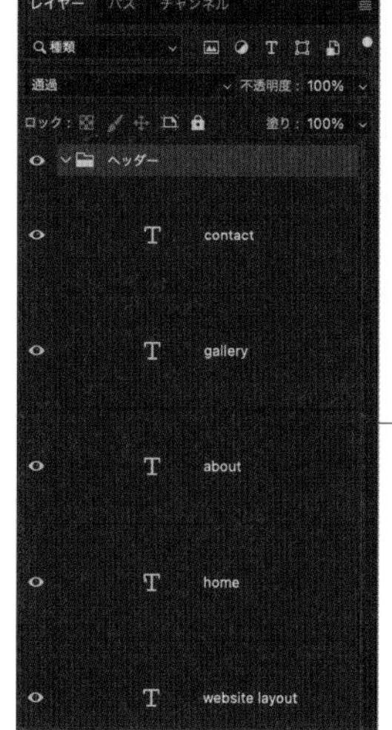

# 173 Webサイトのトップ画像をレイアウトしたい

使用機能　[長方形] ツール、クリッピングマスクを作成

ここでは、Webサイトのトップ画像として、メインビジュアルとなる大きな画像を配置します。

メインビジュアルに配置する画像

**1** [長方形] ツールを選択します❶。コントロールパネルの [塗り] を#cccccc、[線] をカラーなしに設定します❷。

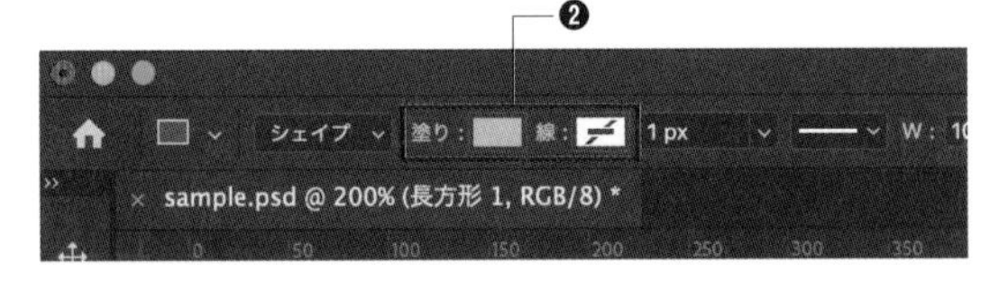


**2** カンバス上でクリックし [長方形を作成] ダイアログを表示させ [幅] を1000px、[高さ] を400pxに設定し❶、[OK] ボタンをクリックします❷。

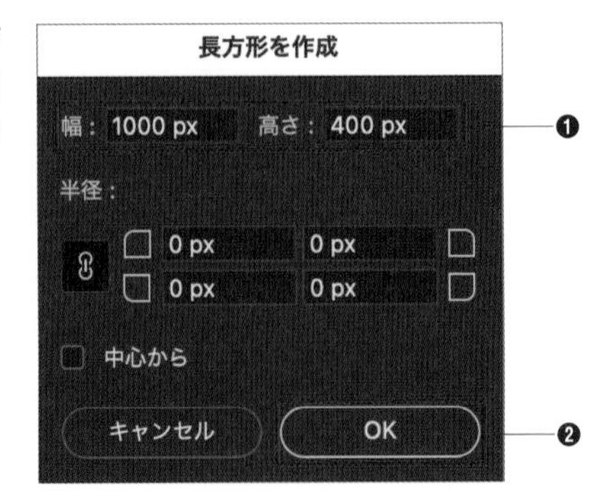

**3** 作成した長方形のシェイプを、ガイドに合わせて図のように配置します❶。［レイヤー］パネルにレイヤー［長方形 1］が表示されるので、「ヘッダー」グループの下位に移動させます❷。

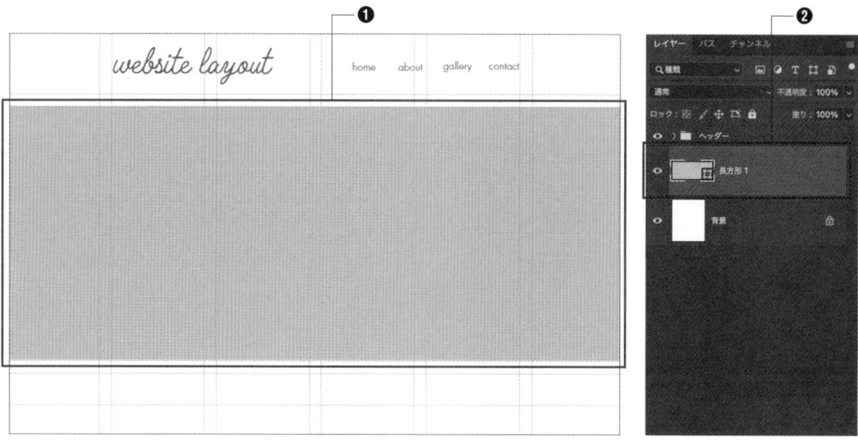


**4** 素材「メインビジュアル.jpg」を開き、レイヤー［長方形 1］の上位に移動させ ▸▸035、レイヤー名を［メインビジュアル］としておきます。

「メインビジュアル.jpg」を長方形のシェイプの上に配置する

5 レイヤー[メインビジュアル]を選択し、右上のメニューボタンをクリックして表示されるメニューから、[クリッピングマスクを作成] をクリックします。

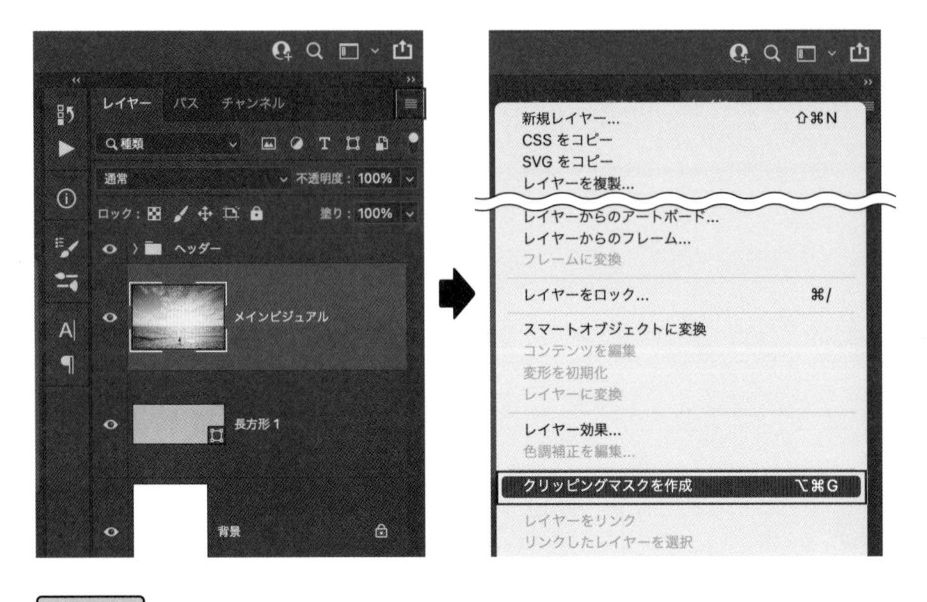


**Memo**

クリッピングマスクを作成すると、上にあるレイヤーを下のレイヤーの形でマスクし、切り抜いたように見せることができます ▶▶037。

6 レイヤー[長方形 1]の範囲のみ画像が表示されます。ヘッダーと同じようにレイヤー[メインビジュアル] [長方形 1] をグループ化します。グループ名は「メインビジュアル」とします。

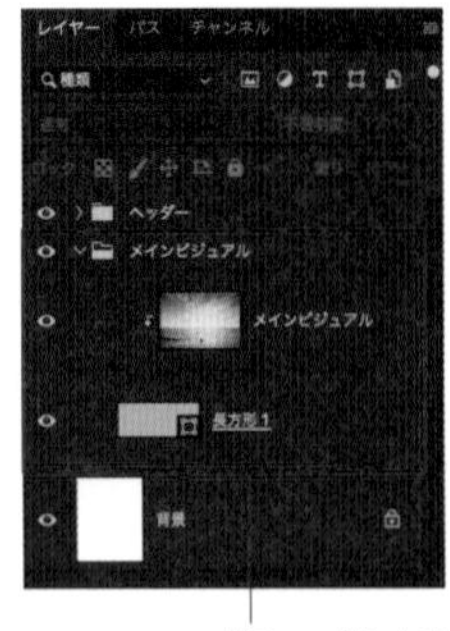


グループ化する

# Webサイトのコンテンツをレイアウトしたい

**使用機能** ［横書き文字］ツール、［長方形］ツール、クリッピングマスクを作成

ここでは、コンテンツ部分を作成します。このサイトのコンテンツにあたる部分は、「コンテンツ（new）」と「gallery」の2つです。最初に「コンテンツ（new）」を作成し、同じ要領で「gallery」を追加します。

作成する「コンテンツ（new）」と「gallery」

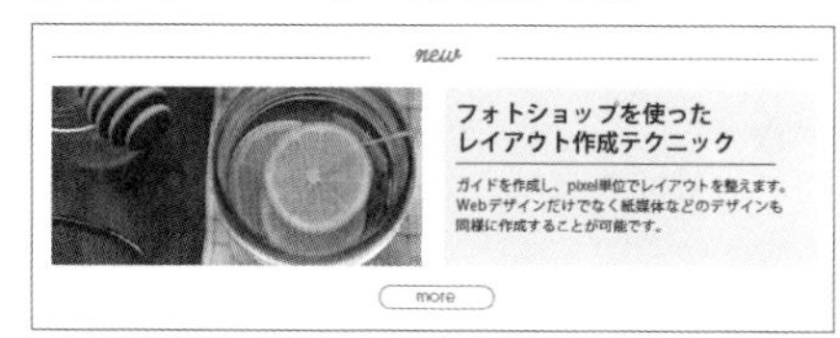


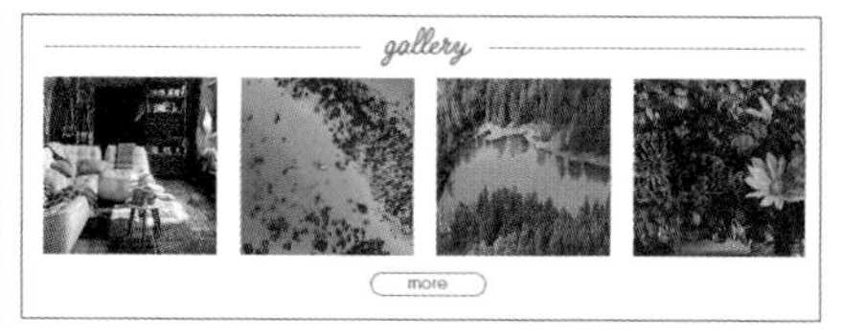

［横書き文字］ツール🅃を選択し、［文字］パネルで下記のように設定し、「new」と入力します。

- **フォント** …… Quimby Mayoral
- **フォントスタイル** …… Regular
- **フォントサイズ** …… 30px
- **フォントカラー** …… #2e7e8c
- **アンチエイリアスの種類** …… シャープ

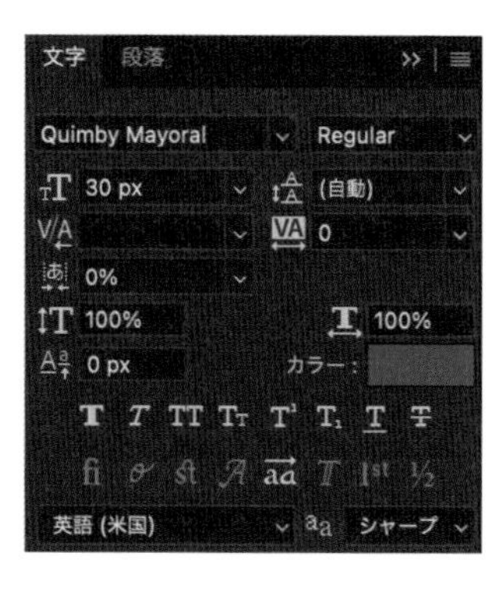

**2** [長方形] ツールを選択し❶、コントロールパネルの [塗り] を#2e7e8c、[線] をカラーなしに設定します❷。カンバス上でクリックし [長方形を作成] ダイアログを表示します。[幅] を275px、[高さ] を1pxに設定し❸、[OK] ボタンをクリックします❹。

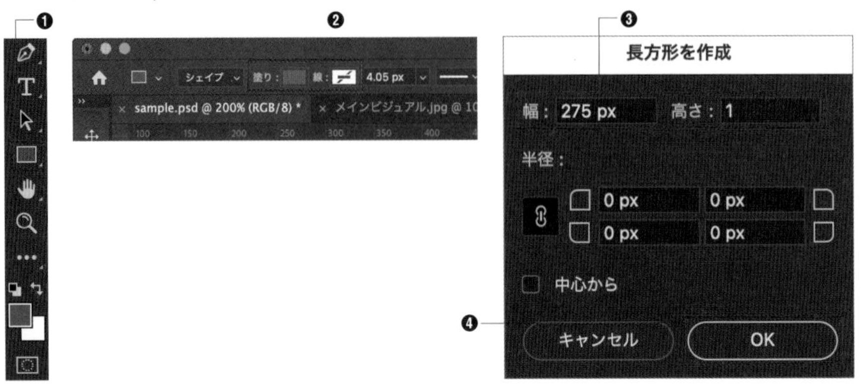


**3** 作成したシェイプレイヤーを複製し ▸▸025、レイヤー名をそれぞれ「ライン」とします。図のようにガイドに合わせてテキストの両サイドに配置します。

シェイプレイヤーを複製し、テキストの両サイドに配置する

4 ヘッダー部分を作成したときと同じように［長方形］ツールを選択し、［幅］が320px、［高さ］が150pxのシェイプを作成し、ガイドに合わせて配置します。

幅320px、高さ150pxのシェイプをここに配置する

5 素材「new.jpg」を開き、先程作成したシェイプレイヤー［長方形 3］の上位に移動させ、レイヤー名を「new」とします。

「new.jpg」を［長方形 3］の上に配置する

**6** レイヤー[new]の右上にあるメニューボタンをクリックして表示されるメニューから[クリッピングマスクを作成]をクリックします。

**7** [長方形]ツールを選択して先程と同じサイズの[幅]が320px、[高さ]が150pxのシェイプを作成し、ガイドに合わせて配置します。

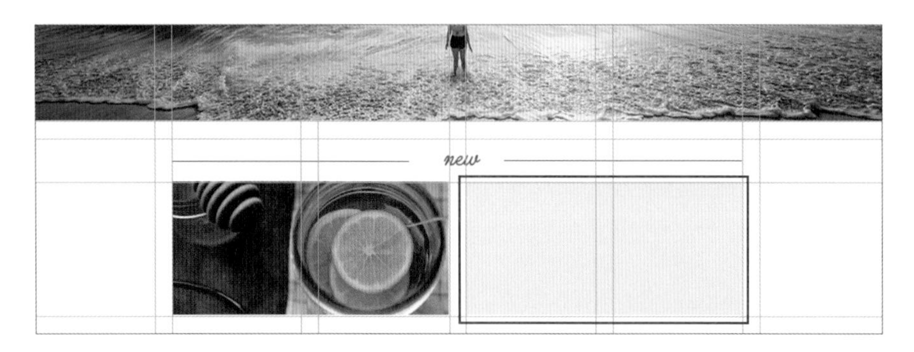


**8** [横書き文字]ツール を選択し、見出し用のフォント、本文用のフォントをそれぞれ[文字]パネルで下記のように設定します。

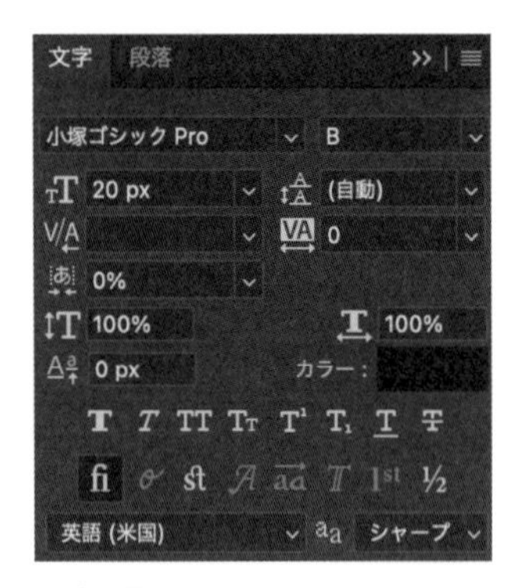


見出し用
- **フォント** …… 小塚ゴシック Pro
- **フォントスタイル** …… B
- **フォントサイズ** …… 20px
- **フォントカラー** …… #333333
- **アンチエイリアスの種類** …… シャープ

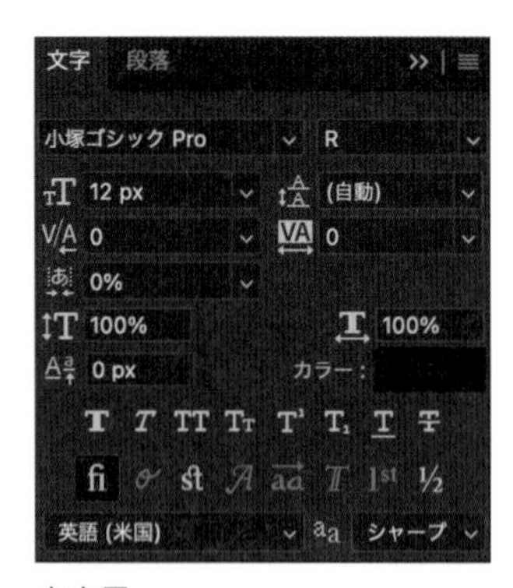


本文用
- **フォント** …… 小塚ゴシック Pro
- **フォントスタイル** …… R
- **フォントサイズ** …… 12px
- **フォントカラー** …… #333333
- **アンチエイリアスの種類** …… シャープ

**9** 好みのサンプルテキストを入力します。

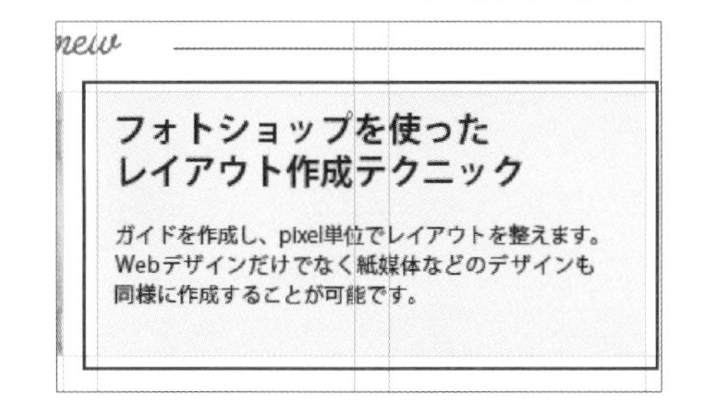


**10** 見出しと本文の間にシェイプレイヤー［ライン］を複製し、配置します。

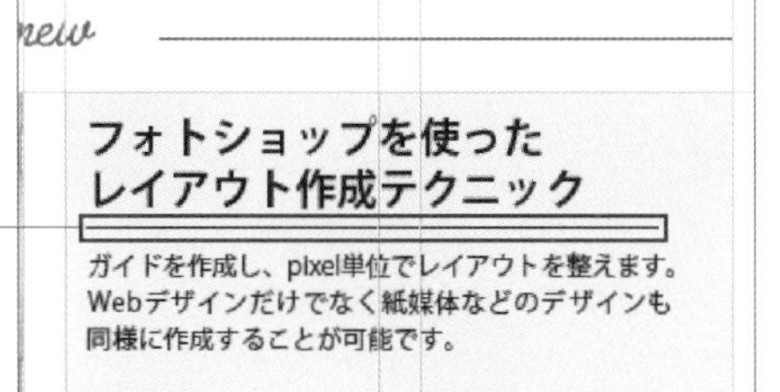


シェイプレイヤー［ライン］を複製してここに配置する

**11** ［長方形］ツールを選択してコントロールパネルの［塗り］をカラーなし、［線］を#2e7e8c、線幅を1pxに設定します❶。カンバス上でクリックし［長方形を作成］ダイアログを表示します。［幅］を100px［高さ］を20px❷、さらに［半径］を50pxと設定し❸、［OK］ボタンをクリックします❹。［半径］を設定することで角丸長方形のシェイプが作成できます。

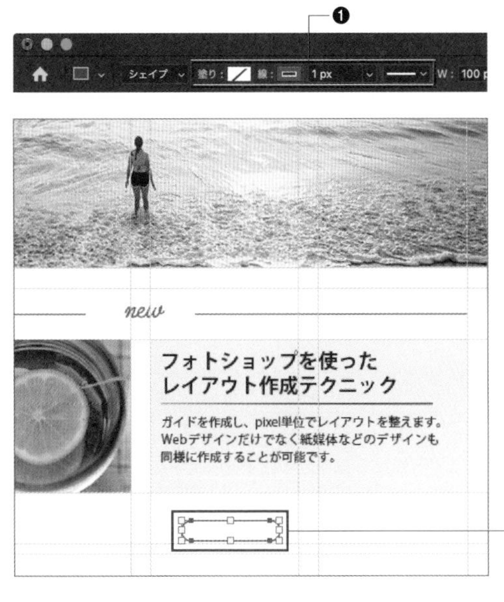

角丸長方形のシェイプが作成できる

**12** 作成されたシェイプを、ガイドに合わせて配置します。

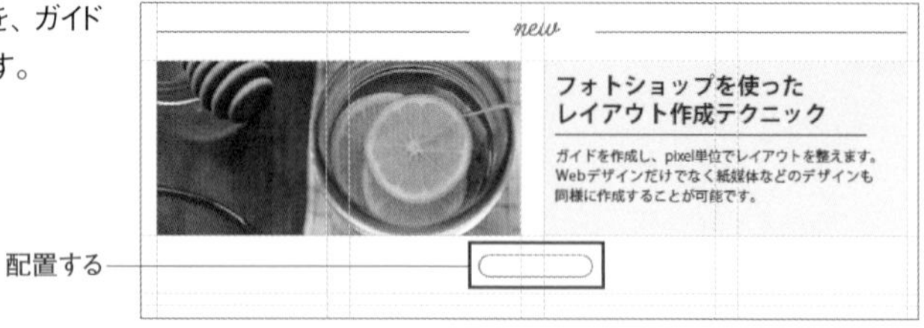


**13** ヘッダー部分で制作したレイヤー[home]を複製し、テキストを「more」と入力し直します。

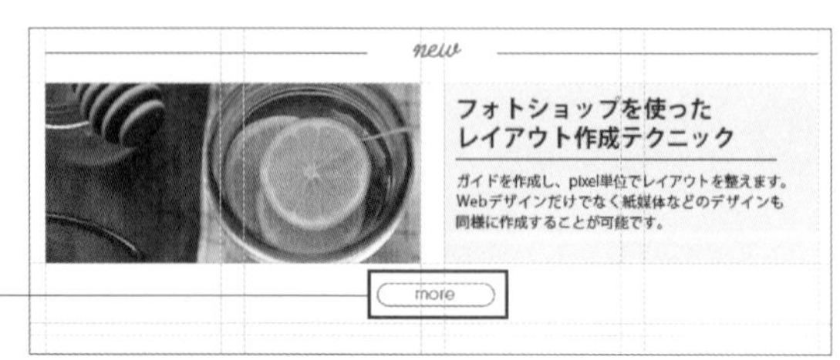

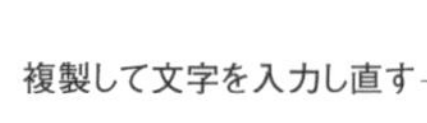


**14** グループ[ヘッダー]や[メインビジュアル]と同じように、作成したレイヤーをグループ化し、グループ名を「コンテンツ(new)」とします。

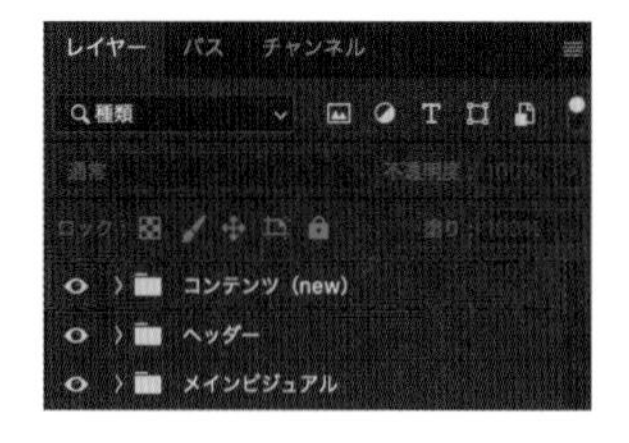


**15** 続いて同じ要領でコンテンツ「gallery」を追加します。手順**3**で作成したレイヤー[ライン][ライン][new]を複製します。レイヤー[new]の見出しを「gallery」を入力し直し、両サイドにシェイプを配置します。

**16** ［長方形］ツールを選択して先程と同じサイズの［幅］が150px［高さ］が150pxのシェイプを4つ作成し、ガイドに合わせて図のように配置します。

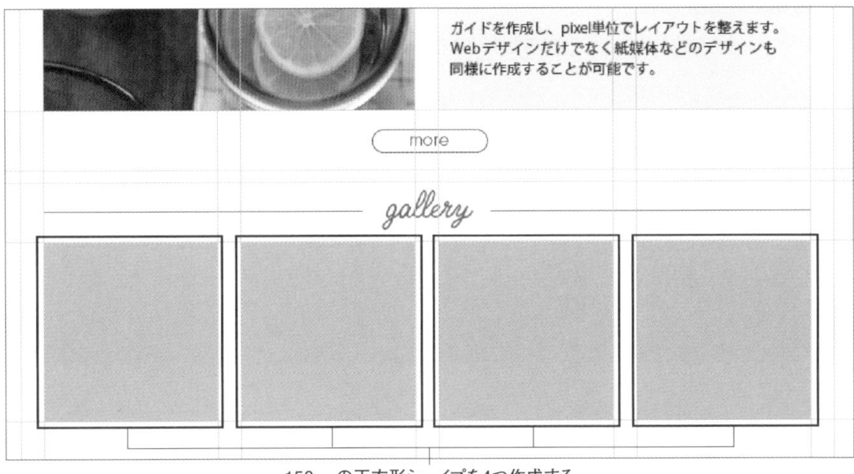

150pxの正方形シェイプを4つ作成する

**Memo** ［塗り］は#cccccc、［線］はカラーなしに設定します。

**17** 素材「gallery素材.psd」を開き、各素材を配置し、それぞれのレイヤーを選択してから、右上のメニューボタンをクリックして表示される［クリッピングマスクを作成］をクリックして、図のように配置します。

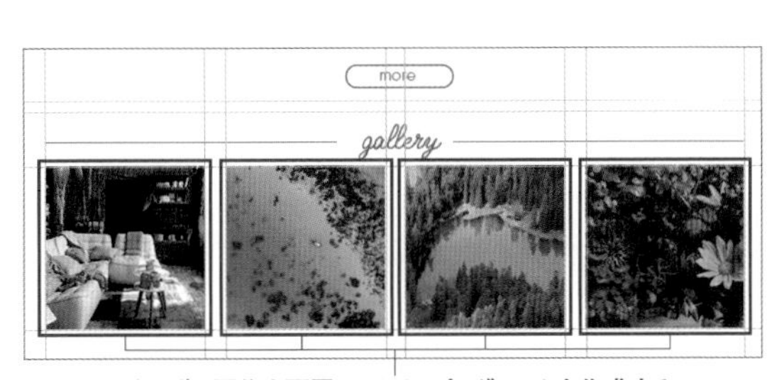

それぞれ画像を配置し、クリッピングマスクを作成する

**18** 手順**13**で作成したテキストレイヤー［more］とシェイプレイヤーを複製し、図のように配置します。作成したレイヤーはまとめてグループ化し、グループ名を「gallery」としておきましょう。

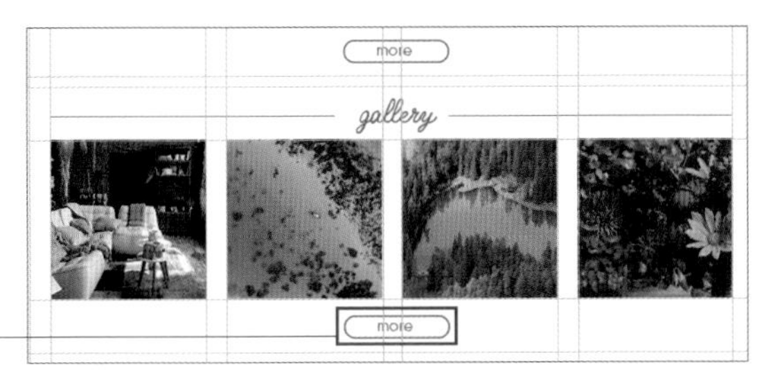

複製する

# 175 Webサイトのフッターをレイアウトしたい

使用機能 [長方形]ツール、[横書き文字]ツール

ここでは、フッターを作成します。SNSアイコン、メールアドレス、copyrightを追加します。

作成するフッター部分

**1** [長方形]ツールを選択して[幅]が1000px、[高さ]が190pxのシェイプを作成し、ガイドに合わせて配置します。

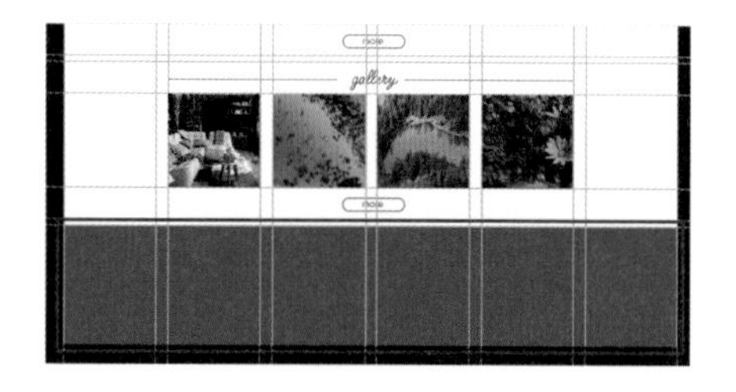

[塗り]は#2e7e8c、[線]はカラーなしに設定します。

**2** 作例ではⒶSNSアイコン、Ⓑメールアドレス、Ⓒcopyrightを追加して完成としました。メールアドレスとcopyrightの文字設定は以下になります。作成したレイヤーはまとめてグループ化し、グループ名を「フッター」とします。

メールアドレスとcopyrightの文字設定

- **フォント** …… 小塚ゴシック Pro
- **フォントスタイル** …… R
- **フォントサイズ** …… 10px
- **フォントカラー** …… #ffffff
- **アンチエイリアスの種類** …… シャープ

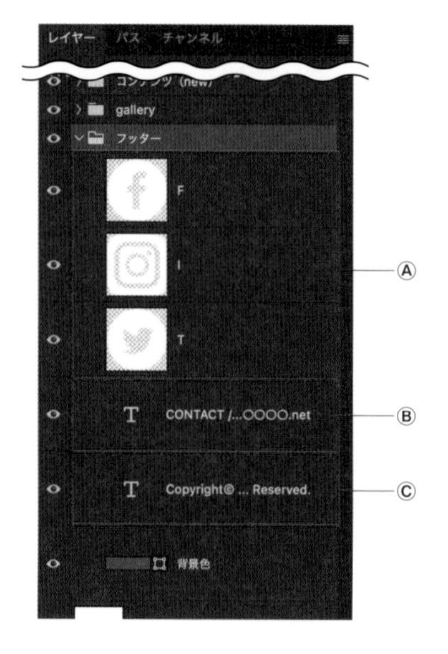

3 ▶▶170 から続けて作成してきたWebサイトのレイアウトサンプルはこれで完成です。

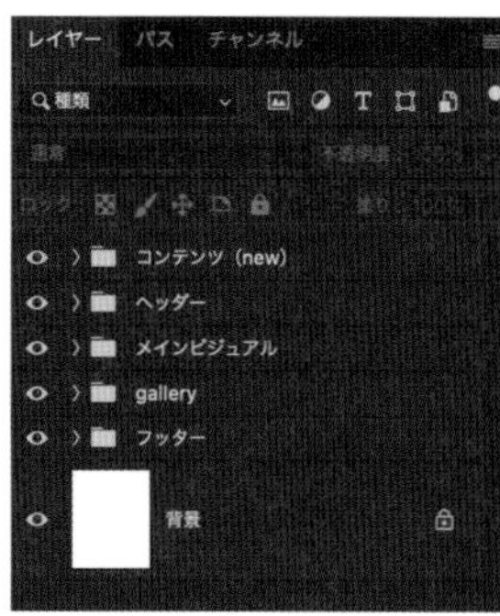

# 176 画像アセットを使用してレイヤーを書き出したい

使用機能　画像アセット

Webサイトのレイアウトサンプルが完成したら、[画像アセット] を使用して各レイヤーを書き出し、保存しましょう。

## 画像アセットとは

画像アセットを使うと、Photoshopの個々のレイヤーを、他のレイヤーの影響を受けずに指定したファイル形式で自動的に書き出すことができます。通常の画像書き出しや、スライスツール ▸▸021 を使用した画像の書き出しでは、レイヤー単体を書き出したいときは不必要なレイヤーを［表示・非表示］を使って切り替えてから保存する必要がありますが、［画像アセット］を使うと、指定したレイヤーだけがその都度自動的に書き出されます。さらに修正するたびに書き出しが行われるので、変更を加えるたびに保存する必要がありません。

## 画像アセットの生成

1 ［ファイル］メニュー→［生成］→［画像アセット］をクリックすることで、レイヤー名の末尾に「jpeg」または「png」または「gif」と付いているレイヤーは、自動的に指定の画像形式で書き出されます。作例ではレイヤー［メインビジュアル］を「メインビジュアル.jpeg」、レイヤー［コンテンツ（new）］を「コンテンツ（new）.jpeg」とレイヤー名の末尾に「.jpeg」を追加することで書き出し可能としました。

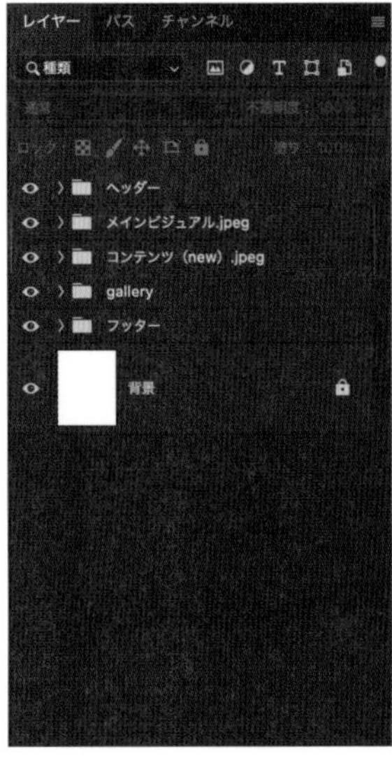

**2** アセットはpsdデータと同じ階層にフォルダで出力されます。

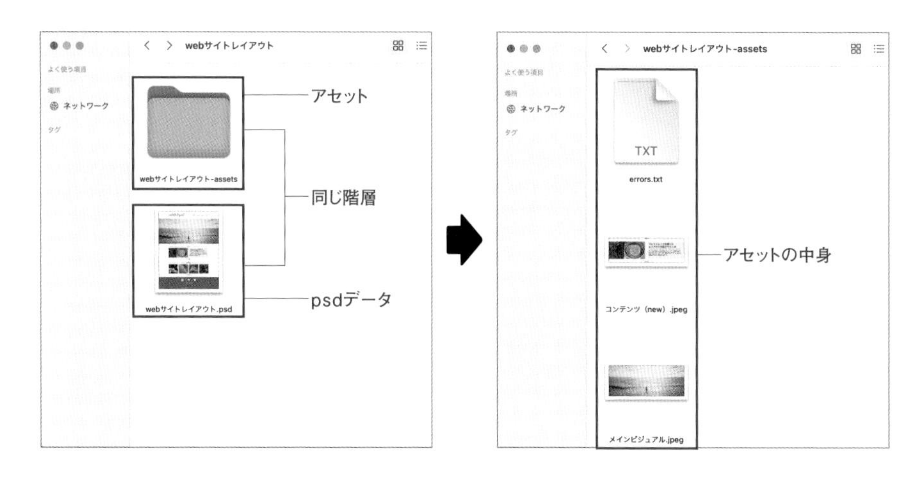


**Memo**

画質の指定jpegでの出力の場合、初期設定では90％の画質で出力されます。末尾に「.jpeg1」～「.jpeg10」、または「.jpeg1％」～「.jpeg100％」と追加することで、画質の指定が可能です。pngデータの場合、初期設定では32ビットで出力され、末尾に「8」「24」「32」でビット数を指定します。gifデータの場合、［基本的なアルファ透明度］で出力され、画質は調整できません。

**Memo**

うまくいかない場合は、［Photoshop］メニュー→［環境設定］→［プラグイン］をクリックして表示される［環境設定］ダイアログで［Generatorを有効にする］にチェックが入っているかどうかを確認してください。

**Memo**

レイヤー名の冒頭に倍率を入れることで、書き出す画像のサイズを変えることができます。たとえば、「200％ ファイル名.jpeg」とすることで、2倍サイズのjpegファイルを書き出すことができます。

**POINT**

Webサイト制作のように、レイアウトした大量の画像を個別に書き出す必要がある場合は、画像アセットを使用することで書き出し作業にかかる時間を大幅に短縮することができます。

## Photoshopの画面外からカラーを抽出する

［スポイトツール］を選択し、ドキュメント内でクリックします。クリックした状態のままPhotoshopの画面外にドラッグすると、Photoshopの画面外であっても、デスクトップ、ブラウザ、画像などから自由にカラーを抽出することが可能です。

# プリント・書き出しのテクニック

Chapter

15

# 177 画像を書き出したい

**使用機能** 別名で保存、Web用に保存、書き出しの環境設定

制作したPhotoshopデータを画像として書き出す方法を紹介します。

## 別名で保存

1 [ファイル] メニュー→[別名で保存] をクリックします。

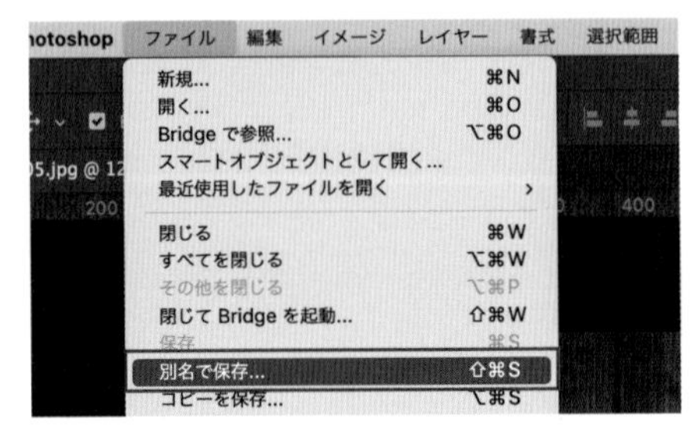


2 [別名で保存] ダイアログが表示されます。任意の保存場所を選択し❶、ファイル名を入力します❷。

3 [フォーマット] タブを選択すると各種画像形式が表示されるので、JPEG、PNGなどから形式を選択します❶。[保存] ボタンをクリックします❷。

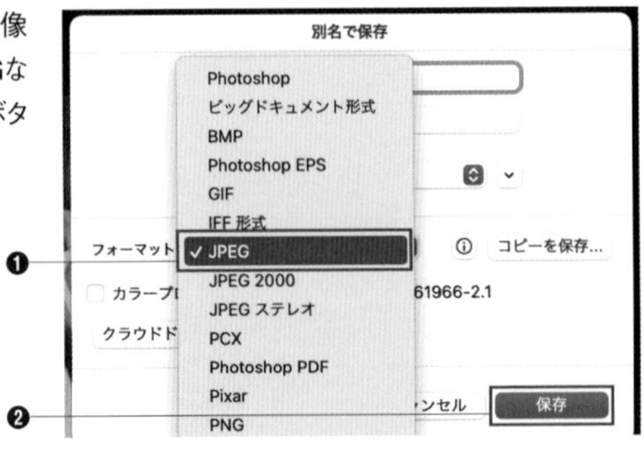

## Web用に保存

1. [Web用に保存(従来)]では、Webでの使用に最適な保存形式のプリセットが用意されているだけでなく、[別名で保存]よりも画像形式を詳細に設定して書き出すことができます。[ファイル]メニュー→[書き出し]→[Web用に保存(従来)]をクリックします。

**Shortcut** Web用に保存：option + command + S キー

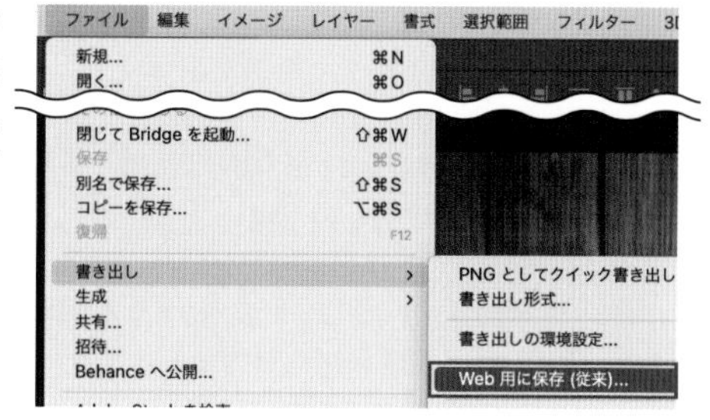


2. [Web用に保存]ウィンドウに切り替わります。それぞれ表示されるオプションで画質など好みの数値を入力します。[保存]ボタンをクリックし、任意の場所に保存します。

Ⓐ**プリセット** …… 画質の違う[GIF][JPEG][PNG]が複数用意されています。

Ⓑ**画像形式** …… 好みの設定で書き出す場合は、画像形式を選択します。GIF、JPEG、PNG-8、PNG-24、WBMPが用意されています。

Ⓒ **[カラープロファイルの埋め込み]**
…… チェックを入れると異なるデバイス間で色の変化を抑えて表示させることができます。

Ⓓ **[sRGB]に変換** …… Webサイトは[sRGB]で表示されるので、チェックを入れておきます。

Ⓔ **[カラーテーブル]** …… GIF、PNG-8を選択時に、使用している色が表示されます。

Ⓕ **[画像サイズ]**
…… W、Hを指定するか、パーセントを指定することで、書き出しサイズを調整します。

## クイック書き出し

1 ［クイック書き出し］では、あらかじめ設定した保存形式と画質で素早く画像を書き出します。［ファイル］メニュー→［書き出し］→［書き出しの環境設定］をクリックします。

2 ［環境設定］ダイアログが表示されます。書き出し形式や場所などを確認します。［OK］ボタンをクリックし、設定を完了させます。

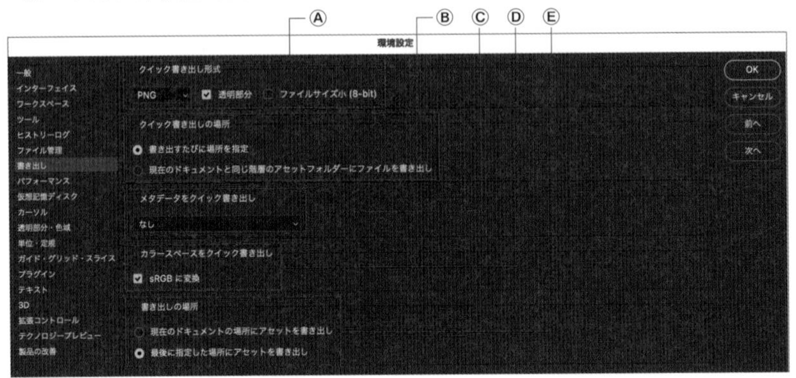


**Ⓐクイック書き出し形式**

…… ［PNG］［JPG］［GIF］［SVG］から形式を選択します。形式ごとにオプションが表示されるので、好みの画質などを選択します。

**Ⓑクイック書き出しの場所** …… 保存場所を設定します。以下から選択できます。

- 書き出すたびに場所を指定 …… 保存時に毎回保存場所を指定して保存します。
- 現在のドキュメントと同じ階層のアセットフォルダーにファイルを書き出し
  …… 保存場所の確認をすることなく、元データの場所と同じ階層に画像が書き出されます。

**Ⓒ［メタデータをクイック書き出し］** …… 著作権情報などを追加します。

**Ⓓ［カラースペースをクイック書き出し］**

…… チェックを入れるとWeb用やモニターで表示される一般的なカラースペースであるsRGBに変換します。

**Ⓔ［書き出しの場所］** …… 書き出す場所を指定します。

3 書き出し形式を［JPG］と設定した場合は、［ファイル］メニュー→［書き出し］→［JPGとしてクイック書き出し］が表示されるようになります。選択すると、指定した形式と画質で素早く保存が可能な状態となります。

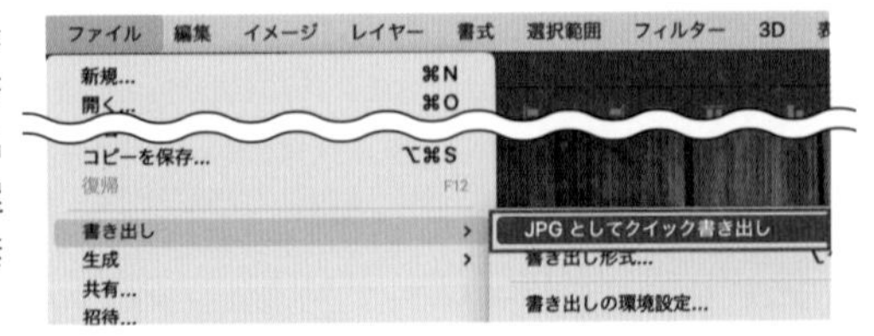

# 178 CMYKの校正設定をしたい

**使用機能** 校正設定、カラー設定

Photoshopでは写真のレタッチ作業などはRGB形式で行いますが、最終的に印刷物にする場合はCMYKに変換する必要があります。CMYKの校正設定について知っておきましょう。

## RGBモードで作業を行い、疑似的にCMYKで表示

PhotoshopではCMYKモードで作業を行うと、一部の［色調補正］や［フィルター］が使用できない状態となります。最終的にCMYKで印刷する場合でも、完成までRGBモードで作業を行い、最終的にCMYKへ変換するようにしています。

**Memo**

CMYKとRGBについては「RGBとCMYKの違いについて知りたい ▸▸010」でも解説しています。

モニター表示で使用されている形式。画像加工の編集に適しているが、印刷形式に対応していない。

印刷で使用されている形式。Photoshopで使用できる機能に制限がある。

変換による色の差を無くすためには［表示］メニュー→［校正設定］→［作業用CMYK］を選択することで、RGBモードで作業をしつつ、モニター上では疑似的にCMYKで表示することができます。

表示　プラグイン　ウィンドウ　ヘルプ

校正設定 ›
色の校正 ⌘Y
色域外警告 ⇧⌘Y
ピクセル縦横比 ›
ピクセル縦横比を確認
32 bit プレビューオプション...
ズームイン ⌘+
ズームアウト ⌘−
画面サイズに合わせる ⌘0
画面にレイヤーを合わせる
アートボードを画面サイズに合わせる
100% ⌘1
200%
プリントサイズ
100% 表示
水平方向に反転
パターンプレビュー
スクリーンモード ›
✓エクストラ ⌘H
表示・非表示 ›
定規 ⌘R
✓スナップ ⇧⌘:

カスタム...
✓作業用 CMYK
作業用シアン版
作業用マゼンタ版
作業用イエロー版
作業用墨版
作業用 CMY 版
以前の Macintosh RGB (ガンマ 1.8)
インターネット標準 RGB (sRGB)
モニター RGB
P 型 (1 型) 色覚
D 型 (2 型) 色覚

**Memo**

RGBからCMYKへ変換すると、CMYKで表現できない色域がカットされくすんだような色になってしまうため、注意が必要です。また、RGBからCMYK変換した画像を再度RGBに変更しても、CMYKへ変換時にカットされた色域が元に戻ることはありません。

## CMYKのカラー設定

1 印刷する用紙の種類に合わせて、CMYKのカラーを設定することができます。[編集]メニュー→[カラー設定]をクリックします。

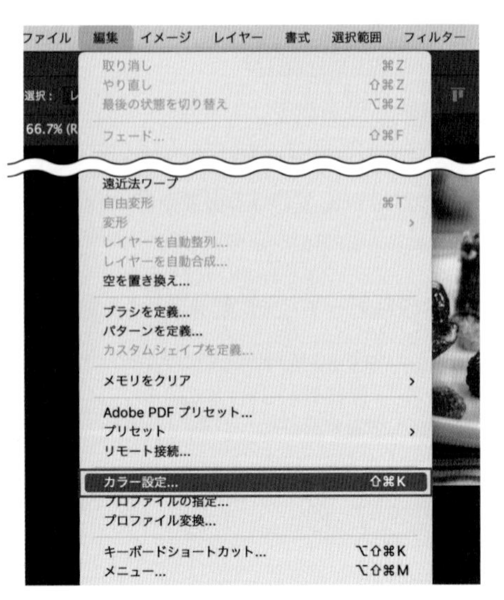


2 [カラー設定]ダイアログが表示されます。[CMYK]の項目を確認します。一般的なコート紙、マットコート紙に印刷する場合は、デフォルトで設定されている[Japan Color 2001 Coated]で問題ありません。設定を変更したい場合は、クリックしてタブを開きます。

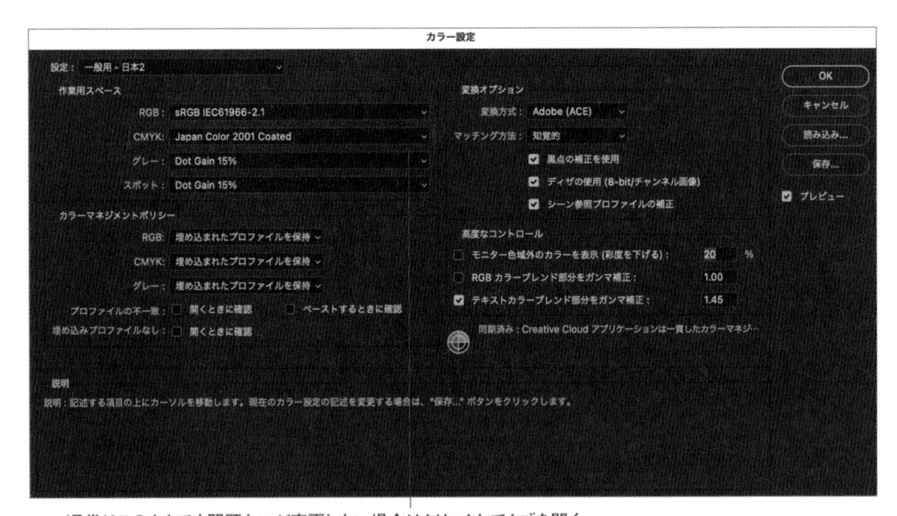


通常はこのままでも問題ないが変更したい場合はクリックしてタブを開く

**Memo** 上質紙のようなコーティングの無い用紙へ印刷する場合は[Japan Color 2001 Uncoated]Ⓐを選択します。新聞紙に印刷する場合は[Japan Color 2002 NewsPaper]Ⓑを選択します。

# 179 プリンターで印刷したい

使用機能 | プリント

Photoshopからプリンターで印刷する方法を紹介します。

## [Photoshopプリント設定] ウィンドウの使用

1 A4サイズ画像の素材「風景.jpg」を開きます。[ファイル] メニュー→ [プリント] をクリックします。

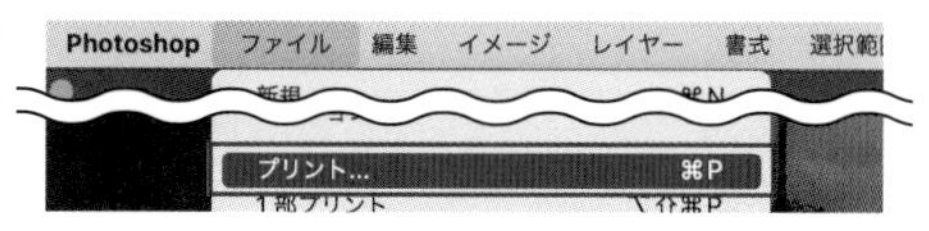


2 [Photoshopプリント設定] ウィンドウに切り替わります。

Ⓐ**プリンター** …… 使用するプリンターを選択します。
Ⓑ**部数** …… 印刷したい部数を入力します。
Ⓒ**レイアウト** …… 印刷の方向を指定します。
Ⓓ**カラー処理** …… カラー管理を設定できます。以下の項目が選択できます。

- **プリンターによるカラー管理**
  …… [プリンタセットアップ] → [プリント設定] Ⓔから使用しているプリンターの設定を開き、用紙の種類（普通紙、光沢紙など）や印刷品質などを指定します。
- **Photoshopによるカラー管理**
  …… [プリンタープロファイル] からプリンターに対応したものを選択します。

スクロールバーを下にドラッグすると、さらに設定項目を表示できます。

Ⓕ**位置** …… 一般的に［中央］を選択します。意図的に印刷位置をずらしたい場合は、チェックを外し、プレビュー画面でドラッグするか、［上］［左］からの距離を入力して指定します。

Ⓖ**拡大・縮小したプリントサイズ** …… 印刷の比率を指定できます。作成したデータサイズで印刷したい場合は、100%とします。用紙サイズに合わせて拡大・縮小したい場合は、［メディアサイズに合わせて拡大・縮小］にチェックを入れると、自動的に用紙サイズに合わせた比率になります。

Ⓗ**選択範囲をプリント** …… チェックを入れると、プレビュー画面に4つのポインタが表示されるので、ドラッグすることで、印刷したい範囲を指定することができます。目的がなければ、チェックを外しておきます。

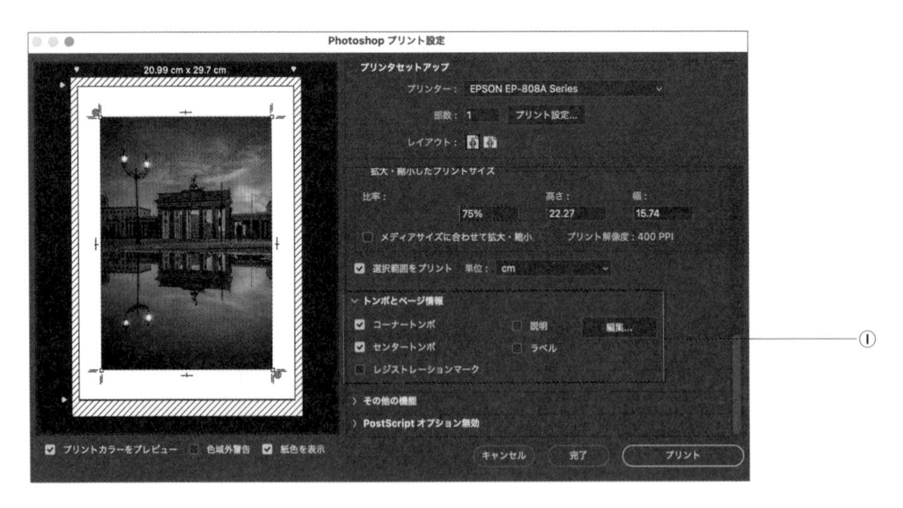


Ⓘ**トンボとページ情報** ……［コーナートンボ］［センタートンボ］［レジストレーションマーク］［説明］［ラベル］を追加することができます。表示がわかるように例では75%に縮小しています。

# 180 IllustratorのデータをPhotoshop形式へ書き出したい

使用機能　書き出し形式（Illustrator）

Illustratorで作成したデータを、レイヤー構造を保った状態で、PhotoshopのPSDデータとして書き出します。

## IllustratorでPSDデータを書き出す

1 Illustratorで作成したデータを用意します。ここでは複数のレイヤー構造でできたイラスト画像を用意しました。

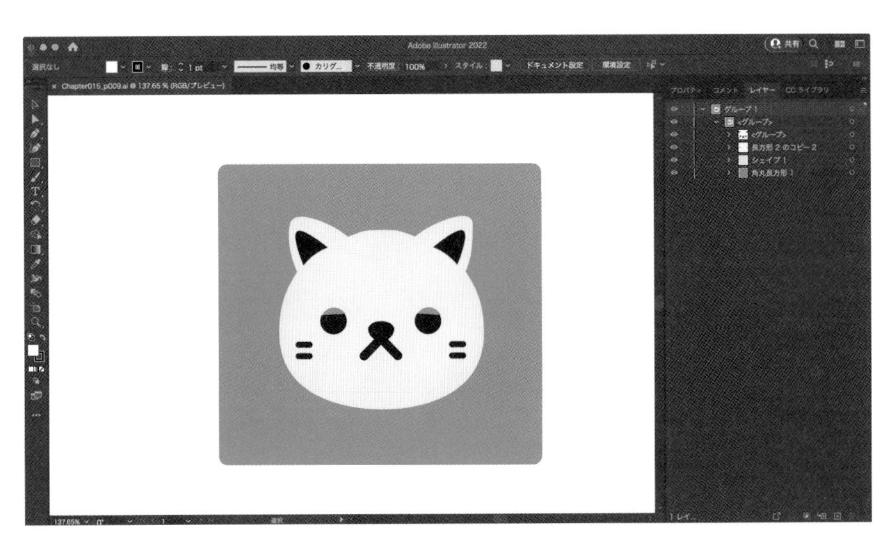


2 Illustratorの［ファイル］メニュー→［書き出し］→［書き出し形式］をクリックします。

3 保存したい場所を選択し❶、[ファイルの種類]で[Photoshop(psd)]を選択します❷。[アートボードごとに作成]にチェックを入れます❸。[書き出し]ボタンをクリックします❹。

**Memo**

[アートボードごとに作成]にチェックを入れるとアートボードごと書き出されます。チェックを外すとアートボード内の要素のみ書き出されます。

4 [Photoshop書き出しオプション]ダイアログが表示されます。[レイヤーを保持]にチェックを入れ❶、その下の[編集機能を最大限に保持]にもチェックを入れます❷。

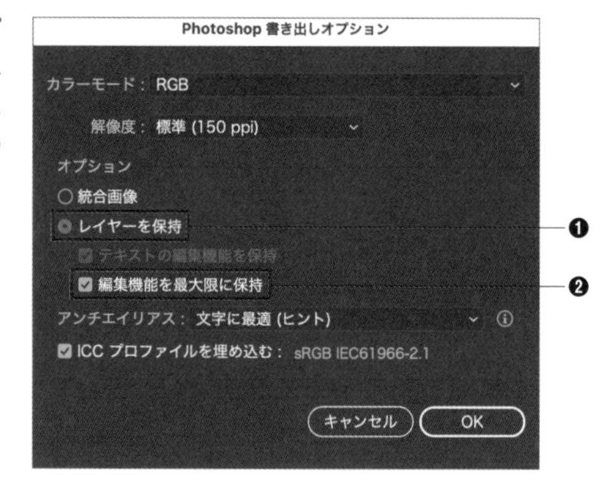


**Memo**

[レイヤーを保持]にチェックを入れると、[カラーモード]は[RGB]もしくは[グレースケール]を選択することになります。[CMYK]は選択できません。印刷用などでCMYKに変換したい場合は、Photoshop上で変換を行いましょう▶010。

5 [解像度]を[スクリーン][標準][高解像度][その他]から選択します❶。印刷用の場合は[高解像度]を選択するか、[その他]で300ppi以上の解像度を指定しましょう。[OK]ボタンをクリックします❷。

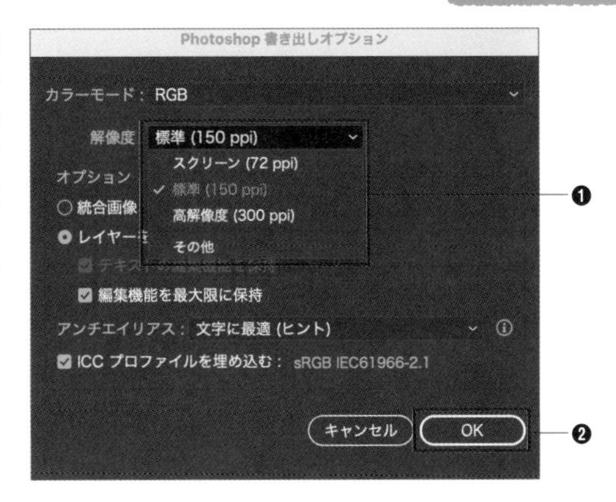


6 書き出したデータをPhotoshopで開くと、レイヤー構造を保った状態でデータを作成できたことが確認できます。

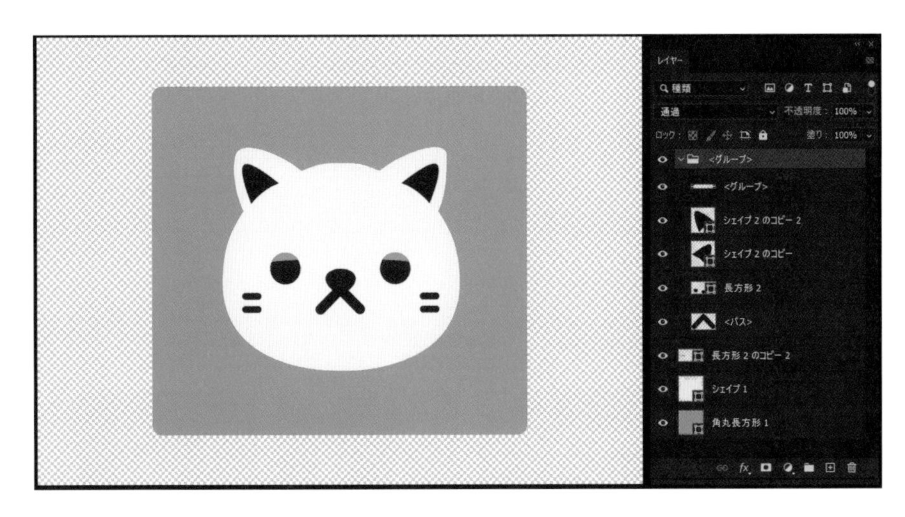

# 181 Adobe Fontsを使いたい

使用機能 [文字] パネル

Adobe Fontsは15,000を超える高品質な欧文/和文フォントを提供しています。Adobe FontsはCreative Cloudプランに含まれているので、CC版Photoshopを使えるのであれば追加料金なしで利用することができます。

## AdobeのWebサービスを使用する

1 [文字] パネルを開きます。フォントの選択タブを開き❶、タブ右上のクリエイティブクラウドのアイコンアイコンを選択します❷。

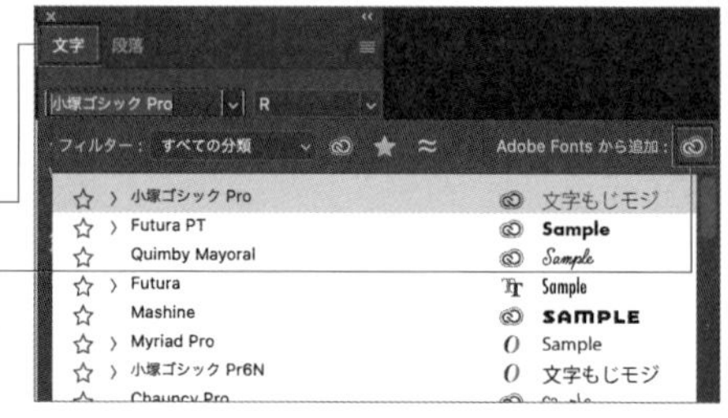

[文字] パネルが表示されていない場合は、[ウィンドウ] メニュー→[文字]をクリックして表示してください。

2 ブラウザが立ち上がり、Adobe FontsのWebサイトに接続されます。分類や書体の太さなどで分けられており、検索しやすいように作られています。

Memo

初回起動時はAdobeアカウントでサインインする必要があります。

3 [サンプルテキスト]に入力したテキストは、各書体で表示されるようになっているので、使用時のイメージをつかみやすくなっています。興味のあるフォントが見付かったら、[ファミリーを表示]ボタンをクリックします。

4 フォントファミリーのページが表示されます。使用したいフォントがあったら、[アクティベート]を選択します❶。アクティベートされると青いアイコンに変わります❷。

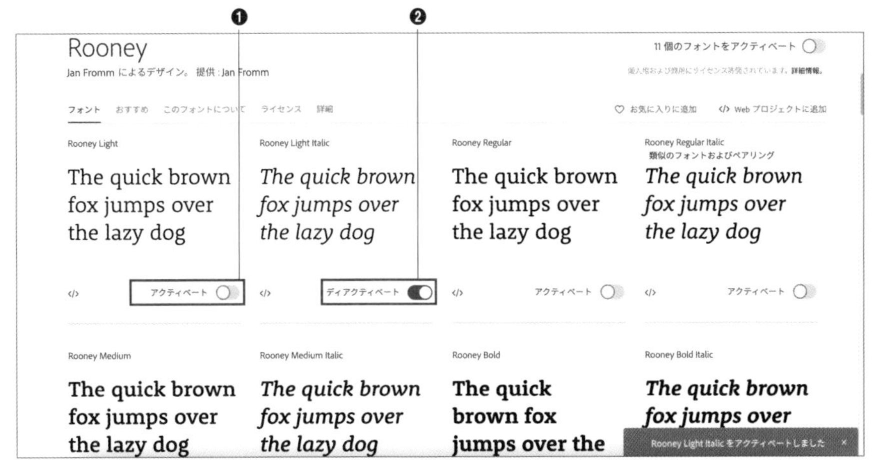


5 [文字]パネルを開いてアクティベートされた書体が追加されていることを確認します。Adobe Fontsでアクティベートされたフォントはフォント名の右側にクリエイティブクラウドのアイコンが表示されます。

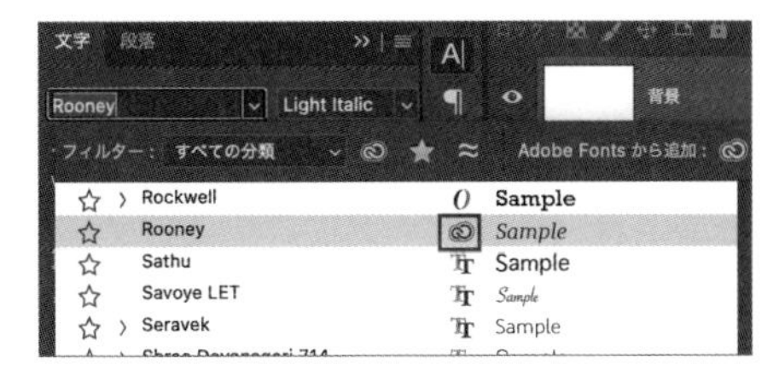

# クラウド活用のテクニック

Chapter

16

# CCライブラリを使ってIllustratorとデータを共有したい

使用機能 CCライブラリ

作成したグラフィックを「CCライブラリ」に登録することで、Photoshop内だけでなく、Illustratorともデータを共有することができます。

## グラフィックをCCライブラリに登録

1 Photoshopで作成したデータを開き、共有したいレイヤーをすべて選択します。

共有したいレイヤーをすべて選択する

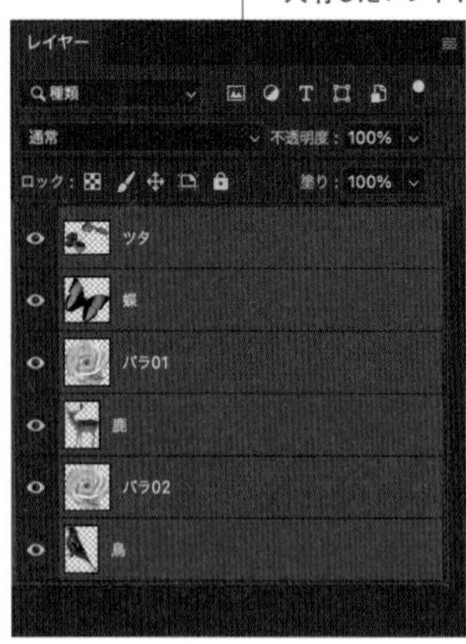

2 ［ウィンドウ］メニュー→［CCライブラリ］をクリックします。

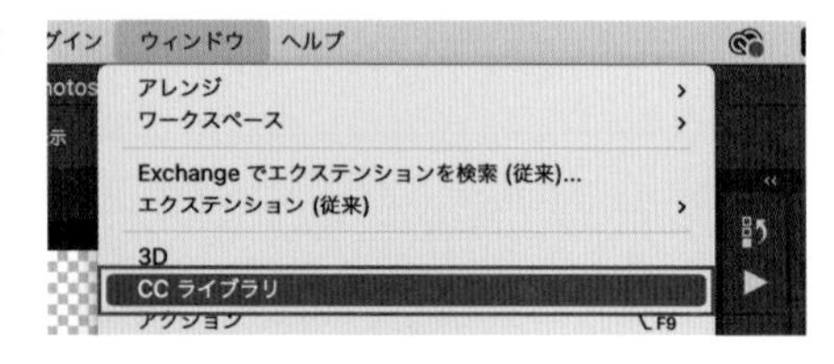


3 ［CCライブラリ］パネルが開きます。［新規ライブラリを作成］を選択します。

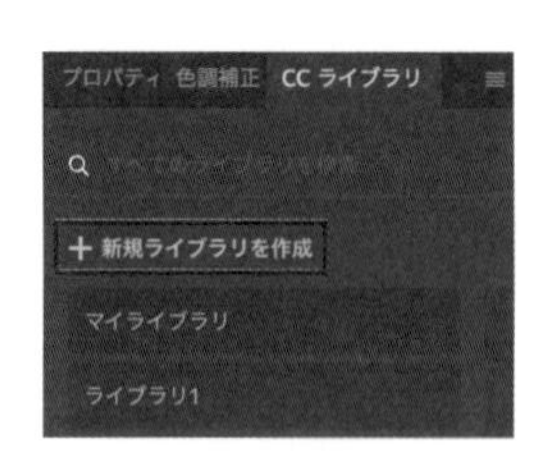

4 新規ライブラリの名前を入力します❶。ここでは「ライブラリ1」としました。［作成］ボタンをクリックします❷。

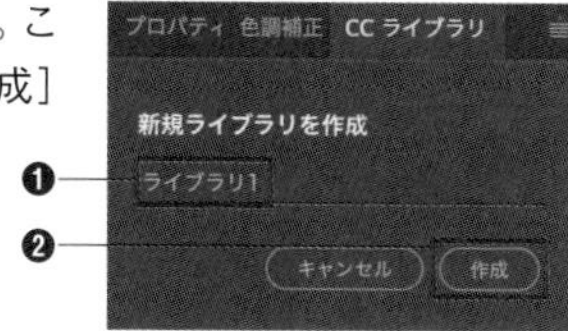


5 ［+］アイコンを選択し❶、［グラフィック］を選択します❷。

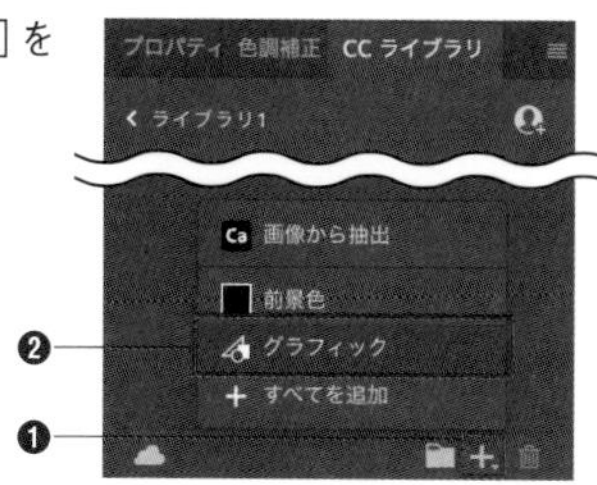


6 選択したレイヤーが1つのグラフィックとして登録されます。

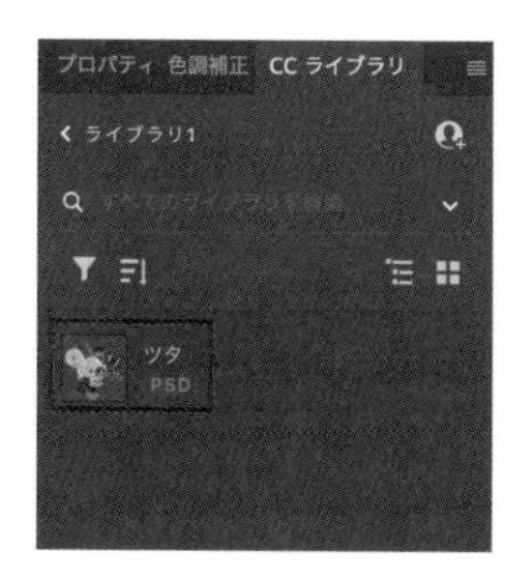


## CCライブラリに保存した画像の配置

### CCライブラリに保存した画像の配置

Photoshop内でCCライブラリ内の素材を使用［CCライブラリ］に登録した素材をカンバス上にドラッグするだけで、配置することができます。

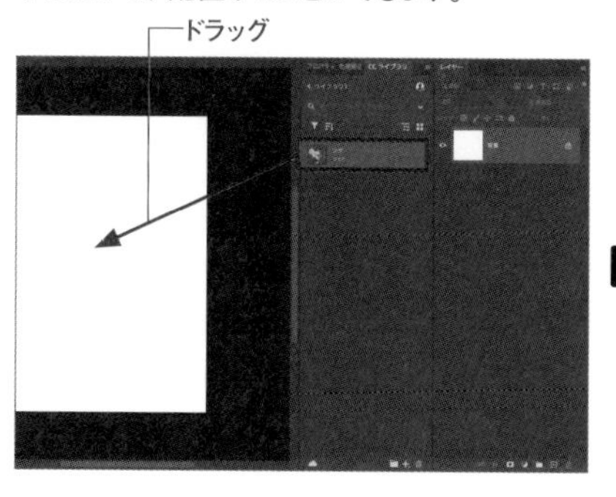


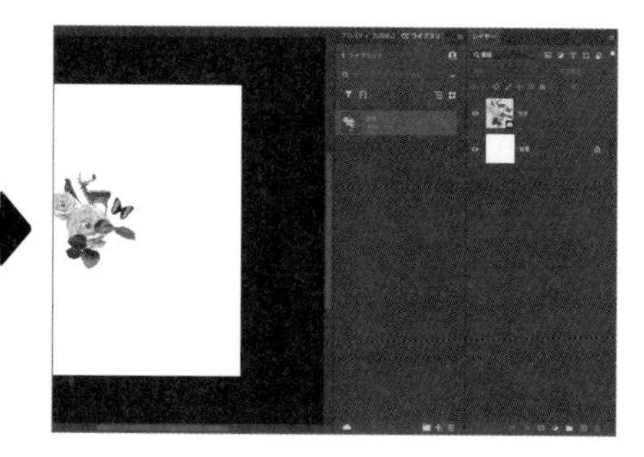

Chap 16 クラウド活用のテクニック

## CCライブラリに保存した画像の編集

[CCライブラリ] から配置した素材は、レイヤーの右下に雲のマークが表示されます。

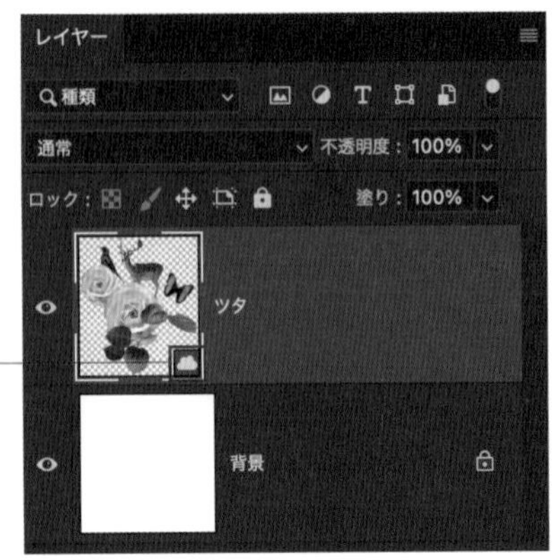


一見統合された1つのレイヤーのようですが、レイヤーサムネールをダブルクリックすると、それぞれのレイヤーが開き、元データを編集することが可能です。

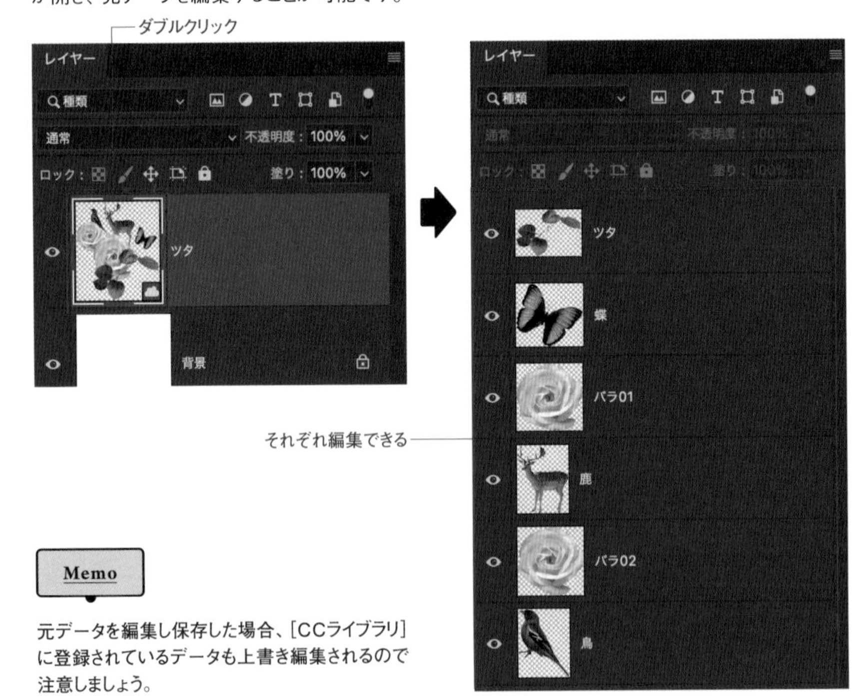


**Memo**

元データを編集し保存した場合、[CCライブラリ] に登録されているデータも上書き編集されるので注意しましょう。

## IllustratorでCCライブラリ内の素材を使用

Illustratorを開き、[CCライブラリ] を表示します。Photoshopで [CCライブラリ] に保存した画像が、Illustratorでも同じように表示されるので、カンバス上にドラッグするだけで配置することができます。

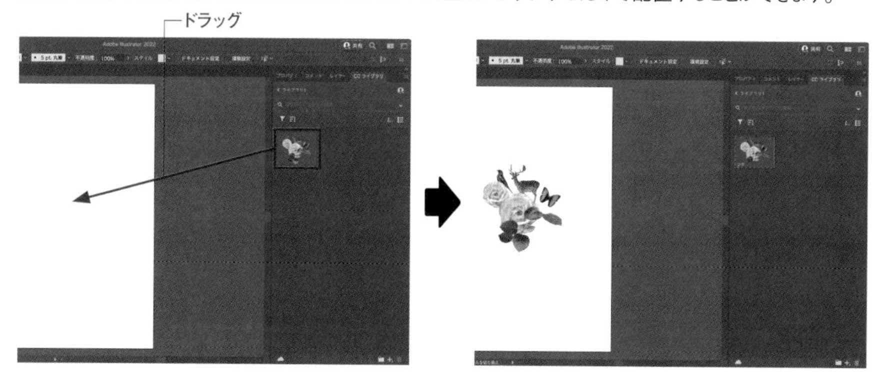


### CCライブラリに保存した画像の編集

素材はリンクファイルとして配置されます。[選択] ツールでオブジェクトを選択し❶、コントロールパネル内の [Photoshopで編集] をクリックします❷。

自動的にPhotoshopが立ち上がり、編集することができます。

# 183 CCライブラリからAdobe Stockを参照したい

使用機能 CCライブラリ

[CCライブラリ] パネルから「Adobe Stock」の画像を参照し、素早く使用することができます。膨大な画像ライブラリから簡単に画像を試すことができるので、デザインのサンプルや、グラフィック作成時に大変便利な機能です。

## Adobe Stockとは

Adobe Stockとは、Adobeの管理する数百万ものロイヤリティーフリーの素材にアクセスできるサービスです。ライセンス料を一度だけ払えば、その後何度使用しても追加料金は発生せず、永続的な使用が可能です。

## CCライブラリでAdobe Stockの画像を検索

1 [CCライブラリ] パネルを表示します ▸▸182。いずれからのライブラリを選択します。ライブラリが無い場合は [+新規ライブラリを作成] をクリックします。

Memo

パネルが表示されていない場合は[ウィンドウ]メニュー→[CCライブラリ] をクリックします。

2 好みのライブラリの名前を入力し❶、[作成] ボタンをクリックします❷。

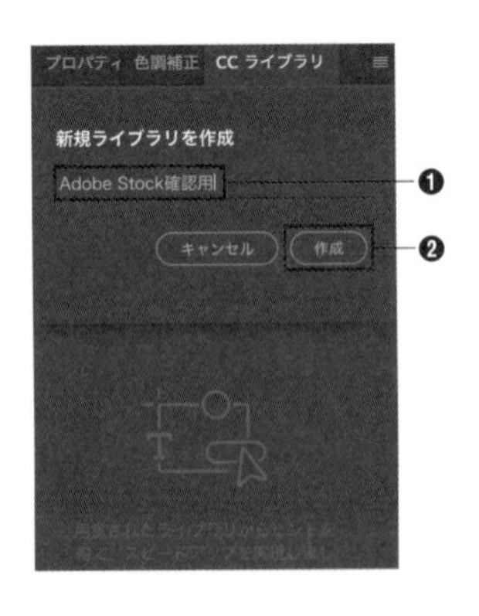

3 検索バーの右側のタブをクリックして開き、[Adobe Stock]を選択します。

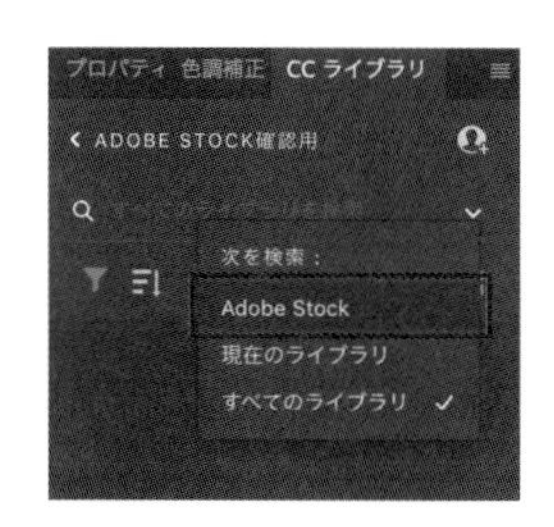


4 好みのワードで検索すると、Adobe Stockのライブラリから画像が表示されます。例では「風景」というワードで検索しています。+をクリックします。

検索ワードに該当する画像が表示される

5 ライブラリに保存されます。このままでは購入されていない状態です。ライブラリに保存した画像のライセンスを取得（購入）する場合は🛒を選択してください。

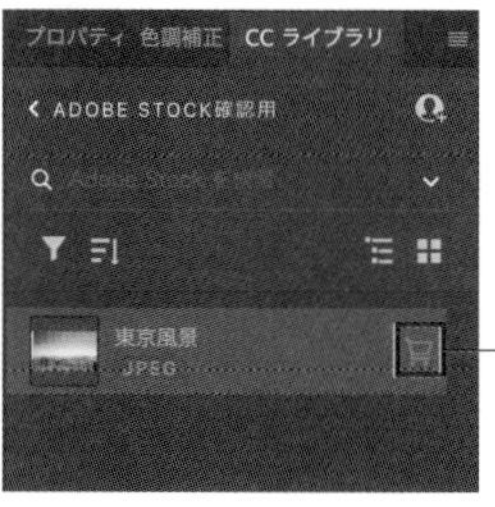

購入する場合はここをクリックする

Chap 16 クラウド活用のテクニック

## 検索した画像の配置

検索した画像をカンバス上にドラッグします。

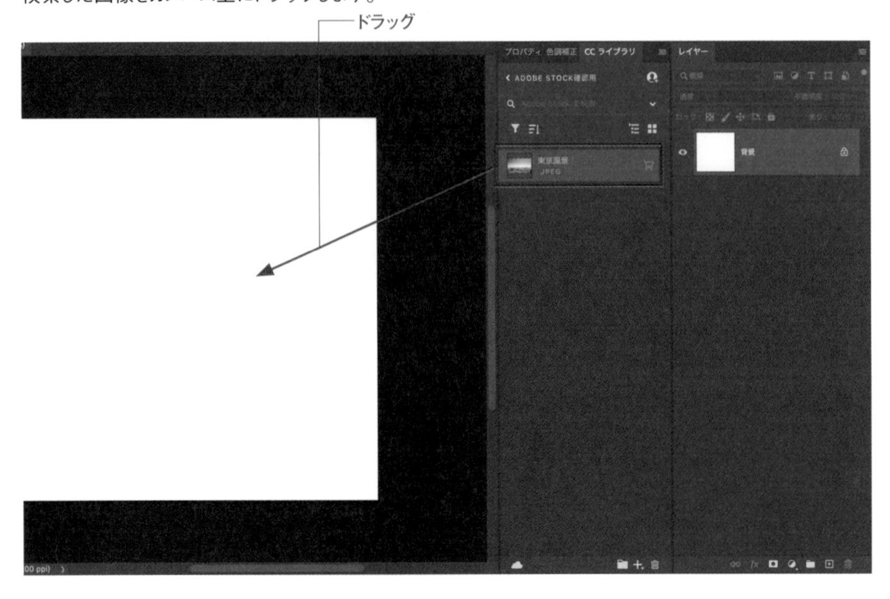


画像がカンバスに配置されます。配置した画像は未ライセンス（購入していない）状態なので、ウォーターマーク（透かし）が表示されます。配置した画像は、レイヤーサムネールの右下にクラウドのマークが付きます。

# 184 好みの画像からカラーやグラデーションを作成したい

**使用機能** | Adobe Color、CCライブラリ

Adobe ColorのWebサイトを使って好みの画像からカラーやグラデーションを作成することができます。

## Webサイト「Adobe Color」を開く

Webサイトを開き、Adobeアカウントでログインします。
URL：https://color.adobe.com/ja/create/color-wheel

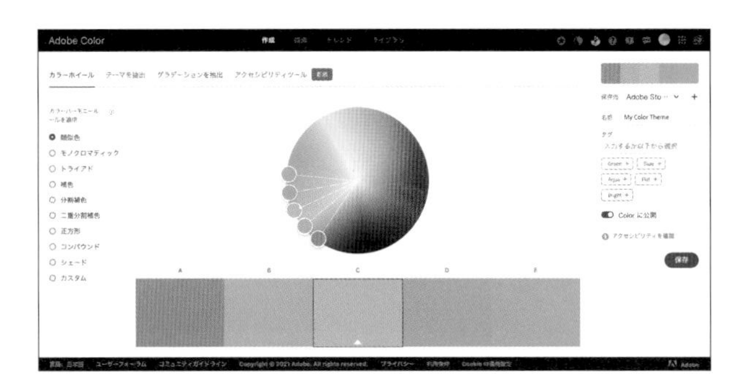


**Memo** 検索サイトで「Adobe Color」と入力しWebサイトを開いてもかまいません。

## 画像から配色を作成する

**1** メニューから［テーマを抽出］を選択します❶。画面中央の枠内に好みの画像をドラッグします❷。

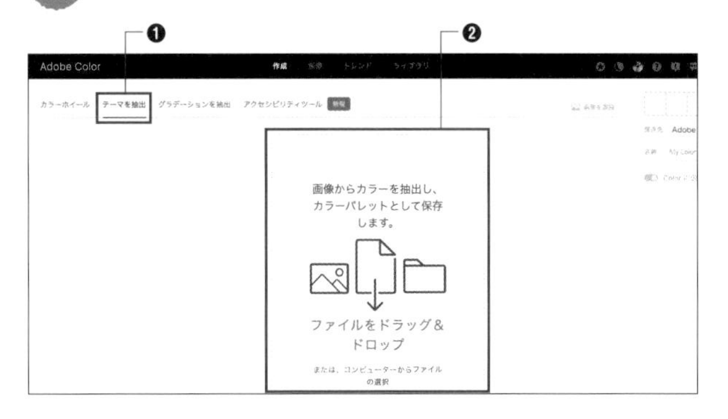

2 自動的に配色が作成され、[カラフル][ブライト][ミュート]といったテーマで分類されるので、好みの配色を選びます。保存先を選択して❶、[保存]ボタンをクリックします❷。

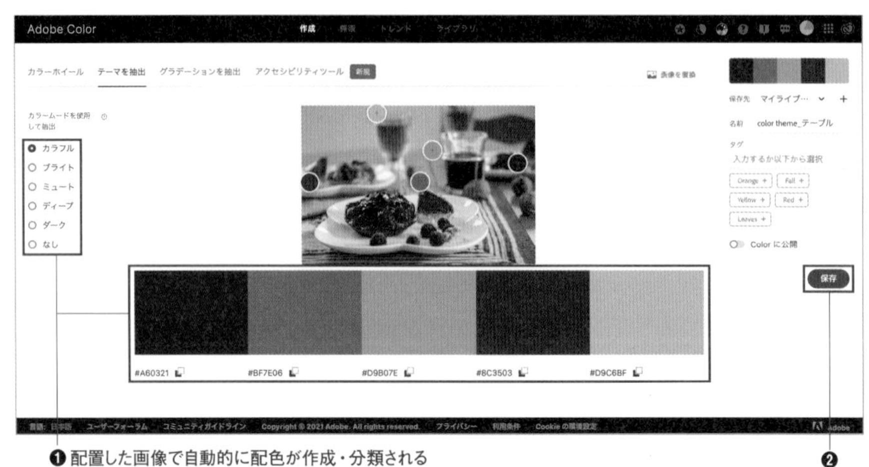


❶ 配置した画像で自動的に配色が作成・分類される ❷

3 配色テーマがCCライブラリに保存されます。

4 Photoshopで[CCライブラリ]パネルを確認すると、作成した配色が登録されています。

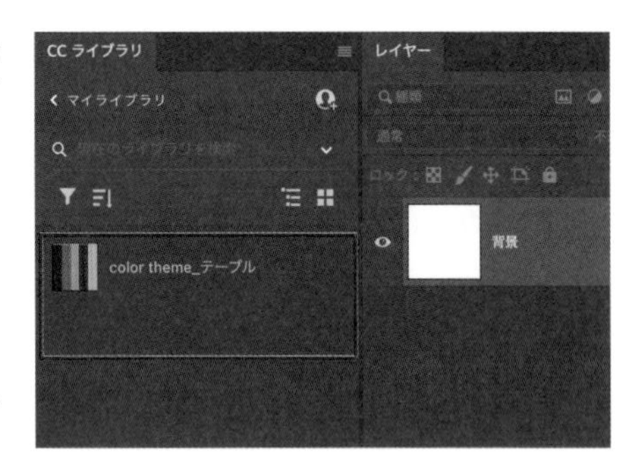

[CCライブラリ]パネルが表示されていないときは、[ウィンドウ]メニュー→[CCライブラリ]をクリックします。

## 画像からグラデーションを作成する

**1** 画面中央に画像を配置した後でブラウザの［グラデーションを抽出］を選択すると❶、自動的に3色のグラデーションが作成されます❷。

❶
❷ 自動的に3色のグラデーションが作成される

**2** ［グラデーションの分岐点］クリックして変更すると❶、指定した分岐点でグラデーションが作成されます❷。［保存］ボタンをクリックすると❸、配色と同様にCCライブラリに保存されます。

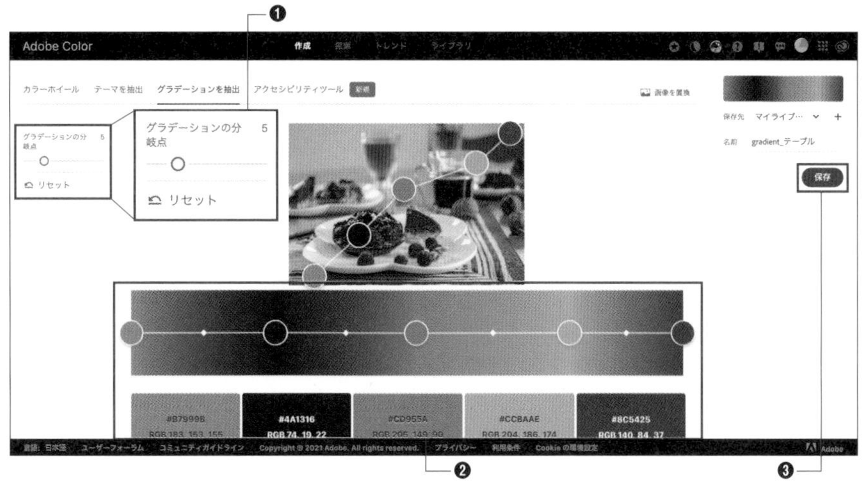


❶ ❷ ❸

**Memo** 例では［グラデーションの分岐点］を3から5に変更しています。

# 環境設定のテクニック

Chapter

17

# 185 ワークスペースをカスタマイズしたい

使用機能 | -

[レイヤー] [ヒストリー] [文字] といった各種パネルは、自分の好みでレイアウトをカスタマイズすることができます。

## プリセットを使用したレイアウト

Photoshopの画面右上にある [ワークスペースを選択] をクリックして選択します。

タブが開き、プリセットを選択できます。ジャンルに合わせて扱いやすいプリセットが用意されています。

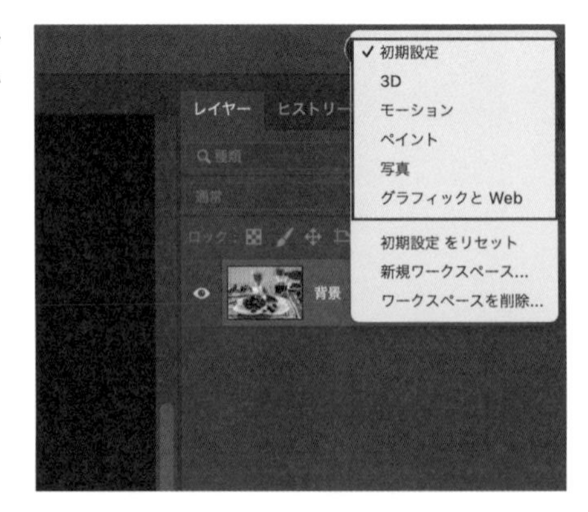

ペイント

写真

## 自分好みにレイアウトする

よく使うパネルを自分好みにカスタマイズしてレイアウトすることも可能です。各パネルはドラッグすることで自由にレイアウトできます。パネルごとの高さや横幅も調整できます。パネルをウィンドウの左端、右端、下端にドラッグすると、青いラインが表示されます。青いラインが表示されている状態でドラッグを終了すると、画面にフィットしたレイアウトができます。

端にドラッグすると青いラインが表示される

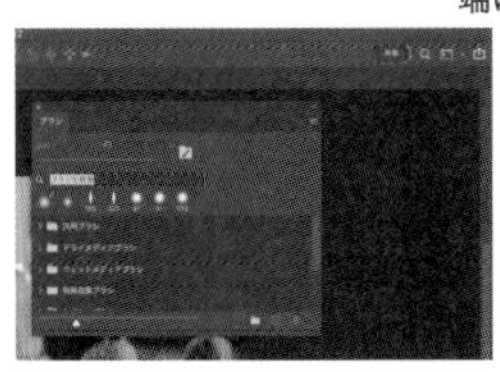

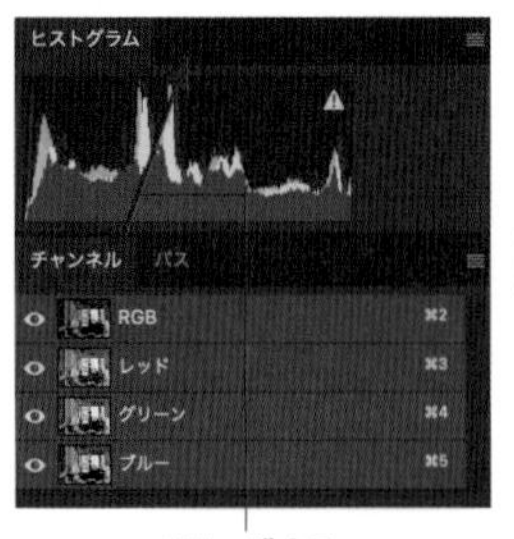

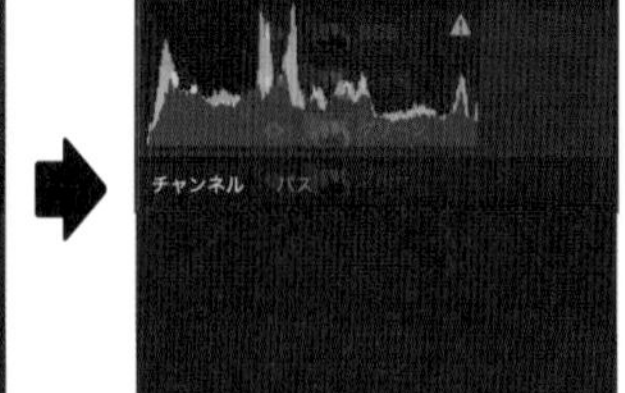

ドラッグする

パネルの位置を移動できる

## レイアウトの保存

1 画面右上の［ワークスペースを選択］ボタンをクリックします。

2 ［新規ワークスペース］をクリックします。

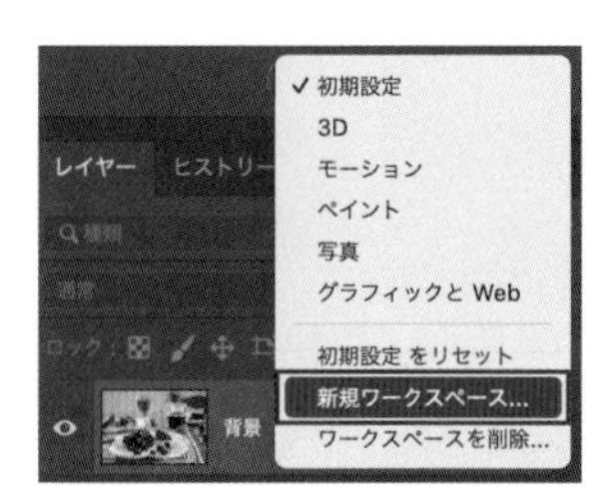


3 ウィンドウが表示されたら任意の名前を付けて❶［保存］ボタンをクリックします❷。

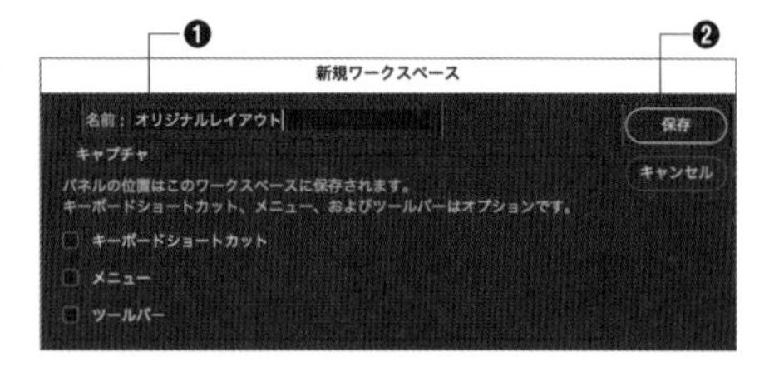


4 ［ワークスペースを選択］ボタンをクリックすると、保存したレイアウトが追加されていることが確認できます。

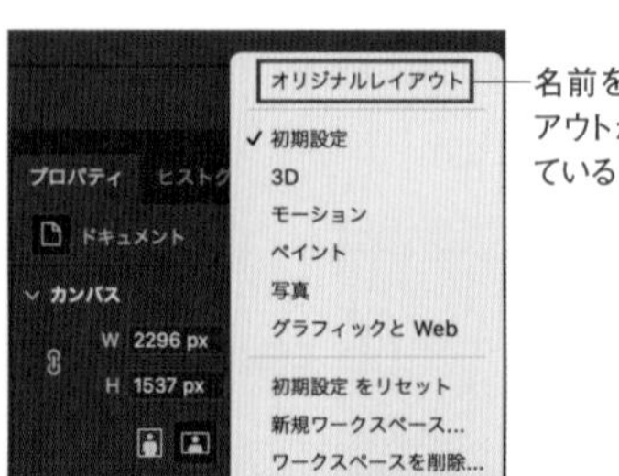


名前を付けたレイアウトが追加されている

# 186 パフォーマンスを最適化したい

**使用機能** 環境設定

使用しているマシンや、制作物にあった環境設定をすることで、動作を最適化します。

## [環境設定] ダイアログの使用

1 [Photoshop] → [環境設定] → [パフォーマンス] をクリックします。

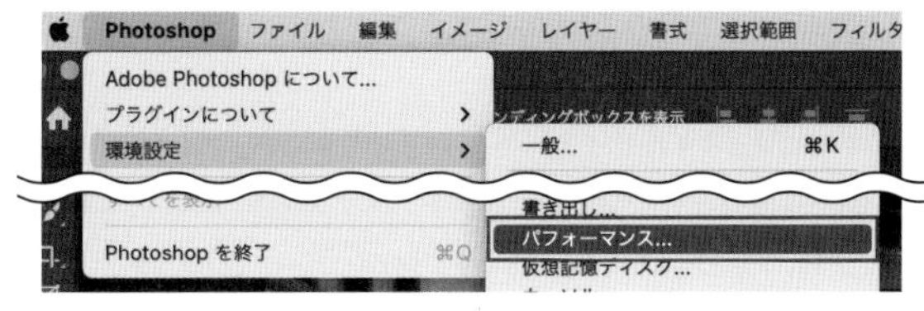


2 [環境設定] ダイアログが表示されます。各パフォーマンスの設定を行い、[OK] ボタンをクリックします。

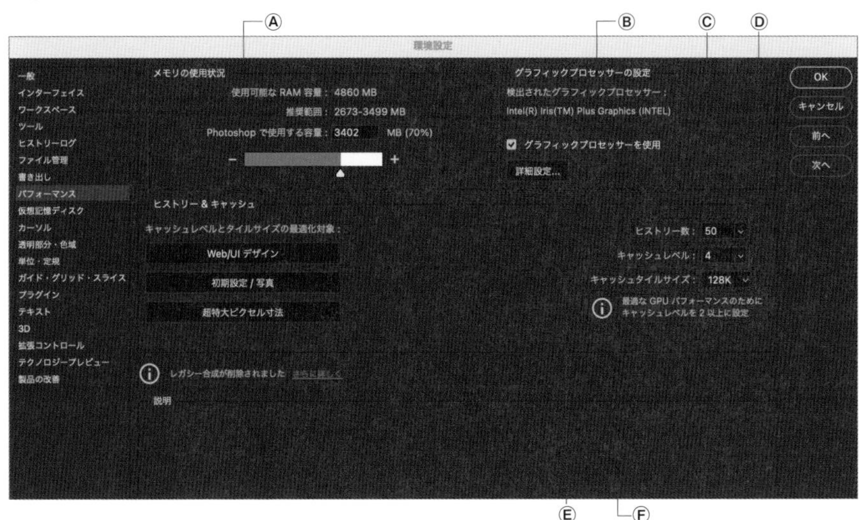


Ⓐ**メモリの使用状況** …… 使用しているマシンのメモリをどの程度Photoshopに割り当てるかを指定できます。Photoshopだけを起動し、作業する場合は、70～80%に割り当てます。複数のアプリケーションを同時に起動する場合には、50～60%程度を目安にします。操作中に [RAM不足エラー] [メモリ不足エラー] などが表示される場合は、メモリの拡張（増設）を検討してみましょう。

Ⓑ**グラフィックプロセッサーの設定** …… マシンにグラフィックボード（ビデオカード）が取り付けてある場

合は、[検出されたグラフィックプロセッサー]として、この項目に表示されます。[グラフィックプロセッサーを使用]にチェックを入れます。

Ⓒ**ヒストリー数** …… ヒストリー数▶▶008の数値が大きいと、仮想記憶ディスク領域にたくさんの操作履歴を記憶している状態となるため、動作が遅くなる原因となります。ヒストリー数を少なくすることで、仮想記憶ディスク領域を確保し、パフォーマンスが向上します。初期設定は50となっており、操作履歴を50回さかのぼることができます。自身の使い方に合わせて、できるだけ小さな数値を指定しましょう。

Ⓓ**キャッシュレベル** …… 複数の比較的小さなデータを扱う場合はキャッシュレベルを2に設定します。大きなデータを扱う場合はキャッシュレベルを4以上に設定することで、パフォーマンスが向上します。

Ⓔ**キャッシュタイルサイズ** …… 小さなキャッシュタイルサイズを指定すると、ブラシでのストロークなどの細かな操作のパフォーマンスが向上し、大きなキャッシュタイルサイズを指定すると、フィルターなど高負荷の操作でパフォーマンスが向上します。

Ⓕ**キャッシュレベルとタイルサイズの最適化対象** ……[Web/UIデザイン][初期設定/写真][超特大ピクセル寸法]の3つのプリセットが用意されているので、[キャッシュレベル][キャッシュタイル]の設定に迷ったら、一度こちらのプリセットを使用し、気になる場合は[キャッシュレベル][キャッシュタイル]を個別に微調整するとよいでしょう。

# 187 メモリをクリアしたい

使用機能 メモリをクリア

［メモリをクリア］を実行することでメモリを開放し、パフォーマンスを向上させることができます。

## ［メモリをクリア］でメモリを開放する

［編集］メニュー→［メモリをクリア］を選択すると、［クリップボード］［ヒストリー］［すべて］が表示されます。

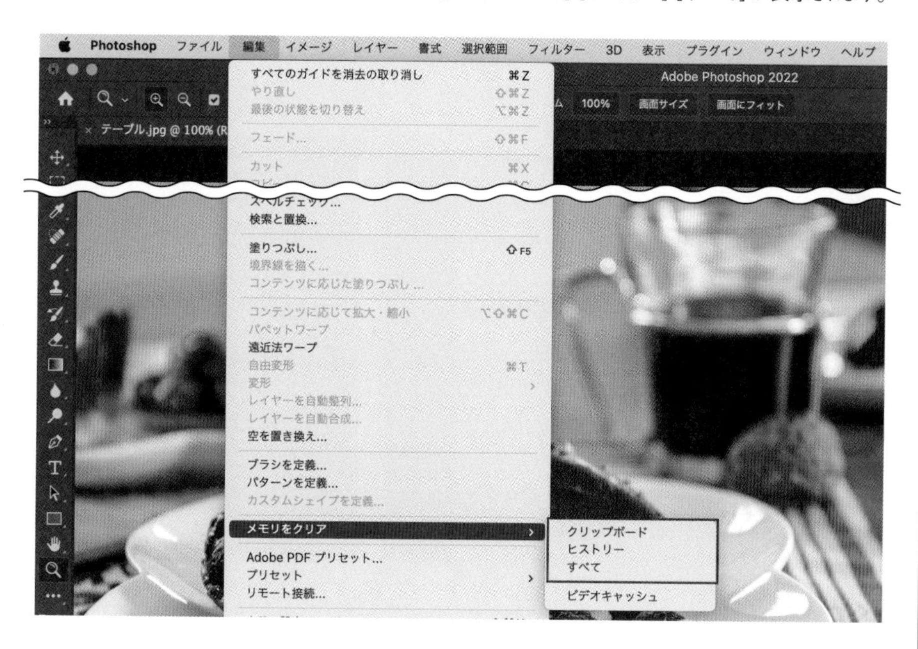


- **クリップボード** …… 選択すると、現在コピーしているクリップボードのデータを削除します。
- **ヒストリー** …… 選択すると、すべてのヒストリーを削除します。
- **すべて** …… 選択すると、［クリップボード］［ヒストリー］のどちらも削除します。

**Memo** 一度メモリをクリアすると、元に戻すことができないので注意しましょう。

**POINT**

パフォーマンスの見直しを行っても頻繁にメモリ不足になってしまう場合は、コンピュータ自体のメモリ増設を検討してみましょう。

# 頻繁に使用する操作を1クリックで再現したい

使用機能　アクション

頻繁に使用する操作はアクションに登録しておくことで、1ボタンで再現することができます。ここでは、使用頻度の高いトーンカーブを使ったアクションの作成例を紹介します。

## [アクション]を使用して操作を記録する

1 素材「テーブル.jpg」を開き、[ウィンドウ]メニュー→[アクション]をクリックします。[アクション]パネルには、初期設定のアクションが用意されています。今回はオリジナルで作成したいので、パネル右下の⊞をクリックします。

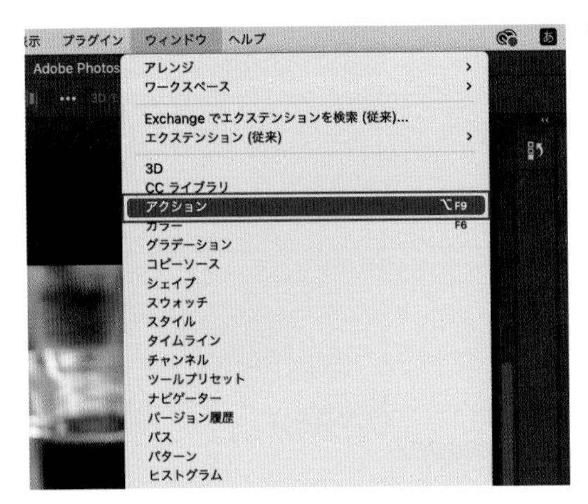


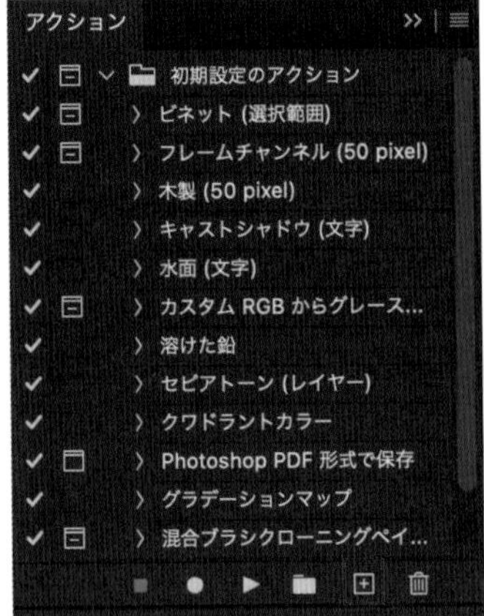


2 [新規アクション]ダイアログが表示されます。[アクション名]を「トーンカーブ」とします❶。[セット]は[初期設定のアクション]を選択します❷。[ファンクションキー]は好みのキーを割り当てます。ここでは[F4+shift]とします❸。すでに指定したファンクションキーに何かの操作が割り当てられている場合は、使われていない別のファンクションキーが自動的に割り当てられます。[カラー]も好みで指定します。[記録]ボタンをクリックします❹。以降のすべての操作が記録されるので、注意して作業しましょう。

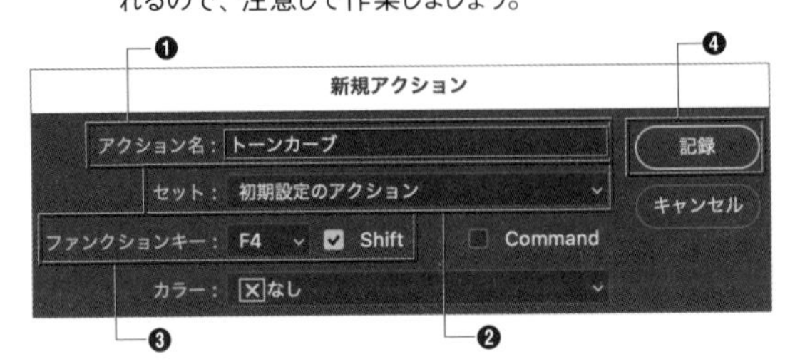

ファンクションキーを指定しておくと、アクション作成後にshift+F4キーを押すことで実行できます。

3 [アクション] パネルを見ると、記録状態（赤丸）になっていることが確認できます。[イメージ] メニュー→ [色調補正] → [トーンカーブ] をクリックします。

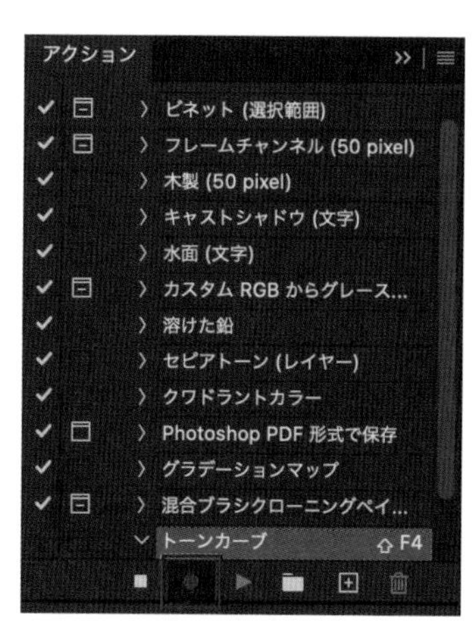


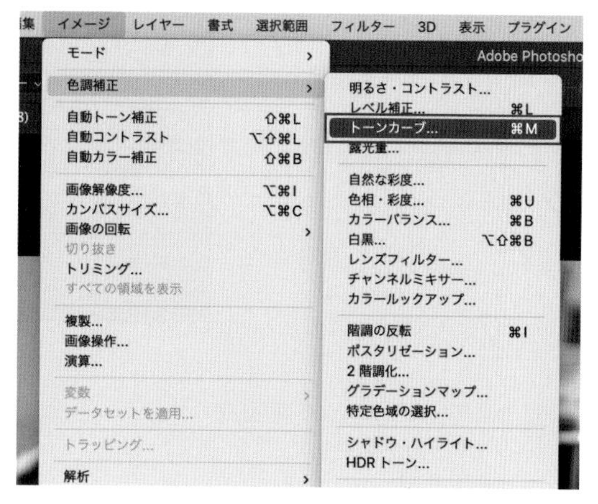


4 中央にコントロールポイントを追加し❶、[入力] を120❷、[出力] を135とします❸。[OK] ボタンをクリックします❹。

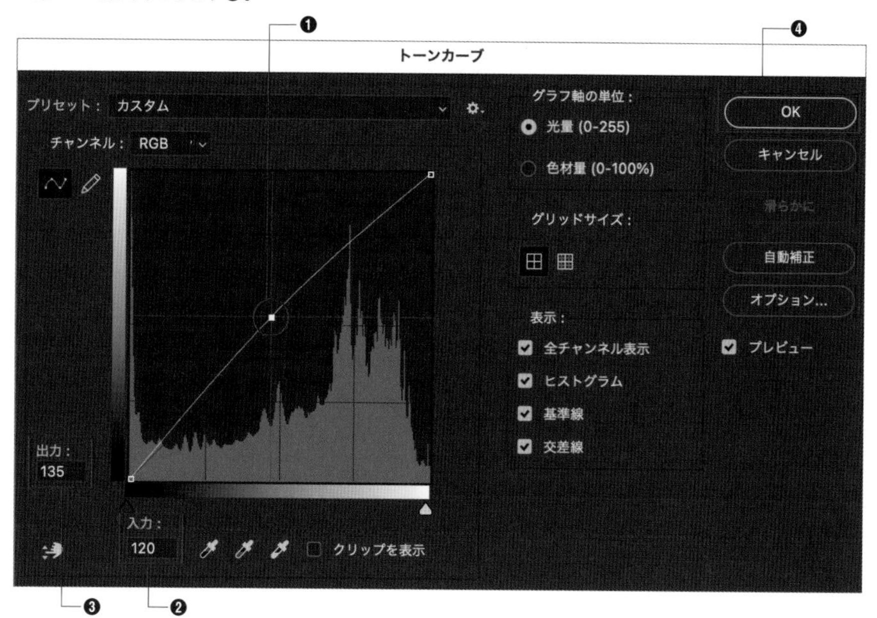

5 左の[停止]を押して記録を終了します。これで先程指定した数値の[トーンカーブ]のアクションが作成できました。

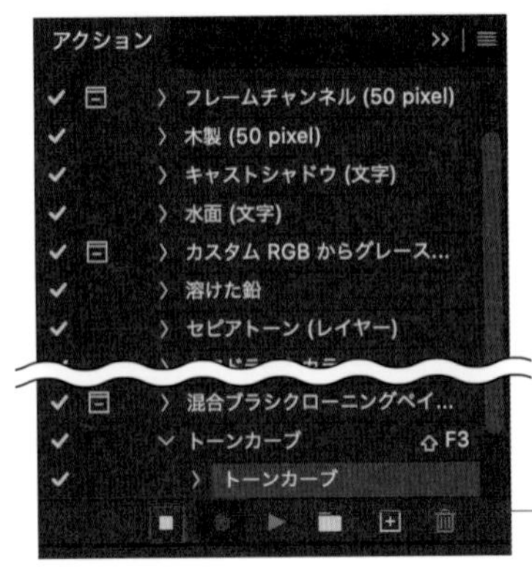


クリックして記録を終了する

6 さっそくアクションとして適用してみましょう。shift+F4キーを押すと、先程と同じ[トーンカーブ]の設定が適用され、明るく補正されます。さらにもう一度shift+F4キーを適用します。作成したアクションは、削除しない限りどのデータでも使用可能になります。頻繁に使用する設定はアクション化しておくことで作業効率が大きく向上します。

POINT

明るさやカラーを調整するアクションを作成する場合は、このようにうっすら変化する程度でアクションを作成し、具合を見ながら複数回適用するようにしておくと、幅広く使用できます。
なお、使用しているマシンによっては、設定したショートカットキーのキーコンビネーションがマシンのコマンド操作と一致した場合は、マシンの操作のほうが優先されてしまう可能性もあります。マシンのシステム環境設定を調べてから設定するとよいでしょう。

## 今すぐ使えるレタッチテクニック Pick Up

本書で紹介している補正・加工例の中から、よく使う便利技をピックアップしました。



### ▸▸064 素材感のある写真を使って質感を加えたい

テクスチャ画像の質感を別の画像に手軽に加えることができます。

Before

After

### ▸▸065 画像の空を置き換えたい

画像の背景の空を簡単に入れ替えることができます。

Before

After

### ▸▸081 ミニチュア風に加工したい

ぼかしフィルターをうまく活用することで、風景をミニチュア風に見せることができます。

Before

After

## ▸▸082 一部のカラー以外をモノクロにしたい

[選択] ツールを活用して、画像の一部以外をモノクロに加工しています。

**Before**

**After**

## ▸▸122 建物のゆがみを補正したい

レンズ補正フィルターを使って、ゆがんでしまった建物の画像を補正できます。

**Before**

**After**

## ▸▸135 毛並みをきれいに切り抜きたい

動物の細かい毛並みまで、きれいに切り抜くことができます。

**Before**

**After**

## ▸▸141 写真をイラスト風に加工したい

フィルターを使って、写真を精密なイラスト風に加工できます。

**Before**

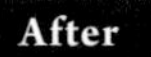

## ▸▸144 逆光の写真を印象的に仕上げたい

逆光を逆手にとって、やわらかい光の差し込む印象的な写真に仕上げます。

**Before**

## ▸▸151 斜光を作りたい

木々の間に射しこむ斜光の効果を作ります。

**Before**

**After**

## ▸▸152　水彩画風に加工したい

写真を絵の具で書いた水彩画風の質感に加工します。

**Before**

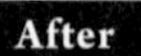

## ▸▸153　背景をぼかして主役を強調したい

背景にぼかしを加えて、主役を自然に目立たせます。

**Before**

**After**

## ▸▸159　映り込みの表現を合成したい

船が水面に映り込むさまを合成します。

**Before**

**After**

## ▶▶161 風景写真を水中写真のように見せたい

室内で撮影した風景写真にフィルターを掛けて、水中写真のように見せることができます。

Before

## ▶▶162 複数の画像の合成を自然に仕上げたい

どうしても違和感が生まれてしまう画像合成を自然に仕上げるテクニックを紹介します。

Before

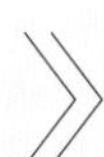

After

## ▶▶163 曲面に画像を貼り付けたい

コツさえ理解すれば、コップのような曲面にも簡単に別の画像を合成できます。

Before

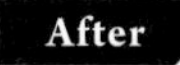

# INDEX

## か行

## さ行

## た行



## な行



## は行

**著者紹介**

## 楠田諭史

デジタルアート作家／グラフィックデザイナー。Photoshopを使い、フォトコラージュとデジタルペインティングを組み合わせた独自の手法でグラフィックアート作品を制作し個展やグループ展を行う。グラフィックデザイナーとして百貨店・アパレル、テレビ局など、さまざまな企業のグラフィック、多数のアーティストのCDジャケットなどを担当。Photoshopの技法書の執筆や講師活動も行っている。

**ホームページ　http://euphonic-lounge.net**


| | |
|---|---|
| アートディレクション・カバーデザイン | 山川香愛（山川図案室） |
| カバー写真 | 川上尚見 |
| スタイリスト | 浜田恵子 |
| フォームデザイン | 原真一朗 |
| DTP | BUCH+ |
| 執筆協力 | 渡辺陽子 |


# Photoshop レタッチレシピ集


2022年7月7日　初版　第1刷発行

著　者　楠田　諭史
発行者　片岡　巌
発行所　株式会社技術評論社
東京都新宿区市谷左内町21-13
電話　03-3513-6150　販売促進部
03-3513-6166　書籍編集部
印刷/製本　日経印刷株式会社




造本には細心の注意を払っておりますが、万一、乱丁（ページの乱れ）や落丁（ページの抜け）がございましたら、小社販売促進部までお送りください。送料小社負担にてお取り替えいたします。


ISBN978-4-297-12888-3　C3055
Printed in Japan


**お問い合わせに関しまして**

本書に関するご質問については、本書に記載されている内容に関するものののみとさせていただきます。本書の内容を超えるものや、本書の内容と関係のないご質問につきましては、一切お答えできませんので、あらかじめご了承ください。また、電話でのご質問は受け付けておりませんので、ウェブの質問フォームにてお送りください。FAXまたは書面でも受け付けております。
本書に掲載されている内容に関して、各種の変更などの開発・カスタマイズは必ずご自身で行ってください。弊社および著者は、開発・カスタマイズは代行いたしません。
ご質問の際に記載いただいた個人情報は、質問の返答以外の目的には使用いたしません。また、質問の返答後は速やかに削除させていただきます。

**質問フォームのURL**

https://gihyo.jp/book/2022/978-4-297-12888-3

※本書内容の訂正・補足についても上記URLにて行います。
あわせてご活用ください。

**FAXまたは書面の宛先**


〒162-0846
東京都新宿区市谷左内町21-13
株式会社技術評論社　書籍編集部
「Photoshopレタッチレシピ集」係
FAX：03-3513-6183